MATLAB SIGNAL PROCESSING

MATLAB 信号处理

沈再阳◎编著
Shen Zaiyang

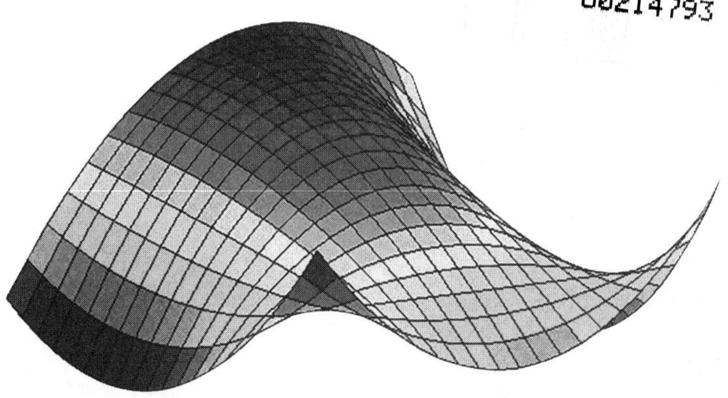

清華大学出版社
北京

内容提要

本书面向 MATLAB 的初中级读者，以 MATLAB R2016a 版本为平台，全面讲解了 MATLAB 软件在信号处理中常用的知识。本书按逻辑编排，自始至终采用实例描述，内容完整且每章相对独立，是一本全面的 MATLAB 信号处理应用参考书。

本书分为 3 个部分，共 12 章。第一部分介绍了 MATLAB 的基础，涵盖的内容有 MATLAB 基础知识；第二部分介绍了数字信号处理基本理论和方法及其 MATLAB 实现，涵盖的内容有信号与系统的分析基础、信号变换、IIR 滤波器的设计、FIR 滤波器设计、其他滤波器、小波在信号处理中的应用；第三部分介绍了基于 MATLAB 信号处理的具体应用，涵盖的内容有基于 MATLAB 的语音信号处理、通信信号处理、雷达信号处理以及信号处理的图形用户界面工具与设计等内容。

本书以实用为目标，深入浅出，实例引导，讲解翔实，适合作为理工科高等院校研究生、本科生教学用书，也可作为广大科研工程技术人员的参考用书。

本书封面贴有清华大学出版社防伪标签，无标签者不得销售。
版权所有，侵权必究。举报：010-62782989，beiqinquan@tup.tsinghua.edu.cn。

图书在版编目(CIP)数据

MATLAB 信号处理/沈再阳编著. —北京：清华大学出版社，2017(2022.1.重印)
(科学与工程计算技术丛书)
ISBN 978-7-302-46737-3

Ⅰ. ①M… Ⅱ. ①沈… Ⅲ. ①Matlab 软件—应用—数字信号处理 Ⅳ. ①TN911.72

中国版本图书馆 CIP 数据核字(2017)第 048632 号

责任编辑：盛东亮
封面设计：李召霞
责任校对：李建庄
责任印制：宋　林

出版发行：清华大学出版社
网　　址：http://www.tup.com.cn，http://www.wqbook.com
地　　址：北京清华大学学研大厦 A 座　　**邮　　编**：100084
社 总 机：010-62770175　　**邮　　购**：010-83470235
投稿与读者服务：010-62776969，c-service@tup.tsinghua.edu.cn
质量反馈：010-62772015，zhiliang@tup.tsinghua.edu.cn
课件下载：http://www.tup.com.cn，010-83470236
印 装 者：大厂回族自治县彩虹印刷有限公司
经　　销：全国新华书店
开　　本：185mm×260mm　　**印　　张**：31　　**字　　数**：756 千字
版　　次：2017 年 9 月第 1 版　　**印　　次**：2022 年 1 月第 9 次印刷
定　　价：79.00 元

产品编号：072488-01

序言

致力于加快工程技术和科学研究的步伐——这句话总结了 MathWorks 坚持超过三十年的使命。

在这期间，MathWorks 有幸见证了工程师和科学家使用 MATLAB 和 Simulink 在多个应用领域中的无数变革和突破：汽车行业的电气化和不断提高的自动化；日益精确的气象建模和预测；航空航天领域持续提高的性能和安全指标；由神经学家破解的大脑和身体奥秘；无线通信技术的普及；电力网络的可靠性等等。

与此同时，MATLAB 和 Simulink 也帮助了无数大学生在工程技术和科学研究课程里学习关键的技术理念并应用于实际问题中，培养他们成为栋梁之才，更好地投入科研、教学以及工业应用中，指引他们致力于学习、探索先进的技术，融合并应用于创新实践中。

如今，工程技术和科研创新的步伐令人惊叹。创新进程以大量的数据为驱动，结合相应的计算硬件和用于提取信息的机器学习算法。软件和算法几乎无处不在——从孩子的玩具到家用设备，从机器人和制造体系到每一种运输方式——让这些系统更具功能性、灵活性、自主性。最重要的是，工程师和科学家推动了这些进程，他们洞悉问题，创造技术，设计革新系统。

为了支持创新的步伐，MATLAB 发展成为一个广泛而统一的计算技术平台，将成熟的技术方法（比如控制设计和信号处理）融入令人激动的新兴领域，例如深度学习、机器人、物联网开发等。对于现在的智能连接系统，Simulink 平台可以让您实现模拟系统，优化设计，并自动生成嵌入式代码。

"科学与工程计算技术丛书"系列主题反映了 MATLAB 和 Simulink 汇集的领域——大规模编程、机器学习、科学计算、机器人等。我们高兴地看到"科学与工程计算技术丛书"支持 MathWorks 一直以来追求的目标：助您加速工程技术和科学研究。

期待着您的创新！

Jim Tung

MathWorks Fellow

序言

To Accelerate the Pace of Engineering and Science. These eight words have summarized the MathWorks mission for over 30 years.

In that time, it has been an honor and a humbling experience to see engineers and scientists using MATLAB and Simulink to create transformational breakthroughs in an amazingly diverse range of applications: the electrification and increasing autonomy of automobiles; the dramatically more accurate models and forecasts of our weather and climates; the increased performance and safety of aircraft; the insights from neuroscientists about how our brains and bodies work; the pervasiveness of wireless communications; the reliability of power grids; and much more.

At the same time, MATLAB and Simulink have helped countless students in engineering and science courses to learn key technical concepts and apply them to real-world problems, preparing them better for roles in research, teaching, and industry. They are also equipped to become lifelong learners, exploring for new techniques, combining them, and applying them in novel ways.

Today, the pace of innovation in engineering and science is astonishing. That pace is fueled by huge volumes of data, matched with computing hardware and machine-learning algorithms for extracting information from it. It is embodied by software and algorithms in almost every type of system—from children's toys to household appliances to robots and manufacturing systems to almost every form of transportation—making those systems more functional, flexible, and autonomous. Most important, that pace is driven by the engineers and scientists who gain the insights, create the technologies, and design the innovative systems.

To support today's pace of innovation, MATLAB has evolved into a broad and unifying technical computing platform, spanning well-established methods, such as control design and signal processing, with exciting newer areas, such as deep learning, robotics, and IoT development. For today's smart connected systems, Simulink is the platform that enables you to simulate those systems, optimize the design, and automatically generate the embedded code.

The topics in this book series reflect the broad set of areas that MATLAB and Simulink bring together: large-scale programming, machine learning, scientific computing, robotics, and more. We are delighted to collaborate on this series, in support of our ongoing goal: to enable you to accelerate the pace of your engineering and scientific work.

I look forward to the innovations that you will create!

Jim Tung

MathWorks Fellow

前言

数字信号处理是从 20 世纪 60 年代以来，随着信息学科和计算机学科的高速发展而迅速发展起来的一门新兴学科，它的重要性日益在各个领域的应用中表现出来。简言之，数字信号处理是把信号用数字或符号表示的序列，通过计算机或信号处理设备，用数字的数值计算方法处理，以达到提取有用信息、便于应用的目的。

MATLAB 是一个功能强大的数学软件，用于算法开发、数据可视化、数据分析以及数值计算的高级技术计算语言和交互式环境，为科学研究、工程设计以及必须进行有效数值计算的众多科学领域提供了一种全面的解决方案。

目前，MATLAB 已成为信号处理、图像处理、通信原理、自动控制等专业的重要基础课程的首选实验平台，而对于学生而言最有效的学习途径是结合某一专业课程的学习掌握该软件的使用与编程。

1. 本书特点

由浅入深，循序渐进：本书以初中级读者为对象，内容安排上考虑到 MATLAB 进行仿真和运算分析时的基础知识和实践操作，从基础开始，由浅入深地帮助读者掌握 MATLAB 的分析方法。

步骤详尽，内容新颖：本书结合作者多年 MATLAB 使用经验与实际应用案例，将 MATLAB 软件的使用方法与技巧详细地讲解给读者，使读者在阅读时能够快速掌握书中所讲内容。

实例典型，轻松易学：学习实际工程应用案例的具体操作是掌握 MATLAB 最好的方式。本书通过综合应用案例，透彻详尽地讲解了 MATLAB 在各方面的应用。

2. 本书内容

本书结合多年 MATLAB 使用经验与实际工程应用案例，将 MATLAB 软件的使用方法与技巧详细地讲解给读者。本书在讲解过程中步骤详尽、内容新颖，讲解过程辅以相应的图片，使读者在阅读时一目了然，从而快速掌握书中所讲内容。

本书对数字信号处理的基本理论、算法及 MATLAB 实现进行系统的论述。全书分为 3 部分，共 12 个章节，具体内容如下：

第一部分：MATLAB 基础。介绍 MATLAB 的基础知识、发展史及基本运算等内容，让读者对 MATLAB 有一个概要性的认识。具体的章节安排如下：

第 1 章　MATLAB 基础知识

第二部分：信号处理的基本理论。介绍了数字信号处理基本理论和方法及其 MATLAB 实现，向读者展示了 MATLAB 在处理数字信号方面的方法及技巧。具体的章节安排如下：

第 2 章　信号与系统的分析基础

第 3 章　信号变换

第 4 章　IIR 滤波器的设计

前言

第 5 章　FIR 滤波器设计

第 6 章　其他滤波器

第 7 章　随机信号处理

第 8 章　小波在信号处理中的应用

第三部分：信号处理的综合实例。介绍了 MATLAB 基于图像信号处理、语音信号处理、通信信号处理、雷达信号处理等在实际中应用，让读者进一步领略到 MATLAB 的强大功能和广泛的应用范围。具体的章节安排如下：

第 9 章　基于语音信号处理

第 10 章　基于通信信号处理

第 11 章　基于雷达信号处理

第 12 章　信号处理的图形用户界面工具与设计

3. 读者对象

本书适合于 MATLAB 初学者和期望提高应用 MATLAB 进行信号处理能力的读者，具体说明如下：

★ 初学 MATLAB 的技术人员

★ 广大从事信号处理的科研工作人员

★ 大中专院校的教师和在校生

★ 相关培训机构的教师和学员

★ 参加工作实习的“菜鸟”

★ MATLAB 爱好者

4. 读者服务

为了方便解决本书疑难问题，读者朋友在学习过程中遇到与本书有关的技术问题，可以发邮件到邮箱 caxart@126.com，或者访问博客 http://blog.sina.com.cn/caxart，编者会尽快给予解答，我们将竭诚为您服务。

5. 本书作者

本书主要由沈再阳编著。此外，付文利、王广、张岩、温正、林晓阳、任艳芳、唐家鹏、孙国强、高飞等也参与了本书部分内容的编写工作，在此表示感谢。

虽然作者在本书的编写过程中力求叙述准确、完善，但由于水平有限，书中欠妥之处在所难免，希望读者和同仁能够及时指出，共同促进本书质量的提高。

最后再次希望本书能为读者的学习和工作提供帮助！

编著者

2017 年 5 月

目录

第一部分　MATLAB 基础

第 1 章　MATLAB 基础知识 …… 3
1.1　MATLAB 概述 …… 3
1.1.1　MATLAB 的发展历程 …… 3
1.1.2　MATLAB 系统 …… 4
1.2　MATLAB 工作环境 …… 4
1.2.1　命令行窗口 …… 4
1.2.2　帮助系统窗口 …… 7
1.2.3　图形窗口 …… 8
1.2.4　M 文件编辑窗口 …… 10
1.2.5　当前文件夹 …… 12
1.2.6　搜索路径 …… 12
1.3　MATLAB 程序控制结构 …… 13
1.3.1　顺序结构 …… 13
1.3.2　选择结构 …… 14
1.3.3　循环结构 …… 18
1.3.4　程序流程控制语句及其他常用命令 …… 18
1.4　变量、数值与表达式 …… 21
1.4.1　变量 …… 21
1.4.2　数值 …… 24
1.4.3　表达式 …… 25
1.5　数组与矩阵 …… 26
1.5.1　数组的创建与操作 …… 26
1.5.2　常见的数组运算 …… 30
1.5.3　矩阵的表示 …… 34
1.5.4　MATLAB 矩阵寻访 …… 37
1.5.5　MATLAB 矩阵的运算 …… 40
1.6　数据分析 …… 42
1.6.1　平均值、中值 …… 42
1.6.2　数据比较 …… 43
1.6.3　期望 …… 45
1.6.4　方差 …… 45

目录

1.6.5 协方差与相关系数 …… 47
1.7 图形的绘制 …… 49
1.7.1 二维图形的绘制 …… 49
1.7.2 图形绘制和编辑 …… 56
1.7.3 三维图形的绘图 …… 68
本章小结 …… 76

第二部分 信号处理的基本理论

第 2 章 信号与系统的分析基础 …… 79
2.1 离散时间信号的概念 …… 79
2.2 采样定理 …… 80
2.3 离散时间序列 …… 82
2.3.1 单位采样序列 …… 82
2.3.2 单位阶跃序列 …… 83
2.3.3 正弦序列 …… 85
2.3.4 实指数序列 …… 86
2.3.5 复指数序列 …… 87
2.3.6 周期序列 …… 89
2.4 信号的基本运算 …… 89
2.4.1 序列相加与相乘 …… 89
2.4.2 序列累加与序列值乘积 …… 91
2.4.3 序列翻转与序列移位 …… 91
2.4.4 常用连续时间信号的尺度变换 …… 93
2.4.5 常用连续时间信号的奇偶分解 …… 94
2.4.6 信号的积分和微分 …… 96
2.4.7 卷积运算 …… 97
2.5 信号波形的产生 …… 98
2.5.1 线性调频函数与方波函数 …… 98
2.5.2 随机函数与三角波函数 …… 101
2.5.3 rectpuls 函数与 diric 函数 …… 102
2.5.4 sinc 函数与 tripuls 函数 …… 105
2.5.5 gauspuls 函数与 pulstran 函数 …… 106
2.6 连续时间系统的时域分析 …… 108
2.6.1 连续时间系统的零状态与零输入响应的求解分析 …… 108

2.6.2 连续时间系统数值求解 …… 109
2.6.3 连续时间系统冲激响应和阶跃响应分析 …… 110
2.6.4 连续时间系统卷积求解 …… 112
2.7 离散时间信号在 MATLAB 中的运算 …… 113
2.7.1 离散时间系统 …… 113
2.7.2 离散时间系统响应 …… 114
2.7.3 离散时间系统的冲激响应和阶跃响应 …… 115
2.7.4 离散时间信号的卷积和运算 …… 116
本章小结 …… 118
第 3 章 信号的变换 …… 119
3.1 Z 变换概述 …… 119
3.1.1 Z 变换的定义 …… 119
3.1.2 Z 变换的收敛域 …… 120
3.2 Z 变换的性质 …… 122
3.2.1 线性性质 …… 122
3.2.2 时域的移位 …… 122
3.2.3 时域扩展性 …… 122
3.2.4 时域卷积性质 …… 122
3.2.5 微分性 …… 123
3.2.6 积分性 …… 123
3.2.7 时域求和 …… 123
3.2.8 初值定理 …… 123
3.2.9 终值定理 …… 123
3.3 Z 反变换 …… 124
3.4 离散系统中的 Z 域描述 …… 125
3.4.1 离散系统函数频域分析 …… 126
3.4.2 离散系统函数零点分析 …… 129
3.4.3 离散系统差分函数求解 …… 132
3.5 傅里叶级数和傅里叶变换 …… 134
3.6 周期序列的离散傅里叶级数 …… 135
3.7 离散的傅里叶变换 …… 136
3.8 离散傅里叶变换的性质 …… 138
3.8.1 线性 …… 138
3.8.2 循环移位 …… 139
3.8.3 循环卷积定理 …… 139

目录

3.8.4 共轭对称性 …… 139
3.9 频率域采样 …… 140
3.9.1 频率响应的混叠失真 …… 140
3.9.2 频谱泄漏 …… 140
3.9.3 栅栏效应 …… 141
3.9.4 频率分辨率 …… 141
3.10 快速傅里叶变换 …… 143
3.10.1 直接计算 DFT 的问题及改进途径 …… 143
3.10.2 基 2 时分的 FFT 算法 …… 144
3.10.3 基 2 频分的 FFT 算法 …… 145
3.10.4 快速傅里叶变换的 MATLAB 实现 …… 146
3.11 离散余弦变换 …… 151
3.11.1 一维离散余弦变换 …… 152
3.11.2 二维离散余弦变换 …… 152
3.11.3 离散余弦函数 …… 152
3.12 Chirp Z 变换 …… 154
3.13 Gabor 函数 …… 156
3.13.1 Gabor 函数定义 …… 156
3.13.2 Gabor 函数的一般求法与解析理论 …… 157
3.13.3 Gabor 展开 …… 159
本章小结 …… 162
第 4 章 IIR 滤波器的设计 …… 163
4.1 IIR 滤波器结构 …… 163
4.1.1 直接型 …… 164
4.1.2 级联型 …… 166
4.1.3 并联型 …… 171
4.2 模拟滤波器的基础知识与原型设计 …… 176
4.2.1 巴特沃斯滤波器设计 …… 177
4.2.2 切比雪夫Ⅰ型滤波器设计 …… 183
4.2.3 切比雪夫Ⅱ型滤波器设计 …… 184
4.2.4 椭圆滤波器设计 …… 187
4.3 频带变换 …… 190
4.3.1 低通到低通的频带变换 …… 190
4.3.2 低通到高通的频带变换 …… 191
4.3.3 低通到带通的频带变换 …… 193

4.3.4 低通到带阻的频带变换 …… 195

4.4 冲激响应不变法与双线性变换法 …… 197

4.5 滤波器最小阶数选择 …… 201

4.6 滤波器设计 …… 203

4.6.1 滤波器设计步骤 …… 206

4.6.2 经典滤波器设计 …… 207

本章小结 …… 213

第5章 FIR滤波器设计 …… 214

5.1 FIR滤波器的结构 …… 214

5.1.1 直接型结构 …… 215

5.1.2 级联型结构 …… 215

5.1.3 频率采样型结构 …… 216

5.1.4 快速卷积型结构 …… 220

5.2 线性相位FIR滤波器的特性 …… 221

5.2.1 相位条件 …… 221

5.2.2 线性相位FIR滤波器频率响应的特点 …… 221

5.2.3 线性相位FIR滤波器的零点特性 …… 231

5.3 常用的窗函数法FIR滤波器设计 …… 234

5.3.1 窗函数的基本原理 …… 234

5.3.2 矩形窗 …… 234

5.3.3 汉宁窗 …… 238

5.3.4 海明窗 …… 240

5.3.5 布莱克曼窗 …… 242

5.3.6 巴特窗 …… 244

5.3.7 凯塞窗 …… 246

5.3.8 窗函数设计法 …… 247

5.4 频率采样的FIR滤波器的设计 …… 249

5.4.1 设计的思路与约束条件 …… 250

5.4.2 误差设计 …… 250

5.5 FIR数字滤波器的最优设计 …… 253

5.5.1 均方误差最小化准则 …… 253

5.5.2 最大误差最小化准则 …… 254

5.5.3 切比雪夫最佳一致逼近 …… 254

本章小结 …… 258

目录

第 6 章　其他滤波器 …… 259
6.1　维纳滤波器 …… 259
6.2　卡尔曼滤波器 …… 262
6.3　自适应滤波器 …… 264
6.3.1　自适应滤波器简介 …… 264
6.3.2　自适应滤波器在 MATLAB 中的应用 …… 265
6.4　Lattice 滤波器 …… 267
6.4.1　全零点 Lattice 滤波器 …… 267
6.4.2　全极点 Lattice 滤波器 …… 269
6.4.3　零极点的 Lattice 结构 …… 270
6.5　线性预测滤波器 …… 272
6.5.1　AR 模型 …… 272
6.5.2　MA 模型 …… 277
6.5.3　ARMA 模型 …… 279
本章小结 …… 283
第 7 章　随机信号处理 …… 284
7.1　随机信号处理基础 …… 284
7.1.1　随机信号的简介与时域统计描述 …… 284
7.1.2　平稳随机序列及其数字特征 …… 286
7.1.3　平稳随机序列的功率谱 …… 287
7.1.4　基于随机信号处理的 MATLAB 函数 …… 288
7.2　随机信号的功率谱分析 …… 293
7.2.1　非参量类方法 …… 294
7.2.2　参数法 …… 303
7.2.3　子空间法 …… 308
本章小结 …… 309
第 8 章　小波在信号处理中的应用 …… 310
8.1　小波分析概述 …… 310
8.1.1　傅里叶变换与小波变换的比较 …… 310
8.1.2　多分辨分析 …… 313
8.2　小波变换 …… 314
8.2.1　一维连续小波变换 …… 314
8.2.2　高维连续小波变换 …… 315
8.2.3　离散小波变换 …… 316
8.3　小波包分析 …… 317

8.3.1 小波包的定义 …… 317
8.3.2 小波包的性质 …… 318
8.3.3 几种常用的小波 …… 318
8.4 小波工具箱介绍 …… 320
8.4.1 启动小波工具箱 …… 320
8.4.2 一维连续小波分析工具 …… 320
8.5 信号的重构 …… 325
8.5.1 idwt 函数 …… 326
8.5.2 wavedec 函数 …… 327
8.5.3 upcoef 函数 …… 328
8.5.4 upwlev 函数 …… 329
8.5.5 wrcoef 函数 …… 330
8.5.6 wprec 函数 …… 332
8.5.7 wprcoef 函数 …… 332
8.6 提升小波变换用于信号处理 …… 333
8.7 信号去噪 …… 341
8.7.1 信号阈值去噪 …… 341
8.7.2 常用的去噪函数 …… 342
8.8 小波变换在信号处理中的应用 …… 348
8.8.1 分离信号的不同成分 …… 348
8.8.2 识别信号的频率区间与发展趋势 …… 350
8.8.3 基于小波变换的图像信号的局部压缩 …… 353
8.8.4 小波在数字图像信号水印压缩方面的应用 …… 355
本章小结 …… 357

第三部分 信号处理的综合实例

第 9 章 基于语音信号处理 …… 361
9.1 语音产生的过程 …… 361
9.2 语音信号产生的数学模型 …… 362
9.2.1 激励模型 …… 362
9.2.2 声道模型 …… 363
9.2.3 辐射模型 …… 364
9.2.4 语音信号的数字化和预处理 …… 364
9.3 语音信号分析和滤波处理 …… 368

目录

9.3.1 语音信号的采集 …… 368
9.3.2 语音信号的读入与打开 …… 368
9.3.3 语音信号分析 …… 369
9.3.4 含噪语音信号的合成 …… 371
9.3.5 滤波器的设计 …… 373
9.4 小波变换在语音信号处理中的应用 …… 381
9.4.1 小波在语音信号增强中的应用 …… 381
9.4.2 小波变换在语音信号压缩上的应用 …… 383
本章小结 …… 385
第10章 基于通信信号处理 …… 386
10.1 幅度调制 …… 386
10.1.1 DSB-AM调制 …… 386
10.1.2 普通AM调制 …… 387
10.1.3 SSB-AM调制 …… 388
10.1.4 残留边带幅度调制 …… 390
10.2 角度调制 …… 391
10.3 数字调制 …… 392
10.3.1 FSK调制 …… 392
10.3.2 PSK调制 …… 393
10.3.3 QAM调制 …… 395
10.4 自适应均衡 …… 397
10.4.1 递归最小二乘算法(RLS) …… 397
10.4.2 盲均衡算法 …… 399
本章小结 …… 402
第11章 基于雷达信号处理 …… 403
11.1 雷达的基本原理 …… 403
11.2 雷达的用途 …… 404
11.2.1 双/多基地雷达 …… 404
11.2.2 相控阵雷达 …… 404
11.2.3 宽带/超宽带雷达 …… 404
11.2.4 合成孔径雷达 …… 405
11.2.5 毫米波雷达 …… 405
11.2.6 激光雷达 …… 405
11.3 线性调频脉冲压缩雷达仿真 …… 405
11.3.1 匹配滤波器 …… 406

11.3.2 线性调频信号(LFM) …… 407
11.3.3 相位编码信号 …… 408
11.3.4 噪声和杂波的产生 …… 410
11.3.5 杂波建模与 MATLAB 实现 …… 413
11.4 动目标的显示与检测 …… 417
本章小结 …… 421
第 12 章 信号处理的图形用户界面工具与设计 …… 422
12.1 SPTool 工具 …… 422
12.1.1 主窗口 …… 422
12.1.2 信号浏览器 …… 425
12.1.3 滤波浏览器 …… 426
12.1.4 频谱浏览器 …… 433
12.1.5 滤波器设计器 …… 433
12.2 图形用户界面(GUI)简介 …… 434
12.2.1 GUI 的设计原则及步骤 …… 434
12.2.2 GUI 模板与设计窗口 …… 435
12.3 控制框对象及属性 …… 437
12.3.1 按钮 …… 439
12.3.2 滑块 …… 440
12.3.3 单选按钮 …… 442
12.3.4 复选框 …… 442
12.3.5 静态文本 …… 443
12.3.6 可编辑文本框 …… 445
12.3.7 弹出式菜单 …… 446
12.3.8 列表框 …… 446
12.3.9 切换按钮 …… 447
12.3.10 面板 …… 450
12.3.11 按钮组 …… 450
12.3.12 轴 …… 452
12.4 MATLAB 专用对话框 …… 455
12.5 GUI 的设计工具 …… 460
12.5.1 布局编辑器 …… 460
12.5.2 对象浏览器 …… 460
12.5.3 用属性查看器设置控制框属性 …… 461
12.5.4 对齐对象 …… 462

目录

12.5.5 Tab 键顺序编辑器 …… 462

12.5.6 菜单编辑器 …… 462

12.5.7 编辑器 …… 465

12.6 回调函数 …… 466

12.6.1 Callback 程序基本操作 …… 466

12.6.2 CreateFcn …… 467

12.7 脉搏信号处理的 GUI 设计 …… 468

本章小结 …… 477

参考文献 …… 478

第一部分 MATLAB基础知识

第1章　MATLAB基础知识

第1章 MATLAB基础知识

MATLAB 是美国 MathWorks 公司出品的商业数学软件，用于算法开发、数据可视化、数据分析以及数值计算的高级技术计算语言和交互式环境，应用十分广泛。本章主要介绍 MATLAB 的主要特点和使用方法。

学习目标：

(1) 熟悉 MATLAB 的基础知识与工作环境；

(2) 掌握 MATLAB 中 M 文件的操作；

(3) 掌握 MATLAB 程序控制结构；

(4) 理解变量数值与表达式；

(5) 掌握、实践数组与矩阵的操作；

(6) 理解数据分析的知识；

(7) 掌握图形绘制的相关函数。

1.1 MATLAB 概述

MATLAB 名字由 MATrix 和 LABoratory 两词的前 3 个字母组合而成。在国际上 30 几个数学类科技应用软件中，MATLAB 在数值计算方面独占鳌头。

1.1.1 MATLAB 的发展历程

20 世纪 70 年代后期，时任美国新墨西哥大学计算机科学系主任的 Cleve Moler 教授为了减轻学生编程负担，为学生设计了一组调用 LINPACK 和 EISPACK 库程序的“通俗易用”的接口，即用 FORTRAN 编写的萌芽状态的 MATLAB。

经过几年的校际流传，在 Little 的推动下，由 Little、Moler、Steve Bangert 合作，于 1984 年成立了 MathWorks 公司，并把 MATLAB 正式推向市场。从这时起，MATLAB 的内核采用 C 语言编写，而且除原有的数值计算能力外，还新增了数据图视功能。

MATLAB 以商品形式出现后，仅短短几年，就以其良好的开放性和运行的可靠性，使原先控制领域里的封闭式软件包（如英国的 UMIST、瑞典的 LUND 和 SIMNON、德国的 KEDDC）纷纷淘汰，而改以 MATLAB 为平台加以重建。在 20 世纪 90 年代时，MATLAB 已经成为国际控制界公认的标准计算软件。

从 2006 年开始，MATLAB 分别在每年的 3 月和 9 月进行两次产品发布，每次发布都涵盖了产品家族中的所有模块，包含已有产品新特性和 bug 修订，以及新产品的发布。其中，3 月发布的产品称为“a”，9 月发布的产品称为“b”。

1.1.2 MATLAB 系统

MATLAB 是由美国 MathWorks 公司发布的主要面对科学计算、可视化以及交互式程序设计的高科技计算环境。它将数值分析、矩阵计算、科学数据可视化以及非线性动态系统的建模和仿真等诸多强大功能集成在一个易于使用的视窗环境中。

它将数值分析、矩阵计算、科学数据可视化以及非线性动态系统的建模和仿真等诸多强大功能集成在一个易于使用的视窗环境中，为科学研究、工程设计以及必须进行有效数值计算的众多科学领域提供了一种全面的解决方案，并在很大程度上摆脱了传统非交互式程序设计语言（如 C、FORTRAN）的编辑模式，代表了当今国际科学计算软件的先进水平。

MATLAB 系统主要包括 5 个部分：桌面工具和开发环境、数字函数库、语言、图形处理、外部接口。其中桌面工具包括 MATLAB 桌面和命令窗口，编辑器和调试器，代码分析器和用于浏览帮助、工作空间、文件的浏览器。

MATLAB 的函数库包括大量的算法，从初等函数到复杂的高等函数。MATLAB 语言是一种高级基于矩阵和数组的语言，具有程序流控制、函数、数据结构、输入输出和面向编程等特色。在图形处理中，MATLAB 具有方便的数据可视化功能。同时，MATLAB 语言具有能够和一些高级语言进行交互的函数库。

1.2 MATLAB 工作环境

MATLAB 各种操作命令都是由命令窗口开始，用户可以在命令窗口中输入 MATLAB 命令，实现其相应的功能。

1.2.1 命令行窗口

启动 MATLAB，单击 MATLAB 图标，进入到用户界面，如图 1-1 所示，此命令行窗口主要包括文本的编辑区域和菜单栏。

在命令行窗口中，用户可以输入变量、函数及表达式等，回车之后系统即可执行相应的操作。例如：

```
X = 1:50
sum(X)
```

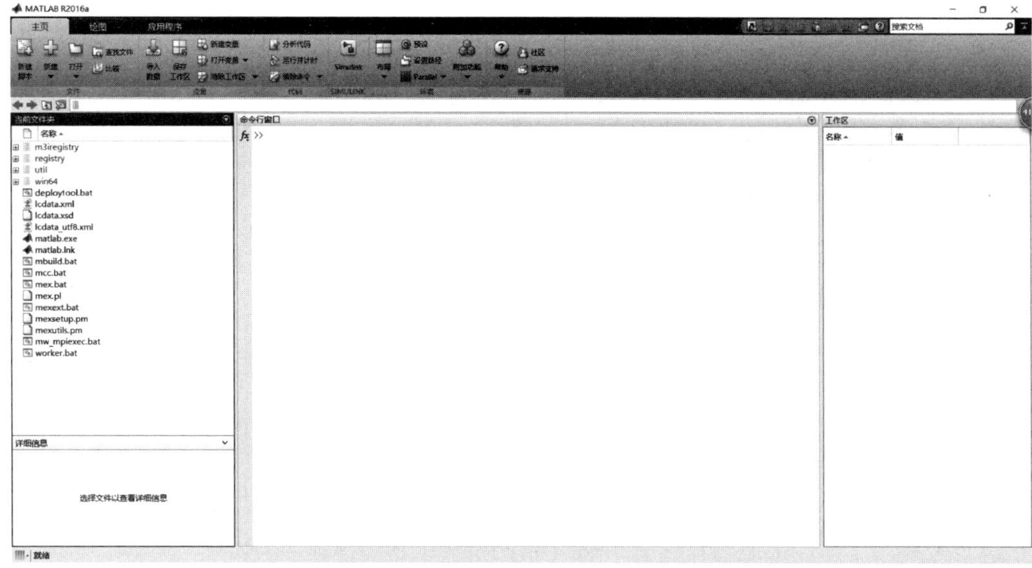

图 1-1　用户界面

运行结果如下：

```
X =
  Columns 1 through 21
     1     2     3     4     5     6     7     8     9    10    11    12    13    14
  15    16    17    18    19    20    21
  Columns 22 through 42
    22    23    24    25    26    27    28    29    30    31    32    33    34
35    36    37    38    39    40    41    42
  Columns 43 through 50
    43    44    45    46    47    48    49    50
ans =
        1275
```

以上的代码是求出 1～50 这 50 个数字的和。

MATLAB 分为两步来执行：

(1) 定义矩阵 Y，并给其赋值；

(2) 调用内置函数 sum，求矩阵元素之和。

此外，只要在命令行窗口输入文字的前面加"%"符号，就可以作为代码的诠释。

【例 1-1】 已知资料的误差值，利用 errorbar 函数来表示：

```
x = linspace(0,3 * pi,20);
y = cos(x) + sin(x);
e = std(y) * ones(size(x))          % 标准差
errorbar(x,y,e)
```

运行结果如下：

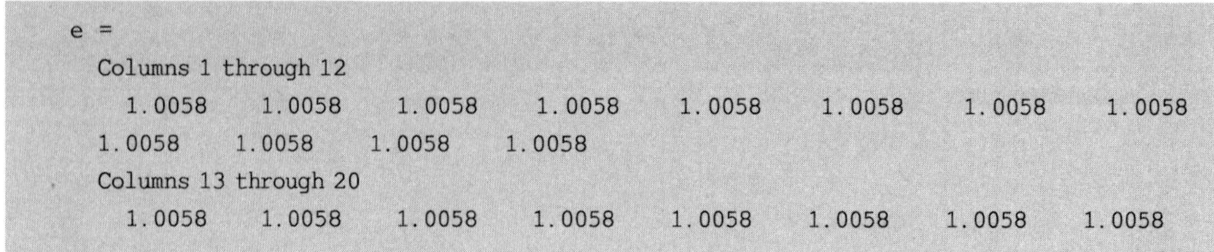

```
e =
  Columns 1 through 12
    1.0058    1.0058    1.0058    1.0058    1.0058    1.0058    1.0058    1.0058
  1.0058    1.0058    1.0058    1.0058
  Columns 13 through 20
    1.0058    1.0058    1.0058    1.0058    1.0058    1.0058    1.0058    1.0058
```

运行结果如图 1-2 所示。

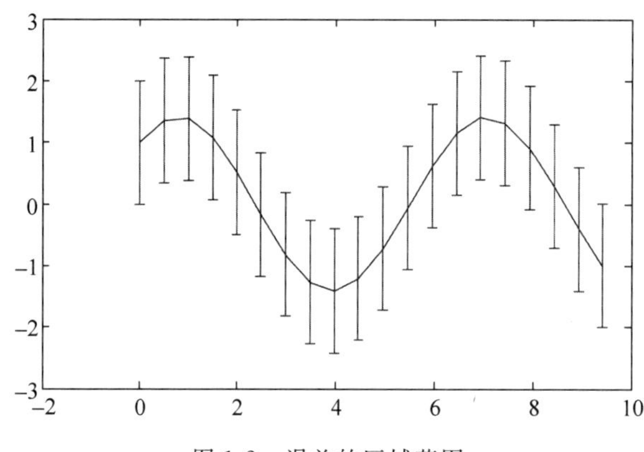

图 1-2　误差的区域范围

在 MATLAB 中，命令行窗口常用的命令及功能如表 1-1 所示。

表 1-1　命令行窗口常用的命令功能

命　　令	功　　能
clc	擦去一页命令行窗口，光标回屏幕左上角
clear	从工作空间清除所有变量
clf	清除图形窗口内容
who	列出当前工作空间中的变量
whos	列出当前工作空间中的变量及信息或用工具栏上的 Workspace 浏览器
delete	从磁盘删除指定文件
which	查找指定文件的路径
clear all	从工作空间清除所有变量和函数
help	查询所列命令的帮助信息
save name	保存工作空间变量到文件 name. mat
save name x y	保存工作空间变量 x、y 到文件 name. mat
load name	加载 name 文件中的所有变量到工作空间
load name x y	加载 name 文件中的变量 x、y 到工作空间
diary name1. m	保存工作空间一段文本到文件 name1. m
diary off	关闭日志功能
type name. m	在工作空间查看 name. m 文件内容
what	列出当前目录下的 m 文件和 mat 文件
↑或者 Ctrl+p	调用上一行的命令

续表

命　令	功　能
↓或者 Ctrl+n	调用下一行的命令
←或者 Ctrl+b	退后一格
→或者 Ctrl+f	前移一格
Ctrl +←或者 Ctrl+r	向右移一个单词
Ctrl +→或者 Ctrl+l	向左移一个单词
Home 或者 Ctrl+a	光标移到行首
End 或者 Ctrl+e	光标移到行尾
Esc 或者 Ctrl+u	清除一行
Del 或者 Ctrl+d	清除光标后字符
Backspace 或者 Ctrl+h	清除光标前字符
Ctrl+k	清除光标至行尾字
Ctrl+c	中断程序运行

1.2.2　帮助系统窗口

有效地使用帮助系统所提供的信息，是用户掌握好 MATLAB 应用的最佳途径。MATLAB 的帮助系统可以分为联机帮助系统和命令行窗口查询帮助系统。

常用的帮助信息有 help，demo，doc，who，whos，what，which，lookfor，helpbrowser，helpdesk，exit，web 等。例如，在窗口中输入 help fft 就可以获得函数 fft 的信息：

```
>> help fft
fft - Fast Fourier transform
    This MATLAB function returns the discrete Fourier transform (DFT) of vector x,
    computed with a fast Fourier transform (FFT) algorithm.

    Y = fft(x)
    Y = fft(X,n)
    Y = fft(X,[],dim)
    Y = fft(X,n,dim)
    fft 的参考页
    另请参阅 fft2, fftn, fftshift, fftw, filter, ifft
    名为 fft 的其他函数
        comm/fft, ident/fft 1.1.7 工作空间窗口
```

工作空间窗口就是用来显示当前计算机内存中 MATLAB 变量的名称、数学结构、该变量的字节数及其类型，在 MATLAB 中不同的变量类型对应不同的变量名图标，可以对变量进行观察、编辑、保存和删除等操作。工作区窗口如图 1-3 所示。

若要查看变量的具体内容，可以双击该变量名称，例如，双击图 1-3 的 e 变量，打开如图 1-4 所示的变量编辑窗口。

工作区

名称	值
a	1x5000 double
a1	1x5000 compl...
c1	[0.0513 - 0.005...
c2	[-0.0353 + 0.00...
e1	0.3625
e2	1.4022 + 0.3875i
h	[1,0.3000,-0.30...
i	4994
j	500
k	2
L	7
m	500
M	4
m1	1x5000 double

图 1-3　工作区窗口

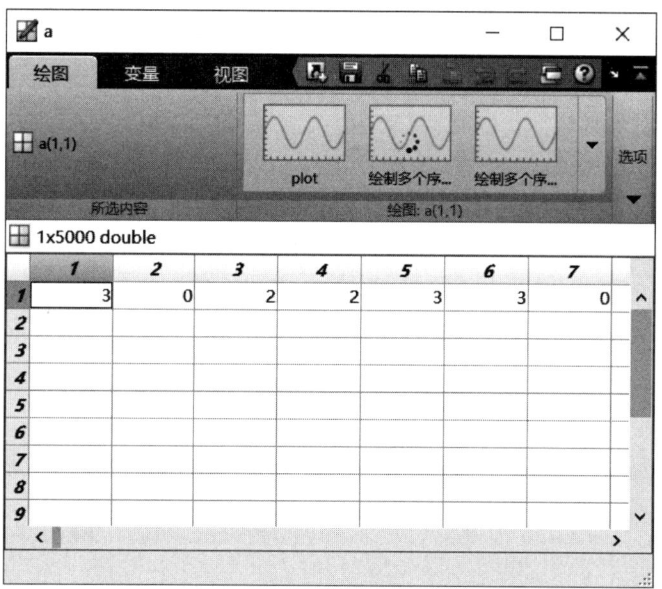

图 1-4　变量编辑

1.2.3　图形窗口

图形窗口用来显示 MATLAB 所绘制的图形，这些图形既可以是二维图形，也可以是三维图形。用户可以通过选择“新建”→“图形”按键进入图形窗口，如图 1-5 所示。

也可以通过运行程序自动弹出图形窗口，如图 1-6 所示。

```
>> x = - pi:0.1:pi;
y = sin(x);
plot(x,y)
```

图 1-5 进入图形窗口

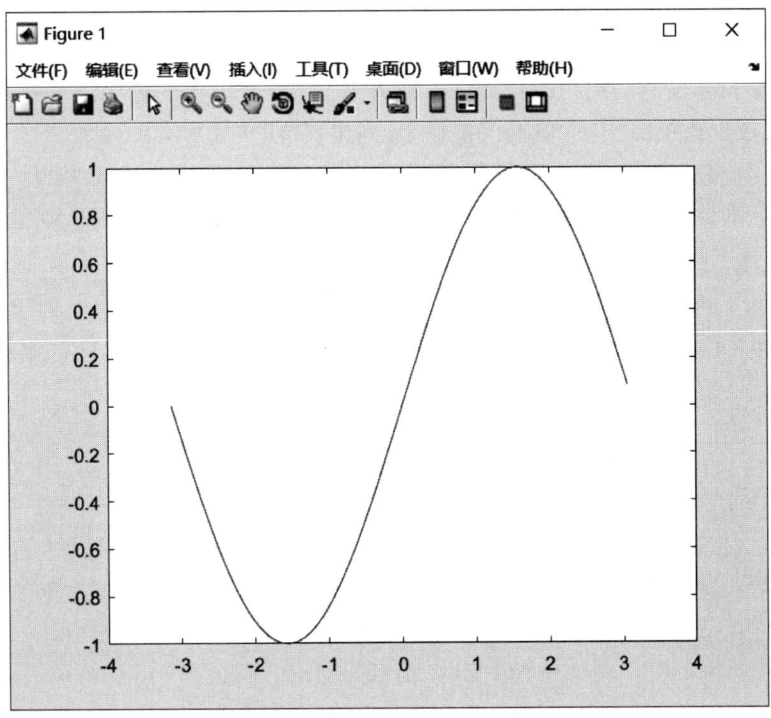

图 1-6 运行程序自动弹出图形窗口

1.2.4 M 文件编辑窗口

MATLAB 对命令文件的执行等价于从命令窗口中顺序执行文件中的所有指令。命令文件可以访问 MATLAB 工作空间里的任何变量及数据。

命令文件运行过程中产生的所有变量都等价于从 MATLAB 工作空间中创建这些变量。因此,任何其他命令文件和函数都可以自由地访问这些变量。这些变量一旦产生就一直保存在内存中,只有对它们重新赋值,它们的原有值才会变化。关机后,这里变量也就全部消失了。另外,在命令窗口中运行 clear 命令,也可以把这些变量从工作空间中删去。当然,在 MATLAB 的工作空间窗口中也可以用鼠标选择想要删除的变量,从而将这些变量从工作空间中删除。

M 文件的类型是普通的文本文件,我们可以使用系统认可的文本文件编辑器来建立 M 文件。如 DOS 下的 edit,Windows 的记事本和 Word 等。M 文件主要功能如下:

1. 编辑功能

(1) 选择:与通常鼠标选择方法类似,但这样做其实并不方便。如果习惯了,使用"Shift+箭头"是一种更为方便的方法,熟练后根本就不需要再看键盘。

(2) 复制粘贴:没有比 Ctrl+C 键、Ctrl+V 键更方便的了,相信使用过 Windows 的人一定知道。

(3) 寻找替代:寻找字符串时用"Ctrl+F"键显然比用鼠标单击菜单方便。

(4) 查看函数:阅读大的程序通常需要看看都有哪些函数并跳到感兴趣的函数位置,M 文件编辑器没有为用户提供像 VC 或者 BC 那样全方位的程序浏览器,却提供了一个简单的函数查找快捷按钮,单击该按钮,会列出该 M 文件所有的函数。

(5) 注释:如果用户已经有了很长时间的编程经验而仍然使用"Shift+5"来输入"%"号,一定体会过其中的痛苦(忘了切换输入法状态时,就会变成中文字符集的百分号),可以使用 Ctrl+r 键添加注释"%",使用 Ctrl+t 键删除注释。

(6) 缩进:良好的缩进格式为用户提供了清晰的程序结构。编程时应该使用不同的缩进量,以使程序显得错落有致。增加缩进量用"Ctrl+]"键,减少缩进量用"Ctrl+["键。当一大段程序比较乱的时候,使用 smart indent(快捷键"Ctrl+I")也是一种很好的选择。

2. 调试功能

M 程序调试器的热键设置和 VC 的设置有些类似,如果用户有其他语言的编程调试经验,则调试 M 程序显得相当简单。因为它没有指针的概念,这样就避免了一大类难以查找的错误。

不过 M 程序可能会经常出现索引错误,如果设置了 stop if error(Breakpoints 菜单下),则程序的执行会停在出错的位置,并在 MATLAB 命令行窗口显示出错信息。下面列出了一些常用的调试方法。

(1) 设置或清除断点:使用快捷键 F12。

(2) 执行：使用快捷键 F5。

(3) 单步执行：使用快捷键 F10。

(4) step in：当遇见函数时，进入函数内部，使用快捷键 F11。

(5) step out：执行流程跳出函数，使用快捷键"Shift+F11"。

(6) 执行到光标所在位置：非常遗憾这项功能没有快捷键，只能使用菜单来完成这样的功能。

(7) 观察变量或表达式的值：将鼠标放在要观察的变量上停留片刻，就会显示出变量的值，当矩阵太大时，只显示矩阵的维数。

(8) 退出调试模式：没有设置快捷键，使用菜单或者快捷按钮来完成。

通常 MATLAB 以指令驱动模式工作，即在 MATLAB 窗口下当用户输入单行指令时，MATLAB 立即处理这条指令，并显示结果，这就是 MATLAB 命令行方式。

命令行操作时，MATLAB 窗口只允许一次执行一行的一个或几个语句。

具体的创建方法：

(1) 在 MATLAB 主菜单上选择菜单命令"新建"→"脚本"，如图 1-7 所示。

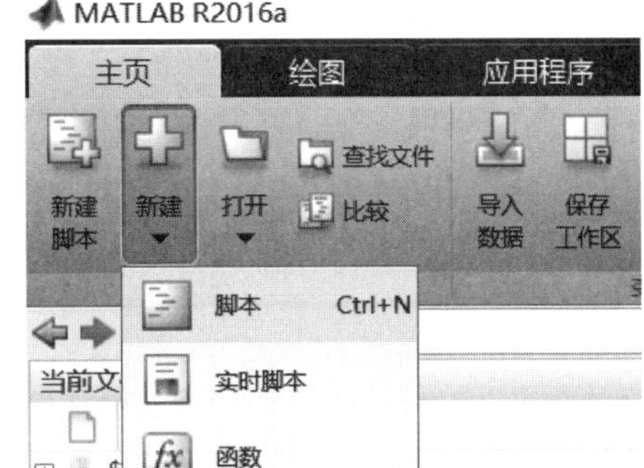

图 1-7 创建新的 M 文件

(2) 单击"保存"→"另存为"，将工作空间中的内容存入文件，如图 1-8 所示。

图 1-8 M 文件的保存

1.2.5 当前文件夹

当前路径窗口显示当前用户所在的路径，可以在其中对 MATLAB 路径下的文件进行搜索、浏览、打开等操作，如图 1-9 所示。

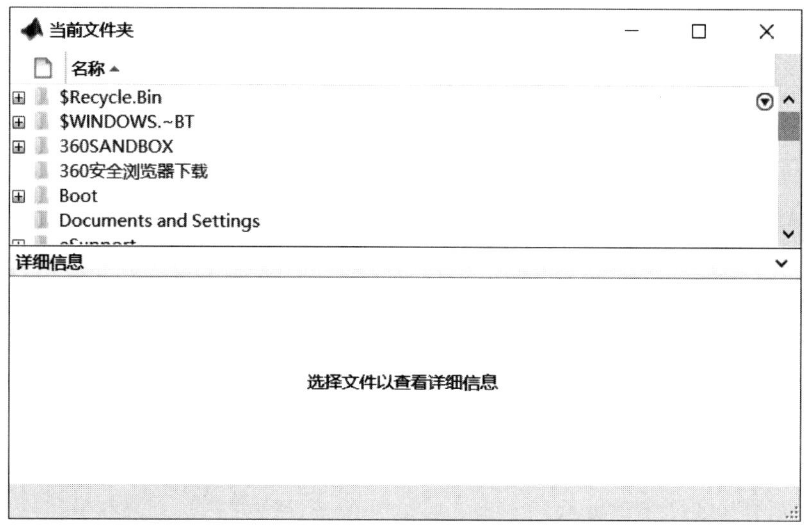

图 1-9 当前文件夹

1.2.6 搜索路径

用户可以通过选择菜单栏中的 Set path，或者在命令窗口输入 pathtool 或 editpath 指令来查看 MATLAB 的搜索目录，如图 1-10 所示。

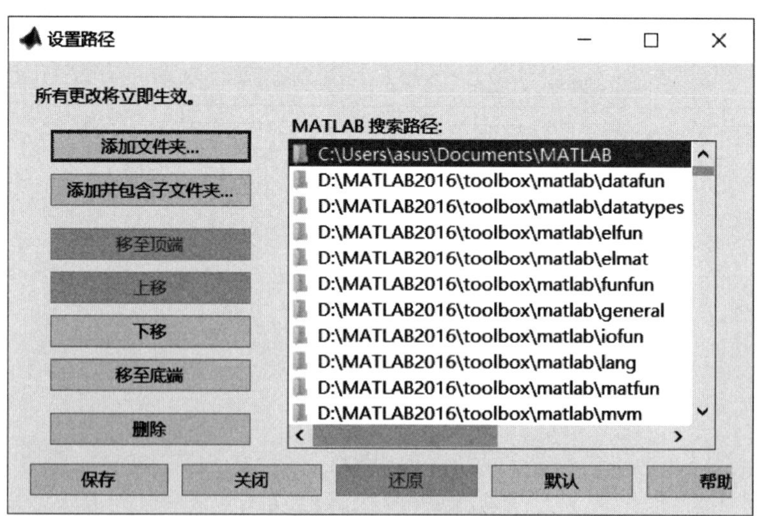

图 1-10 设置路径

1.3 MATLAB 程序控制结构

在 MATLAB 中,程序流程控制包含控制程序的基本结构和语法,结构化的程序主要有三种基本的程序结构。MATLAB 语言的程序结构与其他高级语言是一致的,分为顺序结构、选择结构、循环结构。

MATLAB 语言也给出了丰富的流程控制语句,以实现具体的程序设计。在 M 文件中,通过对流程控制语句的组合使用,可以实现多种复杂功能。MATLAB 语言的流程控制语句主要有 for、while、if-else-end 及 switch-case 4 种语句。

1.3.1 顺序结构

顺序结构是指所有组成程序源代码的语句按照由上至下的次序依次执行,直到程序的最后一个语句。这种程序优点是容易编制;缺点是结构单一,能够实现的功能有限。

在 MATLAB 语言的函数中,变量主要有输入变量、输出变量及函数内所使用的变量。

1. 数据输入

从键盘输入数据,则可以使用 input 函数来进行,该函数的调用格式为

```
A = input(提示信息,选项);
```

其中,提示信息为一个字符串,用于提示用户输入什么样的数据。

如果在 input 函数调用时采用 s 选项,则允许用户输入一个字符串。例如,想输入一个人的姓名,可采用命令

```
xm = input('What''s your name?','s');
```

2. 数据输出

MATLAB 提供的命令窗口输出函数主要有 disp 函数,其调用格式为

```
disp(输出项)
```

其中,输出项既可以为字符串,也可以为矩阵。

【例 1-2】 数据输出示例。

```
A = 'Hello,MATLAB';
disp(A)
```

运行结果如下:

```
Hello,MATLAB
```

【例 1-3】 输入 x、y 的值,并将它们的值互换后输出。

```
x = input('Input x please.');
y = input('Input y please.');
z = x;
x = y;
y = z;
disp(x);
disp(y);
```

运行结果如下：

```
Input x please.1
Input y please.2
     2
     1
```

【例 1-4】 对任一自然数 m，按如下法则进行运算：若 m 为偶数，则将 n 除 2；若 m 为奇数，则将 m 乘 3 加 1。将运算结果按上面法则继续运算，重复若干次后计算结果最终是 1。运行程序如下：

```
n = input('input  n = ');                  % 输入数据
while n~ = 1
        r = rem(n,2);                      % 求 n/2 的余数
        if r == 0
            n = n/2                        % 第一种操作
        else
            n = 3 * n + 1                  % 第二种操作
        end
end
```

运行结果如下：

```
input  n = 5
n =
    16
n =
     8
n =
     4
n =
     2
n =
     1
```

1.3.2 选择结构

在 MATLAB 中，选择结构依照不同的判断条件进行判断，然后根据判断的结果选择某一种方法来解决某一个问题。

在 MATLAB 中，if 语句有以下 3 种格式。

（1）单分支 if 语句格式如下：

```
if  条件
        语句组
    end
```

当条件成立时，则执行语句组，执行完之后继续执行 if 语句的后继语句，若条件不成立，则直接执行 if 语句的后继语句。

（2）条件判断语句也是程序设计语言中流程控制语句之一。使用该语句，可以选择执行指定的命令，MATLAB 语言中的条件判断语句是 if-else-end 语句。

双分支 if 语句格式如下：

```
if  条件
        语句组 1
    else
         语句组 2
    end
```

当条件成立时，执行语句组 1，否则执行语句组 2，语句组 1 或语句组 2 执行后，再执行 if 语句的后继语句。

在程序设计中，也经常碰到需要进行多重逻辑选择的问题，这时可以采用 if-else-end 语句的嵌套形式：

```
if<逻辑判断语句 1>
        逻辑值 1 为"真"时的执行语句
elseif<逻辑判断语句 2>
        逻辑值 2 为"真"时的执行语句
elseif<逻辑判断语句 3>
…
else
```

当以上所有的逻辑值均为假时的执行语句

```
end
```

【例 1-5】 计算分段函数的值。

程序如下：

```
x = input('请输入 x 的值:');
if x <= 0
   y = (x + sqrt(pi))/exp(2)
else
   y = log(x + sqrt(1 + x * x))/2
end
```

运行结果如下：

```
请输入 x 的值: - 1
y =
```

```
0.1045
请输入 x 的值:1
y =
    0.4407
```

【例 1-6】 输入三角形的 3 条边,求面积。

程序如下:

```
A = input('请输入三角形的三条边: ');
    if A(1) + A(2)> A(3) & A(1) + A(3)> A(2) & A(2) + A(3)> A(1)
       p = (A(1) + A(2) + A(3))/2;
       s = sqrt(p * (p - A(1)) * (p - A(2)) * (p - A(3)));
       disp(s);
    else
       disp('不能构成一个三角形。')
    end
```

运行结果如下:

```
请输入三角形的三条边: [3 4 5]
     6
```

(3) 多分支 if 语句格式如下:

```
if  条件 1
        语句组 1
    elseif  条件 2
        语句组 2
        …
    elseif  条件 m
         语句组 m
    else
         语句组 n
    end
```

语句用于实现多分支选择结构。

【例 1-7】 输入一个字符,若为大写字母,则输出其后继字符,若为小写字母,则输出其前导字符,若为其他字符则原样输出。

程序如下:

```
c = input('','s');
    if c>= 'A' & c<= 'Z'
       disp(setstr(abs(c) + 1));
    elseif c>= 'a'& c<= 'z'
       disp(setstr(abs(c) - 1));
    else
       disp(c);
    end
```

运行结果如下：

```
A
B
b
a
a
`
 *
 *
```

（4）if-else-end 语句所对应的是多重判断选择，而有时也会遇到多分支判断选择的问题。MATLAB 语言为解决多分支判断选择提供了 switch-case 语句。

switch 语句根据表达式的取值不同，分别执行不同的语句，其语句格式如下：

```
switch  表达式
   case  表达式 1
      语句组 1
   case  表达式 2
      语句组 2
      …
   case  表达式 m
      语句组 m
   otherwise
      语句组 n
end
```

与其他程序设计语言的 switch-case 语句不同的是，在 MATLAB 语言中，当其中一个 case 语句后的条件为真时，switch-case 语句不对其后的 case 语句进行判断，也就是说在 MATLAB 语言中，即使有多条 case 判断语句为真，也只执行所遇到的第一条为真的语句。

这样就不必像 C 语言那样，在每条 case 语句后加上 break 语句以防止继续执行后面为真的 case 条件语句。

【例 1-8】 试编写一个某地产公司对顾客所购买的房产实行打折销售的标准。

程序如下：

```
price = input('请输入商品价格');
switch fix(price/100)
   case {0,1}                      % 价格小于 200
      rate = 0;
   case {2,3,4}                    % 价格大于等于 200 但小于 500
      rate = 0.1/100;
   case num2cell(5:9)              % 价格大于等于 500 但小于 1000
      rate = 0.2/100;
   case num2cell(10:24)            % 价格大于等于 1000 但小于 2500
      rate = 0.3/100;

end
price = price * (1 - rate)         % 输出商品实际销售价格
```

运行结果如下：

```
请输入商品价格 2300
price =
   2.2931e+03
```

1.3.3 循环结构

在 MATLAB 中，循环结构就是在程序中某一条语句或多条语句重复多次地运行。

在 MATLAB 中，包含两种循环结构：循环次数不确定的 while 循环；循环次数确定的 for 循环。这两种不完全相同，各有特色。for 循环语句是流程控制语句中的基础，使用该循环语句可以以指定的次数重复执行循环体内的语句。

1. for 语句

for 语句的格式如下：

```
for 循环变量 = 表达式 1:表达式 2:表达式 3
        循环体语句
    end
```

其中，表达式 1 的值为循环变量的初值，表达式 2 的值为步长，表达式 3 的值为循环变量的终值。步长为 1 时，表达式 2 可以省略。

2. while 循环结构

while 语句可以实现"当"型的循环结构，格式如下：

```
while(表达式)
    MATLAB 语句
end
```

其中，循环判断语句为某种形式的逻辑判断表达式，当该表达式的值为真时，就执行循环体内的语句；当表达式的逻辑值为假时，就退出当前的循环体。

在 while 循环语句中，在语句内必须有可以修改循环控制变量的命令，否则该循环语言将陷入死循环中，除非循环语句中有控制退出循环的命令，如 break 语句、continue 命令。当程序流程运行至该命令时，则不论循环控制变量是否满足循环判断语句均将退出当前循环，执行循环后的其他语句。

1.3.4 程序流程控制语句及其他常用命令

1. break 命令

在 MATLAB 中，break 命令通常用于 for 或 while 循环语句中，与 if 语句一起使用，中止本次循环，跳出最内层循环。

【例 1-9】 break 命令示例。

程序如下：

```
a = 4;b = 7;
for i = 1:4
   b = b + 1;
   if i > 2
      break              % 当 if 条件满足时不再执行循环
   end
   a = a + 2
end
```

运行结果如下：

```
a =
     6
a =
     8
```

2. continue 命令

通常用于 for 或 while 循环语句中，与 if 语句一起使用，达到跳过本次循环，去执行下一轮循环的目的。

【例 1-10】 continue 命令示例。

程序如下：

```
a = 4;b = 7;
for i = 1:4
   b = b + 1;
   if i < 2
      continue           % 当 if 条件满足时不再执行后面语句
   end
   a = a + 2             % 当 i<2 时不执行该语句
end
```

运行结果如下：

```
a =
     6
a =
     8
a =
    10
```

3. try 指令

try 语句是 MATLAB 特有的语句，它先试探性地执行语句 1，如果出错，则将错误信息存入系统保留变量 lasterr 中，然后再执行语句 2；如果不出错，则转向执行 end 后面的语句。此语句可以提高程序的容错能力，增加编程的灵活性。该指令的一般结构如下：

```
try
语句 1
catch
语句 2
end
```

【例 1-11】 已知某图像文件名为 football，但不知其存储格式为. bmp 还是. jpg，试编程正确读取该图像文件。

程序如下：

```
try
    picture = imread('football.bmp','bmp');
    filename = 'football.bmp';
catch
    picture = imread('football.jpg','jpg');
    filename = 'football.jpg';
end
filename
```

如图 1-11 所示，运行结果如下：

```
filename =
football.jpg
picture = imread('football.jpg','jpg');
imshowp('picture')
```

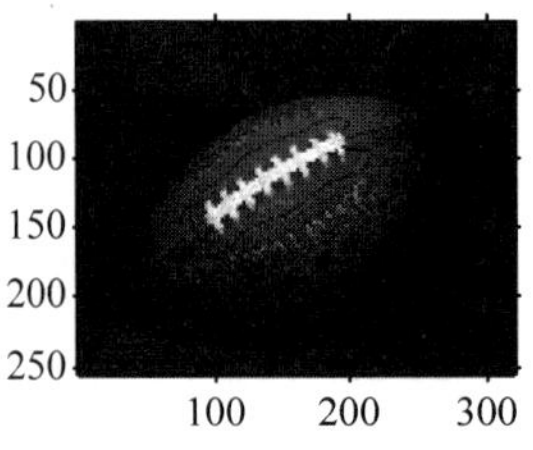

图 1-11　try 指令效果图

【例 1-12】 先求两矩阵的乘积，若出错，则自动转去求两矩阵的点乘。

程序如下：

```
A = [1,2;4,5]; B = [7,8;10,11];
try
   C = A * B;
catch
   C = A. * B;
end
C
lasterr          % 显示出错原因
```

运行结果如下：

```
C =
    27    30
    78    87
ans =
SWITCH 表达式必须为标量或字符串常量。
```

1.4 变量、数值与表达式

1.4.1 变量

变量来源于数学，是计算机语言中能储存计算结果或能表示值抽象概念。表 1-2 为系统自定义的一些特殊的变量。

表 1-2 系统中的特殊变量

特殊变量	说 明
ans	默认变量名
pi	圆周率
realmin	最小的正实浮点数
realmax	最大的正实浮点数
bitmax	最大正整浮点数
inf	无穷大
eps	浮点运算相对精度
nan	非数，即结果不能确定

在 MATLAB 中，当遇到一个新的变量名时，就会自动产生一个变量并分配一个合适的存储空间。不需要对变量进行类型声明或维数声明。如果变量已经存在，将自动用新内容替换该变量的原有内容，若需要还会分配新的存储空间。例如：

```
>> eps
ans =
   2.2204e-16
>>  eps = 3.3
eps =
    3.3000
>> eps  = eps  + 2
eps =
    5.3000
```

(1) 变量名区分大小写。如 Price 与 price 为两个不同的变量名，SIN 不代表正弦函数。

(2) 变量名最多能包含 63 个字符，如果超出限制范围，从第 64 个字符开始，其后的字符都将被忽略。

(3) 变量名必须以字母开头,其后可以是任意数字、字母或下画线。

(4) 不允许出现标点符号,因为很多标点符号在 MATLAB 中具有特殊的意义。例如,CB 与 C,B 会产生完全不同的结果,系统会认为 C,B 中间的逗号为分隔符,表示两个变量。

注意:以下这些关键字不能作为变量。用户可以通过在命令行窗口输入 iskeyword 列出这些关键字。

```
>> iskeyword
ans =
    'break'
    'case'
    'catch'
    'classdef'
    'continue'
    'else'
    'elseif'
    'end'
    'for'
    'function'
    'global'
    'if'
    'otherwise'
    'parfor'
    'persistent'
    'return'
    'spmd'
    'switch'
    'try'
    'while'
```

若在命令行窗口输入 while=1,系统会出现警告。

```
错误:等号左侧的表达式不是用于赋值的有效目标。
```

在 MATLAB 语言的函数中,变量主要有输入变量、输出变量及函数内所使用的变量。

输入变量:相当于函数入口数据,是一个函数操作的主要对象。某种程度上讲,函数的作用就是对输入变量进行加工以实现一定的功能。

函数的输入变量为形式参数,即只传递变量的值而不传递变量的地址,函数对输入变量的一切操作和修改如果不依靠输出变量传出的话,将不会影响工作空间中该变量的值。

MATLAB 语言提供了函数 nargin 和函数 varargin 来控制输入变量的个数,以实现不定个数参数输入的操作。

例如：

```
function y = bar(varargin)
```

也就是说，调用 bar 这个函数，可以传递 1 个参数、2 个参数等，或者不给参数。varargin 表示输入变量的个数。

【例 1-13】 变量控制示例。

定义子程序如下：

```
function[num1,num2,num3] = text1(varargin)
num1 = 0;
num2 = 0;
num3 = 0;
if nargin == 1
    num1 = 1;
elseif nargin == 2
    num2 = 2;
else nargin == 3
    num3 = 3;
end
```

运行结果如下：

```
[num1,num2,num3] = text1(a,b,c)
num1 = 0
num2 = 0
num3 = 3
[num1,num2,num3] = text1(a)
num1 = 1
num2 = 0
num3 = 0
```

函数对于函数变量而言，还应当指出的是其作用域的问题。在 MATLAB 语言中，函数内定义的变量均被视为局部变量，即不加载到工作空间中，如果希望使用全局变量，则应当使用命令 global 定义，而且在任何使用该全局变量的函数中都应加以定义。

【例 1-14】 全局变量的示例。

定义子程序如下：

```
function[num1,num2,num3] = text(varargin)
global  firstlevel  secondlevel                    %定义全局变量
num1 = 0;
num2 = 0;
num3 = 0;
list = zeros(nargin);
for i = 1:nargin
  list(i) = sum(varargin{i}(:));
  list(i) = list(i)/length(varargin{i});
  if  list(i)> firstlevel
```

```
            num1 = num1 + 1
    elseif  list(i)> secondlevel
            num2 = num2 + 1;
    else
        num3 = num3 + 1;
    end
end
```

运行程序如下：

```
%在命令窗口中也应定义相应的全局变量
global  firstlevel  secondlevel
firstlevel = 85;
secondlevel = 75;
```

可以看到，定义全局变量时，与定义输入变量和输出变量不同，变量之间必须用空格分隔，而不能用逗号分隔，否则系统将不能识别逗号后的全局变量。

1.4.2 数值

在 MATLAB 中，数值均采用习惯的十进制，可以带小数点及正负号。例如，以下写法都是合法的。

```
109     - 35.9     - 0.009     0.004
```

科学计数法采用字符 e 来表示 10 的幂。例如：

```
9.45e2    1.26e3     - 2.1e - 5
```

虚数的扩展名为 i 或者 j。例如：

```
2i        3ej           - 3.14j
```

在采用 IEEE 浮点算法的计算机上，数值的相对精度为 eps，有效数字 16 位，数值范围大致在 $10^{-308}\sim 10^{309}$。

在 MATLAB 中输入同一数值时，有时会发现，在命令行窗口中显示数据的形式有所不同。例如，0.3 有时显示 0.3，但有时会显示 0.300。这是因为数据显示格式是不同的。

在一般情况下，MATLAB 内部每一个数据元素都是用双精度数来表示和存储的，数据输出时用户可以用 format 命令设置或改变数据输出格式。表 1-3 揭示了不同种类的数据显示格式。

表 1-3　数据显示格式

格　　式	说　　明
format	表示默认显示格式
format short	表示短格式，只显示 5 位。例如：3.1416
format long	表示长格式，双精度数 15 位，单精度数 7 位。例如：3.14159265358979
format short e	表示短格式 e 方式，只显示 5 位。例如：3.1416e+000
format long e	表示长格式 e 方式。例如：3.141592653589793e+000
format short g	表示短格式 g 方式（自动选择最佳表示格式），只显示 5 位。例如：3.1416
format long g	表示长格式 g 方式。例如：3.14159265358979
format compact	表示压缩格式。变量与数据之间在显示时不留空行
format loose	表示自由格式。变量与数据之间在显示时留空行
format hex	表示十六进制格式表示。例如：400921fb54442d18

【例 1-15】 在不同数据格式下显示 pi 的值。

```
>> pi
ans =
    3.1416
>> format long
>> pi
ans =
   3.141592653589793
>> pi
ans =
   3.141592653589793
>> format short e
>> pi
ans =
   3.1416e+00
>> format long g
>>  pi
ans =
   3.14159265358979
>> format hex
>> pi
ans =
   400921fb54442d18
```

1.4.3　表达式

在 MATLAB 中，数学表达式的运算操作尽量设计得接近于习惯，其他编程语言在有些情况下一次只能处理一个数据，MATLAB 却允许快捷、方便地对整个矩阵进行操作。MATLAB 表达式采用熟悉的数学运算符和优先级，如表 1-4 所示（表中运算符的优先级从上到下依次升高）。

表 1-4 MATLAB 的运算符优先级与表达式

运　算	MATLAB 运算符	MATLAB 表达式
加	+	$a+b$
减	−	$a-b$
乘	*(.*)	$a*b$
除	/	a/b
幂	^(.^)	a^b
小括号指定优先级	()	$(a+b)*c$

MATLAB 与经典的数学表达式也有所差别。例如,对矩阵进行右除与左除操作的结果是不同的。下面通过一个简单的例子演示复数矩阵转置与共轭转置的操作及其区别。

【例 1-16】 求复数矩阵的转置及共轭转置。

程序如下:

```
format short
A = [1 4;3 7] + [11 0;9 11] * i
A'              % 复数矩阵 A 转置
A.'             % 共轭转置
```

运行结果如下:

```
A =
   1.0000 +11.0000i   4.0000 + 0.0000i
   3.0000 + 9.0000i   7.0000 +11.0000i
A' =
   1.0000 -11.0000i   3.0000 - 9.0000i
   4.0000 + 0.0000i   7.0000 -11.0000i
A.' =
   1.0000 +11.0000i   3.0000 + 9.0000i
   4.0000 + 0.0000i   7.0000 +11.0000i
```

1.5 数组与矩阵

数值数组(简称为数组)是 MATLAB 中最重要的一种内建数据类型,是 MATLAB 软件定义的运算规则,其目的是为了数据管理方便、操作简单、指令形式自然和执行计算有效。

1.5.1 数组的创建与操作

行数组:即 n 个元素排成一行,又称为行向量(row vector);列数组:即 m 个元素排成一列,又称为列向量(column vector)。

用方括号[ ]创建一维数组就是将整个数组放在方括号里,行数组元素用空格或逗号分隔，列数组元素用分号分隔，标点符号一定要在英文状态下输入。

【例 1-17】 创建数组示例。

程序如下：

```
clear all
A = []
B = [6 3 4 3 2 1]
C = [6,5,4,3,2,1]
D = [6;3;4;3;2;1]
E = B'          % 转置
```

运行结果如下：

```
A =
     []
B =
     6     3     4     3     2     1
C =
     6     5     4     3     2     1
D =
     6
     3
     4
     3
     2
     1
E =
     6
     3
     4
     3
     2
```

【例 1-18】 访问数组示例。

程序如下：

```
clear all
B = [1 2 3 3 2 1]
b1 = B(1)                    % 访问数组第一个元素;
b2 = B(1:3)                  % 访问数组第 1、2、3 个元素;
b3 = B(3:end)                % 访问数组第 3 个到最后一个元素;
b4 = B(end: - 1:1)           % 数组元素反序输出
b5 = B([1 6])                % 访问数组第 1\6 元素
```

运行结果如下：

```
B =
     1     2     3     3     2     1
b1 =
     1
```

```
b2 =
     1     2     3
b3 =
     3     3     2     1
b4 =
     1     2     3     3     2     1
b5 =
     1     1
```

【例 1-19】 对一子数组赋值。

程序如下：

```
clear all
A = [1 2 3 3 2 1]
A1(3) = 0
A2([1 4]) = [1 1]
```

运行结果如下：

```
A =
     1     2     3     3     2     1
A1 =
     1     2     0     3     2     1
A2 =
     1     2     0     1     2     1
```

1. 用冒号创建一维数组

在 MATLAB 中，通过冒号创建一维数组的方法如下：

```
x = a:b
x = a:inc:b
```

其中，a 是数组 x 中的第一个元素，b 不一定是数组 x 的最后一个元素。默认 inc=1。

【例 1-20】 用冒号创建一维数组示例。

程序如下：

```
clear all
A = 3:6
B = 3.1:1.5:6
C = 3.1: - 1.5: - 6
D = 3.1: - 1.5:6
```

运行结果如下：

```
A =
     3     4     5     6
B =
    3.1000    4.6000
C =
    3.1000    1.6000    0.1000   - 1.4000   - 2.9000   - 4.4000   - 5.9000
```

```
D =
Empty matrix: 1 - by - 0
```

2. 用 logspace()函数创建一维数组

x = logspace(a,b)：创建行向量 y，第一个元素为10^a，组后一个元素为10^b，形成总数为 50 个元素的等比数列。

x = logspace(a,b,n)：创建行向量 y，第一个元素为10^a，组后一个元素为10^b，形成总数为 n 个元素的等比数列。

【例 1-21】 用 logspace()函数创建一维数组示例。

程序如下：

```
clear all
clc
format short;
A = logspace(1,4,20)
B = logspace(1,4,10)
```

运行结果如下：

```
A =
   1.0e + 04 *
  Columns 1 through 12
    0.0010    0.0014    0.0021    0.0030    0.0043    0.0062    0.0089    0.0127
  0.0183    0.0264    0.0379    0.0546
  Columns 13 through 20
    0.0785    0.1129    0.1624    0.2336    0.3360    0.4833    0.6952    1.0000
B =
   1.0e + 04 *
    0.0010    0.0022    0.0046    0.0100    0.0215    0.0464    0.1000    0.2154
  0.4642    1.0000
```

3. 用 linspace()函数创建一维数组

x =linspace(a,b)：创建行向量 y，第一个元素为 a，组后一个元素为 b，形成总数为 100 个元素的等比数列。

x =linspace(a,b,n)：创建行向量 y，第一个元素为 a，组后一个元素为 b，形成总数为 n 个元素的等比数列。

【例 1-22】 用 linspace()函数创建一维数组示例。

程序如下：

```
clear all
format short;
A = linspace(1,100)
B = linspace(1,24,12)
C= linspace(1,24,1)
```

运行结果如下：

```
A =
  Columns 1 through 20
    1    2    3    4    5    6    7    8    9   10   11   12   13   14
  15   16   17   18   19   20
  Columns 21 through 40
   21   22   23   24   25   26   27   28   29   30   31   32   33
34   35   36   37   38   39   40
  Columns 41 through 60
   41   42   43   44   45   46   47   48   49   50   51   52   53
54   55   56   57   58   59   60
  Columns 61 through 80
   61   62   63   64   65   66   67   68   69   70   71   72   73
74   75   76   77   78   79   80
  Columns 81 through 100
   81   82   83   84   85   86   87   88   89   90   91   92   93
94   95   96   97   98   99  100
B =
    1.0000    3.0909    5.1818    7.2727    9.3636   11.4545   13.5455   15.6364
17.7273   19.8182   21.9091   24.0000
C =
   24
```

1.5.2 常见的数组运算

1. 数组的算数运算

两个一维数组之间进行运算的要求如下：

(1) 两个数组都为行数组(或都为列数组)；

(2) 数组元素个数相同。

表 1-5 所示为数组常用的运算格式。

表 1-5 数组常用的运算格式

格　式	说　明
x + y	数组加法
x − y	数组减法
x. * y	数组乘法
x. /y	数组右除
x. \y	数组左除
x. ^y	数组求幂

【例 1-23】 数组加减法示例。

程序如下：

```
clear all
A=[1 7 6 8 7 6]
```

```
B = [9 75 6 7 4 0]
C = [1 1 1 1 1]
D = A + B                       % 加法
E = A - B                       % 减法
F = A * 2
H = A - C
```

运行结果如下：

```
A =
     1     7     6     8     7     6
B =
     9    75     6     7     4     0
C =
     1     1     1     1     1
D =
    10    82    12    15    11     6
E =
    -8   -68     0     1     3     6
F =
     2    14    12    16    14    12
```

【例 1-24】 数组乘法示例。

程序如下：

```
clear all
A = [1 5 7 8 9 6]
B = [9 7 6 2 7 0]
C = A. * B                          % 数组的点乘
D = A * 3                           % 数组与常数的乘法
```

运行结果如下：

```
A =
     1     5     7     8     9     6
B =
     9     7     6     2     7     0
C =
     9    35    42    16    63     0
D =
     3    15    21    24    27    18
```

【例 1-25】 数组除法示例。

程序如下：

```
clear all
A = [1 5 7 8 9 7]
B = [7 5 7 2 4 0]
C = A./B                          % 数组和数组的左除
D = A.\B                          % 数组和数组的右除
```

```
E = A./3            % 数组与常数的除法
F = A/3
```

运行结果如下：

```
A =
     1     5     7     8     9     7
B =
     7     5     7     2     4     0
C =
   0.1429    1.0000    1.0000    4.0000    2.2500       Inf
D =
   7.0000    1.0000    1.0000    0.2500    0.4444         0
E =
   0.3333    1.6667    2.3333    2.6667    3.0000    2.3333
F =
   0.3333    1.6667    2.3333    2.6667    3.0000    2.3333
```

【例 1-26】 数组乘方示例。

程序如下：

```
clear all
A = [1 5 7 8 9 7]
B = [9 5 7 2 4 0]
C = A.^B              % 数组的乘方
D = A.^3              %数组的某个具体数值的乘方
E = 3.^A              %常数的数组的乘方
```

运行结果如下：

```
A =
     1     5     7     8     9     7
B =
     9     5     7     2     4     0
C =
           1        3125      823543          64        6561           1
D =
     1   125   343   512   729   343
E =
           3         243        2187        6561       19683        2187
```

通过函数 dot 可以实现数组的点积运算，该函数调用方法如下：

```
C = dot(A,B);
C = dot(A,B,DIM);
```

【例 1-27】 数组点积示例。

程序如下：

```
clear all
A = [1 5 7 8 9 7]
B = [7 5 6 2 4 0]
```

```
C = dot(A,B)                           % 数组的点积
D = sum(A. * B)                        % 数组元素的乘积之和
```

运行结果如下：

```
A =
     1     5     7     8     9     7
B =
     7     5     6     2     4     0
C =
   126
D =
   126
```

2. 数组的关系运算

MATLAB 中两个数之间的关系通常有 6 种描述：小于(<)、大于(>)、等于(==)、小于等于(<=)、大于等于(>=)和不等于(~=)。MATLAB 在比较两个元素大小时，如果表达式为真，则返回结果 1，否则返回 0。

【例 1-28】 数组的关系运算示例。

程序如下：

```
clear all
A = [1 5 7 8 9 7]
B = [9 5 7 2 4 0]
C = A < 7                        % 数组与常数比较，小于
D = A >= 7                       % 数组与常数比较，大于等于
E = A < B                        % 数组与数组比较
F = A == B                       % 恒等于
```

运行结果如下：

```
A =
     1     5     7     8     9     7
B =
     9     5     7     2     4     0
C =
     1     1     0     0     0     0
D =
     0     0     1     1     1     1
E =
     1     0     0     0     0     0
F =
     0     1     1     0     0     0
```

1.5.3 矩阵的表示

MATLAB 的强大功能之一体现在能直接处理向量或矩阵。当然首要任务是输入待处理的向量或矩阵。对于数组的创建有如下 4 种方法：

(1) 直接输入法；

(2) 载入外部数据文件；

(3) 利用 MATLAB 内置函数创建矩阵；

(4) 利用 M 文件创建和保存数组。

1. 直接输入法

最简单的建立矩阵的方法是从键盘直接输入矩阵的元素。即将矩阵的元素用方括号括起来，按矩阵行的顺序输入各元素，同一行的各元素之间用空格或逗号分隔，不同行的元素之间用分号分隔。

如果只输入一行则形成一个数组（又称做向量）。矩阵或数组中的元素可以是任何 MATLAB 表达式，可以是实数，也可以是复数。在此方法下创建矩阵需要注意以下规则：

(1) 矩阵元素必须在“[ ]”内；

(2) 矩阵的同行元素之间用空格（或“,”）隔开；

(3) 矩阵的行与行之间用“;”（或回车符）隔开。

【例 1-29】 用两种直接输入的方法来创建矩阵。

程序如下：

```
>> C=[1  21  3;42  5  6;7  8  91]
>> D=[3   5   6;
    23  56  78;
    99  87   1]
```

运行结果如下：

```
C =
     1    21     3
    42     5     6
     7     8    91
D =
     3     5     6
    23    56    78
    99    87     1
```

2. 载入外部数据文件

在 MATLAB 中，Load 函数用于载入生成的包含矩阵的二进制文件，或者读取包含数值、数据的文本文件。文本文件中的数字应排列成矩形，每行只能包含矩阵的一行元素，元素与元素之间用空格分隔，各行元素的个数必须相等。

例如，用 Windows 自带的“记事本”或用 MATLAB 的文本调试编辑器创建一个包含下列数字的文本文件。

```
1 2 3 4 5 6 7 8 9 0
```

把该文件命名为 data. txt，并保存在 MATLAB 的目录下。如需读取该文件，可在命令窗口中输入：

```
>> load data.txt
```

系统将读取该文件并创建一个变量 data，包含上面的这个矩阵。在 MATLAB 工作空间中可以查看这个变量。

【例 1-30】 读取数据文件 trees。

程序如下：

```
clear all;
load trees                    % 读取二进制数据文件
image(X)                      % 以图像的形式显示数组 X
colormap(map)                 % 设置颜色查找表为 map
```

运行结果如图 1-12 所示。

读取数据文件 trees，在工作空间会产生数组 X，可以打开查看、编辑该数组。

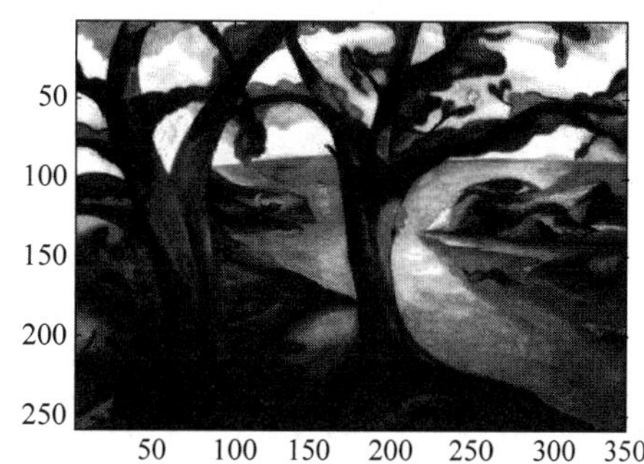

图 1-12 读取数据文件 trees

3. 利用 MATLAB 内置函数创建矩阵

在 MATLAB 中，系统内置特殊函数可以用于创建矩阵，通过这些函数，可以很方便地得到想要的特殊矩阵。系统内置创建矩阵特殊的函数如表 1-6 所示。

表 1-6 系统内置创建矩阵特殊函数

函 数 名	功 能 介 绍
ones()	产生全为 1 的矩阵
zeros()	产生全为 0 的矩阵
eye()	产生单位阵
rand()	产生在(0,1)区间均匀分布的随机阵
randn()	产生均值为 0、方差为 1 的标准正态分布随机矩阵
compan	伴随矩阵
gallery	Higham 检验矩阵
hadamard	Hadamard 阵
hankel	Hankel 阵
hilb	Hilbert 阵
invhilb	逆 Hilbert 阵
magic	魔方阵
pascal	Pascal 阵

续表

函　数　名	功 能 介 绍
rosser	经典对称特征值
toeplitz	Toeplitz 阵
vander	Vander 阵
wilknsion	wiknsion 特征值检验矩阵

【例 1-31】 利用几种系统内置特殊函数来创建矩阵。

程序如下：

```
>> Z1 = zeros(5,4)            % 产生 5×4 全为 0 的矩阵
>> Z2 = ones(5,4)             % 产生 5×4 全为 1 的矩阵
>> Z3 = eye(5,4)              % 产生 5×4 的单位矩阵
>> Z4 = rand(5,4)             % 产生 5×4 的在(0,1)区间均匀分布的随机阵
>> Z5 = randn(5,4)            % 产生 5×4 的均值为 0、方差为 1 的标准正态分布随机矩阵
>> Z6 = hilb(3)               % 产生三维的 Hilbert 阵
>> Z7 = magic(3)              % 产生三阶的魔方阵
```

运行结果如下：

```
Z1 =
     0     0     0     0
     0     0     0     0
     0     0     0     0
     0     0     0     0
     0     0     0     0
Z2 =
     1     1     1     1
     1     1     1     1
     1     1     1     1
     1     1     1     1
     1     1     1     1
Z3 =
     1     0     0     0
     0     1     0     0
     0     0     1     0
     0     0     0     1
     0     0     0     0
Z4 =
    0.9572    0.9157    0.8491    0.3922
    0.4854    0.7922    0.9340    0.6555
    0.8003    0.9595    0.6787    0.1712
    0.1419    0.6557    0.7577    0.7060
    0.4218    0.0357    0.7431    0.0318
Z5 =
   -1.0689   -0.7549    0.3192    0.6277
   -0.8095    1.3703    0.3129    1.0933
   -2.9443   -1.7115   -0.8649    1.1093
    1.4384   -0.1022   -0.0301   -0.8637
    0.3252   -0.2414   -0.1649    0.0774
```

```
Z6 =
    1.0000    0.5000    0.3333
    0.5000    0.3333    0.2500
    0.3333    0.2500    0.2000
Z7 =
     8     1     6
     3     5     7
     4     9     2
```

4. 利用 M 文件创建和保存矩阵

此方法需要用 MATLAB 自带的文本编辑调试器或其他文本编辑器来创建一个文件,代码和在 MATLAB 命令窗口中输入的命令一样即可,然后以.m 格式保存该文件。

【例 1-32】 把输入的内容以纯文本方式存盘(设文件名为 matrix.m)。

```
A=[23  22  56;42  5  80;7  76  92]
% 在 MATLAB 命令窗口中输入 matrix,
>> matrix
A =
    23    22    56
    42     5    80
     7    76    92
```

运行该 M 文件,就会自动建立一个名为 matrix 的矩阵,可供以后使用。

1.5.4 MATLAB 矩阵寻访

在 MATLAB 中,矩阵寻访的主要方法有下标寻访、单元素寻访和多元素寻访,下面将分别进行介绍。

1. 下标寻访

MATLAB 中矩阵的下标表示与常用的数学习惯相同,使用分别表示行和列的“双下标”(Row-Column Index),矩阵中的元素都有对应的“第几行”“第几列”。这种表示方法简单直观,几何概念比较清晰。

【例 1-33】 利用上下标来寻访矩阵元素。

程序如下:

```
>> a=[1 2 3;4 5 6;7 8 9]
>> a(1,1)
>> a(2,2)
>> a(3,3)
```

运行结果如下:

```
a =
     1     2     3
```

```
     4     5     6
     7     8     9
ans =
     1
ans =
     5
ans =
     9
```

2. 单元素寻访

MATLAB中,必须指定两个参数,即其所在行数和列数,才能访问一个矩阵中的单个元素。例如,访问矩阵M中的任何一个单元素。

M=(row,column):表示row和column分别代表行数和列数。

【例1-34】 对矩阵M进行单元素寻访。

程序如下:

```
M = randn(3)
x = M(1,2)
y = M(2,3)
z = M(3,3)
```

运行结果如下:

```
M =
     0.3714   -1.0891    1.1006
   - 0.2256    0.0326    1.5442
     1.1174    0.5525    0.0859
x =
   - 1.0891
y =
     1.5442
z =
     0.0859
```

3. 多元素寻访

利用冒号表达式可获得寻访该矩阵的某一行或某一列的若干元素,访问整行、整列元素,访问若干行或若干列的元素以及访问矩阵所有元素等。

(1) A(e1:e2:e3)表示取数组或矩阵A的第e1元素开始每隔e2步长一直到e3的所有元素;

(2) A([m n l])表示取数组或矩阵A中的第m、n、l个元素;

(3) A(:,j)表示取A矩阵的第j列全部元素;

(4) A(i,:)表示取A矩阵第i行的全部元素;

(5) A(i:i+m,:)表示取A矩阵第i~(i+m)行的全部元素;

(6) A(:,k:k+m)表示取 A 矩阵第 k～(k+m)列的全部元素；

(7) A(i:i+m,k:k+m)表示取 A 矩阵第 i～(i+m)行内，并在第 k～(k+m)列中的所有元素；

(8) 还可利用一般向量和 end 运算符来表示矩阵下标，从而获得子矩阵。end 表示某一维的末尾元素下标。

【例 1-35】 对矩阵 M 进行多元素寻访。

程序如下：

```
M = randn(4)
M(1,:)                   %访问第 1 行所有元素
M(1:3,:)                 %访问第 2～4 行所有元素
M(:,2)                   %访问第 2 行所有元素
M(:)                     %访问所有元素
```

运行结果如下：

```
M =
    0.1978    0.8351   -1.1480   -0.6669
    1.5877   -0.2437    0.1049    0.1873
   -0.8045    0.2157    0.7223   -0.0825
    0.6966   -1.1658    2.5855   -1.9330
ans =
    0.1978    0.8351   -1.1480   -0.6669
ans =
    0.1978    0.8351   -1.1480   -0.6669
    1.5877   -0.2437    0.1049    0.1873
   -0.8045    0.2157    0.7223   -0.0825
ans =
    0.8351
   -0.2437
    0.2157
   -1.1658
ans =
    0.1978
    1.5877
   -0.8045
    0.6966
    0.8351
   -0.2437
    0.2157
   -1.1658
   -1.1480
    0.1049
    0.7223
    2.5855
   -0.6669
    0.1873
   -0.0825
   -1.9330
```

1.5.5 MATLAB 矩阵的运算

MATLAB 中,在矩阵的运算包括+(加)、-(减)、*(乘)、/(右除)、\(左除)、^(乘方)等运算。

1. 矩阵加减运算

两个矩阵相加或相减是指有相同的行和列两矩阵的对应元素相加减。参与运算的两矩阵之一可以是标量(常量),标量与矩阵的所有元素分别进行加减操作。

由 $A+B$ 和 $A-B$ 实现矩阵的加减运算。

【例 1-36】 对矩阵 A 和 B 进行加减运算。

程序如下:

```
A = [5 4 6;8 9 7;3 6 4]
B = [9 1 7;5 6 6;5 6 8]
C = A + B
D = A - B
```

运行结果如下:

```
A =
     5     4     6
     8     9     7
     3     6     4
B =
     9     1     7
     5     6     6
     5     6     8
C =
    14     5    13
    13    15    13
     8    12    12
D =
    -4     3    -1
     3     3     1
    -2     0    -4
```

如果 A 与 B 的维数不相同,则 MATLAB 将给出错误信息,例如:

```
A = [5 4 6;8 9 7;3 6 4]
B = [9 1 7;5 6 6;5 6 8;7 9 8]
C = A + B
D = A - B
```

则 MATLAB 将给出错误信息 Error using+Matrix dimensions must agree,提示用户两个矩阵的维数不匹配。

2. 矩阵乘法

A 矩阵的列数必须等于 B 矩阵的行数，若 A 为 $m\times n$ 矩阵，B 为 $n\times p$ 矩阵，则 $C=A*B$ 为 $m\times p$ 矩阵。标量可与任何矩阵相乘，即矩阵的所有元素都与标量相乘。

【例 1-37】 矩阵的相乘。

程序如下：

```
A = [5 4 6;8 9 7;3 6 4]
B = [9 1 7 1;5 6 6 2;5 6 8 3]
C = A * B
```

运行结果如下：

```
A =
     5     4     6
     8     9     7
     3     6     4
B =
     9     1     7     1
     5     6     6     2
     5     6     8     3
C =
    95    65   107    31
   152   104   166    47
    77    63    89    27
```

当矩阵相乘不满足被乘矩阵的列数与乘矩阵的行数相等时，例如：

```
A = [5 6;8 7;3 4]
B = [9 1 7 1;5 6 6 2;5 6 8 3]
C = A * B
```

则 MATLAB 将给出错误信息 Error using * Matrix dimensions must agree，提示用户两个矩阵的维数不匹配。

3. 矩阵除法

矩阵除法运算："\\"和"/"分别表示左除和右除。$A\backslash B$ 等效于 A 矩阵的逆左乘 B 矩阵，而 B/A 等效于 A 矩阵的逆右乘 B 矩阵。左除和右除表示两种不同的除数矩阵和被除数矩阵的关系。对于矩阵运算，一般 $A\backslash B\neq B/A$。

【例 1-38】 矩阵除法。

程序如下：

```
clear
A = [5 4 6;8 9 7;3 6 4];
B = [9 ;1 ;7];
C = A\B
```

运行结果如下：

```
C =
   -4.1538
   -0.1154
    5.0385
```

4. 矩阵的乘方

若 A 为方阵，x 为标量，一个矩阵的乘方运算可以表示成 A^x。

【例 1-39】 求矩阵的乘方。

程序如下：

```
A=[5 4 6;8 9 7;3 6 4];
B=A^2
C=A^3
```

运行结果如下：

```
B=
    75    92    82
   133   155   139
    75    90    76
C=
        1357        1620        1422
        2322        2761        2439
        1323        1566        1384
```

若 D 不是方阵，例如：

```
D=A=[5 4 6;8 9 7]
B=D^2
```

则 MATLAB 将给出错误信息 Error：The expression to the left of the equals sign is not a valid target for an assignment。

1.6 数据分析

数据分析是指用适当的统计方法对收集来的料进行分析，以求最大化地开发数据资料的功能，发挥数据的作用；数据分析是为了提取有用信息和形成结论而对数据加以详细研究和概括总结的过程。

1.6.1 平均值、中值

在 MATLAB 中，可以利用 mean 求算术平均值，该函数的调用方法为

mean(X)：X 为向量，返回 X 中各元素的平均值。

mean(A)：A 为矩阵，返回 A 中各列元素的平均值构成的向量。

mean(A,dim)：在给出的维数内的平均值。

当 X 为向量时，算术平均值的数学含义是 $\bar{x} = \frac{1}{n}\sum_{i=1}^{n} x_i$，即样本均值。

【例 1-40】 利用 mean 求算术平均值。

程序如下：

```
A = [1 2 4 5;2 3 5 6;1 3 1 5]
mean(A)
mean(A,1)
```

运行结果如下：

```
A =
      1     2     4     5
      2     3     5     6
      1     3     1     5
ans =
    1.3333    2.6667    3.3333    5.3333
ans =
    1.3333    2.6667    3.3333    5.3333
```

1.6.2 数据比较

在 MATLAB 中，sort 函数可以用于排序，该函数的调用方法为

Y＝sort(X)：X 为向量，返回 X 按由小到大排序后的向量。

Y＝sort(A)：A 为矩阵，返回 A 的各列按由小到大排序后的矩阵。

[Y,I]＝sort(A)：Y 为排序的结果，I 中元素表示 Y 中对应元素在 A 中位置。

sort(A,dim)：在给定的维数 dim 内排序。

【例 1-41】 利用函数 sort 排序示例。

程序如下：

```
A = [1 2 3;4 5 6;3 7 8]
sort(A)
[Y,I] = sort(A)
```

运行结果如下：

```
A =
      1     2     3
      4     5     6
      3     7     8
ans =
      1     2     3
      3     5     6
      4     7     8
```

```
Y =
      1     2     3
      3     5     6
      4     7     8
I =
      1     1     1
      3     2     2
      2     3     3
```

函数 sortrows 可以按行排序,该函数的调用方法为

Y=sortrows(A):A 为矩阵,返回矩阵 Y,Y 为 A 的第 1 列由小到大、按行排序后生成的矩阵。

Y=sortrows(A, col):按指定列 col 由小到大进行排序。

[Y,I]=sortrows(A, col):Y 为排序后的结果,I 表示 Y 中第 col 列元素在 A 中位置。

【例 1-42】 利用函数 sortrows 进行排序示例。

程序如下:

```
A = [1 2 3;4 5 6;3 7 8]
sortrows(A)
sortrows(A,1)
sortrows(A,3)
sortrows(A,[3 2])
[Y,I] = sortrows(A,3)
```

运行结果如下:

```
A =
      1     2     3
      4     5     6
      3     7     8
ans =
      1     2     3
      3     7     8
      4     5     6
ans =
      1     2     3
      3     7     8
      4     5     6
ans =
      1     2     3
      4     5     6
      3     7     8
ans =
      1     2     3
      4     5     6
      3     7     8
```

```
Y =
     1     2     3
     4     5     6
     3     7     8
I =
     1
     2
     3
```

函数 range 用于求最大值与最小值之差,该函数调用方法如下:

Y=range(X):X 为向量,返回 X 中的最大值与最小值之差。

Y=range(A):A 为矩阵,返回 A 中各列元素的最大值与最小值之差。

【例 1-43】 函数 range 应用示例。

```
A = [1 2 3;4 5 6;3 7 8]
Y = range(A)
```

运行结果如下:

```
A =
     1     2     3
     4     5     6
     3     7     8
Y =
     3     5     5
```

1.6.3 期望

函数 mean 用于计算样本均值。

【例 1-44】 随机抽取 6 个滚珠,测得直径如下:

15.70　15.21　14.90　15.91　15.32　15.32

试求样本平均值。

```
X = [15.70  15.21  14.90  15.91  15.32  15.32];
mean(X)          % 计算样本均值
```

运行结果如下:

```
ans =
   15.3933
```

1.6.4 方差

函数 var 用于求样本方差,该函数的调用方法为:

D=var(X)：$var(X)=s^2=\frac{1}{n-1}\sum_{i=1}^{n}(x_i-\overline{X})^2$，若X为向量，则返回向量的样本方差。

D=var(A)：A为矩阵，则D为A的列向量的样本方差构成的行向量。

D=var(X, 1)：返回向量(矩阵)X的简单方差$\left(\text{即置前因子为}\frac{1}{n}\text{的方差}\right)$。

D=var(X, w)：返回向量(矩阵)X的以w为权重的方差。

Std用于求标准差，该函数的调用方法如下：

std(X)：返回向量(矩阵)X的样本标准差$\left(\text{置前因子为}\frac{1}{n-1}\right)$，即 $std=\sqrt{\frac{1}{n-1}\sum_{i=1}^{n}x_i-\overline{X}}$。

std(X,1)：返回向量(矩阵)X的标准差$\left(\text{置前因子为}\frac{1}{n}\right)$。

std(X, 0)：与std (X)相同。

std(X, flag, dim)：返回向量(矩阵)中维数为dim的标准差值，其中flag=0时，置前因子为$\frac{1}{n-1}$，否则置前因子为$\frac{1}{n}$。

【例1-45】 求下列样本的样本方差、样本标准差、方差和标准差。

程序如下：

```
X = [15.70  15.21  14.90  15.91  15.32  15.32];
DX = var(X,1)                  %方差
sigma = std(X,1)               %标准差
DX1 = var(X)                   %样本方差
sigma1 = std(X)                %样本标准差
```

运行结果如下：

```
DX =
    0.1081
sigma =
    0.3288
DX1 =
    0.1297
sigma1 =
    0.3602
```

【例1-46】 求解随机数矩阵的方法、标准差和斜度示例。

程序如下：

```
X = randn(2,10)
DX = var(X')
DX1 = var(X',1)
S = std(X',1)
S1 = std(X')
SK = skewness(X')
SK1 = skewness(X',1)
```

运行结果如下：

```
X =
   -0.5689   -0.6784    0.5424   -1.0421   -0.6373   -0.7422    2.1650    0.5986
  -0.0158    0.2099
    0.8583   -0.7807   -0.5817   -0.7870   -1.3713    0.5270   -0.5873    1.7801
  -0.3795    0.2079
DX =
    0.9120    0.8932
DX1 =
    0.8208    0.8039
S =
    0.9060    0.8966
S1 =
    0.9550    0.9451
SK =
    1.1633    0.7121
SK1 =
    1.1633    0.7121
```

1.6.5 协方差与相关系数

函数 cov 用于求协方差，该函数的调用方法如下：

cov(X)：求向量 X 的协方差。

cov(A)：求矩阵 A 的协方差矩阵，该协方差矩阵的对角线元素是 A 各列的方差，即 var(A)=diag(cov(A))。

函数 corrcoef 用于求相关系数，该函数的调用方法如下：

corrcoef(X,Y)：返回列向量 X、Y 的相关系数，等同于 corrcoef([X,Y])。

corrcoef(A)：返回矩阵 A 列向量的相关系数矩阵。

【例 1-47】 协方差示例。

程序如下：

```
X = [0  -2 2]';Y = [1 2 2]';
C1 = cov(X)                 % X 的协方差
C2 = cov(X,Y)               % 列向量 X、Y 的协方差矩阵，对角线元素为各列向量的方差
A = [1 2 3;4 0  -1;1 7 3]
C1 = cov(A)                 % 求矩阵 A 的协方差矩阵
C2 = var(A(:,1))            % 求 A 的第 1 列向量的方差
C3 = var(A(:,2))            % 求 A 的第 2 列向量的方差
C4 = var(A(:,3))
```

运行结果如下：

```
C1 =
     4
C2 =
```

```
    4.0000          0
         0     0.3333
A =
     1     2     3
     4     0    -1
     1     7     3
C1 =
     3.0000   -4.5000   -4.0000
    -4.5000   13.0000    6.0000
    -4.0000    6.0000    5.3333
C2 =
     3
C3 =
    13
C4 =
    5.3333
```

【例 1-48】 求相关系数示例。

程序如下：

```
A=[1 2 3;4 5 -1;1 3 8]
C1=corrcoef(A)                     % 求矩阵 A 的相关系数矩阵
C1=corrcoef(A(:,2),A(:,3))         % 求 A 的第 2 列与第 3 列列向量的相关系数矩阵
```

运行结果如下：

```
A =
     1     2     3
     4     5    -1
     1     3     8
C1 =
     1.0000    0.9449   -0.8322
     0.9449    1.0000   -0.6049
    -0.8322   -0.6049    1.0000
C1 =
     1.0000   -0.6049
    -0.6049    1.0000
```

【例 1-49】 利用以上两种函数分别计算数据的协方差和相关系数示例。

程序如下：

```
x=ones(1,4)
r=rand(4,1)
X=ones(4)
A=magic(4)
C1=cov(x)
C2=cov(r)
C3=cov(x,r)
C4=cov(X)
C4=cov(A)
```

```
C6 = corrcoef(x,r)
C7 = corrcoef(X,A)
C8 = corrcoef(A)
```

运行结果如下：

```
C1 =
     0
C2 =
   0.0380
C3 =
         0         0
         0    0.0380
C4 =
     0     0     0     0
     0     0     0     0
     0     0     0     0
     0     0     0     0
C4 =
   29.6667  -27.6667  -25.6667   23.6667
  -27.6667   27.0000   26.3333  -25.6667
  -25.6667   26.3333   27.0000  -27.6667
   23.6667  -25.6667  -27.6667   29.6667
C6 =
   NaN   NaN
   NaN     1
C7 =
   NaN   NaN
   NaN     1
C8 =
    1.0000   -0.9776   -0.9069    0.7978
   -0.9776    1.0000    0.9753   -0.9069
   -0.9069    0.9753    1.0000   -0.9776
    0.7978   -0.9069   -0.9776    1.0000
```

1.7 图形的绘制

1.7.1 二维图形的绘制

在 MATLAB 中绘制二维图形，通常采用以下步骤：

(1) 准备数据；

(2) 设置当前绘图区；

(3) 绘制图形；

(4) 设置图形中曲线和标记点格式；

(5) 设置坐标轴和网格线属性；

(6) 标注图形;

(7) 保存和导出图形。

下面通过示例来演示绘图步骤。

【例 1-50】 在同一坐标轴上绘制 $\sin(x)$、$\sin(2x)$和 $\sin(3x)$这 3 条曲线。

程序如下:

```
clear all;
%准备数据
x = 0:0.01:3 * pi;
y1 = sin(x);
y2 = sin(2 * x);
y3 = sin(3 * x);
%设置当前绘图区
figure;
%绘图
plot(x,y1,x,y2,x,y3);
%设置坐标轴和网格线属性
axis([0 8 -2 2]);
grid on;
%标注图形
xlabel('x');
ylabel('y');
title('演示绘图基本步骤')
legend('sin(x)','sin(2x)','sin(3x)')
legend('sin(x)','sin(2x)','sin(3x)')
```

运行结果如图 1-13 所示。

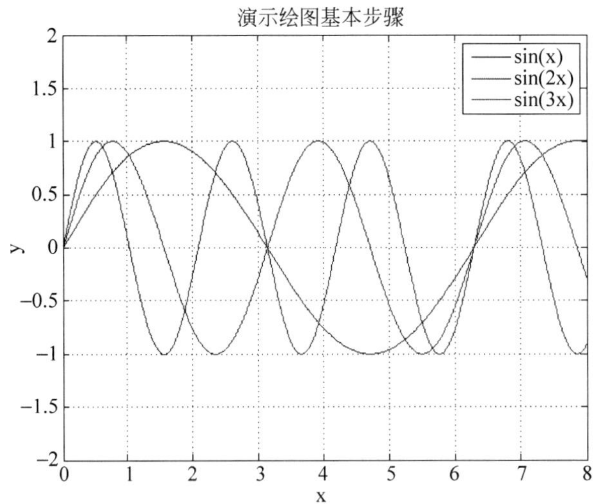

图 1-13 在同一坐标轴上绘制 sin(x)、sin(2x)和 sin(3x)3 条曲线

1. 绘制二维曲线图

在 MATLAB 中,主要的二维绘图函数如下:

(1) plot：x 轴和 y 轴均为线性刻度。

(2) loglog：x 轴和 y 轴均为对数刻度。

(3) semilogx：x 轴为对数刻度，y 轴为线性刻度。

(4) semilogy：x 轴为线性刻度，y 轴为对数刻度。

(5) plotyy：绘制双纵坐标图形。

(6) polar：绘制极坐标图。

(7) grid：在图形窗口添加网格(grid on)或去掉网格(grid off)。

(8) zoom：对图形进行放大缩小操作(zoom on 容许或 zoom off 不容许)。

(9) ginput：用鼠标获取图形中点的位置。

下面通过示例来演示绘图步骤。

【例 1-51】 在同一坐标轴上绘制 sin(x)、sin($2x$)和 sin($3x$)这 3 条曲线。

程序如下：

```
clear all;
%准备数据
x = 0:0.01:3 * pi;
y1 = sin(x);
y2 = sin(2 * x);
y3 = sin(3 * x);
%设置当前绘图区
figure;
%绘图
plot(x,y1,x,y2,x,y3);
%设置坐标轴和网格线属性
axis([0 8 -2 2]);
grid on;
%标注图形
xlabel('x');
ylabel('y');
title('演示绘图基本步骤')
legend('sin(x)','sin(2x)','sin(3x)')
legend('sin(x)','sin(2x)','sin(3x)')
```

运行结果如图 1-14 所示。

其中，plot 是最基本的二维绘图函数，其调用格式有

1) plot(Y)

① 若 Y 为实向量，则以该向量元素的下标为横坐标，以 Y 的各元素值为纵坐标，绘制二维曲线。

```
Y = 2 * [1:10]
```

② 若 Y 为复数向量，则等效于 plot(real(Y),imag(Y))。

③ 若 Y 为实矩阵，则按列绘制每列元素值相对其下标的二维曲线，曲线的条数等于 Y 的列数。

④ 若 Y 为复数矩阵，则按列分别以元素实部和虚部为横、纵坐标绘制多条二维曲线。

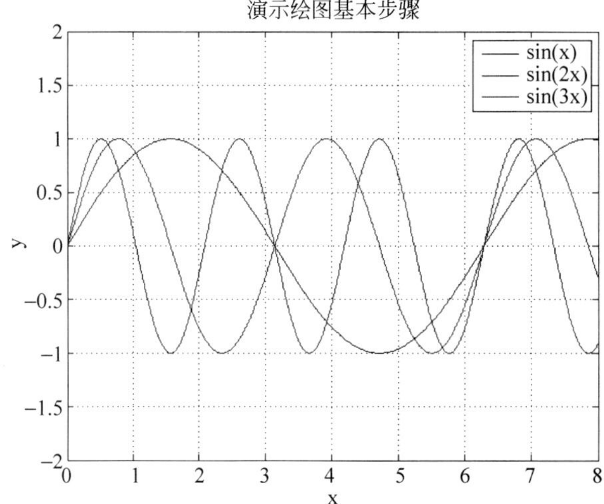

图 1-14　在同一坐标轴上绘制 sin(x)、sin(2x)和 sin(3x)3 条曲线

2) plot(X,Y)

① 若 X、Y 为长度相等的向量,则绘制以 X 和 Y 为横、纵坐标的二维曲线。

② 若 X 为向量,Y 是有一维与 X 同维的矩阵,则以 X 为横坐标,与 X 同维的 Y 的一维为纵坐标。曲线条数与 Y 的另一维相同。

③ 若 X、Y 为同维矩阵,则绘制以 X 和 Y 对应的列元素为横、纵坐标的多条二维曲线,曲线条数与矩阵的列数相同。

3) plot(X1,Y1,X2,Y2,…,Xn,Yn)

每一对参数 Xi 和 Yi 的取值和所绘图形与(2)中相同。

4) plot(X1,Y1,LineSpec,…)

以 LineSpec 指定的属性,绘制所有 Xn、Yn 对应的曲线。

5) plot(X1,Y1,'PropertyName',PropertyValue,…)

对于由 plot 绘制所有曲线,按照设置的属性值进行绘制。

6) h=plot(…)

调用函数 plot 时,同时返回每条曲线的图形句柄 h。

【例 1-52】 用不同线型和颜色在同一坐标内绘制曲线 $y=2e^{-0.5x}\sin(2\pi x)$ 及其包络线。

运行程序如下:

```
x = (0:pi/100:2 * pi)';
    y1 = 2 * exp( - 0.5 * x) * [1, - 1];
    y2 = 2 * exp( - 0.5 * x). * sin(2 * pi * x);
    x1 = (0:12)/2;
    y3 = 2 * exp( - 0.5 * x1). * sin(2 * pi * x1);
plot(x,y1,'g:',x,y2,'b-- ',x1,y3,'rp');
```

运行结果如图 1-15 所示。

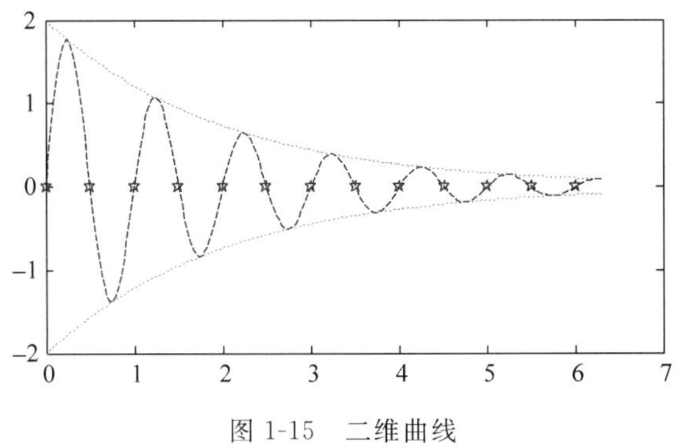

图 1-15　二维曲线

2．绘制对数曲线图

MATLAB 提供了绘制对数和半对数坐标曲线的函数，调用格式为

```
semilogx(x1,y1,选项 1,x2,y2,选项 2,…)
semilogy(x1,y1,选项 1,x2,y2,选项 2,…)
loglog(x1,y1,选项 1,x2,y2,选项 2,…)
```

【例 1-53】 绘制 e^x 的图形。

运行程序如下：

```
x = logspace( - 1,2);
loglog(x,exp(x),' - s')
grid on
```

运行结果如图 1-16 所示。

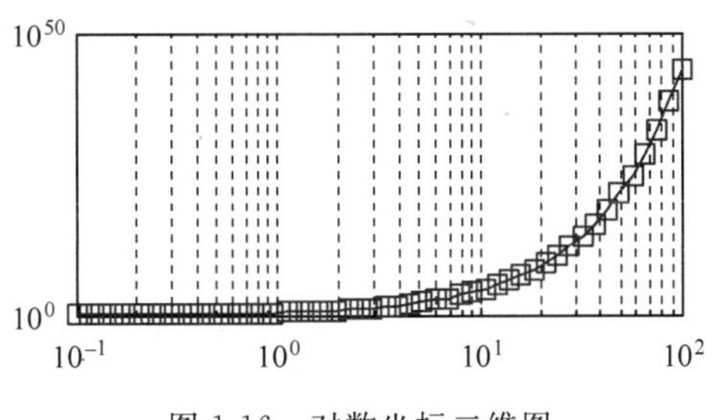

图 1-16　对数坐标二维图

3．绘制双纵坐标曲线图

在 MATLAB 中，如果需要绘制出具有不同纵坐标的两个图形，可以使用 plotyy 绘图函数。

调用格式为

```
plotyy(x1,y1,x2,y2,'fun1','fun2')
```

其中,x1,y1 对应一条曲线,x2,y2 对应另一条曲线。横坐标的标度相同,纵坐标有两个,左纵坐标用于 x1,y1 数据对,右纵坐标用于 x2,y2 数据对。

【例 1-54】 双纵坐标图形实现。

运行程序如下:

```
x = 0:0.01:5;
y = exp(x);
plotyy(x,y,x,y,'semilogy','plot')
```

运行结果如图 1-17 所示。

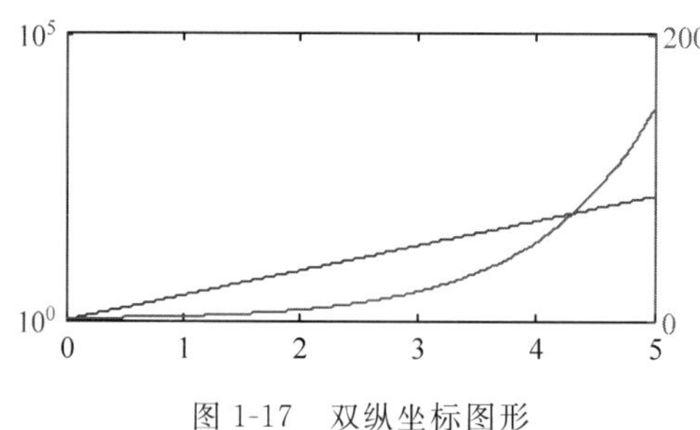

图 1-17 双纵坐标图形

4. 绘制其他类型的曲线图

在 MATLAB 中,还有其他绘图函数,可以绘制不同类型的二维图形,如表 1-7 所示。

表 1-7 其他类型二维图形函数

函　　数	二维图的形状	备　　注
bar(x,y)	条形图	x 是横坐标,y 是纵坐标
fplot(y,[a b])	精确绘图	y 代表某个函数,[a b]表示需要精确绘图的范围
polar(θ,r)	极坐标图	θ 是角度,r 代表以 θ 为变量的函数
stairs(x,y)	阶梯图	x 是横坐标,y 是纵坐标
stem(x,y)	针状图	x 是横坐标,y 是纵坐标
fill(x,y,'b')	实心图	x 是横坐标,y 是纵坐标,'b'代表颜色
scatter(x,y,s,c)	散点图	x 是圆圈标记点的面积,c 是标记点颜色
pie(x)	饼图	x 为向量

polar 函数用来绘制极坐标图,其调用格式为

```
polar(theta,rho,选项)
```

其中,theta 为极坐标极角,rho 为极坐标矢径,选项的内容与 plot 函数相似。

【例 1-55】 绘制 $r=\sin(x)\cos(x)$的极坐标图。

运行程序如下:

```
t = 0:pi/50:2 * pi;
r = sin(t). * cos(t);
polar(t,r,' - * ');
```

运行结果如图 1-18 所示。

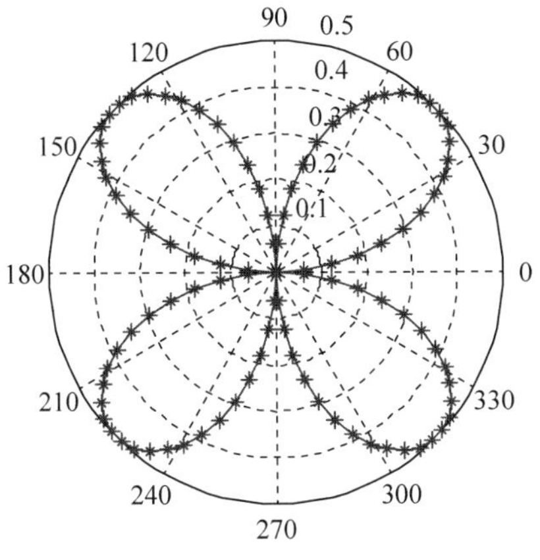

图 1-18　极坐标二维图

【例 1-56】 其他二维图形画图示例。

运行程序如下：

```
figure
subplot(221)
x=-2.9:0.2:2.9                  %条形图
bar(x,exp(-x.^2))
subplot(222)
x=0:0.1:4                       %针状图
y=(x.^0.8).*exp(-x)
stem(x,y)
subplot(223)
x=0:0.25:10                     %阶梯图
stairs(x,sin(2*x)+sin(x))
subplot(224)
x=[43 78 88 43 21]              %饼图
pie(x)
```

运行结果如图 1-19 所示。

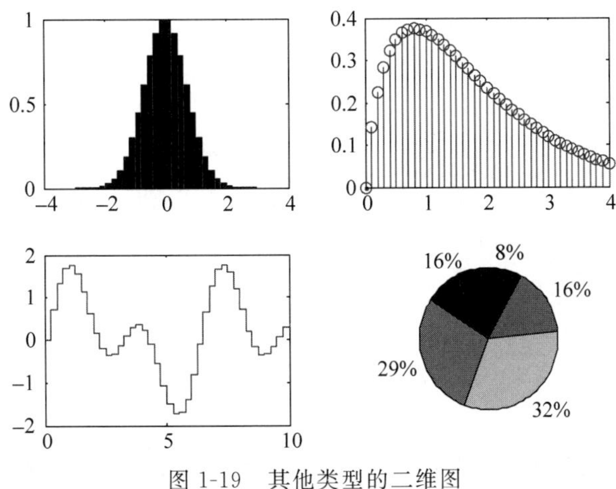

图 1-19　其他类型的二维图

面域图指令 area 的特点是：在图上绘制多条曲线时，每条曲线(除第一条外)都是把“前”条曲线作基线，再取值绘制而成。因此，该指令所画的图形，能醒目地反映各因素对最终结果的贡献份额。

注意：area 的第一输入宗量是单调变化的自变量。第二输入宗量是“各因素”的函数值矩阵，且每个“因素”的数据取列向量形式排放。第三输入宗量是绘图的基准线值，只能取标量。当基准值为 0(即以 x 轴为基准线)时，第三输入宗量可以默认。

1.7.2 图形绘制和编辑

1. 色彩和线型

在 MATLAB 中为区别画在同一窗口中的多条曲线，可以改变曲线的颜色和线型等图形属性，plot 函数可以接受字符串输入变量，这些字符串输入变量用来指定不同的颜色、线型和标记符号(各数据点上的显示符号)，如表 1-8 所示。

表 1-8 plot 绘图函数的常用参数

颜色参数	颜色	线型参数	线型	标记符号	标记
y	黄	-	实线	.	圆点
b	蓝	--	虚线	o	圆圈
g	绿	-.	点画线	+	加号
m	洋红(magenta)	:	点线	*	星号
w	白			x	叉号
c	青(cyan)			s 或'square'	方块
k	黑			d 或'diamond'	菱形
r	红			^	朝上三角符号
				V	朝下三角符号
				<	朝左三角符号
				>	朝右三角符号
				p	五角星(pentagon)
				h	六角星(hexagon)

【例 1-57】 绘制两条不同颜色、不同线型的曲线。

运行程序如下：

```
x = 0:0.2:8
y1 = 0.2 + sin( - 2 * x)
y2 = sin(x.^0.5)
plot(x,y1,'g-+',x,y2,'r--d')
```

运行结果如图 1-20 所示。

2. 图形的标注与修饰

在 MATLAB 中，提供了一些图形函数，专门对所画出的图形进行进一步的修饰，以

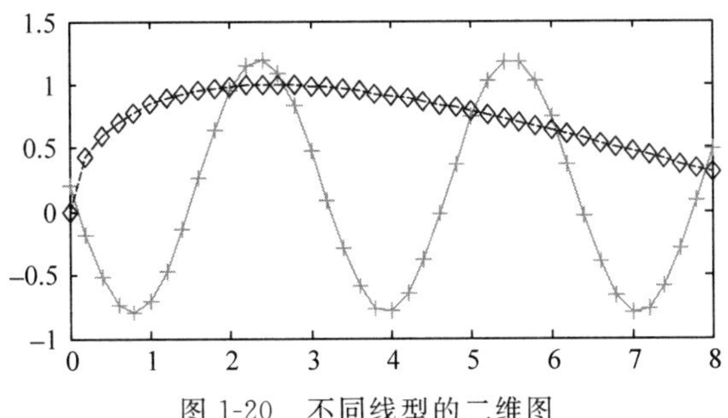

图 1-20　不同线型的二维图

使其更加美观、更便于应用。图形绘制以后，需要对图形进行标注、说明等修饰性的处理，以增加图的可读性，使之反应出更多的信息。下面将分别进行介绍这些函数。

在 MATLAB 中，axis 函数用于根据需要适当调整坐标轴，该函数调用格式如下：

axis([xmin xmax ymin ymax])：此函数将所画的 x 轴的大小范围限定在{xmin，xmax}之间，y 轴的大小范围限定在{ymin，ymax}之间。

axis(str)：将坐标轴的状态设定为字符串参数 str 所指定的状态。参数 str 是由一对单引号所包起来的字符串，它表明了将坐标轴调整为哪一种状态。

variable= axis：变量 variable 保存的是一个向量值，显然这个向量值能够以 axis(variable)的形式应用于设定坐标轴的大小范围。

[s1,s2,s3]=axis('state')：将当前所使用的坐标轴的状态存储到向量[s1,s2,s3]中。s1 说明是否自动设定坐标轴的范围，取值为'auto'或'manual'；s2 说明是否关闭坐标轴，取值为'on'或'off'；s3 说明所使用的坐标轴的种类，取值为'xy'或'ij'。

axis 函数的用法如表 1-9 所示。

表 1-9　axis 函数的用法

命　　令	描　　述
axis([xmin xmax ymin ymax])	表示按照用户给出的 x 轴和 y 轴的最大、最小值选择坐标系
axis('auto')	表示自动设置坐标系：xmin=min(x)；xmax=max(x)；ymin=min(y)；ymax=max(y)；
axis('xy')	表示使用笛卡儿坐标系
axis('ij')	表示使用 matrix 坐标系。即坐标原点在左上方，x 坐标从左向右增大，y 坐标从上向下增大
axis('square')	表示将当前图形设置为正方形图形
axis('equal')	表示将 x、y 坐标轴的单位刻度设置为相等
axis('normal')	表示关闭 axis equal 和 axis square 命令
axis('off')	表示关闭网络线和 x、y 坐标的用 label 命令所加的注释，但保留用图形中 text 命令和 gtext 命令所添加的文本说明
axis('on')	表示打开网络线和 x、y 坐标的用 label 命令所加的注释

【例 1-58】　利用函数 axis 调整 $y=\cos x$ 的坐标轴范围。

程序如下：

```
x = 0:pi/100:2 * pi;
y = cos(x);
```

```
line([0,2*pi],[0,0])
hold on;
plot(x,y)
axis([0 2*pi -1 1])
```

运行结果如图 1-21 所示。

【例 1-59】 利用 axis 函数为 $y=\cos x$ 绘制笛卡儿坐标系。

程序如下：

```
x=0:pi/100:3*pi;
y=cos(x);
line([0,3*pi],[0,0])
hold on;
plot(x,y)
axis([0 3*pi -2 2])
axis('xy')
```

运行结果如图 1-22 所示。

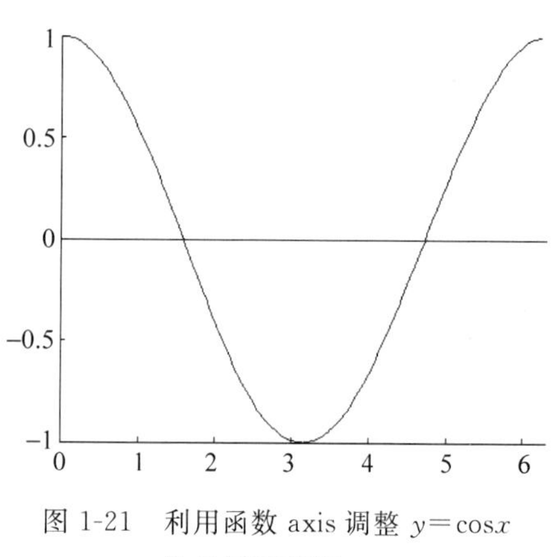

图 1-21　利用函数 axis 调整 $y=\cos x$ 的坐标轴范围

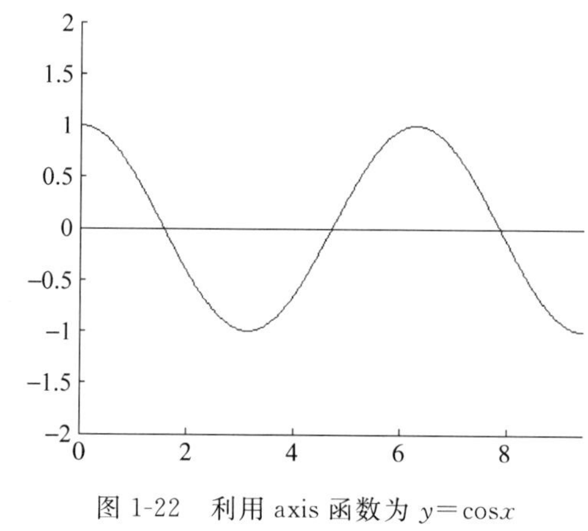

图 1-22　利用 axis 函数为 $y=\cos x$ 绘制笛卡儿坐标系

【例 1-60】 利用函数 axis 绘制一个圆。

在命令行窗口直接输入以下程序代码：

```
alpha=0:0.01:2*pi;
x=cos(alpha);
y=sin(alpha);
plot(x,y)
axis([-2 2 -2 2])
grid on
axis square
```

运行结果如图 1-23 所示。

【例 1-61】 坐标轴刻度范围函数的应用。

运行程序如下：

```
x=0:0.2:8
y1=0.2+sin(-2*x)
y2=sin(x.^0.5)
plot(x,y1,'g-+',x,y2,'r--d')
axis([-0.5 5 -0.5 1.3])
```

运行结果如图 1-24 所示。

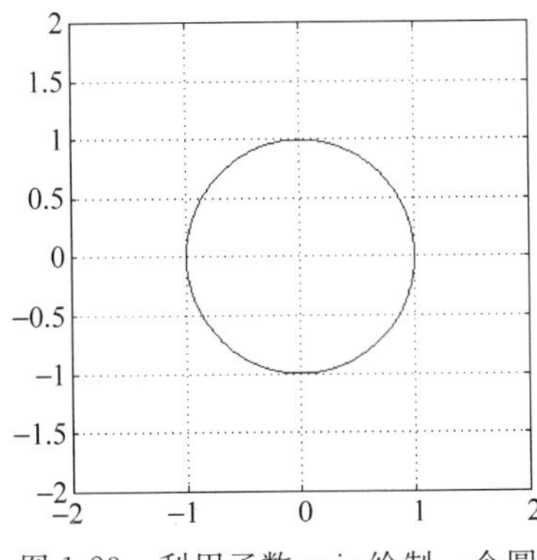

图 1-23　利用函数 axis 绘制一个圆

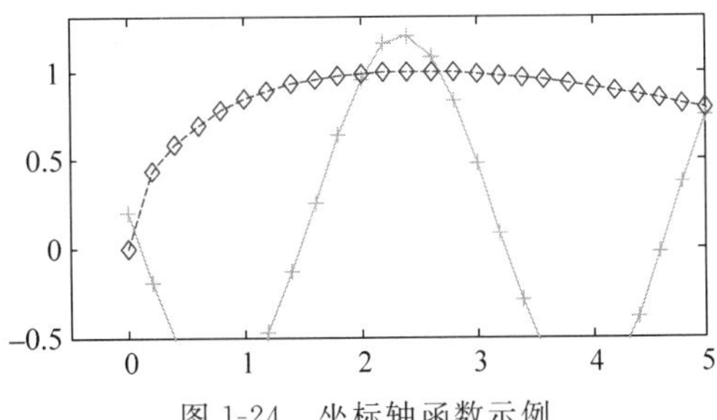

图 1-24　坐标轴函数示例

在 MATLAB 中，xlabel、ylabel 函数用于给 x、y 轴贴上标签，title 函数用于给当前轴加上标题。每个 axes 图形对象可以有一个标题。标题定位于 axes 的上方正中央。这些函数的用法如下：

xlabel('string')：表示给当前轴对象中的 x 轴贴标签。

ylabel('string')：表示给当前轴对象中的 y 轴贴标签。

title('string')：表示在当前坐标轴上方正中央放置字符串 string 作为标题。

title(…,'PropertyName',PropertyValue,…)：可以在添加或设置标题的同时，设置标题的属性，如字体、颜色、加粗等。

【例 1-62】　在当前坐标轴上方正中央放置字符串“余弦函数”作为标题。

程序如下：

```
x=-pi:0.1:pi;
y=cos(x);
plot(x,y)
title('余弦函数')
```

运行结果如图 1-25 所示。

【例 1-63】　坐标轴标注函数 xlabel 和 ylabel 使用示例。

程序如下：

```
x=[2004:1:2013];
y=[1.45 0.91 2.3 0.86 1.46 0.95 1.0 0.96 1.21 0.74];
xin=2004:0.2:2013;
yin=spline(x,y,xin);
plot(x,y,'ob',xin,yin,'-.r')
title('2004 年到 2013 年北京年平均降水量图')
xlabel('年份','FontSize',10)
ylabel('每年降雨量','FontSize',10)
```

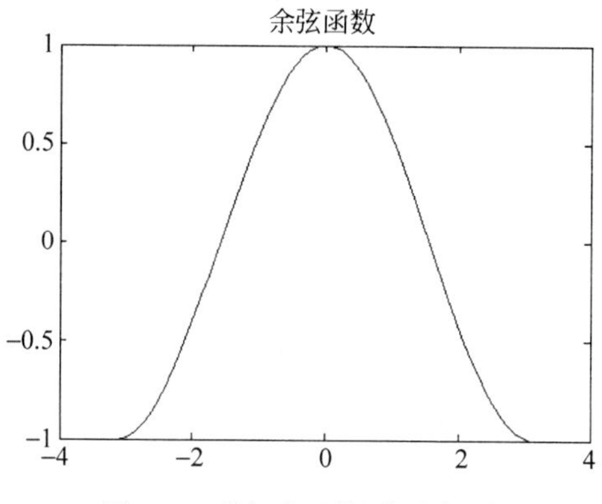

图 1-25 “余弦函数”作为标题

运行结果如图 1-26 所示。

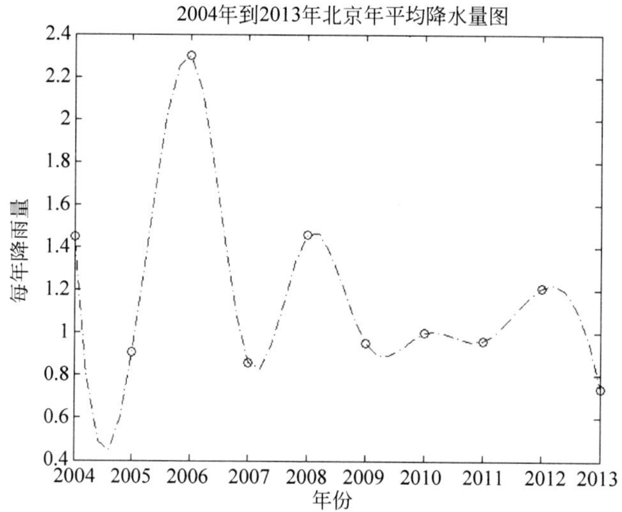

图 1-26 坐标轴标注函数 xlabel 和 ylabel 使用示例

【例 1-64】 标注函数示例。

程序如下：

```
x = (0:pi/100:2 * pi)';
y1 = 2 * exp( - 0.5 * x) * [1, - 1];
y2 = 2 * exp( - 0.5 * x). * sin(2 * pi * x);
x1 = (0:12)/2;
y3 = 2 * exp( - 0.5 * x1). * sin(2 * pi * x1);
plot(x,y1,'g:', x,y2,'b-- ', x1,y3,'rp');
title('曲线及其包络线');
xlabel('变量 X');
ylabel('变量 Y');
text(3.2,0.5,'包络线');
legend('包络线','包络线','曲线 Y','离散数据点');
```

运行结果如图 1-27 所示。

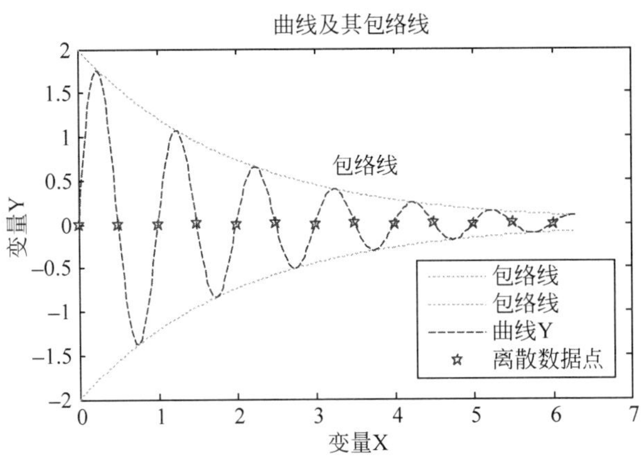

图 1-27 二维图形标注

grid 函数用于给二维或三维图形的坐标面增加分隔线。legend 函数用于在图形上添加图例。该命令对有多种图形对象类型(线条图、条形图、饼形图等)的窗口中显示一个图例。对于每一线条,图例会在用户给定的文字标签旁显示线条的线型、标记符号和颜色等。这些函数的用法如下:

grid on:表示给当前的坐标轴增加分隔线。

grid off:表示从当前的坐标轴中去掉分隔线。

grid:表示转换分隔线的显示与否的状态。

legend('string1', 'string2',…, pos):表示用指定的文字 string 在当前坐标轴中对所给数据的每一部分显示一个图例,在指定的位置 pos 放置这些图例。

legend('off'):清除图例。

legend('hide'):隐藏图例。

legend('show'):显示图例。

【例 1-65】 给余弦函数图形的坐标面增加分隔线。

程序如下:

```
x=-pi:0.1:pi;
y=cos(x);
plot(x,y)
title('余弦函数')
grid on
```

运行结果如图 1-28 所示。

【例 1-66】 利用 grid 命令去掉单位圆图形的网格线。

程序如下:

```
alpha=0:0.01:2*pi;
x=sin(alpha);
y=cos(alpha);
plot(x,y)
axis([-1.2 1.2 -1.2 1.2])
```

```
grid off
axis square
```

运行结果如图 1-29 所示。

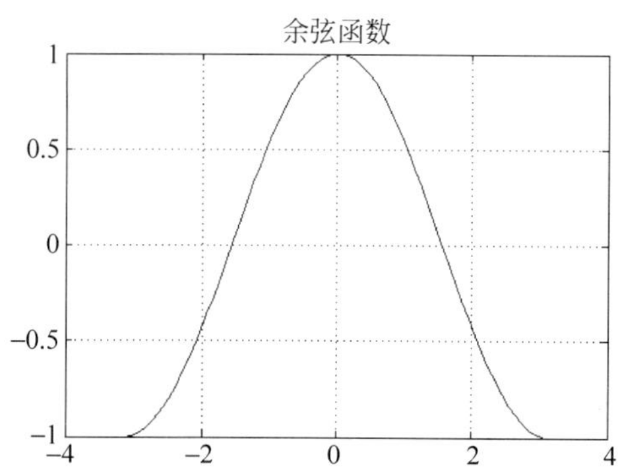

图 1-28　给余弦函数图形的坐标面增加分隔线

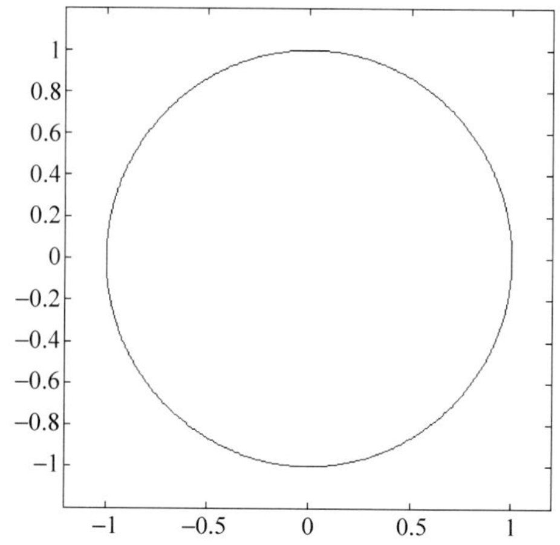

图 1-29　去掉单位圆图形的网格线效果图

【例 1-67】　使用函数 legend 在图形中添加图例。

程序如下：

```
y = magic(3);bar(y);
legend('第一列','第二列','第三列',2);
grid on
```

运行结果如图 1-30 所示。

【例 1-68】　图形标定函数 legend 使用示例。

程序如下：

```
x = 0:0.01 * pi:4 * pi;
y1 = 2 * sin(x);
y2 = cos(x);
y3 = sin(2 * x). * cos(x);
plot(x,[y1;y2;y3])
axis([0 4 * pi  - 2 2.5])
set(gca,'XTick',[0 pi 2 * pi],'XTickLabel',{'0','pi','2pi'})
legend('2 *  cos(x)',' sin(x)','cos(2x) sin(x)')
```

运行结果如图 1-31 所示。

text 函数用于在当前轴中创建 text 对象，函数 text 是创建 text 图形句柄的低级函数，可用该函数在图形中指定的位置上显示字符串；gtext 函数用于在当前二维图形中用鼠标放置文字，当光标进入图形窗口时，会变成一个大十字，表明系统正等待用户的动作。这些函数的用法如下：

text(x,y,'string')：表示在图形中指定的位置(x,y)上显示字符串 string。

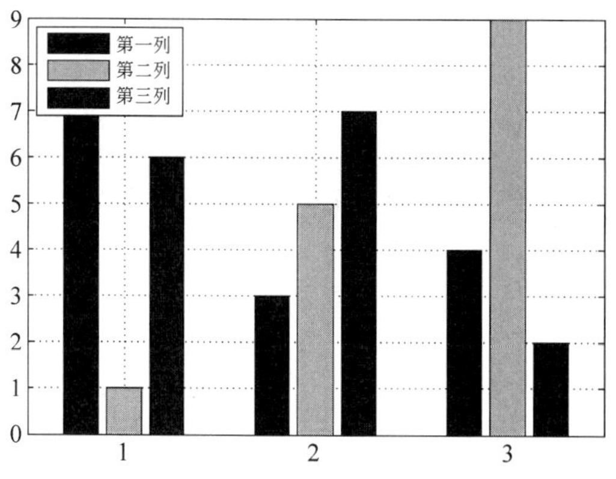

图 1-30　图形中添加图例效果图

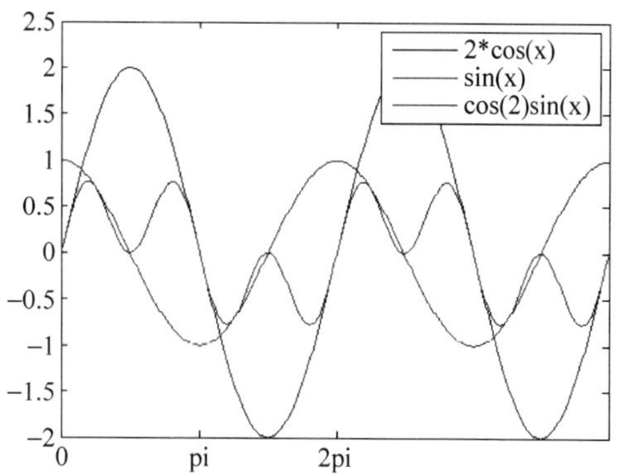

图 1-31　图形标定函数 legend 使用实例

text(x,y,string,option)：主要功能是在图形指定坐标位置(x,y)处，写出由 string 所给出的字符串。

坐标(x,y)的单位是由选项参数 option 决定的。如果不给出该选项参数，则(x,y)坐标的单位与图中的单位是一致的。如果选项参数取'sc'，则(x,y)坐标表示规范化的窗口相对坐标，其变化范围为 0～1，即该窗口绘图范围的左下角坐标为(0,0)，右上角坐标为(1,1)。

gtext('string')：表示当光标位于一个图形窗口内时，若用户单击鼠标或按下键盘，则在光标的位置放置给定的文字 string。

【例 1-69】 利用函数 text 将文本字符串放置在图形中的任意位置。

程序如下：

```
x = 0:pi/100:6;
plot(x,sin(x));
text(3 * pi/4,sin(3 * pi/4),'\leftarrowsin(x) = 0.707','fontsize',14);     % 放置文本字
符串
text(pi,sin(pi),'\leftarrowsin(x) = 0','fontsize',14);
text(5 * pi/4,sin(5 * pi/4),'sin(x) =- 0.707\rightarrow','horizontal','right','fontsize',
14);
```

运行结果如图 1-32 所示。

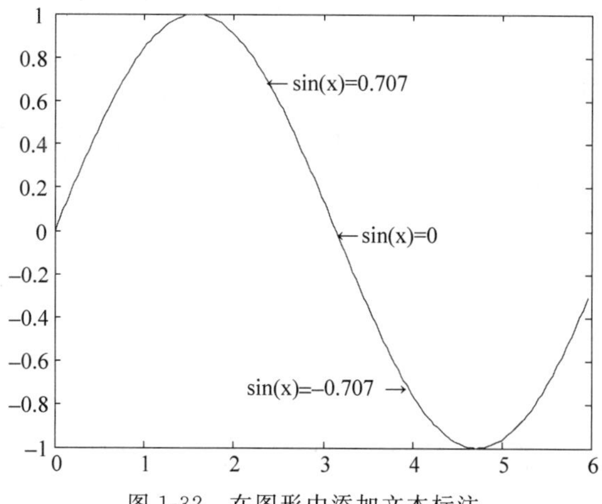

图 1-32　在图形中添加文本标注

【例 1-70】 使用函数 gtext 可以将一个字符串放到图形中，位置由鼠标来确定。

程序如下：

```
plot(peaks(80));
gtext('图形','fontsize',16)
```

运行结果如图 1-33 所示。

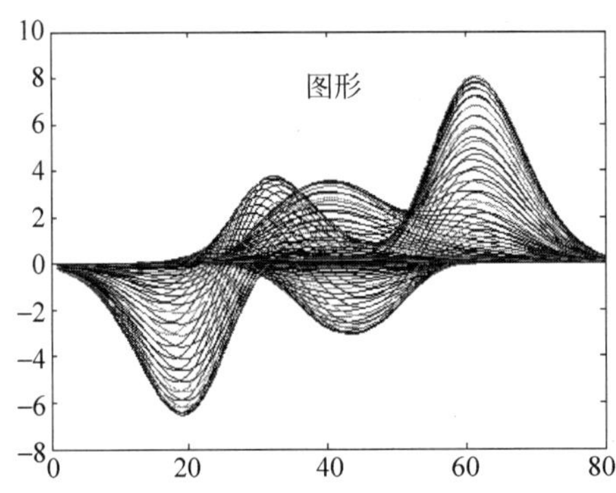

图 1-33 使用函数 gtext 示例效果图

hold：可以切换当前的绘图叠加模式。

hold on 或 hold off：表示明确制定当前绘图窗口叠加绘图模式的开关状态。

hold all：不但实现 hold on 的功能，使得当前绘图窗口的叠加绘图模式打开，而且使新的绘图指令依然循环初始设置的颜色循环序和线型循环序。

【例 1-71】 利用函数 hold 绘制叠加图形。

程序如下：

```
x=-5:5;
y1=randn(size(x));
y2=sin(x);
subplot(2,1,1)
hold
hold                                    %切换子图 1 的叠加绘图模式到关闭状态
plot(x,y1,'b')
plot(x,y2,'r')                          %新的绘图指令冲掉了原来的绘图结果
title('hold off ')
subplot(2,1,2)
hold on                                 %打开子图 2 的叠加绘图模式
plot(x,y1,'b')
plot(x,y2,'r')                          %新的绘图结果叠加在原来的图形中
title('hold on')
```

运行结果如图 1-34 所示。

3. 图形分割

在一个图形窗口用函数 subplot 可以同时画出多个子图形，其调用格式主要有以下

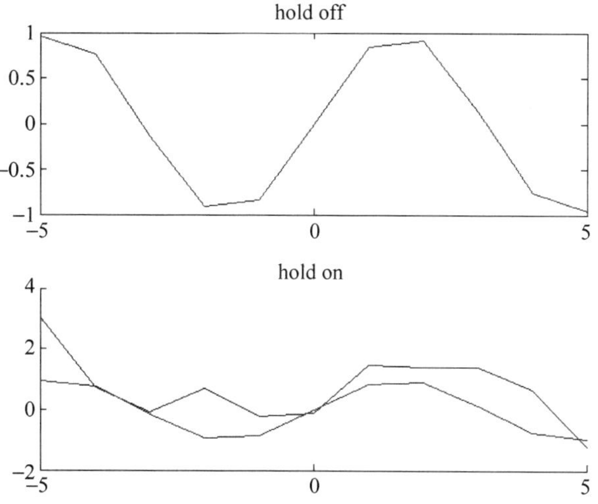

图 1-34　利用函数 hold 绘制叠加图形

几种：

(1) subplot(m,n,p)：将当前图形窗口分成 m×n 个子窗口，并在第 p 个子窗口建立当前坐标平面。子窗口按从左到右、从上到下的顺序编号。

```
subplot(3,3,2),subplot(3,3,1),subplot(3,3,9)
```

(2) subplot(m,n,p,'replace')：按(1)建立当前子窗口的坐标平面时，若指定位置已经建立了坐标平面，则以新建的坐标平面代替。

(3) subplot(h)：指定当前子图坐标平面的句柄 h，h 为按 mnp 排列的整数。

(4) subplot('Position',[left bottom width height])：在指定位置建立当前子图坐标平面，它把当前图形窗口看成是 1.0×1.0 的平面，所以 left、bottom、width、height 分别在(0.0,1.0)的范围内取值，分别表示所创建当前子图坐标平面距离图形窗口左边、底边的长度，以及所建子图坐标平面的宽度和高度。subplot('Position',[0.25 0.25 0.5 0.5])

(5) h=subplot(…)：创建当前子图坐标平面时，同时返回其句柄。

注意：subplot 只是创建子图坐标平面，在该坐标平面内绘制子图，仍然需要使用 plot 函数或其他绘图函数。

【例 1-72】 图形分割示例。

运行程序如下：

```
x = linspace(0,2 * pi,100)
subplot(2,2,1),plot(x,sin(x))
xlabel('x'),ylabel('y'),title('sin(x)')
subplot(222),plot(x,cos(x))
xlabel('x'),ylabel('y'),title('cos(x)')
subplot(223),plot(x,exp(x))
xlabel('x'),ylabel('y'),title('exp(x)')
subplot(2,2,4),plot(x,exp( - x))
xlabel('x'),ylabel('y'),title('exp( - x)')
```

运行结果如图 1-35 所示。

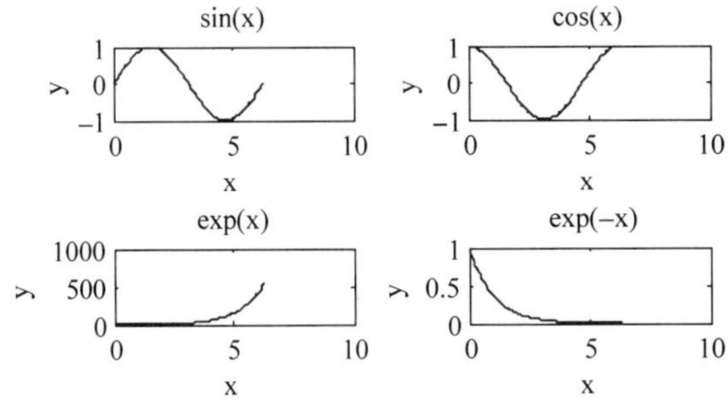

图 1-35　图形分割示例

【例 1-73】 画出参数方程的图形。

程序如下：

```
clear all;
t1 = 0:pi/4:3 * pi;
t2 = 0:pi/25:3 * pi;
x1 = 3 * (cos(t1) + t1. * sin(t1));
y1 = 3 * (sin(t1) - t1. * cos(t1));
x2 = 3 * (cos(t2) + t2. * sin(t2));
y2 = 3 * (sin(t2) - t2. * cos(t2));
subplot(2,2,1);plot(x1,y1,'r.');
title('图形 1');
subplot(2,2,2);plot(x2,y2,'r.');
title('图形 2');
subplot(2,2,3);plot(x1,y1);
title('图形 3');
subplot(2,2,4);plot(x2,y2);
title('图形 4');
```

运行结果如图 1-36 所示。

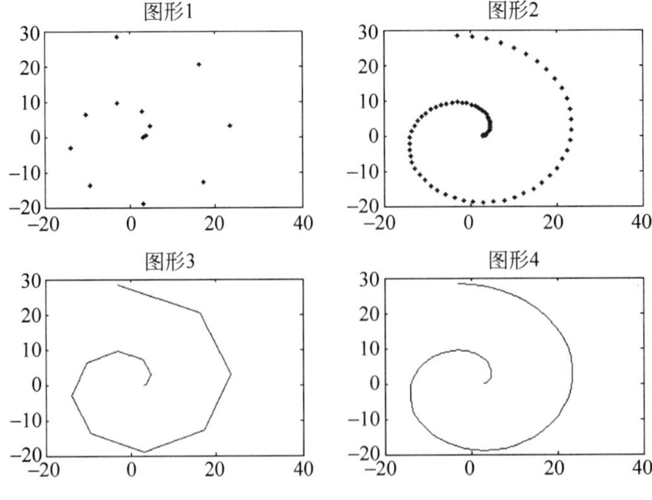

图 1-36　参数方程的图形

【例 1-74】 使用 subplot(m,n,P)函数对图形进行分割。

程序如下：

```
%均匀分割
figure
subplot(2,2,1)
text(.5,.5,{'1'},…
    'FontSize',20,'HorizontalAlignment','center')
subplot(2,2,2)
text(.5,.5,{'2'},…
    'FontSize',20,'HorizontalAlignment','center')
subplot(2,2,3)
text(.5,.5,{'3'},…
    'FontSize',20,'HorizontalAlignment','center')
subplot(2,2,4)
text(.5,.5,{'4'},…
    'FontSize',20,'HorizontalAlignment','center')
```

运行结果如图 1-37 所示。

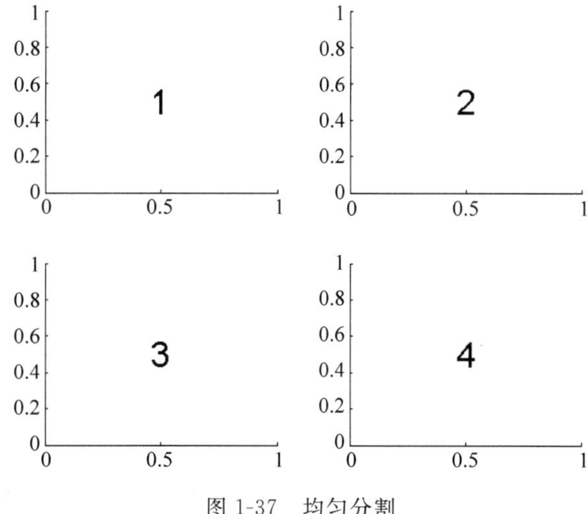

图 1-37　均匀分割

```
%左右分割
figure
subplot(2,2,[1 3])
text(.5,.5,'[1 3])',…
    'FontSize',20,'HorizontalAlignment','center')
subplot(2,2,2)
text(.5,.5,'2',…
    'FontSize',20,'HorizontalAlignment','center')
subplot(2,2,4)
text(.5,.5,'4',…
    'FontSize',20,'HorizontalAlignment','center')
```

运行结果如图 1-38 所示。

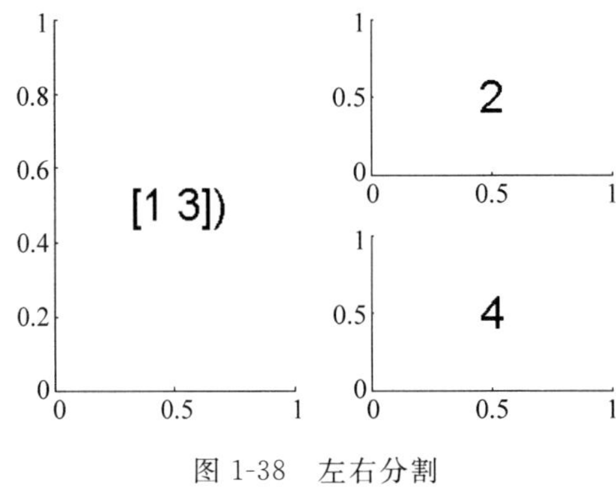

图 1-38　左右分割

1.7.3　三维图形的绘图

在 MATLAB 中，三维绘图的基本流程为：

(1) 数据准备；

(2) 图形窗口和绘图区选择；

(3) 绘图；

(4) 设置视角；

(5) 设置颜色表；

(6) 设置光照效果；

(7) 设置坐标轴刻度和比例；

(8) 标注图形；

(9) 保存、打印或导出。

下面将根据绘制三维图形的基本流程，分节介绍创建图形的各种函数。

1. 三维折线及曲线的绘制

在 MATLAB 中，plot3 命令的功能及使用方法与 plot 命令的功能及使用方法类似，它们的区别在于前者绘制出的是三维图形。该函数的调用方法如下：

```
plot3(x,y,z)
plot3(x,y,z,option)
```

其中，选项参数 option 指明了所绘图中线条的线性、颜色以及各个数据点的表示记号。plot3 命令是以逐点连线的方法来绘制三维折线的，当各个数据点的间距较小时，也可利用它来绘制三维曲线。

【例 1-75】 利用 plot3 函数绘制一条三维螺旋线。

程序如下：

```
t = 0:pi/50:8 * pi;
x = sin(t);
y = cos(t);
```

```
z = t;
plot3(x,y,z)
```

运行结果如图 1-39 所示。

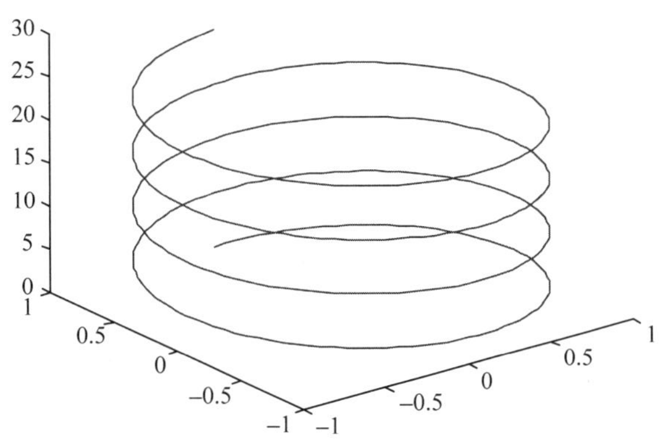

图 1-39 三维螺旋线图

2. 三维图形坐标标记的函数

MATLAB 也提供了下述 3 个用于三维图形坐标标记的函数，并提供了用于图形标题说明的语句。这些函数的调用方法如下：

xlabel(str)：将字符串 str 水平放置于 x 轴。

ylabel(str)：将字符串 str 水平放置于 y 轴。

zlabel(str)：将字符串 str 水平放置于 z 轴。

title(str)：将字符串 str 水平放置于图形的顶部。

【例 1-76】 利用函数为 $x=\sin t$、$y=\cos t$ 的三维螺旋线图形添加标题说明。

```
t = 0:pi/50:8 * pi;
x = sin(t);
y = cos(t);
z = t;
plot3(x,y,z);
xlabel('sin(t)');
ylabel('cos(t)');
zlabel('t');
title('三维螺旋线');
```

运行结果如图 1-40 所示。

3. 三维网格曲面的绘制

三维网格曲面是由一些四边形相互连接在一起所构成的一种曲面，这些四边形的 4 条边所围成的颜色与图形窗口的背景色相同，并且无色调的变化，呈现的是一种线架图的形式。在 MATLAB 中，mesh 函数用于栅格数据点的产生，mesh 函数用于绘制三维网格曲面图，hidden 函数用于隐藏线的显示和关闭。这些函数的调用方法如下：

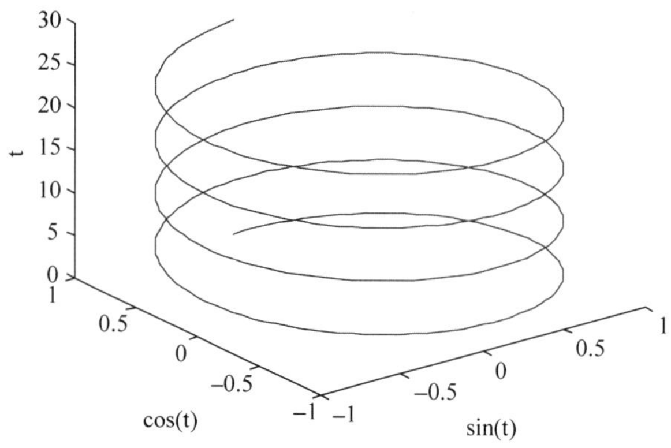

图 1-40 被标注了的三维螺旋线图

[X, Y]=meshgrid(x, y)：表示由 x 向量和 y 向量值通过复制的方法产生绘制三维图形时所需的栅格数据 X 矩阵和 Y 矩阵。在使用该命令的时候，需要说明以下两点：(1)x 向量和 y 向量分别代表三维图形在 x 轴、y 轴方向上的取值数据点；(2)x 和 y 分别是 1 个向量，而 X 和 Y 分别代表 1 个矩阵。

```
mesh(X,Y,Z,C)
mesh(X,Y,Z)
mesh(x,y,Z,C)
mesh(x,y,Z)
mesh(Z,C)
mesh(Z)
```

其中，在命令格式 mesh(X,Y,Z,C)和 mesh(X,Y,Z)中，参数 X,Y,Z 都为矩阵值，并且 X 矩阵的每一个行向量都是相同的，Y 矩阵的每一个列向量也都是相同的。参数 C 表示网格曲面的颜色分布情况，若省略该参数则表示网格曲面的颜色分布与 z 方向上的高度值成正比；在命令格式(x,y,Z,C)和 mesh(x,y,Z)中，参数 x 和 y 为长度分别是 n 和 m 向量值，而参数 Z 是维数为 m×n 的矩阵；在命令格式[Z,C]和 mesh(Z)中，若参数 Z 是维数为 m×n 的矩阵，则绘图时的栅格数据点的取法是 x=1:n 和 y=1:m。另外，MATLAB 中还有两个 mesh 的派生函数：meshc 函数用于在绘图的同时，在 x-y 平面上绘制函数的等值线；meshz 函数则用于在网格图基础上在图形的底部外侧绘制平行 z 轴的边框线。

hidden on：表示去掉网格曲面的隐藏线。

hidden off：表示令显示网格曲面的隐藏线。

【例 1-77】 使用 meshgrid 函数绘制矩形网格。

程序如下：

```
x=-5:0.5:5;
y=5:-0.5:-5;
[X,Y]=meshgrid(x,y);
plot(X,Y,'o')
```

运行结果如图 1-41 所示。

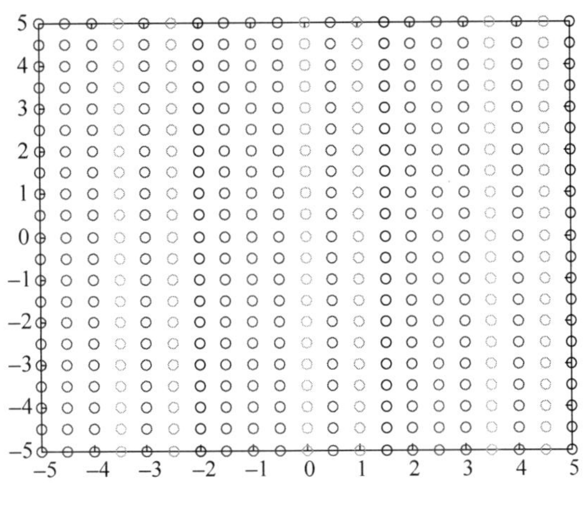

图 1-41 矩形网格

【例 1-78】 在笛卡儿坐标系中绘制函数的网格曲面图。

程序如下：

```
x =- 7:0.5:7;
y = x;
[X,Y] = meshgrid(x,y);
Q = sqrt(X.^2 + Y.^2) + eps;
Z = cos(Q)./Q;
mesh(X,Y,Z)
grid on
axis([ - 10 10  - 10 10  - 1 1 ])
```

运行结果如图 1-42 所示。

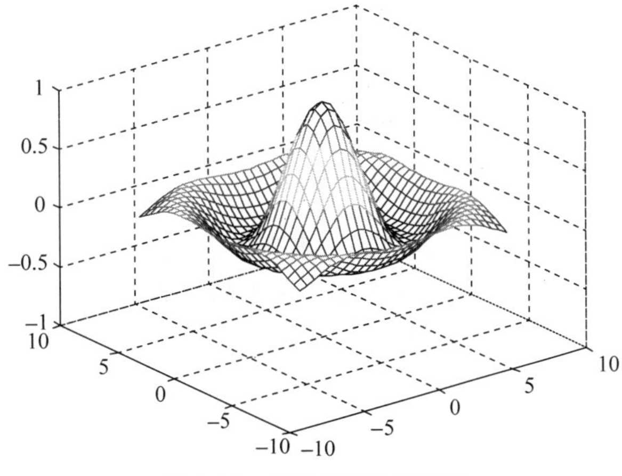

图 1-42 函数的网格曲面图

【例 1-79】 利用 meshc 和 meshz 绘制三维网格图。

程序如下：

```
close all
clear
[X,Y] = meshgrid( - 2:.4:2);
Z = 2 * X.^2 - 3 * Y.^2;
subplot(2,2,1)
plot3(X,Y,Z)
subplot(2,2,2)
mesh(X,Y,Z)
subplot(2,2,3)
meshc(X,Y,Z)
subplot(2,2,4)
meshz(X,Y,Z)
```

运行结果如图 1-43 所示。

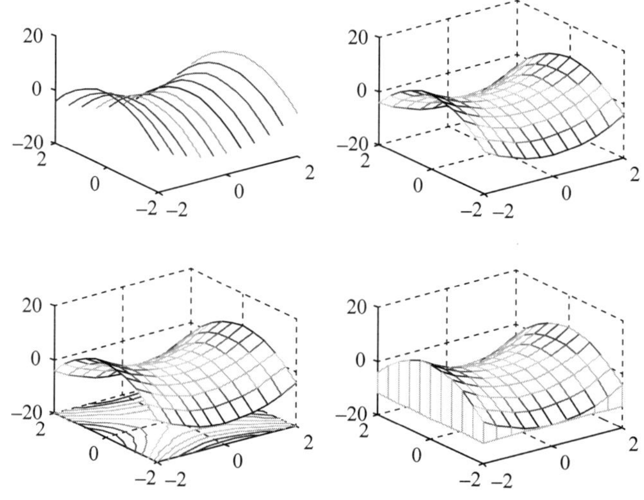

图 1-43　利用 meshc 和 meshz 绘制的三维网格图

4. 三维阴影曲面的绘制

三维阴影曲面也是由很多个较小的四边形构成的,但是各个四边形的 4 条边是无色的(即为绘图窗口的底色),其内部却分布着不同的颜色,也可认为是各个四边形带有阴影效果。

MATLAB 提供了 3 条用于绘制这种三维阴影曲面的命令：surf 函数用于绘制基本的三维阴影曲面；surfc 函数用于绘制基本的三维阴影曲面；furfl 函数用于绘制具有光照效果的阴影曲面。这些函数的调用方法如下：

```
surf(X,Y,Z,C)
surf(X,Y,Z)
surf(x,y,Z,C)
surf(x,y,Z)
surf(Z,C)
surf(Z)
```

其中，surf 命令与 mesh 命令的使用方法及参数含义相同。surf 命令与 mesh 命令的区别是前者绘制的是三维阴影曲面，而后者绘制的是三维网格曲面。在 surf 命令中，各个四边形表面的颜色分布方式可由 shading 命令来设置：

shading faceted：表示截面式颜色分布方式。

shading interp：表示插补式颜色分布方式。

shading flat：表示平面式颜色分布方式。

```
surfc(X,Y,Z,C)
surfc(X,Y,Z)
surfc(x,y,Z,C)
surfc(x,y,Z)
surfc(Z,C)
surfc(Z)
```

其中，surfc 命令与 surf 命令的使用方法及参数含义相同。surfc 命令与 surf 命令的区别是前者除了绘制出三维阴影曲面外，在 xy 坐标平面上还绘制有曲面在 z 轴方向上的等高线，而后者仅绘制出三维阴影曲面。

```
surfl(X,Y,Z,s)
surfl(X,Y,Z)
surfl(Z,s)
surfl(Z)
```

其中，这 4 种 surfl 命令与前面介绍的 surf 命令的使用方法及参数含义相类似。surfl 命令与 surf 命令的区别是前者绘制出的三维阴影曲面具有光照效果，而后者绘制出的三维阴影曲面无光照效果。向量参数 s 表示光源的坐标位置，s=[sx,xy,xz]。注意，若默认 s，则表示光源位置设在观测角的反时针 45°处，它是默认的光源位置。

【例 1-80】 采用 shading faceted 函数来设置函数的三维阴影曲面效果。

程序如下：

```
x=-7:0.5:7;
y=x;
[X,Y]=meshgrid(x,y);
Q=sqrt(X.^2+Y.^2)+eps;
Z=2*cos(Q)./Q;
surf(X,Y,Z)
grid on
axis([-10 10 -10 10 -0.5 1.5])
shading faceted
```

运行结果如图 1-44 所示。

【例 1-81】 利用 shading interp 函数来设置。

程序如下：

```
x=-7:0.5:7;
y=x;
[X,Y]=meshgrid(x,y);
R=sqrt(X.^2+Y.^2)+eps;
Z=2*cos(Q)./Q;
```

```
surf(X,Y,Z)
grid on
axis([ - 10 10  - 10 10  - 0.5 1.5])
shading interp
```

运行结果如图 1-45 所示。

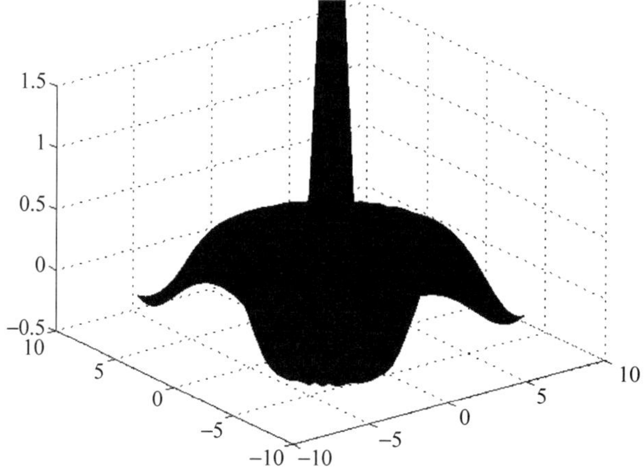

图 1-44　截面式颜色分布方式

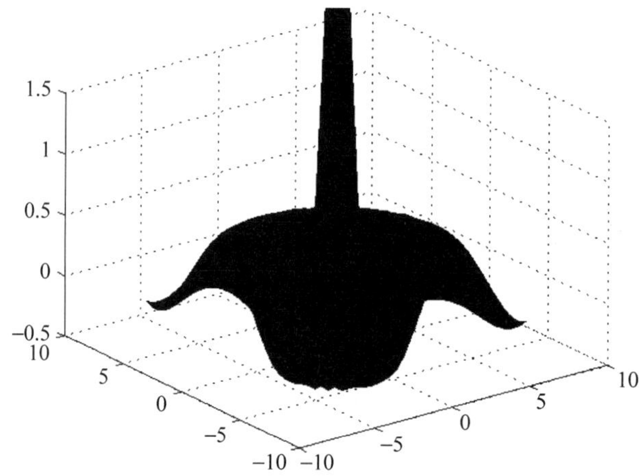

图 1-45　插补式颜色分布方式

【例 1-82】 利用 shading flat 来设置达到相应的效果。

程序如下：

```
x =- 7:0.5:7;
y = x;
[X,Y] = meshgrid(x,y);
R = sqrt(X.^2 + Y.^2) + eps;
Z = 2 * cos(Q)./Q;
surf(X,Y,Z)
grid on
```

```
axis([ - 10 10  - 10 10  - 0.5 1.5])
shading flat
```

运行结果如图 1-46 所示。

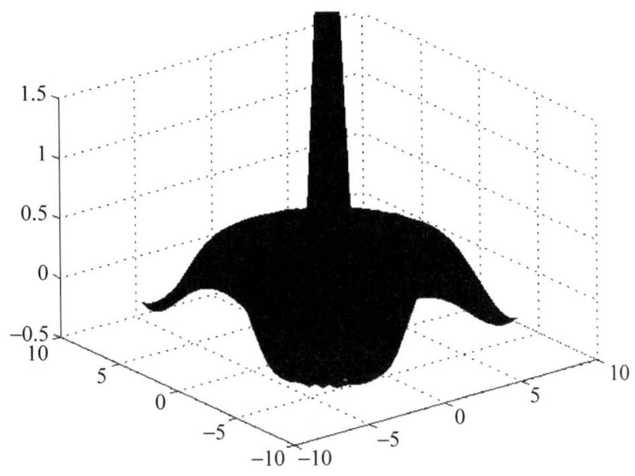

图 1-46 平面式颜色分布方式

【例 1-83】 利用 surfc 函数为三维曲面添加等高线。

程序如下：

```
x =- 7:0.5:7;
y = x;
[X,Y] = meshgrid(x,y);
R = sqrt(X.^2 + Y.^2) + eps;
Z = 2 * cos(Q)./Q;
surfc(X,Y,Z)
grid on
axis([ - 10 10  - 10 10  - 0.5 1.5])
```

运行结果如图 1-47 所示。

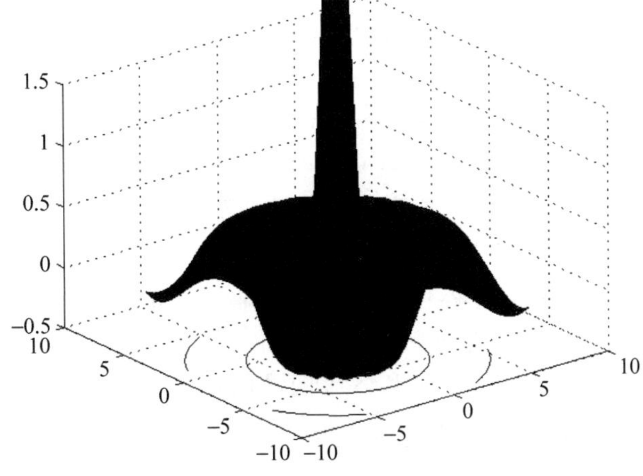

图 1-47 三维图形等高线

【例 1-84】 利用 sufl 函数为阴影曲面添加光照效果。

```
x=-7:0.5:7;
y=x;
[X,Y]=meshgrid(x,y);
R=sqrt(X.^2+Y.^2)+eps;
Z=2*cos(Q)./Q;
s=[0 -1 0];
surfl(X,Y,Z)
grid on
axis([-10 10 -10 10 -0.5 1.5])
```

运行结果如图 1-48 所示。

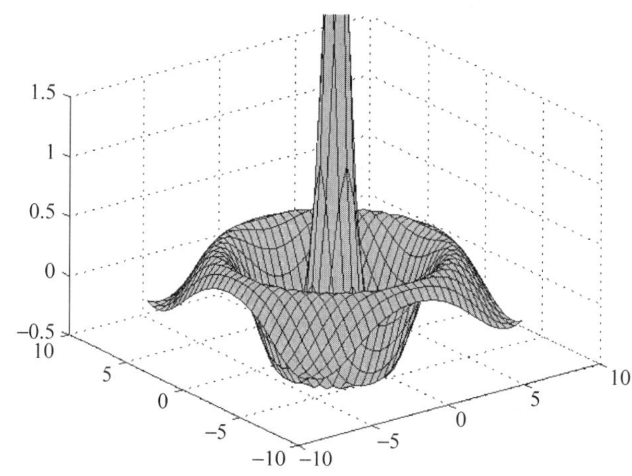

图 1-48 阴影曲面添加光照效果图

本章小结

本章首先介绍了 MATLAB 的产生和发展历程及其特点，讲述了桌面操作结构、查询帮助命令等相关内容。希望读者仔细阅读，对 MATLAB 这个功能强大的数学软件有一个轮廓性的大致了解，为后面核心技术与工程应用的学习做好铺垫。

接着介绍了 M 文件的相关知识，讲述了 MATLAB 程序控制结构、程序流程控制语句及其他常用命令，变量、数值及表达式。读者要掌握好本章的内容，还需要阅读相关的书籍和 MATLAB 帮助文件等。

MATLAB 为工程人员提供了方便、强大的数值计算功能，与一般的计算机语言不同的是，MATLAB 是一种边解释边执行的语言，因此工程人员用其解决实际数学问题，并不需要更多的编程技术。数据可视化的目的在于通过图形从一堆杂乱的离散数据中观察数据间的内在关系，感受由图形所传递的内在本质。本章最后着眼于 MATLAB 的图形命令，主要内容包括绘图步骤、二维和三维图形的创建、参数编辑和图形编辑窗口、图形的输出。希望读者通过学习，仔细阅读体会，最好自己实践一番，这样可以熟悉和掌握各方法的基本思想。

第二部分
信号处理的基本理论

第 2 章　信号与系统的分析基础

第 3 章　信号的变换

第 4 章　IIR 滤波器的设计

第 5 章　FIR 滤波器设计

第 6 章　其他滤波器

第 7 章　随机信号处理

第 8 章　小波在信号处理中的应用

第2章 信号与系统的分析基础

信号和系统分析的最基本的任务是获得信号的特点和系统的特性。系统的分析和描述借助于建立系统输入信号和输出信号之间的关系,因此信号分析和系统分析是密切相关的。

学习目标:

(1) 了解、熟悉离散时间信号的概念与采样定理;

(2) 掌握离散时间序列、信号的基本运算;

(3) 理解信号波形的产生相关函数;

(4) 掌握、实践数组与矩阵的操作;

(5) 实践连续时间系统的时域分析;

(6) 实践离散信号在 MATLAB 中的运算。

2.1 离散时间信号的概念

信号是传递信息的函数,它可表示成一个或几个独立变量的函数。按时间的连续与离散和幅值的连续与离散(幅值的离散称为量化),信号可分为:

(1) 连续时间信号:时间连续,幅值可以连续也可以离散。

(2) 模拟信号:时间连续,幅值连续,是连续时间信号的特例。

(3) 离散时间信号(序列):时间离散,幅值连续。

(4) 数字信号:时间离散,幅值离散(即幅度量化了的离散时间信号)。

离散时间信号是指在离散时刻才有定义的信号,简称离散信号,或者序列。离散序列通常用 $x(n)$ 来表示,自变量必须是整数。

离散时间信号定义:离散时间信号是指在时间上取离散值,幅度取连续值的一类信号,可以用序列来表示。

序列是指按一定次序排列的数值 $x(n)$ 的集合,表示为

$$\{x(-\infty),\cdots,x(-2),x(-1),x(0),x(1),x(2),\cdots,x(\infty)\}$$

或

$$x(n),\quad -\infty < n < \infty$$

其中,n 为整数,$x(n)$ 表示序列,对于具体信号,$x(n)$ 也代表第 n 个序

列值。特别应当注意的是，$x(n)$仅当 n 为整数时才有定义，对于非整数，$x(n)$没有定义，不能错误地认为 $x(n)$为零。

离散时间信号通常由对连续时间信号（模拟信号）进行抽样获得，离散时间信号（序列）的表示方法有 3 种：列表法、函数表示法和图示法。下面通过一个例子来用图像表示离散时间信号。

【例 2-1】 用图示法来表示离散时间信号示例。

程序如下：

```
clear all;
N=[-3 -2 -1 0 1 3 3 2 5 6 7 6 9 11];                    %为序号序列
X=[0 2 3 3 2 3 0 -1 -2 -3 -4 -5 1 2];                   %为值序列
subplot(2,1,1);stem(N,X);                               %绘制离散值图
hold on;
plot(N,zeros(1,length(X)),'r');
%绘制横轴,zeros(1,N)为产生1行N列元素值为零的数组
set(gca,'box','on');                                    %产生坐标轴设在方框上
xlabel('序列号');ylabel('序列值');
dt=1;                                                   %时间间隔
t=N*dt;                                                 %时间序列
subplot(2,1,2);plot(t,X);                               %绘制随时间的变化
hold on;
plot(t,zeros(1,length(X)),'r');                         %绘出横轴
xlabel('时间/s');ylabel('函数值');
```

运行结果如图 2-1 所示。

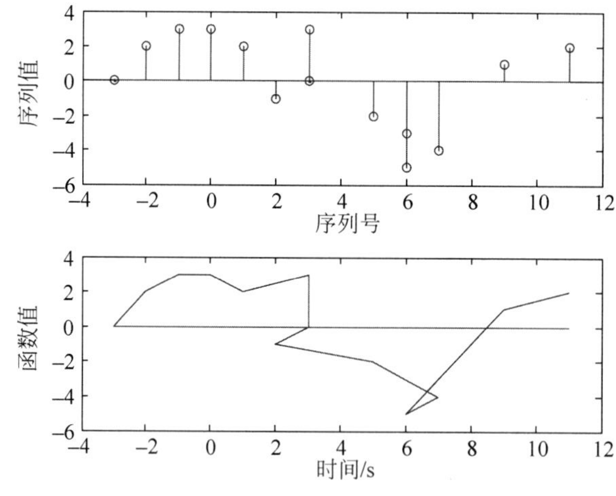

图 2-1　用图示法来表示离散时间信号

2.2 采样定理

所谓模拟信号的数字处理方法就是将待处理模拟信号经过采样、量化和编码形成数字信号，并利用数字信号处理技术对采样得到的数字信号进行处理。

采样定理：一个频带限制在$(0,f_c)$赫兹内的模拟信号$m(t)$，如果以$f_s \geqslant 2f_c$的采样频率对模拟信号$m(t)$进行等间隔采样，则$m(t)$将被采样得到的采样值所确定，即可以利用采样值无混叠失真的恢复原始模拟信号$m(t)$。

其中，"利用采样值无失真恢复原始模拟信号"，这里的无失真恢复是指被恢复信号与原始模拟信号在频谱上无混叠失真，并不是说被恢复的信号就与模拟信号在时域完全一样。其实由于采样和恢复器件的精度限制以及量化误差等的存在，被恢复信号与原始信号之间在实际中是存在一定误差或失真的。

关于采样定理的几点总结：

(1) 一个带限模拟信号$x_a(t)$，其频谱的最高频率为f_c，以间隔T_s对它进行等间隔采样得采样信号$\hat{x}_a(t)$，只有在采样频率$f_s=(1/T_s)\geqslant 2f_c$时，$\hat{x}_a(t)$才可不失真地恢复$x_a(t)$。

(2) 上述采样信号$\hat{x}_a(t)$的频谱$\hat{X}_a(\mathrm{j}\Omega)$是原模拟信号$x_a(t)$的频谱$X_a(\mathrm{j}\Omega)$以$\Omega_s(=2\pi f_s)$为周期进行周期延拓而成的。

(3) 一般称$f_s/2$为折叠频率，只要信号的最高频率不超过该频率，就不会出现频谱混叠现象，否则超过$f_s/2$的频谱会"折叠"回来形成混叠现象。

【例 2-2】 绘出原始信号及采样后的信号示例。

程序如下：

```
clear all;
dt = 0.01;n = 0:90 - 1;
t = n * dt;
f = 10;                                   % 原始信号的频率为 10Hz
x = sin(3 * pi * f * t + 0.5);            % 在计算机上的原始信号
dt = 0.1;
n = 0:10 - 1;
t1 = n * dt;
% 以 10Hz 的采样频率采样,为取样的时间长度
% 序号长度为原始信号序号长度的 1/10
x1 = sin(3 * pi * f * t1 + 0.5);          % 采样后的信号
subplot(3,1,1);plot(t,x);
% 绘出模拟原始信号,为与下图统一,采样 y 轴的范围[ - 1 1]用 ylim 给出
ylim([ - 1,1]);
title('原始信号');
% 绘出在模拟信号基础上的采样过程
subplot(3,1,2);plot(t,x,t1,x1,'rp');
ylim([ - 1,1]);
title('采样过程');
% 绘出采样后的信号
subplot(3,1,3);plot(t1,x1);
ylim([ - 1,1]);xlabel('时间/s');
title('采样后信号');
```

运行结果如图 2-2 所示。

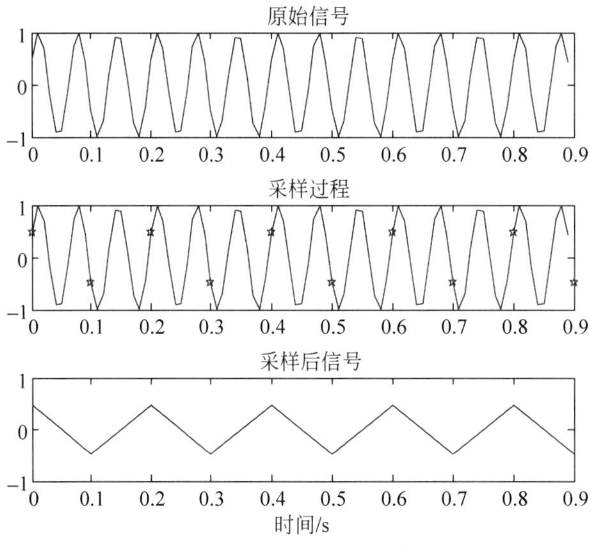

图 2-2　采样频率效果图

2.3　离散时间序列

数字信号处理的基础是离散信号及离散系统，在 MATLAB 中可直观快速地进行离散信号的显示与运算。

2.3.1　单位采样序列

单位采样序列(也称单位脉冲序列)$\delta(n)$定义为

$$\delta(n)=\begin{cases}1, & n=0\\ 0, & n\neq 0\end{cases}$$

其中，单位采样序列 $\delta(n)$的特点是仅在时序列 $n=0$ 值为 1，n 取其他值，序列值为 0。它的地位与连续信号中的单位冲激函数 $\delta(t)$相当。不同的是，$n=0$ 时 $\delta(n)=1$，而不是无穷大。

在 MATLAB 中，冲激序列可以用 zeros 函数实现，如要产生 N 点的单位采样序列，可以通过以下命令实现：

```
x = zeros(1,N);
```

另外，利用逻辑关系表达式产生单位冲激序列也是一种常用的方法，其格式为

```
x = [(n - n0) == 0]
```

【例 2-3】 编制程序产生单位采样序列 $\delta(n)$及 $\delta(n-10)$，并绘制出图形。

程序如下：

```
clear all
n = 50;
x = zeros(1,n);
x(1) = 1;
xn = 0:n - 1;
subplot(121);
stem(xn,x);
grid on
axis([ - 1 51 0 1.1]);
title('单位采样序列 δ(n)')
ylabel('δ(n)');
xlabel('n');
k = 10;
x(k) = 1;
x(1) = 0;
subplot(122);
stem(xn,x);
grid on
axis([ - 1 51 0 1.1]);
title('单位采样序列 δ(n - 10)')
ylabel('δ(n - 10)');
xlabel('n');
```

运行结果如图 2-3 所示。

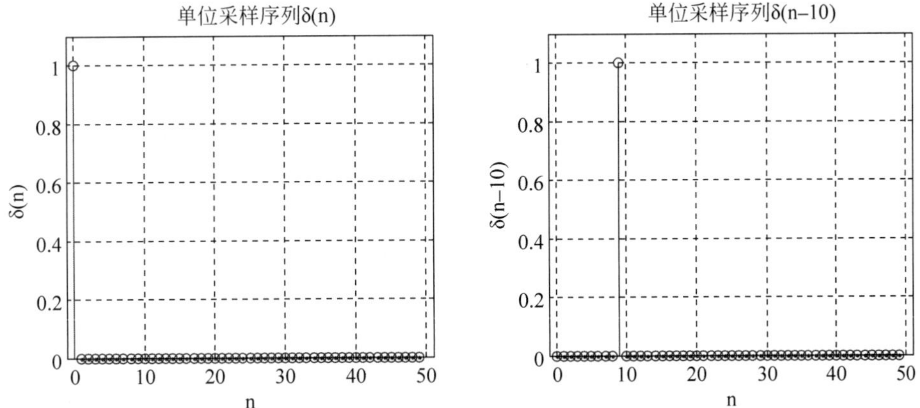

图 2-3　序列及移位

2.3.2　单位阶跃序列

单位阶跃序列 $u(n)$定义为

$$u(n) = \begin{cases} 1 & n \geqslant 0 \\ 0 & n < 0 \end{cases}, \quad u(n - n_0) = \begin{cases} 1 & n \geqslant n_0 \\ 0 & n < n_0 \end{cases}$$

单位阶跃序列和单位冲激序列的关系为

$$u(n)=\sum_{i=0}^{+\infty}\delta(n-i)\quad \delta(n)=u(n)-u(n-1)$$

单位阶跃序列或其移位序列都可以看作一个零向量和一个全1向量的组合。在MATLAB中,用函数 ones 产生一个全1向量,其通常的调用格式为

```
x = ones(1,N);
```

【例 2-4】 编制程序产生单位阶跃序列 $u(n)$及 $u(n-10)$,并绘制出图形。

程序如下:

```
clear all
n = 40;
x = ones(1,n);
xn = 0:n-1;
subplot(211);
stem(xn,x);
grid on
axis([ -1 51 0 1.1]);
title('单位阶跃序列 u(n)')
ylabel('u(n)');
xlabel('n');
x = [zeros(1,10),1,ones(1,29)];
subplot(212);
stem(xn,x);
grid on
axis([ -1 51 0 1.1]);
title('单位阶跃序列 u(n-10)')
ylabel('u(n-10)');
xlabel('n');
```

运行结果如图 2-4 所示。

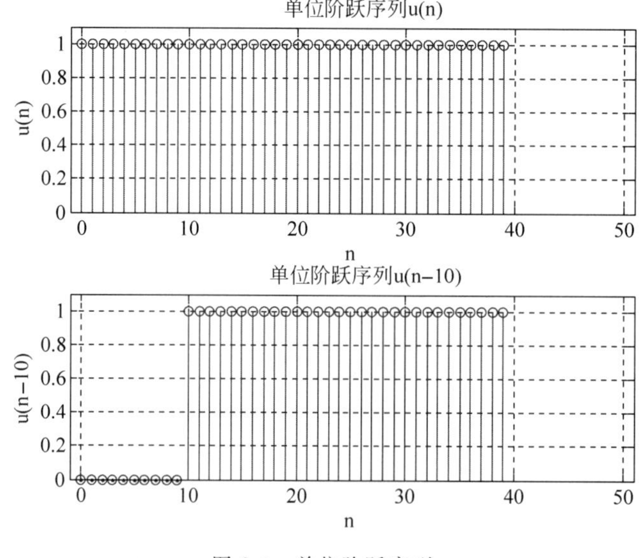

图 2-4 单位阶跃序列

2.3.3 正弦序列

正弦序列的定义为

$$x(n) = A\sin(\omega n + \theta) = A\sin(2\pi fn + \theta)$$

式中，ω 为正弦序列的数字角频率，f 为正弦序列的数字频率，θ 为正弦序列的初相位。

同样，余弦序列可以定义为

$$x(n) = A\cos(\omega n + \theta) = A\cos(2\pi fn + \theta)$$

正弦(余弦)序列在 MATLAB 中可以用函数 sin(cos)生成，格式如下：

```
x = A * sin(2 * pi * f0/Fs * n + thelta)
x = A * cos(2 * pi * f0/Fs * n + thelta)
```

【例 2-5】 试用 MATLAB 命令绘制正弦序列 $x(n)=\sin\left(\frac{n\pi}{5}\right)$的波形图。

程序如下：

```
clear all
n = 0:59;
x = sin(pi/5 * n);
stem(n,x);
xlabel('n')
ylabel('h(n)')
title('正弦序列')
axis([0,40, - 1.5,1.5]);
grid on;
```

运行结果如图 2-5 所示。

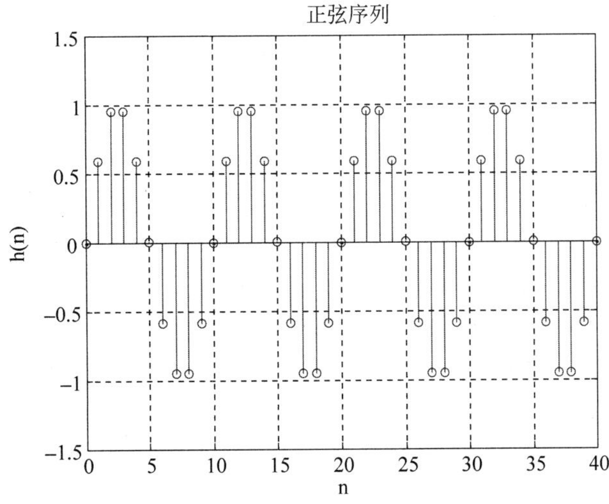

图 2-5　正弦序列

【例 2-6】 用 MATLAB 生成正弦序列 $x(n)=3\sin(0.2\pi n+2\pi/3)$。

程序如下：

```
clear all; close all; clc;
n =- 21:21;
x = 3 * sin(0.2 * pi * n + 2 * pi/3);
n1 =- 24:0.1:24;
x1 = 2 * sin(0.2 * pi * n1 + 2 * pi/3);
stem(n,x,'.');hold on;plot(n1,x1,' -- ');
xlabel('n');ylabel('x(n)');title('3sin(0.2\pin + 2\pi/3)的线图表示');
axis([ - 23.5 23.5  - 2.1 2.1]);
set(gcf,'color','w');
```

运行结果如图 2-6 所示。

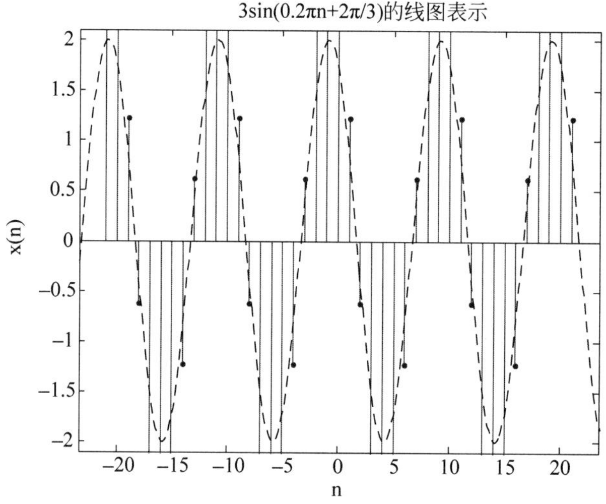

图 2-6 用 MATLAB 生成正弦序列效果图

2.3.4 实指数序列

实指数序列定义为

$$x(n) = a^n u(n)$$

如果 $|a|<1$，$x(n)$的幅度随 n 的增大而减小，此时 $x(n)$为收敛序列，如果 $|a|>1$，$x(n)$的幅度随 n 的增大而增大，此时 $x(n)$为发散序列。

【例 2-7】 试用 MATLAB 命令分别绘制单边指数序列 $x_1(n)=1.6^n u(n)$、$x_2(n)=(-1.6)^n u(n)$、$x_3(n)=(0.9)^n u(n)$、$x_4(n)=(-0.9)^n u(n)$的波形图。

程序如下：

```
clear
n = 0:20;
a1 = 1.6;a2 =- 1.6;a3 = 0.9;a4 =- 0.9;
x1 = a1.^n;
```

```
x2 = a2.^n;
x3 = a3.^n;
x4 = a4.^n;
subplot(221)
stem(n,x1,'fill');
grid on;
xlabel('n'); ylabel('h(n)');
title('x(n) = 1.6^{n}')
subplot(222)
stem(n,x2,'fill');
grid on
xlabel('n'); ylabel('h(n)');
title('x(n) = (-1.6)^{n}')
subplot(223)
stem(n,x3,'fill');
grid on
xlabel('n') ; ylabel('h(n)');
title('x(n) = 0.9^{n}')
subplot(224)
stem(n,x4,'fill');
grid on
xlabel('n'); ylabel('h(n)');
title('x(n) = (-0.9)^{n}')
```

运行结果如图 2-7 所示。

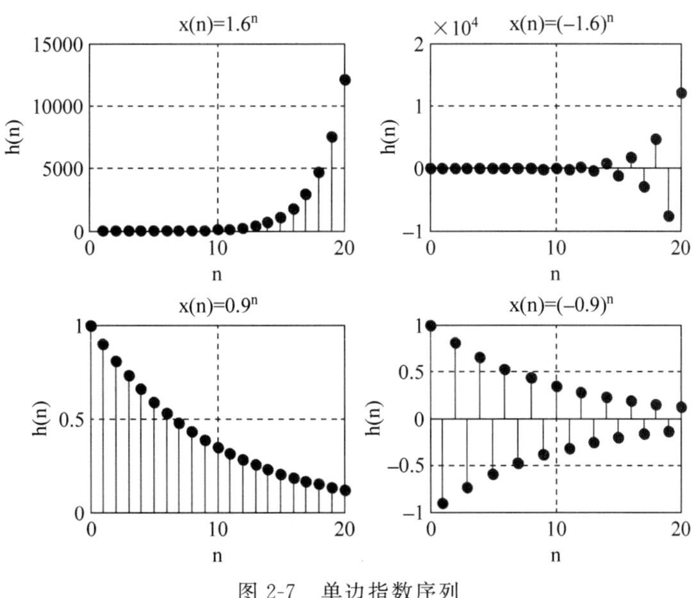

图 2-7 单边指数序列

2.3.5 复指数序列

复指数序列定义为

$$x(n) = e^{(a+j\omega_0)n}$$

复指数序列在 MATLAB 中可以用函数 exp 生成，格式如下：

```
x = exp((sigma + j * omega) * n);
```

【例 2-8】 用 MATLAB 命令画出复指数序列 $x(n)=3e^{\left(-\frac{1}{9}+j\frac{\pi}{5}\right)n}$ 的实部、虚部、模及相角随时间变化的曲线，并观察其时域特性。

程序如下：

```
clear
n = 0:50;
A = 3;a =- 1/9;b = pi/5;
x = A * exp((a + i * b) * n);
subplot(2,2,1)
stem(n,real(x),'fill');
grid on
title('实部');
axis([0,30, - 2,2]),xlabel('n')
subplot(2,2,2)
stem(n,imag(x),'fill');
grid on
title('虚部');
axis([0,30, - 2,2]),xlabel('n')
subplot(2,2,3)
stem(n,abs(x),'fill'),grid on
title('模'),axis([0,30,0,2]),xlabel('n')
subplot(2,2,4)
stem(n,angle(x),'fill');
grid on
title('相角');
axis([0,30, - 4,4]) ,xlabel('n')
```

运行结果如图 2-8 所示。

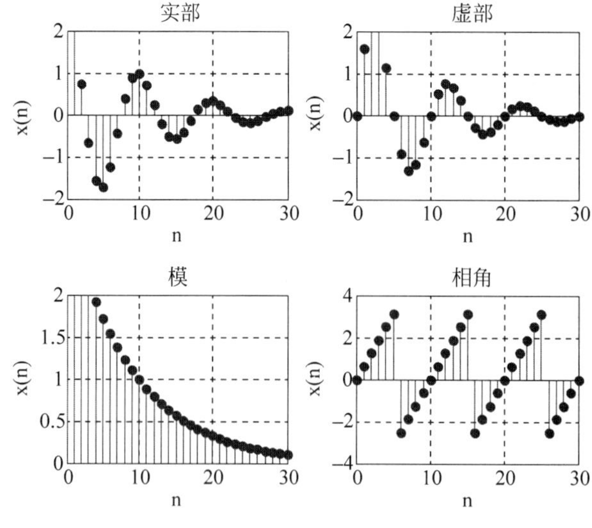

图 2-8　复指数序列

2.3.6 周期序列

如果对所有的 n,关系式 $x(n)=x(n+N)$均成立,且 N 为满足关系式的最小正整数,则定义 $x(n)$为周期序列,其周期为 N。

2.4 信号的基本运算

2.4.1 序列相加与相乘

信号相加的表达式为

$$x(n) = x_1(n) + x_2(n)$$

信号相乘,即两个序列的乘积(或称"点乘"),表达式为

$$x(n) = x_1(n) \cdot x_2(n)$$

设序列用 x1 和 x2 表示,序列相加(相乘)是对应序列值之间的相加(相乘),实现语句为

```
x = x1 + x2
x = x1. * x2
```

【例 2-9】 信号相加示例。

程序如下:

```
clear all;
n1 = 0:3;
x1 = [2 0.5 0.9 1];
subplot(311);
stem(n1,x1)
axis([ - 1 9 0 2.1])
n2 = 0:7;
x2 = [0 0.1 0.2 0.3 0.4 0.5 0.6 0.7];
subplot(312);
stem(n2,x2)
axis([ - 1 9 0 0.9])
n = 0:7;
x1 = [x1 zeros(1,8 - length(n1))];
x2 = [zeros(1,8 - length(n2)),x2];
x = x1 + x2;
subplot(313);
stem(n,x)
axis([ - 1 9 0 2.1])
```

运行结果如图 2-9 所示。

【例 2-10】 信号相乘示例。

程序如下:

```
clear all;
n1 = 0:3;
x1 = [3 0.6 0.8 1];
```

```
subplot(311);
stem(n1,x1)
axis([ - 1 8 0 2.1])
n2 = 0:7;
x2 = [0 0.2 0.2 0.3 0.5 0.5 0.6 0.9];
subplot(312);
stem(n2,x2)
axis([ - 1 8 0 0.8] )
n = 0:7;
x1 = [x1 zeros(1,8 - length(n1))];
x2 = [zeros(1,8 - length(n2)),x2];
x = x1. * x2;
subplot(313);
stem(n,x)
axis([ - 1 8 0 0.35])
```

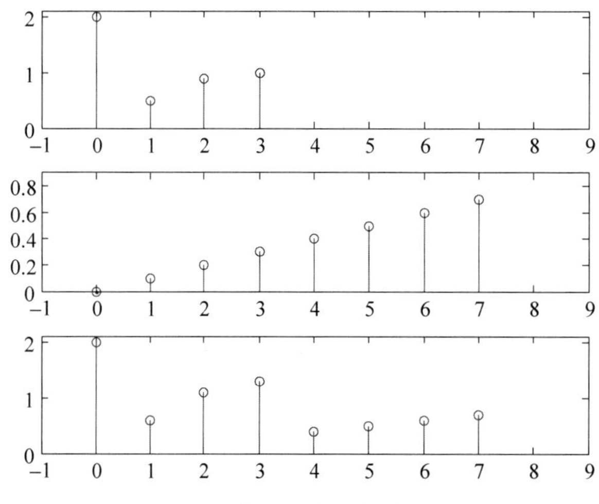

图 2-9　信号相加示例效果图

运行结果如图 2-10 所示。

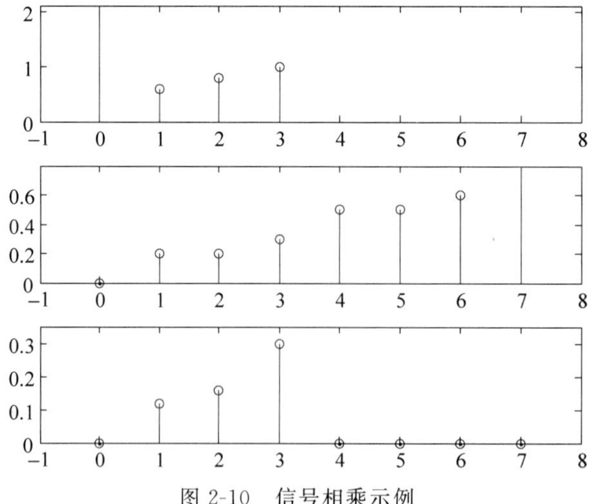

图 2-10　信号相乘示例

2.4.2 序列累加与序列值乘积

序列累加是求序列 $x(n)$两点 n_1 和 n_2 之间所有序列值之和，即

$$\sum_{n=n_1}^{n_2} x(n) = x(n_1) + \cdots + x(n_2)$$

在 MATLAB 中，可由 sum(n1)实现。例如：

```
n1 = [1 2 3 4];
sum(n1)
```

运行结果如下：

```
ans =
    10
```

序列值乘积是求序列 $x(n)$两点 n_1 和 n_2 之间所有序列值的乘积：

$$\prod_{n_1}^{n_2} x(n) = x(n_1) \cdot \cdots \cdot x(n_2)$$

在 MATLAB 中，可由 prod(x(n1))实现。例如：

```
clear all;
x1 = [2 0.5 0.9 2 2];
x = prod(x1)
```

运行结果如下：

```
x =
    3.6000
```

2.4.3 序列翻转与序列移位

序列翻转的表达式为

$$y(n) = x(-n)$$

MATLAB 中，翻转运算用函数 fliplr 实现。设序列 $x(n)$用样值向量 x 和位置向量 nx 描述，翻转后的序列 $y(n)$用样值向量 y 和位置向量 ny 描述，则实现语句为

```
y = fliplr(x)
ny =- fliplr(nx)
```

序列移位的表达式为

$$y(n) = x(n - n_0)$$

设序列 $x(n)$用样值向量 x 和位置向量 nx 描述，移位后的序列 $y(n)$用样值向量 y 和

位置向量 ny 描述,则实现语句为

```
y = x
ny = nx + n0
```

【例 2-11】 序列翻转示例。

程序如下：

```
clear all;
nx =- 2:5;
x = [2 3 4 5 6 7 8 9];
ny =- fliplr(nx);
y = fliplr(x);
subplot(121),
stem(nx,x,'.');axis([ - 6 6  - 1 9]);grid;
xlabel('n');ylabel('x(n)');title('原序列');
subplot(122),
stem(ny,y,'.');axis([ - 6 6  - 1 9]);grid;
xlabel('n');ylabel('y(n)');title('翻转后的序列');
set(gcf,'color','w');
```

运行结果如图 2-11 所示。

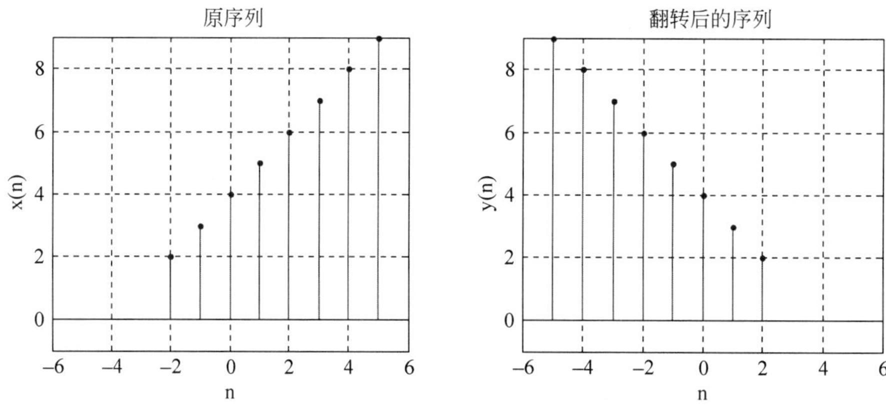

图 2-11　序列翻转效果图

【例 2-12】 序列移位示例。

程序如下：

```
clear all; close all; clc;
nx =- 2:5;x = [9 8 7 6 5 5 5 5];
y = x;ny1 = nx + 3;ny2 = nx - 2;
subplot(211),stem(nx,x,'.');axis([ - 5 9  - 1 6]);grid;
xlabel('n');ylabel('x(n)');title('原序列');
subplot(223),stem(ny1,y,'.');axis([ - 5 9  - 1 6]);grid;
xlabel('n');ylabel('y1(n)');title('右移 3 位后的序列');
subplot(224),stem(ny2,y,'.');axis([ - 5 9  - 1 6]);grid;
xlabel('n');ylabel('y2(n)');title('左移 2 位后的序列');
set(gcf,'color','w');
```

运行结果如图 2-12 所示。

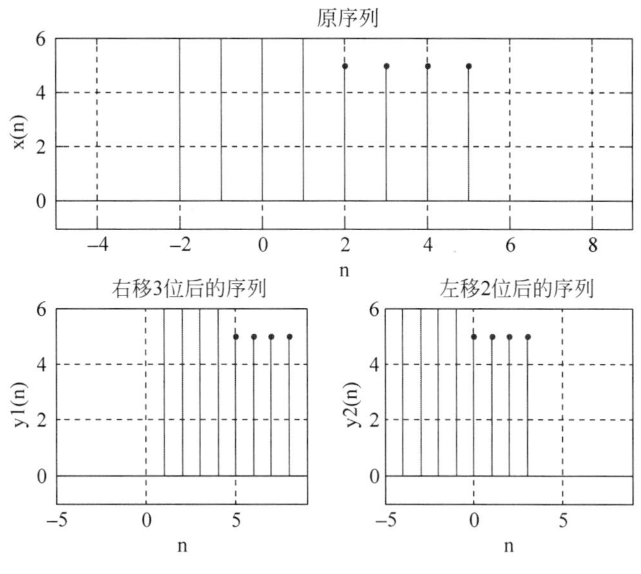

图 2-12　序列移位

2.4.4　常用连续时间信号的尺度变换

连续时间信号的尺度变换，是指将信号的横坐标进行扩展或压缩，即将信号 $f(t)$ 的自变量 t 更换为 at，当 $a>1$ 时，信号 $f(at)$ 以原点为基准，沿时间轴压缩到原来的 $1/a$；当 $a<1$ 时，信号 $f(at)$ 沿时间轴扩展至原来的 $1/a$ 倍。

用下面的命令实现连续时间信号的尺度变换及其结果可视化，其中 f 是用符号表达式表示的连续时间信号，t 是符号变量。subs 命令则将连续时间信号中的时间变量 t 用 a * t 替换。

```
y = subs(f,a * t);
ezplot(y)
```

【例 2-13】　矩形波尺度变换 $t \to 2t$。

程序如下：

```
t =- 4:0.001:4;
T = 2;
f = rectpuls(t,T);
ft = rectpuls(2 * t,T);
subplot(2,1,1)
plot(t,f)
axis([ - 4,4, - 0.5,1.5])
subplot(2,1,2)
plot(t,ft)
axis([ - 4,4, - 0.5,1.5])
```

运行结果如图 2-13 所示。

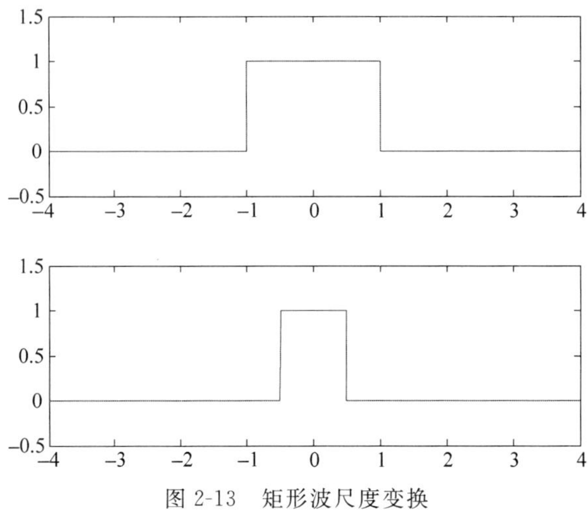

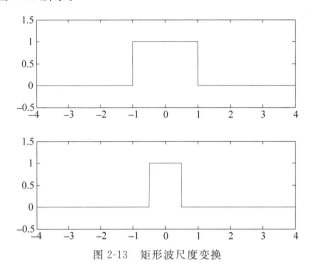

图 2-13　矩形波尺度变换

【例 2-14】　三角波尺度变换 $t\rightarrow 3t$。

程序如下：

```
t=-3:0.001:3;
ft=tripuls(t,4,0.5);
subplot(2,1,1)
plot(t,ft)
ft=tripuls(3*t,4,0.5);
subplot(2,1,2)
plot(t,ft)
```

运行结果如图 2-14 所示。

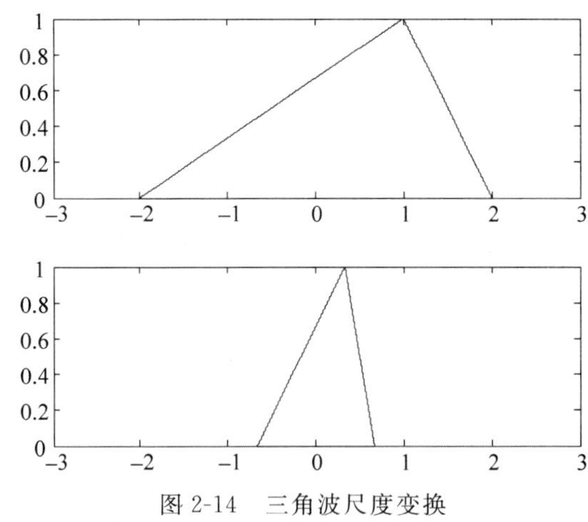

图 2-14　三角波尺度变换

2.4.5　常用连续时间信号的奇偶分解

信号的奇偶分解原理：任何信号都可以分解为一个偶分量与一个奇分量之和的形

式。因为任何信号总可以写成

$$\begin{aligned} f(t) &= 1/2[f(t)+f(t)+f(-t)-f(-t)] \\ &= 1/2[f(t)+f(-t)]+1/2[f(t)-f(-t)] \end{aligned}$$

显然,式中第一部分是偶分量,第二部分是奇分量,即

$$f_e(t) = 1/2[f(t)+f(-t)]$$

$$f_o(t) = 1/2[f(t)-f(-t)]$$

【例 2-15】 对函数 $f(t)=\cos(t+1)+t$ 进行奇偶分解。

程序如下:

```
syms t;
f = sym('cos(t + 1) + t');
f1 = subs(f,t, - t)
g = 1/2 * (f + f1);
h = 1/2 * (f - f1);
subplot(311);ezplot(f,[ - 8,8]);title('原信号');
subplot(312);ezplot(g,[ - 8,8]);title('偶分量');
subplot(313);ezplot(h,[ - 8,8]);title('奇分量');
```

运行结果如图 2-15 所示。

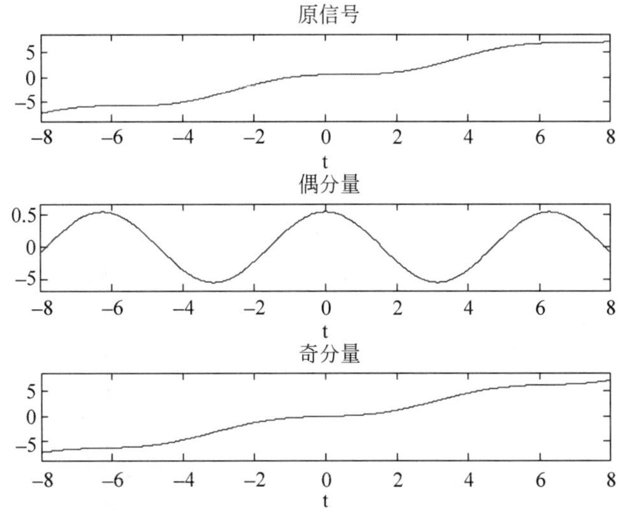

图 2-15 对函数 $f(t)=\cos(t+1)+t$ 进行奇偶分解

【例 2-16】 将函数 $f(t)=\sin(t-2)+t$ 的奇偶分量合并成原函数。

程序如下:

```
syms t;
f = sym('sin(t - 2) + t');
f1 = subs(f,t, - t)
g = 1/2 * (f + f1);
h = 1/2 * (f - f1);
z = g + h;
subplot(311);ezplot(g,[ - 8,8]);title('偶分量');
subplot(312);ezplot(h,[ - 8,8]);title('奇分量');
subplot(313);ezplot(z,[ - 8,8]);title('原信号');
```

运行结果如图 2-16 所示。

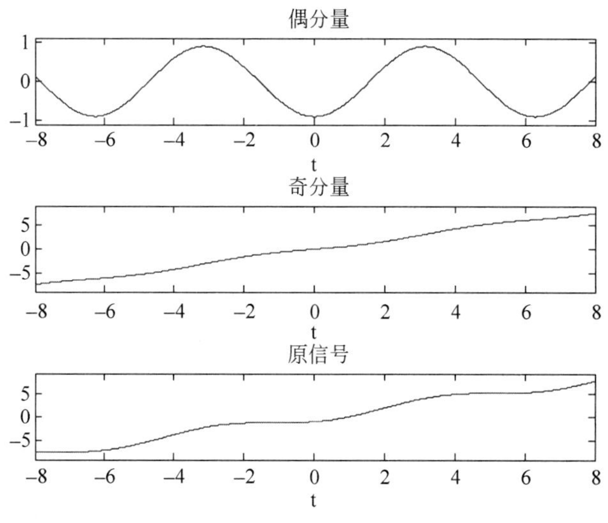

图 2-16　奇偶分量合并成原函数

2.4.6　信号的积分和微分

信号的微分和积分：对于连续时间信号，其微分运算是用 diff 函数来完成的，其语句格式为

```
diff(function,'variable',n)
```

其中，function 表示需要进行求导运算的信号，或者被赋值的符号表达式；variable 为求导运算的独立变量；n 为求导的阶数，默认值为求一阶导数。

连续信号的积分运算用 int 函数来完成，语句格式为

```
int(function,'variable',a,b)
```

其中，function 表示需要进行被积信号，或者被赋值的符号表达式；variable 为求导运算的独立变量；a、b 为积分上、下限，a 和 b 省略时为求不定积分。

【例 2-17】 积分运算示例。

程序如下：

```
syms t f2;
f2 = t * (2 * heaviside(t) - heaviside(t - 1)) + heaviside(t - 1);
t =- 1:0.01:2;
subplot(121);
ezplot(f2,t);
title('原函数')
grid on;
ylabel('x(t)');
f = diff(f2,'t',1);
```

```
subplot(122)
ezplot(f,t);
title('积分函数')
grid on;
ylabel('x(t)')
```

运行结果如图 2-17 所示。

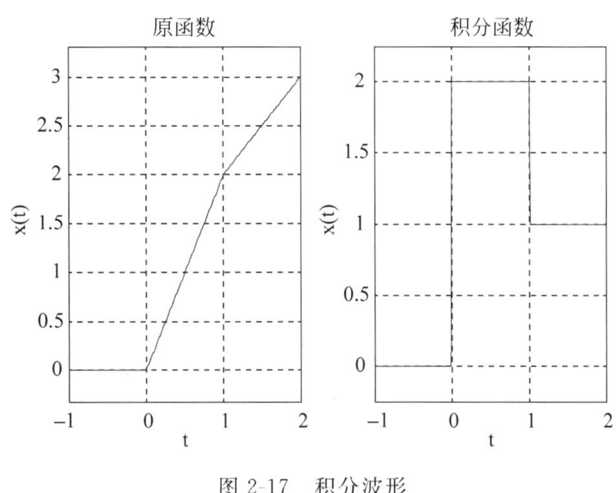

图 2-17　积分波形

【例 2-18】 微分运算示例。

程序如下：

```
syms t f1;
f1 = 2 * heaviside(t) - heaviside(t - 1);
t =- 1:0.01:2;
subplot(121);
ezplot(f1,t);
title('原函数')
grid on;
f = int(f1,'t');
subplot(122);
ezplot(f,t)
grid on
title('微分函数')
ylabel('x(t)');
```

运行结果如图 2-18 所示。

2.4.7　卷积运算

卷积运算在信号处理中是十分重要的工具。MATLAB 提供卷积计算的函数有 CONV、CONV2 和 CONVN。例如：

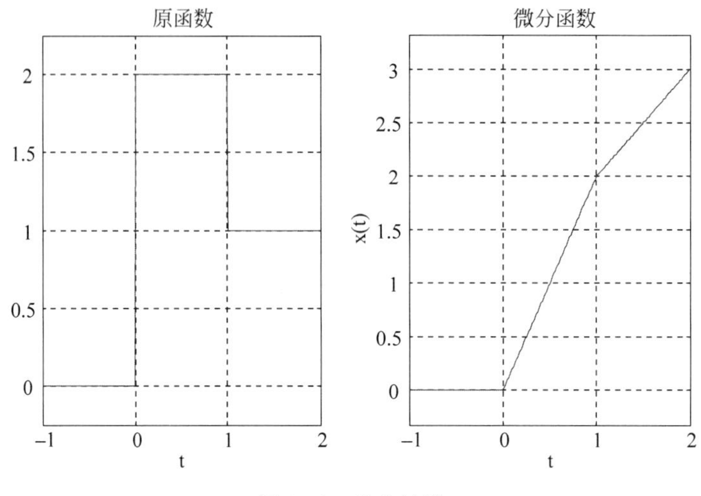

图 2-18　微分波形

```
A = ones(1,3)
B = [1 8 8 5]
C = conv(A,B)
```

运行结果如下：

```
A =
     1     1     1
B =
     1     8     8     5
C =
     1     9     17
```

2.5　信号波形的产生

在 MATLAB 中，对基本信号的产生提供了许多相应的函数，下面将对一些基本的函数进行介绍。

2.5.1　线性调频函数与方波函数

在 MATLAB 中，产生线性调频扫频信号函数 chirp 调用格式如下：

y=chirp(t,f0,t1,f1)：产生一个线性（频率随时间线性变化）信号，其时间轴设置由数组 t 定义。时刻 0 的瞬间频率为 f0，时刻 t1 的瞬间频率为 f1。默认情况，f0=0Hz，t1=1，f1=100Hz。

y=chirp(t,f0,t1,f1,'method')：指定改变扫频的方法。可用的方法有 linear（线性扫频）、quadratic（二次扫频）和 logarithmic（对数扫频），默认时为 linear。注意：对于对数扫频，必须有 f1>f0。

y=chirp(t,f0,t1,f1,'method',phi)：指定信号的初始相位为 phi(单位为度)，默认时 phi=0。

y=chirp(t,f0,t1,f1,'quadratic',phi,'shape')：根据指定的方法在时间 t 上产生余弦扫频信号，f0 为第一时刻的瞬时频率，f1 为 t1 时刻的瞬时频率，f0 和 f1 单位都为 Hz。如果未指定，f0 默认为 e−6(对数扫频方法)或 0(其他扫频方法)，t1 为 1，f1 为 100Hz。

扫频方法有 linear 线性扫频、quadratic 二次扫频、logarithmic 对数扫频。

phi 允许指定一个初始相位(以°为单位)，默认为 0，如果想忽略此参数，直接设置后面的参数，可以指定为 0 或[]；shape 指定二次扫频方法的抛物线的形状是凹还是凸，值为 concave 或 convex，如果此信号被忽略，则根据 f0 和 f1 的相对大小决定是凹还是凸。

在 MATLAB 中，使用 square 函数可以得到方波函数，该函数的调用函数是：

x=square(t)；类似于 sin(*t*)，产生周期为 2 * pi，幅值为 1 的方波。

x=square(t,duty)；产生制定周期的矩形波，其中 duty 用于指定脉冲宽度与整个周期的比例。

【例 2-19】 chirp 函数的实现示例。

程序如下：

```
clear
t = 0:0.01:2;
y = chirp(t,0,1,120);
plot(t,y);
axis([0,1,0,1])
ylabel('x(t)');
xlabel('t');
grid on;
```

运行结果如图 2-19 所示。

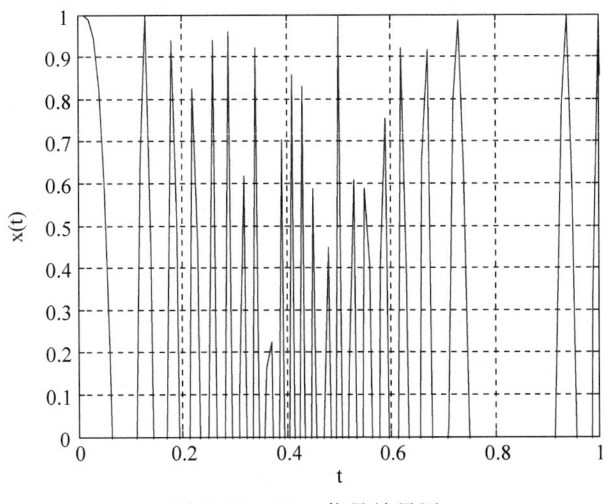

图 2-19 chirp 信号效果图

【例 2-20】 计算谱图与现行调频信号瞬时频率偏差。

程序如下：

```
clear all;
t = 0:0.002:2;
y = chirp(t,0,1,150);
subplot(311);spectrogram(y,256,250,256,1E3,'yaxis');

xlabel('t = 0:0.002:2');
title('不同采样时间的条件下');
t = -2:0.002:2;
y = chirp(t,100,1,200,'quadratic');
subplot(323);spectrogram(y,128,120,128,1E3,'yaxis');
xlabel('t =- 2:0.002:2');
t = -1:0.002:1;
fo = 100; f1 = 400;
y = chirp(t,fo,1,f1,'q',[],'convex');
subplot(324);spectrogram(y,256,200,256,1000,'yaxis')
xlabel('t =- 1:0.002:1');
t = 0:0.002:1;
fo = 100; f1 = 25;
y = chirp(t,fo,1,f1,'q',[],'concave');
subplot(325);spectrogram(y,hanning(256),128,256,1000,'yaxis');
xlabel('t = 0:0.002:1');
t = 0:0.002:10;
fo = 10; f1 = 400;
y = chirp(t,fo,10,f1,'logarithmic');
subplot(326);spectrogram(y,256,200,256,1000,'yaxis')
xlabel('t = 0:0.002:10');
```

运行结果如图 2-20 所示。

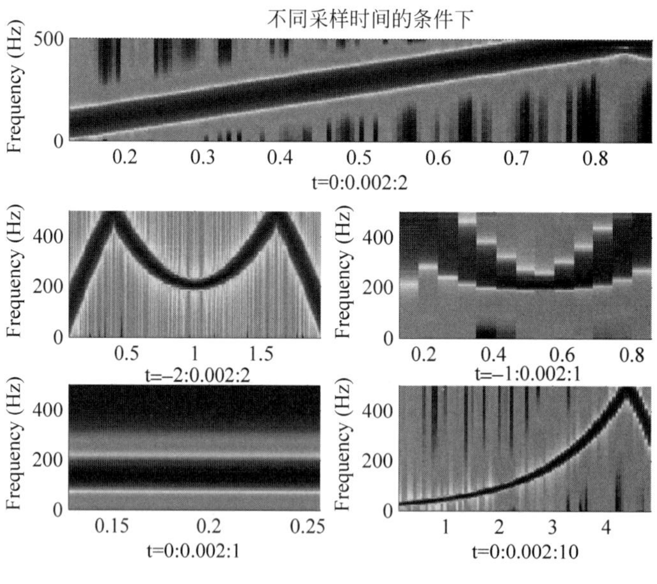

图 2-20　线性调频信号

【例 2-21】　一个连续的周期性矩形信号频率为 6kHz,信号幅度为 0～3V 之间,脉冲宽度与周期的比例为 1∶4,且要求在窗口上显示其两个周期的信号波形,并对信号的一个周期进行 15 点采样来获得离散信号，显示原连续信号与采样获得的离散信号。

程序如下：

```
f = 6000;nt = 3;
N = 15;T = 1/f;
dt = T/N;
n = 0:nt * N - 1;
tn = n * dt;
x = square(2 * f * pi * tn,25) + 1;
% 产生时域信号，且幅度在 0～2 之间
subplot(2,1,1);stairs(tn,x,'k');
axis([0 nt * T 1.1 * min(x) 1.1 * max(x)]);
ylabel('x(t)');
subplot(2,1,2);stem(tn,x,'filled','k');
axis([0 nt * T 1.1 * min(x) 1.1 * max(x)]);
ylabel('x(n)');
```

运行结果如图 2-21 所示。

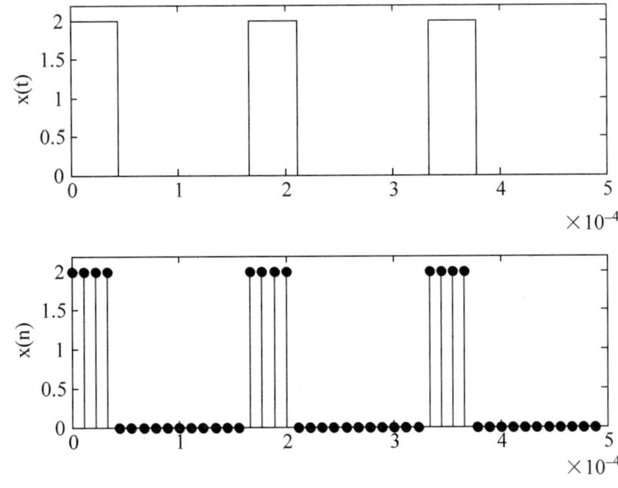

图 2-21　方波发生器

2.5.2　随机函数与三角波函数

在实际系统的研究和处理中，常常需要产生随机信号，在 MATLAB 中，rand 函数可以生成随机信号。该函数的调用方法如下：

Y = rand(n)：返回一个 n × n 的随机矩阵。如果 n 不是数量，则返回错误信息。

Y = rand(m,n)或 Y = rand([m n])：返回一个 m × n 的随机矩阵。

Y = rand(m,n,p,…)或 Y = rand([m n p…])：产生随机数组。

Y = rand(size(A))：返回一个和 A 有相同尺寸的随机矩阵。

在 MATLAB 中，函数 sawtooth 用于产生锯齿波或三角波信号，该函数的调用方法为

x=sawtooth(t)：产生周期为2pi，振幅从−1到1的锯齿波。在2pi的整数倍处值为−1到1，这一段波形斜率为1/pi。

sawtooth(t,width)：产生三角波，width在0到1之间。

【例2-22】 生成一组51点构成的连续随机信号和与之相应的随机序列。

运行程序如下：

```
tn = 0:50;
N = length(tn);
x = rand(1,N);
subplot(1,2,1),plot(tn,x,'k');
ylabel('x(t)');
subplot(1,2,2),stem(tn,x,'filled','k');
ylabel('x(n)');
```

运行结果如图2-22所示。

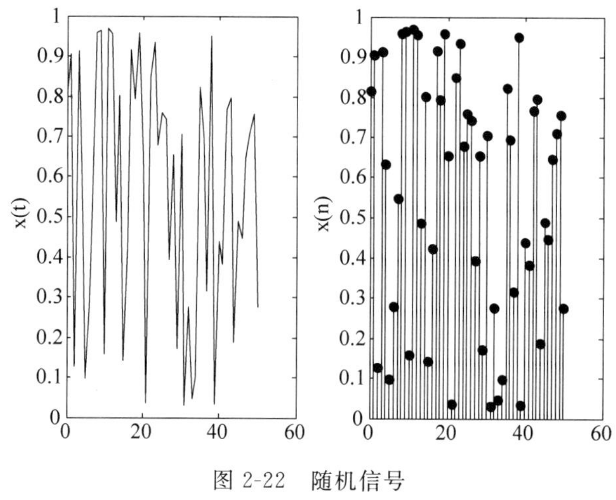

图2-22 随机信号

【例2-23】 产生周期为0.025的三角波。

程序如下：

```
clear
Fs = 10000;t = 0:1/Fs:1;
x1 = sawtooth(2 * pi * 40 * t,0);
x2 = sawtooth(2 * pi * 40 * t,1);
subplot(2,1,1);
plot(t,x1);axis([0,0.25, - 1,1]);
subplot(2,1,2);
plot(t,x2);axis([0,0.25, - 1,1]);
```

运行程序如图2-23所示。

2.5.3 rectpuls函数与diric函数

在MATLAB中，产生非周期方波信号函数rectpuls，其调用格式如下：

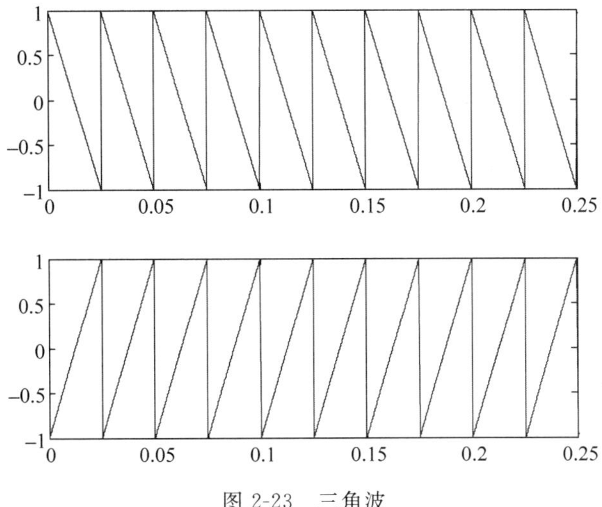

图 2-23　三角波

y=rectpuls(t,w)：产生指定宽度为 w 的非周期方波。

diric 函数用于产生 Dirichlet 函数或周期 Sinc 函数，其调用的格式如下：

y=diric(x,n)：返回一大小与 x 相同的矩阵，其元素为 Dirichlet 函数。

【例 2-24】 非周期方波信号函数 rectpuls 的实现示例。

程序如下：

```
clear
t =- 3:0.001:3;
y = rectpuls(t);
subplot(121)
plot(t,y);
axis([ - 2 2  - 1 2]);
grid on;
xlabel('t');
ylabel('w(t)');
y = 2.5 * rectpuls(t,2);
subplot(122)
plot(t,y);grid on;
axis([ - 2 2  - 1 3]);
grid on;
xlabel('t');
ylabel('w(t)');
```

运行结果如图 2-24 所示。

【例 2-25】 产生 sinc 函数曲线与 diric 函数曲线。

```
clf;
t =- 3 * pi:pi/40:4 * pi;
subplot(2,1,1);
plot(t,sinc(t));
```

```
title('Sinc');
grid on;
xlabel('t');
ylabel('sinc(t)');
subplot(2,1,2);
plot(t,diric(t,5));
title('Diric');
grid on;
xlabel('t');
ylabel('diric(t)');
```

运行结果如图 2-25 所示。

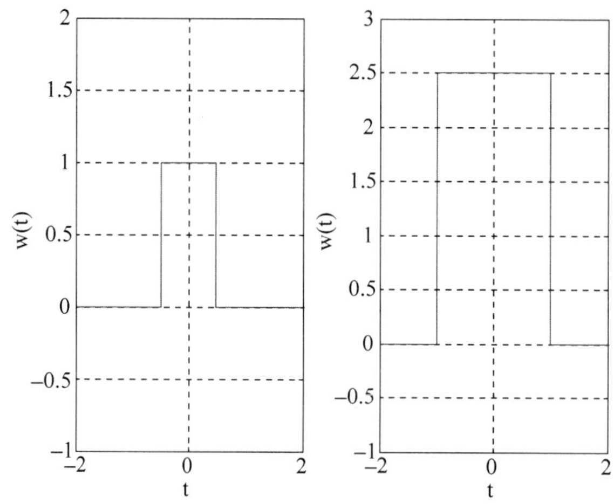

图 2-24 非周期方波信号图

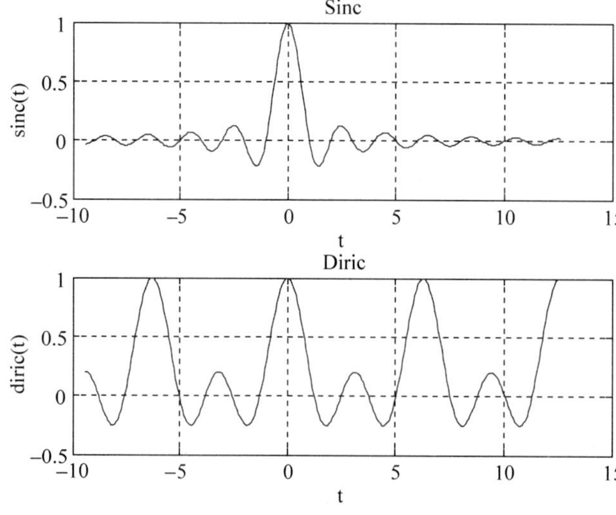

图 2-25 sinc 和 diric 信号图

2.5.4 sinc 函数与 tripuls 函数

sinc 的函数定义为

$$\mathrm{sinc}(t)=\frac{\sin t}{t}$$

sinc 函数的调用格式如下：

y＝sinc(x)：返回一个有 sinc 函数值为元素的矩阵。

tripuls 函数用于产生非周期三角波信号，该函数的调用格式如下：

y＝tripuls(t,w,s)：产生周期为 w 的非周期方波，斜率为 s(－1<s<1)。

【例 2-26】 sinc 函数发生器示例。

程序如下：

```
clear
t = (1:12)';
x= randn(size(t));
ts = linspace(-10,10,500)';
y = sinc(ts(:,ones(size(t))) - t(:,ones(size(ts)))') * x;
plot(t,x,'o',ts,y)
ylabel('x(n)');
xlabel('n');
grid on;
```

运行结果如图 2-26 所示。

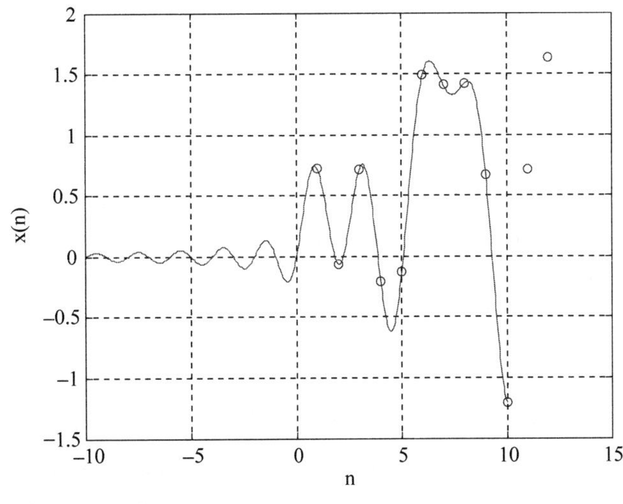

图 2-26 sinc 信号图

【例 2-27】 非周期三角波信号的实现。

程序如下：

```
clear
t=-2:0.001:2;
```

```
y = tripuls(t,4,0.5);
plot(t,y);grid on;
axis([ - 3 3  - 1 2]);
grid on;
xlabel('t');
ylabel('y(t)');
```

运行结果如图 2-27 所示。

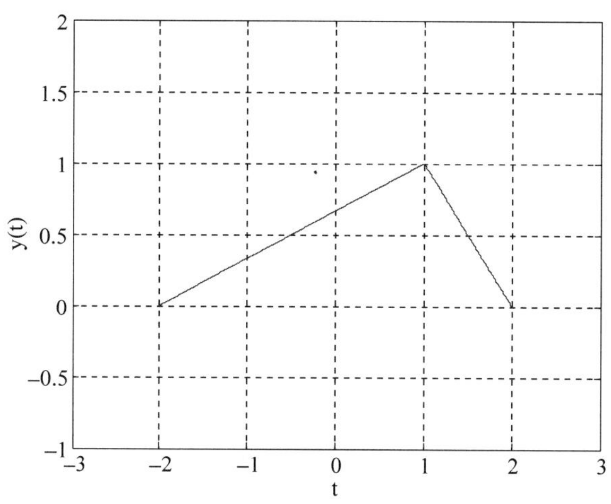

图 2-27　非周期三角波信号图

2.5.5　gauspuls 函数与 pulstran 函数

功能：gauspuls 函数用于产生高斯正弦脉冲信号函数，该函数的调用格式如下：

yi=guaspuls(T,FC,BW,BWR)：返回持续时间为 T，中心频率为 FC(Hz)，宽带为 BW 的幅度为 1 的高斯正弦脉冲(RF)信号的抽样。

TC=guaspuls('cutoff',FC,BE,BER,TPB)：返回按参数 TEP(dB)计算所对应的截断时间 TC。

pulstran 函数用于脉冲序列发生器，其调用格式如下：

y=pulstran(t,d,'func')：该函数基于一个名为 func 的连续函数并以之为一个周期，从而产生一串周期性的连续函数(func 函数可自定义)。pulstran 函数的横坐标范围由向量 t 指定，而向量 d 用于指定周期性的偏移量(即各个周期的中心点)，这样这个 func 函数会被计算 length(d)次，从而产生一个周期性脉冲信号。pulstran 函数的一般调用形式为

y=pulstran(t,d,'func',p1,p2,…)：p1,p2,…为需要传送给 func 函数的额外输入参数值(除了变量 t 之外)。

【例 2-28】 高斯正弦脉冲信号函数的实现。

程序如下：

```
clear
tc = gauspuls('cutoff',60e3,0.6,[], - 40);
t = - tc : 1e - 6 : tc;
yi = gauspuls(t,60e3,0.6);
plot(t,yi)
xlabel('t');
ylabel('h(t)');
grid on
```

运行结果如图 2-28 所示。

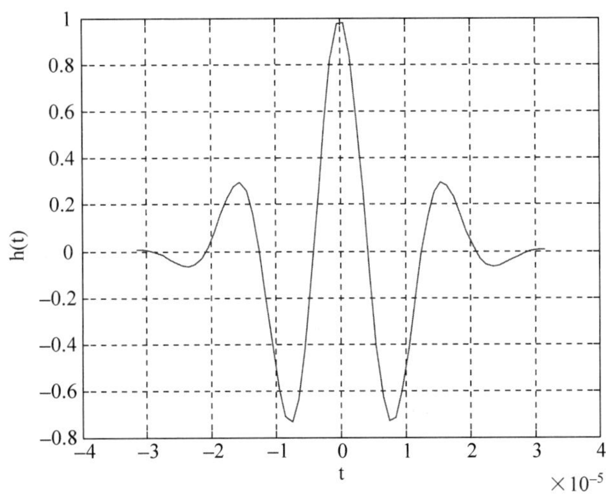

图 2-28　高斯信号图

【例 2-29】 脉冲序列发生器实现的示例。

程序如下：

```
clear
T = 0:1/1E3:1;
D = 0:1/4:1;
Y = pulstran(T,D,'rectpuls',0.1);
subplot(121)
plot(T,Y);
xlabel('t');
ylabel('w(t)');
grid on;axis([0,1, - 0.1,1.1]);
T = 0:1/1E3:1;
D = 0:1/3:1;
Y = pulstran(T,D,'tripuls',0.2,1);
subplot(122)
plot(T,Y);
xlabel('t');
ylabel('w(t)');
grid on;axis([0,1, - 0.1,1.1]);
```

运行结果如图 2-29 所示。

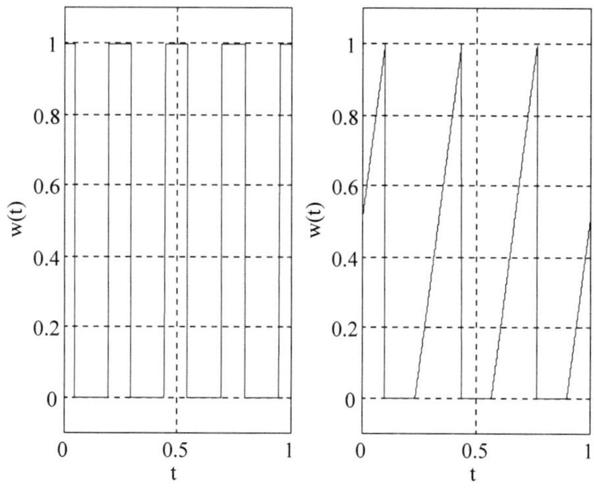

图 2-29 周期信号图

2.6 连续时间系统的时域分析

2.6.1 连续时间系统的零状态与零输入响应的求解分析

连续时间线性非时变系统(LTI)可以用如下的线性常系数微分方程来描述：

$$a_n y^{(n)}(t) + a_{n-1} y^{(n-1)}(t) + \cdots + a_1 y'(t) + a_0 y(t) = b_m f^{(m)}(t) + \cdots + b_1 f'(t) + b_0 f(t)$$

其中，$n \geqslant m$，系统的初始条件为 $y(0), y'(0), y''(0), \cdots, y^{(n-1)}(0)$。

系统的响应一般包括两个部分，即由当前输入所产生的响应(零状态响应)和由历史输入(初始状态)所产生的响应(零输入响应)。

对于低阶系统，一般可以通过解析的方法得到响应，但是，对于高阶系统，手工计算就比较困难，这时 MATLAB 强大的计算功能就比较容易确定系统的各种响应，如冲激响应、阶跃响应、零状态响应、全响应等。

连续时间系统可以用常系数微分方程来描述，其完全响应由零输入响应和零状态响应组成。MATLAB 符号工具箱提供了 dsolve 函数，可以实现对常系数微分方程的符号求解，其调用格式为

```
dsolve('eq1,eq2, … ','cond1,cond2, … ','v')
```

其中，参数 eq 表示各个微分方程，它与 MATLAB 符号表达式的输入基本相同，微分和导数的输入是使用 Dy,D2y,D3y 来表示 y 的一阶导数，二阶导数，三阶导数；参数 cond 表示初始条件或者起始条件；参数 v 表示自变量，默认是变量 t。通过使用 dsolve 函数可以求出系统微分方程的零输入响应和零状态响应，进而求出完全响应。

【例 2-30】 求齐次微分方程的零输入响应示例。

程序如下：

```
clear all;
eq = 'D2y + 3 * Dy + 2 * y = 0';          % 齐次解求零输入响应
cond = 'y(0) = 1,Dy(0) = 2';
yzi = dsolve(eq,cond);
yzi = simplify(yzi)
```

运行结果如下：

```
yzi =
 exp( - 2 * t) * (4 * exp(t) - 3)
```

2.6.2 连续时间系统数值求解

在 MATLAB 中，控制系统工具箱提供了一个用于求解零初始条件微分方程数值解的函数 lsim。其调用格式为

```
y = lsim(sys,f,t)
```

式中，t 表示计算系统响应的抽样点向量，f 是系统输入信号向量，sys 是 LTI 系统模型，用来表示微分方程，差分方程或状态方程。其调用格式为

```
sys = tf(b,a)
```

式中，b 和 a 分别是微分方程的右端和左端系数向量。例如，对于方程

$$a_3 y'''(t)+a_2 y''(t)+a_1 y'(t)+a_0 y(t) = b_3 f'''(t)+b_2 f''(t)+b_1 f'(t)+b_0 f(t)$$

可用 $a=[a_3,a_2,a_1,a_0]$；$b=[b_3,b_2,b_1,b_0]$；$sys=tf(b,a)$获得其 LTI 模型。注意，如果微分方程的左端或右端表达式中有缺项，则其向量 a 或 b 中的对应元素应为零，不能省略不写，否则出错。

【例 2-31】 系统用微分方程描述为 $y''(t)+2y'(t)+100y(t)=10\cos 2\pi t$，求系统的零状态响应。

程序如下：

```
clear
ts = 0;te = 5;dt = 0.01;
sys = tf([1],[1 2 200]);
t = ts:dt:te;
f = 10 * cos(2 * pi * t);
y = lsim(sys,f,t);
plot(t,y);
xlabel('t(s)');ylabel('y(t)');
title('零状态响应')
grid on;
```

运行结果如图 2-30 所示。

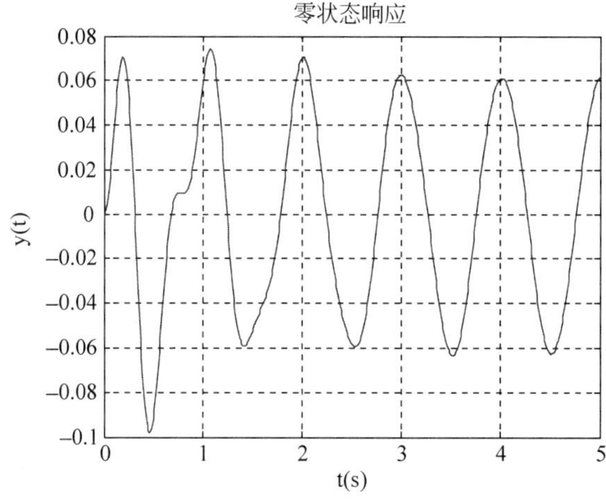

图 2-30 系统的零状态响应

2.6.3 连续时间系统冲激响应和阶跃响应分析

在 MATLAB 中,求解系统冲激响应可应用控制系统工具箱提供的函数 impulse,求解阶跃响应可利用函数 step,其调用形式为

```
y = impulse(sys,t)
y = step(sys,t)
```

式中,t 表示计算系统响应的抽样点向量,sys 是 LTI 系统模型。

【例 2-32】 用 MATLAB 命令绘出冲激响应和阶跃响应。

```
clear all;
t = 0:0.002:4;
sys = tf([1,32],[1,4,64]);
h = impulse(sys,t);                    % 冲激响应
g = step(sys,t);                       % 阶跃响应
subplot(2,1,1);plot(t,h);
grid on;
xlabel('时间/s');ylabel('h(t)');
title('冲激响应');
subplot(2,1,2);plot(t,g);
grid on;
xlabel('时间/s');ylabel('g(t)');
title('阶跃响应');
```

运行结果如图 2-31 所示。

【例 2-33】 计算下述系统在冲激、阶跃、斜坡、正弦激励下的零状态响应:

$$y^{(4)}(t)+0.64y^{(3)}(t)+0.94y^{(2)}(t)+0.51y^{(1)}(t)+0.01y(t)$$
$$=-0.46f^{(3)}(t)-0.25f^{(2)}(t)-0.12f^{(1)}(t)-0.06f(t)$$

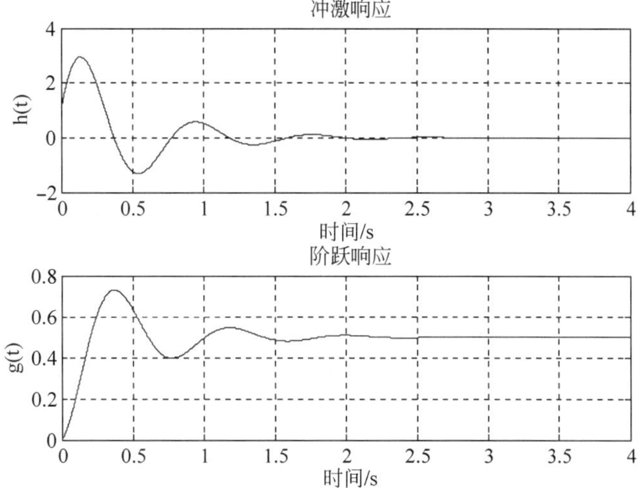

图 2-31 冲激响应和阶跃响应

程序如下：

```
b = [ - 0.48 - 0.25 - 0.12 - 0.06];a = [1 0.64 0.94 0.51 0.01];
sys = tf(b,a);
T = 1000;
t = 0:1/T:10;t1 =- 5:1/T:5;
f1 = stepfun(t1, - 1/T) - stepfun(t1,1/T);
f2 = stepfun(t1,0);
f3 = t;
f4 = sin(t);
y1 = lsim(sys,f1,t);
y2 = lsim(sys,f2,t);
y3 = lsim(sys,f3,t);
y4 = lsim(sys,f4,t);
subplot(221);
plot(t,y1);
xlabel('t');ylabel('y1(t)');
title('冲激激励下的零状态响应');
grid on;axis([0 10 - 1.2 1.2]);
subplot(222);
plot(t,y2);
xlabel('t');ylabel('y2(t)');
title('阶跃激励下的零状态响应');
grid on;axis([0 10 - 1.2 1.2]);
subplot(223);
plot(t,y3);
xlabel('t');ylabel('y3(t)');
title('斜坡激励下的零状态响应');
grid on;axis([0 10 - 5 0.5]);
subplot(224);
plot(t,y4);
```

```
xlabel('t');ylabel('y4(t)');
title('正弦激励下的零状态响应');
grid on;axis([0 10 -1.5 1.2]);
```

运行结果如图 2-32 所示。

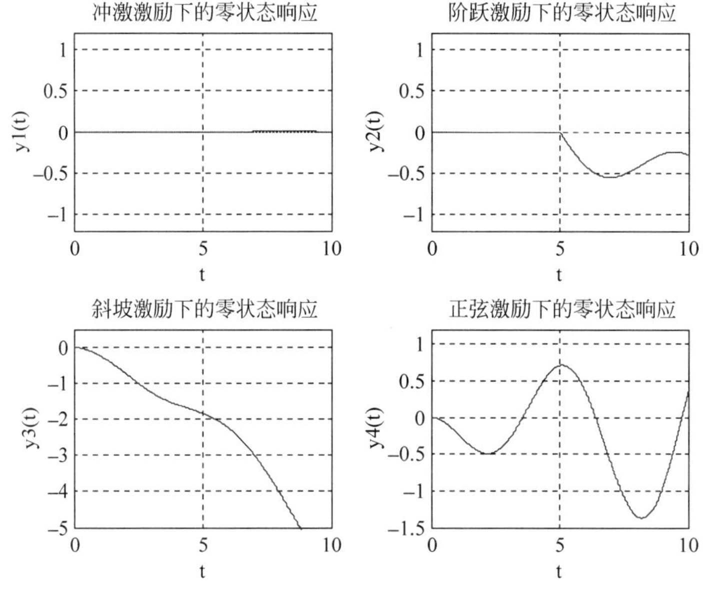

图 2-32　各种响应信号效果图

2.6.4　连续时间系统卷积求解

连续信号的卷积积分定义为

$$f(t) = f_1(t) * f_2(t) = \int_{-\infty}^{\infty} f_1(\tau) f_2(t-\tau)\mathrm{d}\tau$$

信号的卷积运算有符号算法和数值算法，此处采用数值计算法，需调用 MATLAB 的 conv()函数近似计算信号的卷积积分。

【例 2-34】 用数值计算法求 $f_1(t)=u(t)-0.5u(t-2)$ 与 $f_2(t)=2\mathrm{e}^{-3t}u(t)$ 的卷积积分。

运行程序如下：

```
dt = 0.01; t =- 1:dt:2.5;
f1 = heaviside(t) - 0.5 * heaviside(t - 2);
f2 = 2 * exp( - 3 * t). * heaviside(t);
f = conv(f1,f2) * dt; n = length(f); tt = (0:n - 1) * dt - 2;
subplot(221);
plot(t,f1);
grid on;
axis([ - 1,2.5, - 0.2,1.2]);
```

```
title('f1(t)');
xlabel('t'); ylabel('f1(t)');
subplot(222);
plot(t,f2);
grid on;
axis([-1,2.5,-0.2,1.2]);
title('f2(t)');
xlabel('t'); ylabel('f2(t)');
subplot(212);
plot(tt,f);
grid on;
title('卷积积分');
xlabel('t'); ylabel('f3(t)');
```

运行结果如图 2-33 所示。

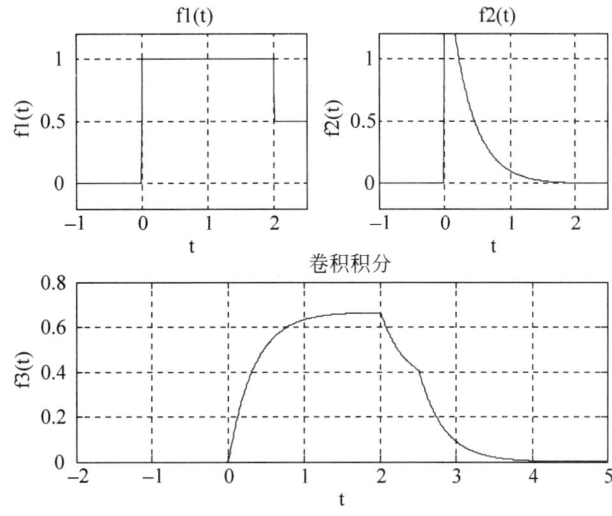

图 2-33　用数值计算法求的卷积积分

2.7　离散时间信号在 MATLAB 中的运算

2.7.1　离散时间系统

离散时间系统是将输入序列 $x(n)$（通常称做激励）变换成输出序列 $y(n)$（通常称做响应）的一种运算，变换过程用 T[]描述。因此，一个离散时间系统可以表示为

$$y(n) = T[x(n)]$$

离散时间系统还可分成线性和非线性两种。同时具有叠加性和齐次性（均匀性）的系统，通常称为线性离散系统。当若干个输入信号同时作用于系统时，总的输出信号等于各个输入信号单独作用时所产生的输出信号之和，这个性质称为叠加性。

线性系统(linear system)：满足叠加原理的系统。

线性系统用数学语言描述如下：

若序列 $y_1(n)$和 $y_2(n)$分别是输入序列 $x_1(n)$和 $x_2(n)$的输出响应，即

$$y_1(n) = T[x_1(n)], \quad y_2(n) = T[x_2(n)]$$

如果系统 $T[\,]$是线性系统，那么下列关系式一定成立：

$$T[x_1(n) + x_2(n)] = T[x_1(n)] + T[x_2(n)] = y_1(n) + y_2(n)$$

$$T[ax_1(n)] = aT[x_1(n)] = ay_1(n)$$

式中，a 是任意常数。满足上面第一个式子的称系统具有叠加性(Superposition Property)，满足后面式子称系统具有比例性或齐次性(Homogeneity)。将两式结合起来表示为

$$T[ax_1(n) + bx_2(n)] = aT[x_1(n)] + bT[x_2(n)] = ay_1(n) + by_2(n)$$

式中，a 和 b 均为任意常数。

如果系统的输出响应随输入的移位而移位，即若

$$y(n) = T[x(n)]$$

则

$$y(n-k) = T[x(n-k)]$$

那么称这样的系统为时不变系统(Time-Invariant System)。式中，k 为任意整数。

描述一个线性时不变离散时间系统，有如下两种常用方法：

(1) 用单位冲激响应来表征系统；

(2) 用差分方程(Difference Equation)来描述系统输入和输出之间的关系。

2.7.2 离散时间系统响应

离散时间 LTI 系统可用线性常系数差分方程来描述，即

$$\sum_{i=0}^{N} a_i y(n-i) = \sum_{j=0}^{M} b_j x(n-j)$$

其中，$a_i(i=0,1,\cdots,N)$和 $b_j(j=0,1,\cdots,M)$为实常数。

在 MATLAB 中，函数 filter 可以用来对差分方程在指定时间范围内的输入序列所产生的响应进行求解，该函数的调用方法如下：

```
y = filter(b,a,x)
```

其中，x 为输入的离散序列，y 为输出的离散序列，y 的长度与 x 的长度一样，b 与 a 分别为差分方程右端与左端的系数向量。

【例 2-35】 已知 $y(k)-0.35y(k-1)+1.5y(k-2)=f(k)+f(k-1)$，$f(k)=\left(\frac{1}{2}\right)^k \varepsilon(k)$，求零状态响应。

程序如下：

```
a = [1  - 0.35 1.5];
b = [1 1];
t = 0:20;
```

```
x = (1/2).^t;
y = filter(b,a,x)
subplot(1,2,1)
stem(t,x)
title('输入序列')
grid on
xlabel('n'); ylabel('h(n)');
subplot(1,2,2)
stem(t,y)
xlabel('n'); ylabel('h(n)');
title('响应序列')
grid on
```

如图 2-34 所示,运行结果如下:

```
y =
  Columns 1 through 12
    1.0000     1.8500    -0.1025    -2.4359    -0.5113     3.5686     2.0628    -4.6075
   -4.6952     5.2738     8.8915    -4.7972
  Columns 13 through 21
   -15.0155    1.9407    23.2027     5.2100   -32.9805   -19.3582    42.6954    43.9807
   -48.6498
```

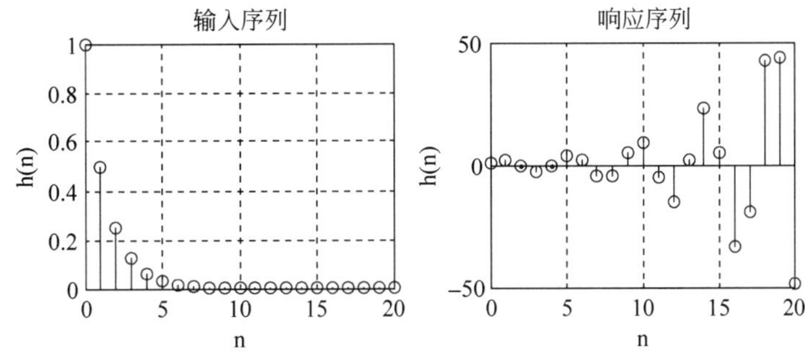

图 2-34　系统的零状态响应

2.7.3　离散时间系统的冲激响应和阶跃响应

在 MATLAB 中,函数 impz 用于求解离散时间系统单位冲激响应,其调用形式为

```
h = impz(b,a, k)
```

式中,a、b 分别是差分方程左、右端的系数向量,k 表示输出序列的取值范围(可省),h 就是系统单位冲激响应(如果没有输出参数,直接调用 impz(b, a, k),则 MATLAB 将会在当前绘图窗口中自动画出系统单位冲激响应的图形)。

【例 2-36】　用 impz 函数求下列离散时间系统的单位冲激响应。

程序如下:

```
k = 0:10;
a = [1 6 4];
b = [1 3];
h = impz(b,a,k);
subplot(1,2,1);stem(k,h);
xlabel('n'); ylabel('h(n)');
title('单位冲激响应的近似值');
grid on;
hk =- ( - 1).^k + 2 * ( - 2).^k;
subplot(1,2,2);stem(k,h);
xlabel('n'); ylabel('h(n)');
title('单位冲激响应的理论值');
grid on;
```

运行结果如图 2-35 所示。

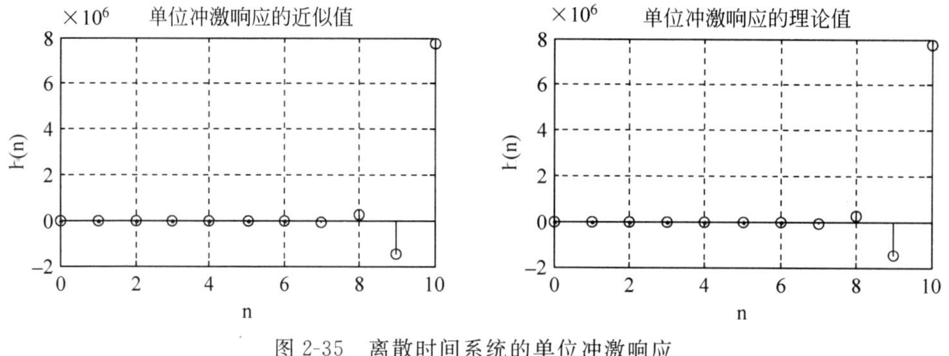

图 2-35　离散时间系统的单位冲激响应

2.7.4　离散时间信号的卷积和运算

卷积是用来计算系统零状态响应的有力工具，由于系统的零状态响应是激励与系统的单位取样响应的卷积，因此卷积运算在离散时间信号处理领域被广泛应用。离散时间信号的卷积定义为

$$y(n)=x(n)*h(n)=\sum_{m=-\infty}^{\infty}x(m)h(n-m)$$

在 MATLAB 中，conv 函数用于计算两个离散序列卷积和的函数，其调用形式为

```
c = conv(a,b)
```

式中，a、b 分别为待卷积的两序列的向量表示，c 是卷积结果。向量 c 的长度为向量 a、b 的长度之和减 1，即 length(c)=length(a)+length(b)−1。

【例 2-37】 已知某系统的单位取样响应为 $h(n)=0.9^n[u(n)-u(n-9)]$，试用 MATLAB 求当激励信号为 $x(n)=u(n)-u(n-4)$时，系统的零状态响应。

程序中产生单位阶跃子程序如下：

```
function y = uDT(n)
y = n >= 0;
```

程序如下：

```
clear
nx=-1:5;
nh=-2:10;
x=uDT(nx)-uDT(nx-4);
h=0.9.^nh.*(uDT(nh)-uDT(nh-9));
y=conv(x,h);
ny1=nx(1)+nh(1);
ny=ny1+(0:(length(nx)+length(nh)-2));
subplot(131)
stem(nx,x,'fill'),grid on
xlabel('n'),ylabel('x(n)');
title('x(n)')
axis([-4 16 0 3])
subplot(132)
stem(nh,h','fill'),grid on
xlabel('n');ylabel('h(n)');
title('h(n)')
axis([-4 16 0 3])
subplot(133)
stem(ny,y,'fill'),grid on
xlabel('n');ylabel('y(n)');
title('y(n)=x(n)*h(n)')
axis([-4 16 0 3])
```

运行结果如图 2-36 所示。

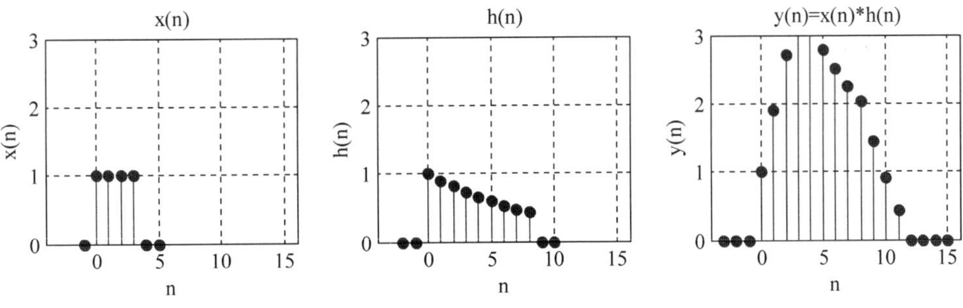

图 2-36　卷积法求解状态响应

【例 2-38】 已知序列求卷积结果。

程序如下：

```
x=[1,3,5,7];
y=[1,1,1,1];
z=conv(x,y)
subplot(131);
stem(0:length(x)-1,x);
ylabel('x[n]'); xlabel('n');
grid on
```

```
subplot(132);
stem(0:length(y) - 1,y);
ylabel('y[n]'); xlabel('n');
grid on
subplot(133);
stem(0:length(z) - 1,z);
ylabel('z[n]'); xlabel('n');
grid on
```

如图 2-37 所示,运行结果如下:

```
z =
     1     4     9    16    15    12     7
```

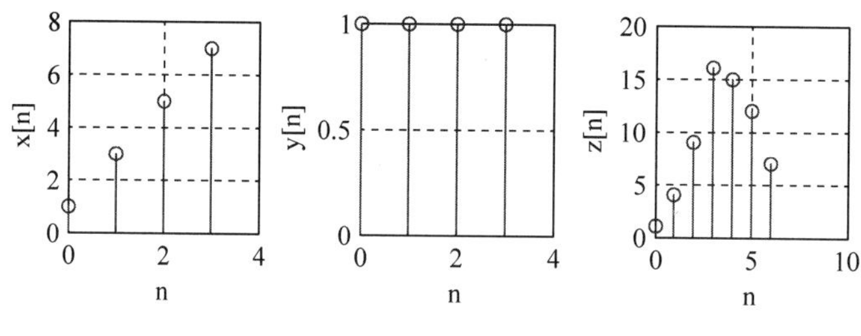

图 2-37 卷积结果图

本章小结

本章研究信号与系统理论的基本概念和基本分析方法,初步认识如何建立信号与系统的数学模型,介绍信号的基本特性、各类信号的基本运算,研究其时域特性,为学习信号处理建立必要的理论基础。

第3章 信号的变换

信号与系统的分析方法中，除了时域分析方法外，还有变换域分析的方法。连续时间信号与系统的变换域分析方法主要是傅里叶变换和拉普拉斯变换。离散时间信号的Z变换是分析线性时不变离散时间系统问题的重要工具，在数字信号处理、计算机控制系统等领域有着广泛的应用。

学习目标：

(1) 了解、熟悉Z变换的概念与性质；

(2) 理解Z反变换的相关内容；

(3) 掌握离散系统中的Z域描述方法；

(4) 了解、熟悉傅里叶级数与变换；

(5) 理解离散傅里叶变换及其性质；

(6) 实现频率域采样和快速傅里叶变换；

(7) 熟悉实现离散余弦变换、Chirp Z变换和Gabor函数。

3.1 Z变换概述

连续系统一般使用微分方程、拉普拉斯变换的传递函数和频率特性等概念进行研究。一个连续信号$f(t)$的拉普拉斯变换$F(s)$是复变量s的有理分式函数，而微分方程通过拉普拉斯变换后也可以转换为s的代数方程，从而可以大大简化微分方程的求解，从传递函数可以很容易地得到系统的频率特征。

因此，拉普拉斯变换作为基本工具将连续系统研究中的各种方法联系在一起。计算机控制系统中的采样信号也可以进行拉普拉斯变换，从中找到简化运算的方法，引入了Z变换。

3.1.1 Z变换的定义

序列$x(n)$的Z变换(简称ZT)定义为

$$X(z)=\sum_{n=-\infty}^{+\infty}x(n)z^{-n}$$

上式称为双边Z变换。

如果 $x(n)$ 的非零值区间为 $(-\infty,0]$ 或者 $[0,+\infty)$，则上式可变为

$$X(z)=\sum_{n=-\infty}^{0}x(n)z^{-n}$$

$$X(z)=\sum_{n=0}^{+\infty}x(n)z^{-n}$$

此时，称为序列 $x(n)$ 的单边 Z 变换。

序列的 ZT 存在的条件为

$$|X(z)|=\left|\sum_{n=-\infty}^{+\infty}x(n)z^{-n}\right|\leqslant\sum_{n=-\infty}^{+\infty}|x(n)z^{-n}|=\sum_{n=-\infty}^{+\infty}|x(n)||z^{-n}|<+\infty$$

满足上式的 z 的取值范围称为 Z 变换的收敛域(Region of Convergence,ROC)，它通常为 z 平面上的一个环状域，即

$$R_{x^-}<|z|<R_{x^+}$$

3.1.2　Z 变换的收敛域

序列 Z 变换的收敛域与序列的形态有关。反之，同一个 Z 变换的表达式，不同的收敛域，确定了不同序列形态。下面根据序列形态不同，分别讨论其收敛域。

对于任意给定的序列 $x(n)$，能使 $X(z)=\sum\limits_{n=-\infty}^{\infty}x(n)z^{-n}$ 收敛的所有 z 值集合为收敛域。即满足

$$\sum_{n=-\infty}^{\infty}|x(n)z^{-n}|<\infty$$

不同的 $x(n)$ 的 Z 变换，由于收敛域不同，可能对应于相同的 Z 变换，故在确定 Z 变换时，必须指明收敛域。

1. 有限长序列

有限序列的描述函数是

$$x(n)=\begin{cases}x(n) & n_1\leqslant n\leqslant n_2\\ 0 & \text{其他}\end{cases}$$

其 Z 变换为

$$X(z)=\sum_{n=n_1}^{n_2}x(n)z^{-n}$$

因此 Z 变换式是有限项之和，故只要级数的每一项有界，则级数就收敛。收敛域为

$$0<|z|<\infty$$

2. 右边序列

右边序列的描述函数是

$$x(n)=\begin{cases}x(n) & n\geqslant n_1\\ 0 & 其他\end{cases}$$

其 Z 变换为

$$X(z)=\sum_{n=n_1}^{\infty}x(n)z^{-n}$$

因此 Z 变换样式是无限项之和，当 $n_1\geqslant 0$ 时，由根值判别法有

$$\lim_{n\to\infty}\sqrt[n]{|x(n)z^{-n}|}<1$$

所以此时收敛域为

$$|z|>\lim_{n\to\infty}\sqrt[n]{|x(n)|}=R_1$$

当 $n_1<0$ 时，此时级数全收敛，所以右边序列的收敛域为 $R_1<|z|<\infty$。

3. *左边序列*

左边序列的描述函数为

$$x(n)=\begin{cases}x(n) & n\leqslant n_2\\ 0 & 其他\end{cases}$$

其 Z 变换为

$$X(z)=\sum_{n=-\infty}^{n_2}x(n)z^{-n}=\sum_{n=-n_2}^{\infty}x(-n)z^{n}$$

当 $n_2<0$ 时，由根值判别法有

$$\lim_{n\to\infty}\sqrt[n]{|x(-n)z^{n}|}<1$$

由此求得的收敛域为

$$|z|<\lim_{n\to\infty}\sqrt[n]{|x(-n)|}=R_2$$

当 $n_2>0$ 时，此时相当于增加了一个 $n_2>0$ 的有限长序列，还应除去原点，左边序列的收敛域为

$$0<|z|<R_2$$

4. *双边序列*

双边序列的描述函数为

$$x(n)=x(n)[u(-n-1)+u(n)]$$

其 Z 变换为

$$X(z)=\sum_{n=-\infty}^{\infty}x(n)z^{-n}=\sum_{n=-\infty}^{-1}x(n)z^{-n}+\sum_{n=0}^{\infty}x(n)z^{-n}$$

因为 $\sum\limits_{n=0}^{\infty}x(n)z^{-n}$ 的收敛域为 $|z|>R_1$，$\sum\limits_{n=-\infty}^{-1}x(n)z^{-n}$ 的收敛域为 $|z|<R_2$，所以双边序列的收敛域为

$$R_1<|z|<R_2$$

3.2 Z变换的性质

3.2.1 线性性质

假设

$$Z[x_1(k)] = X_1(z) \quad (|z| > R_{x1})$$
$$Z[x_2(k)] = X_2(z) \quad (|z| > R_{x2})$$

则有

$$Z[ax_1(k) + bx_2(k)] = aX_1(z) + bX_2(z)$$

其中，a、b为任意常数。

3.2.2 时域的移位

假设 $Z[f(t)]=F(z)$，那么有

$$Z[f(t+nT)] = z^n\left[F(z) - \sum_{k=0}^{n-1} f(kT)z^{-k}\right]$$

假设 $Z[f(t)]=F(z)$，那么有

$$Z[f(t-nT)] = z^{-n}F(z)$$

3.2.3 时域扩展性

若函数 $f(t)$有Z变换 $F(z)$，则

$$Z[e^{\mp at}f(t)] = F(ze^{\pm aT})$$

根据Z变换定义有

$$Z[e^{\mp at}f(t)] = \sum_{k=0}^{\infty} f(kT)e^{\mp akT}z^{-k}$$

令 $z_1=ze^{\pm aT}$，则上式可写成

$$Z[e^{\mp at}f(t)] = \sum_{k=0}^{\infty} f(kT)z_1^{-k} = F(z_1)$$

代入 $z_1=ze^{\pm aT}$，得

$$Z[e^{\mp at}f(t)] = F(ze^{\pm aT})$$

3.2.4 时域卷积性质

已知

$$x(k) \leftrightarrow X(z) \quad (\alpha_1 < |z| < \beta_1)$$
$$h(k) \leftrightarrow H(z) \quad (\alpha_2 < |z| < \beta_2)$$

则有

$$x(k)*h(k)\leftrightarrow X(z)H(z)$$

3.2.5 微分性

如果有

$$x(k)\leftrightarrow X(z)\quad \alpha<|z|<\beta$$

那么有

$$kx(k)\leftrightarrow -z\frac{\mathrm{d}X(z)}{\mathrm{d}z}\quad \alpha<|z|<\beta$$

3.2.6 积分性

已知

$$x(k)\leftrightarrow X(z)\quad \alpha<|z|<\beta$$

则有

$$\frac{x(k)}{k+m}\leftrightarrow z^{m}\int_{z}^{\infty}\frac{X(\eta)}{\eta^{m+1}}\mathrm{d}\eta\quad \alpha<|z|<\beta$$

3.2.7 时域求和

如果有

$$x(k)\leftrightarrow X(z)\quad \alpha<|z|<\beta$$

那么有

$$f(k)=\sum_{i=-\infty}^{k}x(i)\leftrightarrow \frac{z}{z-1}X(z)\quad \max(\alpha,1)<|z|<\beta$$

3.2.8 初值定理

如果函数 $f(t)$的 Z 变换为 $F(z)$,并存在极限$\lim\limits_{z\to\infty}F(z)$,则

$$\lim_{k\to 0}f(kT)=\lim_{z\to\infty}F(z)$$

3.2.9 终值定理

假定 $f(t)$的 Z 变换为 $F(z)$,并假定函数$(1-z^{-1})F(z)$在 z 平面的单位圆上或圆外没有极点,则

$$\lim_{k\to\infty}f(kT)=\lim_{z\to 1}(1-z^{-1})F(z)$$

3.3 Z反变换

定义 $X(z)$的Z反变换(IZT)为

$$x(n)=\frac{1}{2\pi \mathrm{j}}\oint_{C} X(z) z^{n-1} \mathrm{d} z$$

式中,C为收敛域内一条环绕原点逆时针闭合围线。

求Z反变换的方法主要有两种,分别是留数法和部分分式展开法。

由留数定理可知：若函数在围线C上连续,在C以内有 K 个极点,而在C以外有 M 个极点,则有

$$\frac{1}{2\pi \mathrm{j}}\int X(z) z^{n-1} \mathrm{d} z=\sum_{k} \operatorname{Res}\left[X(z) z^{n-1}\right]_{z=z_{k}}$$

当极点为一阶时的留数为

$$\operatorname{Res}\left[X(z) z^{n-1}\right]_{Z=Z_{r}}=\left[\left(z-z_{r}\right) X(z) z^{n-1}\right]_{z=z_{r}}$$

当极点为多重极点时的留数为

$$\operatorname{Res}\left[X(z) z^{n-1}\right]_{z=z_{r}}=\frac{1}{(l-1)!} \frac{\mathrm{d}^{l-1}}{\mathrm{d} z^{l-1}}\left[\left(z-z_{r}\right)^{l} X(z) z^{n-1}\right]_{z=z_{r}}$$

部分分式法把 x 的一个实系数的真分式分解成几个分式的和,使各分式具有$\frac{a}{(x+A)^{k}}$或者$\frac{a x+b}{\left(x^{2}+A x+B\right)^{k}}$的形式。

通常情况下传递函数可分解为

$$X(z)=\frac{B(z)}{A(z)}=\frac{\sum_{i=0}^{M} b_{i} z^{-i}}{1+\sum_{i=1}^{N} a_{i} z^{-i}}$$

MATLAB的符号数学工具箱提供了计算Z变换的函数ztrans()和Z反变换的函数iztrans(),其调用形式为

```
F = ztrans(f),
f = iztrans(F)
```

其中,右端的f和F分别为时域表示式和Z域表示式的符号表示,可应用函数sym来实现,其调用格式为

```
S = sym(A)
```

在MATLAB中,留数法求Z反变换可以使用函数residuez实现,调用格式为

```
[R P K] = residuez(B,A);
```

其中,B和A分别为X(z)的多项式中分子多项式和分母多项式的系数向量；返回值R为留数向量,P为极点向量,二者均为列向量；返回值K为直接项系数,仅在分子多项式最高次幂大于等于分母多项式最高次幂时存在,否则,返回值为空。

【例 3-1】 求 $f(n)=\sin(ak)u(k)$ 的 Z 变换和 $F(z)=\frac{z}{(z-3)^2}$ 的 Z 反变换。

程序如下：

```
f = sym('sin(a * k)');
F = ztrans(f)
F = sym('z/(z - 3)^2');
f = iztrans(F)
```

Z 变换运行结果如下：

```
F =
 (z * sin(a))/(z ^2  - 2 * cos(a) * z  + 1)
```

Z 逆变换运行结果如下：

```
f =
3 ^n/3  +  (3 ^n * (n  -  1))/3
```

【例 3-2】 求 $X(z)=\frac{(1+0.4z^{-1})^2}{(1+0.8z^{-1})^2(1-0.5z^{-1})^2(1+0.1z^{-1})}$，$|z|>0.8$ 的 Z 反变换。

程序如下：

```
clear all;close all;clc;
B = poly([ - 0.4  - 0.4]);
A = poly([ - 0.8  - 0.8 0.5 0.5  - 0.1]);
[R P K] = residuez(B,A);
R = R'
P = P'
K
```

运行结果如下：

```
R =
   0.2842 + 0.0000i   0.1082 - 0.0000i   0.2031 - 0.0000i   0.3994 + 0.0000i   0.0051
 + 0.0000i
P =
  - 0.8000 - 0.0000i   - 0.8000 + 0.0000i   0.5000 - 0.0000i   0.5000 + 0.0000i
 - 0.1000 + 0.0000i
K =
     []
```

3.4 离散系统中的 Z 域描述

线性时不变离散系统可用线性常系数差分方程描述，即

$$\sum_{i=0}^{N} a_i y(n-i) = \sum_{j=0}^{M} b_j x(n-j)$$

其中，$y(k)$为系统的输出序列，$x(k)$为输入序列。

将上式两边进行 Z 变换得到

$$H(z)=\frac{Y(z)}{X(z)}=\frac{\sum_{j=0}^{M}b_j z^{-j}}{\sum_{i=0}^{N}a_i z^{-i}}=\frac{B(z)}{A(z)}$$

因式分解后有

$$H(z)=C\frac{\prod_{j=1}^{M}(z-q_j)}{\prod_{i=1}^{N}(z-p_i)}$$

其中，C 为常数，$q_j(j=1,2,\cdots,M)$为 $H(z)$的 M 个零点，$p_i(i=1,2,\cdots,N)$为 $H(z)$的 N 个极点。系统函数 $H(z)$的零极点分布完全决定了系统的特性，若某系统函数的零极点已知，则系统函数便可确定下来。

3.4.1 离散系统函数频域分析

离散系统的频率响应 $H(\mathrm{e}^{\mathrm{j}\omega})$对于某因果稳定离散系统，如果激励序列为正弦序列

$$x(n)=A\sin(\omega_0 n)u(n)$$

则系统的稳态响应为

$$y_{\mathrm{ss}}(n)=A\mid H(\mathrm{e}^{\mathrm{j}\omega})\mid\sin[\omega n+\varphi(\omega)]u(n)$$

定义离散系统的频率响应为

$$H(\mathrm{e}^{\mathrm{j}\omega})=H(z)\mid_{z=\mathrm{e}^{\mathrm{j}\omega}}=\mid H(\mathrm{e}^{\mathrm{j}\omega})\mid\mathrm{e}^{\mathrm{j}\varphi(\omega)}$$

其中，$|H(\mathrm{e}^{\mathrm{j}\omega})|$为离散系统的幅频特性，$\varphi(\omega)$为离散系统的相频特性，$H(\mathrm{e}^{\mathrm{j}\omega})$是以 2π 为周期的周期函数，只要分析 $H(\mathrm{e}^{\mathrm{j}\omega})$在$|\omega|\leqslant\pi$ 范围内的情况，便可分析出系统的整个频率特性。

利用几何矢量求解离散系统的频率响应，设

$$\mathrm{e}^{\mathrm{j}\omega}-p_i=A_i\mathrm{e}^{\mathrm{j}\theta_i}$$

$$\mathrm{e}^{\mathrm{j}\omega}-q_j=B_j\mathrm{e}^{\mathrm{j}\psi_j}$$

那么离散系统的频率响应为

$$H(\mathrm{e}^{\mathrm{j}\omega})=\frac{\prod_{j=1}^{M}B_j\mathrm{e}^{\mathrm{j}(\psi_1+\psi_2+\cdots+\psi_M)}}{\prod_{i=1}^{N}A_i\mathrm{e}^{\mathrm{j}(\theta_1+\theta_2+\cdots+\theta_N)}}=\mid H(\mathrm{e}^{\mathrm{j}\omega})\mid\mathrm{e}^{\mathrm{j}\varphi(\omega)}$$

那么系统的幅频特性和相频特性为

$$\mid H(\mathrm{e}^{\mathrm{j}\omega})\mid=\frac{\prod_{j=1}^{M}B_j}{\prod_{i=1}^{N}A_i}$$

$$\varphi(\omega) = \sum_{j=1}^{M} \psi_j - \sum_{i=1}^{N} \theta_i$$

利用 MATLAB 来求解频率响应的过程如下：

(1) 根据系统函数 $H(z)$定义分子、分母多项式系数向量 B 和 A；

(2) 调用前述的 ljdt()函数求出 $H(z)$的零极点，并绘出零极点图；

(3) 定义 z 平面单位圆上的 k 个频率分点；

(4) 求出 $H(z)$所有的零点和极点到这些等分点的距离；

(5) 求出 $H(z)$所有的零点和极点到这些等分点矢量的相角；

(6) 求出系统的 $|H(e^{j\omega})|$ 和 $\varphi(\omega)$；

(7) 绘制指定范围内系统的幅频曲线和相频曲线。

在 MATLAB 中，函数 freqz 用于求离散时间系统频响特性，该函数的调用方法如下：

```
[H,w] = freqz(B,A,N)
[H,w] = freqz(B,A,N,'whole')
```

其中，B 与 A 分别表示 H(z)的分子与分母多项式的系数向量；N 为正整数，默认值为 512；返回值 ω 包含$[0,\pi]$范围内的 N 个频率等分点；返回值 H 则是离散时间系统频率响应 $H(e^{j\omega})$在 $0\sim\pi$ 范围内 N 的频率处对应的值。

【例 3-3】 绘制如下系统的频响曲线：

$$H(z) = \frac{z-1.3}{z}$$

程序如下：

```
B = [1 -1.3];
A = [1 0];
[H,w] = freqz(B,A,400,'whole');
Hf = abs(H);
Hx = angle(H);
clf
subplot(121)
plot(w,Hf)
title('离散系统幅频特性曲线')
xlabel('频率');ylabel('幅度')
grid on
subplot(122)
plot(w,Hx)
xlabel('频率');ylabel('幅度')
grid on
title('离散系统相频特性曲线')
```

运行结果如图 3-1 所示。

【例 3-4】 绘制离散系统的幅频响应和相频响应示例。

程序如下：

```
clear all;close all;clc;
w = ( - 4 * pi:0.001:4 * pi) + eps;
```

```
X = 1./(1 - 0.6 * exp( - j * w));
subplot(211),
plot(w/pi,abs(X),'LineWidth',2);
xlabel('\omega/\pi');
ylabel('|H(e^j^\omega)|');
title('幅频响应');
axis([ - 3.2 3.2 0.5 2.2]);
grid;
subplot(212),
plot(w/pi,angle(X),'LineWidth',2);
xlabel('\omega/\pi');
ylabel('\theta(\omega)');
title('相频响应');
axis([ - 3.2 3.2  - 0.6 0.6]);grid;
set(gcf,'color','w');
```

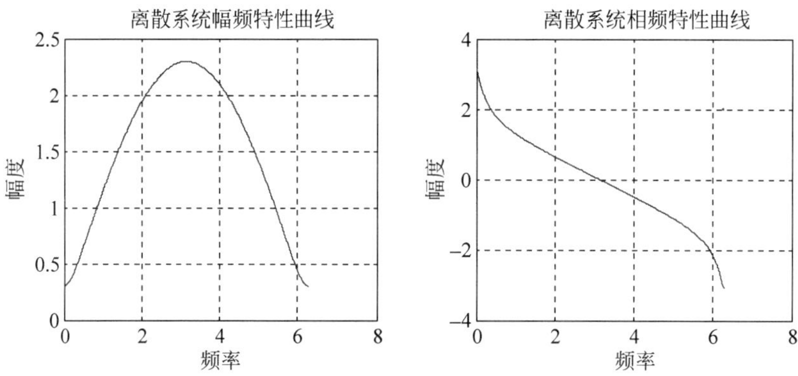

图 3-1　离散系统频响曲线

运行结果如图 3-2 所示。

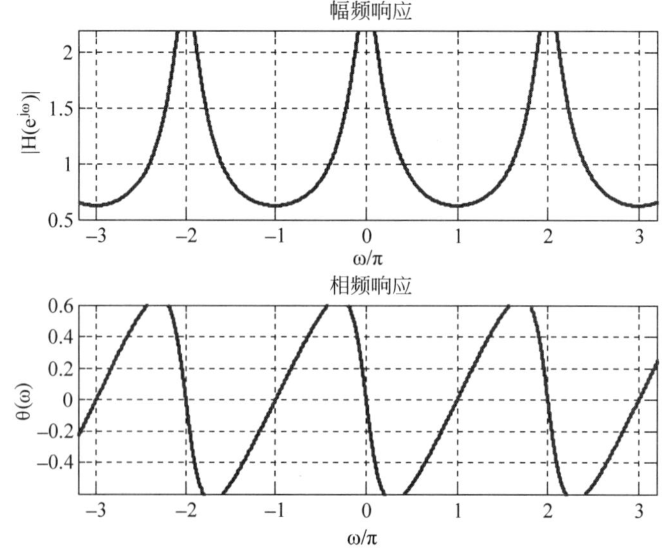

图 3-2　系统的幅频响应和相频响应

3.4.2 离散系统函数零点分析

离散时间系统的系统函数定义为

$$H(z)=\frac{Y(z)}{X(z)}$$

如果系统函数的有理函数表达式为

$$H(z)=\frac{b_1z^m+b_2z^{m-1}+\cdots+b_mz+b_{m+1}}{a_1z^m+a_2z^{n-1}+\cdots+a_nz+a_{n+1}}$$

在 MATLAB 中，系统函数的零极点就可以通过函数 roots 得到，也可以借助函数 tf2zp 得到，tf2zp 的语句格式为

```
[Z,P,K] = tf2zp(B,A)
```

其中，B 与 A 分别表示为 H(z)的分子与分母多项式的系数向量。上式的作用是将 $H(z)$ 的有理分式表示为转换为零极点增益形式，即

$$H(z)=k\frac{(z-z_1)(z-z_2)\cdots(z-z_m)}{(z-p_1)(z-p_x)\cdots(z-p_n)}$$

zplane 函数用于绘制 $H(z)$的零极点图，该函数的调用格式为

```
zplane(z,p)
```

绘制出列向量 z 中的零点(以符号“o”表示)和列向量 p 中的极点(以符号“×”表示)，以及参考单位圆，在多阶零点和极点的右上角标出其阶数。如果 z 和 p 为矩阵，则会以不同颜色绘出 z 和 p 各列中的零点和极点。

【例 3-5】 已知某离散系统的系统函数为

$$H(z)=\frac{2z+1}{3z^5-2z^4+1}$$

试用 MATLAB 求出该系统的零极点，并画出零极点分布图，判断系统是否稳定。用 roots()求得 $H(z)$的零极点后，就可以用 plot()函数绘制出系统的零极点图。

子程序如下：

```
function ljdt(A,B)
p = roots(A);                          %求系统极点
q = roots(B);                          %求系统零点
p = p';                                %将极点列向量转置为行向量
q = q';                                %将零点列向量转置为行向量
x = max(abs([p q 1]));                 %确定纵坐标范围
x = x + 0.1;
y = x;                                 %确定横坐标范围
clf
hold on
axis([ - x x  - y y])                  %确定坐标轴显示范围
w = 0:pi/300:2 * pi;
t = exp(i * w);
plot(t)                                %画单位圆
axis('square')
```

```
plot([ - x x],[0 0])              % 画横坐标轴
plot([0 0],[ - y y])              % 画纵坐标轴
text(0.1,x,'jIm[z]')
text(y,1/10,'Re[z]')
plot(real(p),imag(p),'x')         % 画极点
plot(real(q),imag(q),'o')
title('零极点图')                  % 标注标题
hold off
```

程序如下：

```
% 绘制零极点分布图的实现程序
a = [3 -2 0 0 0 1];
b = [2 1];
ljdt(a,b)
p = roots(a)
q = roots(b)
pa = abs(p)
```

如图 3-3 所示，运行结果如下：

```
p =
   0.8212 + 0.4270i
   0.8212 - 0.4270i
  - 0.1367 + 0.7316i
  - 0.1367 - 0.7316i
  - 0.7024 + 0.0000i
q =
   - 0.5000
pa =
    0.9256
    0.9256
    0.7442
    0.7442
    0.7024
```

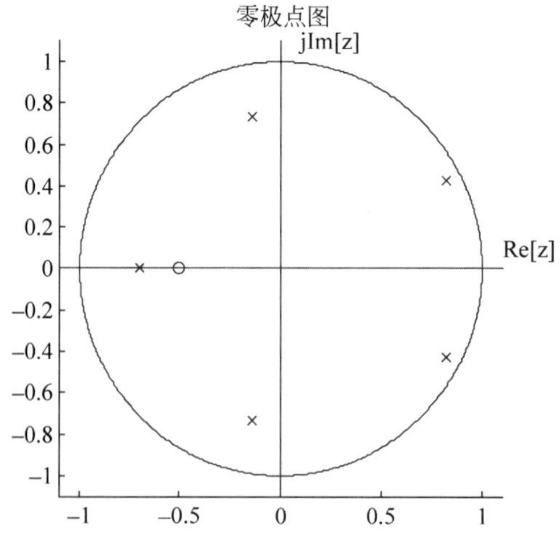

图 3-3　零极点图

【例 3-6】 各种系统零极点图的实现。

程序如下：

```
%绘制情况(a)系统零极点分布图及系统单位序列响应
z = 0;                              %定义系统零点位置
p = 0.25;                           %定义系统极点位置
k = 1;                              %定义系统增益
subplot(221)
zplane(z,p)
grid on;
%绘制系统零极点分布图
subplot(222);
[num,den] = zp2tf(z,p,k);           %零极点模型转换为传递函数模型
impz(num,den)
%绘制系统单位序列响应时域波形
title('h(n)')
grid on;
%定义标题
%绘制情况(b)系统零极点分布图及系统单位序列响应
p = 1;
subplot(223);
zplane(z,p)
grid on;
[num,den] = zp2tf(z,p,k);
subplot(224);
impz(num,den)
title('h(n)')
grid on;
```

运行结果如图 3-4 所示。

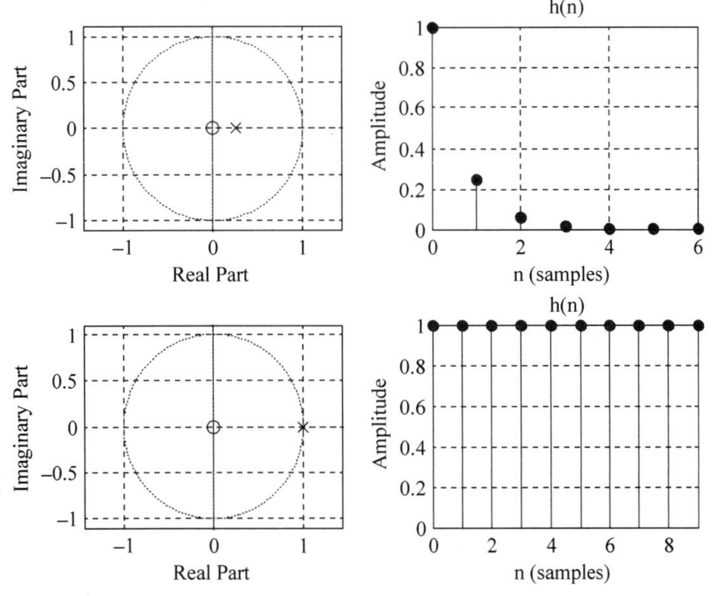

图 3-4　a 和 b 系统结果图

3.4.3 离散系统差分函数求解

连续函数 $f(t)$经过采样后，获得采样函数 $f(kT)$，那么一阶向前和向后差分形式分别为

$$\Delta f(k) = f(k+1) - f(k)$$
$$\nabla f(k) = f(k) - f(k-1)$$

二阶向前和向后的差分形式分别为

$$\Delta^2 f(k) = \Delta f(k+1) = f(k+2) - 2f(k+1) + f(k)$$
$$\nabla^2 f(k) = \nabla[\Delta f(k)] = f(k) - 2f(k-1) + f(k-2)$$

根据上式可以推导向前和向后的 n 阶差分为

$$\Delta^n f(k) = \Delta^{n-1} f(k+1) - \Delta^{n-1} f(k)$$
$$\nabla^n f(k) = \nabla^{n-1} f(k) - \nabla^{n-1} f(k-1)$$

连续系统的时间序列方程为

$$\mathrm{d}^2 c(t)/\mathrm{d}t^2 + a\mathrm{d}c(t)/\mathrm{d}t + bc(t) = kr(t)$$

上式中的微分用差分替代，则有

$$\mathrm{d}^2 c(t)/\mathrm{d}t^2 = \Delta^2 c(t) = c(k+2) - 2c(k+1) + c(k)$$
$$\mathrm{d}c(t)/\mathrm{d}t = c(k+1) - c(k)$$

推导到离散时间系统，$c(k)$代替 $c(t)$，$r(k)$代替 $r(t)$，则有

$$[c(k+2) - 2c(k+1) + c(k)] + a[c(k+1) - c(k)] + bc(k) = kr(k)$$

整理得

$$c(k+2) + (a-2)c(k+1) + (1-a+b)c(k) = kr(k)$$

由此可以推出一般离散系统的差分方程为

$$c(k+n) + a_1 c(k+n-1) + a_2 c(k+n-2) + \cdots a_n c(k)$$
$$= b_0 r(k+m) + b_1 r(k+m-1) + \cdots + b_m r(k)$$

差分方程的解也分为通解与特解，通解是与方程初始状态有关的解，特解与外部输入有关，它描述系统在外部输入作用下的强迫运动。

【例 3-7】 求解如下差分方程：

$$y(n) - 0.5y(n-1) - 0.45y(n-2) = 0.55x(n) + 0.5x(n-1) - x(n-2),$$

其中，$x(n)=0.7^n\varepsilon(n)$，初始状态 $y(-1)=1, y(-2)=2, x(-1)=2, x(-2)=3$。

程序如下：

```
num = [0.55 0.5 -1];
den = [1 -0.5 -0.45];
x0 = [2 3];y0 = [1 2];
N = 50;
n = [0:N-1]';
x = 0.7.^n;
```

```
Zi = filtic(num,den,y0,x0);
[y,Zf] = filter(num,den,x,Zi);
plot(n,x,'r-',n,y,'b--');
title('响应');
xlabel('n');ylabel('x(n) - y(n)');
legend('输入 x','输出 y',1);
grid;
```

运行结果如图 3-5 所示。

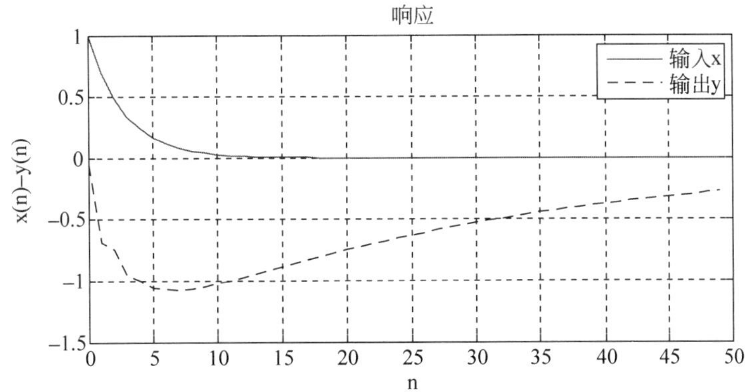

图 3-5　离散系统差分方程解

【例 3-8】 编制程序求解下列两个系统差分方程的单位脉冲响应,并绘出其图形。

$$y[n]+0.75y[n-1]+0.125y[n-2]=x[n]-x[n-1]$$

程序如下:

```
clc;
N = 32;
x_delta = zeros(1,N);
x_delta(1) = 1;
p = [1, -1,0]
d = [1,0.75,0.125];
h1_delta = filter(p,d,x_delta);
subplot(211);
stem(0:N-1,h1_delta,'r');hold off;
xlabel('方程 1 的单位脉冲响应');
x_unit = ones(1,N);
h1_unit = filter(p,d,x_unit);
subplot(212);
stem(0:N-1,h1_unit,'r');hold off;
xlabel('方程 1 的阶跃响应');
```

运行结果如图 3-6 所示。

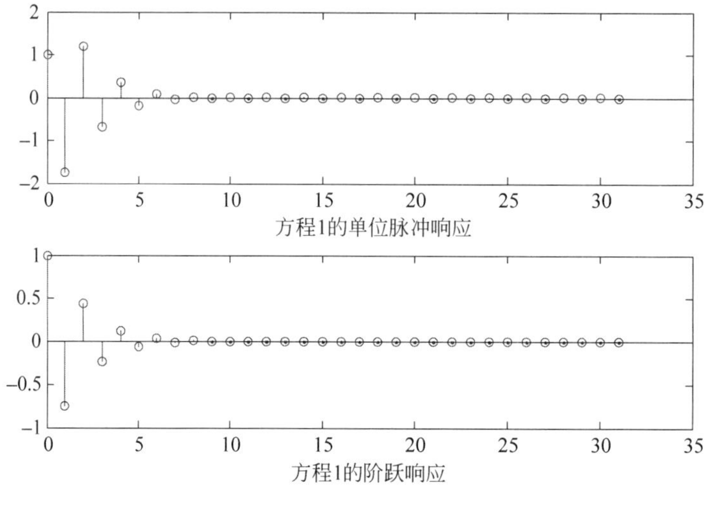

图 3-6 方程的脉冲响应

3.5 傅里叶级数和傅里叶变换

描述周期现象最简单的周期函数是物理学上所说的谐波函数，它是由正弦或者余弦函数来表示

$$y(t) = A\cos(\omega t + \varphi)$$

利用三角公式，上式可以写成

$$y(t) = A\cos\varphi\cos\omega t - A\sin\varphi\sin t$$

由于 φ 是常数，令 $a = A\cos\varphi, b = -A\sin\varphi$，那么可以得到

$$y(t) = a\cos\omega t + b\sin\omega t$$

式中

$$A = \sqrt{a^2 + b^2}, \quad \varphi = \arctan\left(-\frac{b}{a}\right)$$

从这里可以看出：一个带初相位的余弦函数可以看成是一个不带初相位的正弦函数与一个不带初相位的余弦函数的合成。

谐波函数是周期函数中最简单的函数，它描述的也是最简单的周期现象，在实际中所碰到的周期现象往往要比它复杂很多，但这些复杂的函数都可以近似分解成不同频率的正弦函数和余弦函数。下面就介绍一种复杂的函数分解为一系列不同频率的正弦函数和余弦函数的方法。

在高等代数中有这样一个问题，怎么将一个周期为 2^l 函数分解成傅里叶级数，给出的解答式为

$$f(x) = \frac{a_0}{2} + \sum_{n=1}^{\infty}\left(a_n\cos\frac{n\pi x}{l} + b_n\sin\frac{n\pi x}{l}\right)$$

其中，

$$a_0 = \frac{1}{l}\int_{-l}^{l} f(x)\mathrm{d}x, \quad a_n = \frac{1}{l}\int_{-l}^{l} f(x)\cos\frac{n\pi x}{l}\mathrm{d}x, \quad b_n = \frac{1}{l}\int_{-l}^{l} f(x)\sin\frac{n\pi x}{l}\mathrm{d}x$$

如果 $f(x)$是奇函数，积分上下限相互对称，则此时 $f(x)\cos\frac{n\pi x}{l}$项成为奇函数，可以知道 a_n 均为零，得到的傅里叶正弦级数为

$$f(x)=\sum_{n=1}^{\infty}b_n\sin\frac{n\pi x}{l}$$

式中，b_n 的积分可以简写为

$$b_n=\frac{2}{l}\int_0^l f(x)\sin\frac{n\pi x}{l}\mathrm{d}x$$

如果 $f(x)$是偶函数，同样因为积分上下限相互对称，这时 $f(x)\sin\frac{n\pi x}{l}$为奇函数，故 b_n 均为零，得到的傅里叶级数是余弦级数，即

$$f(x)=\frac{a_0}{2}+\sum_{n=1}^{\infty}a_n\cos\frac{n\pi x}{l}$$

式中，a_n 可以简写为

$$a_n=\frac{2}{l}\int_0^l f(x)\cos\frac{n\pi x}{l}\mathrm{d}x$$

3.6 周期序列的离散傅里叶级数

对于周期信号，通常都可以用傅里叶级数来描述，如连续时间周期信号

$$f(t)=f(t+mT)$$

用指数形式的傅里叶级数表示为

$$f(t)=\sum_{n=-\infty}^{\infty}F_n\mathrm{e}^{\mathrm{j}n\Omega t}$$

可以看成信号被分解成不同次谐波的叠加，每个谐波都有一个幅值，表示该谐波分量所占的比重。其中 $\mathrm{e}^{\mathrm{j}\Omega t}$为基波，基频为 $\Omega=2\pi/T$(T 为周期)。设$\tilde{x}(n)$是周期为 N 的一个周期序列，即$\tilde{x}(n)=\tilde{x}(n+rN)$，$r$ 为任意整数，用指数形式的傅里叶级数表示应该为

$$\tilde{x}(n)=\sum_{k=-\infty}^{\infty}\widetilde{X}_k\mathrm{e}^{\mathrm{j}kw_0n}$$

其中，$\omega_0=2\pi/N$ 是基频，基频序列为 $\mathrm{e}^{\mathrm{j}w_0n}$。

下面来分析一下第$(K+rN)$次谐波 $\mathrm{e}^{\mathrm{j}(k+rN)w_0n}$和第 k 次谐波 $\mathrm{e}^{\mathrm{j}kw_0n}$之间的关系。因为 $\omega_0=2\pi/N$，代入表达式中，得到 $\mathrm{e}^{\mathrm{j}(k+rN)w_0n}=\mathrm{e}^{\mathrm{j}kw_0n}$，$r$ 为任意整数，这说明$(K+rN)$次谐波能够被第 k 次谐波代表，也就是说，在所有的谐波成分中，只有 N 个是独立的，用 N 个谐波就可完全地表示出$\tilde{x}(n)$，K 的取值从 0 到 $N-1$。这样，$\tilde{x}(n)=\frac{1}{N}\sum_{k=0}^{N-1}\widetilde{X}_k\mathrm{e}^{\mathrm{j}kw_0n}$，$\frac{1}{N}$是为了计算的方便而加入的。

下面来看看$\widetilde{X}_k$ 如何根据$\tilde{x}(n)$来求解。先来证明复指数的正交性：

$$\sum_{n=0}^{N-1}\mathrm{e}^{\mathrm{j}\left(\frac{2\pi}{N}\right)(k-r)n}=\begin{cases}1 & k-r=mN, m\text{ 为整数}\\0 & \text{其他}\end{cases}$$

其中，该表达式是对 n 求和，而表达式的结果取决于$(k-r)$的值。

在 $\tilde{x}(n)=\frac{1}{N}\sum_{k=0}^{N-1}\widetilde{X}_k e^{jkw_0 n}$ 两边都乘以 $e^{-j(2\pi/N)rn}$，于是有

$$\sum_{n=0}^{N-1}\tilde{x}(n)e^{-j(2\pi/N)rn}=\sum_{n=0}^{N-1}\frac{1}{N}\sum_{k=0}^{N-1}\widetilde{X}_k e^{j(2\pi/N)(k-r)n}$$

交换求和顺序，再根据前面证明的正交性结论可以得出

$$\widetilde{X}(k)=\sum_{n=0}^{N-1}\tilde{x}(n)e^{-j\frac{2\pi}{N}kn}$$

从 $\widetilde{X}(k)$ 的表达式可以看出 $\widetilde{X}(k)$ 也是周期为 N 的周期序列，即 $\widetilde{X}(k)=\widetilde{X}(k+N)$。上式即为周期序列的傅里叶级数。

3.7 离散的傅里叶变换

现在将上述公式应用于离散的傅里叶级数中。

在信号处理中，遇到的常常不是一个函数，而是一个离散的数列，举一个例子，等间隔时间取样的时间序列 $\{x_0,x_1,x_2,\cdots,x_{N-1}\}$，在这里数据的个数是 N，一般取 N 为偶数，如果取 2 的对数对应的偶数能够加快计算速度。

下面对取值范围进行改造，首先，得到的数字信号只能在正的时间段取值，在负的时间段不能取值，但由于取的是无限长的周期序列，周期为 $2l$，因此，把取值范围 $(-l,l)$ 修改为 $(0,2l)$，这样就可以避免在负的时间段取值。

由于处理的是离散的数据序列，因此不能再用积分，而应用积分的离散形式，用求和来表示，即

$$\int_0^{2l}\rightarrow\sum_{k=1}^{N}x_k$$

在 $(0,2l)$ 里等间隔取 N 个取值点，取样时间间隔为 $dx\rightarrow\Delta t$，其中，$l=\frac{N\Delta t}{2}$。

有了上述的改正，可以得到

$$f(x)\rightarrow\{x_0,x_1,x_2,\cdots,x_{N-1}\}$$

$$\frac{n\pi x}{l}\rightarrow\frac{k\pi i\Delta t}{\frac{N\Delta t}{2}}=\frac{2\pi ki}{N}$$

离散形式为

$$x_i=\frac{a_0}{2}+\sum_{k=1}^{m}\left(a_k\cos\frac{2\pi ki}{N}+b_k\sin\frac{2\pi ki}{N}\right)$$

式中

$$a_0=\frac{1}{\frac{N\Delta t}{2}}\sum_{i=0}^{N-1}x_i=\frac{2}{N}\sum_{i=0}^{N-1}x_i$$

$$a_k=\frac{1}{\frac{N\Delta t}{2}}\sum_{i=0}^{N-1}x_i\cos\frac{2\pi ki}{N}=\frac{2}{N}\sum_{i=0}^{N-1}x_i\cos\frac{2\pi ki}{N}$$

$$b_k = \frac{1}{\frac{N\Delta t}{2}}\sum_{i=0}^{N-1} x_i \sin\frac{2\pi ki}{N} = \frac{2}{N}\sum_{i=0}^{N-1} x_i \sin\frac{2\pi ki}{N}, \quad k = 1,2,3,\cdots,m$$

在实际数据处理中，k 一般取 $N/2$，此时波的周期最小，获得的频率范围最大，所以想要获得高频率的信号，就需要缩短取样间隔。

【例 3-9】 计算序列 $x(n)$的 DFT。

程序如下：

```
clear all;
t = linspace(1e - 3,100e - 3,10);
xn = sin(100 * 2 * pi * t);                    % 产生有限序列 x(n)
N = length(xn);                                % 获得序列的长度
WNnk = dftmtx(N);
Xk = xn * WNnk;                                % 计算 x(n)的 DFT
subplot(1,2,1);stem(1:N,xn);
subplot(1,2,2);stem(1:N,abs(Xk));
```

运行结果如图 3-7 所示。

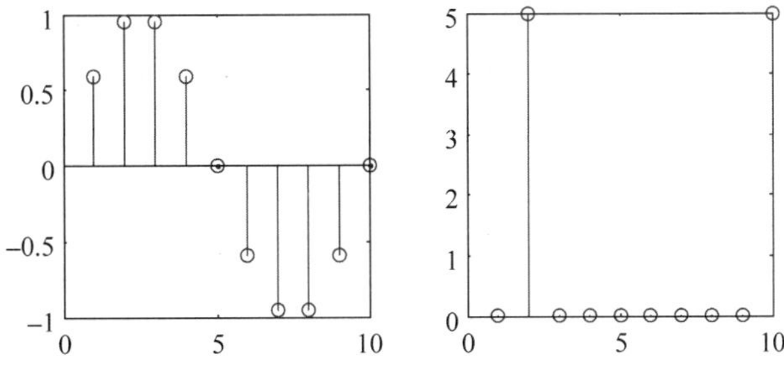

图 3-7 时域离散序列 $x(n)$和 $x(n)$的 DFT 变换结果

【例 3-10】 已知复正弦序列 $x_1(n)=e^{j\frac{\pi}{8}n}R_N(n)$，余弦序列 $x_2(n)=\cos\left(\frac{\pi}{8}n\right)R_N(n)$，分别对序列求当 $N=16$ 和 $N=8$ 时的 DFT，并绘出幅频特性曲线，并分析两种 N 值下 DFT 是否有差别及差别产生的原因。

程序如下：

```
N = 16;N1 = 8;
n = 0:N - 1;k = 0:N1 - 1;
x1n = exp(j * pi * n/8);                       % 产生 x1(n)
X1 = fft(x1n,N);                               % 计算 N 点 DFT[x1(n)]
X2 = fft(x1n,N1);                              % 计算 N1 点 DFT[x1(n)]
x2n = cos(pi * n/8);                           % 产生 x2(n)
X3 = fft(x2n,N);                               % 计算 N 点 DFT[x2(n)]
X4 = fft(x2n,N1);                              % 计算 N1 点 DFT[x2(n)]
subplot(2,2,1);
stem(n,abs(X1),'.');
axis([0,20,0,20]);
ylabel('|X1(k)|')
title('16 点的 DFT[x1(n)]')
```

```
subplot(2,2,2);
stem(n,abs(X3),'.');
axis([0,20,0,20]);
ylabel('|X2(k)|')
title('16 点的 DFT[x2(n)]')
subplot(2,2,3);
stem(k,abs(X2),'.');
axis([0,20,0,20]);
ylabel('|X1(k)|')
title('8 点的 DFT[x1(n)]')
subplot(2,2,4);
stem(k,abs(X4),'.');
axis([0,20,0,20]);
ylabel('|X2(k)|')
title('8 点的 DFT[x2(n)]')
```

运行结果如图 3-8 所示。

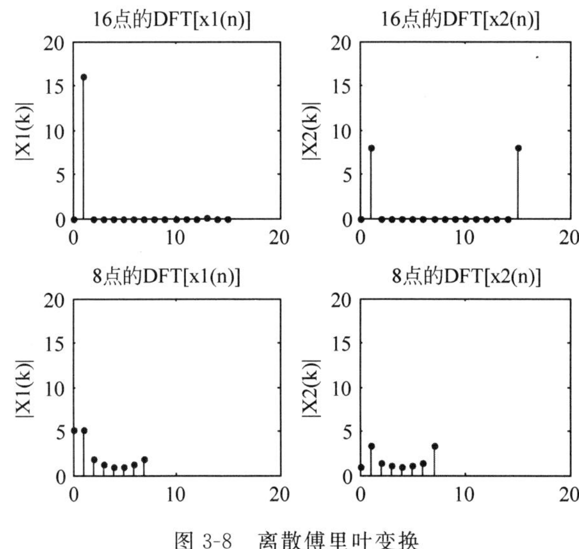

图 3-8　离散傅里叶变换

3.8　离散傅里叶变换的性质

3.8.1　线性

注意特殊情况下如何定线性组合后序列的长度，以长度大的为周期，对任意常数 a_m $(1\leqslant m\leqslant M)$，有

$$\mathrm{DFT}\left[\sum_{m=1}^{M} a_m x_m(n)\right] \Leftrightarrow \sum_{m=1}^{M} a_m \mathrm{DFT}[x_m(n)]$$

3.8.2 循环移位

循环移位定义为

$$y(n)=x((n-m))_N R_N(n)$$

循环移位定理：

若 DFT$[x(n)]=X(k)$，$y(n)=x((n-m))_N R_N(n)$，则 DFT$[y(n)]=W_N^{mk}X(k)$。

循环移位形式与 DFS 的周期移位相同，表明序列圆周移位后的 DFT 为 X(k)乘上相移因子 W_N^{mk}，即时域中圆周移 m 位，仅使频域信号产生 W_N^{mk} 的相移，而幅度频谱不发生改变，即

$$\left| |W_N^{mk}X(k)| = X(k) \right|$$

3.8.3 循环卷积定理

$x_1(n)$和 $x_2(n)$的长度都为 N，如果 $Y(k)=X_1(k)X_2(k)$，则

$$\begin{aligned} y(n)&=\left[\sum_{m=0}^{N-1}x_1(m)x_2((n-m))_N\right]R_N(n)\\ &=\left[\sum_{m=0}^{N-1}x_2(m)x_1((n-m))_N\right]R_N(n)=x_1(n)\otimes x_2(n)\end{aligned}$$

根据定理可以求出圆周卷积，当然求圆周卷积可以借助 DFT 来计算，即 IDFT$[Y(k)]=y(n)$。

可见圆周卷积与周期卷积在主值区的结果相同，所以求圆周卷积可以把序列延拓成周期序列，进行周期卷积，然后取主值。

3.8.4 共轭对称性

如果对于给定的整数 M，复序列 $x(n)$满足下式：

$$x(n)=\pm x^*(M-n)\quad(-\infty<n<+\infty)$$

则称 $x(n)$关于 $M/2$ 共轭对称(式中取“+”)或共轭反对称(式中取“－”)。

给定整数 M，任何序列 $x(n)$都可以分解成关于 $M/2$ 共轭对称的序列 $x_e(n)$和共轭反对称的序列 $x_o(n)$之和，即

$$x(n)=x_e(n)+x_o(n)$$

其中，$x_e(n)=\frac{1}{2}[x(n)+x^*(M-n)]$，$x_o(n)=\frac{1}{2}[x(n)-x^*(M-n)]$

如果 $x(n)=x_R(n)+jx_I(n)$，$x(n)$的 DTFT 为 $X(e^{j\omega})=X_e(e^{j\omega})+X_e(e^{j\omega})$，$X_e(e^{j\omega})$，$X_o(e^{j\omega})$为 $X(e^{j\omega})$的实部和虚部，则

$$\begin{cases}X_e(e^{j\omega})=\text{DTFT}[x_R(n)]\\ X_o(e^{j\omega})=\text{DTFT}[jx_I(n)]\end{cases}$$

如果 $x(n)=x_e(n)+x_o(n)$，$x(n)$的 DTFT 为 $X(e^{j\omega})=X_R(e^{j\omega})+jX_I(e^{j\omega})$，则

$$\begin{cases} X_R(e^{j\omega}) = \text{DTFT}[x_e(n)] \\ jX_I(e^{j\omega}) = \text{DTFT}[x_o(n)] \end{cases}$$

3.9 频率域采样

前面讨论过周期序列的离散傅里叶级数的系数$\widetilde{X}(k)$的值和$\tilde{x}(n)$的一个周期的 Z 变换在单位圆(即序列的傅里叶变换)的 N 个均匀点上的抽样值相等，这其实就是频域的抽样。因此我们得到一个结论：可以用 N 个点的 $X(k)$来代表序列的傅里叶变换。

注意，不是所有的序列都可以这样。已经证明过 $\tilde{x}(n) = \sum\limits_{r=-\infty}^{\infty} x(n+rN)$，即周期序列可以看作是非周期序列以某个 N 为周期进行延拓而成，只有在 N 大于非周期序列 $x(n)$的长度时，延拓后才不会发生重叠。所以要求 $x(n)$为有限长序列，且长度小于等于 N，这样就可以用$\widetilde{X}(k)$来代表 $X(e^{j\omega})$。

其实，$\widetilde{X}(k)$的一个周期就可以代表 $X(e^{j\omega})$，所以只看一个周期，即 $X(k)$，接下来分析如何用 $X(k)$来表示 $X(e^{j\omega})$。

有限长序列 $x(n)(0\leqslant n\leqslant N-1)$的 Z 变换为

$$\begin{aligned} X(z) &= \sum_{n=0}^{N-1}\left[\frac{1}{N}\sum_{k=0}^{N-1}X(k)W_N^{-kn}\right]z^{-n} = \frac{1}{N}\sum_{k=0}^{N-1}X(k)\left[\sum_{n=0}^{N-1}W_N^{-kn}z^{-n}\right] \\ &= \frac{1}{N}\sum_{k=0}^{N-1}X(k)\,\frac{1-W_N^{-Nk}z^{-N}}{1-W_N^{-k}z^{-1}} = \frac{1-z^{-N}}{N}\sum_{k=0}^{N-1}\frac{X(k)}{1-W_N^{-k}z^{-1}} \end{aligned}$$

这就是用 N 个频率抽样值来恢复 $X(z)$的插值公式。上式中把 z 换成 $e^{j\omega}$就变成用 N 个频率抽样值来恢复 $X(e^{j\omega})$的插值公式。

3.9.1 频率响应的混叠失真

抽样定理要求 $f_s>2f_h$，一般取 $f_s=(2.5\sim3.0)f_h$，如不满足该条件，则会产生频域响应的周期延拓分量重叠现象，即频率响应的混叠失真。根据 $f_0=f_s/N$，若增加 f_s，而 N 固定时，则 f_0 要增加，导致分辨率下降。反之，要提高分辨率，即 f_0 减小，当 N 给定时，则导致 f_s 的减小。若想不发生混叠，则 f_h 要减小。这样要想兼顾 f_h 和 f_0，只有增加 N。得到 $N=f_s/f_0>(2f_h)/f_0$，这是实现 DFT 算法必须满足的最低条件。

3.9.2 频谱泄漏

实际情况下，我们取的信号都是有限长的，即对原始序列做加窗处理使其成为有限长，时域的乘积对应频域的卷积，造成频谱的泄漏。

减小泄漏的方法：可以取更长的数据(与原始数据就越相近)，缺点运算量加大；可以选择窗的形状，从而使窗谱的旁瓣能量更小。

3.9.3 栅栏效应

DFT 上看到的谱线都是离散的，而从序列的傅里叶变换知道谱线是连续的，所以相当于看到谱的一些离散点，而不是全部，感觉像是透过栅栏看到的情景，称为栅栏效应。

3.9.4 频率分辨率

增加分辨率只有通过加大取样点 N，但不是补零的方式来增加 N，因为补零不是原始信号的有效信号。

【例 3-11】 已知模拟信号 $X(k)$，分别取采样频率为 5000Hz 和 1000Hz 时，绘出其傅里叶变换图。

程序如下：

```
Dt = 0.00005;t =- 0.005:Dt:0.005;                    % 模拟信号
xa = exp( - 2000 * abs(t));
Ts = 0.0002;n =- 25:1:25;                            % 离散时间信号
x = exp( - 1000 * abs(n * Ts));
K = 500;k = 0:1:K;w = pi * k/K;
% 离散时间傅里叶变换
X = x * exp( - j * n' * w);X = real(X);
w = [ - fliplr(w),w(2:501)];
X = [fliplr(X),X(2:501)];
figure
subplot(2,2,1);
plot(t * 1000,xa,'.');
ylabel('x1(t)'); xlabel('t');
title ('离散信号');
hold on
stem(n * Ts * 1000,x);hold off
subplot(2,2,2);
plot(w/pi,X,'.');
ylabel('X1(jw)'); xlabel('f');
title('离散时间傅里叶变换');
Ts = 0.001;n =- 25:1:25;
% 离散时间信号
x = exp( - 1000 * abs(n * Ts));
K = 500;k = 0:1:K;w = pi * k/K;
% 离散时间傅里叶变换
X = x * exp( - j * n' * w);X = real(X);
w = [ - fliplr(w),w(2:501)];
X = [fliplr(X),X(2:501)];
subplot(2,2,3);
plot(t * 1000,xa,'.');
ylabel('x2(t)'); xlabel('t');
title ('离散信号');
```

```
hold on
stem(n * Ts * 1000,x);hold off
subplot(2,2,4);
plot(w/pi,X,'.');
ylabel('X2(jw)'); xlabel('f');
title('离散时间傅里叶变换');
```

运行程序结果如图 3-9 所示。

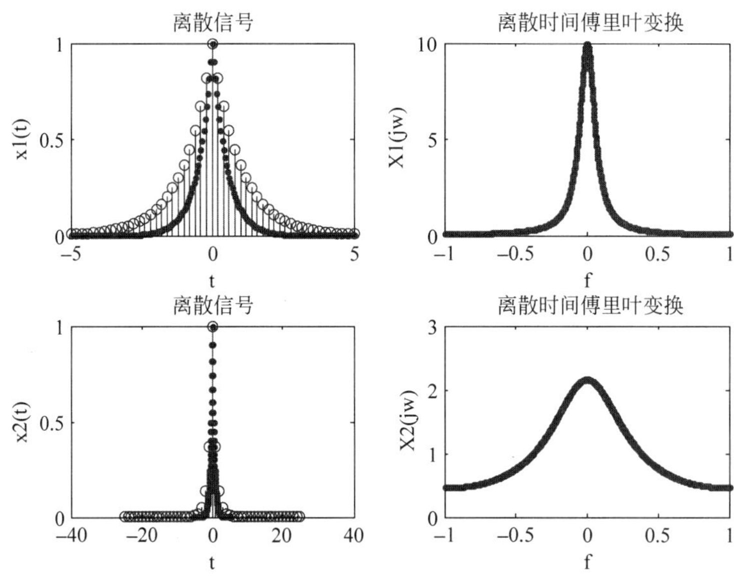

图 3-9　取样频率为 5000Hz 和 1000Hz 时傅里叶变换

【例 3-12】　对上例中产生的离散序列 $x_1(n)$和 $x_2(n)$，采用 sinc 函数进行内插重构。程序如下：

```
Ts1 = 0.0002;Fs1 = 1/Ts1;n1 =- 25:1:25;nTs1 = n1 * Ts1;                %离散时间信号
x1 = exp( - 1000 * abs(nTs1));
Ts2 = 0.001;
Fs2 = 1/Ts2;
n2 =- 5:1:5;
nTs2 = n2 * Ts2;
x2 = exp( - 2000 * abs(nTs2));
Dt = 0.00005;t =- 0.005:Dt:0.005;                                      %模拟信号重构
xa1 = x1 * sinc(Fs1 * (ones(length(nTs1),1) * t - nTs1' * ones(1,length(t))));
xa2 = x2 * sinc(Fs2 * (ones(length(nTs2),1) * t - nTs2' * ones(1,length(t))));
subplot(2,1,1);
plot(t * 1000,xa1,'.');
ylabel('x1(t)'); xlabel('t');
title('从 x1(n)重构模拟信号 x1(t)');
hold on
stem(n1 * Ts1 * 1000,x1);
hold off
```

```
subplot(2,1,2);
plot(t * 1000,xa2,'.');
ylabel('x2(t)'); xlabel('t');
title('从 x2(n)重构模拟信号 x2(t)');
hold on
stem(n2 * Ts2 * 1000,x2);
hold off
```

运行程序结果如图 3-10 所示。

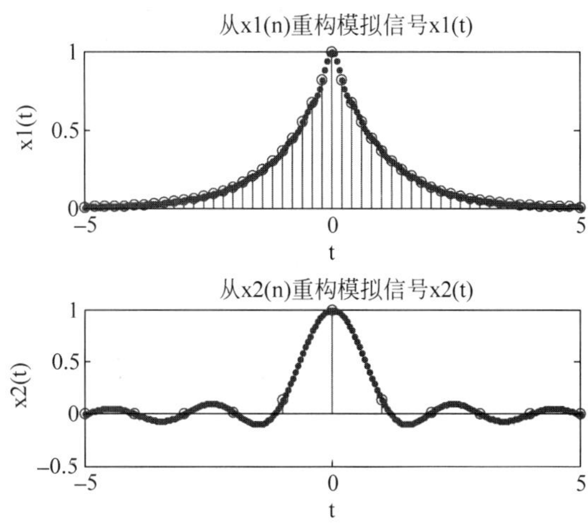

图 3-10　重构模拟信号效果图

3.10　快速傅里叶变换

快速傅里叶变换是傅里叶变换的一种快速算法，简称 FFT，采用这种算法能大大减少计算离散傅里叶变换所需要的乘法次数，特别是被变换的抽样点数 N 越多，FFT 算法计算量的节省就越显著。

3.10.1　直接计算 DFT 的问题及改进途径

设 $x(n)$为一个 N 点复序列，其 N 点 DFT 序列 $X(k)$通常也是一个复序列。将 $x(n)$和周期复指数序列 W_N^{nk} 表示成实部和虚部的组合形式为

$$x(n) = \mathrm{Re}[x(n)] + \mathrm{jIm}[x(n)]$$

$$W_N^{nk} = \mathrm{Re}[W_N^{nk}] + \mathrm{jIm}[W_N^{nk}] = \cos\left(\frac{2\pi}{N}nk\right) - \mathrm{j}\sin\left(\frac{2\pi}{N}nk\right)$$

则 DFT 的定义式可表示为

$$X(k) = \sum_{n=0}^{N-1} x(n) W_N^{nk}$$

$$= \sum_{n=0}^{N-1}\left\{\mathrm{Re}[x(n)]\cos\left(\frac{2\pi}{N}nk\right)+\mathrm{Im}[x(n)]\sin\left(\frac{2\pi}{N}nk\right)\right\}$$
$$+\mathrm{j}\left\{\mathrm{Im}[x(n)]\cos\left(\frac{2\pi}{N}nk\right)-\mathrm{Re}[x(n)]\sin\left(\frac{2\pi}{N}nk\right)\right\} \quad (0\leqslant k\leqslant N-1)$$

易知，一次复数乘法相当于4次实数乘法和2次实数加法，而一次复数加法相当于两次实数加法。因此，每计算一个 $X(k)$需要 $4N$ 次实数乘法和 $2N+2(N-1)=2(2N-1)$次实数加法。DFT 计算共需要计算 N 个 $X(k)$，因此，完成整个 DFT 计算共需要 $4N$ 次实数乘法和 $2N(2N-1)=4N2-2N$ 次实数加法。可见，直接计算 N 点 DFT 所需的计算量是和 N 成正比的，当 N 非常大时，计算量将显著增加。

考察 DFT 与 IDFT 的运算发现，利用以下两个特性可减少运算量：

（1）系数 $w_N^{nk}=\mathrm{e}^{-\mathrm{j}\frac{2\pi}{N}nk}$ 是一个周期函数，它的周期性和对称性可用来改进运算，提高计算效率。

$$w_N^{n(N-k)} = w_N^{k(N-n)} = w_N^{-nk}$$
$$w_N^{N/2} =-1, \quad w_N^{(k+N/2)} =- w_N^k$$

利用这些周期性和对称性，使 DFT 运算中有些项可合并。

（2）利用 w_N^{nk} 的周期性和对称性，把长度为 N 点的大点数的 DFT 运算依次分解为若干个小点数的 DFT。因为 DFT 的计算量正比于 N^2，N 越小，计算量也就越小。FFT 算法正是基于这样的基本思想发展起来的，它有多种形式，但基本上可分为两类：时间抽取法和频率抽取法。

3.10.2　基2时分的FFT算法

假定 N 是2的整数次方，首先将序列 $x(n)$分解为两组，一组为偶数项，一组为奇数项，即

$$\begin{cases}x(2r) = x_1(r) \\ x(2r+1) = x_2(r)\end{cases} \quad r = 0,1,\cdots,N/2-1$$

将 DFT 运算也相应分为两组，即

$$\begin{aligned} x(k) = \mathrm{DFT}[x(n)] &= \sum_{n=0}^{N-1}x(n)w_N^{nk} \\ &= \sum_{\text{偶数}n=0}^{N-2}x(n)w_N^{nk} + \sum_{\text{奇数}n=1}^{N-1}x(n)w_N^{nk} \\ &= \sum_{r=0}^{N/2-1}x(2r)w_N^{2rk} + \sum_{r=0}^{N/2-1}x(2r+1)w_N^{(2r+1)k} \\ &= \sum_{r=0}^{N/2-1}x(2r)w_N^{2rk} + w_N^k\sum_{r=0}^{N/2-1}x(2r+1)w_N^{2rk} \end{aligned}$$

根据对称性可知

$$w_N^{2n} = \mathrm{e}^{-\mathrm{j}\frac{2\pi}{N}2n} = \mathrm{e}^{-\mathrm{j}\frac{2\pi}{N/2}n} = w_{N/2}^n$$

因此有

$$X(k)=\sum_{r=0}^{N/2-1}x(2r)W_{\frac{N}{2}}^{rk}+W_N^k\sum_{r=0}^{N/2-1}x(2r+1)W_{\frac{N}{2}}^{rk}=G(k)+W_N^kH(k)$$

其中，$G(k)=\sum_{r=0}^{N/2-1}x(2r)W_{\frac{N}{2}}^{rk}$，$H(k)=\sum_{r=0}^{N/2-1}x(2r+1)W_{\frac{N}{2}}^{rk}$。注意，$H(k)$，$G(k)$有 $N/2$ 个点，即 $k=0,1,\cdots,N/2-1$，还必须应用系数 w_N^{nk} 的周期性和对称性。由对称性知

$$w_{N/2}^{r(N/2+k)}=w_{N/2}^{rk}$$

$$W_N^{\left(k+\frac{N}{2}\right)}=-W_N^k$$

那么

$$X\left(k+\frac{N}{2}\right)=G(k)-W_N^kH(k),\quad k=0,1,\cdots,\frac{N}{2}-1$$

可见，一个 N 点的 DFT 被分解为两个 $N/2$ 点的 DFT，这两个 $N/2$ 点的 DFT 再合成为一个 N 点 DFT，即

$$X\left(k+\frac{N}{2}\right)=G(k)-W_N^kH(k),\quad k=0,1,\cdots,\frac{N}{2}-1$$

$$X\left(k+\frac{N}{2}\right)=G(k)-W_N^kH(k),\quad k=0,1,\cdots,\frac{N}{2}-1$$

以此类推，可以继续分下去，这种按时间抽取算法是在输入序列分成越来越小的子序列上执行 DFT 运算，最后再合成为 N 点的 DFT。

对于 $N=2^M$，总是可以通过 M 次分解最后成为 2 点的 DFT 运算，这样构成从 $x(n)$ 到 $X(k)$的 M 级运算过程。从上面的流图可看到，每一级运算都由 $N/2$ 个蝶形运算构成。

因此每一级运算都需要 $N/2$ 次复乘和 N 次复加，这样，经过时间抽取后，M 级运算总共需要的运算为$\frac{N}{2}\log_2 N$ 次复数乘法和 $N\log_2 N$ 复数加法。

3.10.3 基 2 频分的 FFT 算法

对于 $N=2^M$情况下的另外一种普遍使用的 FFT 结构是频率抽取法。

对于频率抽取法，输入序列不是按奇偶数分解，而是按前后对半分开，这样便将 N 点 DFT 写成前后两部分，即

$$\begin{aligned}X(k)&=\sum_{n=0}^{N/2-1}x(n)W_N^{nk}+\sum_{n=N/2}^{N-1}x(n)W_N^{nk}\\&=\sum_{n=0}^{N/2-1}x(n)W_N^{nk}+\sum_{n=0}^{N/2-1}x\left(n+\frac{N}{2}\right)W_N^{\left(n+\frac{N}{2}\right)k}\\&=\sum_{n=0}^{N/2-1}\left[x(n)+W_N^{(N/2)k}x(n+N/2)\right]W_N^{nk}\end{aligned}$$

$$W_N^{N/2}=-1,W_N^{(N/2)k}=(-1)^k=\begin{cases}1, & k\text{ 为偶数}\\-1, & k\text{ 为奇数}\end{cases}$$

进一步分解为偶数组和奇数组,即

$$X(k) = \sum_{n=0}^{N/2-1} [x(n) + (-1)^k x(n+N/2)] W_N^{nk}$$

$$X(2r) = \sum_{n=0}^{N/2-1} [x(n) + x(n+N/2)] W_N^{2nr} = \sum_{n=0}^{N/2-1} [x(n) + x(n+N/2)] W_{N/2}^{2nr}$$

$$X(2r+1) = \sum_{n=0}^{N/2-1} [x(n) - x(n+N/2)] W_N^{n(2r+1)} = \sum_{n=0}^{N/2-1} [x(n) - x(n+N/2)] W_N^n W_{N/2}^{nr}$$

令

$$b(n) = x(n) + x(n+N/2)$$

$$b(n) = [x(n) - x(n+N/2)] W_N^n$$

于是有

$$X(2r) = \sum_{n=0}^{N/2-1} a(n) W_{N/2}^{nr}$$

$$X(2r+1) = \sum_{n=0}^{N/2-1} b_2(n) W_{N/2}^{nr}$$

这正是两个 $N/2$ 点的 DFT 运算,即将一个 N 点的 DFT 分解为两个 $N/2$ 点的 DFT。与时间抽取法一样,由于 $N=2^M$,$N/2$ 仍是一个偶数,这样,一个 $N=2^M$点的 DFT 通过 M 次分解后,最后只剩下全部是 2 点的 DFT,2 点 DFT 实际上只有加减运算。

3.10.4 快速傅里叶变换的 MATLAB 实现

在 MATLAB 中,函数 fft 用于快速计算 DFT,其调用格式为

```
y = fft(x)
```

在此格式中,x 是取样的样本,可以是一个向量,也可以是一个矩阵,y 是 x 的快速傅里叶变换。在实际操作中,会对 x 进行补零操作,使 x 的长度等于 2 的整数次幂,这样能提高程序的计算速度。

```
y = fft(x,n)
```

通过改变 n 值来直接对样本进行补零或者截断的操作。

ifft 函数是用来计算序列的逆傅里叶变换,MATLAB 信号处理工具箱中提供的快速傅里叶反变换的调用格式为

```
y = ifft(X),y = ifft(X,n)
```

在此格式中,x 为需要进行逆变换的信号,多数情况下是复数,y 为快速傅里叶反变换的输出。

【例 3-13】 已知信号 $x=0.5\sin(2\text{pi}\times 20\times t)+2\sin(2\text{pi}\times 60\times t)$,其中 $f_1=20\text{Hz}$,$f_2=60\text{Hz}$,采样频率为 100Hz,绘制 $y(t)$经过快速傅里叶变换后的频谱图。

程序如下:

```
clear all;
fs = 100;                                              %采样频率
Ndata = 32;                                            %数据长度
N = 32;                                                %FFT 的数据长度
n = 0:Ndata - 1;
t = n/fs;                                              %数据对应的时间序列
x = 0.5 * sin(2 * pi * 20 * t) + 2 * sin(2 * pi * 60 * t);   %时间域信号
y = fft(x,N);                                          %信号的傅里叶变换
mag = abs(y);                                          %求取振幅
f = (0:N - 1) * fs/N;                                  %真实频率
subplot(2,2,1);plot(f(1:N/2),mag(1:N/2) * 2/N);
xlabel('频率/Hz');ylabel('振幅');
title('Ndata = 32; FFT 所以采点个数 = 32');
grid on;

Ndata = 32;                                            %数据长度
N = 128;                                               %FFT 采用的数据长度
n = 0:Ndata - 1;
t = n/fs;                                              %时间序列
x = 0.5 * sin(2 * pi * 20 * t) + 2 * sin(2 * pi * 60 * t);   %时间域信号
y = fft(x,N);
mag = abs(y);
f = (0:N - 1) * fs/N;                                  %真实频率
subplot(2,2,2);plot(f(1:N/2),mag(1:N/2) * 2/N);
xlabel('频率/Hz');ylabel('振幅');
title('Ndata = 32; FFT 所以采点个数 = 128');
grid on;

Ndata = 136;                                           %数据长度
N = 128;                                               %FFT 采用的数据长度
n = 0:Ndata - 1;
t = n/fs;                                              %时间序列
x = 0.5 * sin(2 * pi * 20 * t) + 2 * sin(2 * pi * 60 * t);   %时间域信号
y = fft(x,N);
mag = abs(y);
f = (0:N - 1) * fs/N;                                  %真实频率
subplot(2,2,3);plot(f(1:N/2),mag(1:N/2) * 2/N);
xlabel('频率/Hz');ylabel('振幅');
title('Ndata = 136; FFT 所以采点个数 = 128');
grid on;

Ndata = 136;                                           %数据长度
N = 512;                                               %FFT 采用的数据长度
n = 0:Ndata - 1;
t = n/fs;                                              %时间序列
x = 0.5 * sin(2 * pi * 20 * t) + 2 * sin(2 * pi * 60 * t);   %时间域信号
y = fft(x,N);
```

```
mag = abs(y);
f = (0:N-1) * fs/N;                                  %真实频率
subplot(2,2,4);plot(f(1:N/2),mag(1:N/2) * 2/N);
xlabel('频率/Hz');ylabel('振幅');
title('Ndata = 136; FFT 所以采点个数 = 512');
grid on;
```

运行结果如图 3-11 所示。

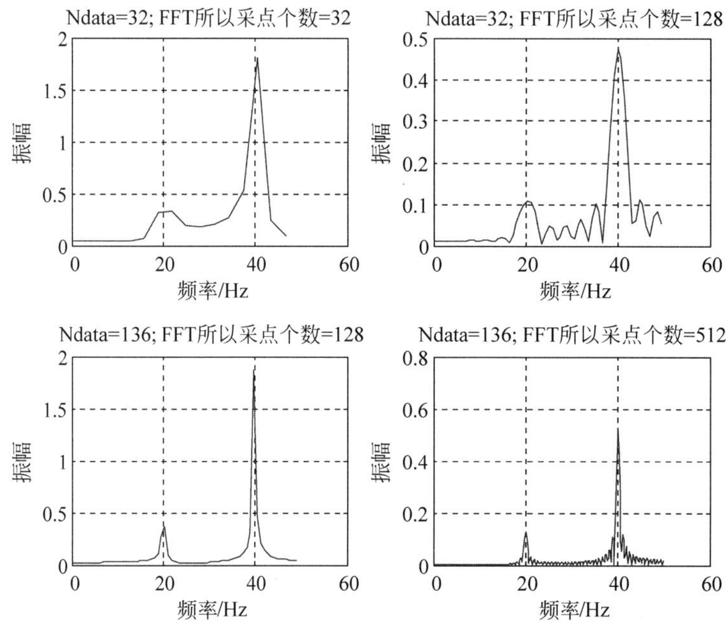

图 3-11　改变后对傅里叶谱的影响效果图

【例 3-14】　设 $x(n)$为一个正弦信号、一个余弦信号及白噪声的叠加信号，试用 FFT 文件对其作频谱分析。

程序如下：

```
N = 1024;
f1 = .1;f2 = .2;fs = 1;
a1 = 5;a2 = 3;
w = 2 * pi/fs;
x = a1 * sin(w * f1 * (0:N-1)) + a2 * cos(w * f2 * (0:N-1)) + randn(1,N);
% 应用 FFT 求频谱;
subplot(2,1,1);
plot(x(1:N/4));
title('原始信号');
f =- 0.5:1/N:0.5 - 1/N;
X = fft(x);
subplot(2,1,2);
plot(f,fftshift(abs(X)));
title('频域信号');
```

运行结果如图 3-12 所示。

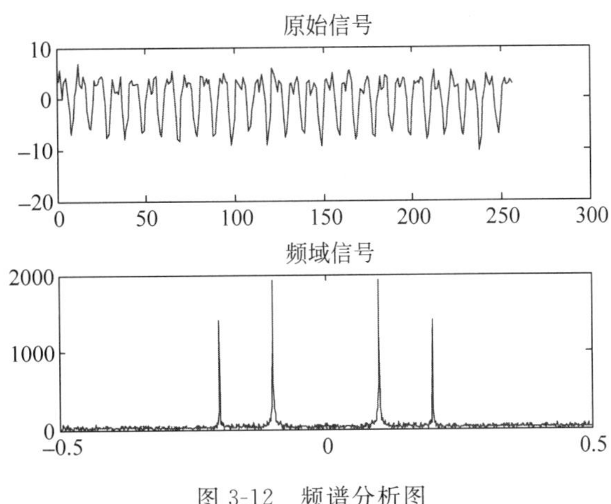

图 3-12 频谱分析图

【例 3-15】 逆 FFT 示例。

程序如下：

```
clear all;
fs = 200;                                                   % 采样频率
N = 128;                                                    % 数据个数
n = 0:N-1;
t = n/fs;                                                   % 数据对应的时间序列
x = 0.5 * sin(2 * pi * 20 * t) + 2 * sin(2 * pi * 60 * t);  % 时间域信号
subplot(2,2,1);plot(t,x);
xlabel('时间/s');ylabel('x');
title('原始信号');
grid on;

y = fft(x,N);                                               % 傅里叶变换
mag = abs(y);                                               % 得到振幅谱
f = n * fs/N;                                               % 频率序列
subplot(2,2,2);plot(f(1:N/2),mag(1:N/2) * 2/N);
xlabel('频率/Hz');ylabel('振幅');
title('原始信号的 FFT');
grid on;

xifft = ifft(y);                                            % 进行傅里叶逆变换
realx = real(xifft);                                        % 求取傅里叶逆变换的实部
ti = [0:length(xifft) - 1]/fs;                              % 傅里叶逆变换的时间序列
subplot(2,2,3);plot(ti,realx);
xlabel('时间/s');ylabel('x');
title('运用傅里叶逆变换得到的信号');
grid on;

yif = fft(xifft,N);                      % 将傅里叶逆变换得到的时间域信号进行傅里叶变换
mag = abs(yif);
f = [0:length(y) - 1]' * fs/length(y);                      % 频率序列
subplot(2,2,4);plot(f(1:N/2),mag(1:N/2) * 2/N);
```

```
xlabel('频率/Hz');ylabel('振幅');
title('运用 IFFT 得到信号的快速傅里叶变换');
grid on;
```

运行结果如图 3-13 所示。

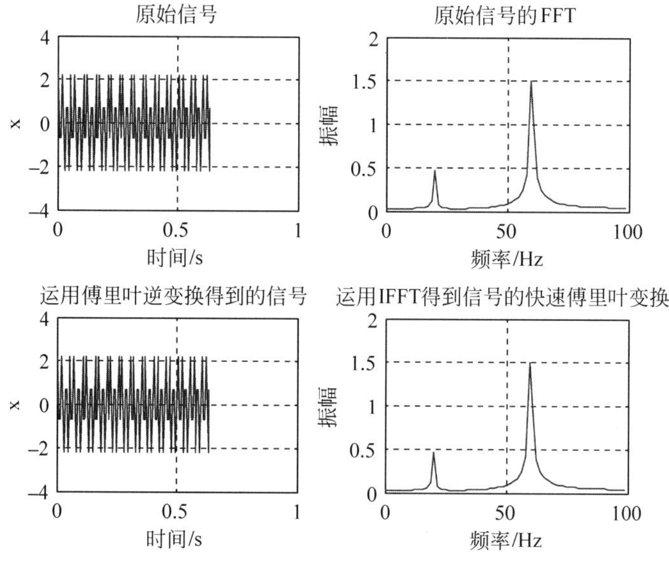

图 3-13　FFT 与 IFFT 对比效果图

【例 3-16】 利用 FFT 进行滤波示例。利用 FFT 对信号 x=0.5 * cos(2 * pi * f1 * t)+sin(2 * pi * f2 * t)+randn(1,N)进行滤波,将频率为 4～8Hz 的波滤除掉。

程序如下:

```
clear all;
dt = 0.05;N = 1024;
n = 0:N - 1; t = n * dt;                              % 时间序列
f = n/(N * dt);                                       % 频率序列
f1 = 3; f2 = 10;                                      % 信号的频率成分
x = 0.5 * cos(2 * pi * f1 * t) + sin(2 * pi * f2 * t)  + randn(1,N);
subplot(2,2,1);plot(t,x);                             % 绘制原始的信号
title('原始信号的时间域');xlabel('时间/s');
y = fft(x);                                           % 对原信号作 FFT 变换
xlim([0 12]);ylim([ - 1.5 1.5]);
subplot(2,2,2);plot(f,abs(y) * 2/N);                  % 绘制原始信号的振幅谱
xlabel('频率/Hz');ylabel('振幅');
xlim([0 50]);title('原始振幅谱');
ylim([0 0.8]);
f1 = 4;f2 = 8;                                        % 要滤去频率的上限和下限
yy = zeros(1,length(y));                              % 设置与 y 相同的元素数组
for m = 0:N - 1                   % 将频率落在该频率范围及其大于 Nyquist 频率的波滤去
    % 小于 Nyquist 频率的滤波范围
    if (m/(N * dt)> f1 & m/(N * dt)< f2) | (m/(N * dt)>(1/dt - f2) & m/(N/dt)<(1/dt - f1));
    % 大于 Nyquist 频率的滤波范围
```

```
    % 1/dt 为一个频率周期
    yy(m+1) = 0;                        % 置在此频率范围内的振动振幅为零
    else
        yy(m+1) = y(m+1);               % 其余频率范围的振动振幅不变
    end
end
subplot(2,2,4);plot(f,abs(yy) * 2/N)    % 绘制滤波后的振幅谱
xlim([0 50]);ylim([0 0.5]);
xlabel('频率/Hz');ylabel('振幅');
gstext = sprintf('自 %4.1f - %4.1fHz 的频率被滤除',f1,f2);
% 将滤波范围显示作为标题
title(gstext);
subplot(2,2,3);plot(t,real(ifft(yy)));
% 绘制滤波后的数据运用 ifft 变换回时间域并绘图
title('通过 IFFT 回到时间域');
xlabel('时间/s');
ylim([-0.6 0.6]);xlim([0 12]);
```

运行结果如图 3-14 所示。

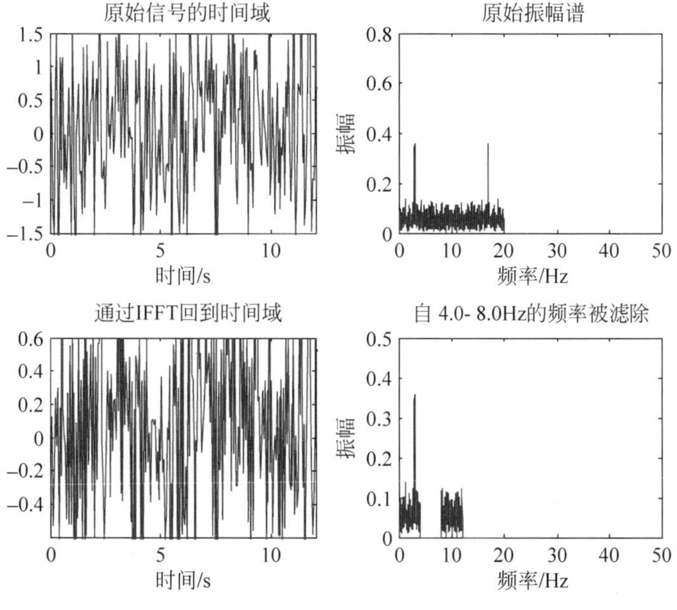

图 3-14 利用 FFT 进行滤波示例效果

3.11 离散余弦变换

离散余弦变换(Discrete Cosine Transform,DCT)是一种与傅里叶变换紧密相关的数学运算。在傅里叶级数展开式中,如果被展开的函数是实偶函数,那么其傅里叶级数中只包含余弦项,再将其离散化可导出余弦变换,因此称之为离散余弦变换。

3.11.1 一维离散余弦变换

$f(x)$为一维离散函数，$x=0,1,\cdots,N-1$，进行离散变换后，有

$$F(u)=\sqrt{\frac{2}{N}}\sum_{x=0}^{N-1}f(x)\cos\left[\frac{\pi}{2N}(2x+1)u\right]\qquad u=1,2,\cdots,N-1$$

$$F(0)=\frac{1}{\sqrt{N}}\sum_{x=0}^{N-1}f(x)\qquad u=0$$

其反变换为

$$f(x)=\frac{1}{\sqrt{N}}F(0)+\sqrt{\frac{2}{N}}\sum_{u=1}^{N-1}F(u)\cos\left[\frac{\pi}{2N}(2x+1)u\right]\qquad x=0,1,\cdots,N-1$$

其中，$g(x,0)=\dfrac{1}{\sqrt{N}}$，$g(x,u)=\sqrt{\dfrac{2}{N}}\cos\dfrac{(2x+1)u\pi}{2N}$

3.11.2 二维离散余弦变换

$f(m,n)$为二维离散函数 $m,n=0,1,2,\cdots,N-1$，进行离散变换后，有

$$F(u,v)=a(u)a(v)\sum_{m=0}^{N-1}\sum_{n=0}^{N-1}f(m,n)\cos\frac{(2m+1)u\pi}{2N}\cos\frac{(2n+1)v\pi}{2N}$$

其反变换为

$$f(m,n)=\sum_{u=0}^{N-1}\sum_{v=0}^{N-1}a(u)a(v)F(u,v)\cos\frac{(2m+1)u\pi}{2N}\cos\frac{(2n+1)v\pi}{2N}$$

其中，$m,n=0,1,2,\cdots,N-1$，$a(u)=a(v)=\begin{cases}\sqrt{\dfrac{1}{N}} & u=0 \text{ 或 } v=0\\ \sqrt{\dfrac{2}{N}} & u,v=1,2,\cdots,N-1\end{cases}$

3.11.3 离散余弦函数

在 MATLAB 中，dct 函数用于进行 DCT 变换，该函数的调用方法如下：

y=dct(x)：返回序列 x 的 DCT 结果。

dict2 函数用于 DCT 反变换，该函数调用方法为

B=idct2(A)：计算 A 的 DCT 反变换 B，A 与 B 的大小相同。

【例 3-17】 对信号进行离散余弦变换示例。

程序如下：

```
clear all;
clc;
close all;
```

```
n = 1:100;
x = 10 * sin(2 * pi * n/20) + 20 * cos(2 * pi * n/30);
y = dct(x);
subplot(1,2,1),plot(x),title('原始信号');
subplot(1,2,2),plot(y),title('DCT 效果');
```

运行结果如图 3-15 所示。

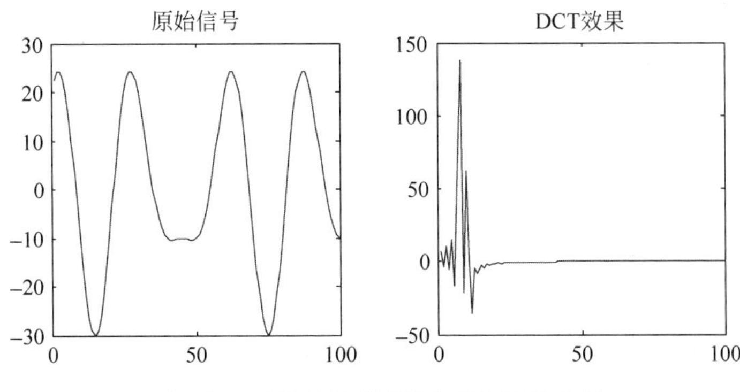

图 3-15 对信号进行离散余弦变换效果图

【例 3-18】 DCT 反变换示例。

程序如下：

```
clear all;
n = 0:200 - 1;
f = 200;  fs = 3000;
x = cos(2 * pi * n * f/fs);
y = dct(x);                              % 计算 DCT 变换
m = find(abs(y<5));                      % 利用阈值对变换系数截取
y(m) = zeros(size(m));
z = idct(y);                             % 对门限处理后的系数 DCT 反变换
subplot(1,2,1);plot(n,x);
xlabel('n');title('序列 x(n)');
subplot(1,2,2);plot(n,z);
xlabel('n');title('序列 z(n)');
```

运行结果如图 3-16 所示。

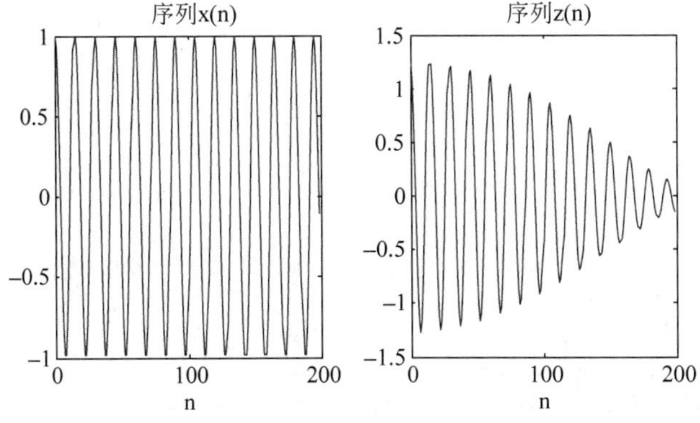

图 3-16 原始与重建后的对比图

3.12 Chirp Z 变换

序列的 Z 变换公式为

$$X(z_k) = \sum_{n=0}^{N-1} x(n) z_k^{-n}$$

将 $z_k = AW^{-k}$ 代入可以得到

$$X(z_k) = \sum_{n=0}^{N-1} x(n) A^{-n} W^{nk} = W^{\frac{k^2}{2}} \sum_{n=0}^{N-1} x(n) A^{-n} W^{\frac{n^2}{2}} W^{-\frac{(k-n)^2}{2}}$$

定义 $g(n) = x(n) A^{-n} W^{\frac{n^2}{2}}$，$h(n) = W^{-\frac{n^2}{2}}$，那么有

$$X(z_k) = W^{\frac{k^2}{2}} \sum_{n=0}^{N-1} g(n) h(k-n) = W^{\frac{k^2}{2}} g(k) * h(k), \quad k = 0,1,\cdots,M-1$$

以上运算转换为卷积形式，从而可采用 FFT 进行，这样可大大提高计算速度。系统的单位冲激响应 $h(n) = W^{-\frac{n^2}{2}}$ 与频率随时间成线性增加的线性调频信号相似，因此称为 Chirp-Z 变换。

在 MATLAB 中，czt 函数用于实现 Chirp-Z 变换，该函数的调用方法如下：

```
Y = czt(x,m,w,a)
```

此函数计算由 z=a＊w.^(－(0:m－1))定义的 z 平面螺旋线上各点的 Z 变换，a 规定了起点，w 规定了相邻点的比例，m 规定了变换的长度，后 3 个变量默认值为 a=1，w=exp(j＊2＊pi/m)及 m=length(x)，因此 y=czt(x)就等于 y=fft(x)。

【例 3-19】 MATLAB 的 czt 函数实现频率细化。

```
fs = 256;                                          %采样频率
N = 512;                                           %采样点数
nfft = 512;
n = 0:1:N - 1;                                     %时间序列号
%n/fs:采样频率下对应的时间序列值
n1 = fs * (0:nfft/2 - 1)/nfft;                     %FFT对应的频率序列
x = 3 * sin(2 * pi * 100 * n/fs) + 3 * cos(2 * pi * 101.45 * n/fs) + 2 * sin(2 * pi * 102.3 * n/fs)
+ 4 * cos(2 * pi * 103.8 * n/fs) + 5 * sin(2 * pi * 104.5 * n/fs);
figure;
subplot(231);
plot(n,x);
xlabel('时间 t');
ylabel('value');
title('信号的时域波形');

XK = fft(x,nfft);                                  %单边幅值谱
subplot(232);stem(n1,abs(XK(1:(nfft/2))));         %用杆状来画 FFT 的图
axis([95,110,0,1500]);
title('直接利用 FFT 变换后的频谱');
subplot(233);plot(n1,abs(XK(1:(N/2))));
```

```
axis([95,110,0,1500]);
title('直接利用 FFT 变换后的频谱');

f1 = 100;                                   % 细化频率段起点
f2 = 110;                                   % 细化频率段终点
M = 256;                                    % 细化频段的频点数(这里其实就是细化精度)
w = exp( - j * 2 * pi * (f2 - f1)/(fs * M));  % 细化频段的跨度(步长)
a = exp(j * 2 * pi * f1/fs);            % 细化频段的起始点,这里需要运算一下才能代入 czt 函数
xk = czt(x,M,w,a);
h = 0:1:M - 1;                              % 细化频点序列
f0 = (f2 - f1)/M * h + 100;                 % 细化的频率值
subplot(234);stem(f0,abs(xk));
xlabel('f');
ylabel('value');
title('利用 CZT 变换后的细化频谱');
subplot(235);plot(f0,abs(xk));
xlabel('f');
ylabel('value');
title('利用 CZT 变换后的细化频谱');
```

运行结果如图 3-17 所示。

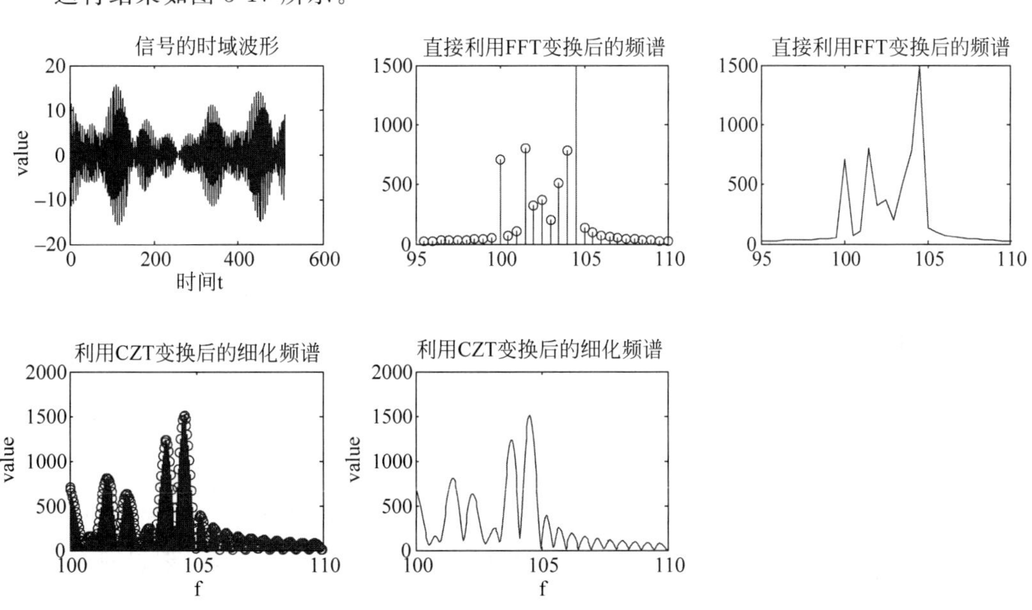

图 3-17　MATLAB 的 czt 函数实现频率细化效果图

【例 3-20】　利用 Chirp-Z 变换计算滤波器在 100～200Hz 的频率特性,并比较 czt 和 fft 函数。

程序如下:

```
h = fir1(30,125/500,boxcar(31));
Fs = 1000;
f1 = 100;
f2 = 200;
```

```
m = 1024;
w = exp( - j * 2 * pi * (f2 - 1)/(m * Fs));
a = exp(j * 2 * pi * f1/Fs);
y = fft(h,m);
z = czt(h,m,w,a);
fy = (0:length(y) - 1)' * Fs/length(y);
fz = (0:length(z) - 1)' * (f2 - f1)/length(z) + f1;
subplot(2,1,1)
plot(fy(1:500),abs(y(1:500)));
title('fft');
subplot(2,1,2)
plot(fz,abs(z));
title('czt');
```

运行结果如图 3-18 所示。

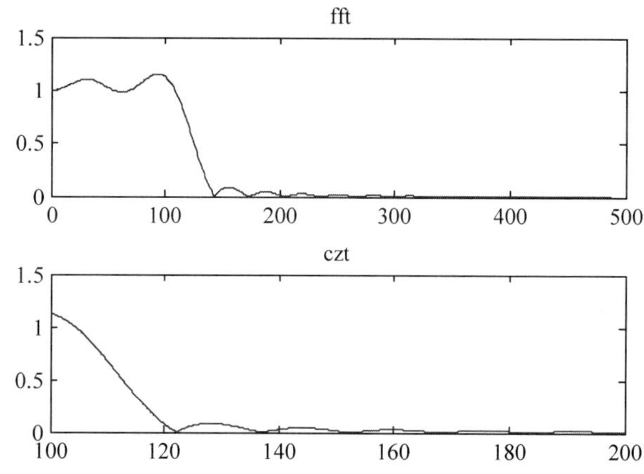

图 3-18　利用 Chirp-Z 变换计算在 100～200Hz 的频率特性效果图

3.13　Gabor 函数

Gabor 变换属于加窗傅里叶变换，Gabor 函数可以在频域不同尺度、不同方向上提取相关的特征。另外 Gabor 函数与人眼的生物作用相仿，所以经常用作纹理识别上，并取得了较好的效果。

3.13.1　Gabor 函数定义

Gabor 变换是 D. Gabor 1946 年提出的。由于经典 Fourier 变换只能反映信号的整体特性(时域、频域)。另外，要求信号满足平稳条件。如果用傅里叶变换研究频域信息，必须知道信号时域上的信息，另外，信号在某时刻的一个小的邻域内发生变化，那么信号的整个频谱都要受到影响，而频谱的变化从根本上来说无法标定发生变化的时间位置和发生变化的剧烈程度。也就是说，Fourier 变换对信号的齐性不敏感，不能给出在各个局部时间范围内部频谱上的谱信息描述。

3.13.2 Gabor 函数的一般求法与解析理论

可根据实际需要选取适当的核函数，如高斯窗函数

$$g(t)=\left(\frac{\sqrt{2}}{T}\right)^{2}\mathrm{e}^{-\pi\left(\frac{t}{T}\right)^{2}}$$

则其对偶函数 $\gamma(t)$ 为

$$\gamma(t)=\left(\frac{1}{\sqrt{2}\,T}\right)^{\frac{1}{2}}\left(\frac{K_0}{\pi}\right)^{\frac{-3}{2}}\mathrm{e}^{\pi\left(\frac{t}{T}\right)^{2}}\sum_{n+\frac{1}{2}>\frac{1}{T}}(-1)^{n}\mathrm{e}^{-\pi\left(n+\frac{1}{2}\right)^{2}}$$

离散 Gabor 变换的表达式为

$$G_{mn}=\int_{-\infty}^{\infty}\phi(t)g^{*}(t-mT)\mathrm{e}^{-\mathrm{j}n\omega t}\mathrm{d}t=\int_{-\infty}^{\infty}\phi(t)g_{mn}^{*}(t)\mathrm{d}t$$

$$\phi(t)=\sum_{m=-\infty}^{\infty}\sum_{n=-\infty}^{\infty}G_{mn}\gamma(t-mT)\mathrm{e}^{\mathrm{j}n\omega t}=\sum_{m=-\infty}^{\infty}\sum_{n=-\infty}^{\infty}G_{mn}\gamma_{mn}(t)$$

其中，$g_{mn}(t)=g(t-mT)\mathrm{e}^{\mathrm{j}n\omega t}$，$\gamma(t)$是 $g(t)$的对偶函数，二者之间有如下双正交关系：

$$\int_{-\infty}^{\infty}\gamma(t)g^{*}(t-mT)\mathrm{e}^{-\mathrm{j}n\omega t}\mathrm{d}t=\delta_{m}\delta_{n}$$

Gabor 变换的解析理论就是由 $g(t)$求对偶函数 $\gamma(t)$的方法。

定义 $g(t)$的 Zak 变换为

$$\mathrm{Zak}[g(t)]=\hat{g}(t,\omega)=\sum_{k=-\infty}^{\infty}g(t-k)\mathrm{e}^{-\mathrm{j}2\pi k\omega}$$

可以证明对偶函数可由下式求出：

$$\gamma(t)=\int_{0}^{1}\frac{\mathrm{d}\omega}{g^{*}(t,\omega)}$$

有了对偶函数可以使计算更为简洁方便。

【例 3-21】 用 Gabor 函数分析 δ 双时间信号。

程序如下：

```
clear all
a = 1/10;
m = 2;                    % 设定窗口尺度和超高斯函数阶数
t1 = 5;t2 = 6;
 % 设定双信号的位置
 % 绘制双信号的三维网格立体图
[t,W] = meshgrid([2:0.2:7],[0:pi/6:3 * pi]);
 % 设置时-频相平面网格点
Gs1 = (1/(sqrt(2 * pi) * a)) * exp( - 0.5 * abs((t1 - t)/a).^m). * exp( - i * W * t1);
Gs2 = (1/(sqrt(2 * pi) * a)) * exp( - 0.5 * abs((t2 - t)/a).^m). * exp( - i * W * t2);
Gs = Gs1 + Gs2;
subplot(2,3,1);
 % 绘制实部三维网格立体图
```

```
mesh(t,W/pi,real(Gs));
axis([2 7 0 3 -1/(sqrt(2*pi)*a) 1/(sqrt(2*pi)*a)]);
title('实部')
xlabel('t(s)'); ylabel('real(Gs)');
subplot(2,3,2);
%绘制虚部三维网格立体图
mesh(t,W/pi,imag(Gs));
axis([2 7 0 3 -1/(sqrt(2*pi)*a) 1/(sqrt(2*pi)*a)]);
title('虚部')
xlabel('t(s)'); ylabel('imag(Gs)');
subplot(2,3,3);
%绘制绝对值三维网格立体图
mesh(t,W/pi,abs(Gs));
axis([2 7 0 3 -1/(sqrt(2*pi)*a) 1/(sqrt(2*pi)*a)]);
title('绝对值')
xlabel('t(s)'); ylabel('abs(Gs)');
%绘制双信号的二维灰度图
[t,W]=meshgrid([2:0.2:7],[0:pi/20:3*pi]);
%设置时频相平面网格点
Gs1=(1/(sqrt(2*pi)*a))*exp(-0.5*abs((t1-t)/a).^m).*exp(-i*W*t1);
Gs2=(1/(sqrt(2*pi)*a))*exp(-0.5*abs((t2-t)/a).^m).*exp(-i*W*t2);
Gs=Gs1+Gs2;
subplot(2,3,4);
ss=real(Gs);ma=max(max(ss));
%计算最大值
pcolor(t,W/pi,ma-ss);
title('实部最大值')
xlabel('t(s)'); ylabel('maxreal(Gs)');
colormap(gray(50));shading interp;
subplot(2,3,5);
ss=imag(Gs);ma=max(max(ss));
%计算最大值
pcolor(t,W/pi,ma-ss);
title('虚部最大值')
xlabel('t(s)'); ylabel('maximag(Gs)');
colormap(gray(50));shading interp;
subplot(2,3,6);
ss=abs(Gs);ma=max(max(ss));
%计算绝对值的最大值
pcolor(t,W/pi,ma-ss);
title('绝对值最大值')
xlabel('t(s)'); ylabel('maxabs(Gs)');
colormap(gray(50));
shading interp;
```

运行结果如图 3-19 所示。

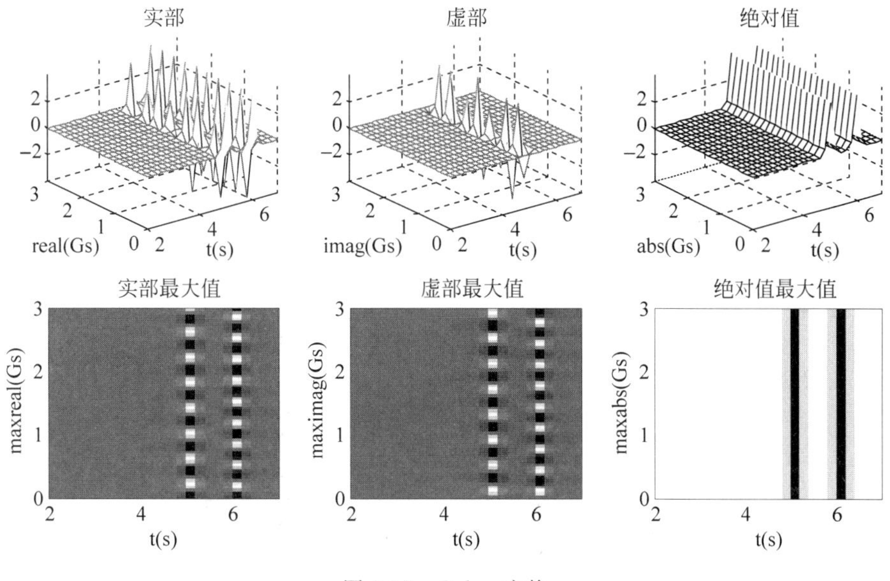

图 3-19 Gabor 变换

3.13.3 Gabor 展开

用过采样的 Gabor 展开来检测瞬时信号，效果要比传统的方法好。Gabor 展开固有的局部化特性，使它特别适合于描述瞬时信号，可选择单边指数窗作为 Gabor 展开的窗函数，与瞬时信号的非对称性及突变性相适应。

利用 Gabor 展开，得到观测信号展开后的系数，就可以用其系数来检测瞬时信号的存在。

【例 3-22】 利用 Gabor 展开检测信号的频谱。

程序如下：

```
clear;
t = 40;
fs = 10000;
f1 = 2000;
f2 = 4000;
le = fs * t;
a = 1/16;b = 16;
N = a * fs;M = fs/b;
s = fix(le/fs);
%帧间重叠 1/2,算出所需循环次数
hn = boxcar(M)';
%得到 STFT 分析窗,汉宁窗,帧长 256 点
T = 1:fs * t;
d = sin(2 * pi * f1 * T/fs) + sin(2 * pi * f2 * T/fs);
for n = 1:1:s
    d1(1:M) = d((n-1) * N + 1:(n-1) * N + M). * hn;
```

```
% 时域加窗
    Xd(n,(1:M)) = fft(d1,M);    % FFT
end
[n,m] = size(Xd);
x = 1:n;y = 1:m;
mesh(y/m,x,abs(Xd));
axis([0,0.5,0,20,0,100])
xlabel('t');
ylabel('f ')
zlabel('幅度');
```

运行结果如图 3-20 所示。

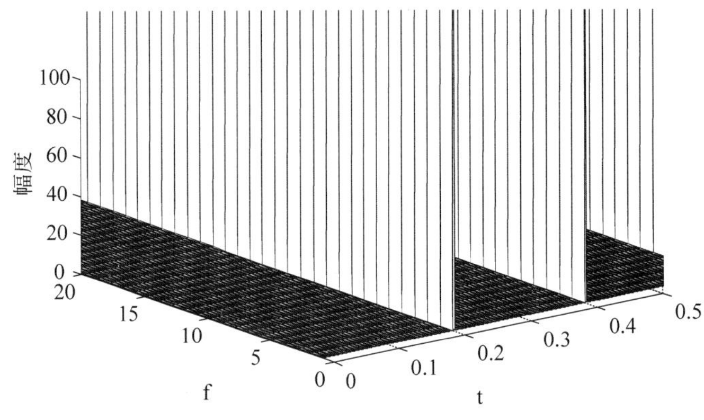

图 3-20　Gabor 分频图

【例 3-23】 Gabor 的 MATLAB 实现。

程序如下：

```
clf;
clear all;
close all;
fs = 100;
% 采样率
Ts = 1/fs;
t = 0:Ts:10;
gass = 2 ^ (1/4) * exp( - pi * (t).^2). * cos(5 * pi * t);
% 生成一个高斯函数
subplot(231);
plot(t,gass);
title('高斯函数');
xlabel('t');
ylabel('幅度');
grid on;
T = 0:Ts:10;
ft = sin(T.^2 + 2 * T) + sin(T.^2);
% 生成要变换的信号函数
subplot(232);
```

```
plot(t,ft);
title('信号函数');
grid on;
xlabel('t');
ylabel('幅度');
y = fft(ft);
%信号做 FFT 变换
amp = abs(y);
grid on;
subplot(233);
plot(amp);
title('信号的 FFT 变换');
xlabel('f');
ylabel('幅度');
grid on;
subplot(234);
plot(t,imag(hilbert(ft)));
title('信号的 HHT 变换');
grid on;
shl = 100;
%高斯窗每次平移点数
shn = (length(t) - 1)/shl;
%求高斯窗平移总次数
y2 = zeros(shn,2001);
for k = 0:shn - 1;
gassc = 2 ^ (1/4) * exp( - pi * (t - k * shl * Ts).^2). * cos(5 * pi * t);
%平移后的高斯函数
gassc2 = gassc/sum(gassc.^2)
%归一化
yl = conv(hilbert(ft),gassc2);
%短时傅里叶变换,即对信号与 Gauss 函数做卷积
    y2(k + 1,:) = yl;
end
[F,T] = size(y2);
[F,T] = meshgrid(1:T,1:F);
subplot(235);
mesh(F,T,abs(y2))
title('信号尺度分布图');
xlabel('t');
ylabel('f ')
zlabel('幅度');
subplot(236);
contour(F,T,abs(y2))
%等高线图
title('信号时频图');

xlabel('F(Hz)');
ylabel('尺度')
```

运行结果如图 3-21 所示。

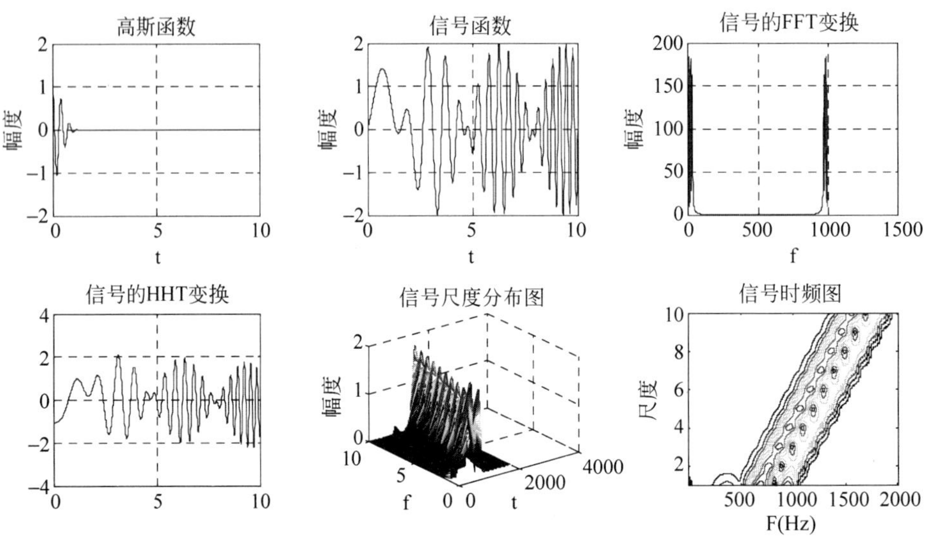

图 3-21 尺度分布图和时频图

本章小结

Z 变换可以说是针对离散信号与系统的拉普拉斯变换，在离散时间信号与系统的理论研究中，Z 变换是一种重要的数学工具，Z 变换的性质反映了信号的 n 域特性与 Z 域特性的关系。利用 Z 变换的一些基本性质可方便地求出一些常用离散信号的变换式，它可把离散系统的数学模型差分方程转化成简单的代数方程而使其求解过程简化。因此，Z 变换的基本性质对于变换分析法是非常重要的。

傅里叶的创造性工作为偏微分方程的边值问题提供了基本的求解方法——傅里叶级数法，从而极大地推动了微分方程理论的发展，特别是数学物理等应用数学的发展；其次，傅里叶级数拓广了函数概念，从而极大地推动了函数论的研究，其影响还涉及纯粹数学的其他领域。读者在学习过程中可以参考每个小节中的函数功能描述及相应的示例。

第4章 IIR滤波器的设计

数字滤波技术是数字信号处理中的一个重要环节，滤波器的设计则是信号处理的核心问题之一。IIR(Infinite Impulse Response)数字滤波器，又名“无限冲激响应数字滤波器”或“递归滤波器”，一般认为具有无限的冲激响应。

学习目标：

(1) 了解、熟悉 IIR 滤波器结构；

(2) 理解模拟滤波器的基础知识与原型设计；

(3) 掌握频带变换；

(4) 实现冲激响应不变法与双线性变换法；

(5) 理解滤波器最小阶数选择；

(6) 理解实现滤波器设计。

4.1 IIR 滤波器结构

数字滤波器是指完成信号滤波(根据有用信号和噪声的不同特性，消除或减弱噪声，提取有用信号的过程)功能的，用有限精度算法实现的离散时间线性时不变系统。

与模拟滤波器类似，数字滤波器也是一种选频器件，它对有用信号的频率分量的衰减很小，使之比较顺利地通过，而对噪声等干扰信号的频率分量给予较大幅度衰减，尽可能阻止它们通过。相比于模拟滤波器，数字滤波器稳定性高、精度高、灵活性强。一个数字滤波器可以用系统函数表示为

$$H(z) = \frac{\sum_{k=0}^{M} b_k z^{-k}}{1 - \sum_{k=1}^{N} a_k z^{-k}} = \frac{Y(z)}{X(z)}$$

由这样的系统函数可以得到表示系统输入与输出关系的常系数线性差分方程为

$$y(n) = \sum_{k=0}^{N} b_k y(n-m) + \sum_{k=0}^{M} a_k x(n-m)$$

可见数字滤波器的功能就是把输入序列 $x(n)$ 通过一定的运算变换成

输出序列 $y(n)$。不同的运算处理方法决定了滤波器实现结构的不同。

无限冲激响应滤波器的单位抽样响应 $h(n)$是无限长的，对于一个给定的线性时不变系统的系统函数，有着各种不同的等效差分方程或网络结构。由于乘法是一种耗时运算，而每个延迟单元都要有一个存储寄存器。

因此，采用最少常熟乘法器和最少延迟支路的网络结构是通常的选择，以便提高运算速度和减少存储器。然而，当需要考虑有限寄存器长度的影响时，往往也并非采用最少乘法器和延迟单元的结构。

IIR 滤波器实现的基本结构有直接型、级联型和并联型，下面分别对它们进行介绍。

4.1.1 直接型

直接Ⅰ型的系统输入输出关系的 N 阶差分方程为

$$y(n)=\sum_{k=1}^{N}a_k y(n-k)+\sum_{k=0}^{M}b_k x(n-k)$$

结构的优点如下：

(1) $\sum_{k=0}^{M}b_k x(n-k)$ 表示将输入及延时后的输入组成 M 节的延时网络，即横向延时网络，实现零点；

(2) $\sum_{k=1}^{N}a_k y(n-k)$ 表示输出及其延时组成 N 节延时网络，实现极点；

(3) 直接Ⅰ型需要 $N+M$ 级延时单元。

如果相同输出的延迟单元合并成一个，N 阶滤波器只需要 N 级延迟单元，这是实现 N 阶滤波器所必须的最少数量的延迟单元。这种结构称为直接型Ⅱ，有时将直接型Ⅰ简称为直接型，将直接型Ⅱ称为典型形式。

结构的特点如下：

(1) 只需 N 个延时单元；

(2) 系数对滤波器的性能控制作用不明显；

(3) 极点对系数变化过于灵敏。

通常在实际中很少采用上述两种结构实现高阶系统，而是把高阶变成一系列不同组合的低阶系统(一、二阶)来实现。

在 MATLAB 中，提供 filter 函数实现 IIR 的直接形式。其调用格式如下：

```
y = filter(b,a,X)
```

在命令中，b 表示系统传递函数的分子多项式的系数矩阵，a 表示系统传递函数的分母多项式的系数矩阵，x 表示输入序列，y 表示输出序列。

【例 4-1】 filter 用法示例。

程序如下：

```
data = [1:0.2:4]';
windowSize = 5;
filter(ones(1,windowSize)/windowSize,1,data)      % b = (1/5 1/5 1/5 1/5 1/5), a = 1
```

运行结果如下：

```
ans =
    0.2000
    0.4400
    0.7200
    1.0400
    1.4000
    1.6000
    1.8000
    2.0000
    2.2000
    2.4000
    2.6000
    2.8000
    3.0000
    3.2000
    3.4000
    3.6000
```

【例 4-2】 用直接型实现 IIR 数字滤波器，系数函数为

$$H(z)=\frac{1-3z^{-1}+11z^{-2}+27z^{-3}+18z^{-4}}{1+16z^{-1}+12z^{-2}+2z^{-3}-4z^{-4}-2z^{-5}}$$

求单位冲激响应和单位阶跃响应的输出。

实现 MATLAB 程序代码如下：

```
b = [1, - 3,13,27,18];
a = [15,11,2, - 4, - 2];
N = 30;
delta = impz(b,a,N);
x = [ones(1,5),zeros(1,N - 5)];
h = filter(b,a,delta);
y = filter(b,a,x);
subplot(211);stem(h);title('直接型 h(n)');
subplot(212);stem(y);title('直接型 y(n)');
```

运行程序，效果如图 4-1 所示。

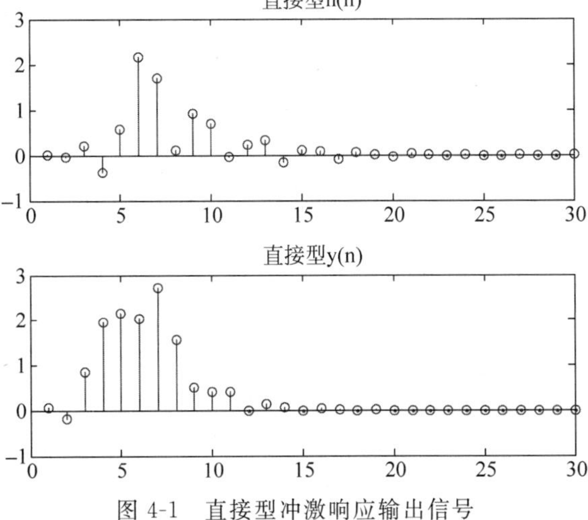

图 4-1　直接型冲激响应输出信号

4.1.2 级联型

系统函数按零极点进行分解得

$$H(z)=\frac{\sum_{k=0}^{M}b_k z^{-k}}{1-\sum_{k=1}^{N}a_k z^{-k}}=A\frac{\prod_{k=1}^{M_1}(1-p_k z^{-1})\prod_{k=1}^{M_2}(1-q_k z^{-1})(1-q_k^* z^{-1})}{\prod_{k=1}^{N_1}(1-c_k z^{-1})\prod_{k=1}^{N_2}(1-d_k z^{-1})(1-d_k^* z^{-1})}$$

把共轭因子合并，有

$$H(z)=A\frac{\prod_{k=1}^{M_1}(1-p_k z^{-1})\prod_{k=1}^{M_2}(1+\beta_{1k}z^{-1}+\beta_{2k}z^{-2})}{\prod_{k=1}^{N_1}(1-c_k z^{-1})\prod_{k=1}^{N_2}(1+\alpha_{1k}z^{-1}+\alpha_{2k}z^{-2})}$$

$H(z)$完全分解成实系数的二阶因子形式为

$$H(z)=A\prod_k\frac{1+\beta_{1k}z^{-1}+\beta_{2k}z^{-1}}{1-\alpha_{1k}z^{-1}-\alpha_{2k}z^{-1}}=A\prod_k H_k(z)$$

实现方法：

(1) 当 $M=N$ 时，共有 $\left\lfloor\frac{N+1}{2}\right\rfloor$ 节；

(2) 如果有奇数个实零点，则有一个 β_{2k} 等于零。如果有奇数个实极点，则有一个 α_{2k} 等于零；

(3) 一阶、二阶基本节，整个滤波器级联。

特点：

(1) 系统实现简单，只需一个二阶节系统通过改变输入系数即可完成；

(2) 极点位置可单独调整；

(3) 运算速度快(可并行进行)；

(4) 各二阶网络的误差互不影响，总的误差小，对字长要求低。

缺点：

不能直接调整零点，因为多个二阶节的零点并不是整个系统函数的零点，当需要准确的传输零点时，级联型最合适。

【例 4-3】 用级联结构实现如下系统函数：

$$H(z)=\frac{3(1+z^{-1})(1-3.1415926z^{-1}+z^{-2})}{(1-0.6z^{-1})(1+0.7z^{-1}+0.72z^{-2})}$$

级联型系统结构的实现：

```
function y = casfilter(b0,B,A,x)
[K,L] = size(B);
N = length(x);
w = zeros(K + 1,N);
w(1,:) = x;
for i = 1:1:K
```

```
w(i+1,:) = filter(B(i,:),A(i,:),w(i,:));
end
y = b0 * w(K+1,:);
% IIR 滤波器的级联型实现
%  y = casfilter(b0,B,A,x)
% y 为输出
% b0 = 增益系数
% B = 包含各因子系数 bk 的 K 行 3 列矩阵
% A = 包含各因子系数 ak 的 K 行 3 列矩阵
% x 为输入
```

用 MATLAB 实现函数 impseq(n0,n1,n2),使函数实现产生一个 delta 函数,在 n0 到 n2 的地方除了 n1 时值为 1,其余都为 0。该函数的格式为

```
function [x,n] = impseq(n0,n1,n2)
%  Generate x(n) = delta(n - n0);n1 <= n <= n2
n = [n1:n2];
[x,n] = impseq(n0,n1,n2)
```

MATLAB 代码如下:

```
clear all
b0 = 3;
N = 30;
B = [1,1,0;1, - 3.1415926,1];
A = [1, - 0.6,0;1,0.7,0.72];
delta = impseq(0,0,N);
x = [ones(1,5),zeros(1,N - 5)];
h = casfilter(b0,B,A,delta);                %级联型单位冲激响应
y = casfilter(b0,B,A,x)                     %级联型输出响应
subplot(211);
stem(h);title('级联型 h(n)');
subplot(212);
stem(y);title('级联型 y(n)');
```

如图 4-2 所示,运行结果如下:

```
y =
  Columns 1 through 12
    3.0000   - 3.7248  - 10.3771   - 3.3984   - 5.0057   - 12.8124   - 2.1099    4.8922
 - 5.3912   - 1.8401    3.9148   - 2.1685
  Columns 13 through 24
   - 1.7525   2.5170   - 0.6627   - 1.4459   1.4307   0.0044   - 1.0543   0.7222   0.2460
 - 0.6967   0.3079   0.2845
  Columns 25 through 30
   - 0.4218   0.0898   0.2405   - 0.2332   - 0.0100   0.1748
```

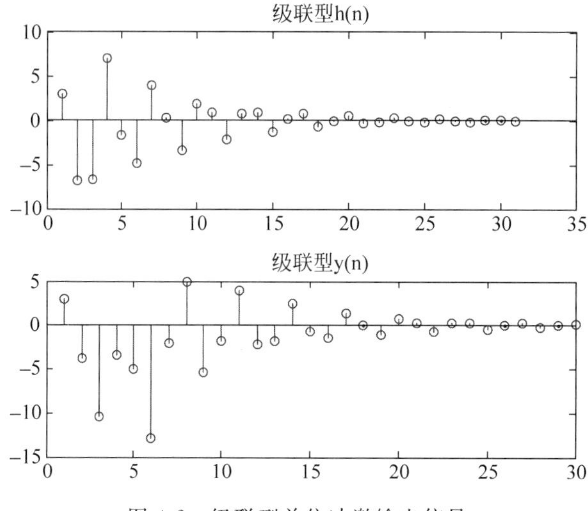

图 4-2　级联型单位冲激输出信号

【例 4-4】 用级联实现 IIR 数字滤波器，系统函数为

$$H(z)=\frac{1-7z^{-1}+13z^{-2}+27z^{-3}+19z^{-4}}{1+17z^{-1}+13z^{-2}+5z^{-3}-6z^{-4}-2z^{-5}}$$

求单位冲激响应和单位阶跃响应的输出。

直接型系统结构转换为级联型系统结构程序如下：

```
function [b0,B,A] = dir2cas(b,a);
%变直接形式为级联形式
%[b0,B,A] = dir2cas(b,a)
%b0 = 增益系数
%B = 包含各因子系数 bk 的 K 行 3 列矩阵
%A = 包含各因子系数 ak 的 K 行 3 列矩阵
%b = 直接型分子多项式系数
%a = 直接型分母多项式系数
b0 = b(1);b = b/b0;
a0 = a(1);a = a/a0;
b0 = b0/a0;
%将分子、分母多项式系数的长度补齐进行计算
M = length(b);N = length(a);
if N > M
   b = [b zeros(1,N - M)];
elseif M > N
   a = [a zeros(1,M - N)];N = M;
else
   NM = 0;
end
%级联型系数矩阵初始化
K = floor(N/2);B = zeros(K,3);A = zeros(K,3);
if K * 2 == N
   b = [b 0];
   a = [a 0];
```

```
end
%根据多项式系数利用函数 roots 求出所有的根
%利用函数 cplxpair 进行按实部从小到大的成对排序
broots = cplxpair(roots(b));
aroots = cplxpair(roots(a));
%取出复共轭对的根变换成多项式系数即为所求
for i = 1:2:2 * K
   Brow = broots(i:1:i + 1,:);
   Brow = real(poly(Brow));
   B(fix(i + 1)/2,:) = Brow;
   Arow = aroots(i:1:i + 1,:);
   Arow = real(poly(Arow));
   A(fix(i + 1)/2,:) = Arow;
end
```

其实现的 MATLAB 程序代码如下：

```
clear all;
n = 0:5;
b = 0.2.^n;
N = 30;
B = [1, - 7,13,27,19];
A = [17,13,5, - 6, - 2];
delta = impseq(0,0,N);
h = filter(b,1,delta);      %直接型
x = [ones(1,5),zeros(1,N - 5)];
y = filter(b,1,x);
subplot(221);stem(h);title('直接型 h(n)');
subplot(222);stem(y);title('直接型 y(n)');
[b0,B,A] = dir2cas(b,1)
h = casfilter(b0,B,A,delta);
y = casfilter(b0,B,A,x);
subplot(223);stem(h);title('级联型 h(n)');
subplot(224);stem(y);title('级联型 y(n)');
```

如图 4-3 所示，运行结果如下：

```
b0 =
     1
B =
    1.0000     0.2000   0.0400
    1.0000   - 0.2000   0.0400
    1.0000     0.2000        0
A =
     1   0   0
     1   0   0
     1   0   0
```

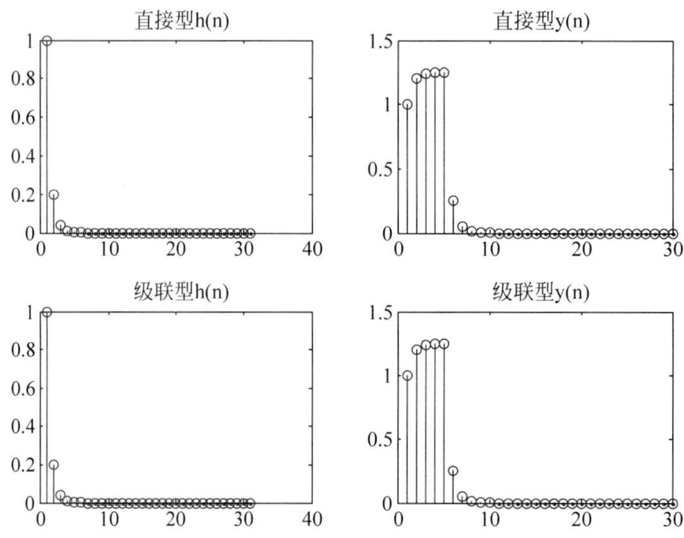

图 4-3　直接型和级联型输出比较

【例 4-5】 用直接型结构实现 IIR 数字滤波器，系统函数为

$$H(z)=\frac{3(1+z^{-1})(1-3.1415926z^{-1}+z^{-2})}{(1-0.6z^{-1})(1+0.7z^{-1}+0.72z^{-2})}$$

求单位冲激响应和单位阶跃响应的输出。

级联型转化为直接型程序如下：

```
function [b,a] = cas2dir(b0,B,A)
%级联型到直接型的转换
%a = 直接型分子多项式系数
%b = 直接型分母多项式系数
%b0 = 增益系数
%B = 包含各因子系数 bk 的 K 行 3 列矩阵
%A = 包含各因子系数 ak 的 K 行 3 列矩阵
[K,L] = size(B);
b = [1];
a = [1];
for i = 1:1:K
b = conv(b,B(i,:));
a = conv(a,A(i,:));
end
b = b * b0;
```

其实现的 MATLAB 程序代码如下：

```
clear all
b0 = 3;
N = 30;
B = [1,1,0;1, - 3.1415926,1];
A = [1, - 0.6,0;1,0.7,0.72];
delta = impseq(0,0,N);
```

```
x = [ones(1,5),zeros(1,N-5)];
[b,a] = cas2dir(b0,B,A)
h = filter(b,a,delta);          % 直接型单位冲激响应
y = filter(b,a,x);              % 直接型输出响应
subplot(211);stem(h);
title('级联型 h(n)');
subplot(212);stem(y);
title('级联型 y(n)');
```

如图 4-4 所示,运行结果如下:

```
b =
    3.0000   -6.4248   -6.4248    3.0000   0
a =
    1.0000    0.1000    0.3000   -0.4320   0
```

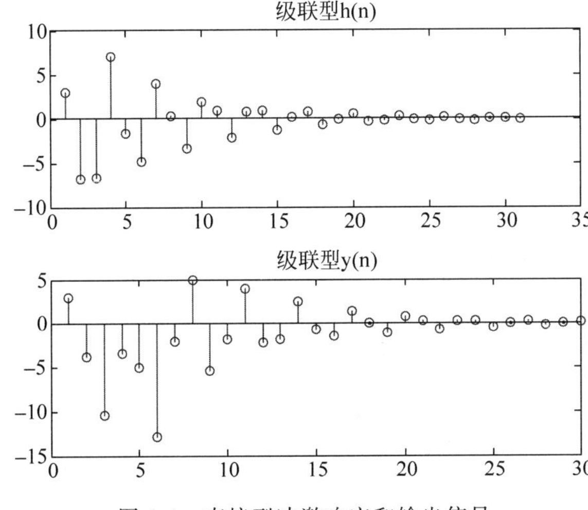

图 4-4　直接型冲激响应和输出信号

4.1.3　并联型

将因式分解的 $H(z)$展成部分分式的形式,得到并联 IIR 的基本结构为

$$H(z) = \frac{\sum_{k=0}^{M} b_k z^{-k}}{1 - \sum_{k=1}^{N} a_k z^{-k}} = \sum_{k=1}^{N_1} \frac{A_k}{1 - c_k z^{-1}} + \sum_{k=1}^{N_2} \frac{B_k(1 - g_k z^{-1})}{(1 - d_k z^{-1})(1 - d_k^* z^{-1})} + \sum_{k=0}^{M-N} G_k z^{-k}$$

当 $M=N$ 时,$H(z)$表示为

$$H(z) = G_0 + \sum_{k=1}^{N_1} \frac{A_k}{1 - c_k z^{-1}} + \sum_{k=1}^{N_2} \frac{\gamma_{0k} + \gamma_{1k} z^{-1}}{1 - \alpha_{1k} z^{-1} - \alpha_{2k} z^{-2}}$$

共轭极点化成实系数二阶多项式表示方法为

$$H(z)=G_0+\sum_{k=1}^{\left[\frac{N+1}{2}\right]}\frac{\gamma_{0k}+\gamma_{1k}z^{-1}}{1-\alpha_{1k}z^{-1}-\alpha_{2k}z^{-2}}$$

可以简化为

$$H(z)=G_0+\sum_{k=1}^{\left[\frac{N+1}{2}\right]}H_k(z)$$

优点：

(1) 简化实现，用一个二阶节，通过变换系数就可实现整个系统；

(2) 极、零点可单独控制、调整，调整 α_{2k}，r_{2k} 只单独调整了第 i 对零点，调整 β_{1i}、β_{2i} 则单独调整了第 i 对极点；

(3) 各二阶节零、极点的搭配可互换位置，优化组合以减小运算误差；

(4) 可流水线操作。

缺点：二阶节电平难控制，电平大易导致溢出，电平小则使信噪比减小。

【例 4-6】 用并联结构实现 IIR 数字滤波器，系统函数为

$$H(z)=\frac{-13.65-14.81z^{-1}}{1-2.95z^{-1}+3.14z^{-2}}+\frac{32.60-16.37z^{-1}}{1-z^{-1}+0.5z^{-2}}$$

求单位冲激响应和单位阶跃响应的输出。

并联型结构的实现程序如下：

```
function y = parfiltr(C,B,A,x)
%IIR滤波器的并型实现
%  y = parfiltr(C,B,A,x)
%y为输出
%C为当B的长度等于A的长度时多项式的部分
%B = 包含各因子系数bk的K行二维实系数矩阵
%A = 包含各因子系数ak的K行三维实系数矩阵
%x为输入
[K,L] = size(B);
N = length(x);
w = zeros(K + 1,N);
w(1,:) = filter(C,1,x);
for i = 1:1:K
    w(i + 1,:) = filter(B(i,:),A(i,:),x);
end
y = sum(w);
```

其实现的 MATLAB 程序代码如下：

```
clear
C = 0;
N = 30;
B = [ - 13.65, - 14.81;32.60,16.37];
A = [1, - 2.95,3.14;1, - 1,0.5];
delta = impseq(0,0,N);
x = [ones(1,5),zeros(1,N - 5)];
```

```
h = parfiltr(C,B,A,delta);                  % 并联型单位冲激响应,delta指的是增量、差值
y = parfiltr(C,B,A,x);                      % 并联型输出响应
subplot(211);stem(h);
title('并联型 h(n)');
subplot(212);stem(y);
title('并联型 y(n)');
```

运行程序,效果图如图 4-5 所示。

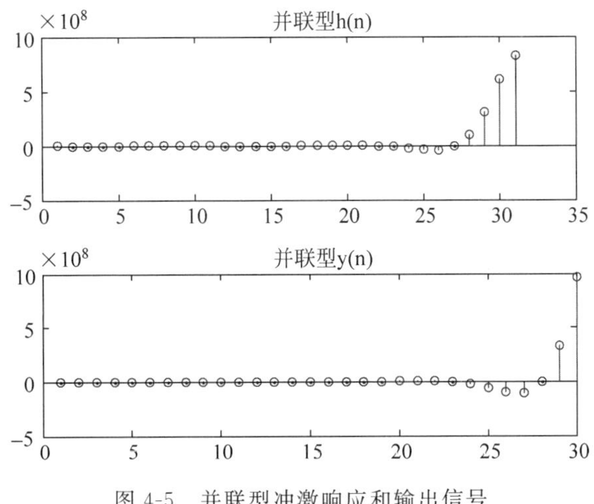

图 4-5 并联型冲激响应和输出信号

【例 4-7】 用并联型实现 IIR 数字滤波器,系统函数为

$$H(z)=\frac{1-7z^{-1}+13z^{-2}+27z^{-3}+19z^{-4}}{1+17z^{-1}+13z^{-2}+5z^{-3}-6z^{-4}-2z^{-5}}$$

求单位冲激响应和单位阶跃响应的输出。

直接型结构转换为并联型结构程序如下:

```
function [C,B,A] = dir2par(b,a)
%直接型结构转换为并联型
% [C,B,A] = dir2par(b,a)
%C为当b的长度等于a的长度时多项式的部分
%B=包含各因子系数bk的K行二维实系数矩阵
%A=包含各因子系数ak的K行三维实系数矩阵
%b=直接型分子多项式系数
%a=直接型分母多项式系数
M = length(b);
N = length(a);
[r1,p1,C] = residuez(b,a);
p = cplxpair(p1,10000000 * eps);
I = cplxcomp(p1,p);
r = r1(I);
K = floor(N/2);
B = zeros(K,2);
A = zeros(K,3);
```

```
if K * 2 == N;
    for i = 1:2:N - 2
        Brow = r(i:1:i + 1, :);
        Arow = p(i:1:i + 1, :);
        [Brow,Arow] = residuez(Brow,Arow,[]);
        B(fix((i + 1)/2), :) = real(Brow);
        A(fix((i + 1)/2), :) = real(Arow);
    end
    [Brow,Arow] = residuez(r(N - 1),p(N - 1),[]);
    B(K, :) = [real(Brow) 0];
    A(K, :) = [real(Arow) 0];
else
    for i = 1:2:N - 1
       Brow = r(i:1:i + 1, :);
        Arow = p(i:1:i + 1, :);
        [Brow,Arow] = residuez(Brow,Arow,[]);
        B(fix((i + 1)/2), :) = real(Brow);
        A(fix((i + 1)/2), :) = real(Arow);
    end
end
```

在运行程序中，调用用户自定义编写的 cplxcomp 函数，把两个混乱的复数数组进行比较，返回一个数组的下标，用它重新给一个数组排序。其代码如下：

```
function I = cplxcomp(p1,p2)
% I = cplxcomp(p1,p2)
% 比较两个包含同样标量元素但(可能)有不同下标的复数对
% 本程序必须用在 cplxpair()程序后以便重新排序频率极点矢量
% 及其相应的留数矢量
% p2 = cplxpair(p1)
I = [];
for j = 1:length(p2)
for i = 1:length(p1)
if (abs((p1(i) - p2(j))< 0.0001)
I = [I,i];
end
end
end
I = I';
```

其实现的 MATLAB 程序代码如下：

```
clear all;
b = [1  -7 13 27 19];
a = [17 13 5  -6  -2];
N = 25;
delta = impseq(0,0,N);
[C,B,A] = dir2par(b,a);
h = parfilter(C,B,A,delta);
```

```
x = [ones(1,5),zeros(1,N-5)];          % 单位阶跃信号
y = casfilter(C,B,A,x);
subplot(211);stem(h);
xlabel('(a) 直接型 h(n)');
subplot(212);stem(y);
xlabel('(a) 直接型 y(n)');
```

运行结果如图 4-6 所示。

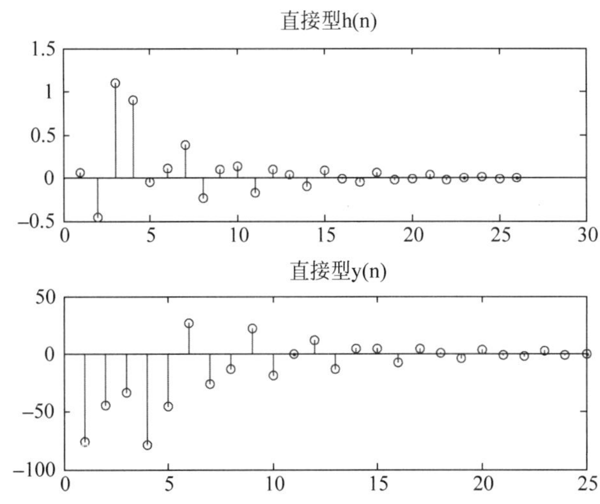

图 4-6 并联型单位冲激响应和输出信号

【例 4-8】 用直接型实现数字滤波器,系统函数为

$$H(z)=\frac{-13.65-14.81z^{-1}}{1-2.95z^{-1}+3.14z^{-2}}+\frac{32.60-16.37z^{-1}}{1-z^{-1}+0.5z^{-2}}$$

并联型结构转换为直接型结构程序如下:

```
function [b,a] = par2dir(C,B,A)
% 并联模型到直接型的转换
% [b,a] = par2dir(C,B,A)
% C 为当 b 的长度大于 a 时的多项式部分
% B 为包含各 bk 的 K 乘二维实系数矩阵
% A 为包含各 ak 的 K 乘三维实系数矩阵
% b 为直接型分子多项式系数
% a 为直接型分母多项式系数
[K,L] = size(A);
R = [];
P = [];
for i = 1:1:K
    [r,p,k] = residuez(B(i,:),A(i,:));
    R = [R;r];
    P = [P;p];
end
[b,a] = residuez(R,P,C);
```

```
b = b(:)';
a = a(:)';
```

其实现的 MATLAB 程序代码如下：

```
clear all;
C = 0;B = [ - 13.65  - 14.81;32.60 16.37];
A = [1, - 2.95,3.14;1, - 1,0.5];N = 60;
delta = impseq(0,0,N);
[b,a] = par2dir(C,B,A);
h = filter(b,a,delta);
x = [ones(1,5),zeros(1,N - 5)];
y = filter(b,a,x);
subplot(211);stem(h);
xlabel('(a) 直接型 h(n)');
subplot(212);stem(y);
xlabel('(a) 直接型 y(n)');
```

运行结果如图 4-7 所示。

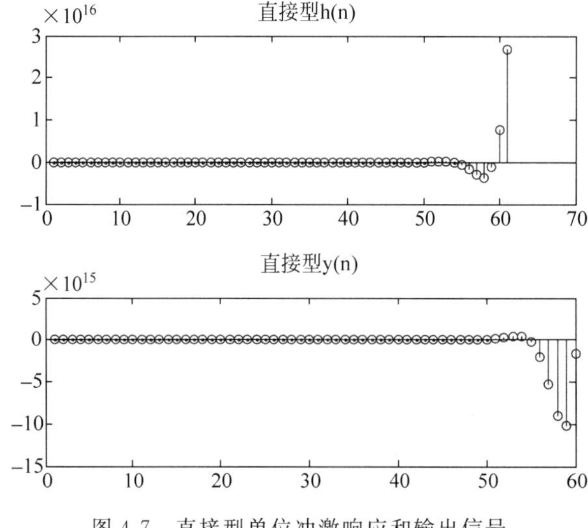

图 4-7　直接型单位冲激响应和输出信号

4.2　模拟滤波器的基础知识与原型设计

滤波器是具有频率选择作用的电路或运算处理系统，具有滤除噪声和分离各种不同信号的功能。模拟滤波器的设计就是根据一组设计规范来设计模拟系统函数 $H_a(s)$，使其逼近某个理想滤波器特性。

考虑因果系统，有

$$H_a(j\Omega) = \int_0^{\infty} h_a(t)e^{-j\Omega t}dt$$

式中，$h_a(t)$为系统的单位冲激响应，是实函数。

因此有

$$H_a(j\Omega) = \int_0^{\infty} h_a(t)(\cos\Omega t - j\sin\Omega t)dt$$

不难得出

$$H_a(-j\Omega) = H_a^*(j\Omega)$$

模拟滤波器振幅平方函数定义为

$$A(\Omega^2) = |H_a(j\Omega)|^2 = H_a(j\Omega)H_a^*(j\Omega)$$

$$A(\Omega^2) = H_a(j\Omega)H_a(-j\Omega) = H_a(s)H_a(-s)\big|_{s=j\Omega}$$

如果系统稳定，则

$$A(\Omega^2) = A(-s^2)\big|_{s=j\Omega}$$

为了保证 $H_a(s)$稳定，应选用 $A(-s^2)$在 s 平面的左半平面的极点作为 $H_a(s)$的极点。

模拟滤波器的设计以几种典型的低通滤波器的原型函数为基础。如巴特沃斯滤波器、切比雪夫滤波器和椭圆滤波器等。滤波器有严格的设计公式以及曲线和图表可供设计人员使用。各种模拟滤波器的设计过程都是先设计出低通滤波器，然后再通过频率变换将低通滤波器转换为其他类型的模拟滤波器。下面介绍几个模拟滤波器模型。

4.2.1 巴特沃斯滤波器设计

巴特沃斯滤波器振幅平方函数为

$$A(\Omega^2) = |H_a(j\Omega)|^2 = \frac{1}{1+\left(\frac{j\Omega}{j\Omega_c}\right)^{2N}} = \frac{1}{1+(\Omega/\Omega_c)^{2N}}$$

式中，N 为整数，称为滤波器的阶数，N 越大，通带和阻带的近似性越好，过渡带也越陡。

在 MATLAB 中，buttap 函数用于计算 N 阶巴特沃斯归一化(3dB 截止频率 $\Omega_c=1$)模拟低通原型滤波器系统函数的零、极点和增益因子。其调用格式为

```
[z,p,k] = buttap(N)
```

其中，N 是欲设计的低通原型滤波器的阶次，z、p 和 k 分别是设计出的 G(p)的极点、零点及增益。

【例 4-9】 产生一个 20 阶低通模拟滤波器原型，表示为零极点增益形式，并绘制频率特性图。

程序如下：

```
clear all;
[Z,P,K] = buttap(20)
[num,den] = zp2tf(Z,P,K);
freqs(num,den);
```

运行结果如图 4-8 所示。

【例 4-10】 设计模拟巴特沃斯低通滤波器，并绘制幅频特性响应曲线。

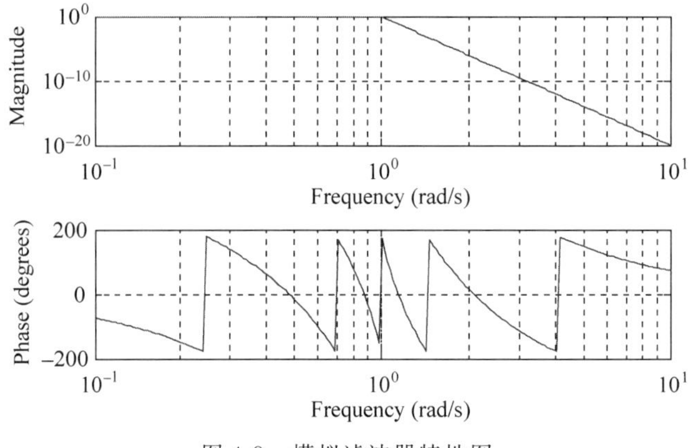

图 4-8　模拟滤波器特性图

程序如下：

```
clear all;
n = 0:0.01:2;
for i = 1:4,
    switch i
        case 1;
            N = 1;
        case 2;
            N = 3;
        case 3;
            N = 8;
        case 4;
            N = 12;
    end;
[z,p,k] = buttap(N);                %函数调用
[b,a] = zp2tf(z,p,k);               %得到传递函数
[h,w] = freqs(b,a,n);               %特性分析
magh = abs(h);
subplot(2,2,i);plot(w,magh);
axis([0 2 0 1]);
xlabel('w/wc');ylabel('|H(jw)|^2');
title(['filter N = ',num2str(N)]);
grid on;
end
```

运行结果如图 4-9 所示。

在已知设计参数 $\omega_p,\omega_s,R_p,R_s$ 之后，利用 buttord 命令可求出所需要的滤波器的阶数和 3dB 截止频率，其格式为

```
[n,Wn] = buttord[Wp,Ws,Rp,Rs]
```

其中，Wp，Ws，Rp，Rs 分别为通带截止频率、阻带起始频率、通带内波动、阻带内最小衰减。返回值 n 为滤波器的最低阶数，Wn 为 3dB 截止频率。

由巴特沃斯滤波器的阶数 n 以及 3dB 截止频率 Wn 可以计算出对应传递函数 H(z) 的分子分母系数，MATLAB 提供的命令如下：

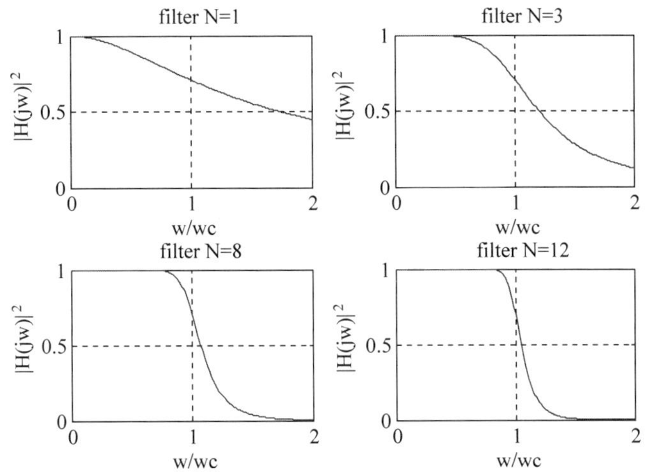

图 4-9 模拟巴特沃斯低通滤波器幅频特性曲线

1）巴特沃斯低通滤波器系数计算

```
[b,a] = butter(n,Wn)
```

其中,b 为 H(z)的分子多项式系数,a 为 H(z)的分母多项式系数。

2）巴特沃斯高通滤波器系数计算

```
[b,a] = butter(n,Wn,'High')
```

3）巴特沃斯带通滤波器系数计算

```
[b,a] = butter(n,[W1,W2])
```

其中,[W1,W2]为截止频率,是二元向量,需要注意的是该函数返回的是 2 * n 阶滤波器系数。

4）巴特沃斯带阻滤波器系数计算

```
[b,a] = butter(ceil(n/2),[W1,W2],'stop')
```

其中,[W1,W2]为截止频率,是二元向量,需要注意的是,该函数返回的也是 2 * n 阶滤波器系数。

【例 4-11】 采样速率为 10000Hz,要求设计一个低通滤波器,$f_p=2000$Hz,$f_s=3000$Hz,$R_p=4$dB,$R_s=30$dB。

程序如下：

```
clear all
fn = 10000;
fp = 2000;
fs = 3000;
Rp = 4;
Rs = 30;
Wp = fp/(fn/2); % 计算归一化角频率
```

```
Ws = fs/(fn/2);
[n,Wn] = buttord(Wp,Ws,Rp,Rs);
%计算阶数和截止频率
[b,a] = butter(n,Wn);
%计算H(z)分子、分母多项式系数
[H,F] = freqz(b,a,1000,8000);
%计算H(z)的幅频响应,freqz(b,a,计算点数,采样速率)
subplot(121)
plot(F,20 * log10(abs(H)))
xlabel('频率 (Hz)'); ylabel('幅值(dB)')
title('低通滤波器')
axis([0 4000 - 30 3]);
grid on
subplot(122)
pha = angle(H) * 180/pi;
plot(F,pha);
xlabel('频率 (Hz)'); ylabel('相位')
grid on
```

运行结果如图 4-10 所示。

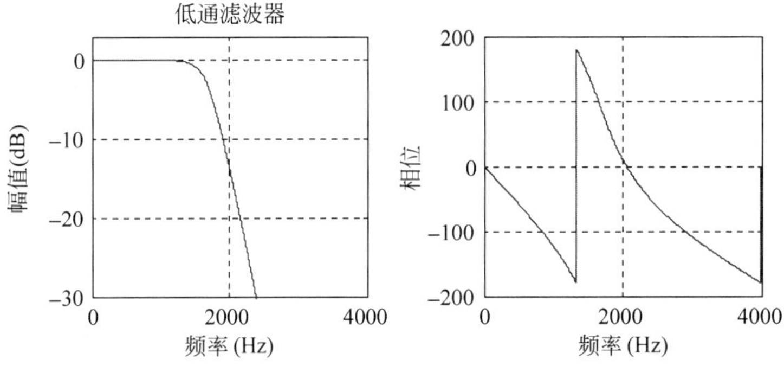

图 4-10　低通滤波器幅频特性

【例 4-12】　采样速率为 10000Hz,要求设计一个高通滤波器,$f_p=900$Hz,$f_s=600$Hz,$R_p=3$dB,$R_s=20$dB。

程序如下:

```
clear all
fn = 10000;
fp = 900;
fs = 600;
Rp = 3;
Rs = 20;
Wp = fp/(fn/2); %计算归一化角频率
Ws = fs/(fn/2);
[n,Wn] = buttord(Wp,Ws,Rp,Rs);
%计算阶数和截止频率
[b,a] = butter(n,Wn,'high');
```

```
%计算H(z)分子、分母多项式系数
[H,F] = freqz(b,a,900,10000);
%计算H(z)的幅频响应,freqz(b,a,计算点数,采样速率)
subplot(121)
plot(F,20 * log10(abs(H)))
axis([0 4000  - 30 3])
xlabel('频率(Hz)'); ylabel('幅值(dB)')
grid on
subplot(122)
pha = angle(H) * 180/pi;
plot(F,pha)
xlabel('频率(Hz)'); ylabel('相位')
grid on
```

运行结果如图 4-11 所示。

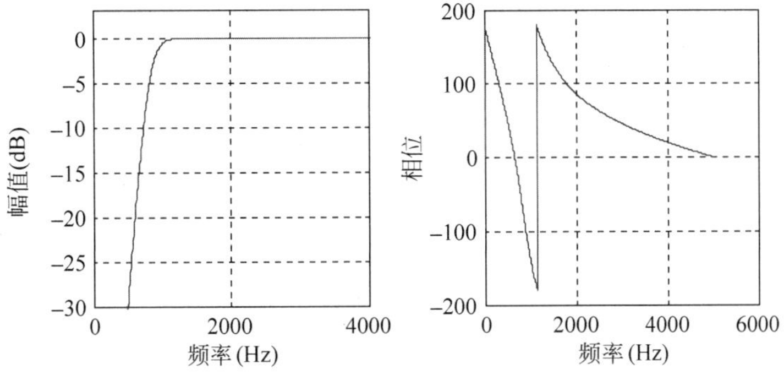

图 4-11　高通滤波器幅相频特性

【例 4-13】　采样速率为 10000Hz，要求设计一个带通滤波器，f_p =［900Hz，1200Hz］，f_s =［600Hz，1700Hz］，R_p = 3dB，R_s = 20dB。

```
fn = 10000;
fp = [900,1200];
fs = [600,1700];
Rp = 4;
Rs = 30;
Wp = fp/(fn/2);
%计算归一化角频率
Ws = fs/(fn/2);
[n,Wn] = buttord(Wp,Ws,Rp,Rs);
%计算阶数和截止频率
[b,a] = butter(n,Wn);
%计算H(z)分子、分母多项式系数
[H,F] = freqz(b,a,1000,10000);
%计算H(z)的幅频响应,freqz(b,a,计算点数,采样速率)
subplot(121)
plot(F,20 * log10(abs(H)))
axis([0 5000  - 30 3])
```

```
xlabel('频率(Hz)'); ylabel('幅值(dB)')
grid on
subplot(122)
pha = angle(H) * 180/pi;
plot(F,pha)
xlabel('频率(Hz)'); ylabel('相位')
grid on
```

运行结果如图 4-12 所示。

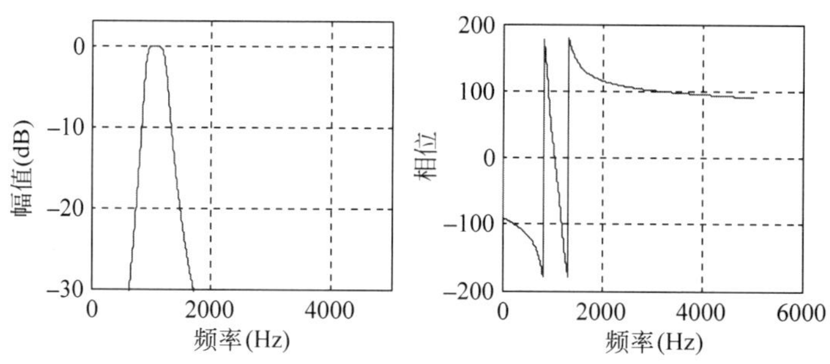

图 4-12 带通滤波器幅相频特性

【例 4-14】 采样速率为 10000Hz，要求设计一个带阻滤波器，f_p = [600Hz，1700Hz]，f_s = [900Hz，1200Hz]，R_p = 4dB，R_s = 30dB。

程序如下：

```
fn = 10000;
fp = [600,1700];
fs = [900,1200];
Rp = 4;
Rs = 30;
Wp = fp/(fn/2);
%计算归一化角频率
Ws = fs/(fn/2);
[n,Wn] = buttord(Wp,Ws,Rp,Rs);
%计算阶数和截止频率
[b,a] = butter(n,Wn,'stop');
%计算H(z)分子、分母多项式系数
[H,F] = freqz(b,a,1000,10000);
%计算H(z)的幅频响应,freqz(b,a,计算点数,采样速率)
subplot(121)
plot(F,20 * log10(abs(H)))
axis([0 5000 -35 3])
xlabel('频率(Hz)'); ylabel('幅值(dB)')
grid on
subplot(122)
pha = angle(H) * 180/pi;
plot(F,pha)
xlabel('频率(Hz)'); ylabel('相位')
grid on
```

运行结果如图 4-13 所示。

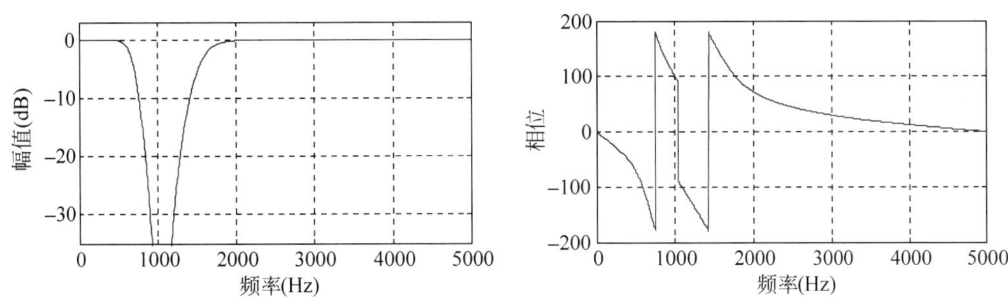

图 4-13　带阻滤波器幅相频特性

4.2.2　切比雪夫Ⅰ型滤波器设计

切比雪夫Ⅰ型滤波器的振幅平方函数为

$$A(\Omega^2) = |H_a(j\Omega)|^2 = \frac{1}{1+\varepsilon^2 V_N\left(\dfrac{\Omega}{\Omega_c}\right)}$$

式中，Ω_c 为有效通带截止频率；ε 是与通带波纹有关的参量，ε 大，波纹越大，$0<\varepsilon<1$；V_N 为 N 阶切比雪夫多项式，即

$$V_N(x) = \begin{cases} \cos(N\arccos x), & |x| \leqslant 1 \\ \cosh(N\mathrm{arcosh} x), & |x| > 1 \end{cases}$$

在 MATLAB 中，cheblap 函数用于设计切比雪夫Ⅰ型低通滤波器。该函数的调用方法为

```
[z,p,k] = cheblap(n,rp)
```

其中，n 为滤波器的阶数，rp 为通带的幅度误差。返回值分别为滤波器的零点、极点和增益。

【例 4-15】 设计切比雪夫Ⅰ型低通滤波器示例。

程序如下：

```
Wp = 3 * pi * 4 * 12 ^ 3;
Ws = 3 * pi * 12 * 10 ^ 3;
rp = 1;
rs = 30;                                  %设计滤波器的参数
wp = 1;ws = Ws/Wp;                        %对参数归一化
[N,wc] = cheblord(wp,ws,rp,rs, 's');      %计算滤波器阶数和阻带起始频率
[z,p,k] = cheblap(N,rs);                  %计算零点、极点、增益
[B,A] = zp2tf(z,p,k);                     %计算系统函数的多项式
w = 0:0.02 * pi:pi;
[h,w] = freqs(B,A,w);
plot(w * wc/wp,20 * log10(abs(h)),'k');grid;
xlabel('\lambda');ylabel('A(\lambda)/dB');
```

运行结果如图 4-14 所示。

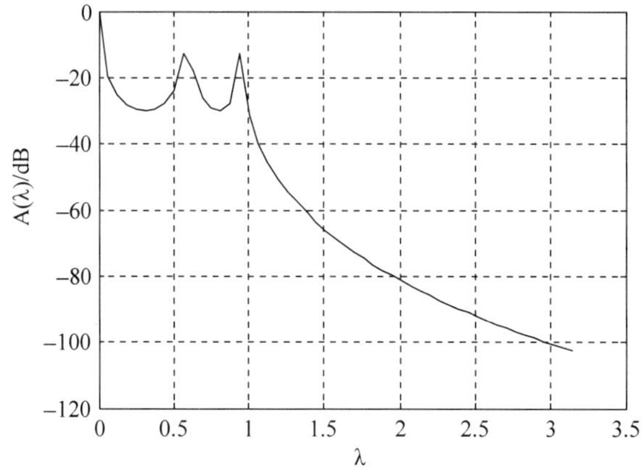

图 4-14　切比雪夫Ⅰ型低通滤波器幅频响应曲线

【例 4-16】 绘制切比雪夫Ⅰ型低通滤波器的平方幅频响应曲线。

程序如下：

```
clear all;
n = 0:0.02:4;                          %频率点
for i = 1:4                            %取 4 种滤波器
    switch i
        case 1, N = 1;
        case 2; N = 3;
        case 3; N = 5;
        case 4; N = 7;
    end
Rp = 1;                                %设置通滤波纹为 1dB
    [z,p,k] = cheb1ap(N,Rp);           %设计 Chebyshev I 型滤波器
    [b,a] = zp2tf(z,p,k);              %将零点极点增益形式转换为传递函数形式
    [H,w] = freqs(b,a,n);              %按 n 指定的频率点给出频率响应
    magH2 = (abs(H)).^2;               %给出传递函数幅度平方
    posplot = ['2,2',num2str(i)];      %将数字 i 转换为字符串,与'2,2'合并并赋给 posplot
    subplot(posplot);
    plot(w,magH2);
   title(['N = ' num2str(N)]);         %将数字 N 转换为字符串并与'N = '作为标题
   xlabel('w/wc');                     %显示横坐标
   ylabel('切比雪夫Ⅰ型|H(jw)|^2');    %显示纵坐标
   grid on;
end
```

运行结果如图 4-15 所示。

4.2.3　切比雪夫Ⅱ型滤波器设计

切比雪夫Ⅱ型滤波器的振幅平方函数为

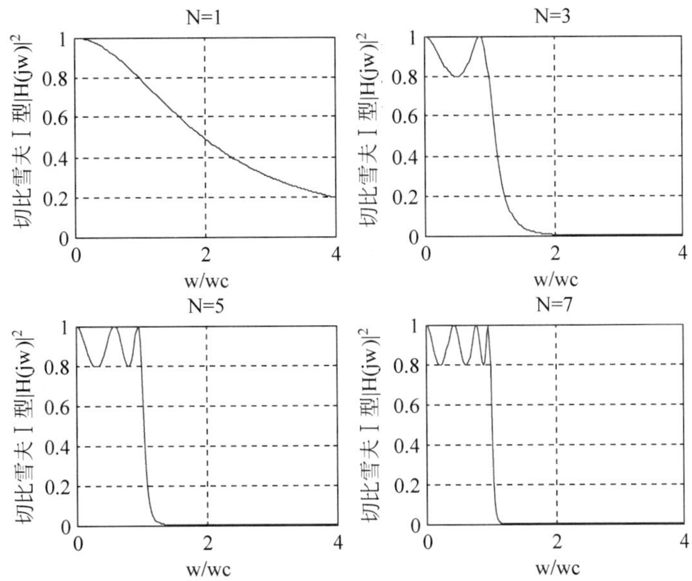

图 4-15　切比雪夫Ⅰ型低通滤波器的平方幅频响应曲线

$$|H(\mathrm{j}\Omega)|^2=\frac{1}{1+\varepsilon^2 T_N^2\left(\frac{\Omega}{\Omega_c}\right)^{-1}}$$

在 MATLAB 中，cheb2ap 函数用于设计切比雪夫 II 型低通滤波器。Cheb2ap 的语法为

```
[z,p,k] = cheb2ap(n,rp)
```

其中，n 为滤波器的阶数，rp 为通带的波动。返回值 z，p，k 分别为滤波器的零点、极点和增益。

【例 4-17】 设计切比雪夫Ⅱ型低通滤波器示例。

程序如下：

```
Wp = 3 * pi * 4 * 12 ^ 3;
Ws = 3 * pi * 12 * 10 ^ 3;
rp = 1;
rs = 30;                                  %设计滤波器的参数
wp = 1;ws = Ws/Wp;                        %对参数归一化
[N,wc] = cheb2ord(wp,ws,rp,rs, 's');      %计算滤波器阶数和阻带起始频率
[z,p,k] = cheb2ap(N,rs);                  %计算零点、极点、增益
[B,A] = zp2tf(z,p,k);                     %计算系统函数的多项式
w = 0:0.02 * pi:pi;
[h,w] = freqs(B,A,w);
plot(w * wc/wp,20 * log10(abs(h)),'k');grid;
xlabel('\lambda');ylabel('A(\lambda)/dB');
```

运行结果如图 4-16 所示。

【例 4-18】 绘制切比雪夫Ⅱ型滤波器的平方幅频响应曲线。

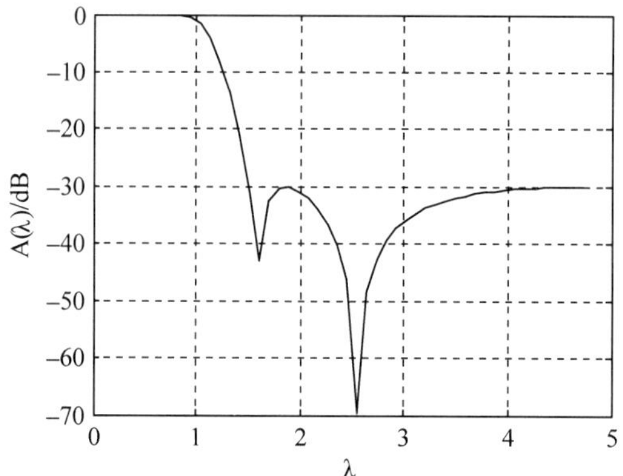

图 4-16　切比雪夫Ⅱ型低通滤波器幅频响应曲线

程序如下：

```
clear all;
n = 0:0.02:4;                               % 频率点
for i = 1:4                                 % 取 4 种滤波器
    switch i
        case 1, N = 1;
        case 2; N = 3;
        case 3; N = 5;
        case 4; N = 7;
    end
    Rs = 20;
    [z,p,k] = cheb2ap(N,Rs);                % 设计 Chebyshev Ⅱ 型模拟原型滤波器
    [b,a] = zp2tf(z,p,k);                   % 将零点极点增益形式转换为传递函数形式
    [H,w] = freqs(b,a,n);                   % 按 n 指定的频率点给出频率响应
    magH2 = (abs(H)).^2;                    % 给出传递函数幅度平方
    posplot = ['2,2',num2str(i)];           % 将数字 i 转换为字符串,与'2,2'合并并赋给 posplot
    subplot(posplot);
    plot(w,magH2);
   title(['N = ' num2str(N)]);              % 将数字 N 转换为字符串'N = '合并作为标题
   xlabel('w/wc');                          % 显示横坐标
   ylabel('切比雪夫 II 型 |H(jw)|^2');      % 显示纵坐标
   grid on;
end
```

运行结果如图 4-17 所示。

【例 4-19】 设带通滤波器的通带范围为 9000～16000Hz,通带左边的阻带截止频率为 7000Hz,通带右边的阻带起始频率为 17000Hz,通带最大衰减 $\alpha_p=1$dB,阻带最小衰减 $\alpha_s=30$dB,设计切比雪夫Ⅱ型模拟带通滤波器。

程序如下：

```
Wp = [3 * pi * 9000,3 * pi * 16000];
Ws = [3 * pi * 7000,3 * pi * 17000];
rp = 1;rs = 30;                                 % 模拟滤波器的设计指标
[N,wso] = cheb2ord(Wp,Ws,rp,rs,'s');            % 计算滤波器的阶数
[b,a] = cheby2(N,rs,wso,'s');                   % 计算滤波器的系统函数的分子、分母向量
```

```
w = 0:3 * pi * 100:3 * pi * 25000;
[h,w] = freqs(b,a,w);                    % 计算频率响应
plot(w/(2 * pi),20 * log10(abs(h)),'k');
xlabel('f(Hz)');ylabel('幅度(dB)');grid;
```

运行结果如图 4-18 所示。

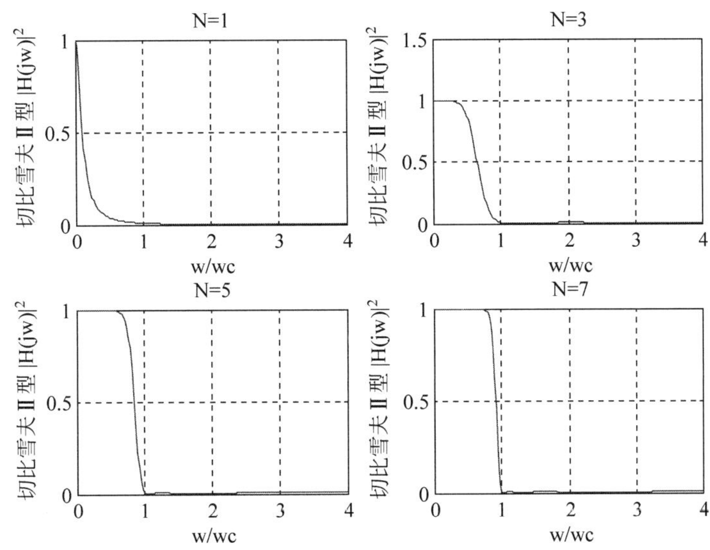

图 4-17 切比雪夫Ⅱ型滤波器的平方幅频响应曲线

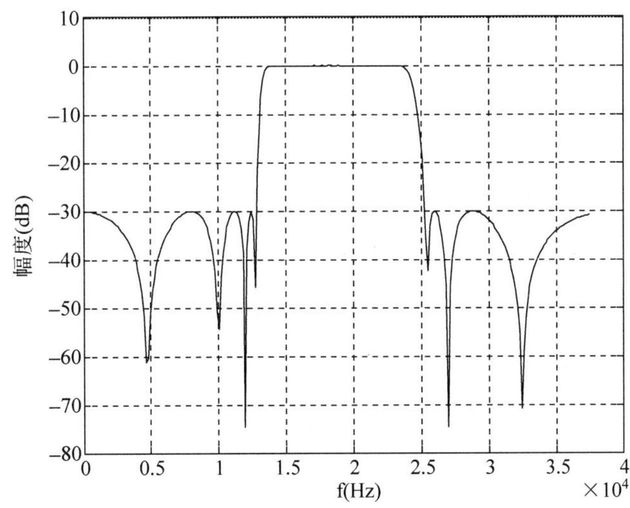

图 4-18 设计切比雪夫Ⅱ型模拟带通滤波器

4.2.4 椭圆滤波器设计

椭圆滤波器又称考尔滤波器，是在通带和阻带等波纹的一种滤波器。椭圆滤波器相

比其他类型的滤波器，在阶数相同的条件下有着最小的通带和阻带波动，它在通带和阻带的波动相同，这一点区别于在通带和阻带都平坦的巴特沃斯滤波器，以及通带平坦、阻带等波纹或是阻带平坦、通带等波纹的切比雪夫滤波器。特点如下：

(1) 椭圆低通滤波器是一种零、极点型滤波器，它在有限频率范围内存在传输零点和极点。

(2) 椭圆低通滤波器的通带和阻带都具有等波纹特性，因此通带、阻带逼近特性良好。

(3) 对于同样的性能要求，它比前两种滤波器所需用的阶数都低，而且它的过渡带比较窄。

椭圆滤波器振幅平方函数为

$$A(\Omega^2) = |H_a(j\Omega)|^2 = \frac{1}{1+\varepsilon^2 R_N^2(\Omega,L)}$$

其中，$R_N(\Omega,L)$为雅可比椭圆函数，L 为一个表示波纹性质的参量。

在 MATLAB 中，ellipord 函数和 ellipap 函数用于设计椭圆滤波器，这些函数的调用方法如下：

[n,Wp]=ellipord(Wp,Ws,Rp,Rs)：功能是求滤波器的最小阶数，n 表示椭圆滤波器最小阶数，Wp 表示椭圆滤波器通带截止角频率，Ws 表示椭圆滤波器阻带起始角频率，Rp 表示通带波纹(dB)，Rs 表示阻带最小衰减(dB)；

[z,p,k]=ellipap(n,Rp,Rs)：其中，z、p、k 分别为滤波器的零点、极点和增益，n 为滤波器阶数。

【例 4-20】 ellipord 函数设计椭圆滤波器示例。

程序如下：

```
Wp = 3 * pi * 4 * 12 ^ 3;
Ws = 2 * pi * 12 * 12 ^ 3;
rp = 2;
rs = 25;                                  %设计滤波器的参数
wp = 1;ws = Ws/Wp;                        %对参数归一化
[N,wc] = ellipord(wp,ws,rp,rs, 's');      %计算滤波器阶数和阻带起始频率
[z,p,k] = ellipap(N,rp,rs);               %计算零点、极点、增益
[B,A] = zp2tf(z,p,k);                     %计算系统函数的多项式
w = 0:0.03 * pi:2 * pi;[h,w] = freqs(B,A,w);
plot(w,20 * log10(abs(h)),'k');
xlabel('\lambda');ylabel('A(\lambda)/dB');grid;
```

运行结果如图 4-19 所示。

【例 4-21】 ellipap 函数设计椭圆滤波器示例。

程序如下：

```
clear all;
n = 0:0.02:4;                          %频率点
for i = 1:4                            %取 4 种滤波器
    switch i
        case 1, N = 1;
        case 2; N = 3;
        case 3; N = 5;
```

```
        case 4; N = 7;
    end
  Rp = 1; Rs = 15;                      % 设置通滤波纹为 1dB,阻带衰减为 15dB
    [z,p,k] = ellipap(N,Rp,Rs);         % 设计椭圆滤波器
    [b,a] = zp2tf(z,p,k);               % 将零点极点增益形式转换为传递函数形式
    [H,w] = freqs(b,a,n);               % 按 n 指定的频率点给出频率响应
    magH2 = (abs(H)).^2;                % 给出传递函数幅度平方
    posplot = ['2,2',num2str(i)];       % 将数字 i 转换为字符串,与'2,2'合并并赋给 posplot
    subplot(posplot);
    plot(w,magH2);
title(['N = ' num2str(N)]);             % 将数字 N 转换为字符串'N = '合并作为标题
   xlabel('w/wc');                      % 显示横坐标
   ylabel(' |H(jw)|^2');                % 显示纵坐标
   grid on;
end
```

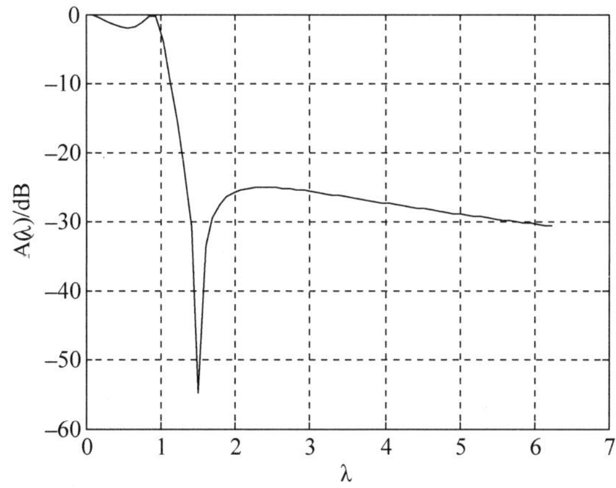

图 4-19 ellipord 函数设计椭圆滤波器

运行结果如图 4-20 所示。

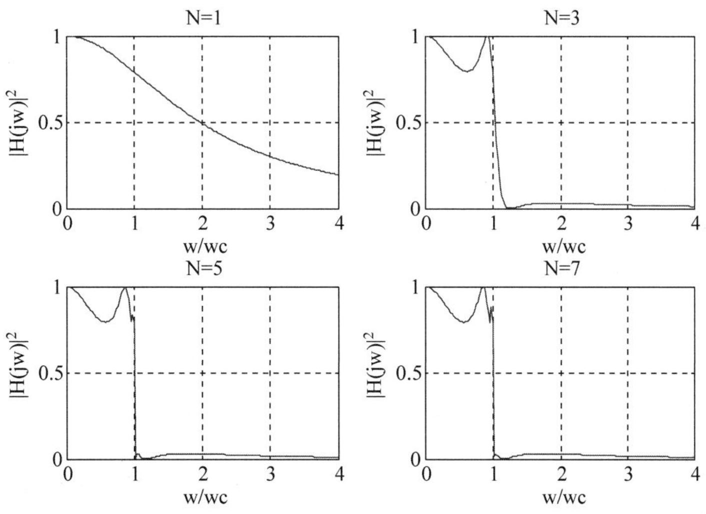

图 4-20 ellipap 函数设计椭圆滤波器效果图

4.3 频带变换

对于模拟滤波器，已经形成了许多成熟的设计方案，如巴特沃斯滤波器、切比雪夫滤波器、考尔(椭圆函数)滤波器，每种滤波器都有自己的一套准确的计算公式，同时，也已制备了大量归一化的设计表格和曲线，为滤波器的设计和计算提供了许多方便，因此在模拟滤波器的设计中，只要掌握原型变换，就可以通过归一化低通原型的参数，去设计各种实际的低通、高通、带通或带阻滤波器。

4.3.1 低通到低通的频带变换

在 MATLAB 中，函数 lp2lp 用于把模拟低通滤波器转换为实际模拟低通滤波器。该函数的调用方法如下：

```
[a,b] = lp2lp(ap,bp,wp);
```

其中，wp 为模拟低通滤波器的通带截止频率，ap、bp 分别是归一化模拟低通滤波器系统函数的分子、分母的系数，a、b 分别是频带变换后的模拟低通滤波器系统函数的分子、分母的系数。

【例 4-22】 设计合适的切比雪夫 I 型滤波器，实现低通到低通的频带变换。

程序如下：

```
Wp = 3 * pi * 5000;
Ws = 3 * pi * 13000;
rp = 2;
rs = 25;                                  %模拟滤波器的设计指标
wp = Wp/Wp;ws = Ws/Wp;
[N,wc] = cheb1ord(wp,ws,rp,rs, 's');      %计算切比雪夫Ⅰ型滤波器的阶数
[z,p,k] = cheb1ap(N,wc);                  %计算归一化滤波器的零、极点
[bp,ap] = zp2tf(z,p,k);                   %计算归一化滤波器的系统函数分子、分母系数
[b,a] = lp2lp(bp,ap,Wp);                  %计算一般模拟滤波器的系统函数分子、分母系数
w = 0:3 * pi * 120:3 * pi * 30000;
[h,w] = freqs(b,a,w);                     %计算频率响应
plot(w/(2 * pi),20 * log10(abs(h)),'k');
xlabel('f(Hz)');ylabel('幅度(dB)');grid;
```

运行结果如图 4-21 所示。

【例 4-23】 将 4 阶的椭圆模拟滤波器变换为截止频率为 0.6 的低通滤波器，其中，通带波纹 Rp=3dB，阻带衰减 Rs=30dB。

程序如下：

```
clear all;
Rp = 3; Rs = 25;                     %模拟原型滤波器的通带波纹与阻带衰减
[z,p,k] = ellipap(4,Rp,Rs);          %设计椭圆滤波器
[b,a] = zp2tf(z,p,k);                %由零点极点增益形式转换为传递函数形式 n = 0:
%0.02:4;
```

```
[h,w] = freqs(b,a,n);                        %给出复数频率响应
subplot(121);plot(w,abs(h).^2);              %绘出平方幅频函数
xlabel('w/wc');ylabel('椭圆|H(jw)|^2');
title('原型低通椭圆滤波器 (wc = 1)');
grid on;
[bt,at] = lp2lp(b,a,0.5);                    %将模拟原型低通滤波器的截止频率变换为 0.5
[ht,wt] = freqs(bt,at,n);                    %给出复数频率响应
subplot(122);plot(wt,abs(ht).^2);            %绘出平方幅频函数
xlabel('w/wc');ylabel('椭圆|H(jw)|^2');
title('原型低通椭圆滤波器 (wc = 0.6)');
grid on;
```

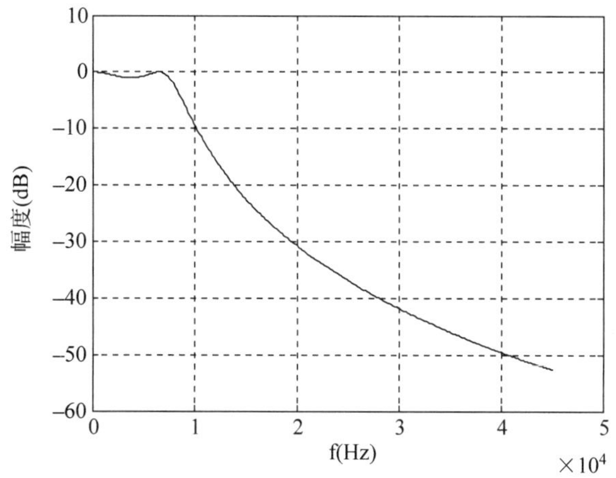

图 4-21　低通到低通的频带变换效果图

运行结果如图 4-22 所示。

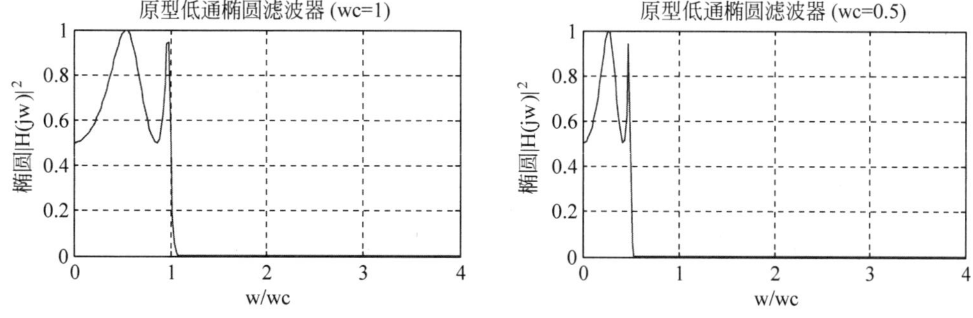

图 4-22　4 阶的椭圆模拟滤波器低通到低通变换效果图

4.3.2　低通到高通的频带变换

在 MATLAB 中，函数 lp2hp 用于把模拟低通滤波器转换为一般的模拟高通滤波器。该函数的调用方法如下：

```
[a,b] = lp2hp(ap,bp,wp);
```

其中,wp 为模拟高通滤波器的通带起始频率; ap、bp 是归一化模拟低通滤波器系统函数的分子、分母的系数; a、b 分别是频带变换后的模拟高通滤波器系统函数的分子、分母的系数。

【例 4-24】 设计合适的切比雪夫Ⅰ型滤波器,实现低通到高通的频带变换。

程序如下:

```
Wp = 3 * pi * 11000;
Ws = 3 * pi * 7000;
rp = 2;
rs = 25;                              % 模拟滤波器的设计指标
wp = Wp/Wp;ws = Wp/Ws;                % 频带变换,得到归一化滤波器
[N,wc] = cheb1ord(wp,ws,rp,rs, 's'); % 计算切比雪夫Ⅰ型滤波器的阶数
[z,p,k] = cheblap(N,wc);              % 计算归一化滤波器的零、极点
[bp,ap] = zp2tf(z,p,k);               % 计算归一化滤波器的系统函数分子、分母系数
[b,a] = lp2hp(bp,ap,Wp);              % 计算一般模拟滤波器的系统函数分子、分母系数
w = 0:3 * pi * 130:3 * pi * 25000;
[h,w] = freqs(b,a,w);                 % 计算频率响应
plot(w/(2 * pi),20 * log10(abs(h)), 'k');grid;xlabel('f(Hz)');ylabel('幅度(dB)');
```

运行结果如图 4-23 所示。

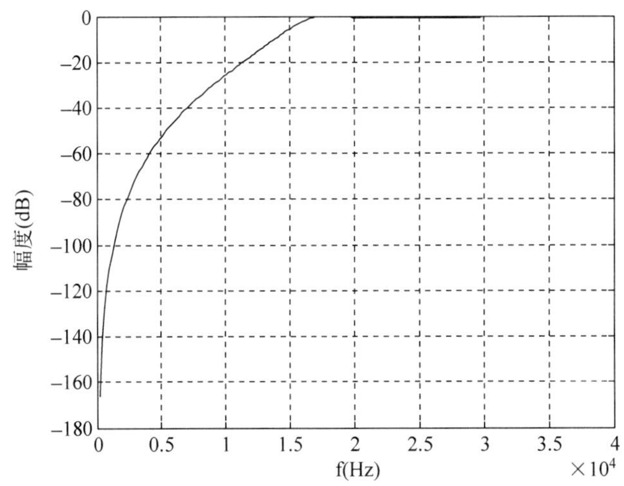

图 4-23 实现低通到高通的频带变换效果图

【例 4-25】 将 5 阶设计切比雪夫Ⅰ型模拟原型滤波器变换为截止频率为 0.6 的模拟高通滤波器,通带波纹 Rp=0.5dB。

程序如下:

```
clear all;
Rp = 0.5;                          % 设置滤波器的通带波纹为 0.5dB
[z,p,k] = cheblap(5,Rp);           % 设计切比雪夫Ⅰ型模拟原型滤波器
[b,a] = zp2tf(z,p,k);              % 由零点极点增益形式转换为传递函数形式
n = 0:0.02:4;
[h,w] = freqs(b,a,n);              % 给出复数频率响应
subplot(121);plot(w,abs(h).^2);    % 绘出平方幅频函数
xlabel('w/wc');ylabel('椭圆|H(jw)|^2');
```

```
title('切比雪夫 I 型低通原型滤波器 (wc = 1)');
grid on;
[bt,at] = lp2hp(b,a,0.6);            % 由低通原型滤波器转换为截止频率为 0.8 的高通滤波器
[ht,wt] = freqs(bt,at,n);            % 给出复数频率响应
subplot(122);plot(wt,abs(ht).^2); % 绘出平方幅频函数
xlabel('w/wc');ylabel('椭圆|H(jw)|^2');
title('切比雪夫 I 型高通滤波器 (wc = 0.6)');
grid on;
```

运行结果如图 4-24 所示。

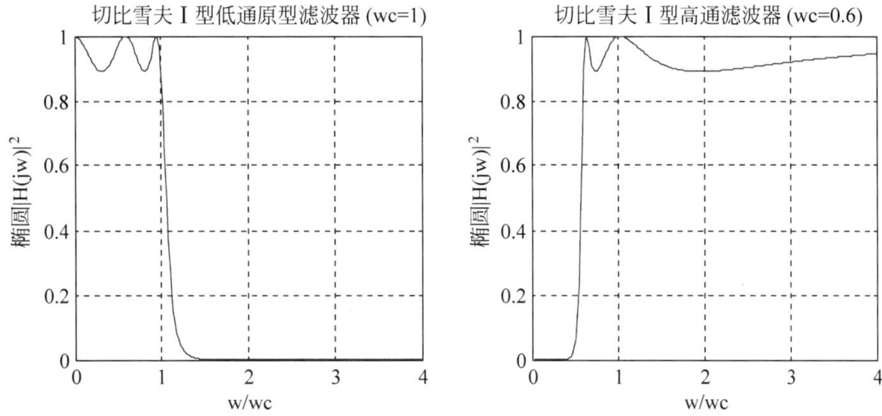

图 4-24 将 5 阶设计切比雪夫Ⅰ型模拟原型滤波器变换为截止频率为 0.6 的模拟高通滤波器

4.3.3 低通到带通的频带变换

在 MATLAB 中，函数 lp2bp 用于模拟低通滤波器转换为一般的模拟带通滤波器。该函数的调用方法如下：

```
[a,b] = lp2bp(ap,bp,wo,bw);
```

其中，ap、bp 分别是归一化模拟低通滤波器系统函数的分子、分母的系数；a、b 分别是频带变换后的模拟带通滤波器系统函数的分子、分母的系数；wo 是模拟滤波器的中心频率；bw 是模拟滤波器的带宽。

【例 4-26】 设计切比雪夫Ⅰ型模拟带通滤波器，实现低通到带通的频带变换。

程序如下：

```
Wc1 = 3 * pi * 9000;
Wc2 = 3 * pi * 16000;
rp = 2;
rs = 25;
Wd1 = 3 * pi * 6000;
Wd2 = 3 * pi * 20000;                          % 模拟滤波器的设计指标
B = Wc2 - Wc1;
wo = sqrt(Wc1 * Wc2);wp = 1;
ws2 = (Wd2 * Wd2 - wo * wo)/Wd2/B;
```

```
ws1 = - (Wd1 * Wd1 - wo * wo)/Wd1/B;
ws = min(ws1,ws2);                          % 频带变换,得到归一化滤波器
[N,wc] = cheb1ord(wp,ws,rp,rs, 's');        % 计算切比雪夫Ⅰ型滤波器的阶数
[z,p,k] = cheb1ap(N,wc);                    % 计算归一化滤波器的零、极点
[bp,ap] = zp2tf(z,p,k);                     % 计算归一化滤波器的系统函数分子、分母系数
[b,a] = lp2bp(bp,ap,wo,B);                  % 计算一般模拟滤波器的系统函数分子、分母系数
w = 0:3 * pi * 130:3 * pi * 25000;
[h,w] = freqs(b,a,w);                       % 计算频率响应
plot(w/(2 * pi),20 * log10(abs(h)), 'k'),axis([0,30000, - 100,0]);
xlabel('f(Hz)');
ylabel('幅度(dB)');
grid;
```

运行结果如图 4-25 所示。

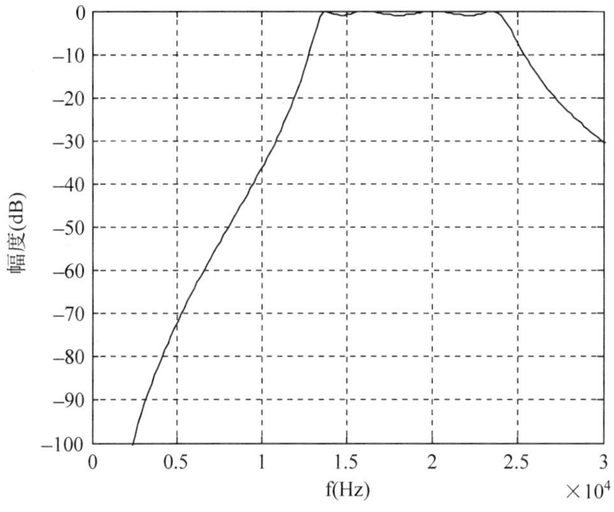

图 4-25 实现低通到带通的频带变换效果图

【例 4-27】 将 4 阶切比雪夫Ⅱ型模拟原型滤波器变换为模拟带通滤波器,其上下边界的截止频率为 wc=0.7～1.6rad/s,阻带误差 Rs=30dB。

程序如下:

```
clear all;
Rs = 30;                                    % 滤波器的阻带衰减为 20dB
[z,p,k] = cheb2ap(4,Rs);                    % 设计切比雪夫Ⅱ型模拟原型滤波器
[b,a] = zp2tf(z,p,k);                       % 由零点极点增益形式转换为传递函数形式
n = 0:0.02:4;
[h,w] = freqs(b,a,n);                       % 给出复数频率响应
subplot(121);plot(w,abs(h).^2);             % 绘出平方幅频函数
xlabel('w/wc');ylabel('切比雪夫Ⅱ型|H(jw)|^2');
title('切比雪夫Ⅱ型低通原型滤波器 (wc = 1)');
grid on;
w1 = 0.7; w2 = 1.6;                         % 给定将要设计滤波器通带的下限和上限频率
w0 = sqrt(w1 * w2);                         % 计算中心点频率
bw = w2 - w1;                               % 计算中心点频带宽度
```

```
[bt,at] = lp2bp(b,a,w0,bw);                    %频率转换
[ht,wt] = freqs(bt,at,n);                      %计算滤波器的复数频率响应
subplot(122);plot(wt,abs(ht).^2);              %绘出平方幅频函数
xlabel('w/wc');ylabel('切比雪夫Ⅱ型|H(jw)|^2');
title('切比雪夫Ⅱ型带通滤波器 (wc = 0.7～1.6)');
grid on;
```

运行结果如图 4-26 所示。

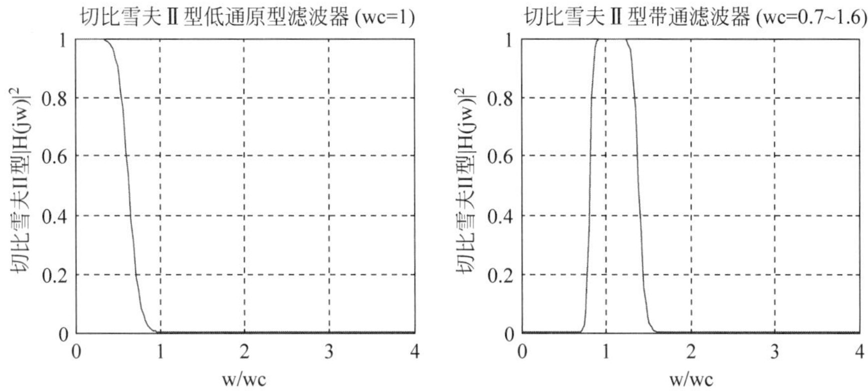

图 4-26 将 4 阶切比雪夫Ⅱ型模拟原型滤波器变换为模拟带通滤波器

4.3.4 低通到带阻的频带变换

在 MATLAB 中，函数 lp2bs 用于将模拟低通滤波器转换为一般的模拟带阻滤波器。该函数的调用方法如下：

```
[a,b] = lp2bs(ap,bp,wo,bw);
```

其中，ap、bp 分别是归一化模拟低通滤波器系统函数的分子、分母的系数；a、b 分别是频带变换后的模拟带阻滤波器系统函数的分子、分母的系数；wo 是模拟滤波器的中心频率；bw 是模拟滤波器的。

【例 4-28】 设计合适的切比雪夫Ⅰ型滤波器，实现低通到带阻的频带变换。

程序如下：

```
Wc1 = 3 * pi * 9000;
Wc2 = 3 * pi * 16000;
rp = 2;
rs = 25;
Wd1 = 3 * pi * 6000;
Wd2 = 3 * pi * 20000;                          %模拟滤波器的设计指标
B = Wd2 - Wd1;wo = sqrt(Wd1 * Wd2);wp = 1;
ws2 = (Wc2 * B)/(Wc2 * Wc2 - wo * wo);ws1 = - (Wc1 * B)/(Wc1 * Wc1 - wo * wo);
ws = max(ws1,ws2);                             %频带变换,得到归一化滤波器
[N,wc] = cheb1ord(wp,ws,rp,rs, 's');           %计算切比雪夫Ⅰ型滤波器的阶数
[z,p,k] = cheb1ap(N,wc);                       %计算归一化滤波器的零、极点
```

```
[bp,ap] = zp2tf(z,p,k);                    %计算归一化滤波器的系统函数分子、分母系数
[b,a] = lp2bs(bp,ap,wo,B);                 %计算一般模拟滤波器的系统函数分子、分母系数
w = 0:3 * pi * 130:3 * pi * 30000;
[h,w] = freqs(b,a,w);                      %计算频率响应
plot(w/(2 * pi),20 * log10(abs(h)), 'k'),axis([0,30000, - 100,0]);
xlabel('f(Hz)');
ylabel('幅度(dB)');
grid;
```

运行结果如图 4-27 所示。

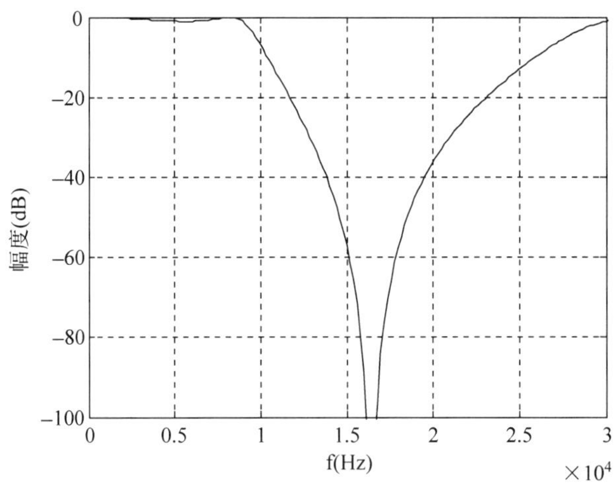

图 4-27　实现低通到带阻的频带变换效果图

【例 4-29】 将 5 阶巴特沃斯模拟原型滤波器变换为模拟带阻滤波器，上下边界频率为 wc＝0.6～1.6rad/s。

程序如下：

```
clear all;
[z,p,k] = buttap(5);                  %设计巴特沃斯模拟原型滤波器
[b,a] = zp2tf(z,p,k);                 %由零点极点增益形式转换为传递函数形式
n = 0:0.02:4;
[h,w] = freqs(b,a,n);                 %给出复数频率响应
subplot(121);
plot(w,abs(h).^2);                    %绘出平方幅频函数
xlabel('w/wc');ylabel('巴特沃斯|H(jw)|^2');
title(' wc = 1');
grid on;
w1 = 0.6;
w2 = 1.6;                             %给定将要设计带阻的下限和上限频率
w0 = sqrt(w1 * w2);                   %计算中心点频率
bw = w2 - w1;                         %计算中心点频带宽度
[bt,at] = lp2bs(b,a,w0,bw);           %频率转换
[ht,wt] = freqs(bt,at,n);             %计算带阻滤波器的复数频率响应
subplot(122);
plot(wt,abs(ht).^2);                  %绘出平方幅频函数
```

```
xlabel('w/wc');
ylabel('巴特沃斯|H(jw)|^2');
title('wc = 0.6～1.6');
grid on;
```

运行结果如图 4-28 所示。

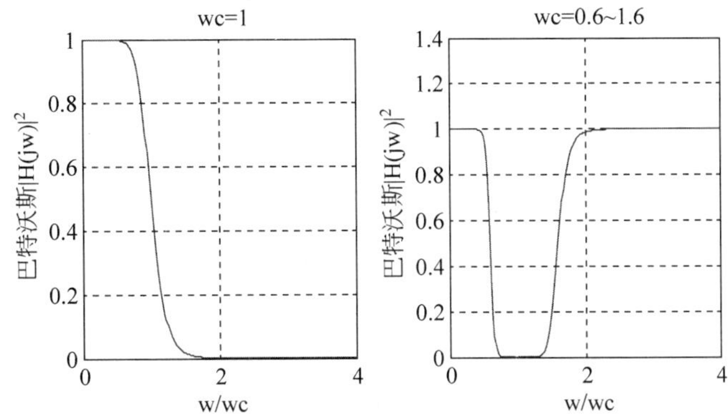

图 4-28 将 5 阶巴特沃斯模拟原型滤波器变换为模拟带阻滤波器

4.4 冲激响应不变法与双线性变换法

MATLAB 提供了函数 impinvar、bilinear 用于实现冲激响应不变法、双线性变换法设计数字滤波器，调用格式为

```
[Bz,Az] = impinvar(B, A, Fs);
[Bz,Az] = bilinear(B, A, Fs);
```

其中，B 和 A 分别为模拟滤波器系统函数的分子向量和分母向量，Bz 和 Az 分别为数字滤波器系统函数的分子向量和分母向量，Fs 为采样频率，其单位为 Hz。

【例 4-30】 利用巴特沃斯模拟滤波器，通过冲激响应不变法设计巴特沃斯数字滤波器，数字滤波器的技术指标如下：

采样周期为 $T=2$；

$$0.80 \leqslant |H(e^{j\omega})| \leqslant 1.0, 0 \leqslant |\omega| \leqslant 0.30\pi$$

$$|H(e^{j\omega})| \leqslant 0.18, 0.35\pi \leqslant |\omega| \leqslant \pi$$

程序如下：

```
T = 2;                                %设置采样周期为 2
fs = 1/T;                             %采样频率为周期倒数
Wp = 0.30 * pi/T;
Ws = 0.35 * pi/T;                     %设置归一化通带和阻带截止频率
Ap = 20 * log10(1/0.8);
As = 20 * log10(1/0.18);              %设置通带最大和最小衰减
[N,Wc] = buttord(Wp,Ws,Ap,As,'s');
%调用 butter 函数确定巴特沃斯滤波器阶数
```

```
[B,A] = butter(N,Wc,'s');
%调用 butter 函数设计巴特沃斯滤波器
W = linspace(0,pi,400 * pi);            %指定一段频率值
hf = freqs(B,A,W);
%计算模拟滤波器的幅频响应
subplot(121);
plot(W/pi,abs(hf)/abs(hf(1)));
%绘出巴特沃斯模拟滤波器的幅频特性曲线
grid on;
title('巴特沃斯模拟滤波器');
xlabel('Frequency/Hz');
ylabel('Magnitude');
[D,C] = impinvar(B,A,fs);
%调用冲激响应不变法
Hz = freqz(D,C,W);
%返回频率响应
subplot(122);
plot(W/pi,abs(Hz)/abs(Hz(1)));
%绘出巴特沃斯数字低通滤波器的幅频特性曲线
grid on;
title('巴特沃斯数字滤波器');
xlabel('Frequency/Hz');
ylabel('Magnitude');
```

运行结果如图 4-29 所示。

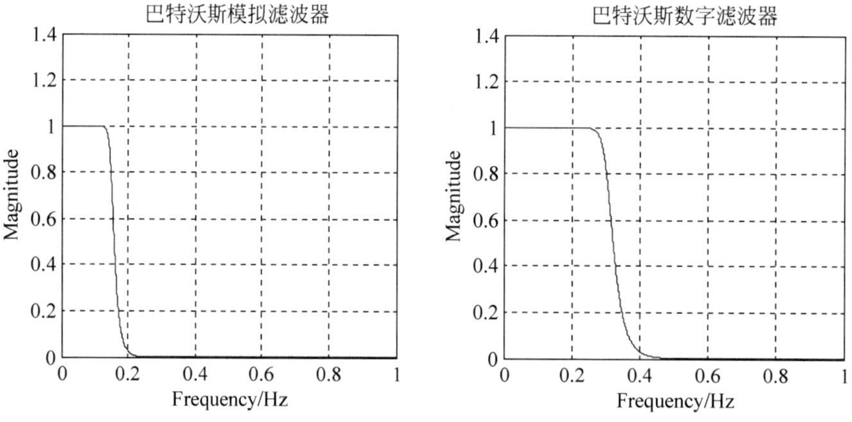

图 4-29　冲激响应不变法设计巴特沃斯数字滤波器

【例 4-31】 用冲激响应不变法设计椭圆数字滤波器示例。

程序如下：

```
clear all;
wp = 400 * 2 * pi;
ws = 420 * 2 * pi;
rs = 90;;rp = 0.25;fs = 1450;
[n,wn] = ellipord(wp,ws,rp,rs,'s');
[z,p,k] = ellipap(n,rp,rs);
```

```
[a,b,c,d] = zp2ss(z,p,k);
[at,bt,ct,dt] = lp2lp(a,b,c,d,wn);
[num1,den1] = ss2tf(at,bt,ct,dt);
[num2,den2] = impinvar(num1,den1,fs);
[h,w] = freqz(num2,den2);
figure;
winrect = [150,150,450,350];
set(gcf,'position',winrect);
set(gco,'linewidth',1);
freqz(num2,den2);
xlabel('归一化角频率');ylabel('相角');
figure;winrect = [150,150,450,350];
set(gcf,'position',winrect);
plot(w * fs/(2 * pi),abs(h));
grid on;
xlabel('频率(Hz)');ylabel('幅值');
```

运行结果如图 4-30 所示。

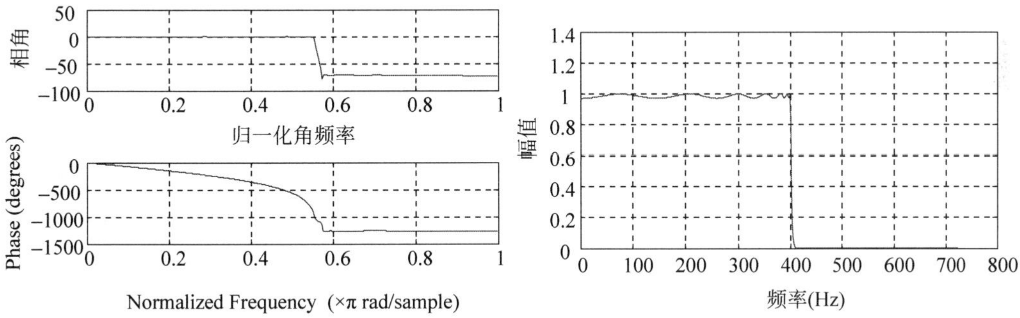

图 4-30　椭圆数字滤波器特性

【例 4-32】 利用巴特沃斯模拟滤波器，通过双线性变换法设计数字带阻滤波器，数字滤波器的技术指标如下：

采样周期为 $T=1$；

$$0.80 \leqslant |H(e^{j\omega})| \leqslant 1.0, 0 \leqslant |\omega| \leqslant 0.30\pi$$

$$|H(e^{j\omega})| \leqslant 0.18, 0.35\pi \leqslant |\omega| \leqslant 0.75\pi$$

$$0.90 \leqslant |H(e^{j\omega})| \leqslant 1.0, 0.75 \leqslant |\omega| \leqslant \pi$$

程序如下：

```
T = 1;                          % 设置采样周期为 1
fs = 1/T;                       % 采样频率为周期倒数
wp = [0.30 * pi,0.75 * pi];
ws = [0.35 * pi,0.65 * pi];
Wp = (2/T) * tan(wp/2);
Ws = (2/T) * tan(ws/2);         % 设置归一化通带和阻带截止频率
Ap = 20 * log10(1/0.8);
As = 20 * log10(1/0.18);
% 设置通带最大和最小衰减
```

```
[N,Wc] = buttord(Wp,Ws,Ap,As,'s');
%调用 butter 函数确定巴特沃斯滤波器阶数
[B,A] = butter(N,Wc, 'stop','s');
%调用 butter 函数设计巴特沃斯滤波器
W = linspace(0,2 * pi,400 * pi);
%指定一段频率值
hf = freqs(B,A,W);
%计算模拟滤波器的幅频响应
subplot(121);
plot(W/pi,abs(hf));
%绘出巴特沃斯模拟滤波器的幅频特性曲线
grid on;
title('巴特沃斯模拟滤波器');
xlabel('Frequency/Hz');
ylabel('Magnitude');
[D,C] = bilinear(B,A,fs);
%调用双线性变换法
Hz = freqz(D,C,W);
%返回频率响应
subplot(122);
plot(W/pi,abs(Hz));
%绘出巴特沃斯数字带阻滤波器的幅频特性曲线
grid on;
title('巴特沃斯数字滤波器');
xlabel('Frequency/Hz');
ylabel('Magnitude');
```

运行结果如图 4-31 所示。

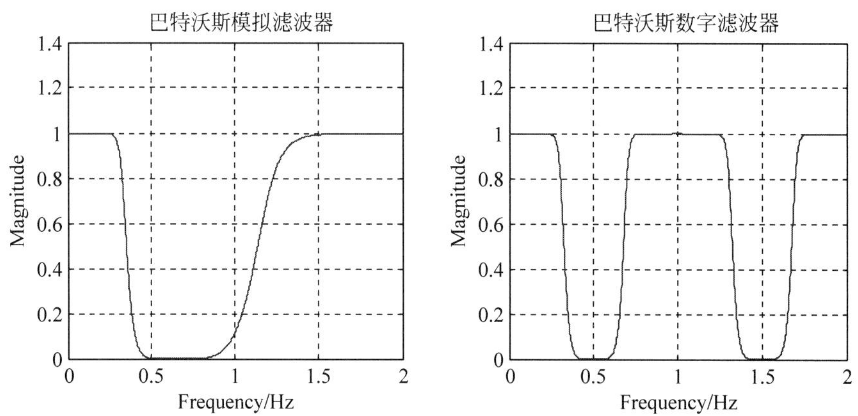

图 4-31　双线性变换法设计数字带阻滤波器

【例 4-33】 用双线性变换法设计椭圆数字滤波器示例。

程序如下：

```
clear all;
wp = 400 * 2 * pi;
ws = 420 * 2 * pi;
```

```
rs = 90;;rp = 0.25;fs = 1450;
[n,wn] = ellipord(wp,ws,rp,rs,'s');
[z,p,k] = ellipap(n,rp,rs);
[a,b,c,d] = zp2ss(z,p,k);
[at,bt,ct,dt] = lp2lp(a,b,c,d,wn);
[num1,den1] = ss2tf(at,bt,ct,dt);
[num2,den2] = bilinear(num1,den1,fs);
[h,w] = freqz(num2,den2);
figure;
winrect = [100,100,400,300];
set(gcf,'position',winrect);
set(gco,'linewidth',1);
freqz(num2,den2);
xlabel('归一化角频率');ylabel('相角');
figure;winrect = [100,100,400,300];
set(gcf,'position',winrect);
plot(w * fs/(2 * pi),abs(h));
grid on;
xlabel('频率(Hz)');ylabel('幅值');
```

运行结果如图 4-32 所示。

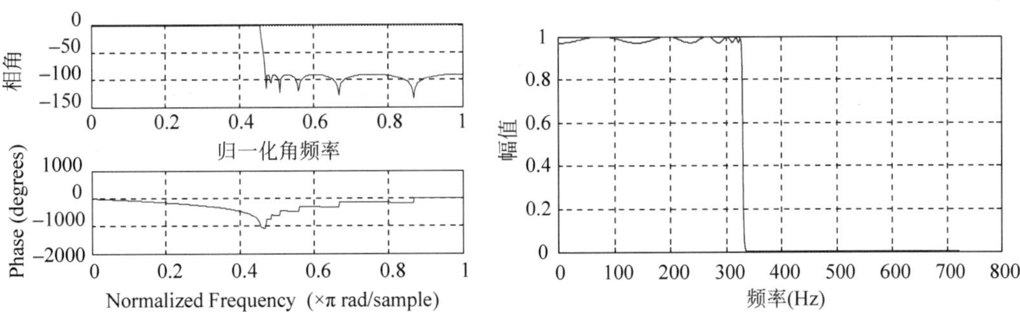

图 4-32 双线性变换法设计椭圆数字滤波器

4.5 滤波器最小阶数选择

根据滤波器的设计指标计算滤波器的阶数，MATLAB 有如下 4 个函数，除了能选择模拟滤波器的阶数外，同时也能选择数字滤波器的阶数。

1）选择巴特沃斯滤波器阶数

- 数字域：[n,Wn]=buttord(Wp,Ws,Rp,Rs)
- 模拟域：[n,Wn]=buttord(Wp,Ws,Rp,Rs,'s')

2）选择巴特沃斯 I 型滤波器阶数

- 数字域：[n,Wn]=cheb1ord(Wp,Ws,Rp,Rs)
- 模拟域：[n,Wn]=cheb1ord(Wp,Ws,Rp,Rs,'s')

3）选择巴特沃斯 II 型滤波器阶数

- 数字域：[n,Wn]=cheb2ord(Wp,Ws,Rp,Rs)

■ 模拟域：[n,Wn]=cheb2ord(Wp,Ws,Rp,Rs,'s')

4）选择椭圆滤波器阶数

■ 数字域：[n,Wn]=ellipord(Wp,Ws,Rp,Rs)

■ 模拟域：[n,Wn]=ellipord(Wp,Ws,Rp,Rs,'s')

其中

n：返回符合要求性能指标的数字滤波器或模拟滤波器的最小阶数；

Wn：滤波器的截止频率(即 3dB 频率)；

Wp：通带的截止频率；

Ws：阻带的截止频率，单位 rad/s。且均为归一化频率，即 1 对应 π 弧度。

频率归一化：信号处理工具箱中使用的频率为奈奎斯特频率，根据香农定理，它为采样频率的一半，在滤波器设计中的截止频率均使用奈奎斯特频率进行归一化。归一化频率转换为角频率，则将归一化频率乘以 π。如果将归一化频率转换为 Hz，则将归一化频率乘以采样频率的一半。

【例 4-34】 用 buttord 函数选择合适的阶数。

程序如下：

```
Fs = 40000;fp = 5000;fs = 9000;
rp = 1;rs = 30;
wp = 2 * fp/Fs;ws = 2 * fs/Fs;            %计算数字滤波器的设计指标
[N,wc] = buttord(wp,ws,rp,rs);            %计算数字滤波器的阶数和通带截止频率
[b,a] = butter(N,wc);                     %计算数字滤波器系统函数
w = 0:0.01 * pi:pi;
[h,w] = freqz(b,a,w);                     %计算数字滤波器的幅频响应
plot(w/pi,20 * log10(abs(h)), 'k');axis([0,1, - 100,10]);
xlabel('\omega/\pi');ylabel('幅度(dB)');grid;
```

运行结果如图 4-33 所示。

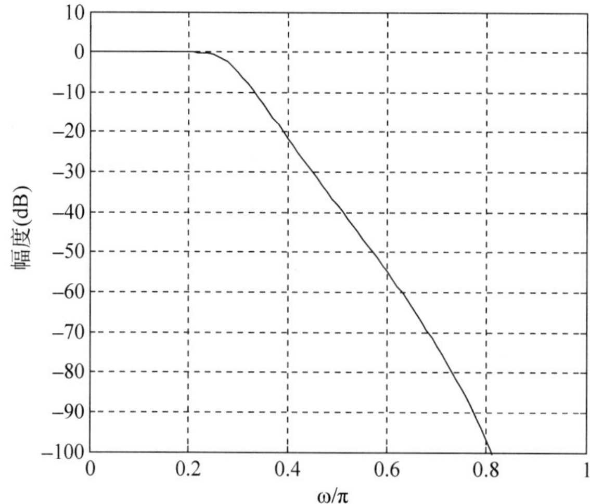

图 4-33　巴特沃斯滤波器幅频响应

【例 4-35】 cheb1ord 函数用法示例。

程序如下：

```
clear all;
Wp = [60 200]/500; Ws = [50 250]/500;
Rp = 3; Rs = 40;
[n,Wn] = cheb1ord (Wp,Ws,Rp,Rs)
[b,a] = butter(n,Wn);
freqz(b,a,128,1000);
title('n=7 巴特沃斯滤波器');
```

如图 4-34 所示，运行结果如下：

```
n =
     7
Wn =
    0.1200   0.4000
```

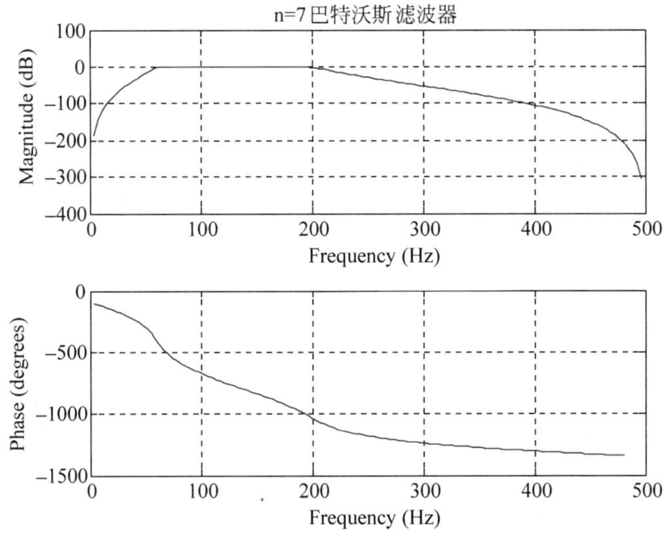

图 4-34　切比雪夫Ⅰ型滤波器频率响应

4.6 滤波器设计

设计好滤波器之后，要对其各方面的进行测试，在正式设计前，先介绍 freqs 函数，用于测试模拟滤波器的频率响应。该函数的调用方法如下：

h = freqs(b, a, w)：根据系数向量计算返回模拟滤波器的复频域响应。freqs 计算在复平面虚轴上的频率响应 h，角频率 w 确定了输入的实向量，因此必须包含至少一个频率点。

[h, w] = freqs(b, a)：自动挑选 200 个频率点来计算频率响应 h。

[h, w] = freqs(b, a, f)：挑选 f 个频率点来计算频率响应 h。

【例 4-36】 绘制模拟滤波器的传递函数示例。

程序如下：

```
clear all;
a = [1 0.5 2];                          % 滤波器传递函数分母多项式系数
b = [0.4 0.5 2];                        % 滤波器传递函数分子多项式系数
w = logspace(-1,1);
freqs(b,a,w)
h = freqs(b,a,w);
mag = abs(h);
phase = angle(h);
subplot(2,1,1), loglog(w,mag)           % 运用双对数坐标绘制幅频响应
grid on;
xlabel('角频率');ylabel('振幅');
subplot(2,1,2), semilogx(w,phase)       % 运用半对数坐标绘制相频响应
grid on;
xlabel('角频率');ylabel('相位');
```

运行结果如图 4-35 所示。

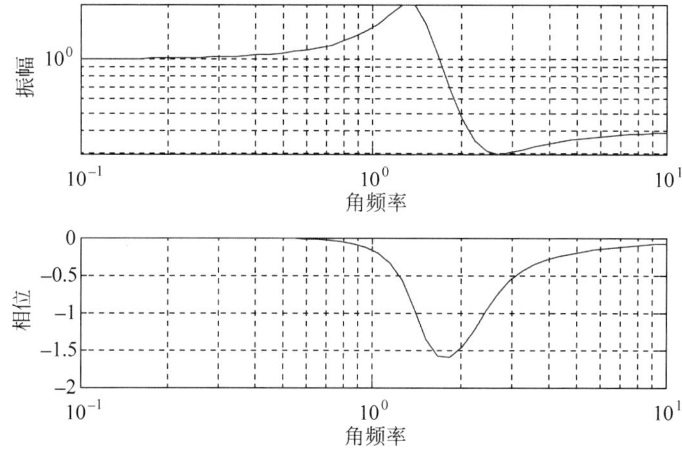

图 4-35　滤波器的幅频相频响应

【例 4-37】 假设输入信号为 tan(2 * pi * 30 * t)＋0.5 * sin (2 * pi * 300 * t)＋2 * cos (2 * pi * 800 * t)，求滤波器的输出及其输入、输出信号的傅里叶振幅谱。

程序如下：

```
dt = 1/2000;
t = 0:dt:0.1;                        % 给出模拟滤波器输出的时间范围
% 模拟输入信号
u = tan(2 * pi * 30 * t) + 0.5 * sin(2 * pi * 300 * t) + 2 * cos(2 * pi * 800 * t);
subplot(2,2,1);plot(t,u)             % 绘制模拟输入信号
xlabel('时间/s');title('输入信号');
[ys,ts] = lsim(H,u,t);               % 模拟系统的输入 u 时的输出
subplot(2,2,2);plot(ts,ys);          % 绘制模拟输入信号
xlabel('时间/s');title('输出信号');
% 绘制输入信号振幅谱
subplot(2,2,3);plot((0:length(u) - 1)/(length(u) * dt),abs(fft(u)) * 2/length(u));
xlabel('频率/Hz');title('输入信号振幅谱');
subplot(2,2,4);
```

```
Y = fft(ys);
%绘制输出信号振幅谱
plot((0:length(Y) - 1)/(length(Y) * dt),abs(Y) * 2/length(Y));
xlabel('频率/Hz');title('输出信号振幅谱');
```

运行结果如图 4-36 所示。

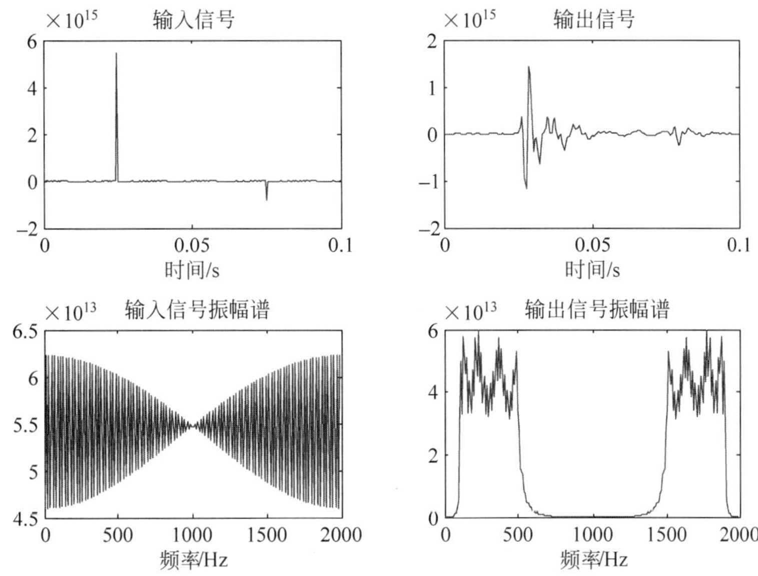

图 4-36 滤波器的输出及其输入、输出信号的傅里叶振幅谱

【例 4-38】 设计一个 6 阶的切比雪夫Ⅱ型带通滤波器，绘制幅频响应图并给出其冲激响应、阶跃响应。

程序如下：

```
clear all;
N = 6;
Rp = 3;                                          %滤波器阶数
f1 = 150;
f2 = 600;                                        %滤波器的边界界限(Hz)
w1 = 2 * pi * f1;
w2 = 2 * pi * f2;                                %边界频率(rad/s)
[z,p,k] = cheb2ap(N,Rp);                         %设计切比雪夫Ⅰ型原型低通滤波器
[b,a] = zp2tf(z,p,k);                            %转换为传递函数形式
Wo = sqrt(w1 * w2);                              %中心频率
Bw = w2 - w1;                                    %频带宽度
[bt,at] = lp2bp(b,a,Wo,Bw);                      %频率转换
[h,w] = freqs(bt,at);                            %计算复数频率响应
figure;
subplot(2,2,1);semilogy(w/2/pi,abs(h));          %绘制幅频特性
xlabel('频率/Hz'); title('幅频图');
grid on;
subplot(2,2,2);plot(w/2/pi,angle(h) * 180/pi); %绘制相频响应
xlabel('频率/Hz');ylabel('相位图/^o');title('相频图');
```

```
grid on;
H = [tf(bt,at)];            % 在 MATLAB 中表示此滤波器
[h1,t1] = impulse(H);       % 绘出系统的冲激响应图
subplot(2,2,3);plot(t1,h1);
xlabel('时间/s');title('脉冲冲激响应');
[h2,t2] = step(H);          % 绘出系统的阶跃响应图
subplot(2,2,4);plot(t2,h2);
xlabel('时间/s');title('阶跃响应');
```

运行结果如图 4-37 所示。

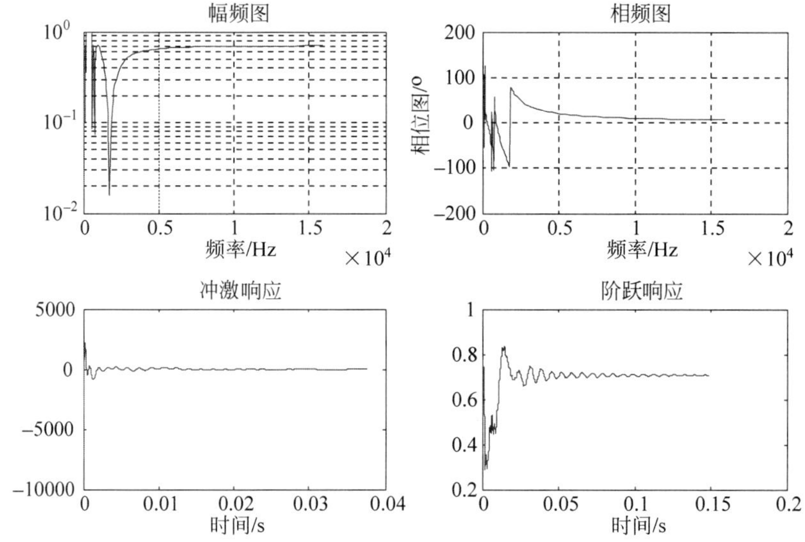

图 4-37　6 阶的切比雪夫Ⅱ型带通滤波器测试效果图

4.6.1　滤波器设计步骤

数字滤波器根据其冲激响应函数的时域特性，可分为两种，即无限长冲激响应(IIR)滤波器和有限长冲激响应(FIR)滤波器。IIR 滤波器的特征是具有无限持续时间冲激响应，这种滤波器一般需要用递归模型来实现，因而有时也称之为递归滤波器。

FIR 滤波器的冲激响应只能延续一定时间，在工程实际中可以采用递归的方式实现，也可以采用非递归的方式实现。

数字滤波器的设计方法有多种，如双线性变换法、窗函数设计法、插值逼近法和切比雪夫逼近法等。随着 MATLAB 软件尤其是 MATLAB 的信号处理工作箱的不断完善，不仅数字滤波器的计算机辅助设计有了可能，而且还可以使设计达到最优化。

数字滤波器设计的基本步骤如下：

1. 确定指标

在设计一个滤波器之前，必须首先根据工程实际的需要确定滤波器的技术指标。在很多实际应用中，数字滤波器常常被用来实现选频操作。因此，指标的形式一般在频域

中给出幅度和相位响应。幅度指标主要以两种方式给出。

第一种是绝对指标，它提供对幅度响应函数的要求，一般应用于FIR滤波器的设计。第二种指标是相对指标，它以分贝值的形式给出要求。

在工程实际中，这种指标最受欢迎。对于相位响应指标形式，通常希望系统在通频带中具有线性相位。运用线性相位响应指标进行滤波器设计具有如下优点：

(1) 只包含实数算法，不涉及复数运算；

(2) 不存在延迟失真，只有固定数量的延迟；

(3) 长度为 N 的滤波器(阶数为 $N-1$)，计算量为 $N/2$ 数量级。因此，本书中滤波器的设计就以线性相位FIR滤波器的设计为例。

2. 逼近

确定了技术指标后，就可以建立一个目标的数字滤波器模型。通常采用理想的数字滤波器模型。之后，利用数字滤波器的设计方法，设计出一个实际滤波器模型来逼近给定的目标。

3. 性能分析和计算机仿真

上两步的结果是得到以差分系统函数或冲激响应描述的滤波器。根据这个描述就可以分析其频率特性和相位特性，以验证设计结果是否满足指标要求，或者利用计算机仿真实现设计的滤波器，再分析滤波结果来判断。

4.6.2 经典滤波器设计

根据滤波器阶数和设计参数计算滤波器的系统函数，MATLAB提供的函数如下：

1. 巴特沃斯模拟和数字滤波器设计

数字域：

- [b,a]=butter(n,Wn)：可设计出截止频率为Wn的n阶butterworth滤波器。
- [b,a]=butter(n,Wn,'ftype')：当ftype=high时，可设计出截止频率为Wn的高通滤波器；当ftype=stop时，可设计出带阻滤波器。
- [z,p,k]=butter(n,Wn)
- [zp,k]=butter(n,Wn,'ftype')
- [A,B,C,D]=butter(n,Wn)
- [A,B,C,D]=butter(n,Wn,'ftype')

模拟域：

- [b,a]=butter(n,Wn,'s')：可设计出截止频率为Wn的n阶模拟butterworth滤波器，其余形式类似于数字域的。

2. 切比雪夫Ⅰ型滤波器(通带等波纹)设计

数字域：

- [b,a]=cheby1(n,Rp,Wn)：可设计出n阶切比雪夫Ⅰ型滤波器，其截止频率由

Wn 确定,通带内的波纹由 Rp 确定。

- [b,a]=cheby1(n,Rp,Wn,'ftype'):当 ftype=high 时,可设计出截止频率为 Wn 的高通滤波器;当 ftype=stop 时,可设计出带阻滤波器。
- [z,p,k]=cheby1(n,Rp,Wn)
- [A,B,C,D]=cheby1(n,Rp,Wn)
- [A,B,C,D]=cheby1(n,Rp,Wn,'ftype')

模拟域:

- [b,a]=cheby1(n,Rp,Wn,'s'):可设计出截止频率为 Wn 的 n 阶切比雪夫Ⅰ型模拟滤波器,其余形式类似于数字域。

3. 切比雪夫Ⅰ型滤波器(阻带等波纹)设计

数字域:

- [b,a]=cheby2(n,Rs,Wn):可设计出 n 阶切比雪Ⅰ夫型滤波器,其截止频率由 Wn 确定,阻带内的波纹由 Rs 确定。
- [b,a]=cheby2(n,Rs,Wn,'ftype'):当 ftype=high 时,可设计出截止频率为 Wn 的高通滤波器;当 ftype=stop 时,可设计出带阻滤波器。
- [z,p,k]=cheby2(n,Rs,Wn)
- [zp,k]=cheby2(n,Rs,Wn,'ftype')
- [A,B,C,D]=cheby2(n,Rs,Wn)
- [A,B,C,D]=cheby2(n,Rs,Wn,'ftype')

模拟域:

- [b,a]=cheby2(n,Rs,Wn,'s'):可设计出截止频率为 Wn 的 n 阶切比雪夫Ⅱ型模拟滤波器,其余形式类似于数字域。

【例 4-39】 设采样周期 $T=250\mu s$($f_s=4kHz$),设计一个三阶巴特沃斯 LP 滤波器,其 3dB 截止频率 $f_c=1kHz$。分别用冲激响应不变法和双线性变换法求解。

程序如下:

```
[B,A] = butter(3,2 * pi * 1000,'s');
[num1,den1] = impinvar(B,A,4000);
[h1,w] = freqz(num1,den1);
[B,A] = butter(3,2/0.00025,'s');
[num2,den2] = bilinear(B,A,4000);
[h2,w] = freqz(num2,den2);
f = w/pi * 2000;
plot(f,abs(h1),'-.',f,abs(h2),'-');
grid;
xlabel('频率/Hz')
ylabel('幅值')
```

运行结果如图 4-38 所示。

【例 4-40】 采样 $f_s=400kHz$,设计一个巴特沃斯带通滤波器,其 3dB 边界频率分别为 $f_2=90kHz$,$f_1=110kHz$,在阻带 $f_3=120kHz$ 处最小衰减大于 10dB。

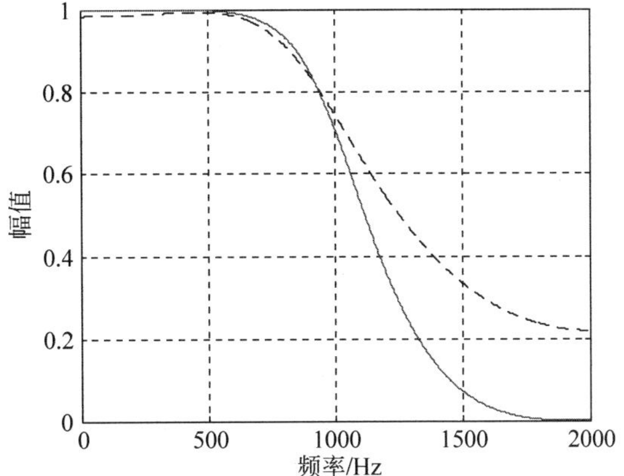

图 4-38　三阶巴特沃斯滤波器的频响

程序如下：

```
w1 = 2 * 500 * tan(2 * pi * 90/(2 * 400));
w2 = 2 * 500 * tan(2 * pi * 110/(2 * 400));
wr = 2 * 500 * tan(2 * pi * 120/(2 * 400));
[N,wn] = buttord([w1 w2],[1 wr],3,10,'s');
[B,A] = butter(N,wn,'s');
[num,den] = bilinear(B,A,400);
[h,w] = freqz(num,den);
f = w/pi * 200;
plot(f,20 * log10(abs(h)));
axis([40,160, - 30,10]);
grid;
xlabel('频率/kHz')
ylabel('幅度/dB')
```

运行结果如图 4-39 所示。

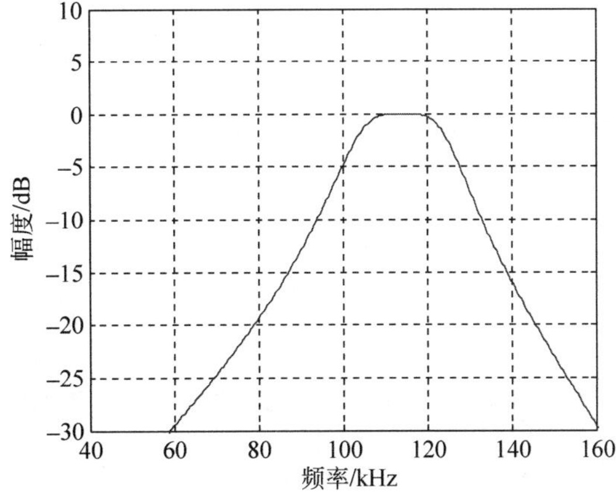

图 4-39　巴特沃斯带通滤波器

【例 4-41】 设计一个数字滤波器采样频率 $f_s = 1\text{kHz}$，要求滤除 100Hz 的干扰，其 3dB 的边界频率为 85Hz 和 125Hz，原型归一化低通滤波器为

$$H_a^1(s) = \frac{1}{1+s}$$

程序如下：

```
w1 = 85/500;
w2 = 125/500;
[B,A] = butter(1,[w1, w2],'stop');
[h,w] = freqz(B,A);
f = w/pi * 500;
plot(f,20 * log10(abs(h)));
axis([50,150, - 30,10]);
grid;
xlabel('频率/Hz')
ylabel('幅度/dB')
```

运行结果如图 4-40 所示。

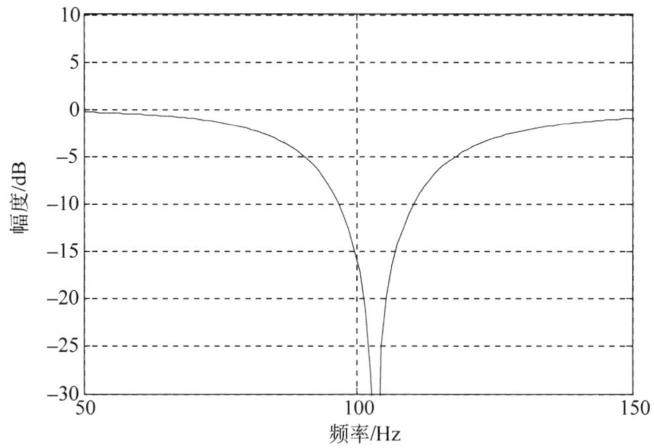

图 4-40　巴特沃斯带阻滤波器

【例 4-42】 用冲激响应不变法设计一个巴特沃斯低通滤波器，使其特征逼近一个低通巴特沃斯模拟滤波器的性能指标。

程序如下：

```
clear all;
wp = 2000 * 2 * pi;
ws = 3000 * 2 * pi;                              % 滤波器截止频率
Rp = 3;
Rs = 15;                                         % 通带波纹和阻带衰减
Fs = 9000;                                       % 采样频率
Nn = 256;                                        % 调用 freqz 所用的频率点数
[N,wn] = buttord(wp,ws,Rp,Rs,'s');               % 模拟滤波器的最小阶数
[z,p,k] = buttap(N);                             % 设计模拟低通原型巴特沃斯滤波器
[Bap,Aap] = zp2tf(z,p,k);                        % 将零点极点增益形式转换为传递函数形式
```

```
[b,a] = lp2lp(Bap,Aap,wn);                          % 进行频率转换
[bz,az] = impinvar(b,a,Fs);
% 运用冲激响应不变法得到数字滤波器的传递函数
figure;
[h,f] = freqz(bz,az,Nn,Fs);                         % 绘制数字滤波器的幅频特性和相频特性
subplot(221);
plot(f,20 * log10(abs(h)));
xlabel('频率/Hz');
ylabel('振幅/dB');
grid on;
subplot(222);
plot(f,180/pi * unwrap(angle(h)));
xlabel('频率/Hz');
ylabel('相位/^o');
grid on;
f1 = 1000; f2 = 2000;                               % 输入信号的频率
N = 100;                                            % 数据长度
dt = 1/Fs; n = 0:N-1;                               % 采样时间间隔
t = n * dt;                                         % 时间序列
x = tan(2 * pi * f1 * t) + 0.5 * sin(2 * pi * f2 * t); % 滤波器输入信号
subplot(223);plot(t,x);
title('输入信号');                                  % 绘制输入信号
y = filtfilt(bz,az,x);                              % 用函数 filtfilt 对输入信号进行滤波
y1 = filter(bz,az,x);                               % 用 filter 函数对输入信号进行滤波
subplot(224);plot(t,y,t,y1,':');
title('输出信号'); xlabel('时间/s');
legend('filtfilt 函数','filter 函数');
```

运行结果如图 4-41 所示。

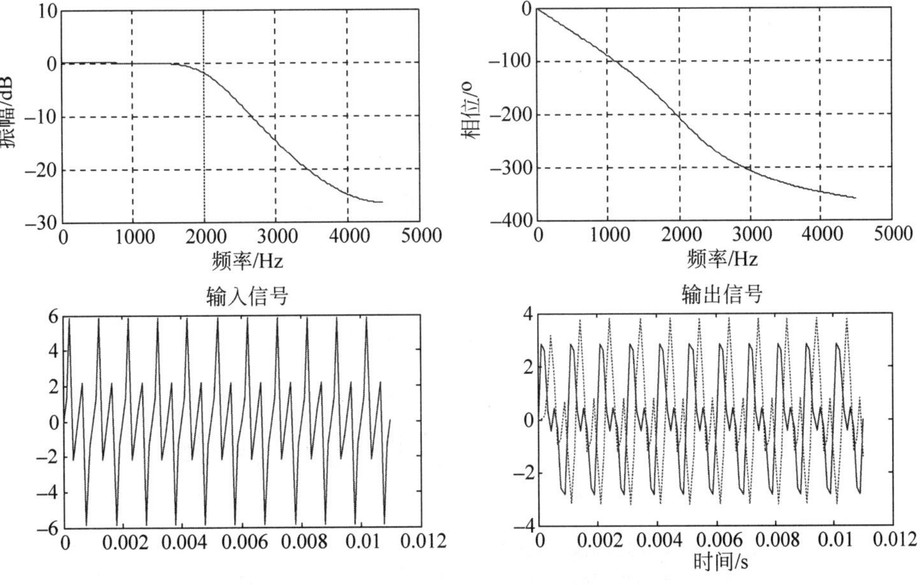

图 4-41 滤波器的频率响应与输入输出信号

【例 4-43】 用双线性变换法设计一个椭圆低通滤波器,并满足响应的性能指标。

程序如下:

```
clear all;
wp = 0.3 * pi;
ws = 0.4 * pi;                         % 数字滤波器截止频率通带波纹
Rp = 2;
Rs = 30;                               % 阻带衰减
Fs = 100;
Ts = 1/Fs;                             % 采样频率
Nn = 256;                              % 调用 freqz 所用的频率点数
wp = 2/Ts * cos(wp/2);
ws = 2/Ts * cos(ws/2);                 % 按频率公式进行转换
[n,wn] = ellipord(wp,ws,Rp,Rs,'s');    % 计算模拟滤波器的最小阶数
[z,p,k] = ellipap(n,Rp,Rs);            % 设计模拟原型滤波器
[Bap,Aap] = zp2tf(z,p,k);              % 零点极点增益形式转换为传递函数形式
[b,a] = lp2lp(Bap,Aap,wn);             % 低通转换为低通滤波器的频率转换
[bz,az] = bilinear(b,a,Fs);            % 运用双线性变换法得到数字滤波器传递函数
[h,f] = freqz(bz,az,Nn,Fs);            % 绘出频率特性
subplot(121);plot(f,20 * log10(abs(h)));
xlabel('频率/Hz');ylabel('振幅/dB');
grid on;
subplot(122);plot(f,180/pi * unwrap(angle(h)));
xlabel('频率/Hz');ylabel('相位/^o');
grid on;
```

运行结果如图 4-42 所示。

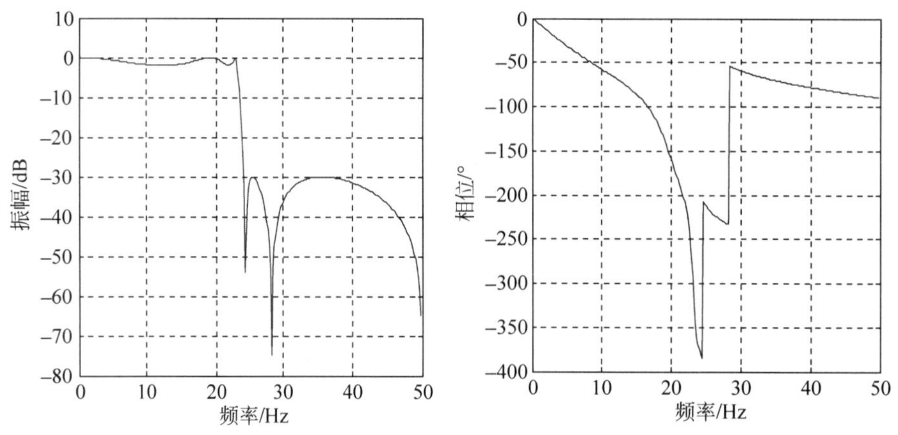

图 4-42 椭圆低通滤波器的频率指标

【例 4-44】 设计一个数字高通滤波器,它的通带为 400～500Hz,通带内容许有 0.5dB 的波动,阻带内衰减在小于 317Hz 的频带内至少为 19dB,采样频率为 1000Hz。

程序如下:

```
wc = 2 * 1000 * tan(2 * pi * 400/(2 * 1000));
wt = 2 * 1000 * tan(2 * pi * 317/(2 * 1000));
```

```
[N,wn] = cheb1ord(wc,wt,0.5,19,'s');
%选择最小阶和截止频率
%设计高通滤波器
[B,A] = cheby1(N,0.5,wn, 'high','s');
%设计切比雪夫Ⅰ型模拟滤波器
[num,den] = bilinear(B,A,1000);
%数字滤波器设计
[h,w] = freqz(num,den);
f = w/pi * 500;
plot(f,20 * log10(abs(h)));
axis([0,500, -80,10]);
grid;
xlabel('频率/Hz')
ylabel('幅度/dB')
```

运行结果如图 4-43 所示。

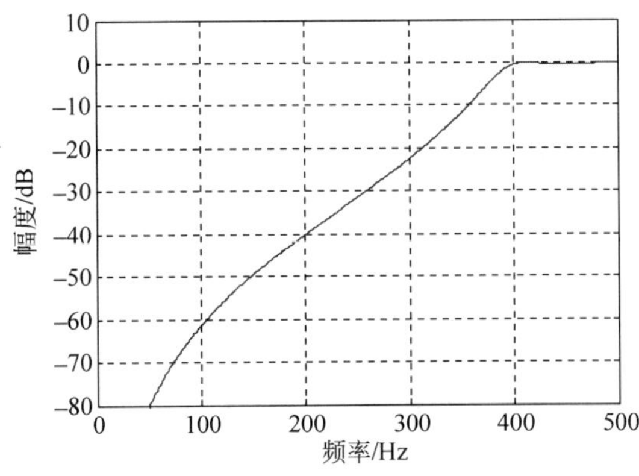

图 4-43 切比雪夫数字高通滤波器

本章小结

数字滤波技术是数字信号处理中的一个重要环节,滤波器的设计则是信号处理的核心问题之一。而数字滤波器是通过数字运算实现滤波,具有处理精度高、稳定、灵活的优点,不存在阻抗匹配问题,可以实现模拟滤波器无法实现的特殊滤波功能。

数字 IIR 滤波器具有良好的幅频响应特性,被广泛应用于通信、控制、生物医学、振动分析,雷达和声呐等领域,从滤波器实现来看,数字 IIR 滤波器有直接型、级联型、并联型和格型等基本网络结构类型。

在各种数字 IIR 滤波器结构中,级联型滤波器结构一方面由于各级之间相互不影响,便于准确实现滤波器零、极点和调整滤波器频率响应性能;另一方面由于各级极点密集度小,滤波器性能受滤波器系数量化的影响小,因此倍受关注。

通过本章的讲解能够使读者掌握数字 IIR 滤波器的相关知识,为后面的学习打下基础,方便读者学习理解 MATLAB 在信号处理领域的应用。

第5章 FIR滤波器设计

数字 FIR(Finite Impulse Response)滤波器指有限冲激响应数字滤波器,这是一种在数字型信号处理领域中应用非常广泛的基础性滤波器,FIR 数字滤波器具有有限长的脉冲采样响应特性,比较稳定。因此,FIR 滤波器的应用要远远广于 IIR 滤波器,在信息传输领域、模式识别领域以及数字图像处理领域具有举足轻重的作用。

学习目标:

(1) 了解、熟悉 FIR 滤波器的结构;

(2) 理解线性相位 FIR 滤波器的特性;

(3) 掌握实际常用的窗函数法 FIR 滤波器设计;

(4) 实现频率采样的 FIR 滤波器的设计;

(5) 理解实现 FIR 数字滤波器的最优设计。

5.1 FIR 滤波器的结构

IIR 数字滤波器能够保留一些模拟滤波器的优良特性,例如具有良好的幅频特性,但是其相位是非线性的。FIR 数字滤波器可以设计成严格线性相位的,避免被处理信号产生相位失真。

FIR 滤波器有以下特点:

(1) 系统的单位冲激响应 $h(n)$在有限个 $h(n)$值处不为零;

(2) 系统函数 $H(z)$在$|z|>0$ 处收敛,并只有零点,即有限 z 平面只有零点,而全部极点都在 $z=0$ 处(因果系统);

(3) 结构上主要采用非递归结构,没有输出到输入的反馈。

FIR 滤波器的基本结构有:

(1) 直接型;

(2) 级联型;

(3) 频率采样型;

(4) 快速卷积型。

下面将分别介绍这些结构。

5.1.1 直接型结构

假设 FIR 滤波器的单位冲激响应 $h(n)$ 为一个长度为 N 的序列，那么滤波器的系统函数为

$$H(z) = \sum_{n=0}^{N-1} h(n) z^{-n}$$

上式的差分形式为

$$y(n) = \sum_{m=0}^{N-1} h(m) x(n-m)$$

由于该结构利用输入信号 $x(n)$ 和滤波器单位冲激响应 $h(n)$ 的线性卷积来描述输出信号 $y(n)$，所以 FIR 滤波器的直接型结构又称为卷积型结构，有时也称为横截型结构。

5.1.2 级联型结构

当需要控制系统传输零点时，将传递函数 $H(z)$ 分解成二阶实系数因子的形式

$$H(z) = \sum_{n=0}^{N-1} h(n) z^{-n} = \prod_{i=1}^{M} (a_{0i} + a_{1i} z^{-1} + a_{2i} z^{-2})$$

这种结构的每一节控制一对零点，因而在需要控制传输零点时可以采用。所需要的系数 $\alpha_{ik}(i=0,1,2;k=1,2,\cdots,N/2)$ 比直接型的 $h(n)$ 多，运算时所需的乘法运算也比直接型多。

【例 5-1】 分别用直接型和级联型实现给定 FIR 滤波器的系统函数。

程序如下：

```
clear all;
n = 0:10;
N = 30;
b = 0.9.^n;
delta = impseq(0,0,N);
h = filter(b,1,delta);
x = [ones(1,5),zeros(1,N-5)];
y = filter(b,1,x);
subplot(2,2,1);stem(h);
title('直接型 h(n)');
subplot(2,2,2);stem(y);
title('直接型 y(n)');
[b0,B,A] = dir2cas(b,1);
h = casfilter(b0,B,A,delta);
y = casfilter(b0,B,A,x);
subplot(2,2,3);stem(h);
title('级联型 h(n)');
subplot(2,2,4);stem(y);
title('级联型 y(n)');
```

运行结果如图 5-1 所示。

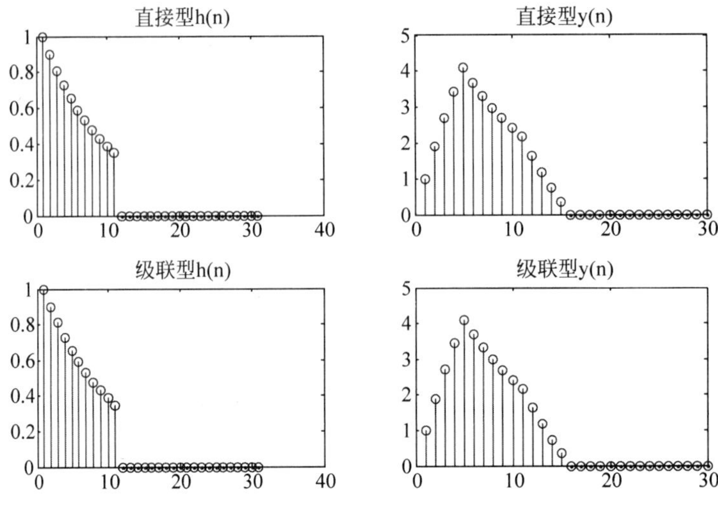

图 5-1　FIR 滤波器分别用直接型和级联型实现

5.1.3　频率采样型结构

有限长序列 $h(n)$的 z 变换 $H(z)$在单位圆上做 N 点的等间隔采样，N 个频率采样值的离散傅里叶反变换所对应的时域信号是原序列 $h_N(n)$以采样点数 N 为周期进行周期延拓的结果，当 N 大于等于原序列 $h(n)$长度 M 时，$h_N(n)=h(n)$，不会发生信号失真，此时 $H(z)$可以用频域采样序列 $H(k)$内插得到，内插公式为

$$H(z) = (1 - z^{-N}) \frac{1}{N} \sum_{k=0}^{N-1} \frac{H(k)}{1 - W_N^{-k} z^{-1}}$$

其中，$H(k)=H(z)\big|_{z=e^{j\frac{2\pi}{N}k}}$，$k=0,1,2,\cdots,N-1$。

$H(z)$也可以重写为

$$H(z) = \frac{1}{N} H_c(z) \sum_{k=0}^{N-1} H'_k(z)$$

其中，$H_c(z)=1-z^{-N}$，$H'_k(z)=\dfrac{H(k)}{1-W_N^{-k}z^{-1}}$。

显然，$H(z)$的第一部分 $H_c(z)$是一个由 N 阶延时单元组成的梳状滤波器，它在单位圆上有 N 个等间隔的零点，即

$$z_i = e^{j\frac{2\pi}{N}i} = W_N^{-i}$$

频率响应为

$$H_c(e^{j\omega}) = 1 - e^{-j\omega N} = 2je^{-j\frac{\omega N}{2}} \sin\left(\frac{\omega N}{2}\right)$$

幅度响应为

$$|H_c(e^{j\omega})| = 2\left|\sin\left(\frac{\omega N}{2}\right)\right|$$

相角为

$$\arg[H_c(e^{j\omega})]=\frac{\pi}{2}-\frac{\omega N}{2}+m\pi$$

显然它具有梳状特性，所以称其为梳状滤波器。

频率采样结构级联的第二部分由 N 个一阶网络并联而成，其中每一个一阶网络为

$$H'_k(z)=\frac{H(k)}{1-W_N^{-k}z^{-1}}$$

令其分母为 0，即

$$1-W_N^{-k}z^{-1}=0$$

可求得其极点为

$$z_k=W_N^{-k}=e^{j\frac{2\pi}{N}k}$$

因此，$H'_k(z)$是谐振频率为 $\omega=\frac{2\pi}{N}k$ 的无损耗谐振器。一个谐振器的极点正好与梳状滤波器的一个零点相抵消，从而使频率$\frac{2\pi}{N}k$ 上的频率响应等于 $H(k)$。

这样，N 个谐振器的 N 个极点就和梳状滤波器的 N 个零点相互抵消，从而在 N 个频率采样点$\left(\omega=\frac{2\pi}{N}k,k=0,1,\cdots,N-1\right)$的频率响应就分别等于 N 个 $H(k)$值，把这两部分级联起来就可以构成 FIR 滤波器的频率采样型结构。

FIR 滤波器的频率采样型结构的主要优点：首先，它的系数 $H(k)$直接就是滤波器在 $\omega=2\pi k/N$ 处的响应值，因此可以直接控制滤波器的响应；此外，只要滤波器的 N 阶数相同，对于任何频响形状，其梳状滤波器部分的结构完全相同，N 个一阶网络部分的结构也完全相同，只是各支路 $H(k)$的增益不同，因此频率采样型结构便于标准化、模块化。

一般来说，当采样点数较大时，频率采样结构比较复杂，所需的乘法器和延时器比较多，但在以下两种情况下，使用频率采样结构比较经济。

(1) 对于窄带滤波器，其多数采样值为零，谐振器柜中只剩下几个所需要的谐振器。这时采用频率采样结构比直接型结构所用的乘法器少，当然存储器还是要比直接型用得多一些。

(2) 在需要同时使用很多并列的滤波器的情况下，这些并列的滤波器可以采用频率采样结构，并且可以共用梳状滤波器和谐振柜，只要将各谐振器的输出适当加权组合就能组成各个并列的滤波器。

FIR 系统直接型结构转换为频率采样型结构的 MATLAB 实现代码如下：

```
function [C,B,A] = dir2fs(h)
% 直接型到频率采样型的转换
% [C,B,A] = dir2fs(h)
% C = 包含各并行部分增益的行向量
% B = 包含按行排列的分子系数矩阵
% A = 包含按行排列的分母系数矩阵
% h = FIR 滤波器的脉冲响应向量
M = length(h);
H = fft(h,M);
```

```
magH = abs(H); phaH = angle(H)';
% check even or odd M
if (M == 2 * floor(M/2))
      L = M/2 - 1;          %M为偶数
     A1 = [1, - 1,0;1,1,0];
     C1 = [real(H(1)),real(H(L + 2))];
else
      L = (M - 1)/2; % M is odd
     A1 = [1, - 1,0];
     C1 = [real(H(1))];
end
k = [1:L]';
% 初始化B和A数组
B = zeros(L,2); A = ones(L,3);
% 计算分母系数
A(1:L,2) = - 2 * cos(2 * pi * k/M); A = [A;A1];
% 计算分子系数
B(1:L,1) = cos(phaH(2:L + 1));
B(1:L,2) = - cos(phaH(2:L + 1) - (2 * pi * k/M));
% 计算增益系数
C = [2 * magH(2:L + 1),C1]';
```

【例 5-2】 利用频率采样法设计一个低通 FIR 数字低通滤波器,其理想频率特性是矩形的,给定采样频率为 $\Omega_s = 2\pi \times 1.5 \times 10^4$(rad/sec),通带截止频率为 $\Omega_p = 2\pi \times 1.6 \times 10^3$(rad/sec),阻带起始频率为 $\Omega_{st} = 2\pi \times 3.1 \times 10^3$(rad/sec),通带波动 $\sigma_1 \leqslant 1$dB,阻带衰减 $\sigma_2 \geqslant 50$dB。

程序如下:

```
close all;
clear;
N = 30;
H = [ones(1,4),zeros(1,22),ones(1,4)];
H(1,5) = 0.5886;H(1,26) = 0.5886;H(1,6) = 0.1065;H(1,25) = 0.1065;
k = 0:(N/2 - 1);k1 = (N/2 + 1):(N - 1);k2 = 0;
A = [exp( - j * pi * k * (N - 1)/N),exp( - j * pi * k2 * (N - 1)/N),exp(j * pi * (N - k1) * (N - 1)/
N)];
HK = H. * A;
h = ifft(HK);
fs = 15000;
[c,f3] = freqz(h,1);
f3 = f3/pi * fs/2;
subplot(221);
plot(f3,20 * log10(abs(c)));
title('频谱特性');
xlabel('频率/HZ');ylabel('衰减/dB');
grid on;
subplot(222);
title('输入采样波形');
stem(real(h),'.');
```

```
line([0,35],[0,0]);
xlabel('n');ylabel('Real(h(n))');
grid on;
t = (0:100)/fs;
W = sin(2 * pi * t * 750) + sin(2 * pi * t * 3000) + sin(2 * pi * t * 6500);
q = filter(h,1,W);
[a,f1] = freqz(W);
f1 = f1/pi * fs/2;
[b,f2] = freqz(q);
f2 = f2/pi * fs/2;
subplot(223);
plot(f1,abs(a));
title('输入波形频谱图');
xlabel('频率');ylabel('幅度')
grid on;
subplot(224);
plot(f2,abs(b));
title('输出波形频谱图');
xlabel('频率');ylabel('幅度')
grid on;
```

运行结果如图 5-2 所示。

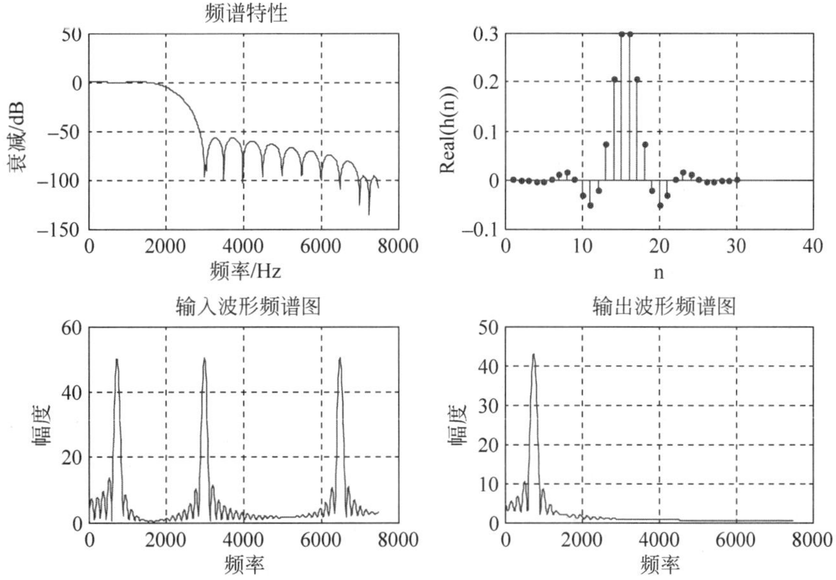

图 5-2 频率抽样法设计一个低通 FIR 数字低通滤波器效果图

【例 5-3】 求一个 20 点相位 FIR 系统的频率样本的频率采样型结构。

程序如下：

```
clear all;
M = 20;
alpha = (M - 1)/2;
magHk = [1 1 1 0.5 zeros(1,13) 0.5 1 1];
```

```
k1 = 0:10;
k2 = 11:M - 1;
angHk = [ - alpha * 2 * pi/M * k1,alpha * 2 * pi/M * (M - k2)];
H = magHk. * exp(j * angHk);
h = real(ifft(H,M));
[C,B,A] = dir2fs(h)
```

运行结果如下：

```
C =
    2.0000
    2.0000
    1.0000
    0.0000
    0.0000
    0.0000
         0
    0.0000
    0.0000
    1.0000
         0
B =
   - 0.9877    0.9877
     0.9511  - 0.9511
   - 0.8910    0.8910
   - 0.9991    0.2673
     0.0000  - 1.0000
   - 0.5437  - 0.9662
     1.0000    0.5878
   - 0.7071  - 0.9877
     0.0000  - 0.3090
A =
   - 1.9021    1.0000   1.0000
   - 1.6180    1.0000   1.0000
   - 1.1756    1.0000   1.0000
   - 0.6180    1.0000   1.0000
   - 0.0000    1.0000   1.0000
     0.6180    1.0000   1.0000
     1.1756    1.0000   1.0000
     1.6180    1.0000   1.0000
     1.9021    1.0000   1.0000
     1.0000  - 1.0000        0
     1.0000    1.0000        0
```

5.1.4 快速卷积型结构

根据圆周卷积和线性卷积的关系可知，两个长度为 N 的序列的线性卷积，可以用这

两个序列的 $2N-1$ 点的圆周卷积来实现。由于 FIR 滤波器的直接型结构特点为滤波器的输出信号 $y(n)$ 是输入信号 $x(n)$ 和滤波器单位脉冲响应 $h(n)$ 的线性卷积，所以，对有限长序列 $x(n)$，可以通过补零的方法延长 $x(n)$ 和 $h(n)$ 序列，然后计算它们的圆周卷积，从而得到 FIR 系统的输出 $y(n)$。

5.2 线性相位 FIR 滤波器的特性

FIR 滤波器能够在保证幅度特性满足技术要求的同时，易做成严格的线性相位特性，且 FIR 滤波器的单位采样响应是有限长的，因而滤波器一定是稳定的，而且可以用快速傅里叶变换算法实现，大大提高了运算速率。

5.2.1 相位条件

如果一个线性移不变系统的频率响应有如下形式：

$$H(\mathrm{e}^{\mathrm{j}\omega}) = H(\omega)\mathrm{e}^{\mathrm{j}\theta(\omega)} = |H(\mathrm{e}^{\mathrm{j}\omega})|\mathrm{e}^{-\mathrm{j}\alpha\omega}$$

则其具有线性相位。这里 α 是一个实数。因而，线性相位系统有一个恒定的群延时，即

$$\tau = \alpha$$

在实际应用中，有两类准确的线性相位，分别要求满足

$$\theta(\omega) = -\tau\omega$$

$$\theta(\omega) = \beta - \tau\omega$$

FIR 滤波器具有第一类线性相位的充分必要条件是：

单位抽样响应 $h(n)$ 关于群延时 τ 偶对称，即满足

$$h(n) = h(N-1-n) \quad 0 \leqslant n \leqslant N-1$$

$$\tau = \frac{N-1}{2}$$

满足偶对称条件的 FIR 滤波器分别称为Ⅰ型线性相位滤波器和Ⅱ型线性相位滤波器。

FIR 滤波器具有第二类线性相位的充分必要条件是：

单位采样响应 $h(n)$ 关于群延时 τ 偶对称，即满足

$$h(n) = -h(N-1-n) \quad 0 \leqslant n \leqslant N-1$$

$$\beta = \pm\frac{\pi}{2}$$

$$\tau = \frac{N-1}{2}$$

把满足奇对称条件的 FIR 滤波器分别称为Ⅲ型线性相位滤波器和Ⅳ型线性相位滤波器。

5.2.2 线性相位 FIR 滤波器频率响应的特点

如果滤波器的系数 $h(n)$ 的长度为 N，且这些系数是关于 $\tau=\frac{N-1}{2}$ 对称的，根据 $h(n)$ 的奇偶对称性和 N 的奇偶性，线性相位 FIR 数字滤波器可以分为 4 种类型。

1. Ⅰ型线性相位滤波器

由于偶对称性，一个Ⅰ型线性相位滤波器的频率响应可表示为

$$H(e^{j\omega}) = e^{-j(N-1)\omega/2} \sum_{n=0}^{(N-1)/2} a(k)\cos(k\omega)$$

其中，$a(k)=2h\left(\frac{N-1}{2}-k\right) \quad k=1,2,\cdots,\frac{N-1}{2}, a(0)=h\left(\frac{N-1}{2}\right)$。

幅度函数为

$$H(\omega) = \sum_{n=0}^{(N-1)/2} a(k)\cos(k\omega)$$

相位函数为

$$\theta(\omega) = \frac{-(N-1)\omega}{2}$$

Ⅰ型线性相位滤波器的幅度函数和相位函数的特点：

幅度函数对 $\tau=\frac{N-1}{2}$ 呈偶对称，同时对 $\omega=0,\pi,2\pi$ 也呈偶对称；相位函数为准确的线性相位。

2. Ⅱ型线性相位滤波器

一个Ⅱ型线性相位滤波器，由于 N 是偶数，所以 $h(n)$ 的对称中心在半整数点 $\tau=\frac{N-1}{2}$。其频率响应可以表示为

$$H(e^{j\omega}) = e^{-j(N-1)\omega/2} \sum_{n=0}^{N/2} b(k)\cos\left[\left(k-\frac{1}{2}\right)\omega\right]$$

其中，$b(k)=2h\left(\frac{N}{2}-k\right) \quad k=1,2,\cdots,\frac{N}{2}$。

幅度函数为

$$H(\omega) = \sum_{n=0}^{N/2} b(k)\cos\left[\left(k-\frac{1}{2}\right)\omega\right]$$

相位函数为

$$\theta(\omega) = \frac{-(N-1)\omega}{2}$$

Ⅱ型线性相位滤波器的幅度函数和相位函数的特点为：

幅度函数的特点：

(1) 当 $\omega=\pi$ 时，$H(\pi)=0$，也就是说 $H(z)$ 在 $z=-1$ 处必然有一个零点；

(2) $H(\omega)$ 对 $\omega=\pi$ 呈奇对称，对 $\omega=0,2\pi$ 呈偶对称。

相位函数的特点：同Ⅰ型线性相位滤波器。

3. Ⅲ型线性相位滤波器

由于Ⅲ型线性相位滤波器关于 $\tau=\frac{N-1}{2}$ 奇对称，且 τ 为整数，所以，其频率响应可以

表示为

$$H(e^{j\omega}) = je^{-j(N-1)\omega/2}\sum_{n=1}^{(N-1)/2} c(k)\sin(k\omega)$$

其中，$c(k)=2h\left(\frac{N-1}{2}-k\right) \quad k=1,2,\cdots,\frac{N-1}{2}$

幅度函数为

$$H(\omega) = \sum_{n=1}^{(N-1)/2} c(k)\sin(k\omega)$$

相位函数为

$$\theta(\omega) = \frac{-(N-1)\omega}{2} + \frac{\pi}{2}$$

Ⅲ型线性相位滤波器的幅度函数和相位函数的特点为：

幅度函数的特点：

(1) 当 $\omega=0,\pi,2\pi$ 时，$H(\pi)=0$，也就是说 $H(z)$ 在 $z=\pm1$ 处必然有一个零点；

(2) $H(\omega)$ 对 $\omega=0,\pi,2\pi$ 均呈奇对称。

相位函数的特点：既是准确的线性相位，又包括 $\pi/2$ 的相移，所以又称 90°移相器，或称正交变换网络。

4. Ⅳ型线性相位滤波器

Ⅳ型线性相位滤波器关于 $\tau=\frac{N-1}{2}$ 奇对称，且 N 为偶数，所以为非整数。其频率响应可以表示为

$$H(e^{j\omega}) = je^{-j(N-1)\omega/2}\sum_{n=1}^{N/2} d(k)\sin\left[\left(k-\frac{1}{2}\right)\omega\right]$$

其中，$d(k)=2h\left(\frac{N}{2}-k\right) \quad k=1,2,\cdots,\frac{N}{2}$。

幅度函数为

$$H(\omega) = \sum_{n=1}^{N/2} d(k)\sin\left[\left(k-\frac{1}{2}\right)\omega\right]$$

相位函数为

$$\theta(\omega) = \frac{-(N-1)\omega}{2} + \frac{\pi}{2}$$

Ⅳ型线性相位滤波器的幅度函数和相位函数的特点为：

(1) 当 $\omega=0,2\pi$ 时，$H(\pi)=0$，也就是说 $H(z)$ 在 $z=1$ 处必然有一个零点；

(2) $H(\omega)$ 对 $\omega=0,2\pi$ 均呈奇对称，对 $\omega=\pi$ 呈偶对称。

相位函数的特点：同Ⅲ型线性相位滤波器。

5. 线性相位滤波器振幅响应的实现

为了实现线性相位滤波器振幅响应，以下是用户自定义编写的 4 种类型函数。

Ⅰ型滤波器的幅度响应如下：

```
function [Hr,w,a,L] = hr_type1(h);
% 计算所设计的 I 型滤波器的振幅响应
% Hr = 振幅响应
% a = 1 型滤波器的系数
% L = Hr 的阶次
% h = 1 型滤波器的单位冲激响应
M = length(h);
L = (M - 1)/2;
a = [h(L + 1) 2 * h(L: - 1:1)];
n = [0:1:L];
w = [0:1:500]' * 2 * pi/500;
Hr = cos(w * n) * a';
```

Ⅱ型滤波器的幅度响应如下：

```
function [Hr,w,b,L] = hr_type2(h);
% 计算所设计的Ⅱ型滤波器的振幅响应
% Hr = 振幅响应
% b = 2 型滤波器的系数
% L = Hr 的阶次
% h = 2 型滤波器的单位冲激响应
M = length(h);
L = M/2;
b =  2 * h(L: - 1:1);
n = [1:1:L];
n = n - 0.5;
w = [0:1:500]' * 2 * pi/500;
Hr = cos(w * n) * b';
```

Ⅲ型滤波器的幅度响应如下：

```
function [Hr,w,c,L] = hr_type3(h);
% 计算所设计的Ⅲ型滤波器的振幅响应
% Hr = 振幅响应
% b = 3 型滤波器的系数
% L = Hr 的阶次
% h = 3 型滤波器的单位冲激响应
M = length(h);
L = (M - 1)/2;
c =  [2 * h(L + 1: - 1:1)];
n = [0:1:L];
w = [0:1:500]' * 2 * pi/500;
Hr = sin(w * n) * c';
```

Ⅳ型滤波器的幅度响应如下：

```
function [Hr,w,d,L] = hr_type4(h);
% 计算所设计的Ⅳ型滤波器的振幅响应
% Hr = 振幅响应
```

```
%b=4 型滤波器的系数
%L=Hr 的阶次
%h=4 型滤波器的单位冲激响应
M=length(h);
L=M/2;
d= 2*[h(L:-1:1)];
n=[1:1:L];
n=n-0.5;
w=[0:1:500]'*2*pi/500;
Hr=sin(w*n)*d';
```

为了绘制滤波器的零极点图,需要调用的用户子程序如下:

```
function pzplotz(b,a)
%pzplotz(b,a)按给定系数向量b,a在z平面上画出零极点分布图
% b - 分子多项式系数向量
% a - 分母多项式系数向量
% a,b向量可从z的最高幂降幂排至z^0,也可由z^0开始,按z^-1的升幂排至z的最负幂.
N = length(a);
M = length(b);
pz = []; zz = [];
if (N>M)
zz = zeros((N-M),1);
elseif (M>N)
pz = zeros((M-N),1);
end
pz = [pz;roots(a)];
zz = [zz;roots(b)];
pzr = real(pz)';
pzi = imag(pz)';
zzr = real(zz)';
zzi = imag(zz)';
rzmin = min([pzr,zzr,-1])-0.5;
rzmax = max([pzr,zzr,1])+0.5;
izmin = min([pzi,zzi,-1])-0.5;
izmax = max([pzi,zzi,1])+0.5;
zmin = min([rzmin,izmin]);
zmax = max([rzmax,izmax]);
zmm=max(abs([zmin,zmax]));
uc=exp(j*2*pi*[0:1:500]/500);
plot(real(uc),imag(uc),'b',[-zmm,zmm],[0,0],'b',[0,0],[-zmm,zmm],'b');
axis([-zmm,zmm,-zmm,zmm]);
axis('square');
hold on
plot(zzr,zzi,'bo',pzr,pzi,'rx');
hold on
text(zmm*1.1,zmm*0.95,'z-平面')
xlabel('实轴');ylabel('虚轴') title('零极点图')
```

【例 5-4】 设计Ⅰ型线性相位滤波器。

程序如下：

```
h=[-4 3 -5 -2 5 7 5 -2 -1 8 -3]
M=length(h);
n=0:M-1;
[Hr,w,a,L]=hr_type1(h);
subplot(2,2,1);
stem(n,h);
xlabel('n');
ylabel('h(n)');
title('冲激响应')
grid on
subplot(2,2,3);
stem(0:L,a);
xlabel('n');
ylabel('a(n)');
title('a(n)系数')
grid on
subplot(2,2,2);
plot(w/pi,Hr);
xlabel('频率单位 pi');ylabel('Hr');
title('I 型幅度响应')
grid on
subplot(2,2,4);
pzplotz(h,1);
grid on
```

运行结果如图 5-3 所示。

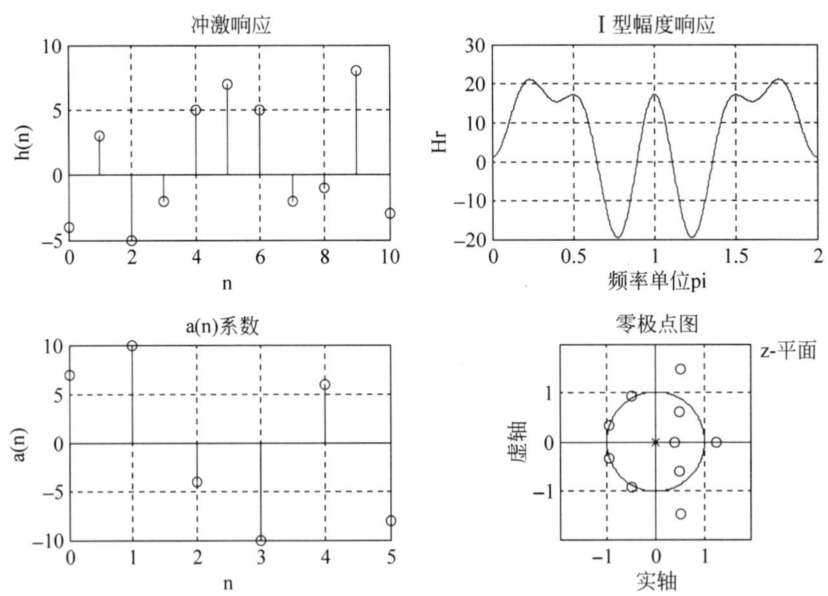

图 5-3　Ⅰ型线性相位滤波器

【例 5-5】 设计Ⅱ型线性相位滤波器。

运行程序如下：

```
h=[-4 3 -5 -2 5 7 5 -2 -1 8 -3]
M=length(h);
n=0:M-1;
[Hr,w,b,L]=hr_type2(h);
subplot(2,2,1);
stem(n,h);
xlabel('n');
ylabel('h(n)');
title('冲激响应')
grid on
subplot(2,2,3);
stem(1:L,b);
xlabel('n');
ylabel('b(n)');
title('b(n)系数')
grid on
subplot(2,2,2);
plot(w/pi,Hr);
xlabel('频率单位 pi');ylabel('Hr');
title('Ⅱ型幅度响应')
grid on
subplot(2,2,4);
pzplotz(h,1);
grid on
```

运行结果如图 5-4 所示。

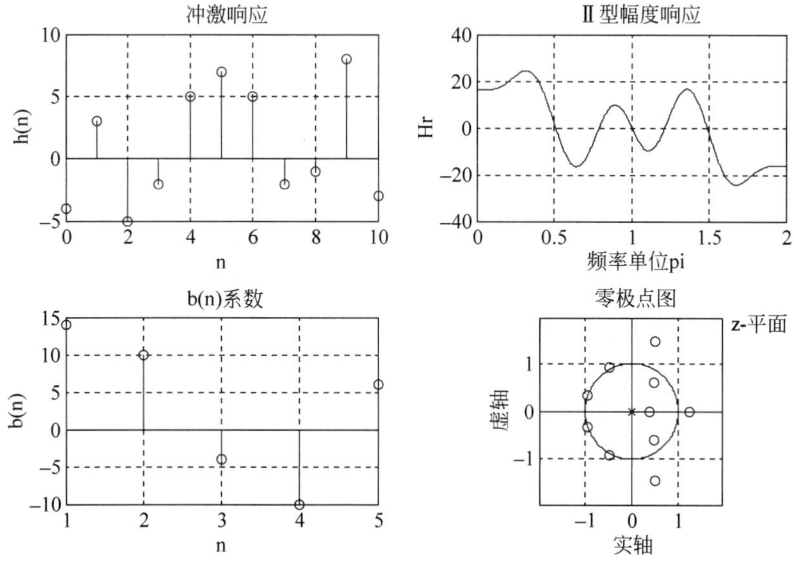

图 5-4　Ⅱ型线性相位滤波器

【例 5-6】 设计Ⅲ型线性相位滤波器。

程序如下：

```
h=[-4 3 -5 -2 5 7 5 -2 -1 8 -3]
M=length(h);
n=0:M-1;
[Hr,w,c,L]=hr_type3(h);
subplot(2,2,1);
stem(n,h);
xlabel('n');
ylabel('h(n)');
title('冲激响应')
grid on
subplot(2,2,3);
stem(0:L,c);
xlabel('n');
ylabel('c(n)');
title('c(n)系数')
grid on
subplot(2,2,2);
plot(w/pi,Hr);
xlabel('频率单位 pi');ylabel('Hr');
title('Ⅲ 型幅度响应')
grid on
subplot(2,2,4);
pzplotz(h,1);
grid on
```

运行结果如图 5-5 所示。

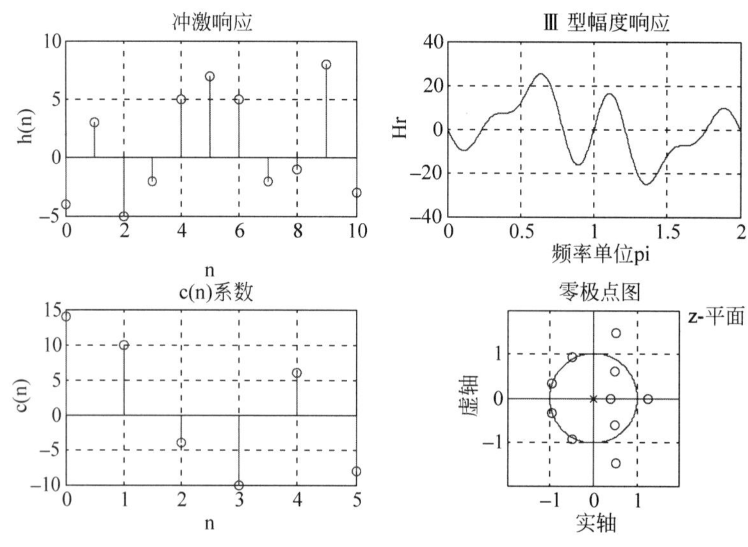

图 5-5 Ⅲ型线性相位滤波器

【例 5-7】 设计Ⅳ型线性相位滤波器。

程序如下：

```
h=[-4 3 -5 -2 5 7 5 -2 -1 8 -3]
M=length(h);
n=0:M-1;
[Hr,w,d,L]=hr_type4(h);
subplot(2,2,1);
stem(n,h);
xlabel('n');
ylabel('h(n)');
title('冲激响应')
grid on
subplot(2,2,3);
stem(1:L,d);
xlabel('n');
ylabel('d(n)');
title('d(n)系数')
grid on
subplot(2,2,2);
plot(w/pi,Hr);
xlabel('频率单位 pi');ylabel('Hr');
title('Ⅳ型幅度响应')
grid on
subplot(2,2,4);
pzplotz(h,1);
grid on
```

运行结果如图 5-6 所示。

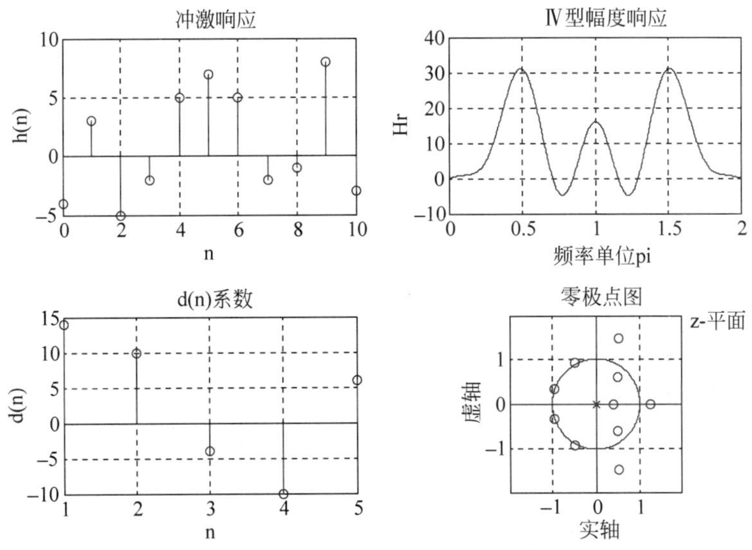

图 5-6 Ⅳ型线性相位滤波器

【例 5-8】 设计 4 类线性相位低通滤波器的幅度响应。

用户自定义函数如下：

```
function [A,w,type,tao] = amplres(h)
% h:  FIR 数字滤波器的冲激响应
% A:  滤波器的幅度特性
% w:  在[0 2 * pi] 区间内计算 Hr 的 512 个频率点
% type: 线性相位滤波器的类型
% tao: 幅度特性的群迟延
N = length(h);
tao = (N - 1)/2;
L = floor(tao);
n = 1:L + 1;
w = [0:511] * 2 * pi/512;
if all(abs(h(n) - h(N - n + 1))< 1e - 8)
    if mod(N,2)~ = 0
        A = 2 * h(n) * cos(((N + 1)/2 - n)' * w) - h(L + 1);
        type = 1
    else
    A = 2 * h(n) * cos(((N + 1)/2 - n)' * w);
        type  = 2;
     end
elseif all(abs(h(n) + h(N - n + 1))< 1e - 8)&&(h(L + 1) * mod(N,2) == 0)
    A = 2 * h(n) * sin(((N + 1)/2 - n)' * w);
     if mod(N,2)~ = 0
        type = 3;
    else type = 4;
    end
else error('error: 非线性相位滤波器!')
end
```

其 MATLAB 实现源代码如下：

```
clear all; close all; clc;
h1  = [ - 3,1, - 1, - 2,5,6,5, - 2, - 1,1, - 3];
h2  = [ - 3,1, - 1, - 2,5,6,6,5, - 2, - 1,1, - 3];
h3  = [ - 3,1, - 1, - 2,5,0, - 5,2,1, - 1,3];
h4 = [ - 3,1, - 1, - 2,5,6, - 6, - 5,2,1, - 1,3];
[A1,w1,a1,L1] = amplres(h1);
[A2,w2,a2,L2] = amplres(h2);
[A3,w3,a3,L3] = amplres(h3);
[A4,w4,a4,L4] = amplres(h4);
figure(1),
n1 = 0:length(h1) - 1;
amax  = max(h1) + 1; amin  = min(h1) - 1;
subplot(241);
stem(n1,h1,'k');
axis([ - 1 2 * L1 + 1 amin amax])
text(5, - 6,'n');
ylabel('h(n)');
title('冲激响应')
subplot(242);
plot(w1,A1,'k');grid;
text(4, - 18,'w');
ylabel('A(\omega)');
```

```
title('Ⅰ型幅度响应')
n2 = 0:length(h2) - 1;
amax = max(h2) + 1;
amin = min(h2) - 1;
subplot(243);
stem(n2,h2,'k');
axis([ - 1 2 * L2 + 1 amin amax]);
text(5, - 6,'n');
ylabel('h(n)');
title('冲激响应');
subplot(244);plot(w2,A2,'k');
grid;text(4, - 28,'w');
ylabel('A(\omega)');
title('Ⅱ型幅度响应')
n3 = 0:length(h3) - 1;
amax = max(h3) + 1;
amin = min(h3) - 1;
subplot(245);
stem(n3,h3,'k');
axis([ - 1 2 * L3 + 1 amin amax])
text(5, - 7,'n');
ylabel('h(n)');
title('冲激响应')
subplot(246);
plot(w3,A3,'k');
grid;
text(4, - 28,'w');
ylabel('A(\omega)');
title('Ⅲ型幅度响应');
n4 = 0:length(h4) - 1;
amax = max(h4) + 1;
amin = min(h4) - 1;
subplot(247);
stem(n4,h4,'k');
axis([ - 1 2 * L4 + 1 amin amax]);
text(5, - 8,'n');
ylabel('h(n)');
title('冲激响应');
subplot(248);
plot(w4,A4,'k');grid;
text(4, - 12,'w');
ylabel('A(\omega)');
title('Ⅳ型幅度响应');
```

运行结果如图 5-7 所示。

5.2.3 线性相位 FIR 滤波器的零点特性

对于Ⅰ型或Ⅱ型线性相位滤波器，有

$$h(n) = h(N-1-n)$$

意味着

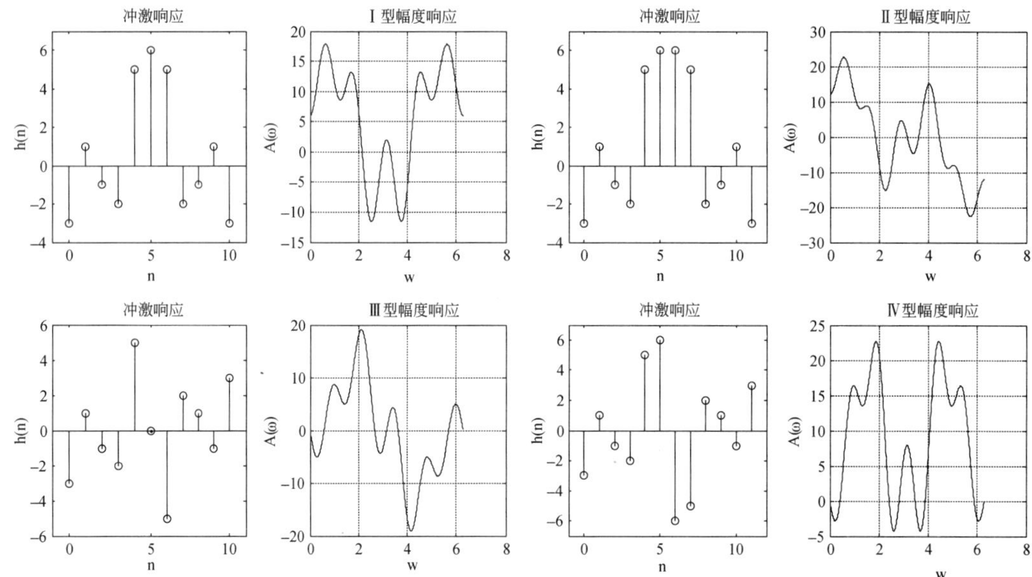

图 5-7　4 类线性相位低通滤波器的幅度响应

$$H(z) = z^{-(N-1)}H(z^{-1})。$$

对于Ⅲ型或Ⅳ型线性相位滤波器，有

$$h(n) = -h(N-1-n)$$

意味着

$$H(z) = -z^{-(N-1)}H(z^{-1})。$$

在上述两种情况下，如果 $H(z)$ 在 $z=z_0$ 处等于零，则在 $z=1/z_0$ 处也一定等于零。所以 $H(z)$ 的零点呈倒数对出现。另外，若 $h(n)$ 是实值的，则复零点呈共轭倒数对出现，或者说是共轭镜像的。

一个线性相位滤波器零点有四种结构：

(1) 零点既不在实轴上，也不在单位圆上，即 $z_i=r_i\mathrm{e}^{\mathrm{j}\theta_i}$，$r_i\neq1$，$\theta_i\neq0$，有四组零点是两组互为倒数的共轭对，其基本因子为

$$\begin{aligned}H_i(z) &= (1-z^{-1}r_i\mathrm{e}^{\mathrm{j}\theta_i})(1-z^{-1}r_i\mathrm{e}^{-\mathrm{j}\theta_i})(1-z^{-1}\frac{1}{r_i}\mathrm{e}^{\mathrm{j}\theta_i})(1-z^{-1}\frac{1}{r_i}\mathrm{e}^{-\mathrm{j}\theta_i}) \\ &= \frac{1}{r_i^2}[1-2r_i(\cos\theta_i)z^{-1}+r_i^2z^{-2}][1-2r_i(\cos\theta_i)z^{-1}+z^{-2}]\end{aligned}$$

(2) 零点在单位圆上，但不在实轴上，此时 $r_i=1$，$\theta_i\neq0$，$\theta_i\neq\pi$，零点的共轭值就是它的倒数，其基本因子为

$$H_i(z) = (1-z^{-1}\mathrm{e}^{\mathrm{j}\theta_i})(1-z^{-1}\mathrm{e}^{-\mathrm{j}\theta_i}) = 1-2(\cos\theta_i)z^{-1}+z^{-2}$$

(3) 零点在实轴上，但不在单位圆上，即 $r_i\neq1$，$\theta_i=0$ 或 π，此时零点是实数，它没有复共轭部分，只有倒数，倒数也在实轴上，其基本因子为

$$H_i(z) = (1\pm r_iz^{-1})\left(1\pm\frac{1}{r_i}z^{-1}\right) = 1\pm\left(r_i+\frac{1}{r_i}\right)z^{-1}+z^{-2}$$

其中，负号零点在负实轴上，正号相当于零点在正实轴上。

(4) 零点既在单位圆上，又在实轴上，即 $r_i=1, \theta_i=0$ 或 π，此时零点只有两种情况，即 $z=1, z=-1$，这时零点既是自己的复共轭，又是倒数，其基本因子为

$$H_i(z) = 1 \pm z^{-1}$$

其中，负号零点在负实轴上，正号相当于零点在正实轴上。

【例 5-9】 画出所给出的 4 种滤波器的系数的零极点图。

程序如下：

```
clear all;
close all; clc;
h1 = [-4,2,-2,-2,5,7,5,-2,-2,2,-4];
h2 = [-4,2,-2,-2,5,7,7,5,-2,-2,2,-4];
h3 = [-4,2,-2,-2,5,0,-5,2,2,-2,4];
h4 = [-4,2,-2,-2,5,7,-7,-5,2,2,-2,4];
subplot(2,2,1);
zplane(h1,1);
title('Ⅰ型零极点');
subplot(2,2,2);
zplane(h2,1);title('Ⅱ型零极点');
subplot(2,2,3);
zplane(h3,1);
title('Ⅲ型零极点');
subplot(2,2,4);
zplane(h4,1);
title('Ⅳ型零极点');
```

运行结果如图 5-8 所示。

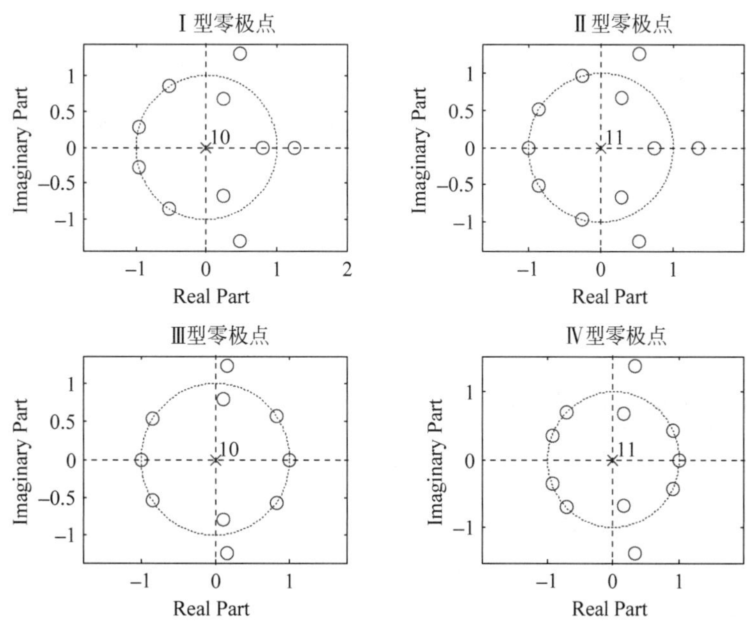

图 5-8　4 种滤波器的系数的零极点图

5.3 常用的窗函数法 FIR 滤波器设计

窗函数法在 FIR 滤波器设计中具有很重要的作用，下面将介绍几种常用的窗函数。

5.3.1 窗函数的基本原理

通常希望所设计的滤波器具有理想的幅频和相频特性，一个理想的低通频率特性滤波器频率特性可表示为

$$H_d(e^{j\omega}) = \sum_{n=-\infty}^{+\infty} h_d(n)e^{-j\omega n} = \begin{cases} e^{-j\alpha\omega} \\ 0 \end{cases}$$

对应的单位冲激响应为

$$h_d(n) = \frac{1}{2\pi}\int_{-\pi}^{\pi} H(e^{j\omega})e^{j\omega n}d\omega = \frac{1}{2\pi}\int_{-\omega_c}^{\omega_c} e^{-j\alpha\omega}e^{j\omega n}d\omega = \frac{\sin[\omega_c(n-\alpha)]}{\pi(n-\alpha)}$$

式中，$\alpha=\frac{1}{2}(N-1)$。

由于理想滤波器在边界频率处不连续，故其时域信号 $h_d(n)$一定是无限时宽的，也是非因果的序列，所以理想低通滤波器是无法实现的。如果要实现一个具有理想线性相位特性的滤波器，其幅频特性只能采取逼近理想幅频特性的方法实现。

如果把 $h_d(n)$进行截取，并保证截取过程中序列保持对称，而且截取长度为 N，则对称点为 $\alpha=\frac{1}{2}(N-1)$。若截取后序列为 $h(n)$，即

$$h(n) = h_d(n)w(n)$$

式中，$w(n)$为截取函数，又称窗函数。从截取的原理看出序列 $h(n)$可以认为是从一个矩形窗口看到的一部分 $h_d(n)$。如果窗函数为矩形序列 $R_N(n)$则称为矩形窗。窗函数有多种形式，为保证加窗后系统的线性相位特性，必须保证加窗后的序列关于 $\alpha=\frac{1}{2}(N-1)$点对称。

理想滤波器单位脉冲响应 $h_d(n)$经过矩形窗函数截取后变为 $h(n)$，所以

$$h(n) = \begin{cases} h_d(n) \\ 0 \end{cases}$$

窗函数设计法的基本思路是用一个长度为 N 的序列 $h(n)$替代 $h_d(n)$作为实际设计的滤波器的单位冲激响应，其系统函数为

$$H(z) = \sum_{n=0}^{N-1} h(n)z^{-n}$$

这种设计思想称为窗函数设计法。

5.3.2 矩形窗

矩形窗(Rectangular Window)的窗函数为

$$w_R(n) = R_N(n)$$

幅度函数为

$$R_N(\omega) = \frac{\sin(\omega N/2)}{\sin(\omega/2)}$$

它的主瓣宽度为 $4\pi/N$，第一旁瓣比主瓣低 13dB。

在 MATLAB 中，实现矩形窗的函数为 boxcar 和 rectwin，其调用格式为

```
w = boxcar(N);
w = rectwin(N)
```

其中，N 是窗函数的长度，返回值 w 是一个 N 阶的向量，它的元素由窗函数的值组成。其中 w=boxcar 等价于 w=ones(N,1)。

【例 5-10】 矩形窗示例。

程序如下：

```
n = 60;
w = rectwin(n);
wvtool(w)
```

运行结果如图 5-9 所示。

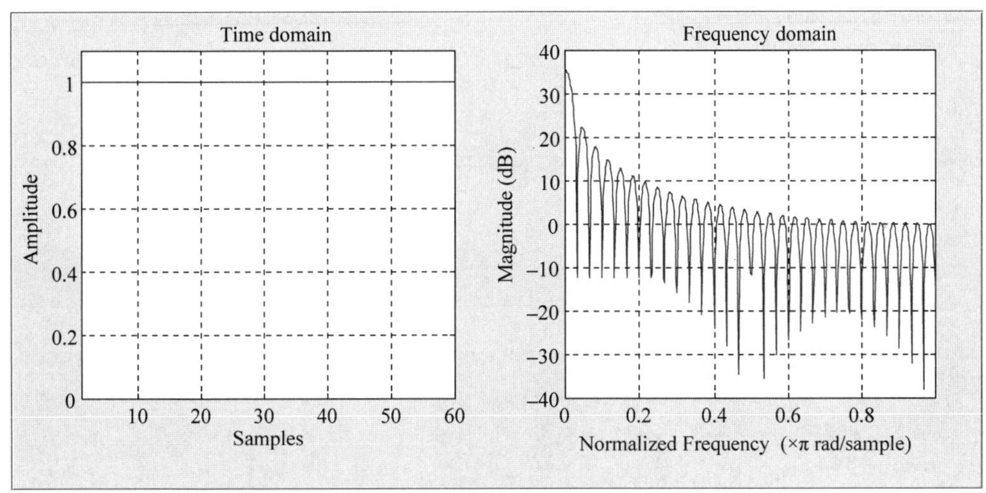

图 5-9 矩形窗示例效果图

【例 5-11】 运用矩形窗设计 FIR 带阻滤波器。

运行过程中需要调用用户自定义的两个子程序。

调用子程序 1：

```
function hd = ideal_bs(Wcl,Wch,m);
alpha = (m - 1)/2;
n = [0:1:(m - 1)];
m = n - alpha + eps;
hd = [sin(m * pi) + sin(Wcl * m) - sin(Wch * m)]./(pi * m)
```

调用子程序 2：

```
function[db,mag,pha,w] = freqz_m2(b,a)
[H,w] = freqz(b,a,1000,'whole');
H = (H(1:1:501))'; w = (w(1:1:501))';
mag = abs(H);
db = 20 * log10((mag + eps)/max(mag));
pha = angle(H);
```

运行 MATLAB 源代码如下：

```
clear all;
Wph = 3 * pi * 6.25/15;
Wpl = 3 * pi/15;
Wsl = 3 * pi * 2.5/15;
Wsh = 3 * pi * 4.75/15;
tr_width = min((Wsl - Wpl),(Wph - Wsh));
%过渡带宽度
N = ceil(4 * pi/tr_width);                                    %滤波器长度
n = 0:1:N - 1;
Wcl = (Wsl + Wpl)/2;                                          %理想滤波器的截止频率
Wch = (Wsh + Wph)/2;
hd = ideal_bs(Wcl,Wch,N);                                     %理想滤波器的单位冲激响应
w_ham = (boxcar(N))';
string = ['矩形窗','N = ',num2str(N)];
h = hd. * w_ham;                                              %截取取得实际的单位冲激响应
[db,mag,pha,w] = freqz_m2(h,[1]);
%计算实际滤波器的幅度响应
delta_w = 2 * pi/1000;
subplot(241);
stem(n,hd);
title('理想冲激响应 hd(n)')
axis([ - 1,N, - 0.5,0.8]);
xlabel('n');ylabel('hd(n)');
grid on
subplot(242);
stem(n,w_ham);
axis([ - 1,N,0,1.1]);
xlabel('n');ylabel('w(n)');
text(1.5,1.3,string);
grid on
subplot(243);
stem(n,h);title('实际冲激响应 h(n)');
axis([0,N, - 1.4,1.4]);
xlabel('n');ylabel('h(n)');
grid on
subplot(244);
plot(w,pha);title('相频特性');
axis([0,3.15, - 4,4]);
```

```
xlabel('频率(rad)');ylabel('相位(Φ)');
grid on
subplot(245);
plot(w/pi,db);title('幅度特性(dB)');
axis([0,1,-80,10]);
xlabel('频率(pi)');ylabel('分贝数');
grid on
subplot(246);
plot(w,mag);title('频率特性')
axis([0,3,0,2]);
xlabel('频率(rad)');ylabel('幅值');
grid on
fs=15000;
t=(0:100)/fs;
x=cos(2*pi*t*750)+cos(2*pi*t*3000)+cos(2*pi*t*6100);
q=filter(h,1,x);
[a,f1]=freqz(x);
f1=f1/pi*fs/2;
[b,f2]=freqz(q);
f2=f2/pi*fs/2;
subplot(247);
plot(f1,abs(a));
title('输入波形频谱图');
xlabel('频率');ylabel('幅度')
grid on
subplot(248);
plot(f2,abs(b));
title('输出波形频谱图');
xlabel('频率');ylabel('幅度')
grid on
```

运行结果如图 5-10 所示。

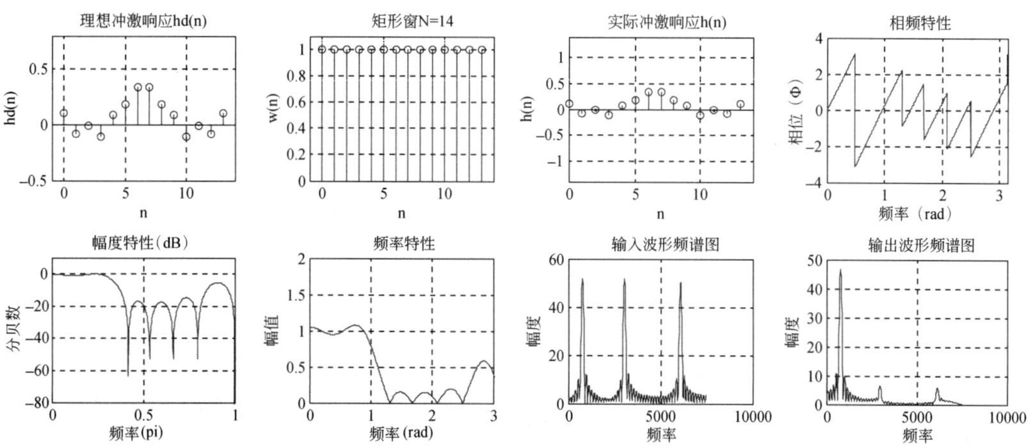

图 5-10　FIR 带阻滤波器及其输入输出结果

5.3.3 汉宁窗

在 MATLAB 中,实现汉宁窗的函数为 hanning 和 barthannwin,其调用格式为

```
w = hanning(N);
w = barthannwin(N)
```

【例 5-12】 绘制 50 点的汉宁窗示例。

程序如下:

```
N = 49;n = 1:N;
wdhn = hanning(N);
figure(3);
stem(n,wdhn,'.');
grid on
axis([0,N,0,1.1]);
title('50 点汉宁窗');
ylabel('W(n)');
xlabel('n');
title('50 点汉宁窗');
```

运行结果如图 5-11 所示。

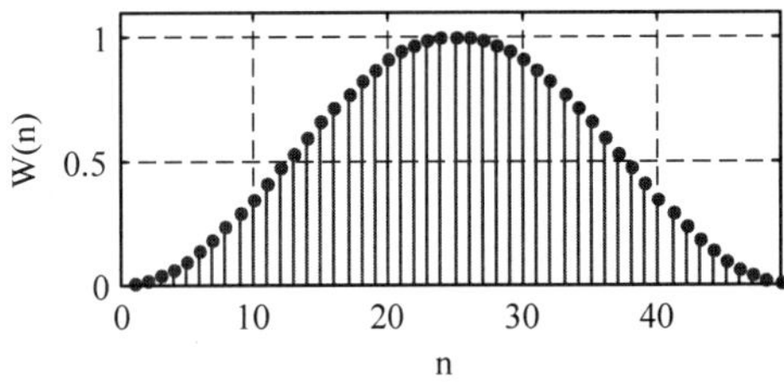

图 5-11　50 点的海宁窗

【例 5-13】 已知连续信号为 $x(t)=\cos(2\pi f_1 t)+0.25\sin(2\pi f_2 t)$,其中,$f_1=100\text{Hz}$,$f_2=150\text{Hz}$,若以采样频率 $f_{sam}=600\text{Hz}$ 对该信号进行采样,利用不同宽度 N 的矩形窗截短该序列,N 取 60,观察不同的窗对谱分析结果的影响。

程序如下:

```
N = 60;
L = 512;
f1 = 100;f2 = 150;fs = 600;
ws = 2 * pi * fs;
t = (0:N-1) * (1/fs);
x = cos(2 * pi * f1 * t) + 0.25 * sin (2 * pi * f2 * t);
wh = boxcar(N)';
x = x. * wh;
subplot(221);stem(t,x);
title('加矩形窗时域图');
xlabel('n');ylabel('h(n)')
```

```
grid on
W = fft(x,L);
f = (( - L/2:L/2 - 1) * (2 * pi/L) * fs)/(2 * pi);
subplot(222);
plot(f,abs(fftshift(W)))
title('加矩形窗频域图');
xlabel('频率');ylabel('幅度')
grid on
x = cos(2 * pi * f1 * t) + 0.15 * cos(2 * pi * f2 * t);
wh = hanning(N)';
x = x. * wh;
subplot(223);stem(t,x);
title('加汉宁窗时域图');
xlabel('n');ylabel('h(n)')
grid on
W = fft(x,L);
f = (( - L/2:L/2 - 1) * (2 * pi/L) * fs)/(2 * pi);
subplot(224);
plot(f,abs(fftshift(W)))
title('加汉宁窗频域图');
xlabel('频率');ylabel('幅度')
grid on
```

运行结果如图 5-12 所示。

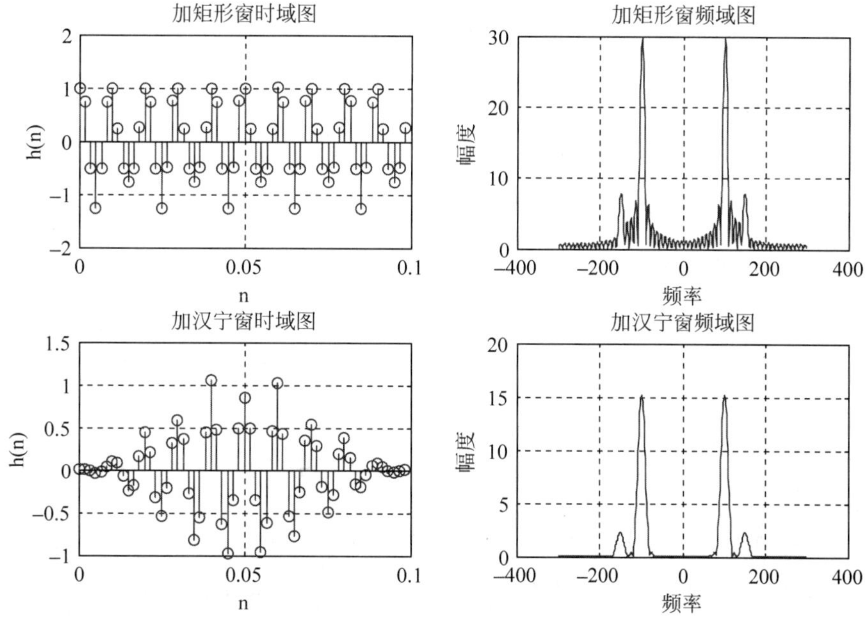

图 5-12 加矩形窗和加汉宁窗实验效果图

5.3.4 海明窗

在 MATLAB 中,实现海明窗的函数为 hamming,其调用格式为

```
w = hamming(N)
```

其中,N 是窗函数的长度,返回值 w 是一个长度为 N 的海明窗序列。

【例 5-14】 海明窗示例。

程序如下:

```
L = 64;
wvtool(hamming(L))
```

运行结果如图 5-13 所示。

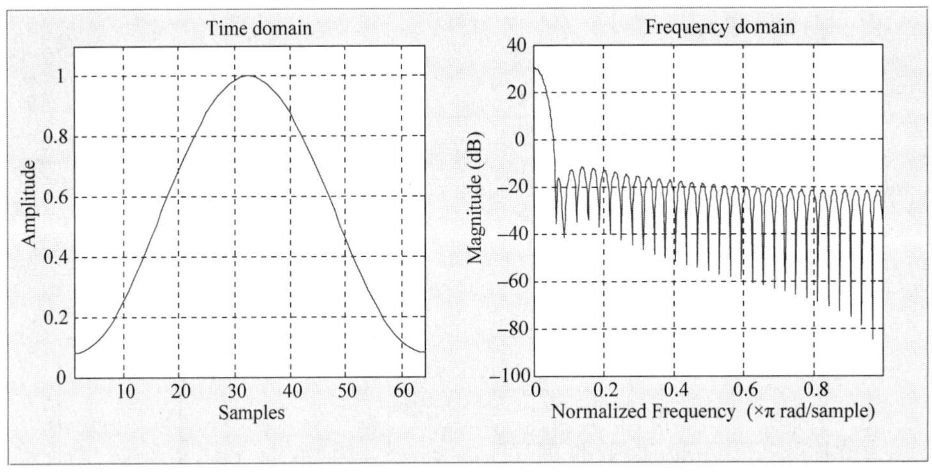

图 5-13 海明窗示例效果图

【例 5-15】 用海明窗设计低通滤波器。

程序如下:

```
clear;
close all;
wd = 0.875 * pi;N = 133;M = (N - 1)/2;
nn = - M:M;
n = nn + eps;
hd = sin(wd * n)./(pi * n);                % 理想冲激响应
w = hamming(N)';                           % 海明窗
h = hd. * w;                               % 实际冲激响应
H = 20 * log10(abs(fft(h,1024)));          % 实际滤波器的分贝幅度特性
HH = [H(513:1024) H(1:512)];
subplot(221),plot(nn,hd,'k');
xlabel('n');title('理想冲激响应');axis([ - 70 70  - 0.1 0.3]);
subplot(222),plot(nn,w,'k');axis([ - 70 70  - 0.1 1.2]);
title('海明窗');xlabel('n');
```

```
subplot(223),plot(nn,h,'k');
axis([-70 70 -0.1 0.3]);xlabel('n');title('实际冲激响应');
w=(-512:511)/511;
subplot(224),plot(w,HH,'k');
axis([-1.2 1.2 -140 20]);xlabel('\omega/\pi');title('滤波器分贝幅度特性');
set(gcf,'color','w');
```

运行结果如图 5-14 所示。

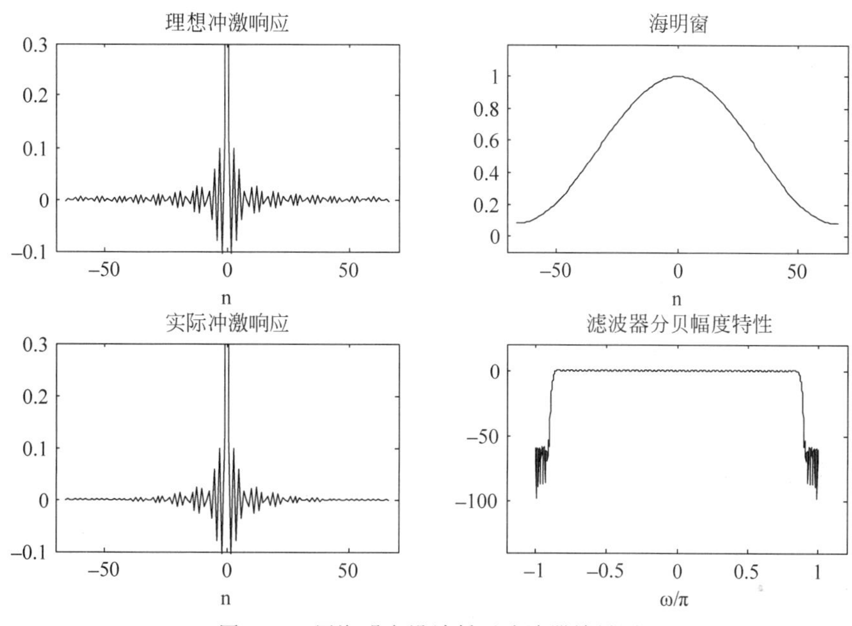

图 5-14　用海明窗设计低通滤波器效果图

【例 5-16】 用海明窗设计高通滤波器效果图。

程序如下：

```
clear;close all;
wd=0.6*pi;N=65;M=(N-1)/2;
nn=-M:M;
n=nn+eps;
hd=3*((-1).^n).*tan(wd*n)./(pi*n);        % 理想冲激响应
w=hamming(N)';                             % 海明窗
h=hd.*w;                                   % 实际冲激响应
H=20*log10(abs(fft(h,1024)));              % 实际滤波器的分贝幅度特性
HH=[H(513:1024) H(1:512)];
subplot(221),stem(nn,hd,'k');
xlabel('n');title('理想冲激响应');axis([-18 18 -0.8 1.2]);
subplot(222),stem(nn,w,'k');axis([-18 18 -0.1 1.2]);
title('海明窗');xlabel('n');
subplot(223),stem(nn,h,'k');
axis([-18 18 -0.8 1.2]);xlabel('n');title('实际冲激响应');
w=(-512:511)/511;
subplot(224),plot(w,HH,'k');
axis([-1.2 1.2 -140 20]);xlabel('\omega/\pi');title('滤波器分贝幅度特性');
set(gcf,'color','w');
```

运行结果如图 5-15 所示。

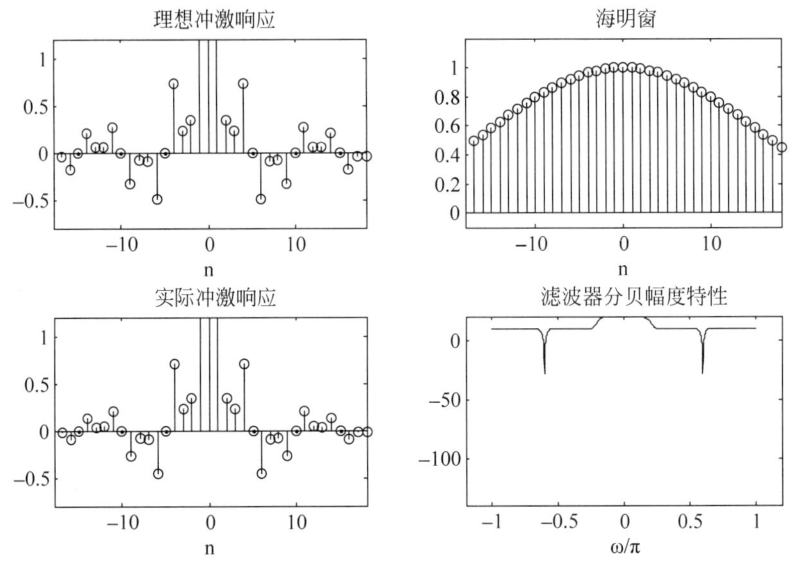

图 5-15　用海明窗设计高通滤波器效果图

5.3.5　布莱克曼窗

布莱克曼窗(Blackman window)的窗函数为

$$w_{\mathrm{Bl}}(n)=\left[0.42-0.5\cos\frac{2\pi n}{N-1}+0.08\cos\frac{4\pi n}{N-1}\right]R_N(n)$$

幅值函数为

$$W_{\mathrm{Bl}}(\omega)=0.42W_{\mathrm{R}}(\omega)+0.25\left[W_{\mathrm{R}}\left(\omega-\frac{2\pi}{N-1}\right)+W_{\mathrm{R}}\left(\omega+\frac{2\pi}{N-1}\right)\right]$$
$$+0.04\left[W_{\mathrm{R}}\left(\omega-\frac{4\pi}{N-1}\right)+W_{\mathrm{R}}\left(\omega+\frac{4\pi}{N-1}\right)\right]$$

该幅度函数由 5 部分组成，5 部分相加的结果使得旁瓣得到进一步抵消，阻带衰减加大，而过渡带加大到 $12\pi/N$。

在 MATLAB 中，实现布莱克曼窗的函数为 blackman，其调用格式如下：

```
w = blackman(N)
```

其中，N 是窗函数的长度，返回值 w 是一个长度为 N 的布莱克曼窗序列。

【例 5-17】 用窗函数法设计数字带通滤波器：

下阻带边缘为 Ws1=0.3pi，As=65dB；下通带边缘为 Wp1=0.4pi，Rp=1dB；

上通带边缘为 Wp2=0.6pi，Rp=1dB；上阻带边缘为 Ws2=0.7pi，As=65dB。

根据窗函数最小阻带衰减的特性以及参照窗函数的基本参数表，选择布莱克曼窗可达到 75dB 最小阻带衰减，其过渡带为 11pi/N。

运行过程中调用的子程序如下：

```
function hd = ideal_lp(wc,M);
%计算理想低通滤波器的冲激响应
%[hd] = ideal_lp(wc,M)
%hd = 理想冲激响应 0 到 M-1
%wc = 截止频率
% M = 理想滤波器的长度
alpha = (M-1)/2;
n = [0:1:(M-1)];
m = n - alpha + eps;
%加上一个很小的值 eps 避免除以 0 的错误情况出现
hd = sin(wc * m)./(pi * m);
```

运行程序如下：

```
clear all;
wp1 = 0.4 * pi;
wp2 = 0.6 * pi;
ws1 = 0.3 * pi;
ws2 = 0.7 * pi;
As = 150;
tr_width = min((wp1 - ws1),(ws2 - wp2));            %过渡带宽度
M = ceil(11 * pi/tr_width) + 1                       %滤波器长度
n = [0:1:M-1];
wc1 = (ws1 + wp1)/2;                                 %理想带通滤波器的下截止频率
wc2 = (ws2 + wp2)/2;                                 %理想带通滤波器的上截止频率
hd = ideal_lp(wc2,M) - ideal_lp(wc1,M);
w_bla = (blackman(M))';                              %布莱克曼窗
h = hd. * w_bla;
%截取得到实际的单位冲激响应
[db,mag,pha,grd,w] = freqz_m(h,[1]);
%计算实际滤波器的幅度响应
delta_w = 2 * pi/1000;
Rp = - min(db(wp1/delta_w + 1:1:wp2/delta_w))
%实际通带纹波
As = - round(max(db(ws2/delta_w + 1:1:501)))
As = 150
subplot(2,2,1);
stem(n,hd);
title('理想单位冲激响应 hd(n)')
axis([0 M-1  -0.4 0.5]);
xlabel('n');
ylabel('hd(n)')
grid on;
subplot(2,2,2);
stem(n,w_bla);
title('布莱克曼窗 w(n)')
axis([0 M-1 0 1.1]);
```

```
xlabel('n');
ylabel('w(n)')
grid on;
subplot(2,2,3);
stem(n,h);
title('实际单位冲激响应 hd(n)')
axis([0 M-1 -0.4 0.5]);
xlabel('n');
ylabel('h(n)')
grid on;
subplot(2,2,4);
plot(w/pi,db);
axis([0 1 -150 10]);
title('幅度响应(dB)');
grid on;
xlabel('频率单位:pi');
ylabel('分贝数')
```

运行结果如图 5-16 所示。

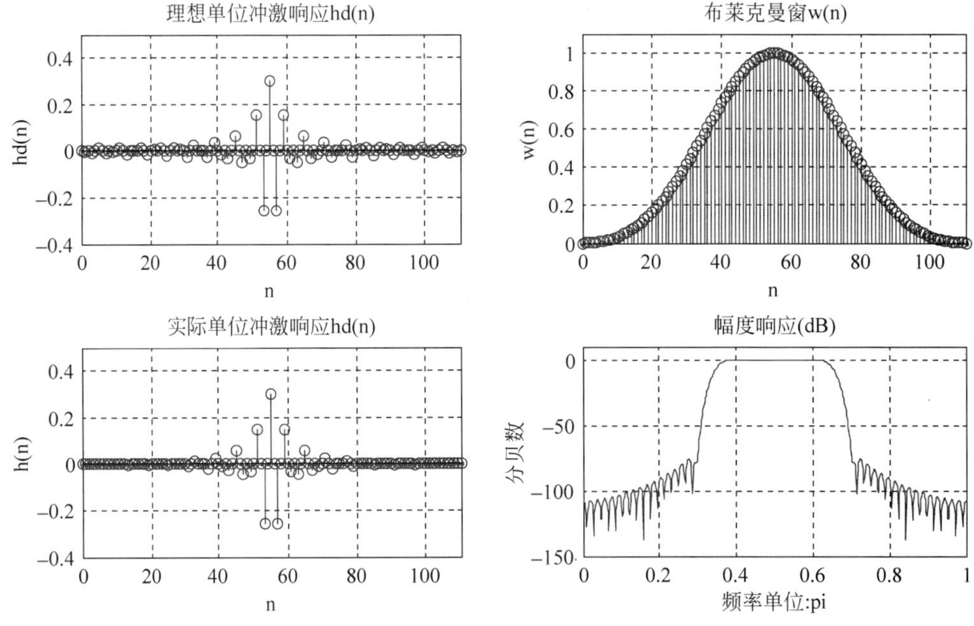

图 5-16 用布莱克曼窗函数法设计数字带通滤波器

5.3.6 巴特窗

在 MATLAB 中,巴特窗函数为 bartlett,调用格式为

```
w = bartlett(L)
```

【例 5-18】 三角窗示例。

程序如下：

```
w1 = bartlett(7);      % 三角窗
w2 = bartlett(8);      % 梯形三角窗
wvtool(w1);
wvtool(w2);
```

运行结果如图 5-17 和图 5-18 所示。

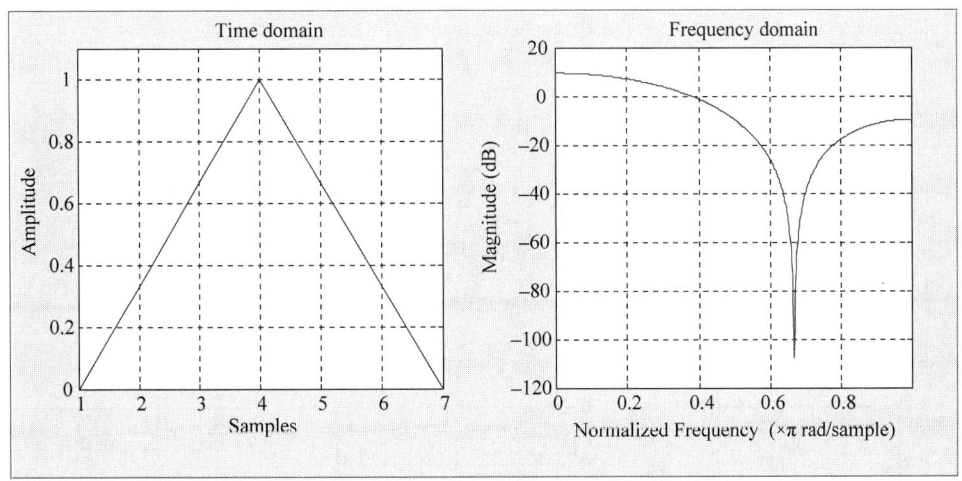

图 5-17 巴特窗效果图

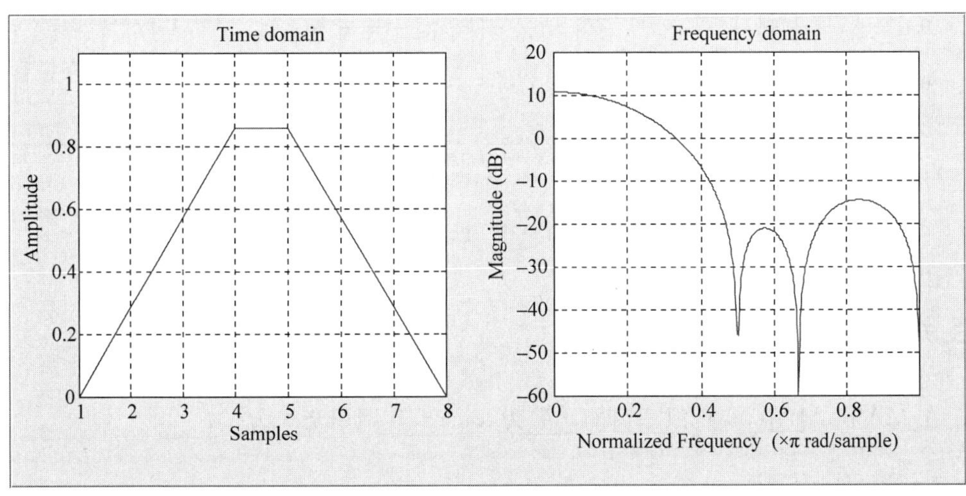

图 5-18 梯形巴特窗效果图

【例 5-19】 设计巴特窗示例。

程序如下：

```
clear all;
Nwin = 20;                                          % 数据总数
```

```
n = 0:Nwin - 1;                                      % 数据序列序号
w = bartlett(Nwin);
subplot(131);stem(n,w);                              %绘出窗函数
xlabel('n');ylabel('w(n)');
grid on;
Nf = 512;                                            %窗函数复数频率特性的数据点数
Nwin = 20;                                           %窗函数数据长度
[y,f] = freqz(w,1,Nf);
mag = abs(y);                                        %求得窗函数幅频特性
w = bartlett(Nwin);
subplot(132);plot(f/pi,20 * log10(mag/max(mag)));    %绘制窗函数的幅频特性
xlabel('归一化频率');ylabel('振幅/dB');
grid on;
w = blackman(Nwin);
[y,f] = freqz(w,1,Nf);
mag = abs(y);                                        %求得窗函数幅频特性
subplot(133);plot(f/pi,20 * log10(mag/max(mag)));    %绘制窗函数的幅频特性
xlabel('归一化频率');ylabel('振幅/dB');
grid on;
```

运行结果如图 5-19 所示。

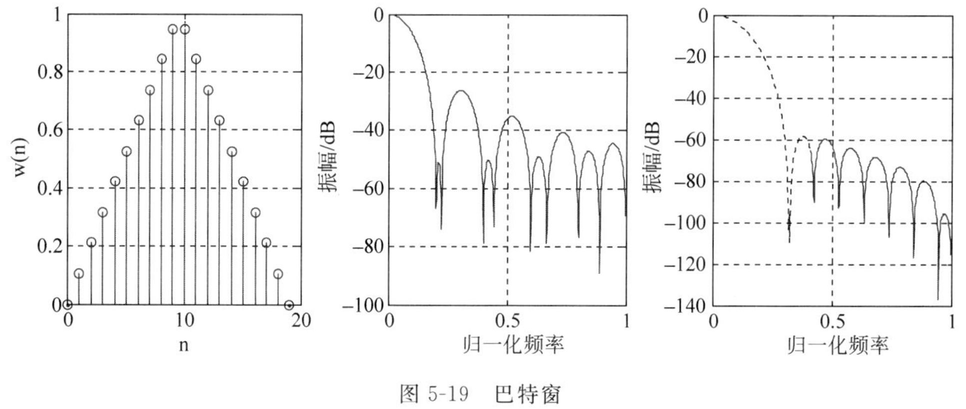

图 5-19　巴特窗

5.3.7　凯塞窗

在 MATLAB 中,实现凯塞窗的函数为 kaiser,其调用格式为

```
w = kaiser(N,beta);
```

在 MATLAB 下设计标准响应 FIR 滤波器可使用 fir1 函数。fir1 函数以经典方法实现加窗线性相位 FIR 滤波器设计,它可以设计出标准的低通、带通、高通和带阻滤波器。fir1 函数的用法为

```
b = fir1(n,Wn,'ftype',Window)
```

其中,b 表示滤波器系数,n 表示滤波器阶数,Wn 表示截止频率。当指定 ftype 时,可设

计高通和带阻滤波器。ftype＝high 时，设计高通 FIR 滤波器；ftype＝stop 时设计带阻 FIR 滤波器。低通和带通 FIR 滤波器无须输入 ftype 参数。Window 表示窗函数。窗函数的长度应等于 FIR 滤波器系数个数，即阶数 n＋1。

【例 5-20】 利用凯塞窗函数设计一个带通滤波器示例。

程序如下：

```
Fs = 8000;N = 216;
fcuts = [1000 1200 2300 2500];
mags = [0 1 0];
devs = [0.02 0.1 0.02];
[n,Wn,beta,ftype] = kaiserord(fcuts,mags,devs,Fs);
n = n + rem(n,2);
hh = fir1(n,Wn,ftype,kaiser(n + 1,beta),'noscale');
[H,f] = freqz(hh,1,N,Fs);
plot(f,abs(H));
xlabel('频率 (Hz)');
ylabel('幅值|H(f)|');
grid on;
```

运行结果如图 5-20 所示。

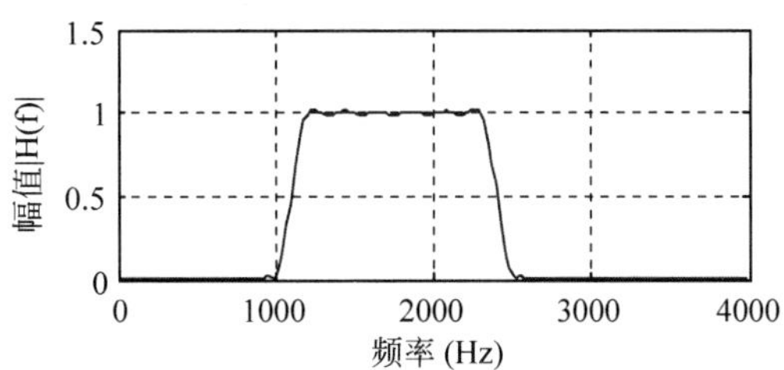

图 5-20 用凯塞窗函数设计带通滤波器

5.3.8 窗函数设计法

设计一个 FIR 滤波器通常按下面步骤进行：

(1) 根据滤波器设计要求指标，确定滤波器的过渡带宽和阻带衰减要求，选择窗函数的类型并估计窗的宽度 N。

(2) 根据所要求的理想滤波器求出单位脉冲响应 $h_d(n)$。

(3) 根据求得的 $h(n)$求出其频率响应：$H(e^{j\omega}) = \sum_{n=0}^{N-1} h(n)e^{-j\omega n}$。

(4) 根据频率响应验证是否满足技术指标。

(5) 若不满足指标要求，则应调整窗函数类型或长度，然后重复以上步骤，直到满足要求为止。

由于 N 的选择对阻带最小衰减 α_s 影响不大，所以可以直接根据 α_s 确定窗函数 $w(n)$ 的类型。然后可根据过渡带宽度小于给定指标的原则确定窗函数的长度 N。指标给定的过渡带宽度由下式给出：

$$\Delta\omega = \omega_s - \omega_p$$

不同的窗函数,过渡带计算公式不同,但过渡带与窗函数的长度 N 成反比,由此可确定出长度 N。N 选则的原则是在保证阻带衰减要求的情况下,尽量选择较小的 N。当 N 和窗函数类型确定后,可根据 MATLAB 提供函数求出相应的窗函数。

一般情况下,$h_d(n)$不易求得,可采用数值方法求得,过程如下:

$$H_d(e^{j\omega}) \xrightarrow{0\sim 2\pi M\text{点采样}} H_d(k) \xrightarrow{\text{IDFT}} h_M(n) = \sum_{r=-\infty}^{+\infty} h_d(n+rM)$$

采样间隔 M 应足够大并满足采样定理,以保证窗口内 $h_M(n)$与 $h_d(n)$足够逼近。

计算滤波器的单位冲激响应 $h(n)$,根据窗函数设计理论 $h(n)=h_d(n)\cdot w(n)$,在 MATLAB 中用语句 hn=hd * wd 实现 $h(n)$。需要说明是,MATLAB 中的数据通常是以列向量形式存在的,所以两个向量相乘 hd 必须进行转置。

设计 MATLAB 子程序如下:

```
function [h] = usefir1(mode,n,fp,fs,window,r,sample)
% mode:模式(1 -- 高通; 2 -- 低通; 3 -- 带通; 4 -- 带阻)
% n:阶数, 加窗的点数为阶数加 1
% fp:高通和低通时指示截止频率, 带通和带阻时指示下限频率
% fs:带通和带阻时指示上限频率
% window:加窗(1 -- 矩形窗; 2 -- 三角窗; 3 -- 巴特窗; 4 -- 海明窗;
%5 -- 汉宁窗; 6 -- 布莱克曼窗; 7 -- 凯塞窗; 8 -- 切比雪夫窗)
% r 代表加 chebyshev 窗的 r 值和加 kaiser 窗时的 beta 值
% sample:采样率
% h:返回设计好的 FIR 滤波器系数
if window == 1 w = boxcar(n + 1);
end
if window == 2 w = triang(n + 1);end
if window == 3 w = bartlett(n + 1);end
if window == 4 w = hamming(n + 1);end
if window == 5 w = hanning(n + 1);end
if window == 6 w = blackman(n + 1);end
if window == 7 w = kaiser(n + 1,r);end
if window == 8 w = chebwin(n + 1,r);
end
wp = 2 * fp/sample;
ws = 2 * fs/sample;
if mode == 1 h = fir1(n,wp,'high',w);
end
if mode == 2 h = fir1(n,wp,'low',w);
end
if mode == 3 h = fir1(n,[wp,ws],w);
end
if mode == 4 h = fir1(n,[wp,ws],'stop',w);
end
m = 0:n;
subplot(131);
```

```
plot(m,h);grid on;
title('冲激响应');
axis([0 n 1.1 * min(h) 1.1 * max(h)]);
ylabel('h(n)');xlabel('n');
freq_response = freqz(h,1);
magnitude = 20 * log10(abs(freq_response));
m = 0:511; f = m * sample/(2 * 511);
subplot(132);
plot(f,magnitude);grid on;
title('幅频特性');
axis([0 sample/2 1.1 * min(magnitude) 1.1 * max(magnitude)]);
ylabel('f 幅值');xlabel('频率');
phase = angle(freq_response);
subplot(133);plot(f,phase);grid on;
title('相频特性');
axis([0 sample/2 1.1 * min(phase) 1.1 * max(phase)]);
ylabel('相位');xlabel('频率');
```

【例 5-21】 假设需设计一个 40 阶的带通 FIR 滤波器，采用巴特窗，采样频率为 10kHz，两个截止频率分别为 2kHz 和 3kHz，则只需在 MATLAB 的命令窗口下键入：

```
h = usefir1(3,60,2000,3000,3,2,10000);
```

运行结果如图 5-21 所示。

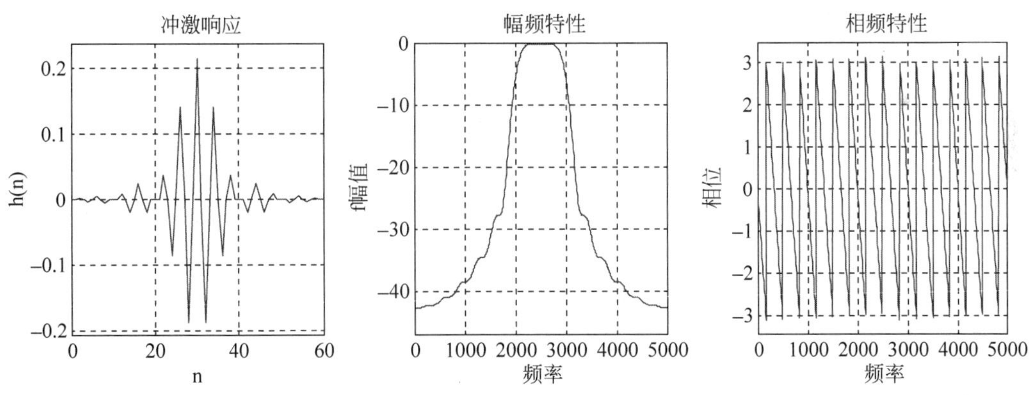

图 5-21　巴特窗带通滤波器

5.4　频率采样的 FIR 滤波器的设计

窗函数方法设计数字滤波器的问题如下：

优点：窗函数法设计数字滤波器具有设计简单、方便实用的特点。

缺点：由于窗函数法是从时域出发的一种设计方法，它的设计思想是用理想滤波器的单位冲激响应作为滤波器系数。而理想单位冲激响应又不可实现，所以通过加窗截断而改善特性，故实际滤波器产生了与理想滤波器特性的偏差。

改善办法：通过在时域改变截断方式和增加长度就可使实际滤波器特性逼近理想滤波器。尤其在 $H_d(e^{j\omega})$ 比较复杂时，其单位冲激响应需要通过采样求 IDFT 得到。

另一方面，面的设计实际上设计过程绕了一个圈子。那么能不能直接将要设计的滤波器特性的采样点给出并由此求得滤波器系数，这样就引出了频率采样设计法。

5.4.1 设计的思路与约束条件

(1) 在 $\omega=0\sim2\pi$ 区间等间隔采样 N 点得 $H_d(k)$ 为

$$H_d(k) = H(e^{j\omega})\big|_{\omega=\frac{2\pi}{N}k}$$

(2) 对 N 点 $H_d(k)$ 进行 IDFT，得到 $h(n)$ 为

$$h(n) = \frac{1}{N}\sum_{k=0}^{N-1} H_d(k) e^{j\frac{2\pi}{N}kn}$$

(3) 对 $h(n)$ 求 z 变换的系统函数(直接型)为

$$H(z) = \sum_{n=0}^{N-1} h(n) z^{-n}$$

或用内插公式(频率采样型)

$$H(z) = \frac{1-z^{-N}}{N}\sum_{k=0}^{N-1}\frac{H_d(k)}{1-e^{j\frac{2\pi}{N}k}z^{-1}}$$

根据频率采样定理，用有限点频率样点替代理想滤波器频率特性，在时域上由于时域响应要发生混叠，所以所求实际滤波器频率特性 $H(e^{j\omega})$ 与理想特性 $H_d(e^{j\omega})$ 之间存在误差。

频率采样法的要求是：

(1) 在频域上进行采样得到的 $H_d(k)$ 能保证滤波器的线性相位特性；

(2) 使实际滤波器频率特性与理想滤波器特性之间的误差更小。

通常滤波器具有第一类线性相位特性的时域条件是 $h(n)=h(N-n-1)$，而且 $h(n)$ 为实数。与此相对应，滤波器频域表达式为

$$H(e^{j\omega}) = H_g(\omega) e^{j\theta(\omega)}$$

$$\theta(\omega) = -\frac{N-1}{2}\omega$$

其幅度特性也具有对称特性且满足下面条件：

N=奇数时，$H_g(\omega)=H_g(2\pi-\omega)$，关于 $\omega=\pi$ 偶对称；

N=偶数时，$H_g(\omega)=-H_g(2\pi-\omega)$，关于 $\omega=\pi$ 奇对称，且 $H_g(\pi)=0$。

所以对 $H_d(e^{j\omega})$ 进行 N 点采样得到的 $H_d(k)$ 也必须具有对称特性，这样才能保证对 $H_d(k)$ 进行 IDFT 得到的 $h(n)$ 具有偶对称特性，即满足线性相位条件。

5.4.2 误差设计

从频域上看，由采样定理可知频域等间隔采样得 $H(k)$，经过 IDFT 得到 $h(n)$，其 Z

变换 $H(z)$和 $H(k)$之间的关系为

$$H(z)=\frac{1-z^{-N}}{N}\sum_{k=0}^{N-1}\frac{H(k)}{1-e^{j\frac{2\pi}{N}k}z^{-1}}$$

代入 $z=e^{j\omega}$得到

$$H(e^{j\omega})=\sum_{k=0}^{N-1}H(k)\Phi\left(\omega-\frac{2\pi}{N}k\right)$$

式中,$\Phi(\omega)=\frac{1}{N}\frac{\sin(\omega N/2)}{\sin(\omega/2)}e^{-j\omega\frac{N-1}{2}}$。

在采样点 $\omega=2\pi k/N,k=0,1,\cdots,N-1$ 上,$\Phi(\omega-2\pi k/N)=1$,所以,在采样点上 $H(e^{j\omega_k})(\omega_k=2\pi/N)$与 $H(k)$相等,误差为零。而在采样点之间,$H(e^{j\omega})$由有限项的 $H(k)\Phi(\omega-2\pi k/N)$之和形成,存在误差。误差大小和 $H(e^{j\omega})=e^{-j\frac{N-1}{2}}H_g(\omega)$特性的平滑程度有关,特性越平滑的区域,误差越小。特性间断处,误差最大。最终间断点处以斜线取代,形成过渡带 $\Delta\omega=\frac{2\pi}{N}$,在间断点附近也将形成振荡特性,使阻带衰减减小。

【例 5-22】 频率采样法低通滤波器示例。

程序如下:

```
close all;
clear all;clc;
N = 33;
wc = pi/3;
N1 = fix(wc/(2 * pi/N));
A = [zeros(1,N1),0.5304,ones(1,N1),0.5304,zeros(1,N1 * 2 - 1),0.5304,ones(1,N1),0.5304,
zeros(1,N1)];
theta = - pi * [0:N - 1] * (N - 1)/N;
H = A. * exp(j * theta);
h = real(ifft(H));v = 1:N;
subplot(2,2,1),plot(v,A,'k * ');
title('频率样本');ylabel('H(k)');
axis([0,fix(N * 1.1), - 0.1,1.1]);
subplot(2,2,2),stem(v,h,'k');
title('冲激响应');ylabel('h(n)');
axis([0,fix(N * 1.1), - 0.3,0.4]);
M = 500;nx = [1:N];
w = linspace(0,pi,M); X = h * exp( - j * nx' * w);
subplot(2,2,3),
plot(w./pi,abs(X),'k');
xlabel('\omega/\pi');ylabel('Hd(\omega)');
axis([0,1, - 0.1,1.3]);title('幅度响应');
subplot(2,2,4),
plot(w./pi,20 * log10(abs(X)),'k');
title('幅度响应');
xlabel('\omega/\pi');
ylabel('dB');
axis([0,1, - 80,10]);
```

运行结果如图 5-22 所示。

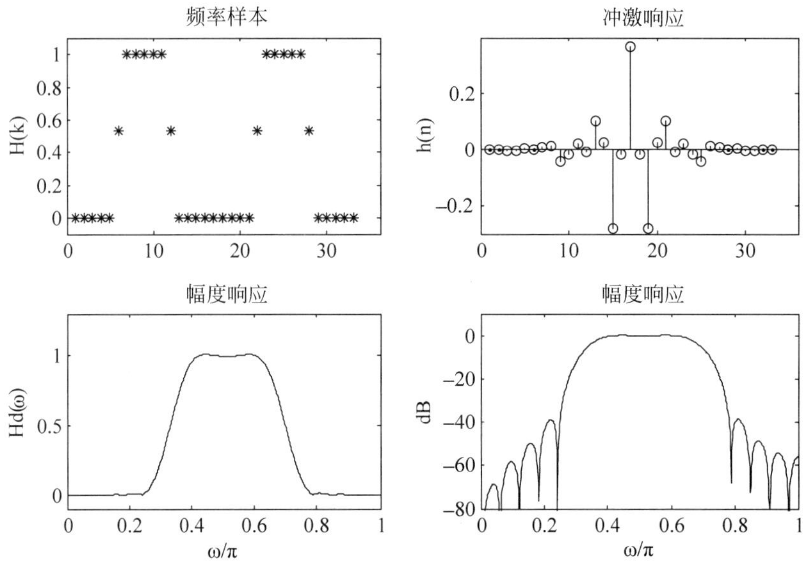

图 5-22　频率采样法低通滤波器

【例 5-23】 频率采样法高通滤波器示例。

程序如下：

```
clear all;
wp = 0.8 * pi; ws = 0.6 * pi;
Rp = 1; As = 60;
M = 33; alpha = (M - 1)/2; l = 0:M - 1; wl = (2 * pi/M) * l;
Hrs = [zeros(1,11), 0.1187, 0.473,ones(1,8), 0.473, 0.1187,zeros(1,10)];
Hdr = [0 0 1 1];wdl = [0 0.6 0.8 1];
k1 = 0:floor((M - 1)/2);k2 = floor((M - 1)/2) + 1:M - 1;
angH = [ - alpha * (2 * pi)/M * k1,alpha * (2 * pi)/M * (M - k2)];
H = Hrs. * exp(j * angH);
h = real(ifft(H,M));
[db,mag,pha,grd,w] = freqz_m(h,1);
[Hr,ww,a,L] = hr_type1(h);
subplot(1,1,1)
subplot(2,2,1);plot(wl(1:17)/pi,Hrs(1:17),'o',wdl,Hdr);
axis([0,1, - 0.1,1.1]);title('高通:M = 33, T1 = 0.1187, T2 = 0.473');
xlabel(''); ylabel('Hr(k)');
set(gca,'XTickMode','manual','XTick',[0;.6;.8;1]);
set(gca,'XTickLabelMode','manual','XTickLabels',['0';'.6';'.8';'1']);
grid on;
subplot(2,2,2);stem(l,h);axis([ - 1,M, - 0.4,0.4]);
title('冲激响应');ylabel('h(n)');text(M + 1, - 0.4,'n');
subplot(2,2,3);plot(ww/pi,Hr,wl(1:17)/pi,Hrs(1:17),'o');
axis([0,1, - 0.1,1.1]);title('振幅响应');
xlabel('频率/pi');ylabel('Hr(w)');
set(gca,'XTickMode','manual','XTick',[0,.6,.8,1]);
set(gca,'XTickLabelMode','manual','XTickLabels',['0';'.6';'.8';'1']);
```

```
grid on;
subplot(2,2,4);plot(w/pi,db);
axis([0 1 -100 10]);
grid on;title('幅度响应');
xlabel('频率/pi');ylabel('分贝数');
set(gca,'XTickMode','manual','XTick',[0;.6;.8;1]);
set(gca,'XTickLabelMode','manual','XTickLabels',['0';'.6';'.8';'1']);
set(gca,'YTickMode','manual','YTick',[-50;0]);
set(gca,'YTickLabelMode','manual','YTickLabels',['50';'0']);
```

运行结果如图 5-23 所示。

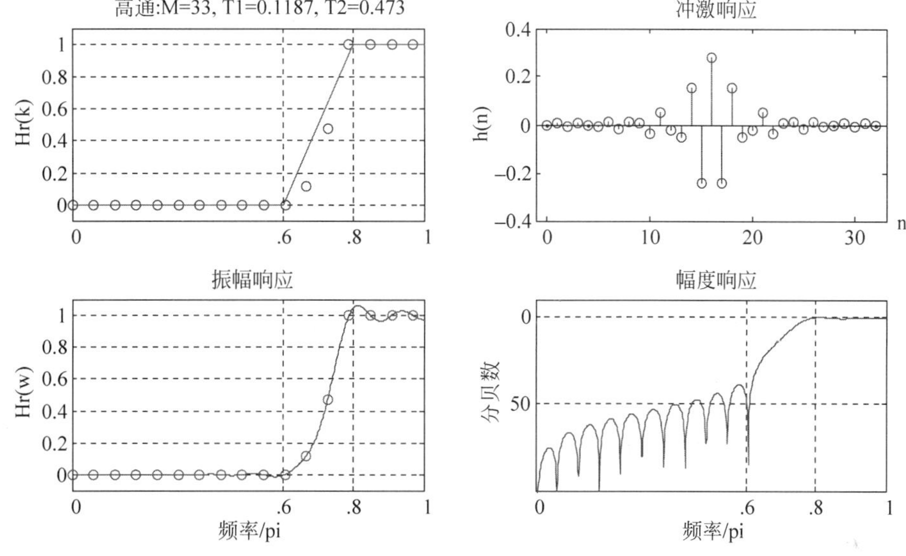

图 5-23 频率采样法高通滤波器

5.5 FIR 数字滤波器的最优设计

最优化设计的前提是最优准则的确定,在 FIR 滤波器最优化设计中,常用的准则有最小均方误差准则和最大误差最小化准则。

5.5.1 均方误差最小化准则

矩形窗窗口设计法是一个最小均方误差 FIR 设计,根据前面的讨论,我们知道其优点是过渡带较窄,缺点是局部点误差大,或者说误差分布不均匀,若以 $E(\mathrm{e}^{\mathrm{j}\omega})$ 表示逼近误差,则

$$E(\mathrm{e}^{\mathrm{j}\omega}) = H_{\mathrm{d}}(\mathrm{e}^{\mathrm{j}\omega}) - H(\mathrm{e}^{\mathrm{j}\omega})$$

那么均方误差为

$$\varepsilon^2 = \frac{1}{2\pi}\int_{-\pi}^{\pi} \left| H_{\mathrm{d}}(\mathrm{e}^{\mathrm{j}\omega}) - H(\mathrm{e}^{\mathrm{j}\omega}) \right|^2 \mathrm{d}\omega = \frac{1}{2\pi}\int_{-\pi}^{\pi} \left| E(\mathrm{e}^{\mathrm{j}\omega}) \right|^2 \mathrm{d}\omega$$

对于窗口法 FIR 滤波器设计，因采用有限项的 $h(n)$ 逼近理想的 $h_d(n)$，所以其逼近误差为

$$\varepsilon^2 = \sum_{n=-\infty}^{\infty} |h_d(n) - h(n)|^2$$

如果采用矩形窗

$$h(n) = \begin{cases} h_d(n) & 0 \leqslant n \leqslant N-1 \\ 0 & \text{其他} \end{cases}$$

则最小均方误差为

$$\varepsilon^2 = \sum_{n=-\infty}^{-1} |h_d(n) - h(n)|^2 + \sum_{n=N}^{\infty} |h_d(n) - h(n)|^2$$

5.5.2 最大误差最小化准则

最大误差最小化准则（也叫最佳一致逼近准则），可表示为

$$\max |E(e^{j\omega})| = \min \quad \omega \in F$$

其中，F 是根据要求预先给定的一个频率取值范围，可以是通带，也可以是阻带。最佳一致逼近即选择 N 个频率采样值，在给定频带范围内使频响的最大逼近误差达到最小，也叫等波纹逼近。

5.5.3 切比雪夫最佳一致逼近

设 $H_d(\omega)$ 表示理想滤波器幅度特性，$H_g(\omega)$ 表示实际滤波器幅度特性，$E(\omega)$ 表示加权误差函数，则有

$$E(\omega) = W(\omega)[H_d(\omega) - H_g(\omega)]$$

式中，$W(\omega)$ 称为误差加权函数，它的取值根据通带或阻带的逼近精度要求不同而不同。通常，在要求逼近精度高的频带，$E(\omega)$ 取值大，要求逼近精度低的频带，$E(\omega)$ 取值小。设计过程中 $W(\omega)$ 由设计者取定，例如对低通滤波器可取为

$$W(\omega) = \begin{cases} \delta_2/\delta_1 & 0 \leqslant \omega \leqslant \omega_p \\ 1 & \omega_p < \omega \leqslant \pi \end{cases}$$

δ_1 和 δ_2 分别为滤波器指标中的通带和阻带容许波动。如果 $\delta_2/\delta_1 < 1$，说明对通带的加权较小。如果用 $\delta_2/\delta_1 = 0.1$ 去设计滤波器，则通带最大波动 δ_1 将比阻带最大波动 δ_2 大 10 倍。

假设滤波器为

$$H(\omega) = \sum_{n=0}^{M} a(n)\cos(\omega n) \quad M = \frac{N-1}{2}$$

其中，$a(0) = h\left(\frac{N-1}{2}\right)$，$a(n) = 2h\left(\frac{N-1}{2} - n\right)$，$n = 1, 2, \cdots, \frac{N-1}{2}$。

于是有

$$E(\omega)=W(\omega)[H_d(\omega)-\sum_{n=0}^{M}a(n)\cos(\omega n)]$$

式中，$M=(N-1)/2$。最佳一致问题是确定 $M+1$ 个系数 $a(n)$，使 $E(\omega)$ 的最大值为最小，即

$$\min\left[\max_{\omega\in A}|E(\omega)|\right]$$

式中，A 表示所研究的频带，即通带或阻带。上述问题也称为切比雪夫逼近问题，其解可以用切比雪夫交替定理描述。

满足 $E(\omega)$ 最大值最小化的多项式存在且唯一，换句话说，可以唯一确定一组 $a(n)$ 使 $H_g(\omega)$ 与 $H_d(\omega)$ 实现最佳一致逼近；最佳一致逼近时，$E(\omega)$ 在频带 A 上呈现等波动特性，而且至少存在 $M+2$ 个"交错点"，即波动次数至少为 $M+2$ 次，并满足

$$E(\omega_i)=-E(\omega_{i-1})=\max|E(\omega)|$$

式中，$\omega_0\leqslant\omega_1\leqslant\omega_2\leqslant\cdots\leqslant\omega_{M+1}$，其中 ω_i 属于 F。

设 ρ 为等波动误差 $E(\omega)$ 的极值，所以有

$$E(\omega_i)=(-1)^i\rho\quad i=1,2,\cdots,M+2$$

运用交替定理，幅度特性 $H_g(\omega)$ 在通带和阻带内的应满足

$$|H_g(\omega)-1|\leqslant\left|\frac{\delta_1}{\delta_2}\rho\right|=\delta_1,\quad 0\leqslant\omega_1\leqslant\omega_p$$

$$|H_g(\omega)\leqslant\rho=\delta_2|,\quad \omega_s\leqslant\omega\leqslant\pi$$

ω_p 为通带截止频率，ω_s 为阻带截止频率，δ_1 为通带波动峰值，δ_2 为阻带波动峰值，设单位脉冲响应的长度为 N，按照交替定理，如果 F 上的 $M+2$ 个极值点频率 $\{\omega_i\}$ $(i=0,1,\cdots,M+1)$，根据交替定理可写出

$$\begin{cases}W(\omega_k)\left(H_d(\omega_k)-\sum_{n=0}^{M}a(n)\cos n\omega_k\right)=(-1)^k\rho\\ \rho=\max_{\omega\in A}|E(\omega)|,\quad k=1,2,\cdots,M+2\end{cases}$$

不过，上述提供的方法是在这些交错点频率给定下得到的。实际上，$\omega_1,\omega_2,\cdots,\omega_{M+2}$ 是不知道的，所以直接求解比较困难，只能用逐次迭代的方法来解决。迭代求解的数学依据是雷米兹算法交换算法。

在 MATLAB 中，实现雷米兹算法的函数为 remez，它的常用函数为

```
b = remez(N, F, A);
b = remez(N, F, A, W);
```

其中，N 是给定的滤波器的阶次，b 是设计的滤波器的系数，其长度为 N+1，F 是频率向量，A 是对应 F 的各频段上的理想幅频响应，W 是各频段上的加权向量。

【例 5-24】 利用 remez 函数设计低通等波纹滤波器。

程序如下：

```
clear all;
n = 40;                      % 滤波器的阶数
f = [0 0.5 0.6 1];           % 频率向量
a = [1 2 0 0];               % 振幅向量
```

```
w = [1 20];
b = firls(n,f,a,w);
[h,w1] = freqz(b);              % 计算滤波器的频率响应
bb = remez(n,f,a,w);            % 采用 remez 设计滤波器
[hh,w2] = freqz(bb);            % 计算滤波器的频率响应
figure;
plot(w1/pi,abs(h),'r.',w2/pi,abs(hh),'b - .',f,a,'ms');
% 绘制滤波器幅频响应
xlabel('归一化频率');ylabel('振幅');
```

运行结果如图 5-24 所示。

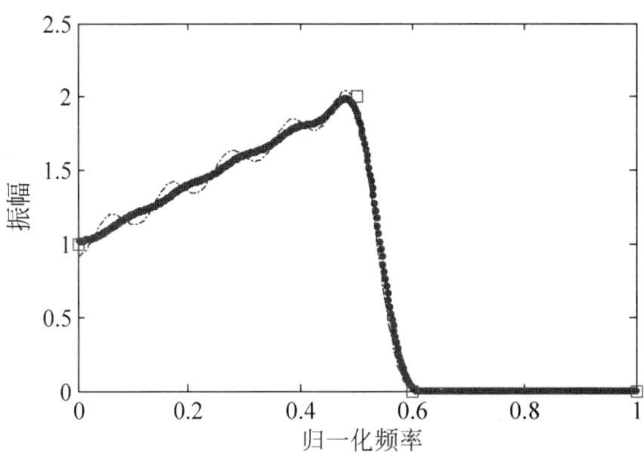

图 5-24　低通等波纹滤波器效果图

【例 5-25】 利用切比雪夫逼近设计法设计低通滤波器。

程序如下：

```
wp = 0.4 * pi;
ws = 0.6 * pi;
Rp = 0.45;
As = 80;
% 给定指标
delta1 = (10 ^ (Rp/20) - 1)/(10 ^ (Rp/20) + 1);
delta2 = (1 + delta1) * (10 ^ ( - As/20));
% 求波动指标
weights = [delta2/delta1 1];
deltaf = (ws - wp)/(2 * pi);
% 给定权函数和 Δf = wp - ws
N = ceil(( - 20 * log10(sqrt(delta1 * delta2)) - 13)/(14.6 * deltaf) + 1);
N = N + mod(N - 1,2);
% 估算阶数 N
f = [0 wp/pi ws/pi 1]; A = [1 1 0 0];
% 给定频率点和希望幅度值
h = remez(N - 1,f,A,weights);
% 求冲激响应
[db,mag,pha,grd,W] = freqz_m(h,[1]);
% 验证求取频率特性
delta_w = 2 * pi/1000; wsi = ws/delta_w + 1;
wpi = wp/delta_w + 1;
Asd = - max(db(wsi:1:500));
```

```
%求阻带衰减
subplot(2,2,1); n = 0:1:N - 1;stem(n,h);
axis([0,52, - 0.1,0.3]);title('脉冲响应');
xlabel('n');
ylabel('hd(n)')
grid on;
%画 h(n)
subplot(2,2,2);
plot(W,db);
title('对数幅频特性');
ylabel('分贝数');
xlabel('频率')
grid on;
%画对数幅频特性
subplot(2,2,3);
plot(W,mag);axis([0,4, - 0.5,1.5]);
title('绝对幅频特性');
xlabel('Hr(w)');
ylabel('频率')
grid on;
%画绝对幅频特性
n = 1:(N - 1)/2 + 1;H0 = 2 * h(n) * cos(((N + 1)/2 - n)' * W) - mod(N,2) * h((N - 1)/2 + 1);
%求 Hg(w)
subplot(2,2,4);
plot(W(1:wpi),H0(1:wpi) - 1,W(wsi + 5:501),H0(wsi + 5:501));
title('误差特性');
%求误差
ylabel('Hr(w)');
xlabel('频率')
grid on;
```

运行程序结果如图 5-25 所示。

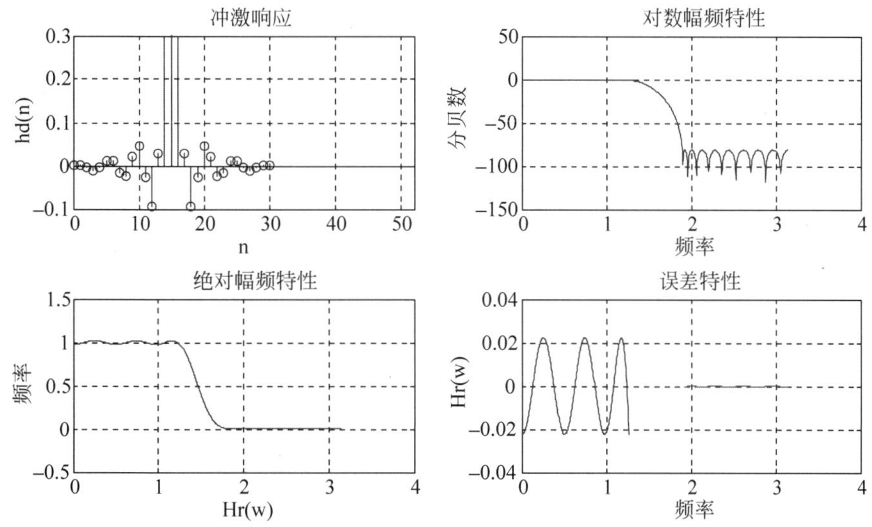

图 5-25　利用切比雪夫逼近设计法设计低通滤波器

本章小结

FIR 滤波器相对 IIR 滤波器有很多独特的优越性，在保证满足滤波器幅频响应的同时，还可以获得严格的线性相位特性。

非线性 FIR 滤波器一般可以用 IIR 滤波器来替代。由于在数据通信、语音信号处理、图像处理以及自适应等领域往往要求信号在传输过程中不允许出现明显的相位失真，而 IIR 存在明显的频率色散问题，所以 FIR 滤波器得到了更广泛的应用。

FIR 数字滤波器的实现一般有四种网络结构：直接型、线性相位型、级联型和频率采样型。频率采样型涉及复数运算，计算复杂，在实际工程中应用较少；级联型结构可以与直接型结构相互转化。

第6章 其他滤波器

维纳滤波器用来处理平稳随机信号，卡尔曼滤波器用来处理非平稳随机信号，自适应滤波器利用前一时刻已获得的滤波器系数，自动地调节现时刻的滤波器系数，以适应所处理随机信号的时变统计特性，实现最优滤波。格型滤波器是一种新型结构的滤波器，广泛应用于数字语音处理和自适应滤波实现中，本章将介绍这些滤波器。

学习目标：

(1) 熟练掌握维纳滤波；

(2) 熟练运用卡尔曼滤波；

(3) 熟练掌握自适应滤波器；

(4) 熟练掌握 Lattice 滤波器。

6.1 维纳滤波器

非平稳信号是指分布参数或者分布律随时间发生变化的信号。平稳和非平稳都是针对随机信号说的，一般的分析方法有时域分析、频域分析、时频联合分析。

非平稳随机信号的统计特征是时间的函数。与平稳随机信号的统计描述相似，传统上使用概率与数字特征来描述，工程上多用相关函数与时变功率谱来描述，近年来还发展了用时变参数信号模拟描述的方法。

此外，还需根据问题的具体特征规定一些描述方法。目前，非平稳随机信号还很难有统一而完整的描述方法。

信号处理的实际问题常常是要解决在噪声中提取信号的问题，因此，需要寻找一种所谓有最佳线性过滤特性的滤波器，这种滤波器当信号与噪声同时输入时，在输出端能将信号尽可能精确地重现出来，而噪声却受到最大抑制。

维纳滤波就是用来解决这样一类从噪声中提取信号问题的一种过滤（或滤波）方法。

【例 6-1】 维纳滤波器示例。

程序如下：

```
L = input('请输入信号长度 L = ');
N = input('请输入滤波器阶数 N = ');
% 产生 w(n),v(n),u(n),s(n)和 x(n)
a = 0.95;
b1 = sqrt(12 * (1 - a ^2))/2;
b2 = sqrt(3);
w = random('uniform', - b1,b1,1,L);      % 利用 random 函数产生均匀白噪声
v = random('uniform', - b2,b2,1,L);
u = zeros(1,L);
for i = 1:L
  u(i) = 1;
end
s = zeros(1,L);
s(1) = w(1);
for i = 2:L,
  s(i) = a * s(i - 1) + w(i);
end
  x = zeros(1,L);
  x = s + v;
% 绘出 s(n)和 x(n)的曲线图
set(gcf,'Color',[1,1,1]);
i = L - 100:L;
subplot(2,2,1);
plot(i,s(i),i,x(i),'r:');
title('s(n) & x(n)');
legend('s(n)', 'x(n)');
% 计算理想滤波器的 h(n)
h1 = zeros(N:1);
for i = 1:N
     h1(i) = 0.238 * 0.724 ^(i - 1) * u(i);
end
% 利用公式,计算 Rxx 和 rxs
Rxx = zeros(N,N);
rxs = zeros(N,1);
for i = 1:N
     for j = 1:N
         m = abs(i - j);
         tmp = 0;
         for k = 1:(L - m)
             tmp = tmp + x(k) * x(k + m);
         end
         Rxx(i,j) = tmp/(L - m);
     end
end
for m = 0:N - 1
     tmp = 0;
     for i = 1: L - m
         tmp = tmp + x(i) * s(m + i);
     end
     rxs(m + 1) = tmp/(L - m);
```

```
end
%产生FIR维纳滤波器的h(n)
h2 = zeros(N,1);
h2 = Rxx^(-1) * rxs;
%绘出理想和维纳滤波器h(n)的曲线图
i = 1:N;
subplot(2,2,2);
plot(i,h1(i),i,h2(i),'r:');
title('h(n) & h~(n)');
legend('h(n) ','h~(n)');
%计算Si
Si = zeros(1,L);
Si(1) = x(1);
for i = 2:L
Si(i) = 0.724 * Si(i-1) + 0.238 * x(i);
end
%绘出Si(n)和s(n)曲线图
i = L-100:L;
subplot(2,2,3);
plot(i,s(i),i,Si(i),'r:');
title('Si(n) & s(n)');
legend('Si(n) ','s(n)');
%计算Sr
Sr = zeros(1,L);
for i = 1:L
    tmp = 0;
    for j = 1:N-1
        if(i-j<=0)
            tmp = tmp;
        else
            tmp = tmp + h2(j) * x(i-j);
        end
    end
    Sr(i) = tmp;
end
%绘出Si(n)和s(n)曲线图
i = L-100:L;
subplot(2,2,4);
plot(i,s(i),i,Sr(i),'r:');
title('s(n) & Sr(n)');
legend('s(n) ','Sr(n)');
%计算均方误差Ex,Ei和Er
tmp = 0;
for i = 1:L
    tmp = tmp + (x(i) - s(i))^2;
end
Ex = tmp/L,        %打印出Ex
tmp = 0;
for i = 1:L
    tmp = tmp + (Si(i) - s(i))^2;
```

```
end
Ei = tmp/L,
tmp = 0;
for i = 1:L
        tmp = tmp + (Sr(i) - s(i))^2;
end
Er = tmp/L
```

选择 L＝500，N＝100，运行结果如图 6-1 所示。

```
请输入信号长度 L = 500
请输入滤波器阶数 N = 100
Ex =
    0.9737
Ei =
    0.2180
Er =
    0.2413
```

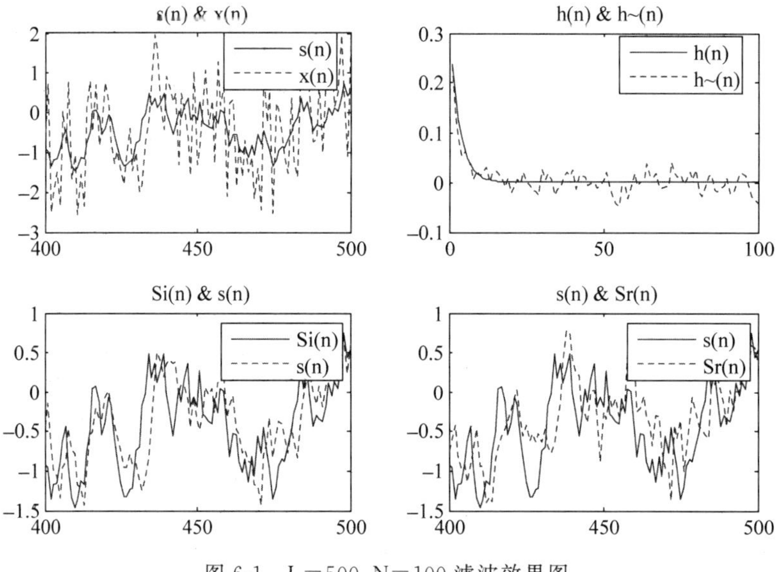

图 6-1 L＝500，N＝100 滤波效果图

6.2 卡尔曼滤波器

卡尔曼滤波器是美国工程师 Kalman 在线性最小方差估计的基础上，提出的在数学结构上比较简单的而且是最优线性递推滤波方法，具有计算量小、存储量低、实时性高的优点。特别是对经历了初始滤波后的过渡状态，滤波效果非常好。

卡尔曼滤波是以最小均方误差为估计的最佳准则，来寻求一套递推估计的算法，其基本思想是：采用信号与噪声的状态空间模型，利用前一时刻的估计值和现时刻的观测值来更新对状态变量的估计，求出现在时刻的估计值。它适合于实时处理和计算机运算。

由于系统的状态 x 是不确定的，卡尔曼滤波器的任务就是在有随机干扰 w 和噪声 v 的情况下给出系统状态 x 的最优估算值$\hat{x}$，它在统计意义下最接近状态的真值 x，从而实现最优控制 $u(\hat{x})$的目的。

卡尔曼滤波的实质是由量测值重构系统的状态向量。它以“预测—实测—修正”的顺序递推，根据系统的量测值来消除随机干扰，再现系统的状态，或根据系统的量测值从被污染的系统中恢复系统的本来面目。

【例 6-2】 卡尔曼滤波示例。

程序如下：

```
function kalman1(L,Ak,Ck,Bk,Wk,Vk,Rw,Rv)
w = sqrt(Rw) * randn(1,L);                          % w为均值零方差为Rw高斯白噪声
v = sqrt(Rv) * randn(1,L);                          % v为均值零方差为Rv高斯白噪声
x0 = sqrt(10 ^ ( - 12)) * randn(1,L);
for i = 1:L
    u(i) = 1;
end
x(1) = w(1);                                        % 给x(1)赋初值.
for i = 2:L                                         % 递推求出x(k).
    x(i) = Ak * x(i - 1) + Bk * u(i - 1) + Wk * w(i - 1);
end
yk = Ck * x + Vk * v;
yik = Ck * x;
n = 1:L;
subplot(2,2,1);
plot(n,yk,n,yik,'r:');
legend('yk','yik',1)
Qk = Wk * Wk' * Rw;
Rk = Vk * Vk' * Rv;
P(1) = var(x0);
%P(1) = 10;
%P(1) = 10 ^ ( - 12);
P1(1) = Ak * P(1) * Ak' + Qk;
xg(1) = 0;
for k = 2:L
    P1(k) = Ak * P(k - 1) * Ak' + Qk;
    H(k) = P1(k) * Ck' * inv(Ck * P1(k) * Ck' + Rk);
    I = eye(size(H(k)));
    P(k) = (I - H(k) * Ck) * P1(k);
    xg(k) = Ak * xg(k - 1) + H(k) * (yk(k) - Ck * Ak * xg(k - 1)) + Bk * u(k - 1);
    yg(k) = Ck * xg(k);
end
subplot(2,2,2);
plot(n,P(n),n,H(n),'r:')
legend('P(n)','H(n)',4)
subplot(2,2,3);
plot(n,x(n),n,xg(n),'r:')
```

```
legend('x(n)','估计 xg(n)',1)
subplot(2,2,4);
plot(n,yik(n),n,yg(n),'r:')
legend('估计 yg(n)','yik(n)',1)
set(gcf,'Color',[1,1,1]);
```

对变量进行赋值语句如下：

```
kalman1(100,0.85,1,0,1,1,0.0875,0.1)
```

运行结果如图 6-2 所示。

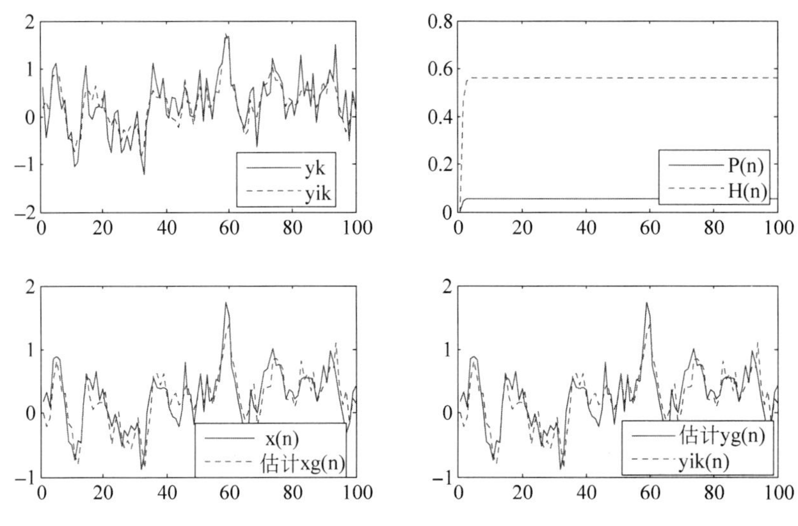

图 6-2　卡尔曼滤波效果图

6.3　自适应滤波器

传统的 IIR 和 FIR 滤波器是时不变的，即在处理输入信号的过程中滤波器的参数是固定的，使得当环境发生变化时，滤波器可能无法实现原先设定的目标。

系统根据当前自身的状态和环境调整自身的参数以达到预先设定的目标，自适应滤波器的系数是根据输入信号，通过自适应算法自动调整的。

6.3.1　自适应滤波器简介

根据环境的改变，使用自适应算法来改变滤波器的参数和结构，这样的滤波器就称为自适应滤波器。一般情况下，不改变自适应滤波器的结构，而自适应滤波器的系数是由自适应算法更新的时变系数，即其系数自动连续地适应于给定信号，以获得期望响应。自适应滤波器的最重要的特征就在于它能够在未知环境中有效工作，并能够跟踪输入信号的时变特征。

非线性自适应滤波器包括 Volterra 滤波器和基于神经网络的自适应滤波器，信号处理能力更强，但计算也更复杂。值得注意的是，自适应滤波器常称为时变性的非线性的系统。非线性指系统根据所处理信号特点不断调整自身的滤波器系数，以便使滤波器系数最优。时变性指系统的自适应响应过程。

实际应用的常见情况：学习训练阶段，滤波器根据所处理信号的特点，不断修正自己的滤波器系数，以使均方误差最小(LMS)。

使用阶段，均方误差达最小值，意味着滤波器系数达最优并不再变化，此时的滤波器就变成了线性系统，故此类自适应滤波器被称为线性自适应滤波器，因为这类系统便于设计且易于数学处理，所以实际应用广泛。

线性自适应滤波器的两部分为：自适应滤波器的结构、自适应权调整算法。

自适应滤波器的结构有 FIR 和 IIR 两种。

FIR 滤波器是非递归系统，即当前输出样本仅是过去和现在输入样本的函数，其系统冲激响应 $h(n)$是一个有限长序列，除原点外，只有零点没有极点。具有很好的线性相位，无相位失真，稳定性比较好。

IIR 滤波器是递归系统，即当前输出样本是过去输出和过去输入样本的函数，其系统冲激响应 $h(n)$是一个无限长序列。IIR 系统的相频特性是非线性的，稳定性也不能得到保证，唯一可取的就是实现阶数较低，计算量较少。

最小均方误差(LMS)算法：使滤波器的实际输出与期望输出之间的均方误差最小，LMS 算法的基础是最陡下降法(Steepest Descent Method)，1959 年，威德诺等提出，下一时刻权系数矢量=“现时刻”权系数矢量＋负比例系数的均方误差函数梯度。

6.3.2 自适应滤波器在 MATLAB 中的应用

自适应算法在工程应用中有着广泛的应用，下面通过例子来说明自适应滤波器的设计与 MATLAB 实现的代码。

【例 6-3】 设计一个 2 阶加权自适应滤波器，对输入信号进行滤波。

程序如下：

```
clear all;
t = 0:1/10000:1 - 0.0001;
s = cos(2 * pi * t) + sin(2 * pi * t);          %输入信号
n = randn(size(t));                              %产生随机噪声
x = s + n;
w = [0 0.5];
u = 0.00026;
for i = 1:9999
    y(i + 1) = n(i:i + 1) * w';
    e(i + 1) = x(i + 1) - y(i + 1);
    w = w + 2 * u * e(i + 1) * n(i:i + 1);
end
figure;
subplot(3,1,1); plot(t,x);
title('带噪声输入信号');
subplot(3,1,2);plot(t,s);
```

```
title('输入信号');
subplot(3,1,3);plot(t,e);
title('滤波结果');
```

运行结果如图 6-3 所示。

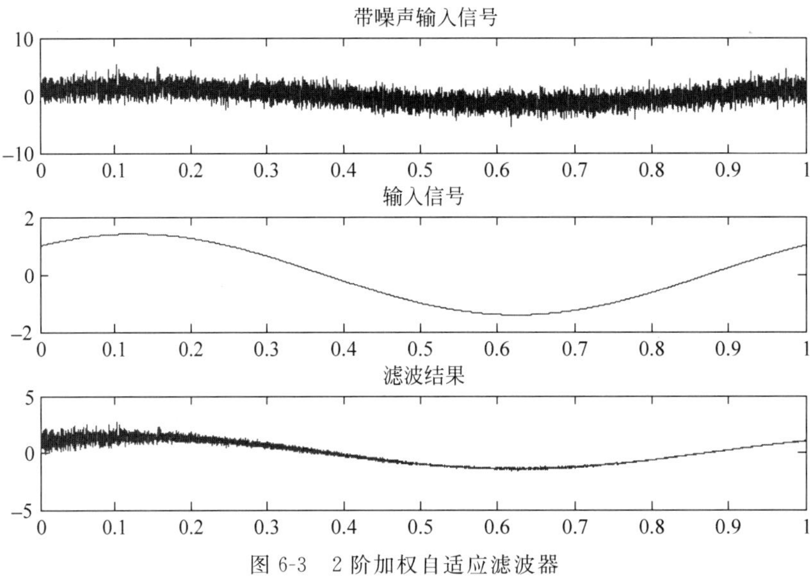

图 6-3　2 阶加权自适应滤波器

【例 6-4】 通过 FIR 滤波器的自适应调整，识别某系统。

程序如下：

```
clear all;
ee = 0;
fs = 800;                                    %采样频率 800Hz
det = 1/fs;
f1 = 100; f2 = 200;
t = 0:det:2 - det;
x = sin(2 * pi * f1 * t) + cos(2 * pi * f2 * t) + randn(size(t));;
%未知系统
[b,a] = butter(5,150 * 2/fs);                %截止频率取 150Hz
d = filter(b,a,x);                           %自适应 FIR 滤波器
N = 5;
delta = 0.06;
M = length(x);
y = zeros(1,M);
h = zeros(1,N);
for n = N:M
    x1 = x(n: - 1:n - N + 1);
    y(n) = h * x1';
    e(n) = d(n) - y(n);
    h = h + delta. * e(n). * x1;
end
x = abs(fft(x,2048));
Nx = length(x);
kx = 0:800/Nx:(Nx/2 - 1) * (800/Nx);
```

```
D = abs(fft(d,2048));
Nd = length(D);
kd = 0:800/Nd:(Nd/2 - 1) * (800/Nd);
y = abs(fft(y,2048));
Ny = length(y);
ky = 0:800/Ny:(Ny/2 - 1) * (800/Ny);
figure;
subplot(131);plot(kx,x(1:Nx/2));
xlabel('Hz');title('原始信号频谱');
subplot(132);plot(kd,D(1:Nd/2));
title('经未知系统后');xlabel('Hz');
subplot(133);plot(ky,y(1:Ny/2));
title('经自适应 FIR 滤波器后');xlabel('Hz');
```

运行结果如图 6-4 所示。

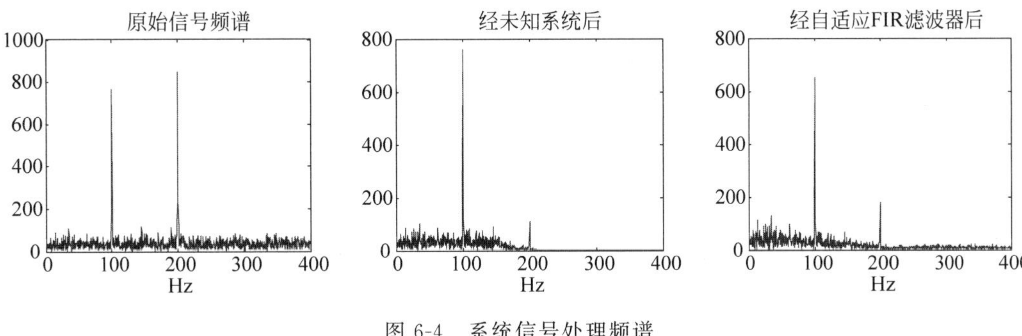

图 6-4　系统信号处理频谱

6.4 Lattice 滤波器

滤波器的实现形式有直接Ⅰ型、直接Ⅱ型(典范性)、级联型、并联型等,各种形式都有自己的应用背景和优缺点。Lattice 滤波器是 Gay 和 Markel 于 1973 年提出的一种新的系统结构形式,在语音分析和合成等实时性要求较高的应用中,格型滤波器比其他结构更具有优越性,因此,格型滤波器广泛应用于数字语音处理和自适应滤波器实现中。

6.4.1 全零点 Lattice 滤波器

全零点 Lattice 结构描述的是 FIR 数字滤波器,N 阶滤波器的 N 级格型结构,滤波器每一级的输入和输出之间的关系为

$$f_m(n) = f_{m-1}(n) + K_m g_{m-1}(n-1), \quad m = 1,2,\cdots,N$$
$$g_m(n) = K_m f_{m-1}(n) + g_{m-1}(n-1), \quad m = 1,2,\cdots,N$$

其中,$K_m(m=1,2,\cdots,N)$(反射系数)为全零点格型滤波器的系数。该结构的初值 $f_0(n)$、$g_0(n)$为滤波器的输入 $x(n)$乘以系数 K_0,输出 $y(n)$为第 N 级的输出,即

$$f_0(n) = g_0(n) + K_0 x(n), \quad y(n) = f_N(n)$$

若 FIR 滤波器以直接形式给出，即

$$H(z)=\sum_{m=0}^{N}b_m z^{-m}=b_0\left(1+\sum_{m=1}^{N}\frac{b_m}{b_0}z^{-m}\right)$$

其中的多项式记为

$$A_N(z)=1+\sum_{m=1}^{N}\frac{b_m}{b_0}z^{-m}=1+\sum_{m=1}^{N}\alpha_N(m)z^{-m}$$

$$\alpha_N(m)=\frac{b_m}{b_0},\quad m=1,2,\cdots,N$$

格型滤波器的系数 $K_m(m=1,2,\cdots,N)$ 可用如下的递归算法求得

$$K_0=b_0$$

$$K_N=\alpha_N(N)$$

$$J_m(z)=z^{-m}A_m(z^{-1}),\quad m=N,\cdots,2,1$$

$$A_{m-1}(z)=\frac{A_m(z)-K_mJ_m(z)}{1-K_m^2}$$

$$K_m=\alpha_m(m)$$

上述算法中要求

$$|K_m|\neq 1\quad(m=1,2,\cdots,N)$$

而线性相位滤波器满足

$$b_0=|b_N|$$

因此

$$|K_N|=\alpha_N(N)=\left|\frac{b_N}{b_0}\right|=1$$

即线性相位滤波器不能用格型结构实现。

MATLAB 中的 tf2latc 函数可以用于将 FIR 数字滤波器的直接型结构转换为全零点 Lattice 结构，调用格式如下：

```
K = tf2latc(b);
```

其中，参数 b 为 FIR 数字滤波器的直接形式系数向量，但在调用时需将其以第一个元素作归一化。

MATLAB 也提供了函数 latc2tf 用于将 FIR 数字滤波器的 Lattice 结构转换为直接型结构，调用格式如下：

```
b = latc2tf(K);
```

信号通过格型结构的 FIR 数字滤波器产生的输出可以由函数 latcfilt 实现，调用格式如下：

```
y = latcfilt(K,x);
```

【例 6-5】 数字滤波器的差分方程如下：

$$y(n)=3x(n)+\frac{12}{11}x(n-1)+\frac{6}{5}x(n-2)+\frac{3}{4}x(n-3)$$

调用函数 tf2latc 求出它的 Lattice 结构，并分别求出直接型结构和 Lattice 结构的单

位冲激响应。

程序如下：

```
K = tf2latc(b/b(1));
clear all;close all;clc;
b = [3 12/11 6/5 3/4];
K = tf2latc(b/b(1))
x = [1 ones(1,31)];
h1 = filter(b/b(1),1,x);
h2 = latcfilt(K,x);
subplot(121),
stem(0:31,h1,'LineWidth',2);xlabel('n');ylabel('h1(n)');
title('直接型结构的冲激响应');axis([ - 1 33 - 0.2 3]);
subplot(122),
stem(0:31,h2,'LineWidth',2);xlabel('n');ylabel('h2(n)');
title('Lattice 结构的冲激响应');axis([ - 1 33 - 0.2 3]);
set(gcf,'color','w');
```

如图 6-5 所示，运行结果如下：

```
K =
    0.2115
    0.3297
    0.2500
```

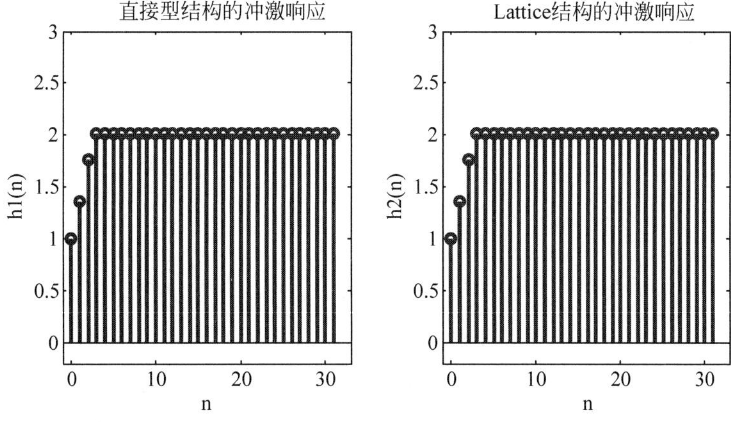

图 6-5　直接型结构和 Lattice 结构的单位冲激响应

6.4.2　全极点 Lattice 滤波器

全极点 Lattice 结构描述的是 IIR 数字滤波器。全极点滤波器的系统函数为

$$H(z) = \frac{1}{\sum_{m=1}^{N} a_N z^{-m}}$$

它表示的 IIR 数字滤波器可看作是 FIR 格型结构的逆系统。

每一级输入和输出之间的关系为

$$f_{m-1}(n) = f_m(n) - K_m g_{m-1}(n)$$
$$g_m(n) = K_m f_{m-1}(n) + g_{m-1}(n-1)$$
$$y(n) = f_0(n) = g_0(n)$$

其中,$K_m(m=1,2,\cdots,N-1)$反射系数为全极点格型滤波器的系数。

已知 IIR 数字滤波器的直接型结构,其全极点格型结构的系数同样可由函数 tf2latc 求出,而由全极点格型结构的系数也可用函数 latc2tf 求出直接型结构。

【例 6-6】 IIR 数字滤波器的系数函数为

$$H(z) = \frac{1}{1+\frac{14}{25}z^{-1}+\frac{6}{11}z^{-2}+\frac{1}{3}z^{-3}}$$

调用函数 tf2latc 求出它的全极点 Lattice 结构。

程序如下:

```
clear all;close all;clc;
a = [1 14/26 6/11 1/3];
K = tf2latc(a/a(1))
```

运行结果如下:

```
K =
    0.2842
    0.4117
    0.3333
```

6.4.3 零极点的 Lattice 结构

一般的 IIR 数字滤波器既有零点又有极点,即

$$H(z) = \sum_{k=0}^{M} b_k z^{-k} \Bigg/ \left(1+\sum_{k=1}^{N} a_k z^{-k}\right) = \frac{B_M(z)}{A_N(z)}$$

它可用全极点 Lattice 结构作为基本框架来实现。

如果 IIR 数字滤波器直接型结构对应的系统函数的分子多项式系数向量和分母多项式系数向量分别为 b 和 a,则零极点系统的 Lattice 结构仍然可由函数 tf2latc 实现,调用格式为

```
[K,C] = tf2latc(b,a/a(1))
```

【例 6-7】 IIR 数字滤波器的系数函数为

$$H(z) = \frac{0.0202-0.0403z^{-1}+0.0205z^{-4}}{1-1.647z^{-1}+2.247z^{-2}-1.407z^{-3}+0.64z^{-4}}$$

调用函数 tf2latc 求出它的零极点系统的 Lattice 结构。给该系统输入信号

$$x(n) = \cos(0.1\pi n) + \cos(0.35\pi n)$$

分别求该信号通过直接型结构和零极点 ARMA 系统的 Lattice 结构的输出。

程序如下：

```
clear all;
close all;clc;
b = [0.0202 0 - 0.0403 0 0.0205];
a = [1 - 1.647 2.247 - 1.407 0.64];
[K,C] = tf2latc(b,a)
x = sin(0.1 * pi * (0:79)) + sin(0.35 * pi * (0:79));
y1 = filter(b,a,x);
y2 = latcfilt(K,C,x);
subplot(311),
plot(0:79,x);xlabel('n');ylabel('x(n)');grid;
title('输入信号');axis([ - 1 81 - 2.2 2.2]);
subplot(312),
plot(0:79,y1);xlabel('n');ylabel('y1(n)');grid;
title('直接型结构的输出');axis([ - 1 81 - 1.2 1.2]);
subplot(313),
plot(0:79,y2);xlabel('n');ylabel('y2(n)');grid;
title('零极点系统的 Lattice 结构的输出');axis([ - 1 81 - 1.2 1.2]);
set(gcf,'color','w');
```

如图 6-6 所示，运行结果如下：

```
K =
   - 0.3544
     0.9558
   - 0.5978
     0.6400
C =
     0.0521
   - 0.0477
   - 0.0437
     0.0338
     0.0205
```

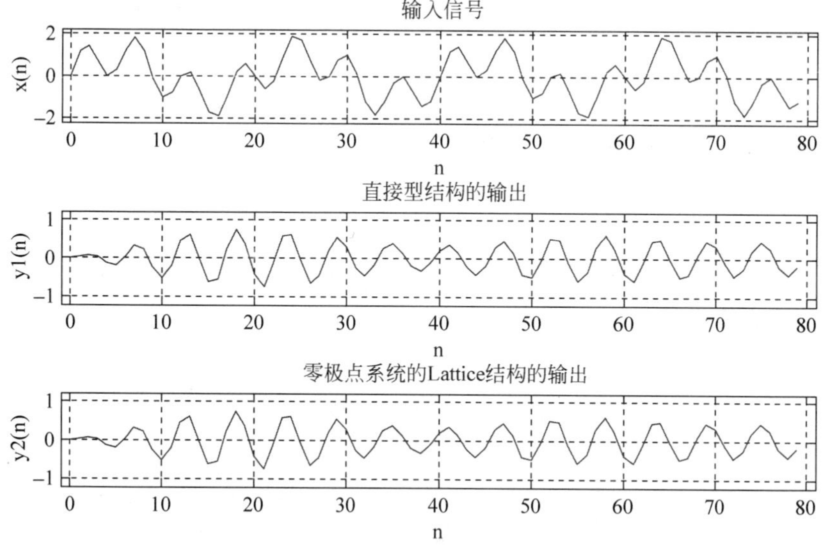

图 6-6　调用函数 tf2latc 求出它的零极点系统的 Lattice 结构

6.5 线性预测滤波器

预测是指在掌握现有信息的基础上，依照一定的方法和规律对未来的事情进行测算，以预先了解事情发展的过程与结果。总的来说，随机信号处理学科的目的是找出这些随机信号的统计规律，解决它们给工作带来的负面影响。而为随机信号建立参数模型是研究随机信号的一种基本方法，其含义是认为随机信号 $x(n)$是由白噪声 $w(n)$激励某一确定系统的响应。

只要白噪声的参数确定了，研究随机信号就可以转为研究产生随机信号的系统。信号的现代建模方法是建立在具有最大的不确定性基础上的预测。针对随机信号，常用线性模型是分别是 AR(自回归)模型、MA(滑动平均)模型、ARMA(自回归滑移平均)模型，以下简单介绍 3 种模型。

AR 模型是一种全极模型，线性，性能好，用得较多。MA 模型是全零模型，结构简单，但是非线性的。ARMA 模型是极-零模型，二者综合。模型的选择主要取决于要处理的信号特点和任务需求。

6.5.1 AR 模型

Var$[x(n)]$和 rx$(n,n+l)$均是 n 的函数，因此随机过程$\{x(n)\}$不是二阶平稳的，但是如果$|a|<1$，且 n 足够大，则

$$\sigma_x^2=\frac{\sigma_w^2}{1-a^2},\quad r_x(n,n+l)=\sigma_w^2\frac{a^l}{1-a^2}$$

自相关系数可以改写为

$$r_x(l)=\sigma_w^2\frac{a^{|l|}}{1-a^2},\quad \rho_x(l)=r_x(l)/r_x(0)=a^{|l|},\quad l=0,\pm1,\pm2,\cdots$$

该系统的传递函数是

$$H(z)=\frac{1}{1-az^{-1}}$$

功率谱函数为

$$S_x(\omega)=\sigma_w^2\mid H(\mathrm{e}^{\mathrm{j}\omega})\mid^2=\frac{\sigma_w^2}{1-2a\cos\omega+a^2}$$

系统的传递函数是

$$H(z)=\frac{1}{1+a_1z^{-1}+a_2z^{-2}}=\frac{1}{(1-p_1z^{-1})(1-p_2z^{-1})}$$

如果两个极点都在单位圆内，则 $H(z)$为稳定系统。

当 $a_1^2/4<a_2\leqslant1$ 时有

$$p_{1,2}=r\mathrm{e}^{\pm\mathrm{j}\theta},\quad 0\leqslant r\leqslant1,\quad H(z)=\frac{1}{1-(2r\cos\theta)z^{-1}+r^2z^{-2}}$$

冲激响应为

$$h(n)=\frac{1}{p_1-p_2}(p_1^{n+1}-p_2^{n+1})u(n)$$

系统的自相关系数为

$$r_x(l)=\frac{1}{(p_1-p_2)(1-p_1p_2)}\left(\frac{p_1^{l+1}}{1-p_1^2}-\frac{p_2^{l+1}}{1-p_2^2}\right)\quad l\geqslant 0$$

$$r_x(l)=r_x^*(-l)\qquad l<0$$

系统的功率谱为

$$S_x(\omega)=\sigma_w^2\frac{1}{(1-2r\cos(\omega-\theta)+r^2)(1-2r\cos(\omega+\theta)+r^2)}$$

系统的差分方程为

$$x(n)+a_1x(n-1)+\cdots+a_px(n-p)=w(n)$$

Yule-Walker 方程为

$$r_x(l)=\begin{cases}-\sum\limits_{k=1}^{p}a_kr_x(l-k)+\sigma_w^2 & l=0\\ -\sum\limits_{k=1}^{p}a_kr_x(l-k) & l>0\end{cases}$$

那么有

$$\begin{bmatrix}r_x(0) & r_x(1) & \cdots & r_x(p)\\ r_x(1) & r_x(0) & \cdots & r_x(p-1)\\ \vdots & \vdots & & \vdots\\ r_x(p) & r_x(p-1) & \cdots & r_x(0)\end{bmatrix}\begin{bmatrix}1\\ a_1\\ \vdots\\ a_p\end{bmatrix}=\begin{bmatrix}\sigma_w^2\\ 0\\ \vdots\\ 0\end{bmatrix}$$

系统传递函数为

$$H(z)=\frac{1}{1+a_1z^{-1}+\cdots+a_pz^{-p}}$$

功率谱密度为

$$S_x(\omega)=\sigma_w^2\left|\frac{1}{1+a_1z^{-1}+\cdots+a_pz^{-p}}\right|_{z=e^{j\omega}}^2=\sigma_w^2\left|\frac{1}{(1-p_1e^{-j\omega})\cdots(1-p_pe^{-j\omega})}\right|^2$$

p 是系统阶数，系统函数中只有极点，无零点，也称为全极点模型，系统由于极点的原因，要考虑到系统的稳定性，因而要注意极点的分布位置，用 AP(p)来表示。

【例 6-8】 自相关法求 AR 模型谱估计。

程序如下：

```
clear all
N = 256;
%信号长度
f1 = 0.025;
f2 = 0.2;
f3 = 0.21;
A1 = -0.750737;
p = 15;
%AR 模型阶次
V1 = randn(1,N);
V2 = randn(1,N);
```

```
U = 0;
%噪声均值
Q = 0.101043;
%噪声方差
b = sqrt(Q/2);
V1 = U + b * V1;
%生成 1 * N 阶均值为 U,方差为 Q/2 的高斯白噪声序列
V2 = U + b * V2;
%生成 1 * N 阶均值为 U,方差为 Q/2 的高斯白噪声序列
V = V1 + j * V2; %生成 1 * N 阶均值为 U,方差为 Q 的复高斯白噪声序列
z(1) = V(1,1);
for n = 2:1:N
    z(n) = - A1 * z(n - 1) + V(1,n);
end
x(1) = 6;
for n = 2:1:N
    x(n) = 2 * cos(2 * pi * f1 * (n - 1)) + 2 * cos(2 * pi * f2 * (n - 1)) + 2 * cos(2 * pi * f3 * (n
- 1)) + z(n - 1);
end
for k = 0:1:p
    t5 = 0;
    for n = 0:1:N - k - 1
        t5 = t5 + conj(x(n + 1)) * x(n + 1 + k);
    end
    Rxx(k + 1) = t5/N;
end
a(1,1) = - Rxx(2)/Rxx(1);
p1(1) = (1 - abs(a(1,1))^2) * Rxx(1);
for k = 2:1:p
    t = 0;
    for l = 1:1:k - 1
        t = a(k - 1,l). * Rxx(k - l + 1) + t;
    end
    a(k,k) = - (Rxx(k + 1) + t)./p1(k - 1);
    for i = 1:1:k - 1
        a(k,i) = a(k - 1,i) + a(k,k) * conj(a(k - 1,k - i));
    end
    p1(k) = (1 - (abs(a(k,k)))^2). * p1(k - 1);
end
for k = 1:1:p
    a(k) = a(p,k);
end
f = - 0.5:0.0001:0.5;
f0 = length(f);
for t = 1:f0
    s = 0;
    for k = 1:p
        s = s + a(k) * exp( - j * 2 * pi * f(t) * k);
    end
```

```
    X(t) = Q/(abs(1 + s))^2;
end
plot(f,10 * log10(X))
xlabel('频率');
ylabel('PSD(dB)');
title('自相关法求 AR 模型谱估计')
```

运行结果如图 6-7 所示。

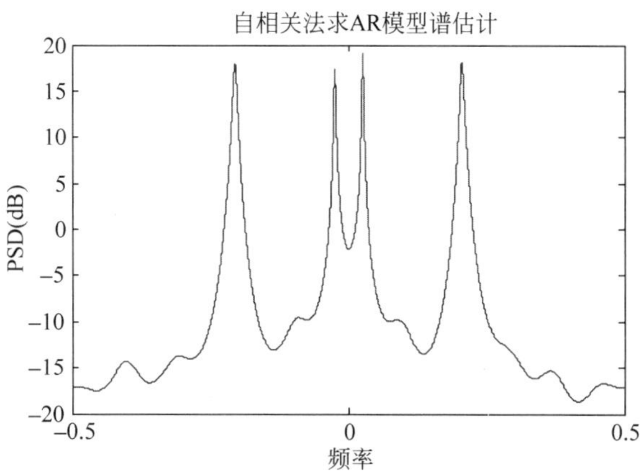

图 6-7　自相关法求 AR 模型谱估计

【例 6-9】 利用预测器来估计模型系数,并与最初的信号相比较。

程序如下:

```
randn('state',0);
noise = randn(40000,1);                    % 正态高斯白噪声
x = filter(1,[1 1/2 1/3 1/4],noise);
x = x(35904:40000);
% 调用线性预测函数 lpc,计算预测系数,并估算预测误差以及预测误差的自相关
a = lpc(x,3);
est_x = filter([0 - a(2:end)],1,x);       % 信号估算
e = x - est_x;                             % 预测误差
[acs,lags] = xcorr(e,'coeff');             % 预测误差的 ACS
% 比较预测信号和原始信号
subplot (211);
plot(1:97,x(3001:3097),1:97,est_x(3001:3097),'--');
title('比较预测信号和原始信号');
xlabel('Sample Number');ylabel('Amplitude');
grid on;
% 分析预测误差的自相关
subplot(212);
plot(lags,acs);
title('分析预测误差的自相关');
xlabel('Lags');
ylabel('Normalized Value');
grid on;
```

运行结果如图 6-8 所示。

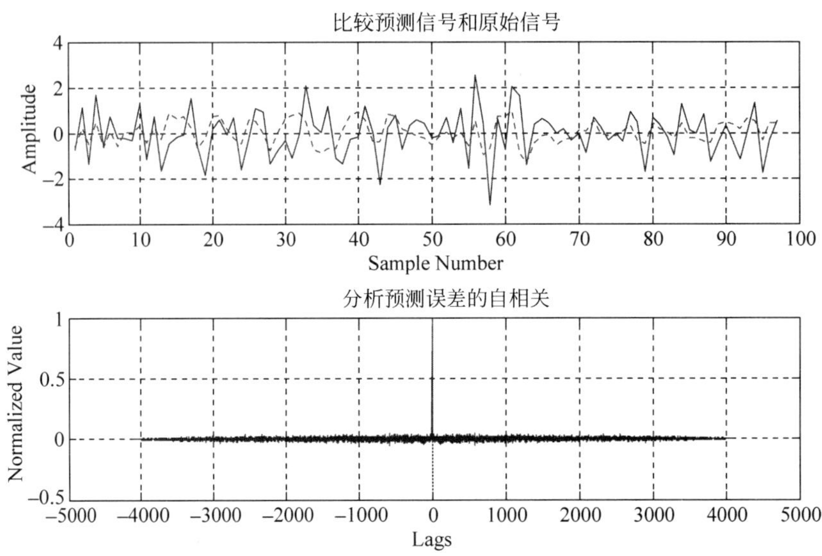

图 6-8 信号比较与预测自相关

【例 6-10】 利用 MATLAB 对一个线性时不变系统建立 AR 模型，利用相应的仿真算法进行时域模型的参数估计以及仿真随机信号的频域分析。

程序如下：

```
%仿真信号功率谱估计和自相关函数
a = [2 0.3 0.2 0.5 0.2 0.4 0.6 0.2 0.2 0.5 0.3 0.2 0.6];
%仿真信号
t = 0:0.001:0.4;
y = sin(2 * pi * t * 30) + cos(0.35 * pi * t * 30) + randn(size(t));
%加入白噪声正弦信号
x = filter(1,a,y);
%周期图估计,512 点 FFT
subplot(221);
periodogram(x,[],512,1000);
axis([0 500 - 50 0]);
xlabel('频率/HZ');
ylabel('功率谱/dB');
title('周期图功率谱估计');
grid on;
%welch 功率谱估计
subplot(222);
pwelch(x,128,64,[],1000);
axis([0 500 - 50 0]);
xlabel('频率/HZ');
ylabel('功率谱/dB');
title('welch 功率谱估计');
grid on;
subplot(212);
```

```
R = xcorr(x);
plot(R);
axis([0 600 - 500 500]);
xlabel('时间/t');
ylabel('R(t)/dB');
title('x的自相关函数');
grid on;
```

运行结果如图 6-9 所示。

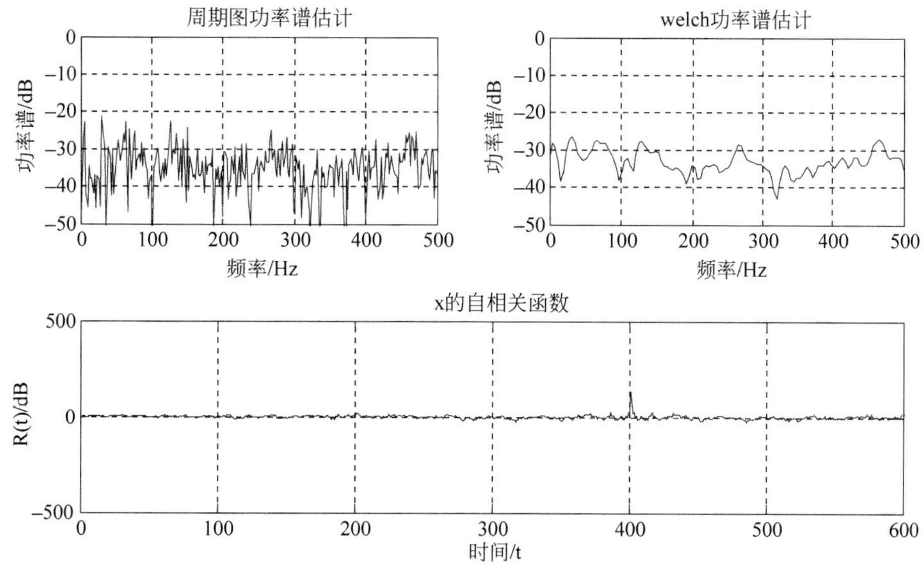

图 6-9 AR 模型的谱分析

6.5.2 MA 模型

随机信号 $x(n)$由当前的激励值 $w(n)$和若干次过去的激励 $w(n-k)$线性组合产生，该过程的差分方程为

$$x(n) = b_0 w(n) + b_1 w(n-1) + \cdots + b_q w(n-q) = \sum_{k=0}^{q} b_k w(n-k)$$

该系统的系统函数是

$$H(z) = 1 + b_1 z^{-1} + \cdots + b_q z^{-q} = (1 - z_1 z^{-1})(1 - z_2 z^{-1})\cdots(1 - z_q z^{-1})$$

q 表示系统阶数，系统函数只有零点，没有极点，所以该系统一定是稳定的系统，也称为全零点模型，用 MA(q)来表示。

自相关系数为

$$r_x(l) = \begin{cases} \sigma_w^2 \sum\limits_{k=l}^{q} b_k b_{k-l} & 0 \leqslant l \leqslant q \\ 0 & |l| > q \end{cases}, \quad r_x(l) = r_x(-l) \quad -1 \geqslant l \geqslant -q$$

功率谱密度为

$$S_x(\omega)=\sigma_w^2\left|\prod_{k=1}^{q}(z-q_k)\right|^2_{z=e^{j\omega}}$$

【例 6-11】 MA 模型功率谱估计 MATLAB 实现。

程序如下：

```
N = 456;
B1 = [1 0.2544 0.2509 0.1826 0.2401];
A1 = [4];
w = linspace(0,pi,512);
H1 = freqz(B1,A1,w);
%产生信号的频域响应
Ps1 = abs(H1).^2;
SPy11 = 0;                                  %20 次 AR(4)
SPy14 = 0;                                  %20 次 MA(4)
VSPy11 = 0;                                 %20 次 AR(4)
VSPy14 = 0;                                 %20 次 MA(4)
for k = 1:20
%采用自协方差法对 AR 模型参数进行估计
y1 = filter(B1,A1,randn(1,N)). * [zeros(1,200),ones(1,256)];
[Py11,F] = pcov(y1,4,512,1);                %AR(4)的估计
[Py13,F] = periodogram(y1,[],512,1);
SPy11 = SPy11 + Py11;
VSPy11 = VSPy11 + abs(Py11).^2;
y = zeros(1,256);
for i = 1:256
y(i) = y1(200 + i);
end
ny = [0:255];
z = fliplr(y);nz = - fliplr(ny);
nb = ny(1) + nz(1);ne = ny(length(y)) + nz(length(z));
n = [nb:ne];
Ry = conv(y,z);
R4 = zeros(8,4);
r4 = zeros(8,1);
for i = 1:8
r4(i,1) = - Ry(260 + i);
for j = 1:4
R4(i,j) = Ry(260 + i - j);
end
end
R4
r4
a4 = inv(R4' * R4) * R4' * r4
%利用最小二乘法得到的估计参数
%对 MA 的参数 b(1) - b(4)进行估计%
A1
A14 = [1,a4']
```

```
%AR 的参数 a(1) - a(4)的估计值
B14 = fliplr(conv(fliplr(B1),fliplr(A14)));
%MA 模型的分子
y24 = filter(B14,A1,randn(1,N));          %. * [zeros(1,200),ones(1,256)];
%由估计出的 MA 模型产生数据
[Ama4,Ema4] = arburg(y24,32),
B1
b4 = arburg(Ama4,4)
%求出 MA 模型的参数
% --- 求功率谱 --- %
w = linspace(0,pi,512);
%H1 = freqz(B1,A1,w)
H14 = freqz(b4,A14,w);
%产生信号的频域响应
%Ps1 = abs(H1).^2;                           %真实谱
Py14 = abs(H14).^2;                          %估计谱
SPy14 = SPy14 + Py14;
VSPy14 = VSPy14 + abs(Py14).^2;
end
figure(1)
plot(w./(2 * pi),Ps1,w./(2 * pi),SPy14/20);
legend('真实功率谱','20 次 MA(4)估计的平均值');
grid on;
xlabel('频率');
ylabel('功率');
```

运行结果如图 6-10 所示。

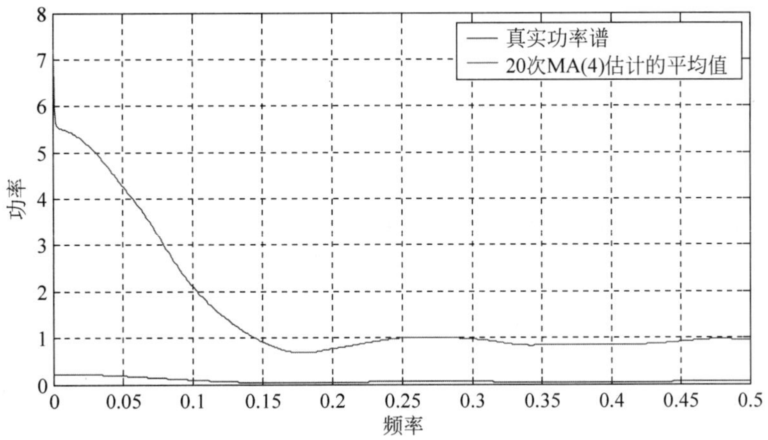

图 6-10　MA 模型功率谱估计

6.5.3　ARMA 模型

ARMA 模型是 AR 模型和 MA 模型的结合，ARMA(p,q)过程的差分方程为

$$\sum_{k=0}^{p} a_k x(n-k) = \sum_{k=0}^{q} b_k w(n-k)$$

系统传递函数为

$$H(z) = \frac{1 + b_1 z^{-1} + b_2 z^{-2} + \cdots + b_q z^{-q}}{1 + a_1 z^{-1} + a_2 z^{-2} + \cdots + a_p z^{-p}} = \frac{(1 - z_1 z^{-1})(1 - z_2 z^{-1})\cdots(1 - z_q z^{-1})}{(1 - p_1 z^{-1})(1 - p_2 z^{-1})\cdots(1 - p_p z^{-1})}$$

它既有零点又有极点，所以也称极点零点模型，要考虑极点零点的分布位置，保证系统的稳定，用 ARMA(p,q)表示。

自相关系数与模型的关系是

$$r_x(l) = \begin{cases} -\sum_{k=1}^{p} a_k r_x(l-k) + \sum_{k=l}^{q} b_k r_{wx}(l-k) & 0 \leqslant l \leqslant q \\ -\sum_{k=1}^{p} a_k r_x(l-k) & l > q \end{cases}$$

对上述系数进行修正，有

$$r_x(l) = \begin{cases} -\sum_{k=1}^{p} a_k r_x(l-k) + \sigma_w^2 \sum_{k=l}^{q} b_k h(k-l) & 0 \leqslant l \leqslant q \\ -\sum_{k=1}^{p} a_k r_x(l-k) & l > q \end{cases}$$

系统的功率谱密度为

$$S_x(\omega) = \sigma_w^2 \left| \frac{1 + \sum_{k=1}^{q} b_k z^{-k}}{1 + \sum_{k=1}^{p} a_k z^{-k}} \right|^2_{z=e^{j\omega}} = \sigma_w^2 \left| \frac{\prod_{k=1}^{q} (1 - z_k z^{-1})}{\prod_{k=1}^{p} (1 - p_k z^{-1})} \right|^2_{z=e^{j\omega}}$$

【例 6-12】 模拟一个 ARMA 模型，然后进行时频归并，考察归并前后模型的变化。

程序如下：

```
clear
tic
%s 设定 ARMA 模型的多项式系数.ARMA 模型中只有多项式 A(q)和 C(q)
a1 = -(0.6)^(1/3);
a2 = (0.6)^(2/3);
a3 = 0;
a4 = 0;
c1 = 0;
c2 = 0;
c3 = 0;
c4 = 0;
obv = 3000;
%obv 是模拟的观测数目
A = [1 a1 a2 a3 a4];
B = [];
%因为 ARMA 模型没有输入,因此多项式 B 是空的
C = [1 c1 c2 c3 c4];
D = [];
```

```
%把D也设为空的
F = [];
%ARMA模型里的F多项式也是空的
m = idpoly(A,B,C,D,F,1,1)
%这样就生成了ARMA模型,把它存储在m中.抽样间隔Ts设为1
error = randn(obv, 1);
%生成一个obv*1的正态随机序列,准备用作模型的误差项
e = iddata([],error,1);
%用randn函数生成一个噪声序列,存储在e中,抽样间隔是1秒
%u = [];
%因为是ARMA模型,没有输出,所以把u设为空的
y = sim(m,e);
get(y)
%使用get函数来查看动态系统的所有性质
r = y.OutputData;
%把y.OutputData的全部值赋给变量r,r就是一个obv*1的向量
figure(1)
plot(r)
title('模拟信号');
ylabel('幅值');
xlabel('时间')
%绘出y随时间变化的曲线
figure(2)
subplot(2,1,1)
n = 100;
[ACF,Lags,Bounds] = autocorr(r,n,2);
x = Lags(2:n);
y = ACF(2:n);
%注意这里的y和前面y的完全不同
h = stem(x,y,'fill','-');
set(h(1),'Marker','.')
hold on
ylim([-1 1]);
a = Bounds(1,1) * ones(1,n-1);
line('XData',x,'YData',a,'Color','red','linestyle','--')
line('XData',x,'YData',-a,'Color','red','linestyle','--')
ylabel('自相关系数')
title('模拟信号系数');
subplot(2,1,2)
[PACF,Lags,Bounds] = parcorr(r,n,2);
x = Lags(2:n);
y = PACF(2:n);
h = stem(x,y,'fill','-');
set(h(1),'Marker','.')
hold on
ylim([-1 1]);
b = Bounds(1,1) * ones(1,n-1);
line('XData',x,'YData',b,'Color','red','linestyle','--')
line('XData',x,'YData',-b,'Color','red','linestyle','--')
ylabel('偏自相关系数')
m = 3;
R = reshape(r,m,obv/m);
%把向量r变形成m*(obv/m)的矩阵R
```

```
aggregatedr = sum(R);
% sum(R)计算矩阵 R 每一列的和,得到的 1 * (obv/m)行向量 aggregatedr 就是时频归并后得到的
序列
dlmwrite('output.txt',aggregatedr','delimiter','\t','precision',6,'newline','pc');
% 至此完成了对 r 的时频归并
figure(3)
subplot(2,1,1)
n = 100;
bound = 1;
[ACF,Lags,Bounds] = autocorr(aggregatedr,n,2);
x = Lags(2:n);
y = ACF(2:n);
h = stem(x,y,'fill','-');
set(h(1),'Marker','.')
hold on
ylim([ - bound bound]);
a = Bounds(1,1) * ones(1,n - 1);
line('XData',x,'YData',a,'Color','red','linestyle','--')
line('XData',x,'YData', - a,'Color','red','linestyle','--')
ylabel('自相关系数')
title('归并模拟信号系数');
subplot(2,1,2)
[PACF,Lags,Bounds] = parcorr(aggregatedr,n,2);
x = Lags(2:n);
y = PACF(2:n);
h = stem(x,y,'fill','-');
set(h(1),'Marker','.')
hold on
ylim([ - bound bound]);
b = Bounds(1,1) * ones(1,n - 1);
line('XData',x,'YData',b,'Color','red','linestyle','--')
line('XData',x,'YData', - b,'Color','red','linestyle','--')
ylabel('偏自相关系数')
t = toc;
```

运行结果如图 6-11 所示。

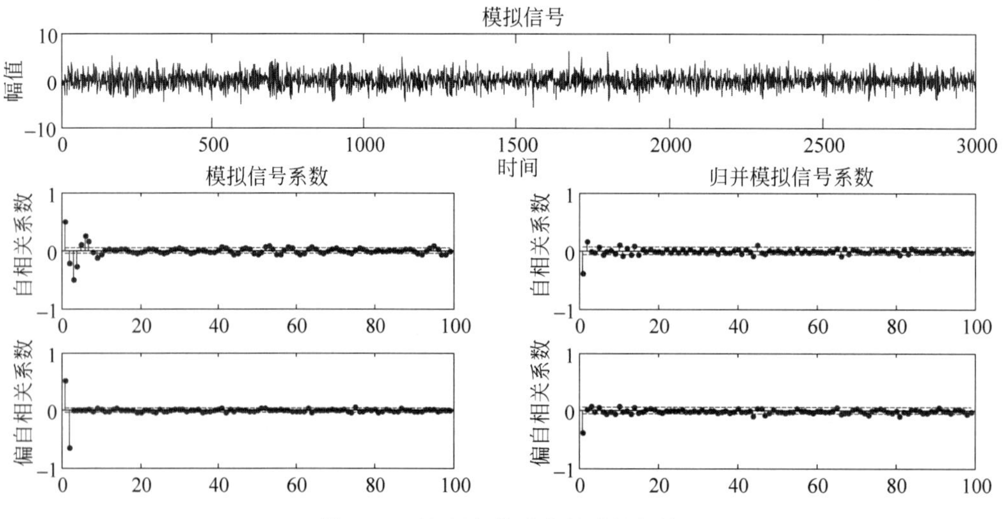

图 6-11　ARMA 模型进行时频归并

本章小结

设计维纳滤波器时需要知道输入信号的统计特性，当信号统计特性偏离设计条件时，就不再是最优滤波器。设计卡尔曼滤波器时必须知道产生输入过程系统的状态方程和观测方程，即要求对信号和噪声的统计特性有先验知识，实际应用中往往难以预知。

这两种滤波器设计的前提是必须事先知道信号和噪声的统计特性(数学期望，相关函数等)。遗憾的是，在实际应用中常常无法预先得到信号的统计特性或信号的统计特性是随时间变化的。

自适应滤波可使滤波器参数自动调整达到最优状况，而在设计时，只需要很少或不需要关于信号和噪声的先验知识。

本书仅讲述了这几种滤波器的经典部分，读者如感兴趣可以参考相关的文献。

第7章 随机信号处理

随机信号处理主要包括了对随机信号处理的预处理技术、平稳随机信号过程的时域以及频域分析、随机过程的系统研究方法(系统描述方法和数学建模求解方法)等技术的学习和研究。

学习目标：

(1) 基本了解随机信号的定义；

(2) 熟练运用随机信号的频谱分析方法。

7.1 随机信号处理基础

随机信号是不能用确定的数学关系式来描述的，不能预测其未来任何瞬时值，任何一次观测只代表其在变动范围中可能产生的结果之一，其值的变动服从统计规律。它不是时间的确定函数，在定义域内的任意时刻没有确定的函数值。

7.1.1 随机信号的简介与时域统计描述

随机信号："随机"两个字的本义含有不可预测意思，不能用单一时间函数表达，也就是指一些不规则的信号。常见的噪音和干扰都属于随机信号范畴。确定信号是理论上的抽象，与随机信号的特性之间有一定联系，用确定性来分析系统，使问题简化，在工程上有实际应用意义。

随机信号或称随机过程，采用统计数学方法，用随机过程理论分析研究。随机信号的一般特性有均值、最大小值、均方值、平均功率值、平均频谱等。

随机信号 $x(t)$ 的均值可以表示为

$$E[x(t)] = \mu_x = \lim_{T\to\infty}\int_0^T x(t)\mathrm{d}t$$

均值描述了随机信号的静态直流分量，它不随时间而变化。

随机信号 $x(t)$ 的均方值表达式为

$$\phi_x^2 = \lim_{T\to\infty}\int_0^T x\ (t)^2\mathrm{d}t$$

均方值 ϕ_x^2 表示了信号的强度或功率。

随机信号的均方根值表示为

$$\phi_x = \sqrt{\lim_{T\to\infty}\int_0^T x\ (t)^2\,\mathrm{d}t}$$

其中,均方根值也是信号能量或强度的一种描述。

随机信号 $x(t)$的方差表达式为

$$E[(x-\mu_x)^2] = \sigma_x^2 = \lim_{T\to\infty}\int_0^T [x(t)-\mu_x]^2\,\mathrm{d}t$$

其中,方差是信号幅值相对于均值分散程度的一种表示,也是信号纯波动(交流)分量大小的反映。

随机信号 $x(t)$的均方差可表示为

$$\sigma_x = \sqrt{\lim_{T\to\infty}\int_0^T [x(t)-\mu_x]^2\,\mathrm{d}t}$$

其意义与方差含义一致。

对于离散的各态历经的平稳随机信号序列。类似连续随机信号,其数字特征可由下面式子来表示。

均值:

$$E[x(n)] = \mu_x = \lim_{N\to\infty}\frac{1}{N}\sum_{N=0}^{N} x(n)$$

均方值:

$$E[x^2(n)] = \phi_x^2 = \lim_{N\to\infty}\frac{1}{N}\sum_{N=0}^{N} x^2(n)$$

方差:

$$E[(x(n)-\mu_x)^2] = \sigma_x^2 = \lim_{N\to\infty}\frac{1}{N}\sum_{N=0}^{N}[(x(n)-\mu_x)^2]$$

以上计算都是针对无限长信号而言,而工程上所取得的信号是有限长的,计算中时间参量和取样个数不可能趋向于无穷大。

对于有限长模拟随机信号,计算均值式改写为

$$E[x(t)] = \hat{\mu} = \frac{1}{N}\sum_{N=0}^{N} x(n)$$

式中,$\hat{\mu}$ 仅仅是对均值的估计。当时间参数足够长时,均值估计才能够精确地逼近真实值。对于周期信号,时间参数常取信号的周期,这样均值估计就能够很好地反映真实的均值。

对于有限长随机信号序列,计算均值估计改写为

$$E[x(n)] = \hat{\mu}_x = \frac{1}{N}\sum_{N=0}^{N} x(n)$$

当序列长度足够长时,均值估计也能够精确逼近真实均值。

在 MATLAB 工具箱中,没有专门函数来计算均值、均方值、方差,但随机信号的统计数字特征都可以通过编程来实现。在数值计算中,常常将连续信号离散化,当作随机序列来处理。

数学期望和方差是描述随机过程在各个孤立时刻的重要数字特征，它们反映不出整个随机过程不同时间的内在联系。引入自相关函数来描述随机过程任意两个不同时刻状态之间联系。设 $x(t_1)$ 和 $x(t_2)$ 是随机过程 $x(t)$ 在 t_1 和 t_2 两个任意时刻的状态，$p_X(x_1,x_2;t_1,t_2)$ 是相应的二维概率密度，称它们的二阶联合原点矩为 $x(t)$ 的自相关函数，简称相关函数，即

$$R_X(t_1,t_2) = E[x(t_1)x(t_2)] = \int_{-\infty}^{+\infty}\int_{-\infty}^{+\infty} x_1 x_2 p_X(x_1,x_2;t_1,t_2)\mathrm{d}x_1\mathrm{d}x_2$$

若取 $t_1=t_2=t$，则有

$$R_X(t_1,t_2) = R_X(t,t) = E[x(t)x(t)] = E[x^2(t)]$$

此时自相关函数即退化为均方值。

任意两个不同时刻、两个随机变量的中心矩定义为协方差函数或中心化自相关函数，即

$$\begin{aligned}C_X(t_1,t_2) &= E[\{x(t_1)-\mu_1\}\{x(t_2)-\mu_2\}]\\ &= \int_{-\infty}^{\infty}\int_{-\infty}^{\infty}[x_1-\mu_1][x_2-\mu_2]p_X(x_1,x_2;t_1,t_2)\mathrm{d}x_1\mathrm{d}x_2\end{aligned}$$

数学期望和方差描述了随机过程在各个孤立时刻的特征，但没有反映随机过程不同时刻之间的内在联系。自相关函数和自协方差函数是用来衡量同一随机过程在任意两个时刻上的随机变量的相关程度。

设有两个随机过程 $x(t)$ 和 $y(t)$，它们在任意两个时刻 t_1 和 t_2 的状态分别为 $x(t_1)$ 和 $y(t_2)$，则随机过程 $x(t)$ 和 $y(t)$ 的互相关函数定义为

$$R_{XY}(t_1,t_2) = E[x(t_1)y(t_2)] = \int_{-\infty}^{\infty}\int_{-\infty}^{\infty} xy p_{X,Y}(x,y;t_1,t_2)\mathrm{d}x\mathrm{d}y$$

类似地，定义两个随机过程的互协方差函数为

$$C_{XY}(t_1,t_2) = E[\{x(t_1)-\mu_x\}\{y(t_2)-\mu_y\}]$$

如果对任意的 $t_1,t_2,\cdots,t_n;t_1',t_2',\cdots,t_m'$ 都有

$$\begin{aligned}&p_{XY}(x_1,x_2,\cdots,x_n,y_1,y_2,\cdots,y_m;t_1,t_2,\cdots,t_n,t_1',t_2',\cdots,t_m')\\ &\quad= p_X(x_1,x_2,\cdots,x_n;t_1,t_2,\cdots,t_n)p_Y(y_1,y_2,\cdots,y_m;t_1',t_2',\cdots,t_m')\end{aligned}$$

则称 $x(t)$ 和 $y(t)$ 之间是互相统计独立的。

7.1.2 平稳随机序列及其数字特征

在信息处理与传输中，经常遇到一类称为平稳随机序列的重要信号。所谓平稳随机序列，是指它的 N 维概率分布函数或 N 维概率密度函数与时间 n 的起始位置无关。换句话说，平稳随机序列的统计特性不随时间发生变化。

许多随机序列不是平稳随机序列，但它们的均值和方差却不随时间改变，其相关函数仅是时间差的函数。一般将这一类随机序列称为广义（宽）平稳随机序列。

平稳随机序列的一维概率密度函数与时间无关，因此均值、方差和均方值均是与时间无关的常数。

$$m_x = E[x(n)] = E[x(n+m)]$$

$$\sigma_x^2 = E[|x_n - m_x|^2] = E[|x_{n+m} - m_x|^2]$$

$$E[|X_n|^2]=E[|X_{n+m}|^2]$$

二维概率密度函数仅决定于时间差,与起始时间无关;自相关函数与自协方差函数是时间差的函数。

$$r_{xx}(m)=E[X_n^* X_{n+m}]$$

$$\mathrm{cov}_{xx}(m)=E[(X_n-m_x)^*(X_{n+m}-m_x)]$$

两个各自平稳且联合平稳的随机序列,其互相关函数为

$$r_{xy}(m)=r_{xy}(n,n+m)=E[X_n^* Y_{n+m}]$$

显然,对于自相关函数和互相关函数,下面公式成立:

$$r_{xx}^*(m)=r_{xx}(-m)$$

$$r_{xy}^*(m)=r_{yx}(-m)$$

若 $r_{xy}(m)=0$,则称两个序列正交,若 $r_{xy}(m)=m_x^* m_y$,则称两个随机序列互不相关。

实平稳随机序列的相关函数、协方差函数有如下性质:

(1) 自相关函数和自协方差函数是 m 的偶函数,有

$$r_{xx}(m)=r_{xx}(-m),\quad \mathrm{cov}_{xx}(m)=\mathrm{cov}_{xx}(-m)$$

$$r_{xy}(m)=r_{yx}(-m),\quad \mathrm{cov}_{xy}(m)=\mathrm{cov}_{yx}(-m)$$

(2) $r_{xx}(0)$数值上等于随机序列的平均功率,即

$$r_{xx}(0)=E[X_n^2]$$

(3) $r_{rr}(0)\geqslant|r_{rr}(m)|$

(4) $\lim\limits_{m\to\infty}r_{xx}(m)=m_x^2$,$\lim\limits_{m\to\infty}r_{xy}(m)=m_x m_y$

(5) $\mathrm{cov}_{xx}(m)=r_{xx}(m)-m_x^2$,$\mathrm{cov}_{xx}(0)=\sigma_x^2$

7.1.3 平稳随机序列的功率谱

平稳随机序列是非周期函数,且是能量无限信号,无法直接利用傅里叶变换进行分析。随机序列的自相关函数是非周期序列,但随着时间差 m 的增大,趋近于随机序列的均值。如果随机序列的均值为 0,$r_{xy}(m)$是收敛序列。随机序列自相关函数的 Z 变换为

$$P_{xx}(z)=\sum_{m=-\infty}^{\infty}r_{xx}(m)z^{-m}$$

将 $z=\mathrm{e}^{\mathrm{j}\omega}$代入,有

$$P_{xx}(\mathrm{e}^{\mathrm{j}\omega})=\sum_{m=-\infty}^{\infty}r_{xx}(m)\mathrm{e}^{-\mathrm{j}\omega m}$$

$$r_{xx}(m)=\frac{1}{2\pi}\int_{-\pi}^{\pi}P_{xx}(\mathrm{e}^{\mathrm{j}\omega})\mathrm{e}^{\mathrm{j}\omega m}\mathrm{d}\omega$$

将 $m=0$ 代入反变换公式,得

$$r_{xx}(0)=\frac{1}{2\pi}\int_{-\pi}^{\pi}P_{xx}(\mathrm{e}^{\mathrm{j}\omega})\mathrm{d}\omega$$

$P_{xx}(\mathrm{e}^{\mathrm{j}\omega})$称为功率谱密度,简称功率谱。

实平稳随机序列的功率谱,有如下的性质:

（1）功率谱是 ω 的偶函数，即

$$P_{xx}(\omega) = P_{xx}(-\omega)$$

$$P_{xx}(e^{j\omega}) = \sum_{m=-\infty}^{\infty} r_{xx}(m)e^{-j\omega m} = r_{xx}(0) + 2\sum_{m=1}^{\infty} r_{xx}(m)\cos(\omega m)$$

$$r_{xx}(m) = \frac{1}{2\pi}\int_{-\pi}^{\pi} P_{xx}(e^{j\omega})e^{j\omega n}d\omega = \frac{1}{\pi}\int_{0}^{\pi} P_{xx}(e^{j\omega})\cos(\omega m)d\omega$$

（2）功率谱是实的非负函数。

$r_{xx}^*(m)=r_{xx}(-m)$进行 Z 变换，得

$$P_{xx}(z) = P_{xx}^*\left(\frac{1}{z^*}\right)$$

类似地，互相关函数的 Z 变换表示为

$$P_{xy}(z) = \sum_{-\infty}^{\infty} r_{xy}(m)z^{-m}$$

$r_{xy}^*(m)=r_{yx}(-m)$进行 Z 变换，得

$$P_{xy}(z) = P_{yx}^*\left(\frac{1}{z^*}\right)$$

7.1.4 基于随机信号处理的 MATLAB 函数

1. 均匀分布的白噪声序列 rand()

用法：x=rand(m,n)

功能：产生 m＊n 的均匀分布随机数矩阵，例如，x=rand(100,1)，产生一个 100 个样本的均匀分布白噪声列矢量。

2. 正态分布白噪声序列 randn()

用法：x=randn(m,n)

功能：产生 m＊n 的标准正态分布随机数矩阵，例如，x=randn(100,1)，产生一个 100 个样本的正态分布白噪声列矢量。

3. 韦伯分布白噪声序列 weibrnd()

用法：x=weibrnd(A,B,m,n)；

功能：产生 m＊n 的韦伯分布随机数矩阵，其中 A、B 是韦伯分布的两个参数。例如，x=weibrnd(1,1.5,100,1)，产生一个 100 个样本的韦分布白噪声列矢量，韦伯分布参数 A=1,B=1.5。

4. 均值函数 mean()

用法：m=mean(x)

功能：返回 $X(n)$按 $\frac{1}{N}\sum_{n=1}^{N} x(n)$ 估计的均值，其中 x 为样本序列 $x(n)(n=1,2,\cdots,N-1)$构成的数据矢量。

5.，方差函数 var()

用法：sigma2＝var(x)

功能：返回 $X(n)$ 按 $\frac{1}{N-1}\sum_{n=0}^{N-1}[x[n]-\hat{m}_x]^2$ 估计的方差，这一估计是无偏估计。在实际中也经常采用式 $\frac{1}{N}\sum_{n=0}^{N-1}[x[n]-\hat{m}_x]^2$ 估计方差。

6. 互相关函数估计 xcorr

```
c = xcorr(x,y)
c = xcorr(x)
c = xcorr(x,y,'option')
c = xcorr(x,'option')
```

xcorr(x,y)计算 x 与 y 的互相关，矢量 x 表示序列 x(n)，矢量 y 表示序列 y(n)。xcorr(x)计算 x 的自相关。option 选项是：

选项为'biased'时，$\hat{R}_x(m)=\frac{1}{N}\sum_{n=0}^{N-|m|-1}x_{n+m}x_n$。

选项为'unbiased'时，$\hat{R}_x(m)=\frac{1}{N-|m|}\sum_{n=0}^{N-|m|-1}x_{n+m}x_n$。

7. 概率密度的估计

概率密度的估计有两个函数：ksdensity()和 hist()。

ksdensity()函数直接估计随机序列概率密度，它的用法是：

```
[f,xi] = ksdensity(x)
```

它的功能是估计用矢量 x 表示的随机序列在 xi 处的概率密度 f。也可以指定 xi，估计对应点的概率密度值，用法为

```
f = ksdensity(x,xi)
```

直方图 hist()，它的用法为

```
hist(y,x)
```

它的功能是画出用矢量 y 表示的随机序列的直方图，参数 x 表示计算直方图划分的单元，也是用矢量表示。

【例 7-1】 计算长度 $N=50000$ 的正态高斯随机信号的均值、均方差、均方值根、方差和均方差。

程序如下：

```
N = 60000;
randn('state',0);
y = randn(1,N);
disp('平均值:');
```

```
yM = mean(y)
disp('平方值:');
yp = y * y'/N
disp('平方根:');
ys = sqrt(yp)
disp('标准差:');
yst = std(y,1)
disp('方差:');
yd = yst. * yst
```

运行结果如下：

```
平均值:
yM =
    0.0100
平方值:
yp =
    1.0053
平方根:
ys =
    1.0026
标准差:
yst =
    1.0026
方差:
yd =
    1.0052
```

注意，函数 s=std(x,flag)计算标准差时。x 为向量或矩阵，s 为标准差，flag 为控制符，用来控制标准算法。当 flag=1 时，按下式计算无偏标准差：

$$s = \sqrt{\frac{1}{N}\sum_{i=1}^{N}(x_i - \mu_x)^2}$$

当 flag=1 时，按照下式计算有偏标准差：

$$s = \sqrt{\frac{1}{N-1}\sum_{i=1}^{N}(x_i - \mu_x)^2}$$

【例 7-2】 求白噪声带白噪声干扰的信号的自相关函数并进行比较。

程序如下：

```
clear all;
N = 1200; Fs = 600;                              % 数据长度和采样频率
n = 0:N - 1; t = n/Fs;                           % 时间序列
Lag = 100;                                       % 延迟样点数
randn('state',0);                                % 设置产生随机数的初始状态
x = cos(2 * pi * 10 * t) + 0.7 * randn(1,length(t));  % 原始信号
[c,lags] = xcorr(x,Lag,'unbiased');              % 对原始信号进行无偏自相关估计
subplot(2,2,1); plot(t,x);                       % 绘制原始信号 x
xlabel('时间/s'); ylabel('x(t)');
title('带噪声周期信号');
grid on;
```

```
subplot(2,2,2);plot(lags/Fs,c);                    % 绘制 x 信号自相关,lags/Fs 为时间序列
xlabel('时间/s'); ylabel('Rx(t)');
title('带噪声周期信号的自相关');
grid on;
 % 信号 x1
x1 = randn(1,length(x));                            % 产生一与 x 长度一致的随机信号
[c,lags] = xcorr(x1,Lag,'unbiased');                % 求随机信号 x1 的无偏自相关
subplot(2,2,3); plot(t,x1);                         % 绘制随机信号 x1
xlabel('时间/s'); ylabel('x1(t)');
title('噪声信号');
grid on;
subplot(2,2,4); plot(lags/Fs,c);                    % 绘制随机信号 x1 的无偏自相关
xlabel('时间/s'); ylabel('Rx1(t)');
title('噪声信号的自相关');
grid on
```

运行结果如图 7-1 所示。

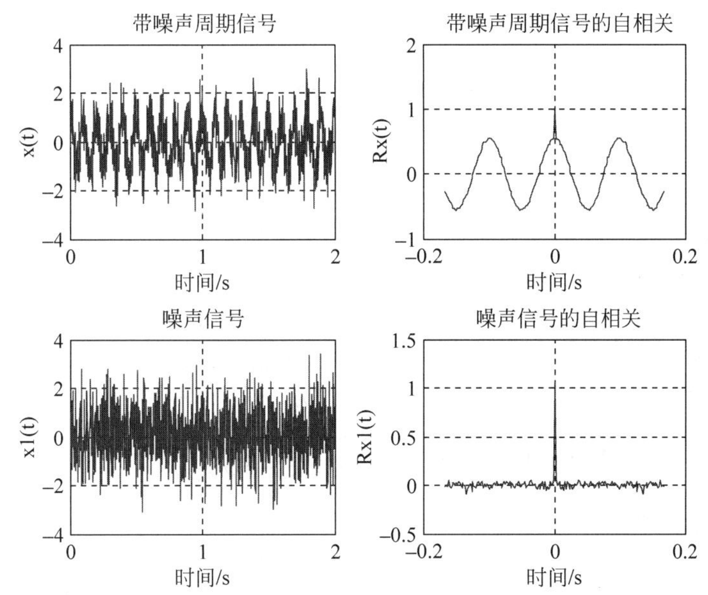

图 7-1 自相关函数并进行比较效果

【例 7-3】 产生一个正态随机序列。

程序如下：

```
a = 0.78;
sigma = 3;
N = 500;
u = randn(N,1);
x(1) = sigma * u(1)/sqrt(1 - a^2);
for i = 2:N
    x(i) = a * x(i - 1) + sigma * u(i);
end
plot(x);
xlabel('n');ylabel('x(n)');
```

运行结果如图 7-2 所示。

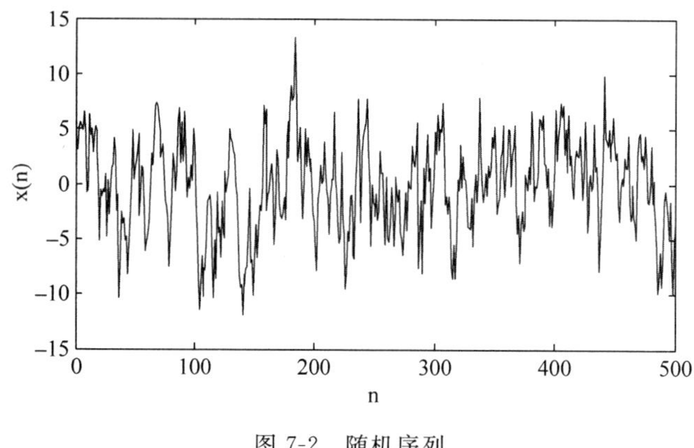

图 7-2　随机序列

【**例 7-4**】　对随机信号进行概率密度分析。

程序如下：

```
a = 0.78;
sigma = 3;
N = 200;
u = randn(N,1);
x(1) = sigma * u(1)/sqrt(1 - a^2);
for i = 2:N
    x(i) = a * x(i - 1) + sigma * u(i);
end
[f,xi] = ksdensity(x);
plot(xi,f);
xlabel('x');
ylabel('f(x)');
axis([ - 15 15 0 0.13]);
```

运行结果如图 7-3 所示。

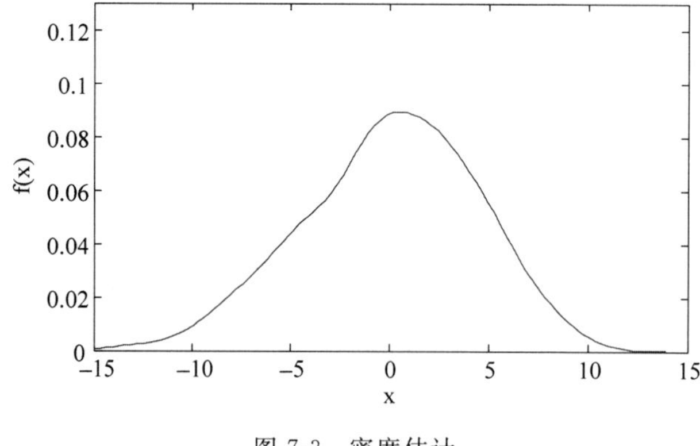

图 7-3　密度估计

【**例 7-5**】　对输入信号的互相关函数和互协方函数进行比较。

程序如下：

```
clear all;
t = 1:20;x = t.^2;
y = (t + 3).^2;
R = xcorr(x,y);
c = xcov(x,y);
n = 1:length(c);
subplot(121);stem(n,c);
title('互协方差');
subplot(122);stem(n,R);
title('互相关');
```

运行结果如图 7-4 所示。

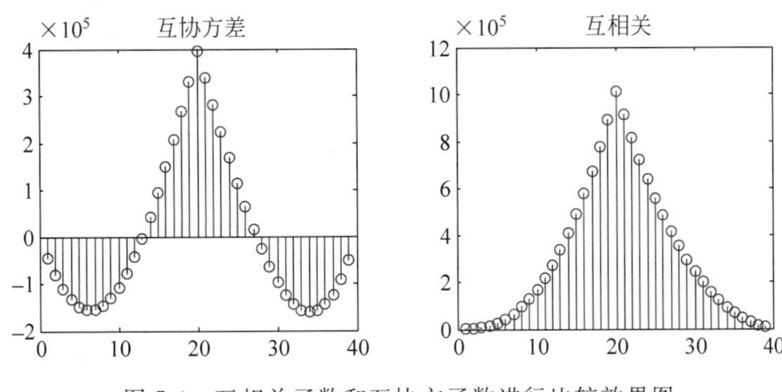

图 7-4 互相关函数和互协方函数进行比较效果图

7.2 随机信号的功率谱分析

现代信号分析中,对于常见的具有各态历经的平稳随机信号,不可能用清楚的数学关系式来描述,但可以利用给定的 N 个样本数据估计一个平稳随机信号的功率谱密度,这叫作功率谱估计(PSD),它是数字信号处理的重要研究内容之一。

功率谱估计可以分为经典功率谱估计(非参数估计)和现代功率谱估计(参数估计)。功率谱估计在实际工程中有重要应用价值,如在语音信号识别、雷达杂波分析、波达方向估计、地震勘探信号处理、水声信号处理、系统辨识中非线性系统识别、物理光学中透镜干涉、流体力学的内波分析、太阳黑子活动周期研究等许多领域,发挥了重要作用。

谱估计分为两大类:非参数化方法和参数化方法。非参数化谱估计又叫作经典谱估计,其主要缺陷是频率分辨率低;而参数化谱估计又叫作现代谱估计,它具有频率分辨率高的优点。

经典功率谱估计是将数据工作区外的未知数据假设为零,相当于数据加窗。经典功率谱估计方法分为相关函数法(BT 法)、周期图法,以及两种改进的周期图估计法,即平均周期图法和平滑平均周期图法,其中周期图法应用较多,具有代表性。

现代功率谱估计,即参数谱估计方法,是通过观测数据估计参数模型再按照求参数模型输出功率的方法估计信号功率谱。主要是针对经典谱估计的分辨率低和方差性能不好等问题提出的。

功率谱估计的目标是基于一个有限的数据集合描述一个信号的功率(在频率上的)分布。功率谱估计在很多场合下都是有用的,包括对宽带噪声湮没下的信号的检测。

MATLAB信号处理工具箱提供了3种应用估计功率谱的方法:

(1) 非参量类方法:PSD直接从信号本身估计出来。最简单的就是periodogram(周期图法),一种改进的周期图法是Welch's method,更现代的一种方法是multitaper method(多椎体法)。

(2) 参量类方法:这类方法是假设信号是一个由白噪声驱动的线性系统的输出。这类方法的例子是Yule-Walker autoregressive (AR) method和Burg method。这些方法先估计假设的产生信号的线性系统的参数。这些方法想要对可用数据相对较少的情况产生优于传统非参数方法的结果。

(3) 子空间类:又称为高分辨率法或者超分辨率方法基于对自相关矩阵的特征分析或者特征值分解产生信号的频率分量。这类方法对线谱(正弦信号的谱)最合适,对检测噪声下的正弦信号很有效,特别是低信噪比的情况。

7.2.1 非参量类方法

1. 周期图法

周期图法又称直接法。它是从随机信号$x(n)$中截取N长的一段,把它视为能量有限$x(n)$真实功率谱$S_x(e^{jw})$的估计$S_x(e^{jw})$的抽样。周期图这一概念早在1899年就提出了,但由于点数N一般比较大,该方法的计算量过大而在当时无法使用。只是1965年FFT出现后,此方法才变成谱估计的一个常用方法。周期图法包含了下列两条假设:

(1) 认为随机序列是广义平稳且各态遍历的,可以用其一个样本$x(n)$中的一段$x_N(n)$来估计该随机序列的功率谱,这必然带来误差。

(2) 由于对$x_N(n)$采用DFT,就默认$x_N(n)$在时域是周期的,以及$x_N(k)$在频域是周期的。这种方法把随机序列样本$x(n)$看成是截得一段$x_N(n)$的周期延拓,这也就是周期图法这个名字的来历。

【例7-6】 用periodogram函数来估计功率谱。

程序如下:

```
clear all;
randn('state',0);
Fs = 2000;
t = 0:1/Fs:.3;
x = sin(2*pi*t*200) + 0.1*randn(size(t));
periodogram(x,[],'twosided',512,Fs);
xlabel('频率/kHz');
ylabel('相对功率谱密度(dB/Hz)');
title('周期图法');
```

运行结果如图7-5所示。

【例7-7】 用Fourier变换求取信号的功率谱,使用周期图法。

程序如下：

```
clf;
Fs = 2000;
N = 512;Nfft = 512;
%数据的长度和 FFT 所用的数据长度
n = 0:N-1;t = n/Fs;
%采用的时间序列
xn = sin(2 * pi * 50 * t) + 2 * sin(2 * pi * 120 * t) + randn(1,N);
Pxx = 10 * log10(abs(fft(xn,Nfft).^2)/N);
%Fourier 振幅谱平方的平均值,并转化为 dB
f = (0:length(Pxx) - 1) * Fs/length(Pxx);
%给出频率序列
subplot(2,1,1),plot(f,Pxx);
%绘制功率谱曲线
xlabel('频率/Hz');ylabel('功率谱/dB');
title('周期图 N = 512');
grid on;
Fs = 1000;
N = 1024;Nfft = 1024;
%数据的长度和 FFT 所用的数据长度
n = 0:N-1;t = n/Fs;
%采用的时间序列
xn = sin(2 * pi * 50 * t) + 2 * sin(2 * pi * 120 * t) + randn(1,N);
Pxx = 10 * log10(abs(fft(xn,Nfft).^2)/N);
%Fourier 振幅谱平方的平均值,并转化为 dB
f = (0:length(Pxx) - 1) * Fs/length(Pxx);
%给出频率序列
subplot(2,1,2),plot(f,Pxx);
%绘制功率谱曲线
xlabel('频率/Hz');ylabel('功率谱/dB');
title('周期图 N = 1024');
grid on;
```

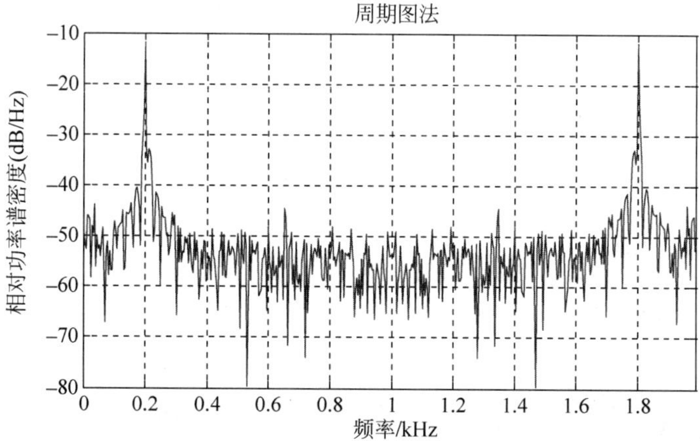

图 7-5　用 periodogram 函数来估计功率谱

运行结果如图 7-6 所示。

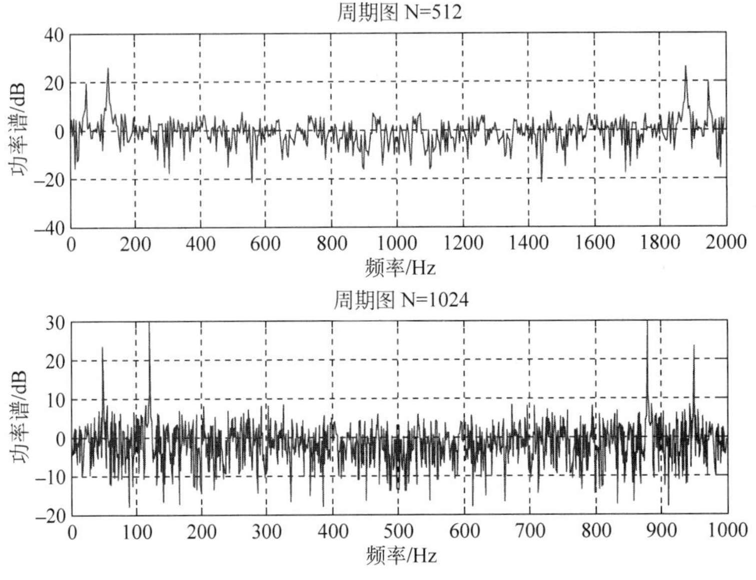

图 7-6　周期图法

2. 修正周期图法

在 FFT 前先加窗，平滑数据的边缘，可以降低旁瓣的高度。旁瓣是使用矩形窗产生的陡峭的剪切引入的寄生频率，对于非矩形窗，结束点衰减得平滑，所以引入较小的寄生频率。但是，非矩形窗增宽了主瓣，因此降低了频谱分辨率。

函数 periodogram 允许指定对数据加的窗，事实上加海明窗后信号的主瓣大约是矩形窗主瓣的 2 倍。对固定长度信号，海明窗能达到的谱估计分辨率大约是矩形窗分辨率的一半。

这种冲突可以在某种程度上被变化窗所解决，例如凯塞窗。非矩形窗会影响信号的功率，因为一些采样被削弱了。为了解决这个问题，函数 periodogram 将窗归一化，有平均单位功率，这样的窗不影响信号的平均功率。

修正周期图法估计的功率谱是

$$\hat{P}_{xx}(f) = \frac{|X_L(f)|^2}{f_s LU}$$

其中，U 是窗归一化常数，$U = \frac{1}{L}\sum_{n=0}^{L-1}|w(n)|^2$。

【例 7-8】 在置信区间为 0.98，估计有色噪声的 PSD。

程序如下：

```
clear all;
Fs = 1000;
NFFT = 256;
p = 0.98;                              % 置信区间
[b,a] = ellip(5,2,50,0.2);             % 设计 5 阶椭圆形滤波器
```

```
r = randn(4096,1);
x = filter(b,a,r);                   % 对白噪声滤波得到信号 x
psd(x,NFFT,Fs,[],0,p);               % PSD 估计
xlabel('频率/Hz');ylabel('相对功率谱密度(dB/Hz)');
```

运行结果如图 7-7 所示。

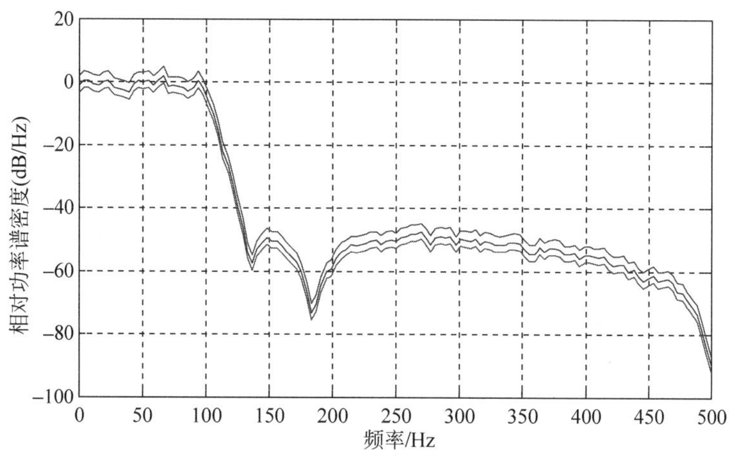

图 7-7 在置信区间为 0.98,估计有色噪声的 PSD

【例 7-9】 用 Fourier 变换求取信号的功率谱,使用分段周期图法。

程序如下:

```
clf;
Fs = 1000;
N = 1024;Nsec = 256;
% 数据的长度和 FFT 所用的数据长度
n = 0:N - 1;t = n/Fs;
% 采用的时间序列
randn('state',0);
xn = sin(2 * pi * 50 * t) + 2 * sin(2 * pi * 120 * t) + randn(1,N);
Pxx1 = abs(fft(xn(1:256),Nsec).^2)/Nsec;
% 第一段功率谱
Pxx2 = abs(fft(xn(257:512),Nsec).^2)/Nsec;
% 第二段功率谱
Pxx3 = abs(fft(xn(513:768),Nsec).^2)/Nsec;
% 第三段功率谱
Pxx4 = abs(fft(xn(769:1024),Nsec).^2)/Nsec;
% 第四段功率谱
Pxx = 10 * log10(Pxx1 + Pxx2 + Pxx3 + Pxx4/4);
% Fourier 振幅谱平方的平均值,并转化为 dB
f = (0:length(Pxx) - 1) * Fs/length(Pxx);
% 给出频率序列
subplot(1,2,1),plot(f(1:Nsec/2),Pxx(1:Nsec/2));
% 绘制功率谱曲线
xlabel('频率/Hz');ylabel('功率谱/dB');
title('平均周期图(无重叠) N = 4 * 256');grid on;
% 运用信号重叠分段估计功率谱
```

```
Pxx1 = abs(fft(xn(1:256),Nsec).^2)/Nsec;
%第一段功率谱
Pxx2 = abs(fft(xn(129:384),Nsec).^2)/Nsec;
%第二段功率谱
Pxx3 = abs(fft(xn(257:512),Nsec).^2)/Nsec;
%第三段功率谱
Pxx4 = abs(fft(xn(385:640),Nsec).^2)/Nsec;
%第四段功率谱
Pxx5 = abs(fft(xn(513:768),Nsec).^2)/Nsec;
%第四段功率谱
Pxx6 = abs(fft(xn(641:896),Nsec).^2)/Nsec;
%第四段功率谱
Pxx7 = abs(fft(xn(769:1024),Nsec).^2)/Nsec;
%第五段功率谱
Pxx = 10 * log10(Pxx1 + Pxx2 + Pxx3 + Pxx4 + Pxx5 + Pxx6 + Pxx7/7);
%Fourier 振幅谱平方的平均值,并转化为 dB
f = (0:length(Pxx) - 1) * Fs/length(Pxx);
%给出频率序列
subplot(1,2,2),plot(f(1:Nsec/2),Pxx(1:Nsec/2));
%绘制功率谱曲线
xlabel('频率/Hz');ylabel('功率谱/dB');
title('平均周期图(重叠 1/2) N = 1024');
grid on;
```

运行结果如图 7-8 所示。

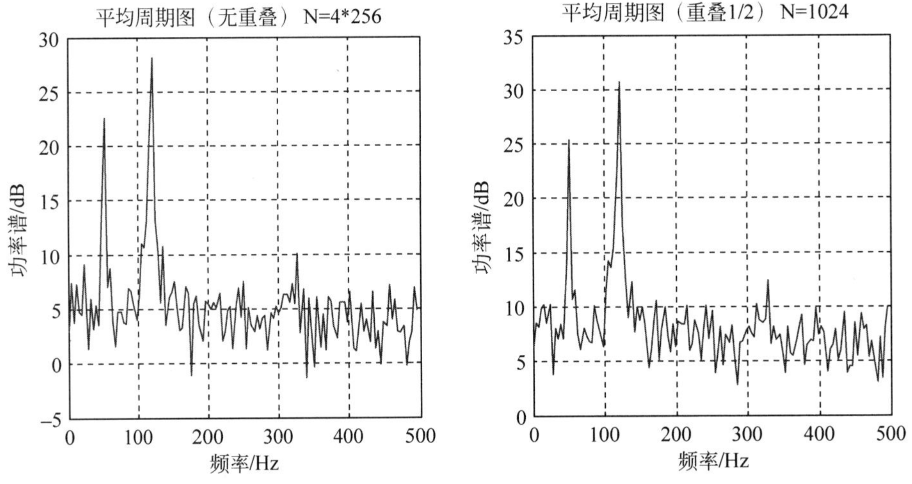

图 7-8　平均周期图法

3. Welch 法

Welch 法包括将数据序列划分为不同的段(可以有重叠),对每段进行改进周期图法估计,再平均。用 spectrum. welch 对象或 pwelch 函数。默认情况下数据划分为 4 段,50%重叠,应用海明窗。取平均的目的是减小方差,重叠会引入冗余,但是加海明窗可以部分消除这些冗余,因为窗给边缘数据的权重比较小。数据段的缩短和非矩形窗的使用使得频谱分辨率下降。

Welch 法的偏差为

$$E\{\hat{P}_{\text{welch}}\} = \frac{1}{f_s L_s U}\int_{-f_s/2}^{f_s/2} P_{xx}(\rho) \mid W_R(f-\rho) \mid^2 \mathrm{d}\rho$$

其中，L_s 是分段数据的长度，$U = \frac{1}{L}\sum_{n=0}^{L-1} \mid w(n) \mid^2$ 是窗归一化常数。对一定长度的数据，Welch 法估计的偏差会大于周期图法，因为 $L > L_s$。方差比较难以量化，因为它和分段长，以及实用的窗都有关系，但是总的来说，方差反比于使用的段数。

【例 7-10】 利用 pwelch 函数实现 welch 方法的频率估计。

程序如下：

```
clear all;
randn('state',0 );          %设置噪声的初始状态
Fs = 2000;                  %采样频率
t = 0:1/Fs:.3;              %时间序列
% 输入信号
x = sin(2 * pi * t * 200) + randn(size(t));
pwelch(x,33,32,[],Fs,'twosided');
xlabel('频率/Hz');
title('利用 pwelch 函数实现功率谱估计');
```

运行结果如图 7-9 所示。

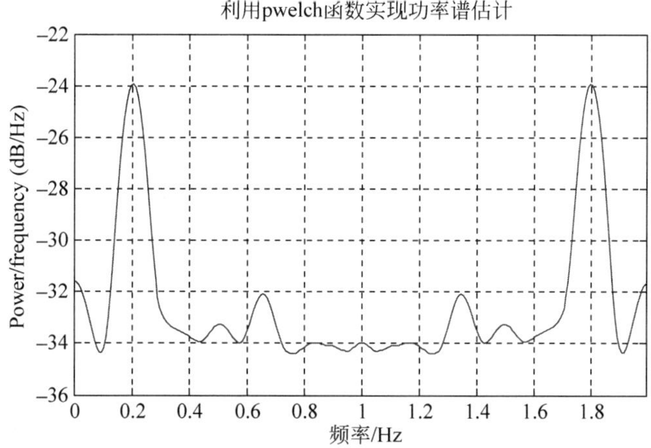

图 7-9 用 pwelch 函数实现 welch 方法的频率估计

【例 7-11】 用 Fourier 变换求取信号的功率谱，使用 Welch 方法。

程序如下：

```
clf;
Fs = 2000;
N = 1024;Nfft = 256;
n = 0:N - 1;t = n/Fs;
window = hanning(256);
noverlap = 128;
dflag = 'none';
randn('state',0);
```

```
xn = cos(2 * pi * 50 * t) + 2 * sin(2 * pi * 120 * t) + randn(1,N);
Pxx = psd(xn,Nfft,Fs,window,noverlap,dflag);
f = (0:Nfft/2) * Fs/Nfft;
plot(f,10 * log10(Pxx));
xlabel('频率/Hz');ylabel('功率谱/dB');
title('PSD -- Welch 方法');
grid on;
```

运行结果如图 7-10 所示。

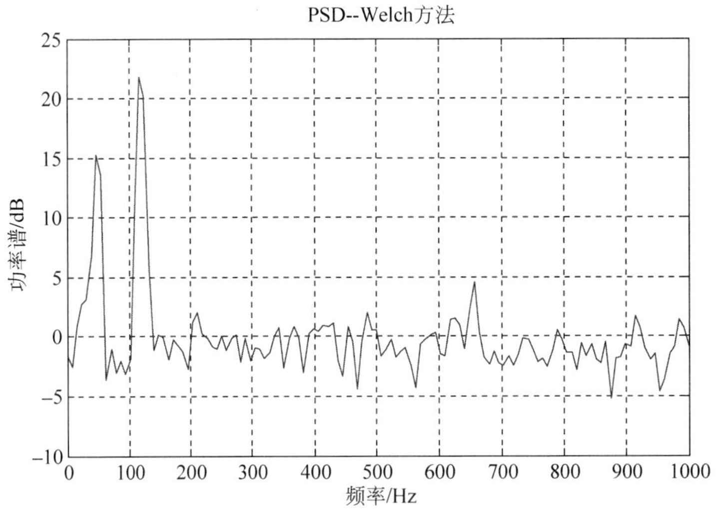

图 7-10　Welch 方法

【例 7-12】　采用不同的窗函数用 Welch 法进行 PSD 估计。

程序如下：

```
clear all;
Fs = 1000;                  % 采样频率
NFFT = 1024;
t = 0:1/Fs:1;               % 时间序列
x = sin(2 * pi * 100 * t) + sin(2 * pi * 200 * t) + sin(2 * pi * 400 * t) + randn(size(t)); % 信号
window1 = boxcar(100);
window2 = hamming(100);
noverlap = 20;              % 指定段与段之间的重叠的样本数
[pxx1,f1] = pwelch(x,window1,noverlap,NFFT,Fs);
[pxx2,f2] = pwelch(x,window2,noverlap,NFFT,Fs);
pxx1 = 10 * log10(pxx1);
pxx2 = 10 * log10(pxx2);
subplot(211);plot(f1,pxx1);
title('矩形窗');
subplot(212);plot(f2,pxx2);
title('海明窗');
```

运行结果如图 7-11 所示。

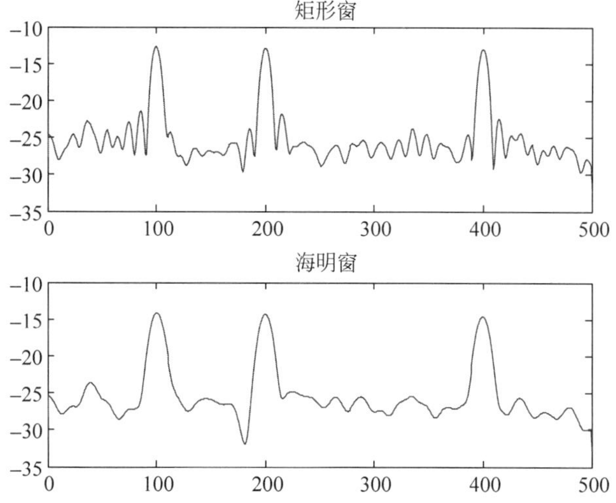

图 7-11 采用不同的窗函数用 Welch 法进行 PSD 估计

4. MTM 法

MTM 方法没有使用带通滤波器(它们本质上是矩形窗,如同周期图法中一样),而是使用一组最优滤波器计算估计值。这些最优 FIR 滤波器是由一组被叫作离散扁平类球体序列(DPSS,也叫作 Slepian 序列)得到的。

除此之外,MTM 方法提供了一个时间-带宽参数,有了它能在估计方差和分辨率之间进行平衡。该参数由时间-带宽乘积得到 NW,同时它直接与谱估计的多椎体数有关。总有 2*NW−1 个多椎体被用来形成估计。这就意味着,随着 NW 的提高,会有越来越多的功率谱估计值,估计方差会越来越小。然而,每个多椎体的带宽仍然正比于 NW,因而 NE 提高,每个估计会存在更大的泄露,从而整体估计会更加呈现有偏。对每一组数据,总有一个 NW 值能在估计偏差和方差见获得最好的折中。

信号处理工具箱中实现 MTM 方法的函数是 pmtm,而实现该方法的对象是 spectrum. mtm。

PSD 是互谱密度(CPSD)函数的一个特例,CPSD 定义为

$$P_{xy}(\omega)=\frac{1}{2\pi}\sum_{m=-\infty}^{\infty}R_{xy}(\omega)\mathrm{e}^{-\mathrm{j}\omega m}$$

如同互相关与协方差的例子,工具箱估计 PSD 和 CPSD 是因为信号长度有限。为了使用 Welch 方法估计相隔等长信号 x 和 y 的互功率谱密度,cpsd 函数通过将 x 的 FFT 和 y 的 FFT 再共轭之后相乘的方式得到周期图。与实值 PSD 不同,cpsd 是个复数函数。cpsd 如同 pwelch 函数一样处理信号的分段和加窗问题。

Welch 方法的一个应用是非参数系统的识别。假设 H 是一个线性时不变系统,$x(n)$和 $y(n)$是 H 的输入和输出。则 $x(n)$的功率谱就与 $x(n)$和 $y(n)$的 CPSD 通过如下方式相关联:

$$P_{yx}(\omega)=H(\omega)P_{xx}(\omega)$$

$x(n)$和 $y(n)$的一个传输函数是

$$\hat{H}(\omega)=\frac{P_{yx}(\omega)}{P_{xx}(\omega)}$$

传递函数法同时估计出幅度和相位信息。tfestimate 函数使用 Welch 方法计算 CPSD 和功率谱,然后得到它们的商作为传输函数的估计值。tfestimate 函数使用方法和 cpsd 函数相同。

两个信号幅度平方相干性如下:

$$C_{xy}(\omega)=\frac{|P_{xy}(\omega)|^2}{P_{xx}(\omega)P_{yy}(\omega)}$$

该商是一个 0 到 1 之间的实数,表征了 $x(n)$和 $y(n)$之间的相干性。mscohere 函数输入两个序列 x 和 y,计算其功率谱和 CPSD,返回 CPSD 幅度平方与两个功率谱乘积的商。函数的选项和操作与函数 cpsd 和 tfestimate 相类似。

【例 7-13】 置信区间为 0.98,利用 MTM 法估计有色噪声。

程序如下:

```
clear all;
randn('state',0);
fs = 2000;
t = 0:1/fs:0.4;
x = sin(2*pi*t*200) + 0.1*randn(size(t));
[Pxx,Pxxc,f] = pmtm(x,3.5,512,fs,0.99);
hpsd = dspdata.psd([Pxx Pxxc],'Fs',fs);
plot(hpsd)
xlabel('频率/Hz');ylabel('相对功率谱密度(dB/Hz)');
title('MTM 法估计');
grid on;
```

运行结果如图 7-12 所示。

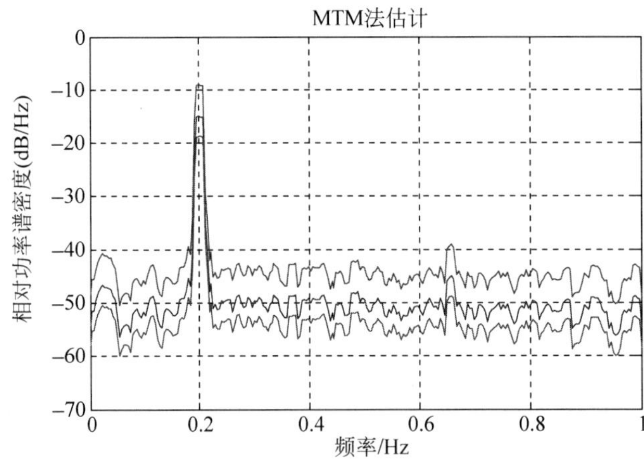

图 7-12　MTM 法估计有色噪声

【例 7-14】 功率谱估计,使用多窗口法(Multitaper Method,MTM)实现。

运行程序如下:

```
clf;
```

```
Fs = 2000;
N = 1024;Nfft = 256;n = 0:N - 1;t = n/Fs;
randn('state',0);
xn = cos(2 * pi * 50 * t) + 2 * sin(2 * pi * 120 * t) + randn(1,N);
[Pxx1,f] = pmtm(xn,4,Nfft,Fs);
%此处有问题
subplot(121),plot(f,10 * log10(Pxx1));
xlabel('频率/Hz');ylabel('功率谱/dB');
title('多窗口法(MTM)NW = 4');
grid on;
[Pxx,f] = pmtm(xn,2,Nfft,Fs);
subplot(122),plot(f,10 * log10(Pxx));
xlabel('频率/Hz');ylabel('功率谱/dB');
title('多窗口法(MTM)NW = 2');
grid on;
```

运行结果如图 7-13 所示。

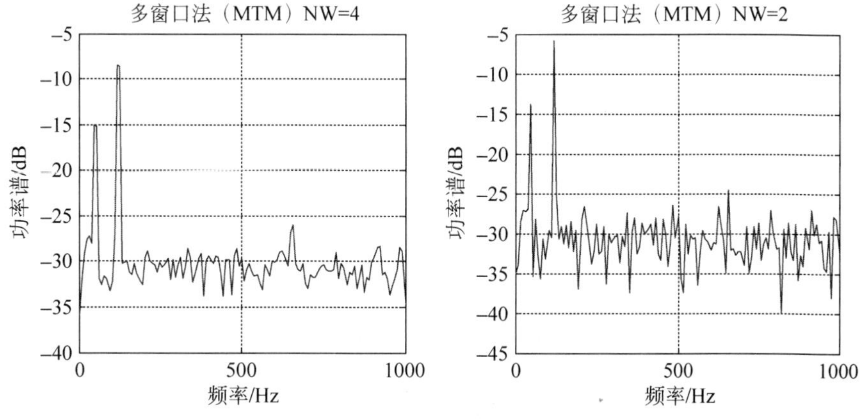

图 7-13　多窗口法

7.2.2　参数法

参数法在信号长度较短时能够获得比非参数法更高的分辨率。这类方法使用不同的方式来估计频谱：不是试图直接从数据中估计 PSD，而是将数据建模成一个由白噪声驱动的线性系统的输出，并试图估计出该系统的参数。

最常用的线性系统模型是全极点模型，也就是一个滤波器，它的所有零点都在 z 平面的原点。这样一个滤波器输入白噪声后的输出是一个自回归(AR)过程。正是由于这个原因，这一类方法被称作 AR 方法。

AR 方法便于描述谱呈现尖峰的数据，即 PSD 在某些频点特别大。在很多实际应用中(如语音信号)数据都具有带尖峰的谱，所以 AR 模型通常会很有用。另外，AR 模型具有相对易于求解的系统线性方程。

1. Yule-Walker 法

Yule-Walker AR 法通过计算信号自相关函数的有偏估计，求解前向预测误差的最小二乘最小化来获得 AR 参数。这就得出了 Yule-Walker 等式。

$$\begin{bmatrix} r(1) & r(2)^* & \cdots & r(p)^* \\ r(2) & r(1)^* & \cdots & r(p-1)^* \\ \vdots & \vdots & & \vdots \\ r(p) & \cdots & r(2) & r(1) \end{bmatrix} \begin{bmatrix} a(2) \\ a(3) \\ \vdots \\ a(p+1) \end{bmatrix} = \begin{bmatrix} -r(2) \\ -r(3) \\ \vdots \\ -r(p+1) \end{bmatrix}$$

Yule-Walker AR 法结果与最大熵估计器结果一致。由于自相关函数的有偏估计的使用，确保了上述自相关矩阵正定。因此，矩阵可逆且方程一定有解。另外，这样计算的 AR 参数总会产生一个稳定的全极点模型。Yule-Walker 方程通过 Levinson 算法可以高效地求解。工具箱中的对象 spectrum. yulear 和函数 pyulear 实现了 Tule-Walker 方法。Yule-Walker AR 法的谱比周期图法更加平滑，这是因为其内在的简单全极点模型的缘故。

【例 7-15】 用 Yule-Walker AR 法进行 PSD 估计示例。

程序如下：

```
clear all;
a = [1 - 1.2357 2.9504 - 3.1607 0.9106];                 % AR 模型
% AR 模型频率响应
randn('state',1);
x = filter(1,a,randn(256,1));                             % 输出 AR 模型
pyulear(x,4) ;
xlabel('频率/Hz');ylabel('相对功率谱密度(dB/Hz)');
title('用 Yule - Walker AR 法进行谱估计');
grid on
```

运行结果如图 7-14 所示。

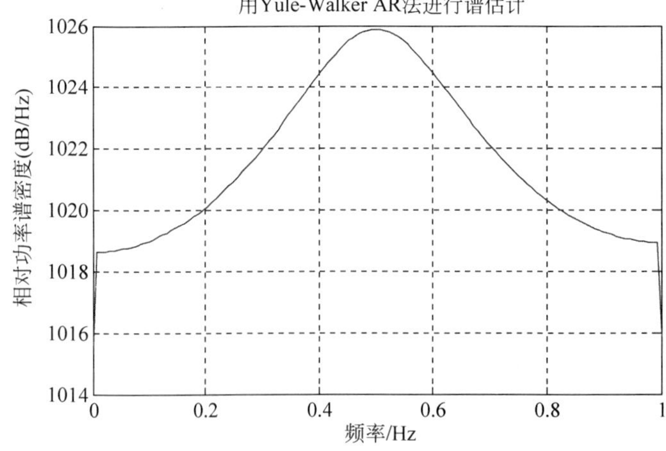

图 7-14　Yule-Walker AR 法进行 PSD 估计

2. Burg 法

Burg AR 法估计是基于最小化前向后向预测误差的同时满足 Levinson-Durbin 递归。对比于其他的 AR 估计方法，Burg 法避免了对自相关函数的计算，而直接估计反射系数。

Burg 法最首要的优势在于解决含有低噪声的间隔紧密的正弦信号，并且对短数据的估计，在这种情况下 AR 功率谱密度估计非常逼近于真值。另外，Burg 法确保产生一个稳定 AR 模型，并且能高效计算。

Burg 法的精度在阶数高、数据记录长、信噪比高(这会导致线分裂或者在谱估计中产生无关峰)的情况下较低。Burg 法计算的谱密度估计也易受噪声正弦信号初始相位导致的频率偏移(相对于真实频率)影响。这一效应在分析短数据序列时会被放大。MATLAB 工具箱中的 spectrum. burg 对象和 pburg 函数实现了 Burg 法。

【例 7-16】 用 Burg 法进行 PSD 估计。

程序如下：

```
clear all;
a = [1 -2.3147 2.9413 -2.1187 0.9105];                %定义 AR 模型
[H,w] = freqz(1,a,256);                               %AR 模型的频率响应
Hp = plot(w/pi,20 * log10(2 * abs(H)/(2 * pi)),'r');
hold on;
randn('state',0);
x = filter(1,a,randn(256,1));                         %AR 模型输出
pburg(x,4,511);
xlabel('频率/Hz')
ylabel('相对功率谱密度(dB/Hz)');
title('Burg 法 PSD 估计');
legend('PSD 模型输出','PSD 谱估计');
grid on;
```

运行结果如图 7-15 所示。

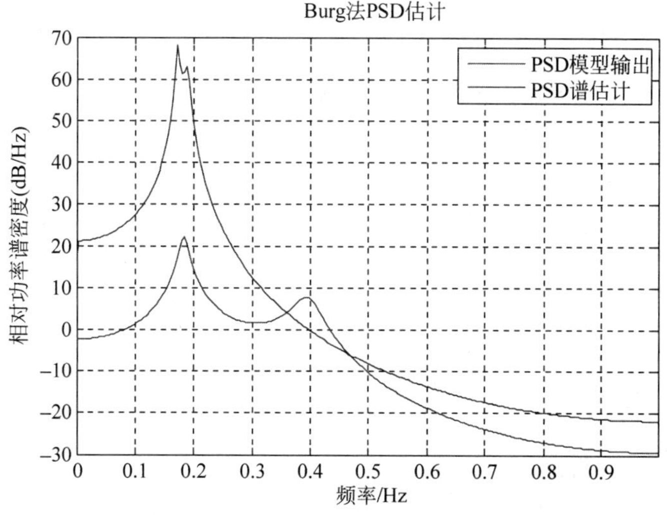

图 7-15　用 Burg 法进行 PSD 估计

【例 7-17】 用 Burg 法进行功率谱估计。

程序如下：

```
clear;
clc;
N = 1024;
Nfft = 128;
n = [0:N - 1];
randn('state',0);
wn = randn(1,N);
xn = sqrt(20) * sin(2 * pi * 0.6 * n) + sqrt(20) * sin(2 * pi * 0.5 * n) + wn;
[Pxx1,f] = pburg(xn,15,Nfft,1);
% 用 Burg 法进行功率谱估计,阶数为 15,点数为 1024
Pxx1 = 10 * log10(Pxx1);
hold on;
subplot(2,2,1);plot(f,Pxx1);
xlabel('频率');
ylabel('功率谱(dB)');
title('Burg 法 阶数 = 15,N = 1024');
grid on;
[Pxx2,f] = pburg(xn,20,Nfft,1);
% 用 Burg 法进行功率谱估计,阶数为 20,点数为 1024
Pxx2 = 10 * log10(Pxx2);
hold on
subplot(2,2,2);plot(f,Pxx2);
xlabel('频率');
ylabel('功率谱(dB)');
title('Burg 法 阶数 = 20,N = 1024');
grid on;
N = 512;
Nfft = 128;
n = [0:N - 1];
randn('state',0);
wn = randn(1,N);
xn = sqrt(20) * sin(2 * pi * 0.2 * n) + sqrt(20) * sin(2 * pi * 0.3 * n) + wn;
[Pxx3,f] = pburg(xn,15,Nfft,1);
% 用 Burg 法进行功率谱估计,阶数为 15,点数为 512
Pxx3 = 10 * log10(Pxx3);
hold on
subplot(2,2,3);plot(f,Pxx3);
xlabel('频率');
ylabel('功率谱 (dB)');
title('Burg 法 阶数 = 15,N = 512');
grid on;
[Pxx4,f] = pburg(xn,10,Nfft,1);
% 用 Burg 法进行功率谱估计,阶数为 10,点数为 256
Pxx4 = 10 * log10(Pxx4);
hold on
subplot(2,2,4);plot(f,Pxx4);
```

```
xlabel('频率');
ylabel('功率谱(dB)');
title('Burg法 阶数=10,N=256');
grid on;
```

运行结果如图 7-16 所示。

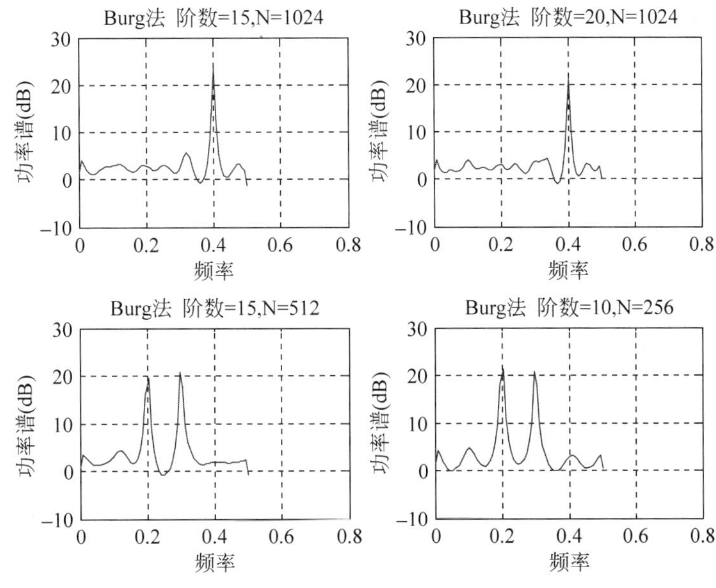

图 7-16 Burg 估计功率谱

3. 协方差和修正协方差法

AR 谱估计的协方差算法是基于最小化前向预测误差而产生,而修正协方差算法是基于最小化前向和后向预测误差而产生。MATLAB 工具箱中的 spectrum. cov 对象和 pcov 函数,以及 spectrum. mcov 对象和 pmcov 函数实现了各自算法。

【例 7-18】 协方差法与修正协方差法在噪声信号功率谱估计中的比较。

程序如下:

```
clear all;
fs = 2000;                    %采样频率
h = fir1(20,0.3);
r = randn(1024,1);            %加入的噪声
x = filter(h,1,r);
[pxx1,f] = pcov(x,20,[],fs);
[pxx2,f] = pmcov(x,20,[],fs);
pxx1 = 10 * log10(pxx1);
pxx2 = 10 * log10(pxx2);
plot(f,pxx1,'s',f,pxx2,'g');
ylabel('相对幅度/dB');xlabel('功率谱估计');
legend('协方差法','修正协方差法');
```

运行结果如图 7-17 所示。

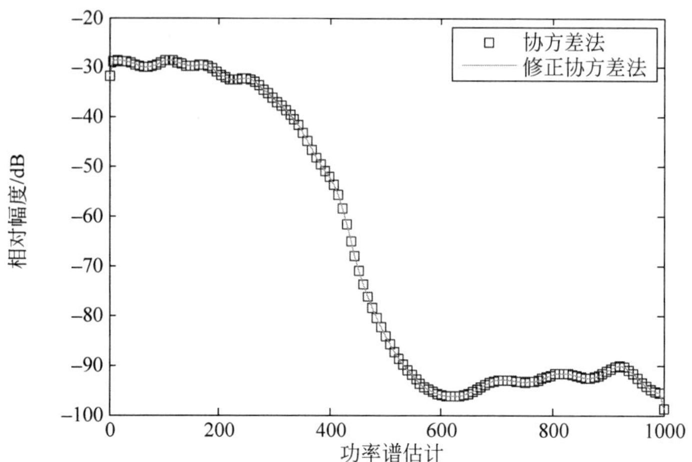

图 7-17 协方差法与修正协方差法在噪声信号功率谱估计中的比较

7.2.3 子空间法

spectrum. music 对象和 pmusic 函数提供 Schmidt 提出的 MUSIC 算法。MUSIC 估计由下面方程所示.

$$P_{\text{MUSIC}}(f)=\frac{1}{\boldsymbol{e}^{\text{H}}(f)\left(\sum\limits_{k=p+1}^{N}\boldsymbol{v}_k\boldsymbol{v}_k^{\text{H}}\right)\boldsymbol{e}(f)}=\frac{1}{\sum\limits_{k=p+1}^{N}\left|\boldsymbol{v}_k^{\text{H}}\boldsymbol{e}(f)\right|^2}$$

此处，N 是特征向量的维数，$\boldsymbol{e}(f)$是复正弦信号向量，$\boldsymbol{v}$ 表示输入信号则相关矩阵的特征向量，$\boldsymbol{v}_k$ 是第 k 个特征向量，H 代表共轭转置。求和中的特征向量对应了最小的特征值并张成噪声空间(p 是信号子空间维度)，表达式 $\boldsymbol{v}_k^{\text{H}}\boldsymbol{e}(f)$ 等价于一个傅里叶变换(向量 $\boldsymbol{e}(f)$由复指数组成)。

这一形式对于数值计算有用，因为 FFT 能够对每一个 $\boldsymbol{v}_k$ 进行计算，然后幅度平方再被求和。

【例 7-19】 功率谱估计 MUSIC 法的实现。

程序如下：

```
clear all;
Fs = 2000;                        % 频率
t = 0:1/Fs:1 - 1/Fs;              % 时间序列
x = 5 * sin(2 * pi * 200 * t) + 5 * cos(2 * pi * 202 * t) + randn(1,length(t));
NFFT = 1024;
p = 40;
pxx = pmusic(x,p,NFFT,Fs);  % MUSIC 估计
k = 0:floor(NFFT/2 - 1);
figure;
subplot(211);plot(k * Fs/NFFT,10 * log10(pxx(k + 1)));
```

```
xlabel('频率/Hz');ylabel('相对功率谱密度(dB/Hz)');
title('MUSIC 法谱估计');
pxx1 = peig(x,p,NFFT,Fs);              %特征向量估计
k = 0:floor(NFFT/2 - 1);
subplot(212);plot(k * Fs/NFFT,10 * log10(pxx1(k + 1)));
xlabel('频率/Hz');ylabel('相对功率谱密度(dB/Hz)');
title('特征向量法谱估计');
```

运行结果如图 7-18 所示。

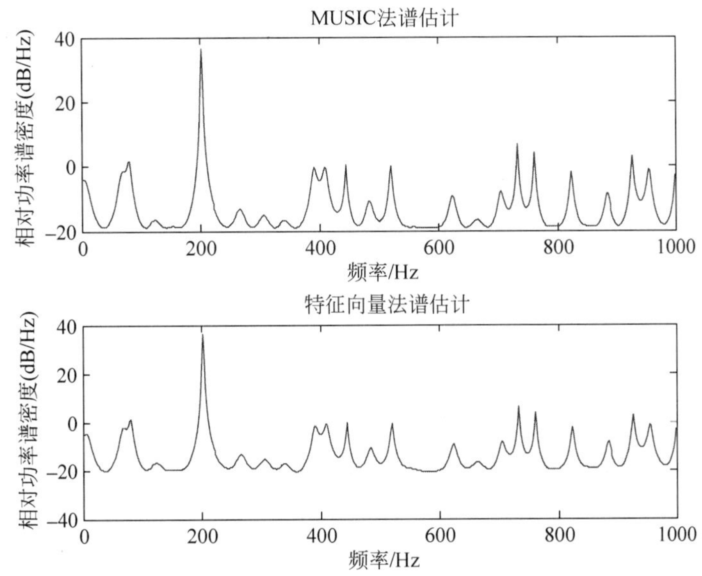

图 7-18 功率谱估计 MUSIC 法的实现

本章小结

为了适应高速发展的信息时代节拍，随机信号处理也不断地提出一些新方法。随机信号处理也已广泛地应用于通信信号处理、数字图像处理、语音信号处理、机械信息处理、生物医学信号处理、声呐信号处理、雷达信号处理、遥测遥感信号处理、地球物理信号处理、气象信号处理等领域。读者如感兴趣可以查找相关文献进行深入地学习。

第8章 小波在信号处理中的应用

MATLAB小波分析工具箱提供了一个可视化的小波分析工具，是一个很好的算法研究和工程设计、仿真和应用平台。特别适合于信号和图像分析、综合、去噪、压缩等领域的研究人员。

学习目标：

(1) 了解小波分析的基本概念；

(2) 理解小波变换的内容、方法；

(3) 理解小波包分析的定义、方法；

(4) 学会应用、实践小波工具箱；

(5) 理解实现小波变换的应用。

8.1 小波分析概述

小波分析是近15年发展起来的一种新的时频分析方法。其典型应用包括齿轮变速控制、起重机的非正常噪声、物理中的间断现象等。而频域分析的着眼点在于区分突发信号和稳定信号以及定量分析其能量，典型应用包括细胞膜的识别、金属表面的探伤、金融学中快变量的检测、INTERNET的流量控制等。

本节介绍了小波变换的基本理论，并介绍了一些常用的小波函数，它们的主要性质包括紧支集长度、滤波器长度、对称性、消失矩等，都做了简要的说明。在不同的应用场合，各个小波函数各有利弊。

8.1.1 傅里叶变换与小波变换的比较

小波分析是傅里叶分析思想方法的发展与延拓，它自产生以来，就一直与傅里叶分析密切相关。它的存在证明，小波基的构造及结果分析都依赖于傅里叶分析，二者是相辅相成的。两者相比较主要有以下几点不同：

(1) 傅里叶变换的实质是把能量有限信号 $f(t)$ 分解到以 $\{e^{j\omega t}\}$ 为正交基的空间上去；小波变换的实质是把能量有限信号 $f(t)$ 分解到 $W_{-j}(j=1,2,\cdots,J)$ 和 V_{-j} 所构成的空间上去。

(2) 傅里叶变换用到的基本函数只有 $\sin(\bar{\omega}t)$,$\cos(\bar{\omega}t)$,$\exp(i\bar{\omega}t)$,具有唯一性;小波分析用到的函数(即小波函数)则具有不唯一性,同一个工程问题用不同的小波函数进行分析有时结果相差甚远。小波函数的选用是小波分析应用到实际中的一个难点问题(也是小波分析研究的一个热点问题),目前往往是通过经验或不断的试验(对结果进行对照分析)来选择小波函数。

(3) 在频域中,傅里叶变换具有较好的局部化能力,特别是对于那些频率成分比较简单的确定性信号,傅里叶变换很容易把信号表示成各频率成分的叠加和的形式。例如,$\sin(\bar{\omega}_1 t)+0.345\sin(\bar{\omega}_2 t)+4.23\cos(\bar{\omega}_3 t)$,但在时域中,傅里叶变换没有局部化能力,即无法从信号 $f(t)$的傅里叶变换 $\hat{f}(\bar{\omega})$中看出 $f(t)$在任一时间点附近的性态。事实上,$\hat{f}(\bar{\omega})\mathrm{d}\bar{\omega}$ 是关于频率为 $\bar{\omega}$ 的谐波分量的振幅,在傅里叶展开式中,它是由 $f(t)$的整体性态所决定的。

(4) 在小波分析中,尺度 a 的值越大相当于傅里叶变换中 $\bar{\omega}$ 的值越小。

(5) 在短时傅里叶变换中,变换系数 $S(\bar{\omega},\tau)$主要依赖于信号在$[\tau-\delta,\tau+\delta]$片段中的情况,时间宽度是 2δ(因为 δ 是由窗函数 $g(t)$唯一确定,所以 2δ 是一个定值)。在小波变换中,变换系数 $W_f(a,b)$主要依赖于信号在$[b-a\Delta\Psi,b+a\Delta\Psi]$片段中的情况,时间宽度是 $2a\Delta\Psi$,该时间宽度是随着尺度 a 变化而变化的,所以小波变换具有时间局部分析能力。

(6) 当信号通过滤波器时,小波变换与短时傅里叶变换不同之处在于:对短时傅里叶变换来说,带通滤波器的带宽 Δf 与中心频率 f 无关;相反,小波变换带通滤波器的带宽 Δf 则正比于中心频率 f,即

$$Q=\frac{\Delta f}{f}=C \quad (C\text{ 为常数})$$

亦即滤波器有一个恒定的相对带宽,称之为等 Q 结构$\left(Q\text{ 为滤波器的品质因数,且有 } Q=\frac{\text{中心频率}}{\text{带宽}}\right)$。

【例 8-1】 比较小波分析和傅里叶变换分析的信号去除噪声能力。

运行程序如下:

```
snr = 4;
%设置信噪比
init = 2055615866;
%设置随机数初值
[si,xi] = wnoise(1,11,snr,init);
%产生矩形波信号和含白噪声信号
lev = 5;
xd = wden(xi,'heursure','s','one',lev,'sym8');
figure
subplot(231);
plot(si);
axis([1 2048 -15 15]);
title('原始信号');
```

```
subplot(232);
plot(xi);
axis([1 2048 -15 15]);
title('含噪声信号');
ssi = fft(si);
ssi = abs(ssi);
xxi = fft(xi);
absx = abs(xxi);
subplot(233);
plot(ssi);
title('原始信号的频谱');
subplot(234);
plot(absx);
title('含噪信号的频谱'); % 进行低通滤波
indd2 = 200:1800;
xxi(indd2) = zeros(size(indd2));
xden = ifft(xxi); % 进行傅里叶反变换
xden = real(xden);
xden = abs(xden);
subplot(235);
plot(xd);
axis([1 2048 -15 15]);
title('小波消噪后的信号');
subplot(236);
plot(xden);
axis([1 2048 -15 15]);
title('傅里叶分析消噪后的信号');
```

运行结果如图 8-1 所示。

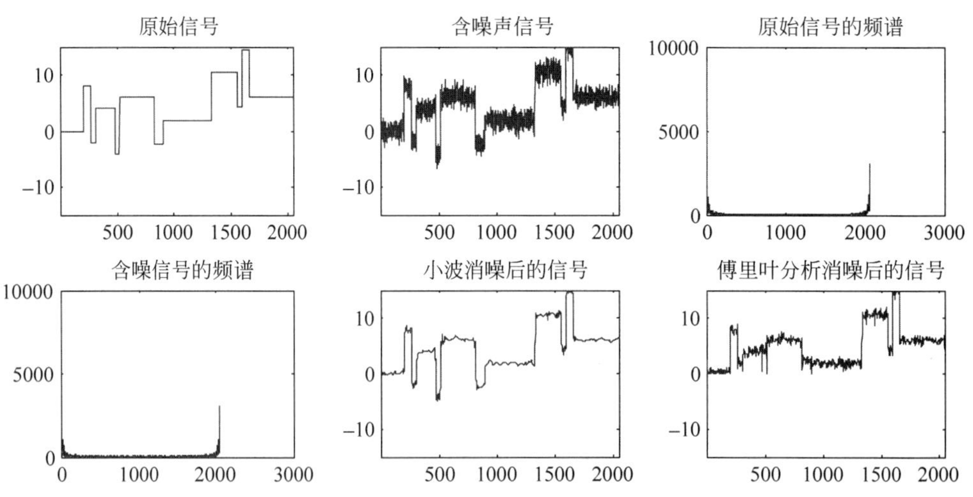

图 8-1　小波和傅里叶消噪比较

8.1.2 多分辨分析

多分辨分析就是要构造一组函数空间，每组空间的构成都有一个统一的形式，而所有空间的闭包则逼近 $L^2(R)$。在每个空间中，所有的函数都构成该空间的标准化正交基，而所有函数空间闭包中的函数则构成 $L^2(R)$的标准化正交基，那么，如果在这类空间上对信号进行分解，就可以得到相互正交的时频特性。而且由于空间数目是无限可数的，可以很方便地分析我们所关心的信号的某些特性。

下面简要介绍一下多分辨分析的数学理论。

定义：空间 $L^2(R)$中的多分辨分析是指 $L^2(R)$满足如下性质的一个空间序列$\{V_j\}_{j\in Z}$：

(1) 调一致性：$V_j \subset V_{j+1}$，对任意 $j\in Z$。

(2) 渐进完全性：$\underset{j\in Z}{I} V_j=\Phi$，$\text{close}\{\underset{j\in Z}{U} V_j\}=L^2(R)$。

(3) 伸缩完全性：$f(t)\in V_j \Leftrightarrow f(2t)\in V_{j+1}$。

(4) 平移不变性：$\forall k\in Z, \phi(2^{-j/2}t)\in V_j \Rightarrow \phi_j(2^{-j/2}t-k)\in V_j$。

(5) Riesz 基存在性：存在 $\phi(t)\in V_0$，使得$\{\phi_j(2^{-j/2}t-k)\,|\,k\in Z\}$构成 V_j 的 Riesz 基。

关于 Riesz 的具体说明如下：

若 $\phi(t)$是 V_0 的 Riesz 基，则存在常数 A,B 使得

$$A\|\{c_k\}\|_2^2 \leqslant \left\|\sum c_k\phi(t-k)\right\|_2^2 \leqslant B\|\{c_k\}\|_2^2$$

对所有双无限可平方和序列$\{c_k\}$，即

$$\|\{c_k\}\|_2^2=\sum_{k\in Z}|c_k|^2<\infty$$

满足上述条件的函数空间集合称为一个多分辨分析，如果 $\phi(t)$生成一个多分辨分析，那么称 $\phi(t)$为一个尺度函数。

可以用数学方法证明，若 $\phi(t)$是 V_0 的 Riesz 基，那么存在一种方法可以把 $\phi(t)$转化为 V_0 的标准化正交基。这样，只要能找到构成多分辨分析的尺度函数，就可以构造出一组正交小波。

多分辨分析构造了一组函数空间，这组空间是相互嵌套的，即

$$L\subset V_{-2}\subset V_{-1}\subset V_0\subset V_1\subset V_2 L$$

那么相邻的两个函数空间的差就定义了一个由小波函数构成的空间，即

$$V_j\oplus W_j=V_{j+1}$$

并且在数学上可以证明 $V_j\oplus W_j$ 且 $V_i\oplus W_j$，$i\neq j$，为了说明这些性质，首先来介绍一下双尺度差分方程，由于对$\forall j$，有 $V_j\subset V_{j+1}$，所以对$\forall g(x)\in V_j$，都有 $g(x)\in V_{j+1}$，也就是说可以展开成 V_{j+1}上的标准化正交基，由于 $\phi(t)\in V_0$，那么 $\phi(t)$就可以展开成

$$\phi(t)=\sum_{n\in Z}h_n\phi_{1,n}(t)$$

这就是著名的双尺度差分方程，双尺度差分方程奠定了正交小波变换的理论基础，从数学上可证明，对于任何尺度的 $\phi_{j,0}(t)$，它在 $j+1$ 尺度正交基 $\phi_{j+1,n}(t)$上的展开系数 h_n 是

一定的，这就提供了一个很好的构造多分辨分析的方法。

在频域中，双尺度差分方程的表现形式为

$$\hat{\phi}(2\omega)=H(\omega)\hat{\phi}(\omega)$$

如果 $\hat{\phi}(\omega)$在 $\omega=0$ 连续的话，则有

$$\hat{\phi}(\omega)=\sum_{j=1}^{\infty}H(\frac{\omega}{2^j})\hat{\phi}(0)$$

说明 $\hat{\phi}(\omega)$的性质完全由 $\hat{\phi}(0)$决定。

8.2 小波变换

小波变换提出了变化的时间窗，当需要精确的低频信息时，采用长的时间窗，当需要精确的高频信息时，采用短的时间窗。小波变换用的不是时间-频率域，而是时间-尺度域。尺度越大，采用越大的时间窗，尺度越小，采用越短的时间窗，即尺度与频率成反比。

8.2.1 一维连续小波变换

定义：设 $\psi(t)\in L^2(R)$，其傅里叶变换为 $\hat{\psi}(\bar{\omega})$，当 $\hat{\psi}(\omega)$满足允许条件（完全重构条件或恒等分辨条件）

$$C_\psi=\int_R\frac{|\hat{\psi}(\omega)|^2}{|\omega|}\mathrm{d}\omega<\infty$$

称 $\psi(t)$为一个基本小波或母小波。将母函数 $\psi(t)$经伸缩和平移后得

$$\psi_{a,b}(t)=\frac{1}{\sqrt{|a|}}\psi\left(\frac{t-b}{a}\right)\quad a,b\in R;a\neq 0$$

称其为一个小波序列。其中 a 为伸缩因子，b 为平移因子。对于任意的函数 $f(t)\in L^2(R)$的连续小波变换为

$$W_f(a,b)=<f,\psi_{a,b}>=|a|^{-1/2}\int_R f(t)\overline{\psi\left(\frac{t-b}{a}\right)}\mathrm{d}t$$

其重构公式（逆变换）为

$$f(t)=\frac{1}{C_\psi}\int_{-\infty}^{\infty}\int_{-\infty}^{\infty}\frac{1}{a^2}W_f(a,b)\psi\left(\frac{t-b}{a}\right)\mathrm{d}a\mathrm{d}b$$

由于基小波 $\psi(t)$生成的小波 $\psi_{a,b}(t)$在小波变换中对被分析的信号起着观测窗的作用，所以 $\psi(t)$还应该满足一般函数的约束条件

$$\int_{-\infty}^{\infty}|\psi(t)|\mathrm{d}t<\infty$$

故 $\hat{\psi}(\omega)$是一个连续函数。这意味着，为了满足完全重构条件式，$\hat{\psi}(\omega)$在原点必须等于0，即

$$\hat{\psi}(0)=\int_{-\infty}^{\infty}\psi(t)\mathrm{d}t=0$$

为了使信号重构的实现在数值上是稳定的，处理完全重构条件外，还要求小波 $\psi(t)$的傅里叶变化满足下面的稳定性条件

$$A \leqslant \sum_{-\infty}^{\infty} |\hat{\psi}(2^{-j}\omega)|^2 \leqslant B$$

式中，$0<A\leqslant B<\infty$。

从稳定性条件可以引出一个重要的概念。

定义(对偶小波)：若小波 $\psi(t)$满足稳定性条件，则定义一个对偶小波 $\hat{\psi}(t)$，其傅里叶变换 $\hat{\hat{\psi}}(\omega)$由下式给出：

$$\hat{\hat{\psi}}(\omega) = \frac{\hat{\psi}^*(\omega)}{\sum_{j=-\infty}^{\infty} |\hat{\psi}(2^{-j}\omega)|^2}$$

连续小波变换具有以下重要性质：

(1) 线性性：一个多分量信号的小波变换等于各个分量的小波变换之和。

(2) 平移不变性：若 $f(t)$的小波变换为 $W_f(a,b)$，则 $f(t-\tau)$的小波变换为 $W_f(a,b-\tau)$。

(3) 伸缩共变性：若 $f(t)$的小波变换为 $W_f(a,b)$，则 $f(ct)$的小波变换为$\frac{1}{\sqrt{c}}W_f(ca,cb)(c>0)$。

(4) 自相似性：对应不同尺度参数 a 和不同平移参数 b 的连续小波变换之间是自相似的。

(5) 冗余性：连续小波变换中存在信息表述的冗余度。

小波变换的冗余性事实上也是自相似性的直接反映，它主要表现在以下两个方面：

① 由连续小波变换恢复原信号的重构分式不是唯一的。也就是说，信号 $f(t)$的小波变换与小波重构不存在一一对应关系，而傅里叶变换与傅里叶反变换是一一对应的。

② 小波变换的核函数即小波函数 $\psi_{a,b}(t)$存在许多可能的选择(例如，它们可以是非正交小波、正交小波、双正交小波，甚至允许是彼此线性相关的)。

小波变换在不同的(a,b)之间的相关性增加了分析和解释小波变换结果的困难，因此，小波变换的冗余度应尽可能减小，它是小波分析中的主要问题之一。

8.2.2 高维连续小波变换

对 $f(t)\in L^2(R^n)(n>1)$，公式

$$f(t) = \frac{1}{C_\psi}\int_{-\infty}^{\infty}\int_{-\infty}^{\infty} \frac{1}{a^2}W_f(a,b)\psi\left(\frac{t-b}{a}\right)\mathrm{d}a\mathrm{d}b$$

存在几种扩展的可能性，一种可能性是选择小波 $f(t)\in L^2(R^n)$使其为球对称，其傅里叶变换也同样球对称，即

$$\hat{\psi}(\bar{\omega}) = \eta(|\bar{\omega}|)$$

并且其相容性条件变为

$$C_\psi = (2\pi)^2 \int_0^\infty |\eta(t)|^2 \frac{\mathrm{d}t}{t} < \infty$$

对所有的 $f,g \in L^2(g^n)$，且

$$\int_0^\infty \frac{\mathrm{d}a}{a^{n+1}} W_f(a,b) \overline{W}_g(a,b) \mathrm{d}b = C_\psi < f$$

这里，$W_f(a,b) = <\psi^{a,b}\rangle, \psi^{a,b}(t) = a^{-n/2}\psi\left(\frac{t-b}{a}\right)$，其中，$a \in R^+$，$a \neq 0$ 且 $b \in R^n$。

如果选择的小波 ψ 不是球对称的，但可以用旋转进行同样的扩展与平移。例如，在二维时，可定义

$$\psi^{a,b,\theta}(t) = a^{-1}\psi\left(R_\theta^{-1}\left(\frac{t-b}{a}\right)\right)$$

这里，$a>0, b \in R^2, R_\theta = \begin{pmatrix} \cos\theta & -\sin\theta \\ \sin\theta & \cos\theta \end{pmatrix}$，相容条件变为

$$C_\psi = (2\pi)^2 \int_0^\infty \frac{\mathrm{d}r}{r} \int_0^{2\pi} |\hat{\psi}(r\cos\theta, r\sin\theta)|^2 \mathrm{d}\theta < \infty$$

该等式对应的重构公式为

$$f = C_\psi^{-1} \int_0^\infty \frac{\mathrm{d}a}{a^3} \int_{R^2} \mathrm{d}b \int_0^{2\pi} W_f(a,b,\theta) \psi^{a,b,\theta} \mathrm{d}\theta$$

对于高于二维的情况，可以给出类似的结论。

8.2.3 离散小波变换

在实际运用中，尤其是在计算机上实现时，连续小波必须加以离散化。因此，有必要讨论连续小波 $\psi_{a,b}(t)$ 和连续小波变换 $W_f(a,b)$ 的离散化。需要强调指出的是，这一离散化都是针对连续的尺度参数 a 和连续平移参数 b 的，而不是针对时间变量 t 的。这一点与我们以前习惯的时间离散化不同。在连续小波中，考虑如下函数：

$$\psi_{a,b}(t) = |a|^{-1/2}\psi\left(\frac{t-b}{a}\right)$$

这里 $b \in R, a \in R^+$，且 $a \neq 0$，ψ 是容许的，为方便起见，在离散化中，总限制 a 只取正值，这样相容性条件就变为

$$C_\psi = \int_0^\infty \frac{|\hat{\psi}(\bar{\omega})|}{|\bar{\omega}|} \mathrm{d}\bar{\omega} < \infty$$

通常，把连续小波变换中尺度参数 a 和平移参数 b 的离散公式分别取作 $a=a_0^j, b=ka_0^jb_0$，这里 $j \in Z$，扩展步长 $a_0 \neq 1$ 是固定值，为方便起见，总是假定 $a_0>1$（由于 m 可取正也可取负，所以这个假定无关紧要），所以对应的离散小波函数 $\psi_{j,k}(t)$ 可写作

$$\psi_{j,k}(t) = a_0^{-j/2}\psi\left(\frac{t-ka_0^jb_0}{a_0^j}\right) = a_0^{-j/2}\psi(a_0^{-j}t - kb_0)$$

而离散化小波变换系数则可表示为

$$C_{j,k} = \int_{-\infty}^{\infty} f(t)\psi_{j,k}^*(t)\mathrm{d}t = < f, \psi_{j,k} > 0$$

其重构公式为

$$f(t) = C\sum_{-\infty}^{\infty}\sum_{-\infty}^{\infty} C_{j,k}\psi_{j,k}(t)$$

C 是一个与信号无关的常数。然而,怎样选择 a_0 和 b_0 才能够保证重构信号的精度呢?显然,网格点应尽可能密集(即 a_0 和 b_0 尽可能小),因为如果网格点越稀疏,使用的小波函数 $\psi_{j,k}(t)$ 和离散小波系数 $C_{j,k}$ 就越少,信号重构的精确度也就会越低。

8.3 小波包分析

关于小波包分析的理解,这里以一个 3 层的分解进行说明,小波包分解树如图 8-2 所示。

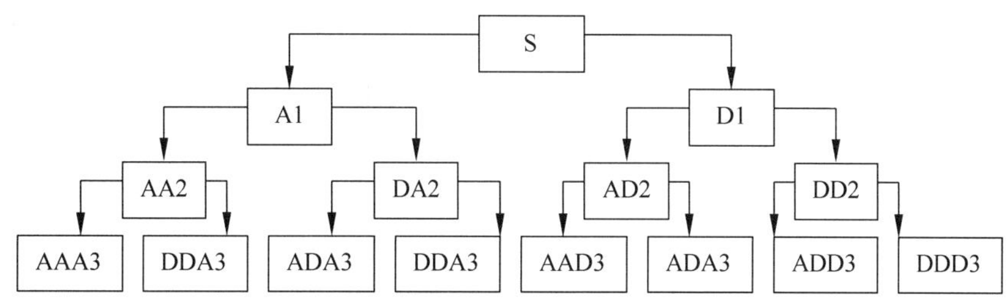

图 8-2　小波包分解树

图 8-2 中,A 表示低频,D 表示高频,末尾的序号数表示小波分解的层树(也即尺度数)。分解具有如下关系:

S=AAA3+DAA3+ADA3+DDA3+AAD3+DAD3+ADD3+DDD3。

8.3.1 小波包的定义

在多分辨分析中,$L^2(R)=\bigoplus_{j\in z} W_j$,表明多分辨分析是按照不同的尺度因子 j 把 Hilbert 空间 $L^2(R)$ 分解为所有子空间 $W_j(j\in Z)$ 的正交和。其中,W_j 为小波函数 $\psi(t)$ 的闭包(小波子空间)。现在,我们希望对小波子空间 W_j 按照二进制分式进行频率的细分,以达到提高频率分辨率的目的。

一种自然的做法是将尺度空间 V_j 和小波子空间 W_j 用一个新的子空间 U_j^n 统一起来表征,若令

$$\begin{cases} U_j^0 = V_j \\ U_j^1 = W_j \end{cases} \quad j \in Z$$

则 Hilbert 空间的正交分解 $V_{j+1}=V_j\oplus W_j$ 即可用 U_j^n 的分解统一为

$$U_{j+1}^0 = U_j^0 \oplus U_j^1 \quad j \in Z$$

定义子空间 U_j^n 是函数是函数 $U_n(t)$ 的闭包空间,而 $U_n(t)$ 是函数 $U_{2n}(t)$ 的闭包空间,并令 $U_n(t)$ 满足双尺度方程

$$\begin{cases} u_{2n}(t) = \sqrt{2}\sum_{k\in Z} h(k)u_n(2t-k) \\ u_{2n+1}(t) = \sqrt{2}\sum_{k\in Z} g(k)u_n(2t-k) \end{cases}$$

式中，$g(k)=(-1)^k h(1-k)$，即两系数也具有正交关系。当 $n=0$ 时，以上两式直接给出

$$\begin{cases} u_0(t) = \sum_{k\in Z} h_k u_0(2t-k) \\ u_1(t) = \sum_{k\in Z} g_k u_0(2t-k) \end{cases}$$

与在多分辨分析中，$\phi(t)$和 $\psi(t)$满足双尺度方程

$$\begin{cases} \phi(t) = \sum_{k\in Z} h_k \phi(2t-k) & \{h_k\}_{k\in Z} \in l^2 \\ \psi(t) = \sum_{k\in Z} g_k \phi(2t-k) & \{g_k\}_{k\in Z} \in l^2 \end{cases}$$

相比较，$u_0(t)$和 $u_1(t)$分别退化为尺度函数 $\phi(t)$和小波基函数 $\psi(t)$。

定义（小波包）：序列$\{u_n(t)\}$（其中 $n\in Z_+$）称为由基函数 $u_0(t)=\phi(t)$确定的正交小波包。由于 $\phi(t)$由 h_k唯一确定，所以又称$\{u_n(t)\}_{n\in Z}$为关于序列$\{h_k\}$的正交小波包。

8.3.2 小波包的性质

定理 1：设非负整数 n 的二进制表示为 $n = \sum_{i=1}^{\infty} \varepsilon_i 2^{i-1}$，$\varepsilon_i=0$ 或 1，则小波包$\hat{u}_n(w)$的傅里叶变换由下式给出：

$$\hat{u}_n(\bar{w}) = \prod_{i=1}^{\infty} m_{\varepsilon_i}(w/2^{\mathrm{j}})$$

式中

$$m_0(\bar{w}) = H(w) = \frac{1}{\sqrt{2}} \sum_{k=-\infty}^{+\infty} h(k) \mathrm{e}^{-\mathrm{j}kw}$$

$$m_1(\bar{w}) = G(w) = \frac{1}{\sqrt{2}} \sum_{k=-\infty}^{\infty} g(k) \mathrm{e}^{-\mathrm{j}kw}$$

定理 2：设$\{u_n(t)\}_{n\in Z}$是正交尺度函数 $\phi(t)$的正交小波包，则$\langle u_n(t-k), u_n(t-l)\rangle = \delta_{kl}$，即$\{u_n(t)\}_{n\in Z}$构成 $L^2(R)$的规范正交基。

8.3.3 几种常用的小波

1. Haar 小波

A. Haar 于 1990 年提出一种正交函数系，定义如下：

$$\psi_H = \begin{cases} 1 & 0 \leqslant x \leqslant 1/2 \\ -1 & 1/2 \leqslant x < 1 \\ 0 & \text{其他} \end{cases}$$

这是一种最简单的正交小波，即

$$\int_{-\infty}^{\infty} \psi(t)\psi(x-n)\mathrm{d}x = 0 \quad n = \pm 1, \pm 2, \cdots$$

2. Daubechies(db$N$)小波系

该小波是 Daubechies 从两尺度方程系数$\{h_k\}$出发设计出来的离散正交小波。一般简写为 db$N$,N 是小波的阶数。小波 ψ 和尺度函数中的支撑区为 $2N-1$。φ 的消失矩为 N。除 $N=1$ 外(Haar 小波),db$N$ 不具对称性〔即非线性相位〕; db$N$ 没有显式表达式(除 $N=1$ 外)。但$\{h_k\}$的传递函数的模的平方有显式表达式。假设 $P(y)=\sum_{k=0}^{N-1}C_k^{N-1+k}y^k$,其中,$C_k^{N-1+k}$ 为二项式的系数,则有

$$|m_0(\omega)|^2=\left(\cos^2\frac{\omega}{2}\right)^N P\left(\sin^2\frac{\omega}{2}\right)$$

其中,$m_0(\omega)=\frac{1}{\sqrt{2}}\sum_{k=0}^{2N-1}h_k \mathrm{e}^{-\mathrm{i}k\omega}$

3. Biorthogonal(biorNr. Nd)小波系

Biorthogonal 函数系的主要特征体现在具有线性相位性,它主要应用在信号与图像的重构中。通常的用法是采用一个函数进行分解,用另外一个小波函数进行重构。Biorthogonal 函数系通常表示为 biorNr. Nd 的形式:

Nr=1　　Nd=1,3,5

Nr=2　　Nd=2,4,6,8

Nr=3　　Nd=1,3,5,7,9

Nr=4　　Nd=4

Nr=5　　Nd=5

Nr=6　　Nd=8

其中,r 表示重构,d 表示分解。

4. Coiflet(coif$N$)小波系

coiflet 函数也是由 Daubechies 构造的一个小波函数,它具有 coif$N$($N=1,2,3,4,5$)这一系列,coiflet 具有比 db$N$ 更好的对称性。从支撑长度的角度看,coif$N$ 具有和 db3N 及 sym3N 相同的支撑长度; 从消失矩的数目来看,coif$N$ 具有和 db2N 及 sym2N 相同的消失矩数目。

5. SymletsA(sym$N$)小波系

Symlets 函数系是由 Daubechies 提出的近似对称的小波函数,它是对 db 函数的一种改进。Symlets 函数系通常表示为 sym$N$($N=2,3,\cdots,8$)的形式。

6. Morlet(morl)小波

Morlet 函数定义为 $\psi(x)=C\mathrm{e}^{-x^2/2}\cos 5x$,它的尺度函数不存在,且不具有正交性。

7. Mexican Hat(mexh)小波

Mexican Hat 函数为

$$\psi(x)=\frac{2}{\sqrt{3}}\pi^{-1/4}(1-x^2)\mathrm{e}^{-x^2/2}$$

它是 Gauss 函数的二阶导数，因为它像墨西哥帽的截面，所以有时称这个函数为墨西哥帽函数。墨西哥帽函数在时间域与频率域都有很好的局部化，并且满足

$$\int_{-\infty}^{\infty}\psi(x)\mathrm{d}x=0$$

由于它的尺度函数不存在，所以不具有正交性。

8. Meyer 函数

Meyer 小波函数 ψ 和尺度函数 ϕ 都是在频率域中进行定义的，是具有紧支撑的正交小波。

$$\hat{\psi}(\omega)=\begin{cases}(2\pi)^{-1/2}\mathrm{e}^{\mathrm{j}\omega/2}\sin\left(\frac{\pi}{2}\upsilon\left(\frac{3}{2\pi}|\bar{\omega}|-1\right)\right) & \frac{2\pi}{3}\leqslant|\omega|\leqslant\frac{4\pi}{3}\\(2\pi)^{-1/2}\mathrm{e}^{\mathrm{j}\omega/2}\cos\left(\frac{\pi}{2}\upsilon\left(\frac{3}{2\pi}|\bar{\omega}|-1\right)\right) & \frac{4\pi}{3}\leqslant|\omega|\leqslant\frac{8\pi}{3}\\0 & |\bar{\omega}|\notin\left[\frac{2\pi}{3},\frac{8\pi}{3}\right]\end{cases}$$

其中，$\upsilon(a)$为构造 Meyer 小波的辅助函数，且有

$$\hat{\phi}(\omega)=\begin{cases}(2\pi)^{-1/2} & |\omega|\leqslant\frac{2\pi}{3}\\(2\pi)^{-1/2}\cos\left(\frac{\pi}{2}\upsilon\left(\frac{3}{2\pi}|\bar{\omega}|-1\right)\right) & \frac{2\pi}{3}\leqslant\bar{\omega}\leqslant\frac{4\pi}{3}\\0 & |\omega|>\frac{4\pi}{3}\end{cases}$$

8.4 小波工具箱介绍

为了使用户能更直观地学习小波工具箱，本节介绍有关小波工具箱的操作。

8.4.1 启动小波工具箱

启动小波工具箱的方法是在 MATLAB 窗口中输入 wavemenu 命令，则会弹出如图 8-3 所示的小波工具箱主界面。

在小波工具箱主界面中，分别有一维工具、一维多重工具、一维专用工具、二维工具、二维专用工具、三维工具、显示工具、小波设计工具以及拓展工具等。每种工具中有各种具体类型的应用，下面将介绍几种常见的小波工具。

8.4.2 一维连续小波分析工具

通过对连续小波分析工具模块的学习，读者能利用小波工具箱软件轻松地解决实际问题，下面将介绍有关的具体操作。

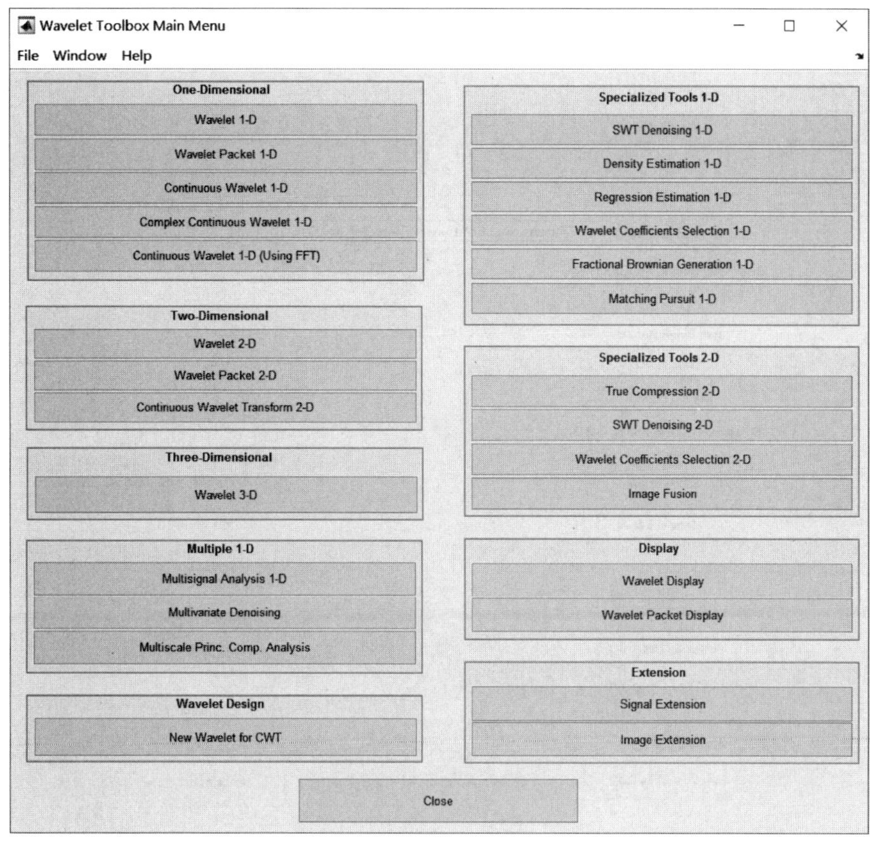

图 8-3 小波工具箱主界面

利用一维连续小波分析工具分析正弦曲线噪声信号。

具体的操作步骤为：

(1) 启动小波工具箱，在 MATLAB 窗口中输入 wavemenu 命令，则会弹出如图 8-4 所示的小波工具箱主界面。

(2) 单击 Continuous Wavelet1-D 工具按钮，弹出一维连续小波的主界面，如图 8-5 所示。

(3) 下载信号源。选择 File 下 Load Signal 菜单选项，在弹出的对话框中选择 noissin. mat 文件(此文件在 MATLAB 安装目录的 toolbox/wavelet/wavedemo)，如图 8-6 所示。

单击“打开”按钮，这样信号就下载完成，如图 8-7 所示。

(4) 实现连续小波变换。如图 8-8 所示，在界面中选择 db4 小波，并且尺度设置为从 1 到 48。

(5) 单击 Analyze 按钮，将显示对应尺寸 a=24 的系数图以及最大尺度图，如图 8-9 所示。

(6) 右击系数图可以观看小波系数行，如图 8-10 所示。此外还可以单击 Refresh Maxima Line 按钮，可以显示从尺度 1 到所选尺度的小波系数的最大值。在小波系数图中按左键可以选择放大的范围。

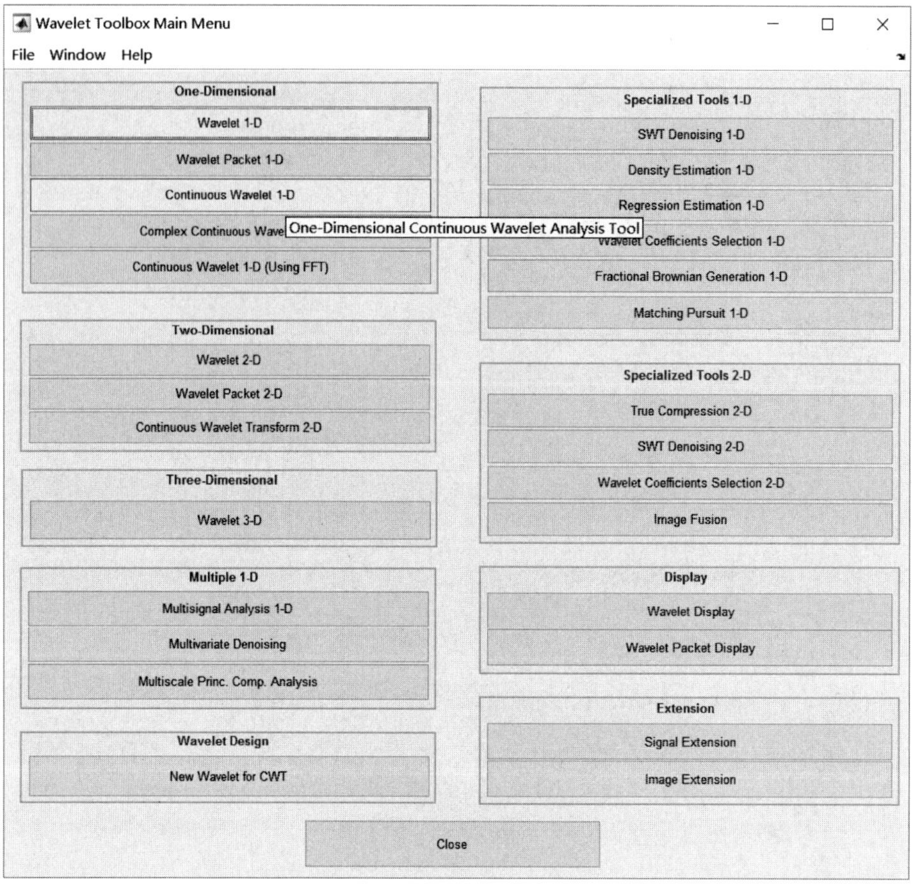

图 8-4　小波工具箱主界面

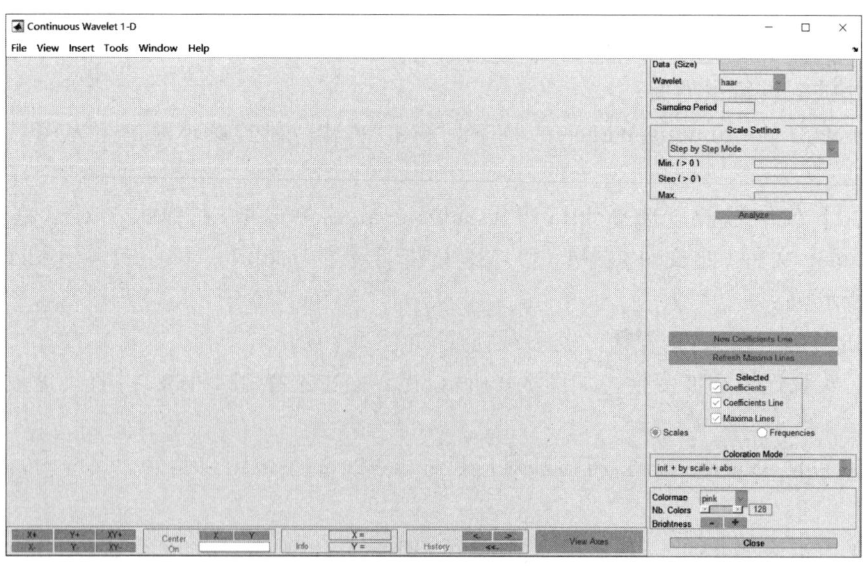

图 8-5　一维连续小波的主界面

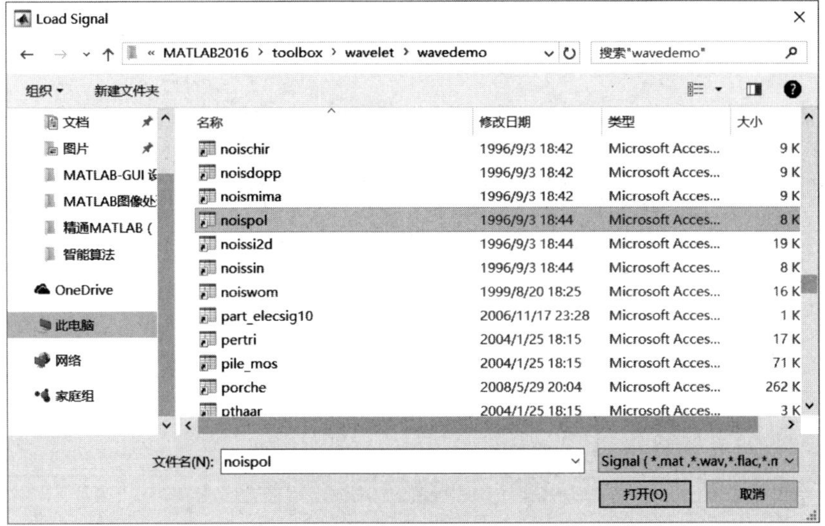

图 8-6 加载信号路径

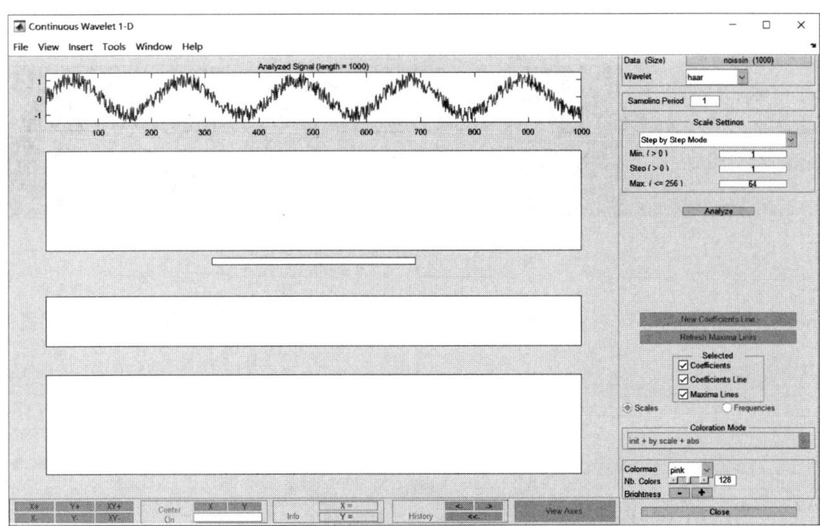

图 8-7 加载信号效果图

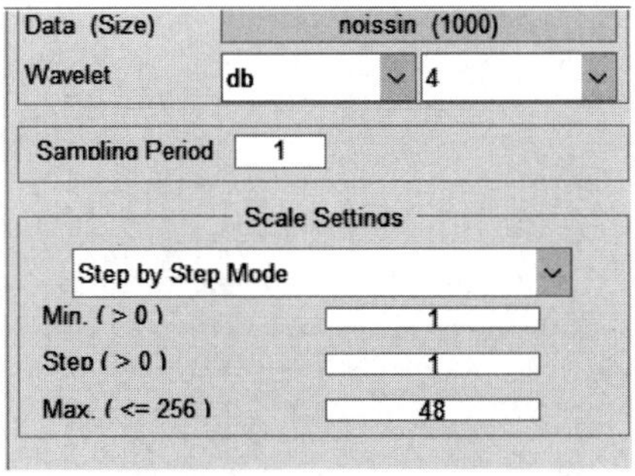

图 8-8 小波类型

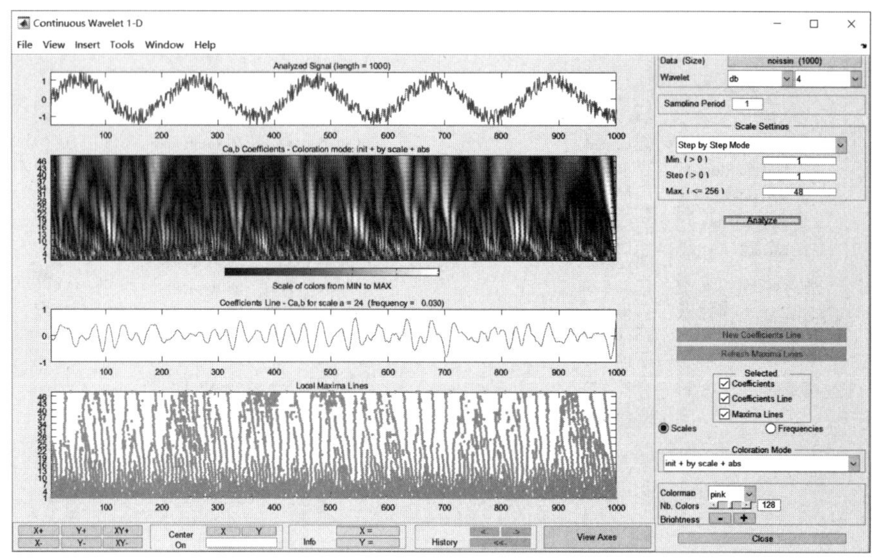

图 8-9　小波变换系数效果图

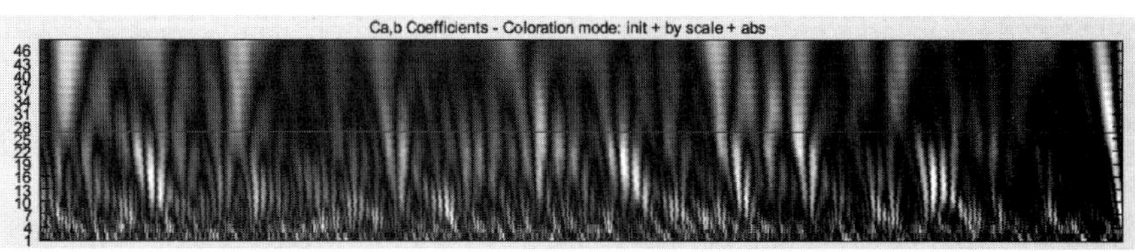

图 8-10　观看小波系数行

(7) Selected Axes 的作用是选择所要显示的坐标系的选择框图，如图 8-11 所示，选中最后两幅图。

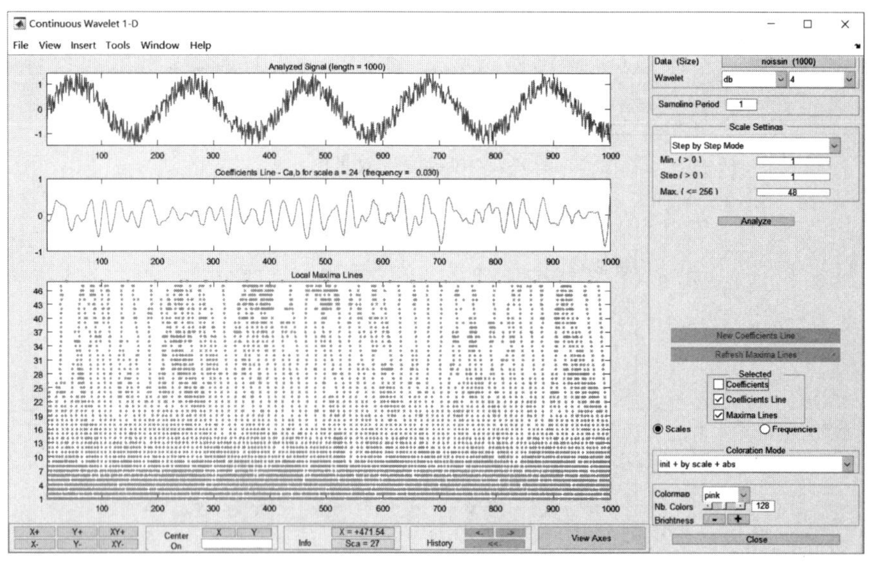

图 8-11　图形数目显示效果图

(8) 显示水平放大信号可以通过单击"X+"按钮来实现,如图 8-12 所示。

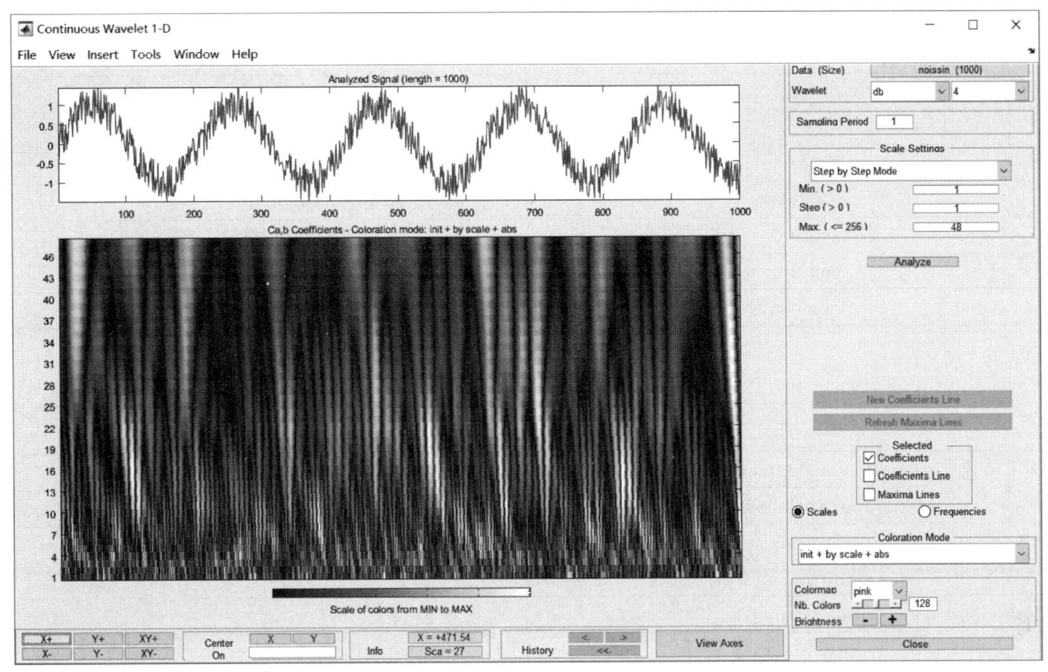

图 8-12 水平放大效果图

(9) 观察系数图。如图 8-13、图 8-14 所示为在 Coloration Mode 菜单下的不同显示效果图。

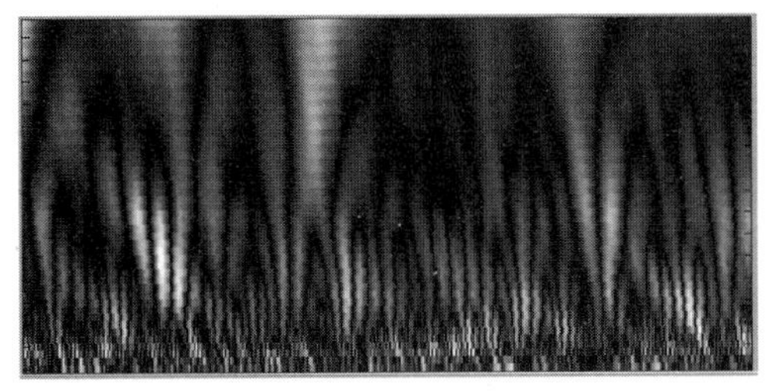

图 8-13 系数效果图(一)

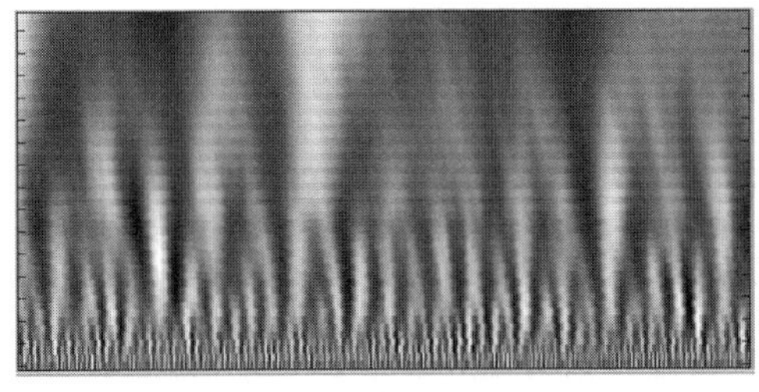

图 8-14 系数效果图(二)

其他工具的操作与一维连续小波分析工具操作十分类似,由于篇幅有限,这里就不再介绍其他工具,有兴趣的读者可以自己尝试。

8.5 信号的重构

MATLAB 实现了一维小波分解重构,下面将介绍一维离散小波反变换、于小波变换的多层次重构、小波系数的直接重构、小波变换的单尺度重构、小波系数的重构等。表 8-1 和表 8-2 揭示了常用的小波基函数和用于验证算法的数据文件。

表 8-1 常用的小波基函数

参数表示	小波基的名称
morl	Morlet 小波
mexh	墨西哥草帽小波
meyr	Meyer 小波
haar	Haar 小波
dbN	紧支集正交小波
symN	近似对称的紧支集正交小波
coifN	Coiflet 小波
biorNr. Nd	双正交样条小波

表 8-2 用于验证算法的数据文件

文件名	说明
sumsin. mat	3 个正弦函数的叠加
freqbrk. mat	存在频率断点的组合正弦信号
whitnois. mat	均匀分布的白噪声
warma. mat	有色 AR(3)噪声
wstep. mat	阶梯信号
nearbrk. mat	分段线性信号
scddvbrk. mat	具有二阶可微跳变的信号
wnoislop. mat	叠加了白噪声的斜坡信号

8.5.1 idwt 函数

idwt 函数用于一维离散小波反变换，该函数的调用方法如下：

X=idwt(cA,cD,'wname')：由近似分量 cA 和细节分量 cD 经小波反变换重构原始信号 X 。'wname'为所选的小波函数。

X=idwt(cA,cD,Lo_R,Hi_R)：用指定的重构滤波器 Lo_R 和 Hi_R 经小波反变换重构原始信号 X。

X=idwt(cA,cD,'wname',L)：指定返回信号 X 中心附近的 L 个点。

【例 8-2】 idwt 函数应用示例。

程序如下：

```
clear all;
randn('seed',234343285);        % 定义随机信号的状态
s = 4 + kron(ones(1,8),[1 -1]) + ((1:16).^2)/24 + 0.3 * randn(1,16);
% 用小波函数 db2 对信号进行单尺度一维小波分解
[ca1,cd1] = dwt(s,'db2');
subplot(221); plot(ca1);
title('重构低通');
subplot(222); plot(cd1);
```

```
title('重构高通');
ss = idwt(ca1,cd1,'db2');
err = norm(s-ss);
subplot(212); plot([s;ss]');
title('原始、重构后的信号的误差');
xlabel(['重构误差 ',num2str(err)])
[Lo_R,Hi_R] = wfilters('db2','r');
ss = idwt(ca1,cd1,Lo_R,Hi_R);
```

运行结果如图 8-15 所示。

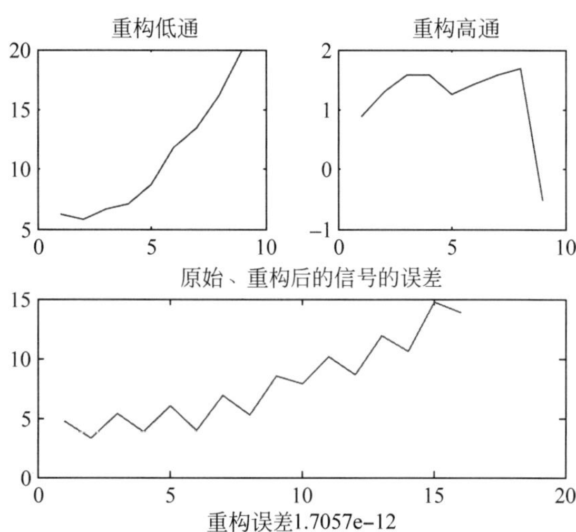

图 8-15 idwt 函数用于小波变换的重构效果图

8.5.2 wavedec 函数

wavedec 函数用于小波变换的多层次重构。该函数的调用方法如下：

```
[C,L] = wavedec(X,N,'wname')
[C,L] = wavedec(X,N, Lo_R, Hi_R)
```

其中，C 为各层分量，L 为各层分量长度，N 为分解层数，X 为输入信号。wname 为小波基名称，Lo_R 为低通滤波器，Hi_R 为高通滤波器。

【例 8-3】 wavedec 函数用于小波变换的多层次重构示例。

程序如下：

```
clear all;
load leleccum;          %装载原始 leleccum 信号
s = leleccum(1:540);
% 用小波函数 db1 对信号进行 3 尺度小波分解
[C,L] = wavedec(s,3,'db1');
subplot(2,1,1);plot(s);
title('原始信号');
```

```
% 用小波函数db1进行信号的低频重构
a3 = wrcoef('a',C,L,'db1');
subplot(2,1,2);plot(a3);
title('小波重构信号');
```

运行结果如图 8-16 所示。

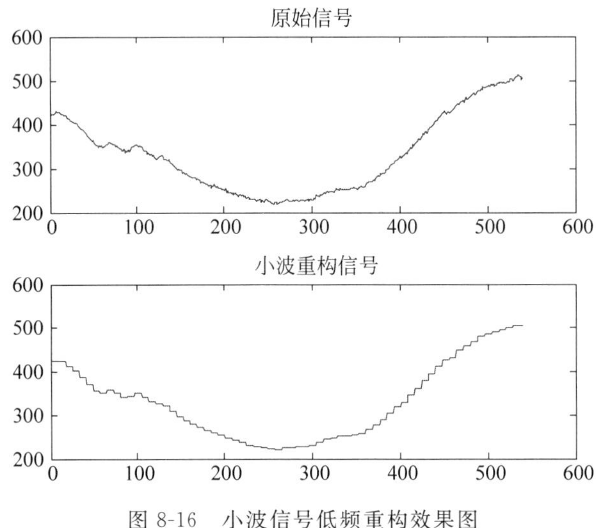

图 8-16 小波信号低频重构效果图

8.5.3 upcoef 函数

upcoef 函数用于对一维小波进行分析，该函数的调用方法如下：

y=upcoef('O',x,'wname',N)：用于一维小波分析，计算向量 x 向上 N 步的重构小波系数，N 为正整数。如果 O=a，对低频系数进行重构；如果 O=d，对高频系数进行重构。

【例 8-4】 upcoef 函数用于对一维小波进行分析示例。

程序如下：

```
clear all;
cfs = [0.5];
essup = 10;
figure(1)
for i = 1:6
    rec = upcoef('a',cfs,'db6',i);
    ax = subplot(6,1,i),h = plot(rec(1:essup));
    set(ax,'xlim',[1 350]);
    essup = essup * 2;
end
subplot(611)
title(['单尺度低频系数向上 1 - 6 重构信号']);
cfs = [0.5];
mi = 12; ma = 30;
rec = upcoef('d',cfs,'db6',1);
```

```
figure(2)
subplot(611), plot(rec(3:12))
for i = 2:6
    rec = upcoef('d',cfs,'db6',i);
    subplot(6,1,i), plot(rec(mi * 2 ^ (i - 2):ma * 2 ^ (i - 2)))
end
subplot(611)
title(['单尺度高频系数向上1- 6重构信号']);
```

运行结果如图 8-17 和图 8-18 所示。

```
ax =
  173.0214
ax =
  175.0214
ax =
  177.0214
ax =
  179.0214
ax =
  181.0214
ax =
  183.0214
```

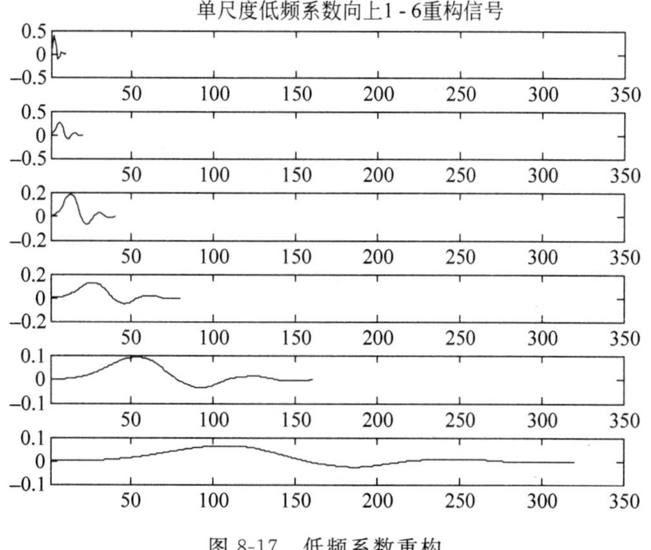

图 8-17 低频系数重构

8.5.4 upwlev 函数

upwlev 函数用于小波变换的单尺度重构，该函数的调用方法如下：

[NC,NK]＝upwlev(C,L,'wname')：用'wname'小波对分解系数[C,L]进行单尺度

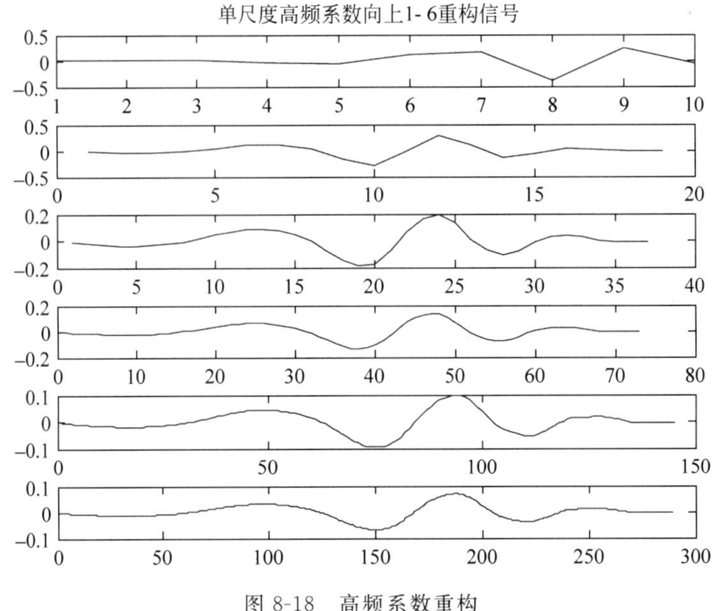

图 8-18　高频系数重构

重构，返回上一尺度的分解结构[NC，NL]并提取最后一尺度的分解结构。

【例 8-5】　upwlev 函数用于小波变换的单尺度重构示例。

程序如下：

```
clear all;
load sumsin;        % 装载原始 sumsin 信号
s = sumsin(1:500);
% 取信号的前 500 个采样点
[c,l] = wavedec(s,3,'db1');
subplot(311); plot(s);
title('原始 sumsin 信号');
subplot(312); plot(c);
title('小波 3 层重构')
xlabel(['尺度 3 的低频系数和尺度 3,2,1 的高频系数'])
% 获得尺度 2 的小波分解
[nc,nl] = upwlev(c,l,'db1');
subplot(313); plot(nc);
title('小波 2 层重构')
xlabel(['尺度 2 的低频系数和尺度 2,1 的高频系数'])
```

运行结果如图 8-19 所示。

8.5.5　wrcoef 函数

wrcoef 函数用于对小波系数进行重构，该函数的调用方法如下：

x=wrcoef('type',C,L,'wname',N)：用'wname'小波对分解系数[C,L]进行重构，当 type=a 时，指对信号的低频部分进行重构。这时 N 可以为零。当 type=d 时，指对信号的高频部分进行重构。这时 N 为正整数。

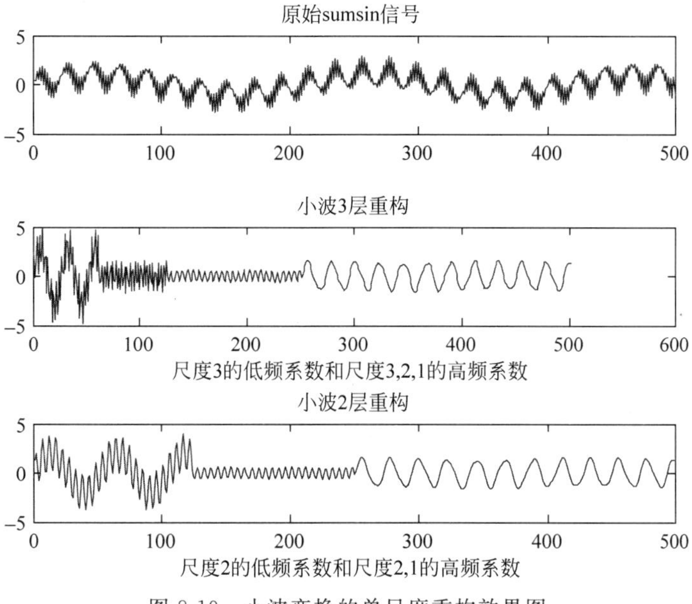

图 8-19　小波变换的单尺度重构效果图

【例 8-6】　wrcoef 函数用于对小波系数进行重构示例。

程序如下：

```
load sumsin          % 读入信号
s = sumsin(1:500);
% 取信号的前 500 个采样点
[c,l] = wavedec(s,3, 'db3');
% 对信号做层数为 3 的多尺度分解
a3 =  wrcoef('a',c,l, 'db3',3);
% 对尺度 3 上的低频信号进行重构
subplot(211);plot(s);title('原始信号')
subplot(212);plot(a3);title ('重构信号');
```

运行结果如图 8-20 所示。

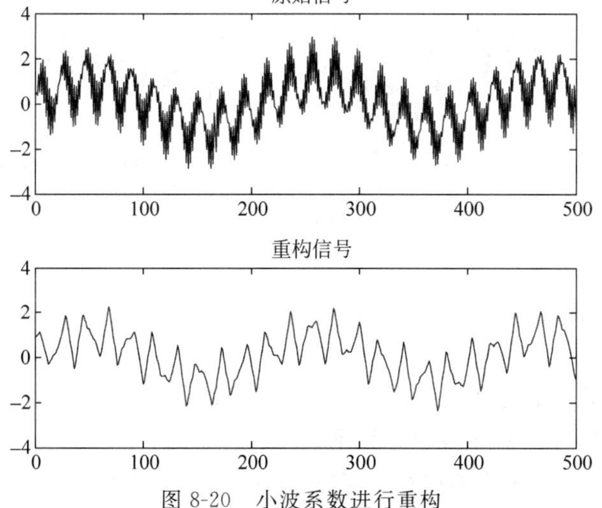

图 8-20　小波系数进行重构

8.5.6 wprec 函数

wprec 函数用于对一维小波包分解的进行重构，该函数的调用方法如下：

X＝wprec(T)：对一维小波包分解的进行重构。

【例 8-7】 wprec 函数用于对一维小波包分解进行重构示例。

程序如下：

```
clear all;
load sumsin;                 % 装载原始 sumsin 信号
s = sumsin(1:500);
% 取信号的前 500 个采样点
% 使用 Shannon 熵
wpt = wpdec(s,3,'db2','shannon');
% 对信号进行重构
rex = wprec(wpt);
subplot(211); plot(s);
title('原始 sumsin 信号');
subplot(212); plot(rex);
title('重构后的信号');
```

运行结果如图 8-21 所示。

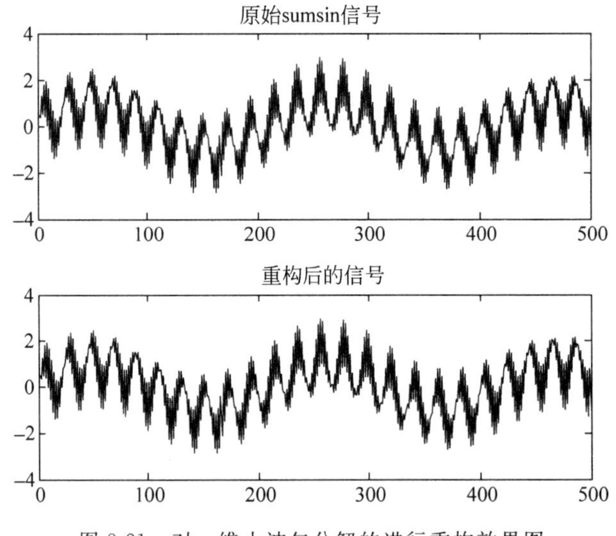

图 8-21　对一维小波包分解的进行重构效果图

8.5.7 wprcoef 函数

wprcoef 函数用于小波包分解系数的重构，该函数的调用方法如下：

X＝wprcoef(T,N)：对小波包分解系数的进行重构。

【例 8-8】 利用 wprcoef 函数对小波包分解系数进行重构示例。

程序如下：

```
clear all;
load whitnois;            %装载原始 whitnois 信号
x = whitnois;
% 使用 db1 小波包对信号 x 进行 3 层分解
t = wpdec(x,3,'db1','shannon');
subplot(2,1,1);plot(x)
title('原始 whitnois 信号');
% 重构小波包结点(2,1)
rcfs = wprcoef(t,[2 1]);
subplot(212); plot(rcfs);
title('重构小波包结点(2,1)');
```

运行结果如图 8-22 所示。

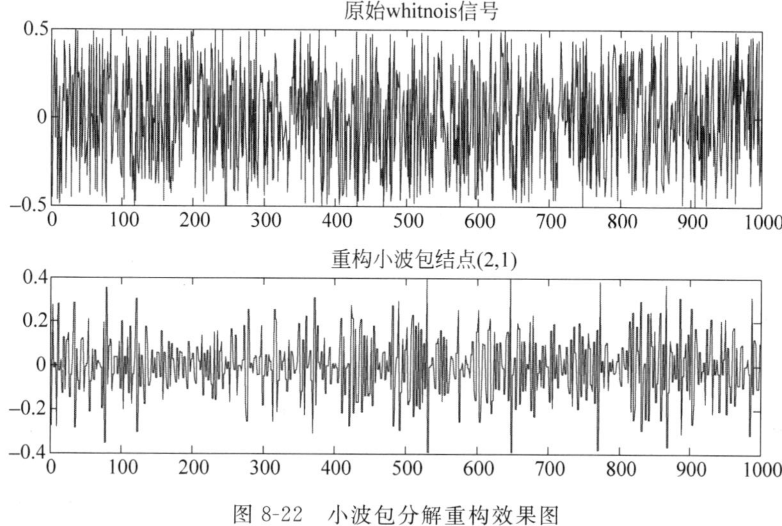

图 8-22　小波包分解重构效果图

8.6　提升小波变换用于信号处理

传统小波结构依赖于 Fourier 变换，从频域来分析问题，而提升方法直接在时(空)域分析问题。它不仅保留了小波特性，同时又克服了原有的局限性，为小波变换提供了一个完全的时域解释。

提升方法的另外一个特点在于它能够包容传统小波，也就是说，所有的传统小波都可以通过提升的方法构造出来。小波提升方法不但改善了传统的离散小波变换，同时引入了一些新特性，如可以用提升方法构造具有较高阶次消失矩的小波。

通过提升框架技术还可以用一系列简单的提升来有效地完成小波分解与重建。此外，通过提升技术不仅可以构造出第一代的所有小波，而且可以方便地设计出新的第二代小波，而这些小波的构成不再通过傅里叶变换，不再通过母小波的变换和平移，而是直接在时域空间得到。提升框架具有的算法优越性可以概括如下：

(1) 多分辨率特性。提升框架提供了一种信号的多分辨率分析方法。

(2) 在位计算。提升框架采用完全置位的计算方法,无须辅助内存,原始信号可以由小波变换系数替代。

(3) 反变换容易实现。

(4) 原理简单。提升框架不依赖傅里叶变换构造小波,原理简单,思路清晰,便于应用,并且使得小波基变为可能,为小波的实际应用奠定了基础。表 8-3 揭示了 MATLAB 提升小波工具箱函数。

表 8-3　MATLAB 提升小波工具箱函数

函 数 名 称	函 数 名 称	函 数 意 义
提升方案函数	addlift	向提升方案中添加原始或双重提升步骤
	displs	显示提升方案
	lsinfo	提升方案信息
双正交四联滤波器	bswfun	计算并画出双正交"尺度和小波"函数
	filt2ls	将四联滤波器变换为提升方案
	liftfilt	在四联滤波器上应用基本提升方案
	ls2filt	将提升方案变换为四联滤波器
正交或双正交小波及 lazy 小波	liftwave	提升小波的提升方案
	wave2lp	提供小波的劳伦多项式
	wavenames	提供用于 LWT 的小波名
提升小波变换和反变换	lwt	一维提升小波变换
	lwt2	二维提升小波变换
	lwtcoef	提取或重构一维 LWT 小波系数
	lwtcoef2	提取或重构二维 LWT 小波系数
	ilwt	一维提升小波反变换
	ilwt2	二维提升小波反变换
劳伦多项式和矩阵	laurmat	劳伦矩阵类 LM 的构造器
	laurpoly	劳伦多项式类 LM 的构造器

【例 8-9】 lwt 函数用法示例。

程序如下:

```
clear all;
lshaar = liftwave('haar');
els = {'p',[ - 0.25 0.25],0};
lsnew = addlift(lshaar,els);
x = 1:16;
[cA,cD] = lwt(x,lsnew)
lshaarInt = liftwave('haar','int2int');
lsnewInt = addlift(lshaarInt,els);
[cAint,cDint] = lwt(x,lsnewInt)
```

运行结果如下:

```
cA =
    1.7678    4.9497    7.7782   10.6066   13.4350   16.2635   19.0919   21.9203
```

```
cD =
    0.7071    0.7071    0.7071    0.7071    0.7071    0.7071    0.7071    0.7071
cAint =
    1    3    5    7    9    11    13    15
cDint =
    1    1    1    1    1    1    1    1
```

【例 8-10】 ilwt 函数用法示例。

程序如下：

```
clear all;
lshaar = liftwave('haar');
els = {'p',[-0.25 0125],0};
lsnew = addlift(lshaar,els);
x = 1:16;
[cA,cD] = lwt(x,lsnew);
lshaarInt = liftwave('haar','int2int');
lsnewInt = addlift(lshaarInt,els);
[cAint,cDint] = lwt(x,lsnewInt);
xRec = ilwt(cA,cD,lsnew);
err = max(max(abs(x-xRec)))
xRecInt = ilwt(cAint,cDint,lsnewInt);
errInt = max(max(abs(x-xRecInt)))
```

运行结果如下：

```
err =
    0
errInt =
    0
```

【例 8-11】 lwt2 函数用法示例。

程序如下：

```
clear all;
lshaar = liftwave('haar');
els = {'p',[-0.25 0.25],0};
lsnew = addlift(lshaar,els);
x = reshape(1:16,4,4);
[cA,cH,cV,cD] = lwt2(x,lsnew)
lshaarInt = liftwave('haar','int2int');
lsnewInt = addlift(lshaarInt,els);
[cAint,cHint,cVint,cDint] = lwt2(x,lsnewInt)
```

运行结果如下：

```
cA =
    4.5000   22.5000
    9.0000   27.0000
cH =
    1.0000    1.0000
```

```
    1.0000    1.0000
cV =
    4.0000    4.0000
    4.0000    4.0000
cD =
    0    0
    0    0
cAint =
    2    11
    4    13
cHint =
    1    1
    1    1
cVint =
    4    4
    4    4
cDint =
    0    0
    0    0
```

【例 8-12】 ilwt2 函数用法示例。

程序如下：

```
clear all;
lshaar = liftwave('haar');
els = {'p',[ - 0.25 0.25],0};
lsnew = addlift(lshaar,els);
x = reshape(1:16,4,4);
[cA,cH,cV,cD] = lwt2(x,lsnew);
lshaarInt = liftwave('haar','int2int');
lsnewInt = addlift(lshaarInt,els);
[cAint,cHint,cVint,cDint] = lwt2(x,lsnewInt);
xRec = ilwt2(cA,cH,cV,cD,lsnew);
err = max(max(abs(x - xRec)))
xRecInt = ilwt2(cAint,cHint,cVint,cDint,lsnewInt);
errInt = max(max(abs(x - xRecInt)))
```

运行结果如下：

```
err =
    0
errInt =
    0
```

【例 8-13】 利用 lwtcoef 函数实现提升小波变换系数。

运行程序如下：

```
clear all;
lshaar = liftwave('haar');
%添加到提升方案
```

```
els = {'p',[ - 0.25 0.25],0}
lsnew = addlift(lshaar,els);
load noisdopp;
x =  noisdopp;
xDec = lwt2(x,lsnew,2)
% 提取第一层的低频系数
ca1 = lwtcoef2('ca',xDec,lsnew,2,1)
a1 = lwtcoef2('a',xDec,lsnew,2,1)
a2 = lwtcoef2('a',xDec,lsnew,2,2)
h1 = lwtcoef2('h',xDec,lsnew,2,1)
v1 = lwtcoef2('v',xDec,lsnew,2,1)
d1 = lwtcoef2('d',xDec,lsnew,2,1)
h2 = lwtcoef2('h',xDec,lsnew,2,2)
v2 = lwtcoef2('v',xDec,lsnew,2,2)
d2 = lwtcoef2('d',xDec,lsnew,2,2)
[cA,cD] = lwt(x,lsnew);
figure(1);
subplot(231);
plot(x);
title('原始信号');
subplot(232);
plot(cA);
title('提升小波分解的低频信号');
subplot(233);
plot(cD);
title('提升小波分解的高频信号');
% 直接使用 Haar 小波进行 2 层提升小波分解
[cA,cD] = lwt(x,'haar',2);
subplot(234);
plot(x);
title('原始信号');
subplot(235);
plot(cA);
title('2 层提升小波分解的低频信号');
subplot(236);
plot(cD);
title('2 层提升小波分解的高频信号');
```

运行结果如图 8-23 所示。

【例 8-14】 用 lwtcoef 函数实现小波变换的重构。

程序如下：

```
clear all;
lshaar = liftwave('haar');
els = {'p',[ - 0. 25 0.25],0};
lsnew = addlift(lshaar,els);
% 进行单层提升小波分解
load noisdopp
```

```
x = noisdopp;
% 实施提升小波变换
[cA,cD] = lwt(x,lsnew);
xRec = ilwt(cA,cD,lsnew);
xDec = lwt(x,lsnew,2);
% 重构近似信号和细节信号
a1 = lwtcoef('a',xDec,lsnew,2,1);
a2 = lwtcoef('a',xDec,lsnew,2,2);
d1 = lwtcoef('d',xDec,lsnew,2,1);
d2 = lwtcoef('d',xDec,lsnew,2,2);
% 检查重构误差
err = max(abs(x - a2 - d2 - d1))
figure;
subplot(311);
plot(x);
title('原始信号');
subplot(323);
plot(a1);
title('重构第一层近似信号');
subplot(324);
plot(a2);
title('重构第二层近似信号');
subplot(325);
plot(d1);
title('重构第一层细节信号');
subplot(326);
plot(d2);
title('重构第二层细节信号');
```

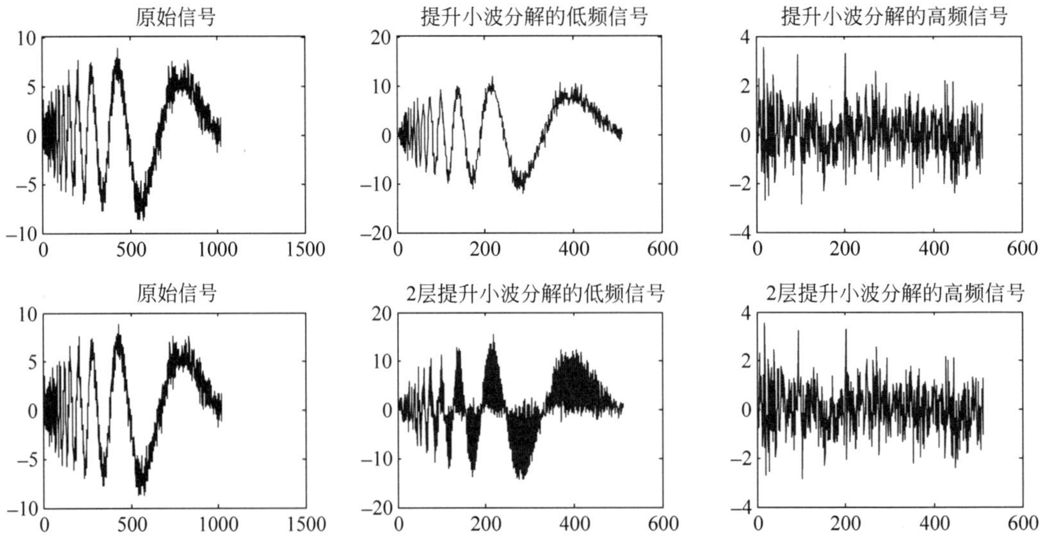

图 8-23 利用 lwtcoef 函数实现提升小波变换系数效果图

如图 8-24 所示，运行结果如下：

```
err =
  7.7449e-13
```

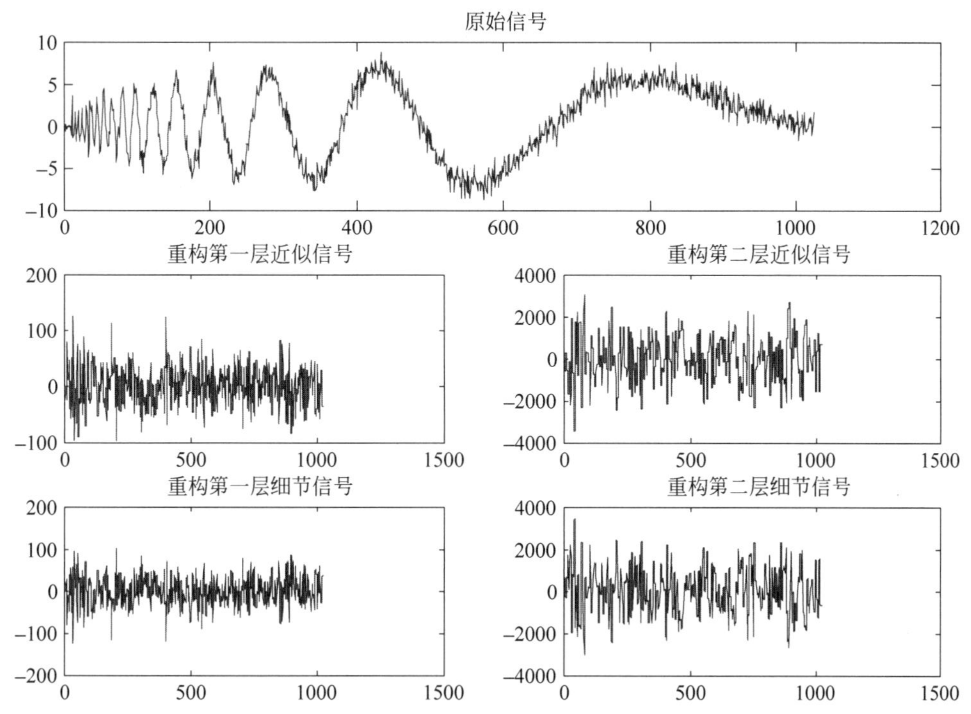

图 8-24　用 lwtcoef 函数实现小波变换的重构效果图

【例 8-15】 提升小波分解和重构的实现。

程序如下：

```
clear;
[w1,ns] = wnoise(3,9,7);
subplot(321);plot(ns);title('原始信号');
p = length(ns);
for i = 1:3
    N = p/2^(i-1);
    M = N/2;
    for j = 1:N
        x(j+2) = ns(j);
    end
    x(1) = ns(3);
    x(2) = ns(2);
    x(N+3) = ns(N-1); %扩展为 N+3 值
    Ye = dyaddown(x,0); %偶抽取
    Yo = dyaddown(x,1); %奇抽取
    for j = 1:M+1;
```

```
            d(j) = Ye(j) - (Yo(j) + Yo(j+1))/2; %计算细节系数
        end
        for j = 1:M
            detail(j) = d(j+1);
            dd(i,j) = detail(j);
        end
        for j = 1:M
            approximation(j) = Yo(j+1) + (d(j) + d(j+1))/4;
        end
        for j = 1:M
            ns(j) = approximation(j);
        end
    end
    for j = 1:p/2^3
        s3(j) = approximation(j);
    end
    subplot(323);
    plot(s3);title('提升小波分解第三层低频系数');
    for j = 1:p/2
        d1(1,j) = dd(1,j);
    end
    subplot(322);
    plot(d1(1,:));title('第一层高频系数');
    for j = 1:p/2^2
        d2(1,j) = dd(2,j);
    end
    subplot(324);
    plot(d2(1,:));title('第二层高频系数');
    for j = 1:p/2^3
        d3(1,j) = dd(3,j);
    end
    subplot(326);
    plot(d3(1,:));title('第三层高频系数');
    for j = 3:-1:1
        M = p/2^j;
        N = 2*M;
        for i = 1:M
            s(i) = approximation(i);
        end
        s(M+1) = approximation(M);
        for i = 1:M
            du(i+1) = dd(j,i);
        end
        du(1) = dd(j,1);
        du(M+2) = dd(j,M-1);
        for i = 1:M+1
            h(2*i-1) = s(i) - (du(i) + du(i+1))/4;
```

```
        end
        for i = 1:M
            y(2 * i - 1) = h(2 * i - 1);
        end
        for i = 1:M
            y(2 * i) = du(i + 1) + (h(2 * i - 1) + h(2 * i + 1))/2;
        end
        for i = 1:2 * M
            approximation(i) = y(i);
        end
    end
    subplot(325);
    plot(approximation);title('重构信号');
```

运行结果如图 8-25 所示。

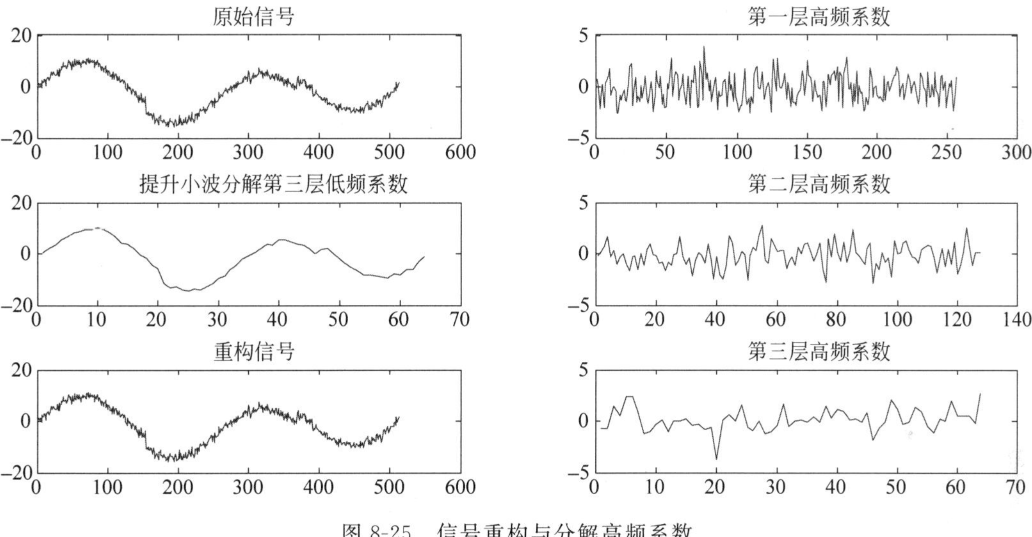

图 8-25　信号重构与分解高频系数

8.7　信号去噪

近年来，小波理论得到了迅速发展，而且由于小波具有低熵性、多分辨特性、去相关性和选基灵活性等特点，所以它在处理非平稳信号、去除信号噪声方面表现出了强有力的优越性。

8.7.1　信号阈值去噪

在实际的计算机控制系统中，采样信号不可避免地受到各种噪声和干扰的污染，使得由辨识采样信号得到的系统模型存在偏差而妨碍了系统控制精度的提高。如何从这些受噪声干扰的信号中得到"纯净"的信号是建立系统高精度模型和实现高性能控制的关键。

小波阈值去噪方法认为对于小波系数包含信号的重要信息，其幅值较大，但数目较少，而噪声对于小波系数是一致分布的，个数较多，但幅值小。

Donoho 提出一种新的基于阈值处理思想的小波域去噪技术，它也是对信号先求小波分析值，再对小波分析值进行去噪处理，最后反分析得到去噪后的信号。

去噪处理中阈值的选取是基于近似极大极小化思想，以处理后的信号与原信号最大概率逼近为约束条件，然后考虑采用软阈值，并以此对小波分析系数做处理，能获得较好的去噪效果，有效提高信噪比。

8.7.2 常用的去噪函数

下面是几个最为常用的与小波去噪有关的函数。

1. wnoise 函数

```
x = wnoise(fun,n,snr);
```

作用：产生 Donoho-Johnstone 设计的 6 种用于测试小波去噪效果的典型测试数据，函数根据输入参数 fun 的值输出名为 blocks，bumps，heavy，doppler，quadchirp 或 mishmash 的 6 种函数数据，数据长度为 2n，信噪比为 snr。

2. wden 函数

```
[XD,CXD,LXD] = wden(X,TPTR,SORH,SCAL,N,''wname'');
[XD,CXD,LXD] = wden(C,L,TPTR,SORH,SCAL,N,''wname'');
```

wden 是最主要的一维小波去噪函数。其中输入参数 x 为输入需要的信号，TPTR 为阈值形式，SORH 设定为 s 表示用软门限阈值处理，h 表示用硬门限阈值处理。

3. ddencmp 函数

```
[THR,SORH,KEEPAPP,CRIT] = ddencmp(IN1,IN2,X);
[THR,SORH,KEEPAPP,CRIT] = ddencmp(IN1,"wp",X);
[THR,SORH,KEEPAPP,CRIT] = ddencmp(IN1,"wv",X);
```

作用：函数 ddencmp 用于获取信号在消噪或压缩过程中的默认阈值。输入参数 X 为一维或二维信号；IN1 取值为 den 或 cmp，den 表示进行去噪，cmp 表示进行压缩；IN2 取值为 wv 或 wp，wv 表示选择小波，wp 表示选择小波包；返回值 THR 是返回的阈值；SORH 是软阈值或硬阈值选择参数；KEEPAPP 表示保存低频信号；CRIT 是熵名(只在选择小波包时使用)。

4. wdencmp 函数

```
[XC,CXC,LXC] = wdencmp("gbl",X,"wname",N,THTR,SORH,KEEPAPP);
[XC,CXC,LXC] = wdencmp("lvd",X,"wname",N,THTR,SORH);
[XC,CXC,LXC] = wdencmp("lvd",C,L,"wname",N,THTR,SORH);
```

作用：函数 wdencmp 用于一维或二维信号的消噪或压缩。wname 是所用的小波函数，gbl(global 的缩写)表示每一层都采用同一个阈值进行处理，lvd 表示每层采用不同的阈值进行处理，N 表示小波分解的层数，THR 为阈值向量，对于后面两种格式，每层都要求有一个阈值，因此阈值向量 THR 的长度为 N，SORH 表示选择软阈值或硬阈值(分别取值为 s 和 h)，参数 KEEPAPP 取值为 1 时，则低频系数不进行阈值量化，反之，低频系数要进行阈值量化。XC 是要进行消噪或压缩的信号，[CXC，LXC]是 XC 的小波分解结构。

MATLAB 中与小波去噪有关的函数如表 8-4 所示。

表 8-4 压缩和消噪函数

分类	名称	说明
阈值获取函数	ddencmp	获取在消噪和压缩中的默认阈值
	thselect	去噪的阈值选择
	wbmpen	获取一维小波去噪阈值
	wdcbm	用 Birge-Massart 算法获取小波变换阈值
去噪函数	wden	用小波变换对一维信号自动消噪
	wdencmp	用小波进行消噪或压缩
阈值处理函数	wthcoef	一维信号小波系数的阈值处理
	wthresh	软阈值或硬阈值处理

【例 8-16】 利用 wden 函数对一维信号进行自动消噪。

运行程序如下：

```
snr = 4;
t = 0:1/1000:1 - 0.001;
y = sin(3 * pi * t);
n = randn(size(t));
s = y + n;
xd = wden(s,'heursure','s','one',3,'sym8');
subplot(3,1,1);
plot(s);
xlabel('n');
ylabel('幅值');
title('含噪信号');
subplot(3,1,2);
plot(y);
title('原始信号');
xlabel('n');
ylabel('幅值');
subplot(3,1,3);
plot(xd);
title('消噪信号');
xlabel('样本信号');
ylabel('幅值')
```

运行结果如图 8-26 所示。

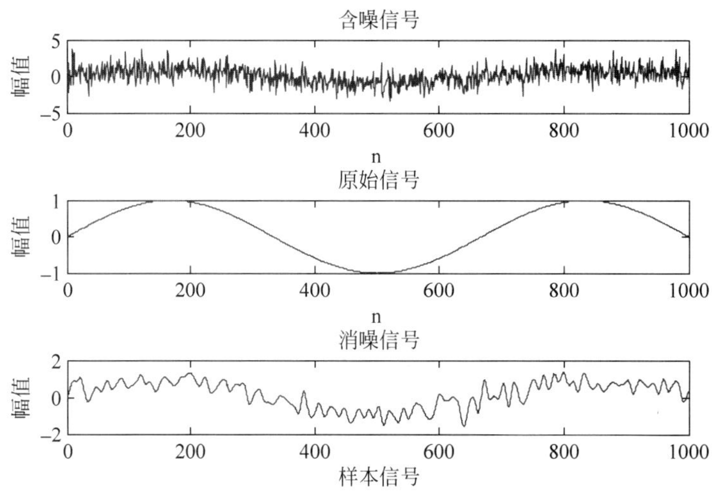

图 8-26　wden 函数自动消噪

【例 8-17】 利用小波消噪对非平稳信号的噪声消除。

程序如下：

```
[l,h] = wfilters('db10','d');
low_construct = l;
L_fre = 20;
% 滤波器长度
low_decompose = low_construct(end: - 1:1);
% 低通分解滤波器
for i_high = 1:L_fre; % 确定 h1(n) = ( - 1)^n,
% 高通重建滤波器
if(mod(i_high,2) == 0);
coefficient = - 1;
else
coefficient = 1;
end
high_construct(1,i_high) = low_decompose(1,i_high) * coefficient;
end
high_decompose = high_construct(end: - 1:1);
% 高通分解滤波器
L_signal = 100;
% 信号长度
n = 1:L_signal;
% 原始信号赋值
f = 10;
t = 0.001;
y = 10 * cos(2 * pi * 50 * n * t). * exp( - 30 * n * t) +  randn(size(t));
zero1 = zeros(1,60);
% 信号加噪声信号产生
zero2 = zeros(1,30);
```

```
noise = [zero1,3 * (randn(1,10) - 0.5),zero2];
y_noise = y + noise;
subplot(2,3,1);
plot(y);
title('原信号');
grid on;
subplot(2,3,4);
plot(y_noise);
title('受噪声污染的信号');
grid on;
check1 = sum(high_decompose);
check2 = sum(low_decompose);
check3 = norm(high_decompose);
check4 = norm(low_decompose);
l_fre = conv(y_noise,low_decompose);
%卷积
l_fre_down = dyaddown(l_fre);
%低频细节
h_fre = conv(y_noise,high_decompose);
h_fre_down = dyaddown(h_fre);
%信号高频细节
subplot(2,3,2)
plot(l_fre_down);
title('小波分解的低频系数');
grid on;
subplot(2,3,5);
plot(h_fre_down);
title('小波分解的高频系数');
grid on;
% 消噪处理
for i_decrease = 31:44;
if abs(h_fre_down(1,i_decrease))>= 0.000001
h_fre_down(1,i_decrease) = (10 ^ - 7);
end
end
l_fre_pull = dyadup(l_fre_down);
%0 差值
h_fre_pull = dyadup(h_fre_down);
l_fre_denoise = conv(low_construct,l_fre_pull);
h_fre_denoise = conv(high_construct,h_fre_pull);
l_fre_keep = wkeep(l_fre_denoise,L_signal);
%取结果的中心部分,消除卷积影响
h_fre_keep = wkeep(h_fre_denoise,L_signal);
sig_denoise = l_fre_keep + h_fre_keep;
%消噪后信号重构
%平滑处理
for j = 1:2
for i = 60:70;
sig_denoise(i) = sig_denoise(i - 2) + sig_denoise(i + 2)/2;
```

```
end;
end;
subplot(2,3,3)
plot(y);
title ('原信号');
grid on;
subplot(2,3,6);
plot(sig_denoise);
title ('消噪后信号');
grid on;
```

运行结果如图 8-27 所示。

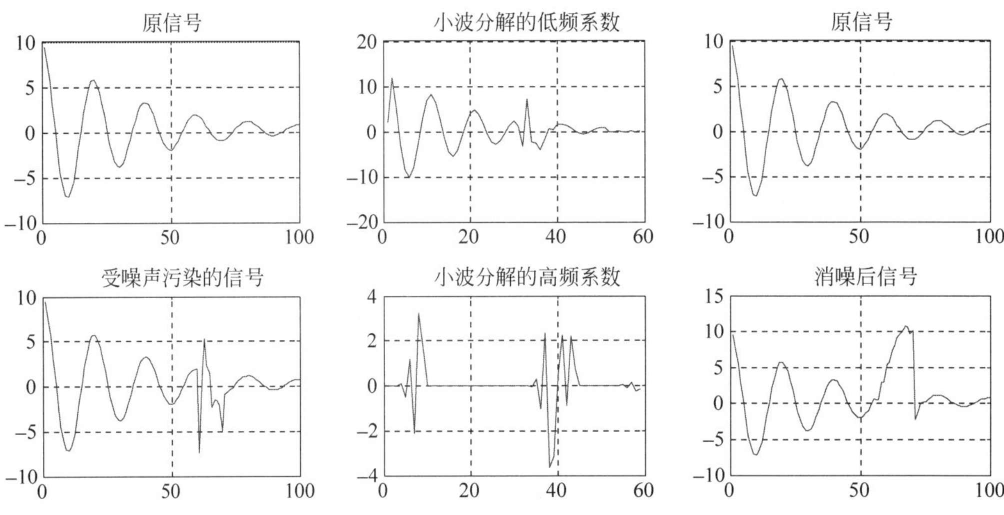

图 8-27　小波消噪对非平稳信号的噪声消除

【例 8-18】 小波去噪后的信号与傅里叶变换去噪后的信号比较。

程序如下：

```
clc;
clear all;
snr = 4;                                              % 设置信噪比
% MATLAB 中用"wnoise"产生测试信号
% 原始信号为 xref,含高斯白噪声的信号为 x
% 信号类型为 blocks(由函数中参数 1 决定)
% 长度均为 2^11(由函数中的参数 11 决定)
% 信噪比 snr = 4(由函数中的参数 snr 决定)
[xref,x] = wnoise(1,11,snr);
xref = xref(1:2000);                                  % 取信号的前 2000 点
x = x(1:2000);                                        % 取信号的前 2000 点
% 用全局默认阈值进行去噪处理
[thr,sorh,keepapp] = ddencmp('den','wv',x);           % 获取全局默认阈值
xd = wdencmp('gbl',x,'sym8',3,thr,sorh,keepapp);  % 利用全局默认阈值对信号去噪
% 下面是作图函数,作出原始信号和含噪声信号的图
figure
```

```
subplot(231);plot(xref);                      %画出原始信号的图
title('原始信号');
subplot(234);plot(x);
title('含噪声信号');                           %画出含噪声信号的图
%下面用傅里叶变换进行原信号和噪声信号的频谱分析
dt = 1/(2^11);                                %时域分辨率
Fs = 1/dt;                                    %计算频域分辨率
df = Fs/2000;
xxref = fft(xref);                            %对原始信号做快速傅里叶变换
xxref = fftshift(xxref);                      %将频谱图平移
xxref = abs(xxref);                           %取傅里叶变换的幅值
xx = fft(x);                                  %对含噪声信号做快速傅里叶变换
xx = fftshift(xx);                            %将频谱搬移
absxx = abs(xx);                              %取傅里叶变换的幅值
ff = -1000*df:df:1000*df-df;                  %设置频率轴
subplot(232);plot(ff,xxref);                  %画出原始信号的频谱图
title('原始信号的频谱图');
subplot(235);plot(ff,absxx);
title('含信号噪声的频谱图');                     %画出含噪声信号的频谱图
%进行低通滤波,滤波频率为0～200的相对频率
indd2 = 1:800;                                %0频左边高频率系数置零
xx(indd2) = zeros(size(indd2));
indd2 = 1201:2000;
xx(indd2) = zeros(size(indd2));               %0频右边高频系数置零
xden = ifft(xx);                              %滤波后的信号作傅里叶逆变换
xden = abs(xden);                             %取幅值
subplot(233);plot(xd);                        %画出小波去除噪后的信号
title('小波去除噪后的信号');
subplot(236);plot(xden);                      %画出傅里叶分析去噪的信号
title('傅里叶分析去噪的信号');
```

运行结果如图 8-28 所示。

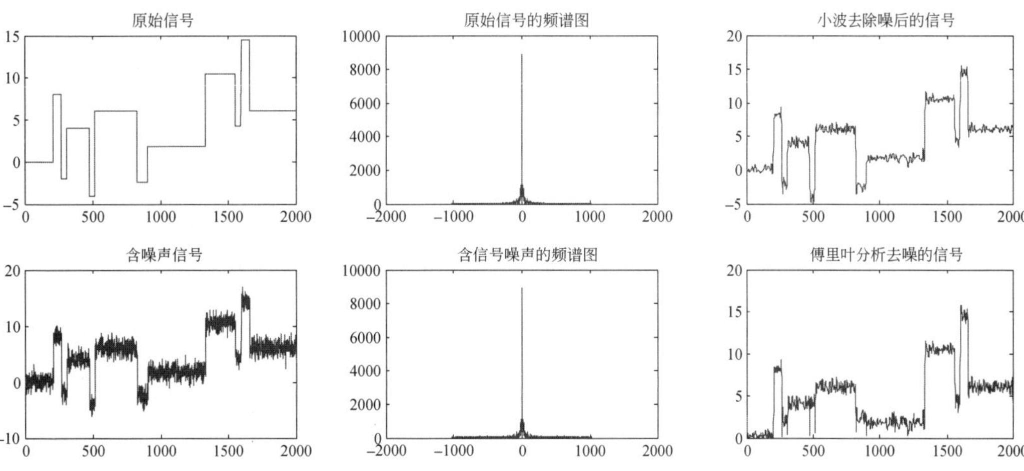

图 8-28　小波去噪后的信号与傅里叶变换去噪后的信号比较

8.8 小波变换在信号处理中的应用

小波变换具有良好的时频局部化特性，因而能有效地从信号中提取资讯，通过伸缩和平移等运算功能对函数或信号进行多尺度细化分析，解决了 Fourier 变换不能解决的许多困难问题，因而小波变化被誉为“数学显微镜”，它是调和分析发展史上里程碑式的进展。小波分析的应用领域十分广泛。下面将介绍一些小波变换在信号处理中的应用的例子。

8.8.1 分离信号的不同成分

下面通过两个例子来说明小波分析在分离信号的不同成分中的应用。

【例 8-19】 利用小波分析是正弦加噪信号分离。

程序如下：

```
clear all;
load noissin;                  %装载原始 noissin 信号
s = noissin;
figure;
subplot(6,1,1);plot(s);
ylabel('s');
% 使用 db5 小波对信号进行 5 层分解
[C,L] = wavedec(s,5,'db5');
for i = 1:5
    % 对分解的第 5 层到第 1 层的低频系数进行重构
    A = wrcoef('A',C,L,'db5',6 - i);
    subplot(6,1,i + 1); plot(A);
    ylabel(['A',num2str(6 - i)]);
end
figure;
subplot(6,1,1);plot(s);
ylabel('s');
for i = 1:5
    % 对分解的第 5 层到第 1 层的高频系数进行重构
    D = wrcoef('D',C,L,'db5',6 - i);
    subplot(6,1,i + 1);plot(D);
    ylabel(['D',num2str(6 - i)]);
end
```

运行结果如图 8-29 和图 8-30 所示。

【例 8-20】 通过使用小波分析一个叠加了白噪声的斜坡信号，说明小波分析如何分离这两种信号。

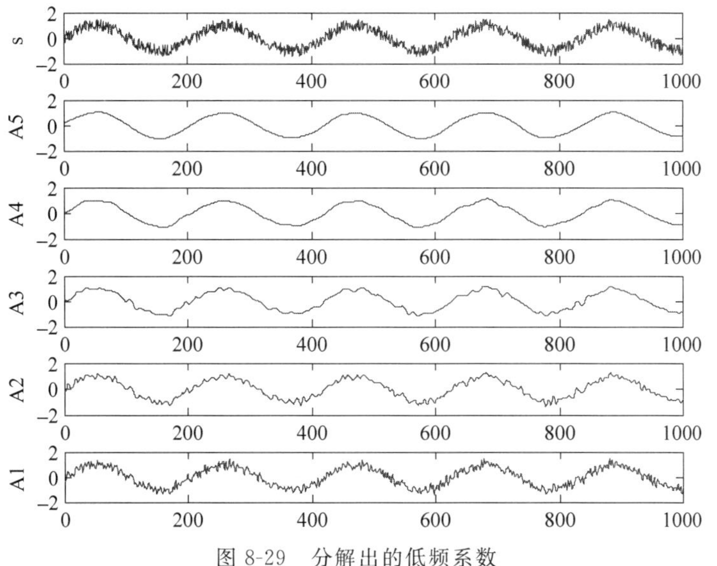

图 8-29 分解出的低频系数

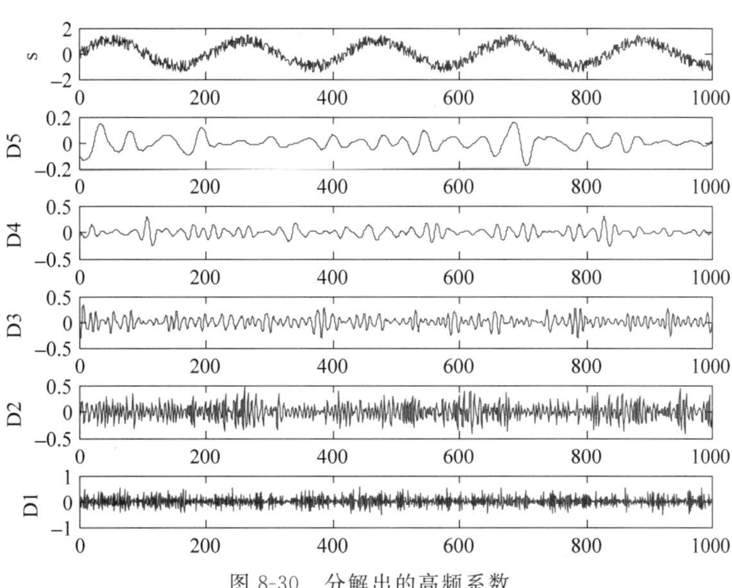

图 8-30 分解出的高频系数

程序如下：

```
clear all;
load wnoislop;          %装载原始 wnoislop 信号
s = wnoislop;
figure;
subplot(7,1,1);plot(s);
ylabel('s');axis tight;
%使用 db5 小波对信号进行 6 层分解
[C,L] = wavedec(s,6,'db5');
for i = 1:6
    %对分解的第 6 层到第 1 层的低频系数进行重构
```

```
    a = wrcoef('a',C,L,'db5',7 - i);
    subplot(7,1,i + 1); plot(a);
    axis tight;
    ylabel(['a',num2str(7 - i)]);
end
figure;
subplot(7,1,1);plot(s);
ylabel('s'); axis tight;
for i = 1:6
    % 对分解的第 6 层到第 1 层的高频系数进行重构
    d = wrcoef('d',C,L,'db5',7 - i);
    subplot(7,1,i + 1);plot(d);
    ylabel(['d',num2str(7 - i)]);
    axis tight;
end
```

运行结果如图 8-31 和图 8-32 所示。

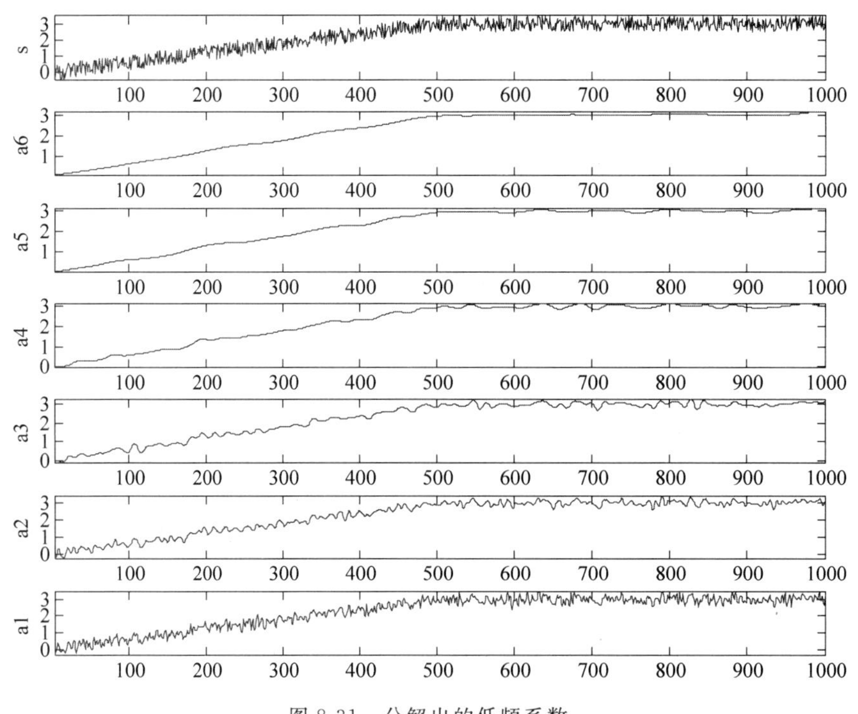

图 8-31　分解出的低频系数

8.8.2　识别信号的频率区间与发展趋势

下面通过两个例子来说明小波分析是如何识别信号的频率区间与发展趋势的。

【例 8-21】　利用小波分析来识别信号的频率区间。

程序如下：

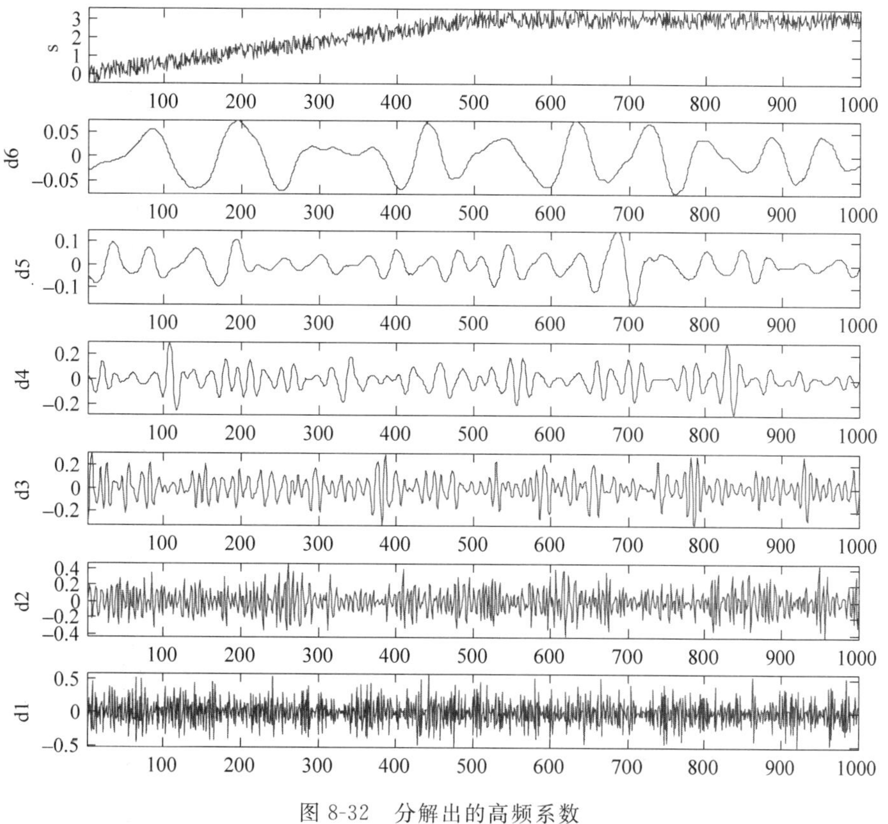

图 8-32　分解出的高频系数

```
clear all;
load sumsin;             %装载原始 sumsin 信号
s = sumsin(1:500);
% 取信号的前 500 个采样点
figure;
subplot(6,1,1);plot(s);
ylabel('s');
% 使用 db3 小波对信号进行 5 层分解
[C,L] = wavedec(s,5,'db3');
for i = 1:5
    % 对分解的第 5 层到第 1 层的低频系数进行重构
    a = wrcoef('a',C,L,'db3',6 - i);
    subplot(6,1,i + 1); plot(a);
    ylabel(['a',num2str(6 - i)]);
end
figure;
subplot(6,1,1);plot(s);
ylabel('s');
for i = 1:5
    % 对分解的第 6 层到第 1 层的高频系数进行重构
    d = wrcoef('d',C,L,'db3',6 - i);
    subplot(6,1,i + 1);plot(d);
    ylabel(['d',num2str(6 - i)]);
end
```

运行结果如图 8-33 和图 8-34 所示。

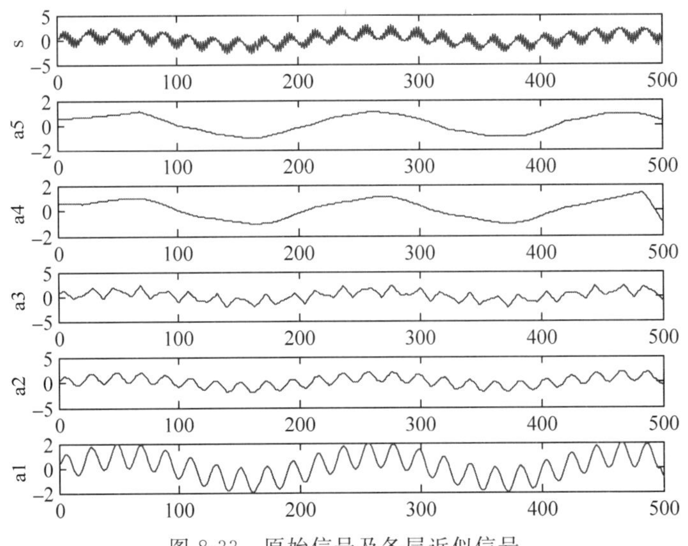

图 8-33　原始信号及各层近似信号

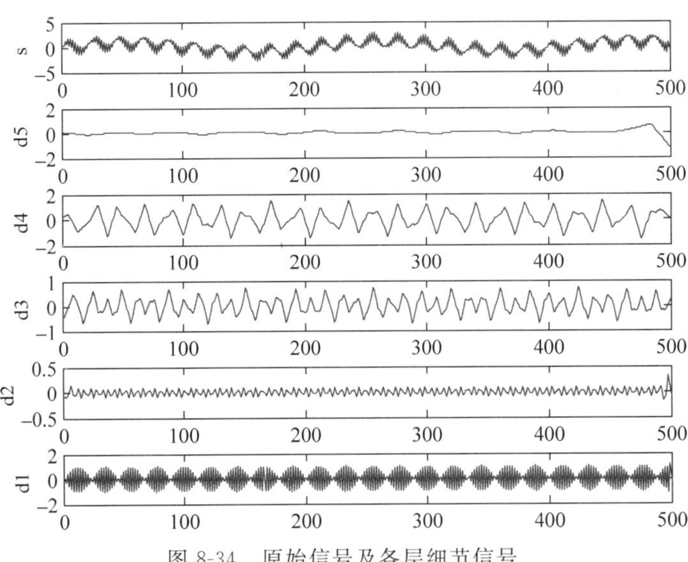

图 8-34　原始信号及各层细节信号

【例 8-22】 利用小波分析识别信号的发展趋势。

程序如下：

```
clear all;
load wnoislop;               %装载原始 wnoislop 信号
x = wnoislop;
subplot(6,1,1);plot(x);
ylabel('x');
%进行一维离散小波变换
[C,L] = wavedec(x,5,'db4');
for i = 1:5
    %对分解结构[C,L]中的低频部分进行重构
```

```
    s = wrcoef('a',C,L,'db4',6 - i);
    subplot(6,1,i + 1);plot(s);
    ylabel(['a',num2str(6 - i)]);
end
```

运行结果如图 8-35 所示。

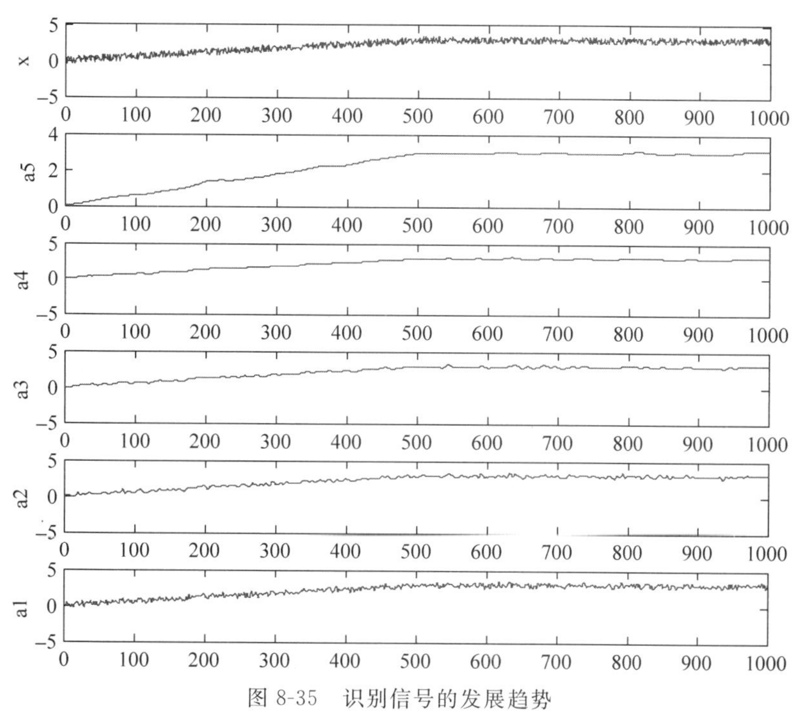

图 8-35 识别信号的发展趋势

8.8.3 基于小波变换的图像信号的局部压缩

小波变换的图像压缩技术采用多尺度分析，因此可根据各自的重要程度对不同层次的系数进行不同的处理，图像经小波变换后，并没有实现压缩，只是对整幅图像的能量进行了重新分配。

事实上，变换后的图像具有更宽的范围，但是宽范围的大数据被集中在一个小区域内，而在很大的区域中数据的动态范围很小。小波变换编码就是在小波变换的基础上，利用小波变换的这些特性，采用适当的方法组织变换后的小波系数，实现图像的高效压缩。

【例 8-23】 利用小波分析的时频局部化特性对图形进行压缩。

程序如下：

```
load tire
[ca1,ch1,cv1,cd1] = dwt2(X,'sym4');            %使用 sym4 小波对信号进行一层小波分解
codca1 = wcodemat(ca1,192);
codch1 = wcodemat(ch1,192);
codcv1 = wcodemat(cv1,192);
codcd1 = wcodemat(cd1,192);
```

```
codx = [codca1,codch1,codcv1,codcd1]                    % 将 4 个系数图像组合为一个图像
rca1 = ca1;                                             % 复制原图像的小波系数
rch1 = ch1;
rcv1 = cv1;
rcd1 = cd1;
rch1(33:97,33:97) = zeros(65,65);                       % 将 3 个细节系数的中部置零
rcv1(33:97,33:97) = zeros(65,65);
rcd1(33:97,33:97) = zeros(65,65);
codrca1 = wcodemat(rca1,192);
codrch1 = wcodemat(rch1,192);
codrcv1 = wcodemat(rcv1,192);
codrcd1 = wcodemat(rcd1,192);
codrx = [codrca1,codrch1,codrcv1,codrcd1]               % 将处理后的系数图像组合为一个图像
rx = idwt2(rca1,rch1,rcv1,rcd1,'sym4');                 % 重建处理后的系数
subplot(221);
image(wcodemat(X,192)),
colormap(map);
title('原始图像');
subplot(222);
image(codx),
colormap(map);
title('一层分解后各层系数图像');
subplot(223);
image(wcodemat(rx,192)),
colormap(map);
title('压缩图像');
subplot(224);
image(codrx),
colormap(map);
title('处理后各层系数图像');
per = norm(rx)/norm(X)                                  % 求压缩信号的能量成分
per = 1.0000
err = norm(rx - X)                                      % 求压缩信号与原信号的标准差
```

运行结果如图 8-36 所示。

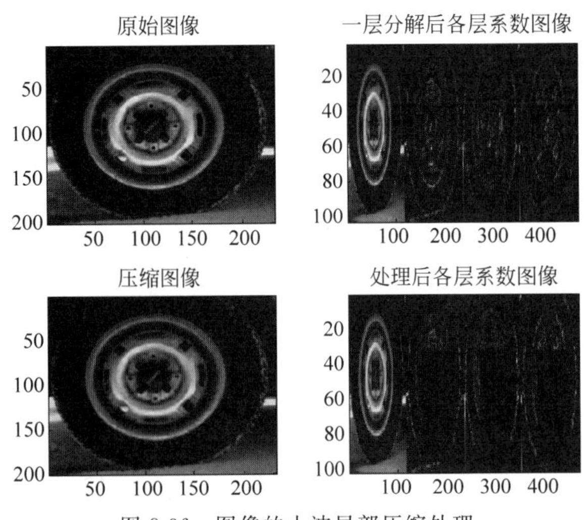

图 8-36　图像的小波局部压缩处理

8.8.4 小波在数字图像信号水印压缩方面的应用

数字水印是信息隐藏技术的一个重要研究方向，基本上具有下面几个方面的特点：

(1) 安全性：数字水印的信息应是安全的，难以篡改或伪造，当然数字水印同样对重复添加有很强的抵抗性。

(2) 隐蔽性：数字水印应是不可知觉的，而且应不影响被保护数据的正常使用，不会降质。

(3) 鲁棒性：是指在经历多种无意或有意的信号处理过程后，数字水印仍能保持部分完整性并能被准确鉴别。

(4) 水印容量：是指载体在不发生形变的前提下可嵌入的水印信息量。

目前数字水印算法主要是基于空域和变换域的，其中基于变换域的技术可以嵌入大量比特的数据而不会导致察觉的缺陷，成为数字水印技术的主要研究技术，它通过改变频域的一些系数的值，采用类似扩频图像的技术来隐藏数字水印信息。小波变换因其优良的多分辨率分析特性，使得它广泛应用于图像处理，小波域数字水印的研究非常有意义。

【例 8-24】 小波域数字水印示例。

程序如下：

```
clear; %清理工作空间
load cathe_1
I = X;
%小波函数
type = 'db1';
%二维离散 Daubechies 小波变换
[CA1, CH1, CV1, CD1] = dwt2(I,type);
C1 = [CH1 CV1 CD1];
%系数矩阵大小
[length1, width1] = size(CA1);
[M1, N1] = size(C1);
%定义阈值 T1
T1 = 50;
alpha = 0.2;
%在图像中加入水印
for counter2 = 1: 1: N1
   for counter1 = 1: 1: M1
      if(C1(counter1, counter2) > T1)
         marked1(counter1,counter2) = randn(1,1);
         NEWC1(counter1, counter2) = double(C1(counter1, counter2)) + …
alpha * abs(double(C1(counter1, counter2))) * marked1(counter1,counter2) ;
      else
         marked1(counter1, counter2) = 0;
         NEWC1(counter1, counter2) = double(C1(counter1, counter2));
      end;
   end;
```

```
end;
%重构图像
NEWCH1 = NEWC1(1:length1, 1:width1);
NEWCV1 = NEWC1(1:length1, width1 + 1:2 * width1);
NEWCD1 = NEWC1(1:length1, 2 * width1 + 1:3 * width1);
R1 = double( idwt2(CA1, NEWCH1, NEWCV1, NEWCD1, type) );
watermark1 = double(R1) - double(I);
subplot(2,2,1);                         %设置图像位置
image(I);                               %显示原始图像
axis('square');                         %设置轴属性
title('原始图像');                      %设置图像标题
subplot(2,2,2);                         %设置图像位置
imshow(R1/250);                         %显示变换后的图像
axis('square');                         %设置轴属性
title('小波变换后图像');                %设置图像标题
subplot(2,2,3);                         %设置图像位置
imshow(watermark1 * 10 ^16);            %显示水印图像
axis('square');                         %设置轴属性
title('水印图像');                      %设置图像标题
%水印检测
newmarked1 = reshape(marked1, M1 * N1, 1);
%检测阈值
T2 = 60;
for counter2 = 1: 1: N1
        for counter1 = 1: 1: M1
            if(NEWC1(counter1, counter2) > T2)
               NEWC1X(counter1, counter2) = NEWC1(counter1, counter2);
            else
               NEWC1X(counter1, counter2) = 0;
            end;
        end;
      end;
NEWC1X = reshape(NEWC1X, M1 * N1, 1);
correlation1 = zeros(1000,1);
for corrcounter = 1: 1: 1000
      if( corrcounter == 500)
       correlation1(corrcounter,1) = NEWC1X' * newmarked1 / (M1 * N1);
      else
       rnmark = randn(M1 * N1,1);
       correlation1(corrcounter,1) = NEWC1X' * rnmark / (M1 * N1);
      end;
end;
%计算阈值
originalthreshold = 0;
for counter2 = 1: 1: N1
         for counter1 = 1: 1: M1
             if(NEWC1(counter1, counter2) > T2)
               originalthreshold = originalthreshold + abs(NEWC1(counter1, counter2));
             end;
```

```
        end;
    end;
originalthreshold = originalthreshold * alpha / (2 * M1 * N1);
corrcounter = 1000;
originalthresholdvector = ones(corrcounter,1) * originalthreshold;
subplot(2,2,4);                              %设置图像位置
plot(correlation1, '-');                     %绘图
hold on;                                     %继续绘图
plot(originalthresholdvector, '--');         %绘图
title('原始的加水印图像');                   %设置图像标题
xlabel('水印');                              %设置 x 轴标签
ylabel('检测响应');                          %设置 y 轴标签
```

运行结果如图 8-37 所示。

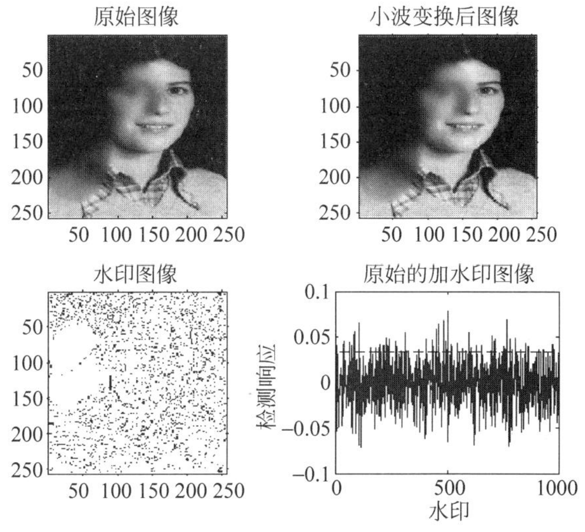

图 8-37　小波变换的水印效果图

本章小结

本章主要结合小波变换的基本概念和基本原理，重点讲述了小波变换和小波分析的理论和方法，研究小波分析和小波变换在信号处理中的应用。希望读者在学习时将小波分析的应用与小波分析的理论研究紧密地结合在一起。

第三部分
信号处理的综合实例

第9章　基于语音信号处理

第10章　基于通信信号处理

第11章　基于雷达信号处理

第12章　信号处理的图形用户界面工具与设计

第9章 基于语音信号处理

近年来，语音识别已经成为一个非常活跃的研究领域。在不远的将来，语音识别技术有可能作为一种重要的人机交互手段，辅助甚至取代传统的键盘、鼠标等输入设备，在个人计算机上进行文字录入和操作控制。而在智能家电、工业现场控制等其他应用场合，语音识别技术则有更为广阔的发展前景。

学习目标：

（1）了解、熟悉语音产生的过程；

（2）理解语音信号产生的数学模型；

（3）掌握实际语音信号分析和滤波处理；

（4）实践小波变换在语音信号处理中的应用。

9.1 语音产生的过程

语音信号是一种典型的非平稳信号。对于非平稳信号，它是非周期的，频谱随时间连续变化，因此由傅里叶变换得到的频谱无法获知其在各个时刻的频谱特性。如果利用加窗的方法从语音流中取出其中一个短段，再进行傅里叶变换，就可以得到该语音的短时谱。

语音信号的基本组成单位是音素。音素可分成“浊音”和“清音”两大类。如果将不存在语音而只有背景噪声的情况称为“无声”，那么音素可以分成“无声”“浊音”“清音”3类。

浊音的短时谱有两个特点：第一，有明显的周期性起伏结构，这是因为浊音的激励源为周期脉冲气流；第二，频谱中有明显的凸出点，即“共振峰”，它们的出现频率与声道的谐振频率相对应。清音的短时谱则没有这两个特点，它十分类似于一段随机噪声的频谱。

语音信号具有时变特性，但在一个短时间范围内（一般认为在10ms～30ms的短时间内），其特性基本保持不变，即相对稳定，因而可以将其看作是一个准稳态过程，即语音信号具有短时平稳性。任何语音信号的分析和处理必须建立在“短时”的基础上，即进行“短时分析”，将语音信号分段来分析其特征参数，其中每一段称为一“帧”，帧长一般取为10ms～30ms。这样，对于整体的语音信号来讲，分析出的是由每一帧特征参数组成的特征参数时间序列。

短时能量分析用途：第一，可以区分清音段和浊音段，因为浊音时的短时平均能量值比清音时大得多；第二，可以用来区分声母与韵母的分界、无声与有声的分界、连字的分界等。如对于高信噪比的语音信号，短时平均能量用来区分有无语音。无语音信号噪声的短时平均能量很小，而有语音信号的能量则显著增大到某一个数值，由此可以区分语音信号的开始点或者终止点。

9.2 语音信号产生的数学模型

以基音周期重复的脉冲序列激励声道滤波器产生浊音合成语音；以白噪声随机序列激励声道滤波器产生清音合成语音。从频域观点看，相当于激励信号具有白色谱，经声道滤波器加色。从时域观点看，相当于样点之间增加相关性。

图 9-1 给出了语音产生的离散时域模型，它包括三个部分：激励源、声道模型和辐射模型。

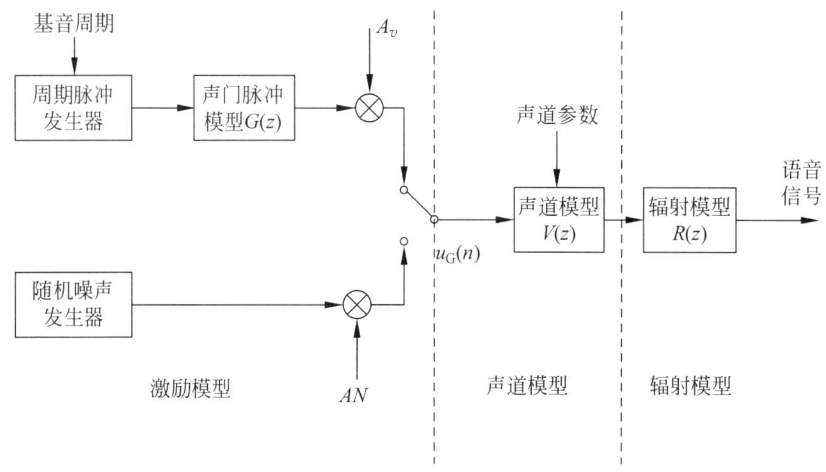

图 9-1 语音产生模型

9.2.1 激励模型

激励的数字模型一般分成浊音和清音激励。浊音由准周期脉冲串激励产生，其周期称为基音周期，而清音由随机噪声激励。

由周期脉冲发生器输出的单位冲激序列，其冲激之间的间隔即为所要求的基音周期。这一冲激串去激励一系统函数 $G(z)$ 的线性系统，经过幅度控制后的输出即为所要求的浊音激励，$G(z)$ 的反变换 $g(n)$ 可以用 Rosenberg 函数近似表示为

$$g(n)=\begin{cases}\frac{1}{2}\left[1-\cos\frac{\pi n}{N_1}\right] & (0\leqslant n\leqslant N_1)\\ \cos\left(\frac{\pi(n-N_1)}{2N_2}\right) & (N_1\leqslant n\leqslant N_1+N_2)\\ 0 & \text{其他}\end{cases}$$

其中 N_1 为斜三角波上升部分的时间，约占基音周期的一半，N_2 为其下降部分的时间，约占基音周期的 35%，这个比例关系是和声带开启的面积与时间的关系相对应的。

单个斜三角表示它是一个低通滤波器。通常，更希望将它表示成 Z 变换的全极点模型的形式

$$E(z) = \frac{A_v}{1 - z^{-1}}$$

所以整个激励模型可表示为

$$U(z) = \frac{A_v}{1 - z^{-1}} \cdot \frac{1}{(1 - e^{-CT} z^{-1})^2}$$

发清音时，无论是发阻塞音或摩擦音，声道都被阻碍形成湍流。所以，都可以模拟成随机白噪声。实际情况一般使用均值为 0，方差为 1，并在时间或幅值上为白色分布的序列作为激励源。

9.2.2 声道模型

激励的数字模型一般分浊音和清音激励。浊音由准周期脉冲串激励产生，其周期称为基音周期，而清音由随机噪声激励。

对于声道部分的数学模型，目前最常用的有两种建模方法。一种是把声道视为由多个等长的不同截面积的管子串联而成的系统，由此可得到“声管模型”。另一种声道模型是把它视为一个谐振腔，共振峰就是这个腔体的谐振频率，由此可得到“共振峰模型”。

1. 声管模型

在多数情况下，声管模型中的传输函数 $V(z)$ 是一个全极点模型。假设声管的个数为 N，$V(z)$ 可以表示为

$$V(z) = \frac{1}{1 - \sum_{m=1}^{N} \alpha_m z^{-m}}$$

其中，α_m 为实数。显然，N 取值大，模型的传输函数与声道实际传输函数的吻合程度就越高。在实际应用中，N 一般取 8～12。

实际上，声道滤波器可以采用 ARMA 模型近似。由于 ARMA 模型系数求解困难且阶数足够高的 AR 模型可以很好地描述声道滤波器，并且 AR 模型有递归求解算法，故声道滤波器常采用全极点模型。

2. 共振峰模型

基于上述共振峰理论，可以建立起三种实用的共振峰模型：级联型、并联型和混合型。

① 级联型：这时认为声道是一组串联的二阶谐振器。从共振峰理论可知，整个声道具有多个谐振频率和多个反谐振频率，所以它可被模拟为一个零极点的数字模型。但对于一般元音，用全极点模型就可以，其传输函数为

$$V(z)=\frac{G}{1-\sum_{k=1}^{N}\alpha_k z^{-k}}$$

式中,N 是极点个数,G 是幅值因子,α_k 是系数,k 是正整数,此时可将此传输函数分解为多个二阶极点网络的串联。

② 并联型:对于非一般元音以及大部分辅音,必须考虑零极点模型。此时,模型的传输函数为

$$V(z)=\frac{\sum_{r=0}^{R}b_r z^{-r}}{1-\sum_{k=1}^{N}\alpha_k z^{-k}}$$

③ 混合型:上述两种模型中,级联型比较简单,可用于描述一般元音。级联的级数取决于声道的长度。一般成年男子的声道长度约 17.5cm,取 3～5 级即可。对于女子或儿童,则可取 4 级。当鼻化元音或鼻腔参与共振,以及阻塞音或摩擦音等情况时,级联模型就不能胜任了。这时腔体具有反谐振特性,必须考虑加入零点,使之成为零极点模型。采用并联型的目的就在于此。它比级联型复杂些,每个谐振器的幅度都要独立地给以控制,但对于鼻音、塞音、擦音以及塞擦音都可以适用。

综上所述,混合型也许是比较完备的一种共振峰模型,根据要描述的语音,自动地进行切换。

9.2.3 辐射模型

辐射、声道以及声门激励的组合谱效应用一个数字滤波器来表示,其稳态系统函数的形式为

$$H(z)=\frac{S(z)}{E(z)}=\frac{G}{1-\sum_{i=1}^{N}a_i z^{-i}}$$

对于浊音语音,这个系统受冲激串激励;对于清音语音,则受随机噪声序列激励。因此,这个模型的参数有浊音/清音分类 U/V、基音周期 T(对于浊音语音)、增益参数 G、数字滤波器的系数$\{a_i\}$等部分。当然,所有这些参数都随时间缓慢变化,在极短的时段内(例如几毫秒至几十毫秒),可以近似为短时不变。

9.2.4 语音信号的数字化和预处理

为了将原始的模拟语音信号转变为数字信号,必须进行采样和量化,进而得到时间和幅度上均为离散的数字语音信号。

采样之后的语音信号需要进行量化。量化过程是将语音信号的幅度值分割为有限个区间,将落入同一区间的样本都赋予相同的幅度值。量化后的信号值与原始信号之间的差值称为量化误差,也称为量化噪声。信号与量化噪声的功率之比称为量化信噪比。

在对语音信号数字分析处理之前,对其进行抗工频干扰,反混叠滤波、A/D 转换都应

是预处理，这些技术较为常用。这里讲的预处理是指对语音信号的特殊处理，包括预加重（或称高频提升）、分帧处理。

在推导语音信号数字模型时，声门激励是一个两极点模型，嘴唇辐射是一个零点模型，如果一个零点抵消一个极点，那么还有一个极点的影响。在语音波形中，如果对语音信号的分析是建立在声道模型的基础上，那么就应该人为地设置一个零点将声门激励的另一个极点抵消掉。

语音信号是非平稳过程，是时变的，但是由于人的发音器官的肌肉运动速度较慢，所以语音信号可以认为是短时平稳的，这样将使语音信号的分析大大简化。因此，语音信号分析通常分段或分帧来处理，一般每帧的时长约为 10～30ms，视实际情况而定，分帧既可用连续的，也可用交叠分段的方法，在语音信号分析中常用“短时分析”表述。

短时分析方法应用于傅里叶分析就是短时傅里叶变换，即有限长度的傅里叶变换，相应的频谱称为“短时谱”。语音信号的短时谱分析是以傅里叶变换为核心的，其特征是频谱包络与频谱微细结构以乘积的方式混合在一起，另一方面是可用 FFT 进行高速处理。语音信号处理基本分为两种分析方法：数字信号处理和模拟信号处理。而目前对语音信号处理均采用数字处理，这是因为数字处理与模拟处理相比具有很多优点。

【例 9-1】 短时过零法处理语音信号。

程序如下：

```
close all;
clear all;
clc;
%读取音频信号
[a,fs,nbit] = wavread('qq.wav');
subplot(3,1,1)
plot(a);
title('原始语音信号');
%定义采样的点数和重复点数
m = length(a);
chongfudian = 160;                         %选取重复的点数为 64
L = 250 - chongfudian;
%判断总共有多少个这样的段
nn = (m - 90)/L;
N = ceil(nn);
count = zeros(1,N);
%段内过零点统计
%thesh 为一界限,不对( - thresh,thresh)之间的点经行过零点统计
thresh = 0.000010;
for n = 1:N - 2
    for k = L * n : (L * n + 250)
        if a(k)> thresh&a(k + 1)< - thresh | a(k)< - thresh&a(k + 1)> thresh
            count(n) = count(n) + 1;
        end
    end
end
%最后一段零点统计
```

```
for j = k:m - 1
        if a(j)> thresh&a(j + 1)< - thresh | a(j)< - thresh&a(j + 1)> thresh
            count(N) = count(N) + 1;
        end
end
% 过零点统计图
subplot(3,1,2)
plot(count);
title('过零点个数统计图');
% 语音信号的分段提取
% 选取合适的阈值
j = 0;
for n1 = 1:N
    j = j + 1;
    if count(n1)> 0.0003
        x(j) = count(n1);
    else
        x(j) = 0;
    end
end
subplot(3,1,3)
plot(x);
title('选取适当阈值后的分割图');
% 提取各个语音片段
pianduan = 0;                  % 确定第几个片段
qidian = 0;                    % 分段时确定每一个片段的起点标志
for n2 = 1:N
    if x(n2)> 0
        for i = 1:L
            a2((n2 - 1 - qidian) * L + i) = a((n2 - 1) * L + i);
        end
        if x(n2)> 0 &x(n2 + 1) == 0 & x(n2 + 2) == 0   % 每一片段结束的判断
                pianduan = pianduan + 1;
                a2 = 0;
                qidian = n2 - 1;
        end
        switch pianduan  % 将每一片段转换成 MP3 格式并保存
            case 0
                wavwrite(a2,fs, nbit ,'ODD0.mp3')
             case 1
                wavwrite(a2,fs, nbit ,'ODD1.mp3')
             case 2
                wavwrite(a2,fs, nbit ,'ODD2.mp3')
             case 3
                wavwrite(a2,fs, nbit ,'ODD3.mp3')
             case 4
                wavwrite(a2,fs, nbit ,'ODD4.mp3')
```

```
                case 5
                    wavwrite(a2,fs, nbit ,'ODD5.mp3')
                case 6
                    wavwrite(a2,fs, nbit ,'ODD6.mp3')
                case 7
                    wavwrite(a2,fs, nbit ,'ODD7.mp3')
                case 8
                    wavwrite(a2,fs, nbit ,'ODD8.mp3')
                case 9
                    wavwrite(a2,fs, nbit ,'ODD9.mp3')
               otherwise
                    disp('error')
          end
     end
end
%处理后每段语音的波形输出
figure;
[a0,fs,nbit] = wavread('ODD0.mp3');
subplot(2,2,1)
plot(a0);
[a1,fs,nbit] = wavread('ODD1.mp3');
subplot(2,2,2)
plot(a1);
[a2,fs,nbit] = wavread('ODD2.mp3');
subplot(2,2,3)
plot(a2);
[a3,fs,nbit] = wavread('ODD3.mp3');
subplot(2,2,4)
plot(a3);
```

运行程序的结果如图 9-2 和图 9-3 所示。

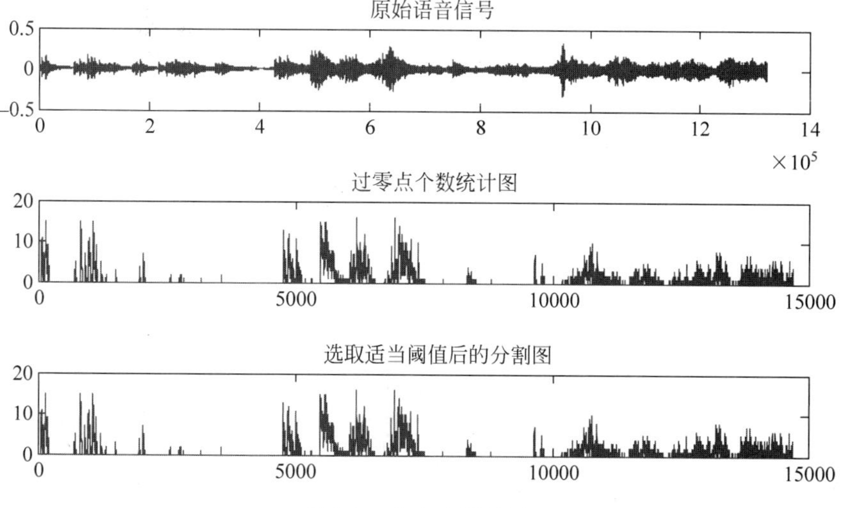

图 9-2 分离前信号图

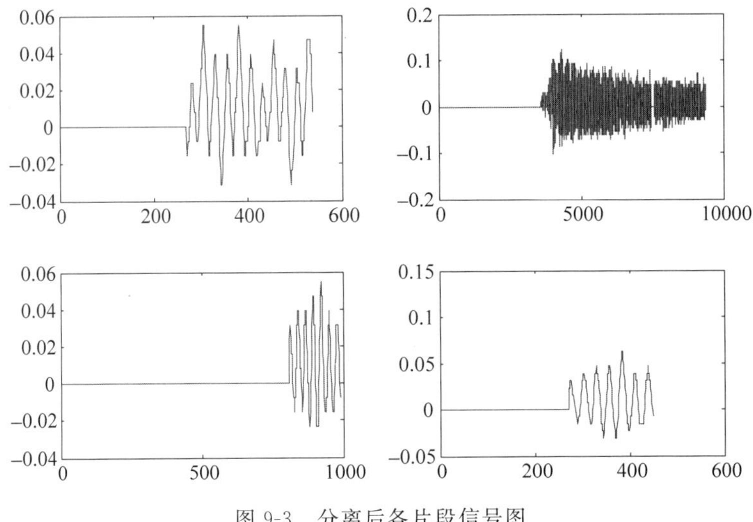

图 9-3　分离后各片段信号图

9.3　语音信号分析和滤波处理

9.3.1　语音信号的采集

把语音信号保存为.wav 文件，长度小于 30 秒，并对语言信号进行采样。录制的软件可以使用 Windows 自带的录音机，或者也可以使用其他专业的录音软件，录制时需要配备录音硬件(如麦克风)，为了方便比较，需要在安静、无噪音、干扰小的环境下录制。

9.3.2　语音信号的读入与打开

在 MATLAB 中，[y,fs,bits]=wavread('Blip',[N1 N2])；语句用于读取语音，采样值放在向量 y 中，fs 表示采样频率，bits 表示采样位数。[N1 N2]表示读取的值为从 N1 点到 N2 点的值。

sound(y)；语句用于对声音的回放。向量 y 则就代表了一个信号，即一个复杂的"函数表达式"，也可以说像处理一个信号的表达式一样处理这个声音信号。

【例 9-2】 下面是语音信号在 MATLAB 中的语言程序，它实现了语音的读入与打开，并绘出了语音信号的波形频谱图。

程序如下：

```
[x,fs,bits] = wavread('qq.wav');
sound(x);
X = fft(x,4096);
magX = abs(X);
angX = angle(X);
subplot(221);
```

```
plot(x);
title('原始信号波形');
subplot(222);
plot(X);
title('原始信号频谱');
subplot(223);
plot(magX);
title('原始信号幅值');
subplot(224);
plot(angX);
title('原始信号相位');
```

程序运行可以听到声音,得到的结果如图 9-4 所示。

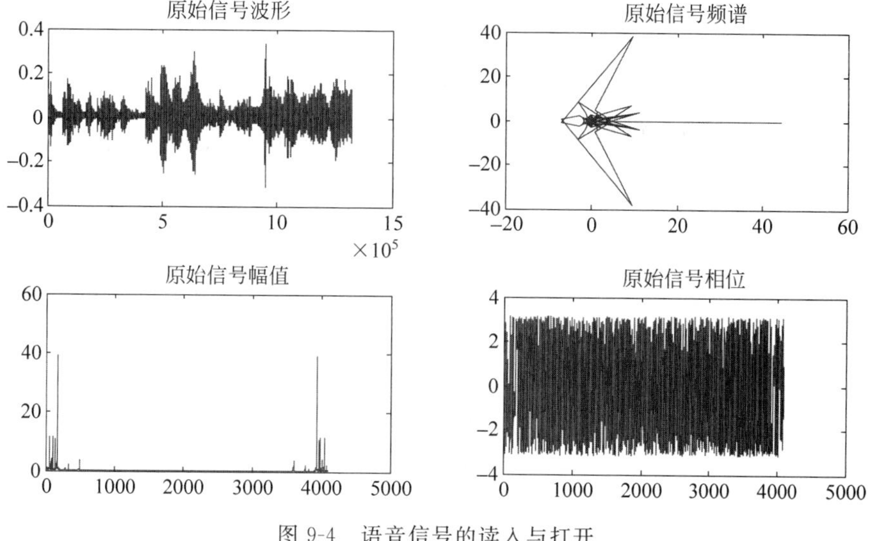

图 9-4 语音信号的读入与打开

9.3.3 语音信号分析

【例 9-3】 用 MATLAB 绘制出语音信号的时域波形图、原始语音信号的频率响应图、原始语音信号的 FFT 频谱图。程序设计如下:

```
clear
fs = 22050;                        % 语音信号采样频率为 22050Hz
[x,fs,bits] = wavread('qq.wav');
sound(x,fs,bits);                  % 播放语音信号
y1 = fft(x,1024);                  % 对信号做 1024 点 FFT 变换
f = fs * (0:511)/1024;
figure(1)
plot(x)                            % 绘制原始语音信号的时域波形图
title('原始语音信号时域图');
```

```
xlabel('时间');
ylabel('幅值');
figure(2)
freqz(x)                          %绘制原始语音信号的频率响应图
title('频率响应图')
figure(3)
plot(f,abs(y1(1:512)));
title('原始语音信号频谱')
xlabel('频率');
ylabel('幅度');
```

运行结果如图 9-5、图 9-6 和图 9-7 所示。

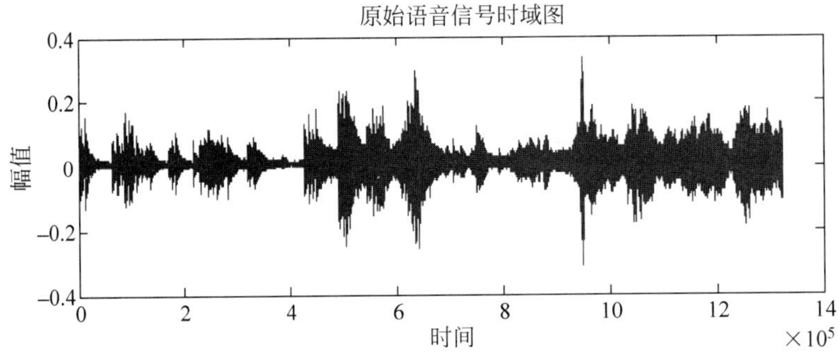

图 9-5　语音信号分析(一)

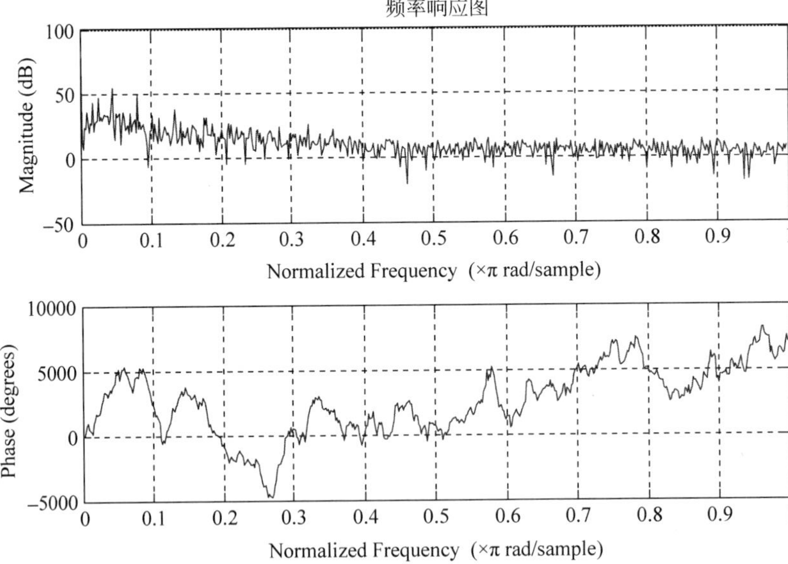

图 9-6　语音信号分析(二)

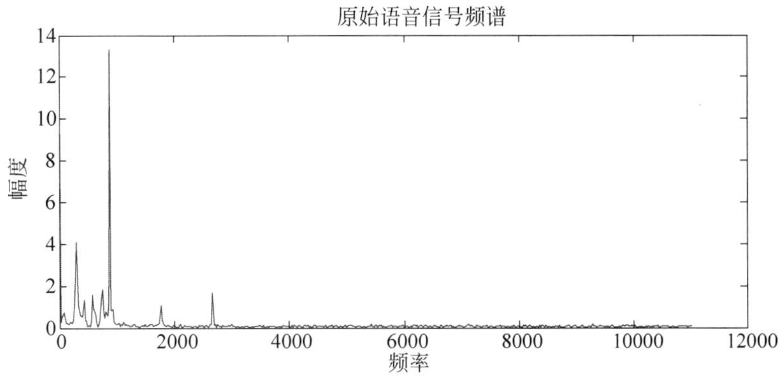

图 9-7　语音信号分析(三)

9.3.4　含噪语音信号的合成

在 MATLAB 软件平台下,给原始的语音信号叠加上噪声,噪声类型分为以下两种:

(1) 单频噪色(正弦干扰);

(2) 高斯随机噪声。

【例 9-4】　绘出加噪声后的语音信号时域和频谱图,在视觉上与原始语音信号图形对比,也可通过 Windows 播放软件从听觉上进行对比,分析并体会含噪语音信号频谱和时域波形的改变。程序代码如下:

```
fs = 22050;                   % 语音信号采样频率为 22050Hz
[x,fs,bits] = wavread('qq.wav'); % 读取语音信号的数据,赋给变量 x
%sound(x)
%t = 0:1/22050:(size(x) - 1)/22050;
y1 = fft(x,1024);             % 对信号做 1024 点 FFT 变换
f = fs * (0:511)/1024;
x1 = rand(1,length(x))';      % 产生与 x 长度一致的随机信号
x2 = x1 + x;
%t = 0:(size(x) - 1);         % 加入正弦噪音
%Au = 0.3;
%d = [Au * sin(6 * pi * 5000 * t)]';
%x2 = x + d;
sound(x2);
figure(1)
subplot(2,1,1)
plot(x)                       % 绘制原始语音信号的时域图形
title('原语音信号时域图')
subplot(2,1,2)
plot(x2)                      % 绘制原始语音信号的时域图形
title('加高斯噪声后语音信号时域图')
xlabel('时间');
ylabel('幅度');
y2 = fft(x2,1024);
```

```
figure(2)
subplot(2,1,1)
plot(abs(y1))
title('原始语音信号频谱');
xlabel('Hz');
ylabel('fudu');
subplot(2,1,2)
plot(abs(y2))
title('加噪语音信号频谱');
xlabel('频率');
ylabel('幅度');
```

程序运行可以听到声音，得到的结果如图9-8和图9-9所示。

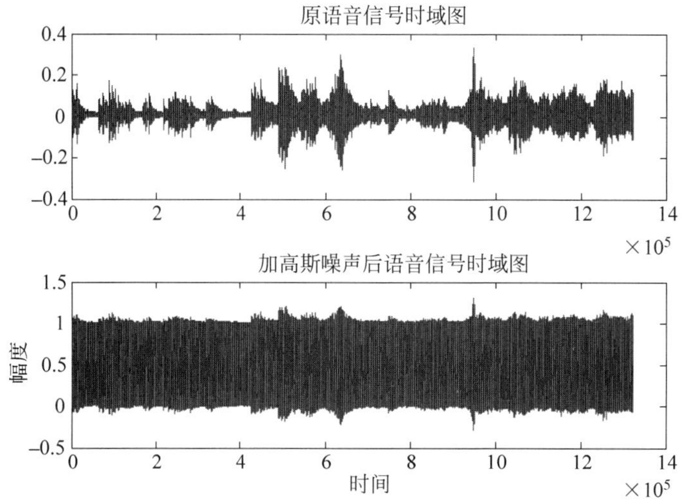

图9-8　加入高斯噪声后语音信号时域图

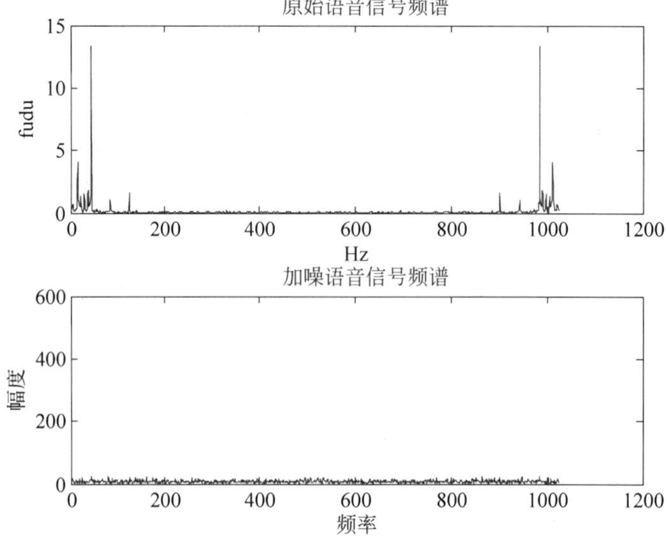

图9-9　加噪语音频谱

9.3.5 滤波器的设计

1. 双线性变换法设计了巴特沃斯低通滤波器对加噪语音信号进行滤波

【例 9-5】 对加入高斯随机噪声和正弦噪声的语音信号进行滤波。用双线性变换法设计巴特沃斯数字低通 IIR 滤波器对加噪语音信号进行滤波,并绘制巴特沃斯低通滤波器的幅度图和加噪语音信号滤波前后的时域图和频谱图。程序设计如下:

```
[x,fs,bits] = wavread('qq.wav');
%sound(x)
%随机噪声合成
x2 = rand(1,length(x))';                  %产生与x长度一致的随机信号
y = x + x2;
%加入正弦噪声
%t = 0:(size(x) - 1);
%Au = 0.3;
%d = [Au * sin(2 * pi * 500 * t)]';
%y = x + d;
wp = 0.1 * pi;
ws = 0.4 * pi;
Rp = 1;
Rs = 15;
Fs = 22050;
Ts = 1/Fs;
wp1 = 2/Ts * tan(wp/2);                   %将模拟指标转换成数字指标
ws1 = 2/Ts * tan(ws/2);
[N,Wn] = buttord(wp1,ws1,Rp,Rs,'s');      %选择滤波器的最小阶数
[Z,P,K] = buttap(N);                      %创建butterworth模拟滤波器
[Bap,Aap] = zp2tf(Z,P,K);
[b,a] = lp2lp(Bap,Aap,Wn);
[bz,az] = bilinear(b,a,Fs);               %用双线性变换法实现模拟滤波器到数字滤波器的转换
[H,W] = freqz(bz,az);                     %绘制频率响应曲线
figure(1)
plot(W * Fs/(2 * pi),abs(H))
grid
f1 = filter(bz,az,y);
figure(2)
subplot(2,1,1)
plot(y)                                   %画出滤波前的时域图
title('滤波前的时域波形');
subplot(2,1,2)
plot(f1);                                 %画出滤波后的时域图
title('滤波后的时域波形');
sound(f1);                                %播放滤波后的信号
F0 = fft(f1,1024);
f = fs * (0:511)/1024;
figure(3)
```

```
y2 = fft(y,1024);
subplot(2,1,1);
plot(f,abs(y2(1:512)));                    % 画出滤波前的频谱图
title('滤波前的频谱')
xlabel('频率');
ylabel('幅值');
subplot(2,1,2)
F1 = plot(f,abs(F0(1:512)));               % 画出滤波后的频谱图
title('滤波后的频谱')
xlabel('频率');
ylabel('幅值');
```

程序运行可以播放滤波前的语音信号，对比滤波前的语音效果，得到的结果如图 9-10、图 9-11 和图 9-12 所示。

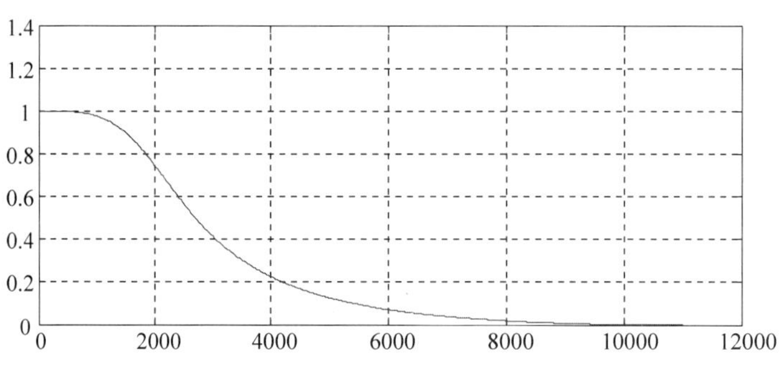

图 9-10　绘制频率响应曲线

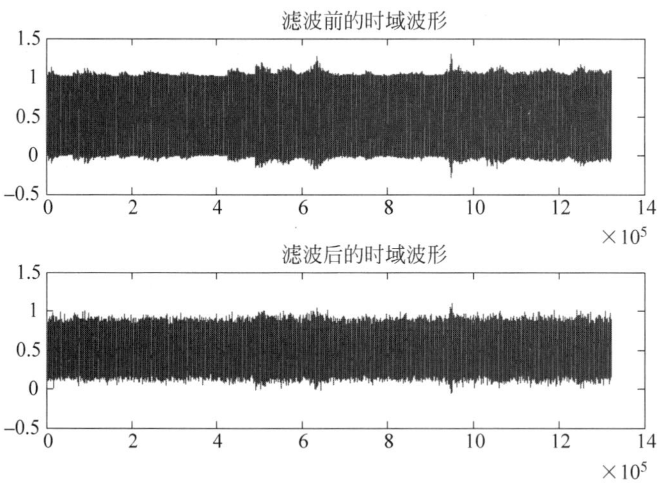

图 9-11　绘制时域图

2. 利用双线性变换实现频率响应 S 域到 Z 域的变换

【例 9-6】 利用双线性变换实现频率响应 S 域到 Z 域的变换法设计巴特沃斯低通数字 IIR 滤波器，对加入高斯随机噪声和正弦噪声的语音信号进行滤波，并绘制两个滤波器滤波前后的语音信号时域图和频谱图。程序设计如下：

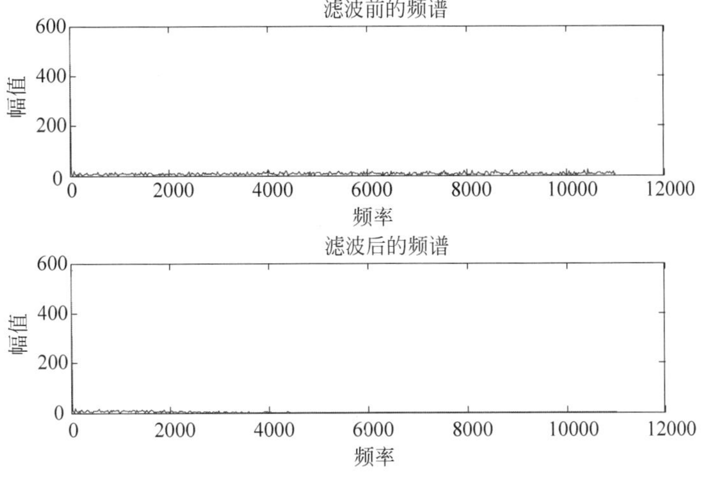

图 9-12　绘制频谱图

```
Ft = 8000;
Fp = 1000;
Fs = 1200;
wp = 2 * pi * Fp/Ft;
ws = 2 * pi * Fs/Ft;
fp = 2 * Ft * tan(wp/2);
fs = 2 * Fs * tan(wp/2);
[n11,wn11] = buttord(wp,ws,1,50,'s');          %求低通滤波器的阶数和截止频率
[b11,a11] = butter(n11,wn11,'s');              %求S域的频率响应的参数
[num11,den11] = bilinear(b11,a11,0.5); %利用双线性变换实现频率响应S域到Z域的变换
[x,fs,nbits] = wavread ('qq.wav');
n = length (x) ;                               %求出语音信号的长度
t = 0:(n - 1);
x2 = rand(1,length(x))';                       %产生与x长度一致的随机信号
y = x + x2;
%加入正弦噪声
%t = 0:(size(x) - 1);
%Au = 0.03;
%d = [Au * sin(2 * pi * 500 * t)]';
%y = x + d;
figure(1)
f2 = filter(num11,den11,y)
subplot(2,1,1)
plot(t,y)
title('滤波前的加高斯噪声时域波形');
subplot(2,1,2)
plot(t,f2);                                    %画出滤波后的时域图
title('滤波后的时域波形');
sound(f1);                                     %播放滤波后的信号
F0 = fft(f1,1024);
f = fs * (0:511)/1024;
figure(2)
y2 = fft(y,1024);
subplot(2,1,1);
plot(f,abs(y2(1:512)));                        %画出滤波前的频谱图
title('滤波前加高斯噪声的频谱')
```

```
xlabel('频率');
ylabel('幅值');
subplot(2,1,2)
F1 = plot(f,abs(F0(1:512)));                %画出滤波后的频谱图
title('滤波后的频谱')
xlabel('Hz');
ylabel('幅值');
```

程序运行可以播放滤波前的语音信号,对比滤波前的语音效果,得到的结果如图 9-13 和图 9-14 所示。

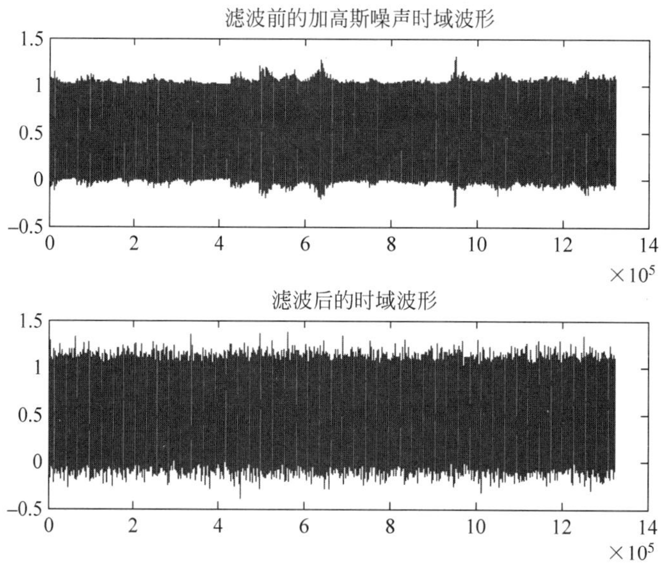

图 9-13　绘制时域波形图

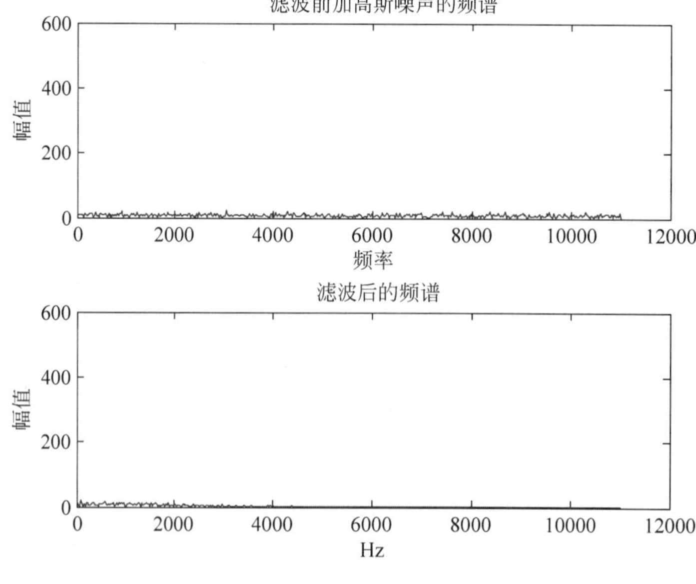

图 9-14　绘制滤波前后频谱图

3. 基于巴特沃斯模拟滤波器设计数字带通滤波器

【例 9-7】 设计巴特沃斯带通数字 IIR 滤波器，对加了高斯随机噪声和正弦噪声的语音信号进行滤波，并绘制两个滤波器滤波后的语音信号时域图和频谱图。程序设计如下：

```
Wp = [0.3 * pi,0.7 * pi];
Ws = [0.2 * pi,0.8 * pi];
Ap = 1;
As = 30;
[N,wn] = buttord(Wp/pi,Ws/pi,Ap,As);          % 计算巴特沃斯滤波器阶次和截止频率
[b,a] = butter(N,wn,'bandpass');               % 频率变换法设计巴特沃斯带通滤波器
%[db,mag,pha,grd,w] = freqz_m(b,a);            % 数字滤波器响应
%Plot(w/pi,mag);
%Title('数字滤波器幅频响应|H(ejOmega)|')
[x,fs,nbits] = wavread ('qq.wav');
n = length (x) ;                               % 求出语音信号的长度
t = 0:(size(x) - 1);
x2 = rand(1,length(x))';                       % 产生与 x 长度一致的随机信号
y = x + x2;
%加入正弦噪声
%n = length (x) ;                              % 求出语音信号的长度
%t = 0:(n - 1);
%Au = 0.03;
%d = [Au * sin(2 * pi * 500 * t)]';
%y = x + d;
f = filter(bz,az,y);
figure(1)
freqz(b,1,512)
f2 = filter(bz,az,y)
figure(2)
subplot(2,1,1)
plot(t,y)
title('滤波前的时域波形');
subplot(2,1,2)
plot(t,f2);
title('滤波后的时域波形');
sound(f2);                                     % 播放滤波后的语音信号
F0 = fft(f1,1024);
f = fs * (0:511)/1024;
figure(3)
y2 = fft(y,1024);
subplot(2,1,1);
plot(f,abs(y2(1:512)));                        % 画出滤波前的频谱图
title('滤波前的频谱')
xlabel('频率');
ylabel('幅值');
subplot(2,1,2)
F1 = plot(f,abs(F0(1:512)));                   % 画出滤波后的频谱图
title('滤波后的频谱')
```

```
xlabel('频率');
ylabel('幅值');
```

程序运行可以听到声音,得到的结果如图 9-15、图 9-16 和图 9-17 所示。

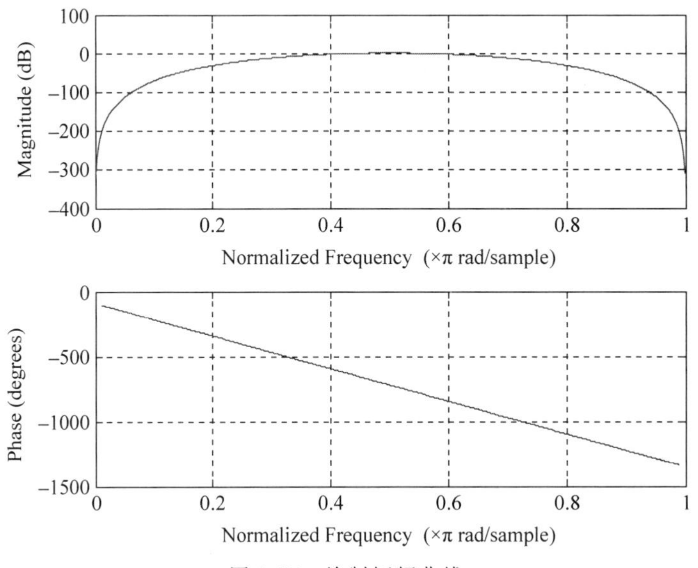

图 9-15　绘制幅频曲线

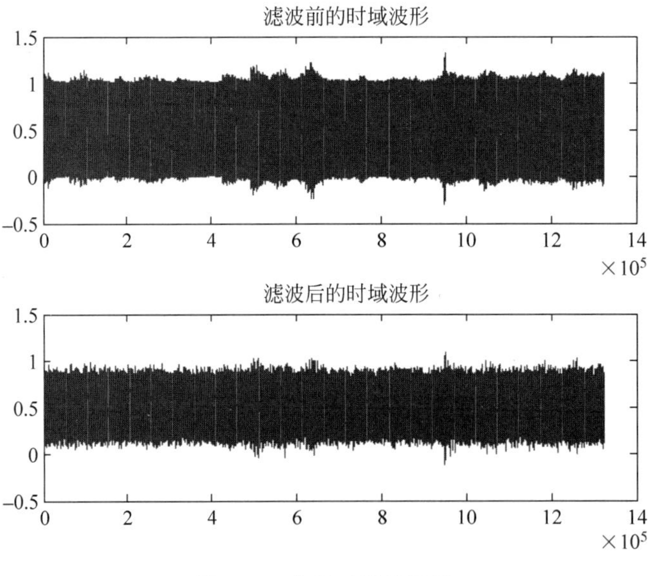

图 9-16　绘制时域波形图

4. 基于窗函数法的 FIR 滤器波

【例 9-8】 使用窗函数法,选用海明窗设计数字 FIR 低通滤波器,对加了高斯随机噪声和正弦噪声的语音信号进行滤波,并绘制两个滤波器滤波后的语音信号时域图和频谱图。程序设计如下:

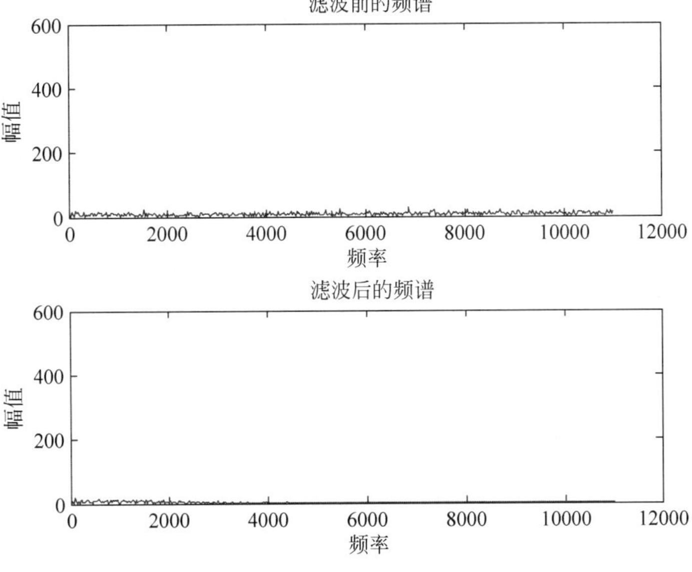

图 9-17　绘制频谱图

```
fs = 22050;
[x,fs,bits] = wavread('qq.wav');
% sound(x)
t = 0:(size(x) - 1);
x2 = rand(1,length(x))';                %产生与x长度一致的随机信号
y = x + x2;
%加入正弦噪声
t = 0:(n - 1);
Au = 0.03;
d = [Au * sin(2 * pi * 500 * t)]';
y = x + d;
wp = 0.25 * pi;
ws = 0.3 * pi;
wdelta = ws - wp;
N = ceil(6.6 * pi/wdelta);              %取整
wn = (0.2 + 0.3) * pi/2;
b = fir1(N,wn/pi,hamming(N + 1));       %选择窗函数,并归一化截止频率
figure(1)
freqz(b,1,512)
f2 = filter(bz,az,y)
figure(2)
subplot(2,1,1)
plot(t,y)
title('滤波前的时域波形');
subplot(2,1,2)
plot(t,f2);
title('滤波后的时域波形');
sound(f2);                              %播放滤波后的语音信号
F0 = fft(f1,1024);
```

```
f = fs * (0:511)/1024;
figure(3)
y2 = fft(y,1024);
subplot(2,1,1);
plot(f,abs(y2(1:512)));                    %画出滤波前的频谱图
title('滤波前的频谱')
xlabel('频率');
ylabel('幅值');
subplot(2,1,2)
F1 = plot(f,abs(F0(1:512)));               %画出滤波后的频谱图
title('滤波后的频谱')
xlabel('Hz');
ylabel('幅值');
```

程序运行可以听到声音，得到的结果如图 9-18、图 9-19 和图 9-20 所示。

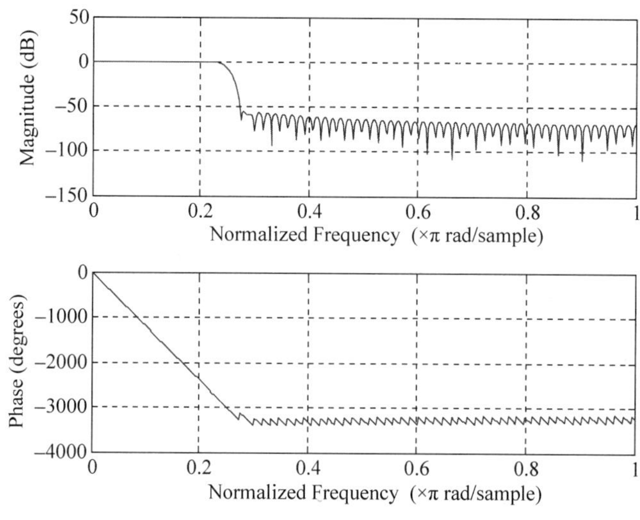

图 9-18　绘制幅频曲线

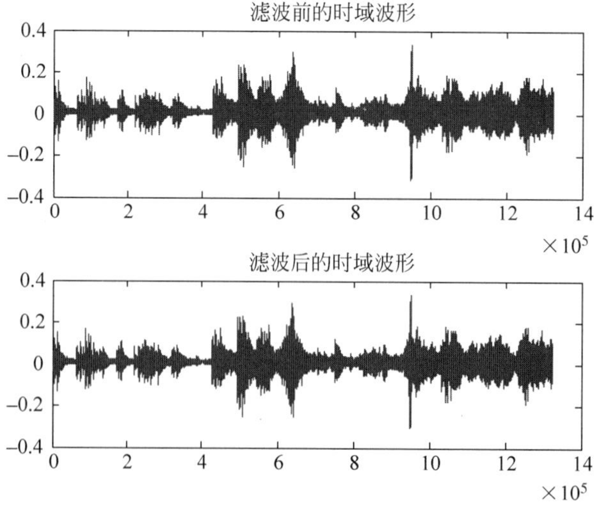

图 9-19　绘制时域波形图

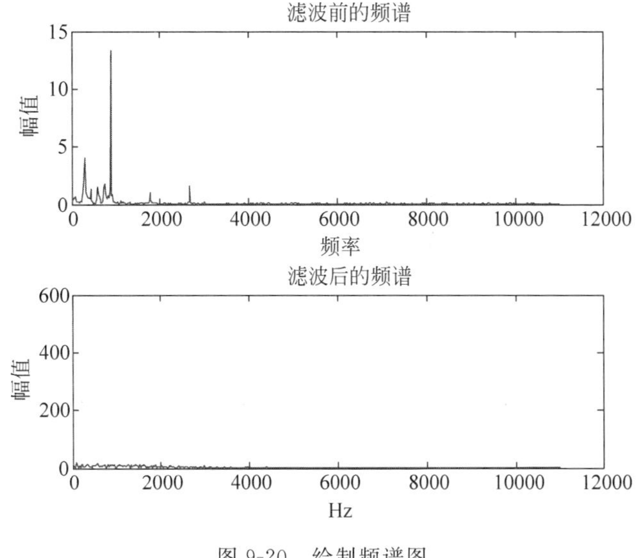

图 9-20　绘制频谱图

9.4　小波变换在语音信号处理中的应用

短时傅里叶变换加的窗函数是固定的，这个窗函数形状的选择和窗的长度选择目前很难达到完美，只能有经验取折中。小波变换采用多分辨分析，窗函数是变化的，是非均匀地划分时频空间。它使信号能在一组正交基上进行分解，为非平稳信号的分析提供了比传统观念更加吻合的新途径。小波分析的时域和频域的局部变换特性，与语音信号“短时平稳”的特点正好吻合。

傅里叶变换是研究函数奇异性的主要工具，其方法是研究函数在傅里叶变换域的衰减以推断函数是否具有奇异性及奇异性的大小。但傅里叶变换缺乏空间局部性，它只能确定一个函数奇异性的整体性质，而难以确定奇异点在空间的位置及分布情况。

小波变换具有空间局部化性质，因此，利用小波变换来分析信号的奇异性及奇异性的位置是比较有效的。

小波变换较传统的傅里叶变换在语音信号处理上的优势已不必再赘述，而同时具有理论深刻和应用广泛的双重意义，其理论研究结果和应用范围还无法准确预料，但可以肯定的是，小波变换作为一种新的优良的时频分析方法，必将不断发展与完善，为数学和信号处理等众多科学领域的发展做出重大贡献。

9.4.1　小波在语音信号增强中的应用

近年来，小波变换在信号处理领域，特别是语音信号处理领域中，越来越受重视。各种传统的语音增强算法与小波变换相结合，以取得更好的语音增强效果。

对于语音增强算法的增强效果来说，小波函数的选取至关重要。影响小波性能的因素有两个，一个是小波函数的支撑范围；另一个是小波函数的消失矩。小波函数的支撑范围越大，则小波在时域内的伸缩性就越好。小波函数的消失矩越高，则在小波变换中低于消失矩的低频信号成分都会变为零，那么反映在小波变换中的只有信号的高频成分，这就有利于突出信号高频成分及信号中的突变点。

【例 9-9】 对加入噪声的语音信号进行小波分解，估计噪声方差，得到去噪后的语音信号。

程序如下：

```
clear all;
% 在噪声环境下语音信号的增强
sound = wavread('tt.wav'); %语音信号的读入
cound = length(sound);
noise = 0.05 * randn(1,cound);
y = sound' + noise;
% 用小波函数'db6'对信号进行 3 层分解
[C,L] = wavedec(y,3,'db6');
% 估计尺度 1 的噪声标准偏差
sigma = wnoisest(C,L,1);
alpha = 2;
% 获取消噪过程中的阈值
thr = wbmpen(C,L,sigma,alpha);
keepapp = 1;
% 对信号进行消噪
yd = wdencmp('gbl',C,L,'db6',3,thr,'s',keepapp);
subplot(1,2,1); plot(sound);
title('原始语音信号');
subplot(1,2,2);plot(yd);
title('去噪后的语音信号');
```

运行结果如图 9-21 所示。

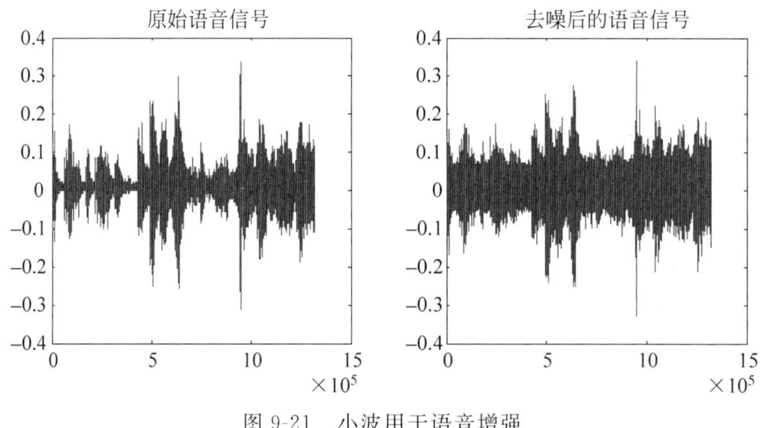

图 9-21 小波用于语音增强

【例 9-10】 对加入噪声的语音信号进行小波分解，再获取去噪阈值和高频系数进行阈值量化，得到去噪后的语音信号。

程序如下：

```
clear all;
%在噪声环境下语音信号的增强
sound = wavread('tt.wav'); %语音信号的读入
```

```
cound = length(sound);
noise = 0.05 * randn(1,cound);
y = sound' + noise;
% 获取噪声的阈值
[thr,sorh,keepapp] = ddencmp('den','wv',y);
% 对信号进行消噪
yd = wdencmp('gbl',y,'db4',2,thr,sorh,keepapp);
subplot(1,2,1); plot(sound);
title('原始语音信号');
subplot(1,2,2);plot(yd);
title('去噪后的语音信号');
```

运行结果如图 9-22 所示。

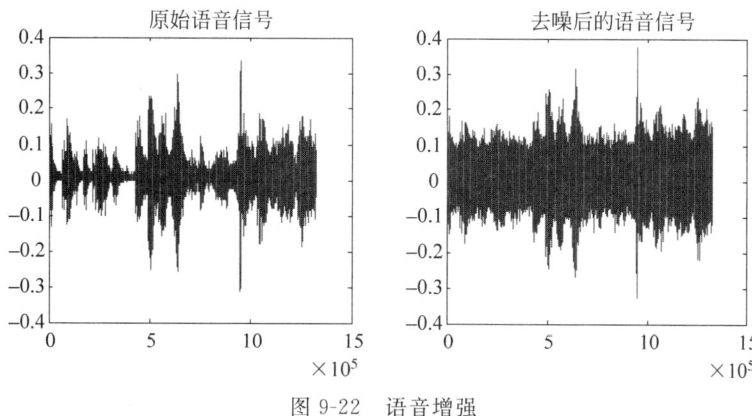

图 9-22 语音增强

9.4.2 小波变换在语音信号压缩上的应用

应用一维小波分析之所以能对信号进行压缩,是因为一个比较规则的信号是由一个数据量很小的低频系数和几个高频层的系数所组成的。这里对低频系数的选择有一个要求,即需要在一个合适的分解层上选取低频系数。

【例 9-11】 利用 wdencmp 函数进行语音信号的压缩。

程序如下:

```
clear all;
%语音信号的读入
sound = wavread('tt.wav');
%用小波函数 haar 对信号进行 3 层分解
[C,L] = wavedec(sound,3,'haar');
alpha = 1.5;
%获取信号压缩的阈值
[thr,nkeep] = wdcbm(C,L,alpha);
%对信号进行压缩
[cp,cxd,lxd,per1,per2] = wdencmp('lvd',C,L,'haar',3,thr,'s');
subplot(1,2,1); plot(sound);
title('原始语音信号');
subplot(1,2,2);plot(cp);
title('压缩后的语音信号');
```

运行结果如图 9-23 所示。

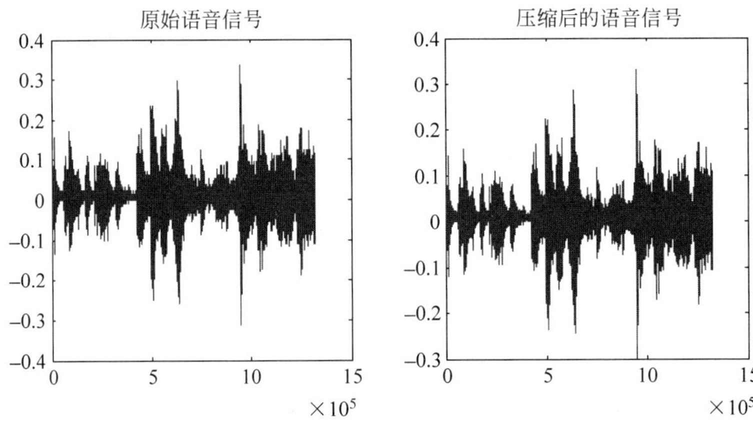

图 9-23　语音压缩效果

【例 9-12】 利用 ddencmp 函数进行语音信号的压缩。

程序如下：

```
clear all;
%语音信号的读入
sound = wavread('tt.wav');
%用小波函数 haar 对信号进行 5 层分解
[C,L] = wavedec(sound,5,'haar');
%获取信号压缩的阈值
[thr,nkeep] = ddencmp('cmp','wv',sound);
%对信号进行压缩
cp = wdencmp('gbl',C,L,'haar',5,thr,'s',1);
subplot(1,2,1); plot(sound);
title('原始语音信号');
subplot(1,2,2);plot(cp);
title('压缩后的语音信号');
```

运行结果如图 9-24 所示。

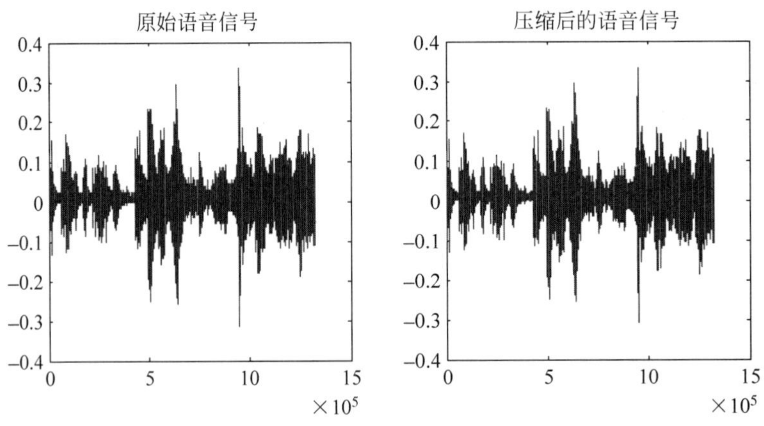

图 9-24　语音信号压缩效果

本章小结

本章主要介绍了使用 MATLAB 实现在语音信号方面的处理，内容主要包括语音产生的过程、语音信号产生的数学模型、实际语音信号分析和滤波处理、小波变换在语音信号处理中的应用等，本章只介绍了最基本、最具代表性的基础内容，读者可自行学习，熟练掌握。

第10章 基于通信信号处理

模拟通信系统中常用的调制方式为幅度调制和角度调制，包括双边带幅度调制、单边带幅度调制、常规 AM 等幅度调制和调频等角度调制。

学习目标：

(1) 理解幅度调制、角度调制、数字调制；

(2) 掌握实际自适应均衡。

10.1 幅度调制

幅度调制是使正弦型载波的幅度随着调制信号做线性变化的过程，主要包括 DSB-AM、普通 AM 调制、SSB-AM 和残留边带幅度调制等方式。

10.1.1 DSB-AM 调制

设正弦型载波为

$$s(t) = A\cos(\omega_c t + \varphi_0)$$

式中，ω_c 为载波的角频率，φ_0 为载波的初始相位，A 为载波的幅度。

如果基带信号为 $m(t)$，其 DSB-AM 幅度调制表示为

$$s_m(t) = Am(t)\cos(\omega_c t + \varphi_0)$$

对上式进行傅里叶变换可以得到 DSB-AM 的频谱

$$\begin{aligned} U(f) &= F[m(t)] * F[A_c\cos(\omega_c t + \varphi_0)] \\ &= \frac{A}{2}[M(f - f_c)e^{j\varphi_0} + M(f + f_c)e^{-j\varphi_0}] \end{aligned}$$

【例 10-1】 对频率为 40Hz 的余弦信号进行 DSB-AM 双边带幅度调制，载波频率为 400Hz，并采用相干解调法实现解调。

程序如下：

```
clear;clc;
close all;
fm = 40;fc = 400;T = 1;
t = 0:0.001:T;
m = 2 * cos(2 * pi * fm * t);
```

```
dsb = m. * cos(2 * pi * fc * t);
subplot(121);
plot(t,dsb);
title('DSB - AM 调制信号');
xlabel('t');
% % DSB - AM 相干解调 % %
r = dsb. * cos(2 * pi * fc * t);
r = r - mean(r);
b = fir1(40,0.01);
rt = filter(b,1,r);
subplot(122);
plot(t,rt);
title('相干解调后的信号');
xlabel('t');
```

运行结果如图 10-1 所示。

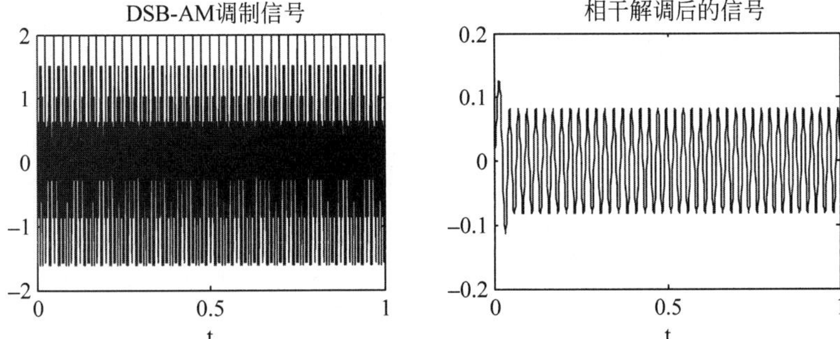

图 10-1 采用相干解调法实现解调

10.1.2 普通 AM 调制

若 $m(t)$为基带信号,则普通 AM 调制可以表示为

$$s_m(t) = [A + m(t)]\cos(\omega_c t + \varphi_0)$$

与 DSB-AM 幅度调制相比,普通 AM 调制增加了一个余弦载波分量 $A\cos(\omega_c t+\varphi_0)$。

【例 10-2】 假设基带信号为

$$m(t) = \begin{cases} 2 & 0 \leqslant t \leqslant \frac{T}{4} \\ -1 & \frac{T}{4} \leqslant t \leqslant \frac{3T}{4} \\ 0 & \text{其他} \end{cases}$$

其中,$T=0.48$,普通 AM 调制的载波频率为 400Hz,A 为 4。画出基带信号、DSB-AM 和 AM 已调信号的归一化时域波形和频谱。

程序如下:

```
clc;close all;clear all;
T = 0.48;ts = 0.001;fc = 400;
```

```
A = 4;fs = 1/ts;
t = [0:ts:T];
m = [2 * ones(1,T/(4 * ts)), - 1 * ones(1,T/(2 * ts)),zeros(1,T/(4 * ts) + 1)];
c = cos(2 * pi * fc. * t);
am = (A * (1 + m)). * c;
dsb = m. * c;
f = (1:1024). * fs/1024;
m_spec = abs(fft(m,1024));
dsb_spec = abs(fft(dsb,1024));
am_spec = abs(fft(am,1024));
subplot(321);
plot(m);
title('基带信号时域波形');
xlabel('t');
ylabel('幅度');
subplot(323);
plot(dsb);
title('DSB - AM 调制信号时域波形');
xlabel('t');
ylabel('幅度');
subplot(325);
plot(am);
title('AM 调制信号时域波形');
xlabel('t');
ylabel('幅度');
subplot(322);
plot(f,m_spec);
title('基带信号频谱');
xlabel('f/Hz');
ylabel('M(f)');
subplot(324);
plot(f,dsb_spec);
title('DSB - AM 调制信号频谱');
xlabel('f/Hz');
ylabel('DSB AM(f)');
subplot(326);
plot(f,am_spec);
title('AM 调制信号频谱');
xlabel('f/Hz');y
label('AM(f)');
```

运行结果如图 10-2 所示。

10.1.3 SSB-AM 调制

双边带调制与普通 AM 调制所需的信号带宽都是基带信号带宽的 2 倍，而且两部分携带的信息是相同的。从恢复信号的角度来看，只需要传输双边带信号一半带宽就可以恢复出原始基带信号。因此，单边带调制信号可以只取双边带的一半（上边带或下

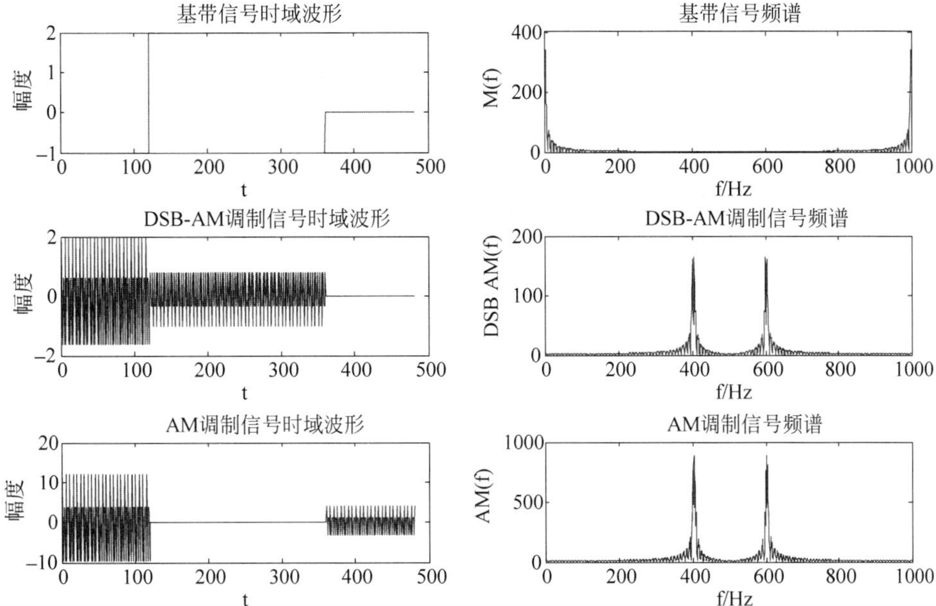

图 10-2 带信号、DSB-AM 和 AM 已调信号的归一化时域波形和频谱

边带)。

单边带信号可以表示为

$$s_m(t) = Am(t)\cos(\omega_c t + \varphi_0) \mp A\hat{m}(t)\cos(\omega_c t + \varphi_0)$$

其中,$\hat{m}(t)$为基带信号 $m(t)$的希尔伯特变换,当取减号"−"时表示上边带,取加号"+"时表示下边带。

$$S_{\mp}(f) = \frac{A}{2}[M(f-f_c)+M(f+f_c)] \mp \frac{A}{2\mathrm{j}}[\hat{M}(f-f_c)-\hat{M}(f+f_c)]$$

对单边带信号的解调也可以采用相干解调的方法,即通过与接收端本振产生的载波相乘,再滤除二倍频分量。

【例 10-3】 假设基带信号为

$$m(t) = 2\cos(400\pi t) + \cos(300\pi t)$$

其中,T 为信号持续时间,且 $T=0.48$,SSB-AM 调制的载波频率为 300Hz。产生上、下边带信号,并画出各自的频谱。

程序如下:

```
clc;clear all;close all;
T = 0.48;ts = 0.001;
fc = 300;fm = 200;
fm1 = 150;fs = 1/ts;
t = [0:ts:T];
m = 2 * cos(2 * pi * fm * t) + cos(2 * pi * fm1 * t);
m_n = m/max(abs(m));
Lssb = m_n. * cos(2 * pi * fc * t) + imag(hilbert(m_n)). * sin(2 * pi * fc * t);
Ussb = m_n. * cos(2 * pi * fc * t) - imag(hilbert(m_n)). * sin(2 * pi * fc * t);
f = (1:1024). * fs/1024;
```

```
Lssb_spec = abs(fft(Lssb,1024));
Ussb_spec = abs(fft(Ussb,1024));
subplot(121);
plot(f,Lssb_spec);
title('下边带信号频谱');
xlabel('f/Hz');
ylabel('Lssb(f)');
subplot(122);
plot(f,Ussb_spec);
title('上边带信号频谱');
xlabel('f/Hz');
ylabel('Ussb(f)');
```

运行结果如图 10-3 所示。

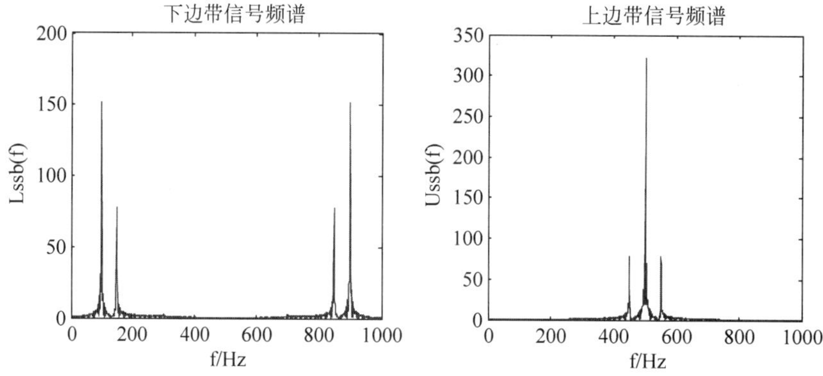

图 10-3　SSB 上、下边带频谱

10.1.4　残留边带幅度调制

残留边带调制信号的频谱为

$$S(f) = \frac{1}{2}[M(f - f_c) + M(f + f_c)]H(f)$$

其中，$H(f)$为 VSB 边带滤波器的傅里叶变换。为了使残留边带调制信号能够无失真地恢复原始信号，残留边带滤波器的特性应该满足以下特性：

$$H(f - f_c) + H(f + f_c) = C$$

【例 10-4】　假设基带信号是频率为 10Hz 的余弦信号，产生一个载波频率为 40Hz 的残留边带调制信号，并采用相干解调法实现解调。

程序如下：

```
clear;clc;close all;
fm = 10;fc = 40;T = 4;A = 3;
t = 0:0.001:T;
m = cos(2 * pi * fm * t);
vsb = m. * cos(2 * pi * fc * t);
b = fir1(70,0.035);
```

```
vsb = filter(b,1,vsb);
subplot(121);
plot(t,vsb);
title('VSB 调制信号');
xlabel('t');
r = vsb. * cos(2 * pi * fc * t);
b = fir1(128,0.01);
rt = filter(b,1,r);
subplot(122);
plot(t,rt);
title('相干解调后的信号');
xlabel('t');
```

运行结果如图 10-4 所示。

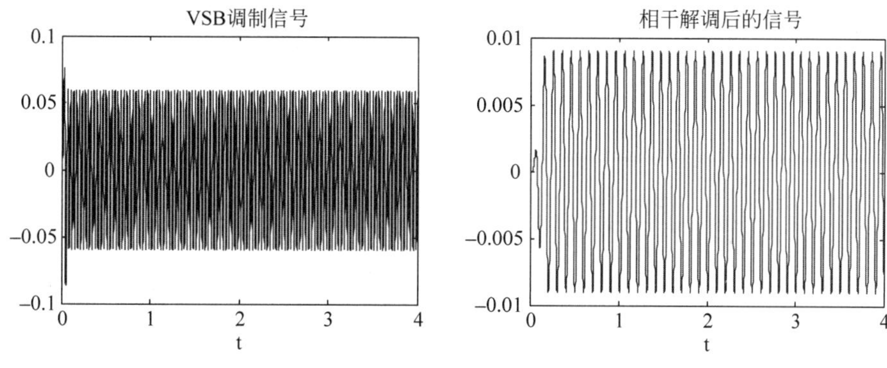

图 10-4　VSB 调制与解调

10.2　角度调制

角度调制是一种非线性调制方法，通常是载波的频率或相位随着基带信号变化。角度调制主要包括频率调制和相位调制，角度调制信号的一般表达式为

$$S_m(t) = A\cos(\omega_c t + \varphi(t))$$

在角度调制中有两个重要的参数：调频指数和调相指数。调频指数是最大的频偏与输入信号带宽的比值，即

$$\beta_f = \frac{\Delta f_{\max}}{W}$$

调相指数定义为

$$\beta_p = 2\pi k_p \max[\,|m(t)|\,]$$

调频信号的带宽可以根据经验公式近似计算

$$B = 2\Delta f_{\max} + 2W = 2(\beta_f + 1)W$$

相应的调相信号的带宽为

$$B = 2\Delta f_{\max} + 2W = 2(\beta_p + 1)W$$

【例 10-5】 假设基带信号是频率为 0.5Hz 的余弦信号，产生一个载波频率为 2Hz 的 FM 调制信号，并采用包络检波法实现解调。

程序如下：

```
clear;clc;close all;
kf = 10;
fc = 2;
fm = 0.5;
t = 0:0.002:4;
m = cos(2 * pi * fm * t);
ms = 1/2/pi/fm * sin(2 * pi * fm * t);
s = cos(2 * pi * fc * t + 2 * pi * kf * ms);
subplot(121);plot(t,s);xlabel('t');title('调频信号');
for i = 1:length(s) - 1
    r(i) = (s(i + 1) - s(i))/0.001;
end
r(length(s)) = 0;
subplot(122);
plot(t,r);
xlabel('t');
title('调频信号微分后的波形');
```

运行结果如图 10-5 所示。

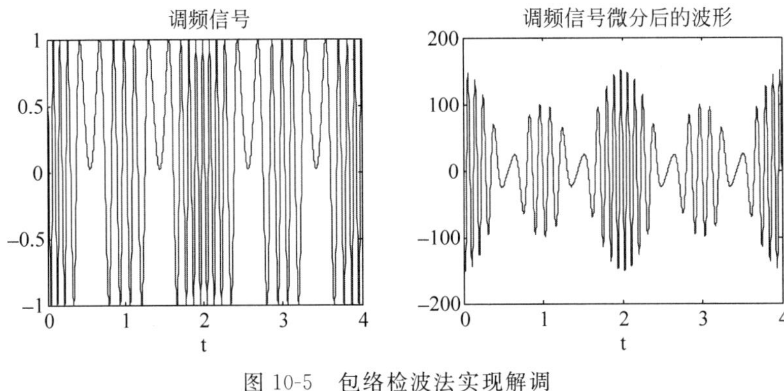

图 10-5　包络检波法实现解调

10.3　数字调制

数字调制是将基带数字信号变换成适合带通型信道传输的处理方式。在数字通带传输中，数字基带波形可用来调制正弦波的幅度、频率和相位，分别称为数字调幅、数字调频和数字调相。根据已调信号的频谱结构特点的不同，数字调制信号可以分为线性调制和非线性调制。

10.3.1　FSK 调制

FSK 调制的最简单形式是二进制频移键控（2FSK），它采用两个不同的载波频率表示二进制信息序列，2FSK 表达式为

$$s(t) = \sum_n \bar{a}_n g(t - nT_s) A\cos(2\pi f_1 t + \varphi_n) + \sum_n a_n g(t - nT_s) A\cos(2\pi f_2 t + \theta_n)$$

a_n 为数字信息，$\bar{a}_n$ 为 a_n 的反码。φ_n 和 θ_n 分别是第 n 个信号码元的初相位。

2FSK 的带宽为

$$B_T = \Delta f + 2/T_s$$

其中，Δf 为两个正弦载波频率的间隔。

【例 10-6】 用 MATLAB 产生独立等概的二进制信源，对其进行 2FSK 调制，画出 2FSK 信号波形及功率谱图。

程序如下：

```
clc;
clear;
close all;
M =1;
N=100;
nsample=4;
fc=1;dt=1/fc/nsample;
t=0:dt:N-dt;
s=sign(randn(1,N));
d=zeros(fc*nsample,length((s+1)/2));
d(1,:)=s;
d=reshape(d,1,fc*nsample*length((s+1)/2));
g=ones(1,fc*nsample);dd=conv(d,g);
sfsk=2*dd-1;
fsk=cos(2*pi*fc*t+2*pi*sfsk(1:length(t)).*t);
sfft=abs(fft(fsk));
sfft=sfft.^2/length(sfft);
subplot(121);
plot(1:200, fsk(1:200));
title('2FSK 时域波形');
subplot(122);
plot(sfft);
title('2FSK 功率谱图');
```

运行结果如图 10-6 所示。

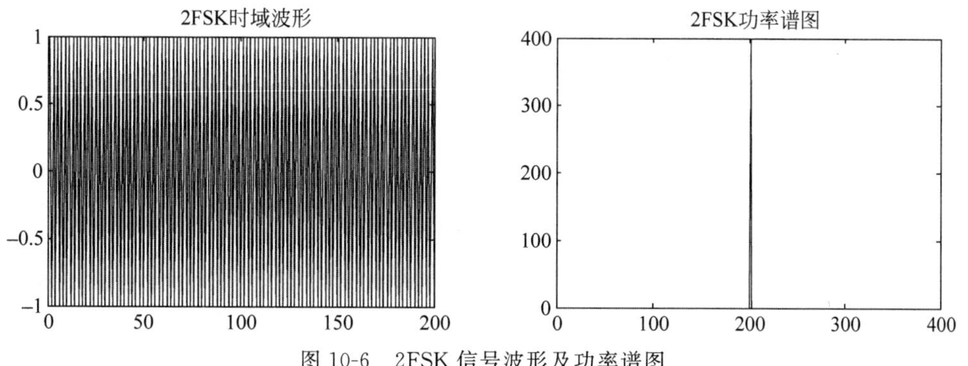

图 10-6　2FSK 信号波形及功率谱图

10.3.2　PSK 调制

PSK 调制是用数字基带信息调制载波的相位。对二进制 PSK 信号而言，两个载波

相位可以分别表示为

$$\theta_0 = 0 \text{ 和 } \theta_1 = \pi$$

对 M 进制 PSK 信号而言，载波相位可以表示为

$$\theta_m = 2\pi m/M, \quad m = 0,1,\cdots,M-1$$

M 进制 PSK 调制信号在符号区间 $0 \leqslant t \leqslant T$ 内的传输波形可表示为

$$s_m(t) = Ag_{\mathrm{T}}(t)\cos\left(2\pi f_c t + \frac{2\pi m}{M}\right), \quad m = 0,1,\cdots,M-1$$

其中，$g_{\mathrm{T}}(t)$是发送滤波器的脉冲成型，A 是信号的幅度。

将上式展开成正交两路信号，得到

$$s_m(t) = x(t)\psi_1(t) + y(t)\psi_2(t)$$

其中，$x(t)=\sqrt{E}\cos\left(\frac{2\pi m}{M}\right)$，$y(t)=\sqrt{E}\sin\left(\frac{2\pi m}{M}\right)$。

$\psi_1(t)$和 $\psi_2(t)$是两个正交基函数，分别定义为

$$\psi_1(t) = g_{\mathrm{T}}(t)\cos(2\pi f_c t)$$

$$\psi_2(t) = -g_{\mathrm{T}}(t)\sin(2\pi f_c t)$$

因此，MPSK 在信号空间中的坐标点为

$$s_m = \left[\sqrt{E}\cos\left(\frac{2\pi m}{M}\right), \sqrt{E}\sin\left(\frac{2\pi m}{M}\right)\right]$$

【例 10-7】 产生每码元 9 个样点的 PSK 调制信号序列，画出其功率谱图。

程序如下：

```
clear;
close all;
clc;
M = 9;
L = 512;
P = 4;
ini_phase = 0;
roll_off = 0.7;
bit = randint(1,L,M);
x = exp(j * (2 * pi * bit/M) + ini_phase);
N = L * P; y = zeros(1,N);
for n = 1:N
    y(n) = 0;
    for k = 1:L
        t = (n-1)/P - (k-1);
        y(n) = y(n) + x(k)  *
(sin(pi * t + eps)/(pi * t + eps))  *  (cos(roll_off * pi * t + eps)/((1 - (2 * roll_off * t)^2)
 + eps));
    end
end
sfft = abs(fft(y));
sfft = sfft.^2/length(sfft);
subplot(311);
plot(real(x),imag(x),'.');
axis equal;
```

```
title('PSK 信号星座图');
subplot(312);
plot(1:length(sfft),sfft);
title('PSK 基带信号功率谱图');
for n = 1:N
    z(n) = y(n) * exp(j * 2 * pi * 1 * n/P);
end
sfft = abs(fft(z));
sfft = sfft.^2/length(sfft);
subplot(313);
plot(1:length(sfft),sfft);
title('PSK 调制信号功率谱图');
```

运行结果如图 10-7 所示。

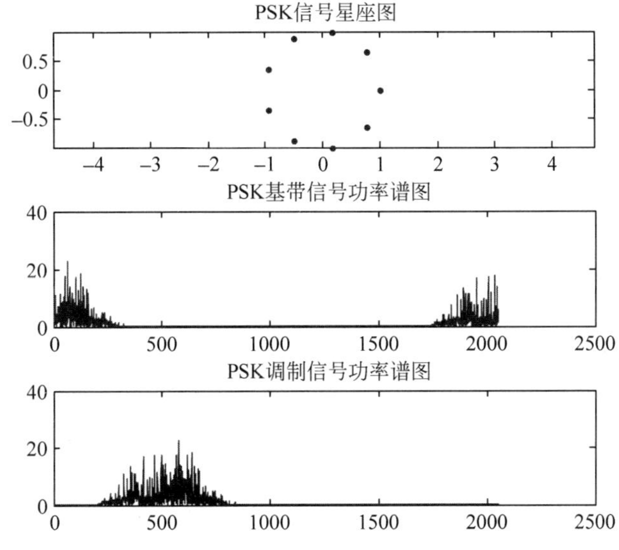

图 10-7　PSK 调制信号序列与功率谱图

10.3.3　QAM 调制

QAM 调制的波形在符号区间内可以表示为

$$s_m(t) = A_{mc}g_T(t)\cos(2\pi f_c t) + A_{ms}g_T(t)\sin(2\pi f_c t), \quad m = 1,2,\cdots,M$$

其中，A_{ms}是 A_{ms} 承载信息的正交载波的信号幅度。

【例 10-8】 产生一个每码元 3 个样点的 9QAM 信号，采用升余弦脉冲成型，滚降系数为 0.35。画出其功率谱图。

程序如下：

```
clear;close all;clc;
M = 9;
L = 1024;
P = 8;
ini_phase = 0;
```

```
roll_off = 0.35;
a = 2 * randint( 1,L,sqrt(M)) - (sqrt(M) - 1);
b = 2 * randint( 1,L,sqrt(M)) - (sqrt(M) - 1);
x = a + j * b;N = L * P;
y = zeros(1,N);
for n = 1:N
    y(n) = 0;
    for k = 1:L
        t = (n-1)/P - (k-1);
        y(n) = y(n) + x(k)  *  ( sin(pi * t + eps)/(pi * t + eps))  *  …
(cos(roll_off * pi * t + eps)/((1 - (2 * roll_off * t)^2) + eps)) ;
    end
end
sfft = abs(fft(y));
sfft = sfft.^2/length(sfft);
subplot(311);
plot(real(x),imag(x),'.');
axis equal;
title('9QAM 信号星座图');
subplot(312);
plot(1:length(sfft),sfft);
title('9QAM 基带信号功率谱图');
for n = 1:N
    z(n) = y(n) * exp(j * 2 * pi * 1 * n/P);
end
sfft = abs(fft(z));
sfft = sfft.^2/length(sfft);
subplot(313);
plot(1:length(sfft),sfft);
title('9QAM 调制信号功率谱图');
```

运行结果如图 10-8 所示。

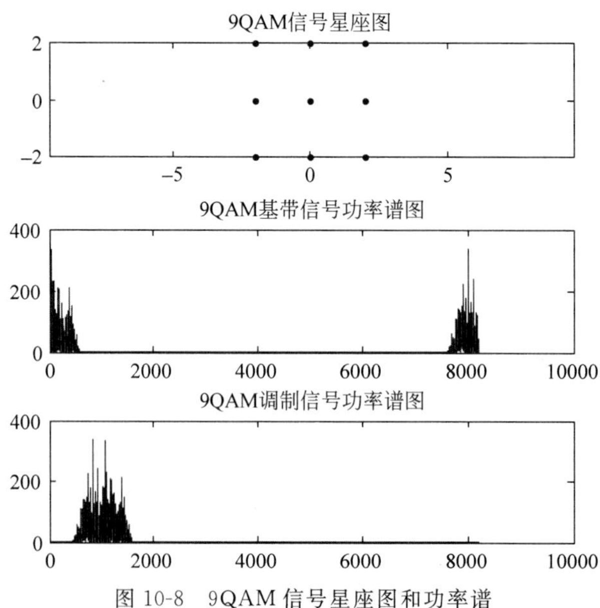

图 10-8　9QAM 信号星座图和功率谱

10.4 自适应均衡

在移动通信领域中，码间干扰始终是影响通信质量的主要因素之一。为了提高通信质量，减少码间干扰，在接收端通常采用均衡技术抵消信道的影响。由于信道响应是随着时间变化的，通常采用自适应均衡器。自适应均衡器能够自动地调节系数从而跟踪信道，成为通信系统中一项关键的技术。

10.4.1 递归最小二乘算法(RLS)

梯度 LMS 算法的收敛速度是很慢的，为了实现快速收敛，可以使用含有附加参数的复杂算法。RLS 算法是一种递推的最小二乘算法，它用已知的初始条件进行计算，并且利用现行输入新数据中所包含的信息对老的滤波器参数进行更新，因此，所观察的数据长度是可变的，为此将误差测度写成 $J(n)$，另外，习惯上引入一个加权因子(又称遗忘因子)到误差测度函数 $J(n)$ 中去，它可以很好地改进自适应均衡器的收敛性。

RLS 的设计准则是使指数加权平方误差累积的最小化。即

$$J(n) = \sum_{i=0}^{n} \lambda^{n-i} \left| e(i) \right|^2$$

式中，加权因子 $0<\lambda<1$ 称为遗忘因子。引入加权因子 λ^{n-i} 的目的是为了赋予原来数据与新数据不同的权值，以使自适应滤波器具有对输入过程特性变化的快速反应能力。

RLS 算法操作步骤：

步骤 1：初始化。

$$w = [0 \cdots 0]^{\mathrm{T}}, n = 0, P_{xx}(0) = \sigma^{-1} I,$$

步骤 2：当 $n=n+1$ 时更新。

$$e(n) = d(n) - w^{\mathrm{T}} x(n),$$

$$K(n) = \frac{P_{xx}(n-1)x(n)}{\lambda + x^{\mathrm{T}}(n) P_{xx}(n-1) x(n)}$$

$$P_{xx}(n) = \frac{1}{\lambda}\left[P_{xx}(n-1) - K(n) x^{\mathrm{T}}(n) P_{xx}(n-1)\right]$$

$$w(n) = w(n-1) + K(n) e(n)$$

【例 10-9】 通过 RLS 自适应均衡器恢复原始正弦信号。

程序如下：

```
clear;clc;close all;
L = 40;                  %RLS 均衡器的长度为 30;
delta = 0.2;
lamda = 0.98;
n_max = 500;
Fs = 500;                %抽样率为 1000Hz;
F0 = 10;
w = zeros(L,1);
d = zeros(L,1);
```

```
u = zeros(L,1);
P = eye(L)/delta;
h=[-0.006,0.011,-0.023,0.764,-0.219,0.039,-0.0325];
for t = 1:L-1
d(t) = sin(2*pi*F0*t/Fs);
end
input = d;
for t = L:n_max
    input(t) = sin(2*pi*F0*t/Fs);
    for i = 2:L
        d(L-i+2) = d(L-i+1);
    end
    d(1) = input(t);
    u = filter(h,1,d);
    u = awgn(u,30,'measured');
    output = w'*u;
    k = (P*u)/(lamda + u'*P*u);
    E = d(1) - w'*u;
    w = w + k*E;
    P = (P/lamda) - (k*u'*P/lamda);
    indata(t-L+1) = u(1);
    oudata(t-L+1) = output;
    err(t-L+1) = E;
end
subplot(411),plot(input),title('发送信号');
subplot(412),plot(indata),title('接收信号');
subplot(413),plot(oudata),title('RLS 均衡后出信号');
subplot(414),plot(err),title('误差信号');
```

运行结果如图 10-9 所示。

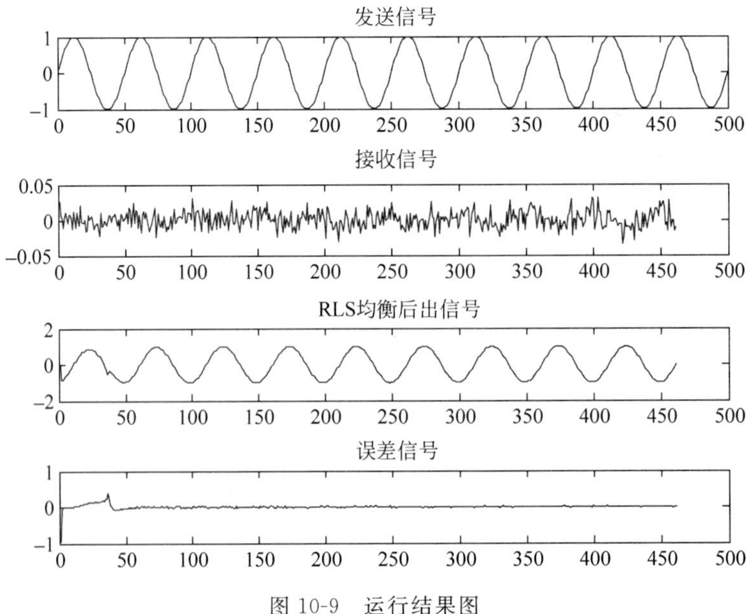

图 10-9 运行结果图

10.4.2 盲均衡算法

盲均衡技术是一种不需要发射端发送训练序列，仅利用信道输入输出的基本统计特性就能对信道的弥散特性进行均衡的一种特殊技术。由于这种均衡技术可以在信号眼图不张开的条件下也能收敛，所以称为盲均衡。

在 Bussgang 类盲均衡算法中，常模盲均衡(Constant-Modulus Algorithm，CMA)算法结构简单，得到了广泛应用。

CMA 算法的基本步骤：

步骤 1：初始化。

$$w(0)=[0\ \cdots\ 0\ 0\ 0\ \cdots\ 0],\quad R_p=E\{|s(n)|^4\}/E\{|s(n)|^2\}$$

步骤 2：$n=n+1$ 时更新。

$$y(n)=x^{\mathrm{T}}(n)w(n);$$
$$w(n+1)=w(n)+\mu y(n)[R_2-|y(n)|^2]x(n)$$

可以看出，CMA 算法中抽头系数的整个更新过程仅仅只与接收到的信号和发送信号的统计特性有关，而与估计误差阿信号 $e(n)=d(n)-y(n)$ 无关。

【例 10-10】 以 QPSK 调制信号为发送信号，通过冲激响应的信道，并受到信噪比为 30dB 的加性高斯白噪声的污染，试通过 CMA 盲均衡器恢复原始信号。

PSKSignal 函数的用户自定义程序如下：

```
function [s,a] = Signal(M,L,iniphase)
xx = [0:1:M - 1]';
a = pskmod(xx,M,iniphase);
aa = randint(L,1,M);
s  =  pskmod(aa,M,iniphase);
s  =  s.';
```

运行程序如下：

```
clear;clc;close all;
ii = sqrt( - 1);
L = 1000;            % 总符号数
dB = 40;             % 信噪比
h = [ - 0.004 - ii * 0.003,0.008 + ii * 0.02, - 0.014 - ii * 0.105,0.864 + ii * 0.521, - 0.328 +
ii * 0.274, … ,0.059 - ii * 0.064, - 0.017 + ii * 0.02,0];
M = 4;
iniphase = pi/4;
[s,a] = PSKSignal(M,L,iniphase);
R = mean(abs(a).^4)/mean(abs(a).^2);
r = filter(h,1,s);
c = awgn(r,dB,'measured');
subplot(311);
```

```
plot(a,'.');
title('发送信号');
subplot(312);
plot(c,'.');
title('接收信号');
Nf = 7;
f = zeros(Nf,1);
f((Nf + 1)/2) = 1;
mu = 0.01;
ycma = [];
for k = 1:L - Nf
    c1 = c(k:k + Nf - 1);
    xcma(:,k) = fliplr(c1).';
    y(k) = f' * xcma(:,k);
    e(k) = y(k) * (abs(y(k))^2 - R);
    f = f - mu * conj(e(k)) * xcma(:,k);
    ycma = [ycma,y(k)];
    q(k,:) = conv(f',h);
    isi(k) = sum(abs(q(k,:)).^2)/max(abs(q(k,:)))^2 - 1;
    isilg(k) = 10 * log10(isi(k));
end
subplot(313);
plot(ycma(1:end),'.');
title('均衡器输出信号');
```

运行结果如图 10-10 所示。

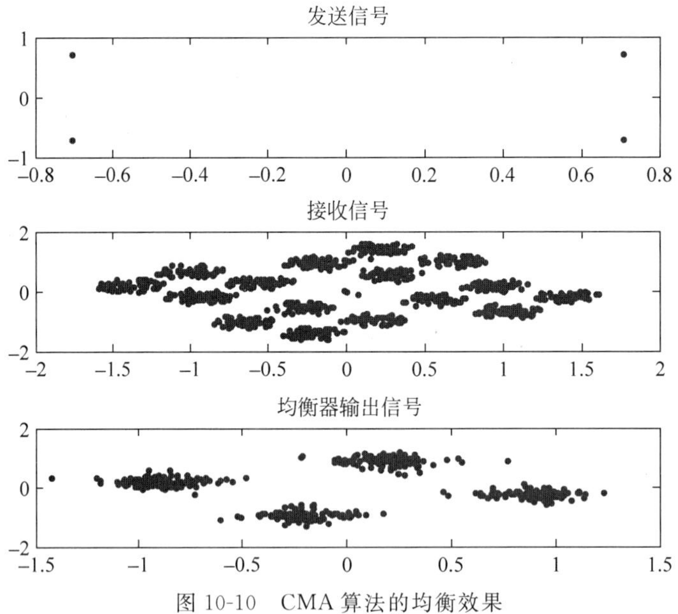

图 10-10　CMA 算法的均衡效果

【例 10-11】 CMA 算法和 LMS 算法的性能比较。

程序如下：

```
clear all
M = 4;
```

```
k = log2(M);
n = 5000;
 % u = 0.05;
u1 = 0.001;
u2 = 0.0001;
m = 500;
 % h = [0.05  - 0.063 0.088]; % - 0.126]; - 0.25];
h = [1 0.3  - 0.3 0.1  - 0.1];
L = 7;
mse1_av = zeros(1,n - L + 1);
mse2_av = mse1_av;
for j = 1:m
      a = randint(1,n,M);
      a1 = pskmod(a,M);
      m1 = abs(a1).^4;
      m2 = abs(a1).^2;
      r1 = mean(m1);
      r2 = mean(m2);
      R2 = r1/r2;
       % R2 = sqrt(2 % );
     s = filter(h,1,a1);
     snr = 15;
    x = awgn(s,snr,'measured');
    c1 = [0 0 0 1 0 0 0 ];
    c2 = c1;
    y = zeros(n - L + 1,2);
    for i = 1:n - L + 1
        y = x(i + L - 1: - 1:i);
        z1(i) = c1 * y';
        z2(i) = c2 * y';
        e1 = R2 - (abs(z1(i))^2);
        e2 = a1(i) - z2(i);
        c1 = c1 + u1 * e1 * y * z1(i);
        c2 = c2 + u2 * e2 * y;
        mse1(i) = e1 ^2;
         % u(i) = 0.2 * (1 - exp( - (0.3 * abs(e(i)))));
        mse2(i) = abs(e2)^2;
    end;
  mse1_av = mse1_av + mse1;
  mse2_av = mse2_av + mse2;
end;
mse1_av = mse1_av/m;
mse2_av = mse2_av/m;
figure
plot([1:n - L + 1],mse1_av,'r',[1:n - L + 1],mse2_av,'b')
axis([0,5100,0 2.8]);
scatterplot(a1,1,0,'r * ');
hold on
scatterplot(x,1,0,'g * ');
```

```
hold on
scatterplot(z1(2300:4800),1,0,'r* ');
hold off
scatterplot(z2(2300:4800),1,0,'r* ');
hold off
```

运行结果如图 10-11 所示。

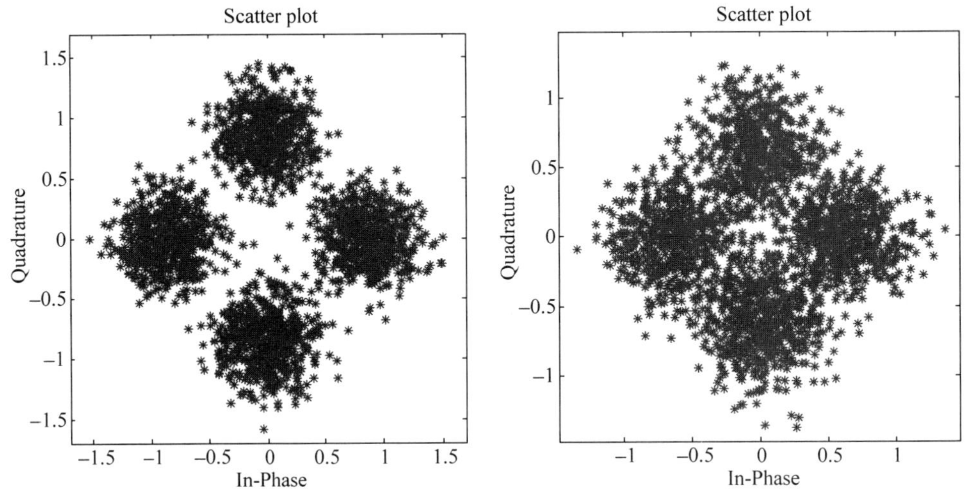

图 10-11　CMA 算法和 LMS 算法的性能比较效果图

本章小结

本章主要介绍了 MATLAB 在通信信号处理方面的应用，内容主要包括幅度调制、角度调制、数字调制、掌握实际自适应均衡等，其中列举了相关的实例，读者在学习时应细细体会。本章只介绍了最基本、最具代表性的基础内容，读者可自行学习，熟练掌握。

第11章 基于雷达信号处理

雷达(Radar)原是“无线电探测与定位”的英文缩写。雷达的基本任务是探测感兴趣的目标,测定有关目标的距离、方向、速度等状态参数。雷达主要由天线、发射机、接收机(包括信号处理机)和显示器等部分组成。

学习目标:

(1) 了解、熟悉雷达的基本原理与雷达的用途;

(2) 理解实践线性调频脉冲压缩雷达仿真;

(3) 理解实践动目标的显示与检测。

11.1 雷达的基本原理

雷达发射机产生足够的电磁能量,经过收发转换开关传送给天线。天线将这些电磁能量辐射至大气中,集中在某一个很窄的方向上形成波束,向前传播。电磁波遇到波束内的目标后,将沿着各个方向产生反射,其中的一部分电磁能量反射回雷达的方向,被雷达天线获取。

天线获取的能量经过收发转换开关送到接收机,形成雷达的回波信号。由于在传播过程中电磁波会随着传播距离而衰减,雷达回波信号非常微弱,几乎被噪声所淹没。接收机放大微弱的回波信号,经过信号处理机处理,提取出包含在回波中的信息,送到显示器,显示出目标的距离、方向、速度等。

雷达的战术指标主要包括作用距离、威力范围、测距分辨力与精度、测角分辨力与精度、测速分辨力与精度、系统机动性等。

根据波形来区分,雷达主要分为脉冲雷达和连续波雷达两大类。当前常用的雷达大多数是脉冲雷达。常规脉冲雷达周期性地发射高频脉冲。

概括起来,雷达的技术参数主要包括工作频率(波长)、脉冲重复频率、脉冲宽度、发射功率、天线波束宽度、天线波束扫描方式、接收机灵敏度等。技术参数是根据雷达的战术性能与指标要求来选择和设计的,因此它们的数值在某种程度上反映了雷达具有的功能。例如,为提高远距离发现目标能力，预警雷达采用比较低的工作频率和脉冲重复频率，而机载雷达则为达到减小体积、重量等目的，使用比较高的工作频率和脉冲重复频率。这说明，如果知道了雷达的技术参数，就可在一定程度上识别出雷达的种类。

11.2 雷达的用途

雷达的用途广泛，种类繁多，分类的方法也非常复杂。通常可以按照雷达的用途分类，如预警雷达、搜索警戒雷达、无线电测高雷达、气象雷达、航管雷达、引导雷达、炮瞄雷达、雷达引信、战场监视雷达、机载截击雷达、导航雷达以及防撞和敌我识别雷达等。

除了按用途分，还可以从工作体制对雷达进行区分。这里就对一些新体制的雷达进行简单的介绍。

11.2.1 双/多基地雷达

普通雷达的发射机和接收机安装在同一地点，而双/多基地雷达是将发射机和接收机分别安装在相距很远的两个或多个地点上，地点可以设在地面、空中平台或空间平台上。

由于隐身飞行器外形的设计主要是不让入射的雷达波直接反射回雷达，这对于单基地雷达很有效。但入射的雷达波会朝各个方向反射，总有部分反射波会被双/多基地雷达中的一个接收机接收到。

11.2.2 相控阵雷达

我们知道，蜻蜓的每只眼睛由许许多多个小眼组成，每个小眼都能成完整的像，这样就使得蜻蜓所看到的范围要比人眼大得多。与此类似，相控阵雷达的天线阵面也由许多个辐射单元和接收单元(称为阵元)组成，单元数目和雷达的功能有关，可以从几百个到几万个。

这些单元有规则地排列在平面上，构成阵列天线。利用电磁波相干原理，通过计算机控制反馈给各辐射单元电流的相位，就可以改变波束的方向进行扫描，故称为电扫描。辐射单元把接收到的回波信号送入主机，完成雷达对目标的搜索、跟踪和测量。

每个天线单元除了有天线振子之外，还有移相器等必须的器件。不同的振子通过移相器可以被馈入不同相位的电流，从而在空间辐射出不同方向性的波束。

天线的单元数目越多，则波束在空间可能的方位就越多。这种雷达的工作基础是相位可控的阵列天线，“相控阵”由此得名。

11.2.3 宽带/超宽带雷达

工作频带很宽的雷达称为宽带/超宽带雷达。通常隐身兵器对付工作在某一波段的雷达是有效的，而面对覆盖波段很宽的雷达就无能为力了，它很可能被超宽带雷达波中的某一频率的电磁波探测到。另一方面，超宽带雷达发射的脉冲极窄，具有相当高的距离分辨率，可探测到小目标。目前美国正在研制、试验超宽带雷达，已完成动目标显示技术的研究，将要进行雷达波形的试验。

11.2.4 合成孔径雷达

合成孔径雷达通常安装在移动的空中或空间平台上，利用雷达与目标间的相对运动，将雷达在每个不同位置上接收到的目标回波信号进行相干处理，就相当于在空中安装了一个“大个”的雷达，这样小孔径天线就能获得大孔径天线的探测效果，具有很高的目标方位分辨率，再加上应用脉冲压缩技术又能获得很高的距离分辨率，因而能探测到隐身目标。合成孔径雷达在军事上和民用领域都有广泛应用，如战场侦察、火控、制导、导航、资源勘测、地图测绘、海洋监视、环境遥感等。

美国的联合监视与目标攻击雷达系统飞机新安装了一部 AN/APY3 型 X 波段多功能合成孔径雷达，英、德、意联合研制的“旋风”攻击机正在试飞合成孔径雷达。

11.2.5 毫米波雷达

工作在毫米波段的雷达称为毫米波雷达，它具有天线波束窄、分辨率高、频带宽、抗干扰能力强等特点，同时它工作在目前隐身技术所能对抗的波段之外，因此它能探测隐身目标。

11.2.6 激光雷达

工作在红外和可见光波段的雷达称为激光雷达，它由激光发射机、光学接收机、转台和信息处理系统等组成，激光器将电脉冲变成光脉冲发射出去，光接收机再把从目标反射回来的光脉冲还原成电脉冲，送到显示器。

隐身兵器通常是针对微波雷达的，因此激光雷达很容易“看穿”隐身目标所玩的“把戏”，再加上激光雷达波束窄、定向性好、测量精度高、分辨率高，因而它能有效地探测隐身目标。

激光雷达在军事上主要用于靶场测量、空间目标交会测量、目标精密跟踪和瞄准、目标成像识别、导航、精确制导、综合火控、直升机防撞、化学战剂监测、局部风场测量、水下目标探测等。

11.3 线性调频脉冲压缩雷达仿真

LFM 信号在脉冲压缩体制雷达中广泛应用，利用线性调频信号具有大带宽、长脉冲的特点，宽脉冲发射已提高发射的平均功率保证足够的作用距离，而接收时采用相应的脉冲压缩算法获得窄脉冲已提高距离分辨率，较好地解决了雷达作用距离和距离分辨率之间的矛盾，而利用脉冲压缩技术除了可以改善雷达系统的分辨力和检测能力，还增强了抗干扰能力、灵活性，能满足雷达多功能、多模式的需要。

11.3.1 匹配滤波器

在输入为确知加白噪声的情况下，所得输出信噪比最大的线性滤波器就是匹配滤波器，设一线性滤波器的输入信号为 $x(t)$，即

$$x(t)=s(t)+n(t)$$

其中，$s(t)$为确知信号，$n(t)$为均值为零的平稳白噪声，其功率谱密度为 $N_0/2$。

设线性滤波器系统的冲击响应为 $h(t)$，其频率响应为 $H(\omega)$，其输出响应

$$y(t)=s_0(t)+n_0(t)$$

输入信号能量为

$$E(s)=\int_{-\infty}^{\infty}s^2(t)\mathrm{d}t<\infty$$

输入、输出信号频谱函数为

$$S(\omega)=\int_{-\infty}^{\infty}s(t)\mathrm{e}^{-\mathrm{j}\omega t}\mathrm{d}t$$

$$S_0(\omega)=H(\omega)S(\omega)$$

$$s_0(t)=\frac{1}{2\pi}\int_{-\omega}^{\infty}H(\omega)S(\omega)\mathrm{e}^{\mathrm{j}\omega t}\mathrm{d}\omega$$

输出噪声的平均功率为

$$E[n_0^2(t)]=\frac{1}{2\pi}\int_{-\infty}^{\infty}P_{n_0}(\omega)\mathrm{d}\omega=\frac{1}{2\pi}\int_{-\infty}^{\infty}H^2(\omega)P_n(\omega)\mathrm{d}\omega$$

$$\mathrm{SNR}_0=\frac{\left|\frac{1}{2\pi}\int_{-\infty}^{\infty}H(\omega)S(\omega)\mathrm{e}^{\mathrm{j}\omega t_0}\mathrm{d}\omega\right|^2}{\frac{1}{2\pi}\int_{-\infty}^{\infty}|H(\omega)|^2P_n(\omega)\mathrm{d}(\omega)}$$

利用 Schwarz 不等式得

$$\mathrm{SNR}_0\leqslant\frac{1}{2\pi}\int_{-\infty}^{\infty}\frac{|S(\omega)|^2}{P_n(\omega)}\mathrm{d}\omega$$

上式取等号时，滤波器输出功率信噪比 SNR_0 最大取等号条件为

$$H(\omega)=\frac{\alpha S^*(\omega)}{P_n(\omega)}\mathrm{e}^{-\mathrm{j}\omega t_0}$$

当滤波器输入功率谱密度是 $P_n(\omega)=N_0/2$ 的白噪声时，MF 的系统函数为

$$H(\omega)=kS^*(\omega)\mathrm{e}^{-\mathrm{j}\omega t_0},\quad k=\frac{2\alpha}{N_0}$$

其中，k 为常数 1，$S^*(\omega)$为输入函数频谱的复共轭，$S^*(\omega)=S(-\omega)$，也是滤波器的传输函数 $H(\omega)$。

$$\mathrm{SNR}_0=\frac{2E_s}{N_0}$$

E_s 为输入信号 $s(t)$的能量，白噪声 $n(t)$的功率谱为 $N_0/2$，SNR_0 只输入信号 $s(t)$的能量 E_s 和白噪声功率谱密度有关。

白噪声条件下，匹配滤波器的脉冲响应为

$$h(t) = ks^*(t_0 - t)$$

如果输入信号为实函数，则与 $s(t)$ 匹配的匹配滤波器的脉冲响应为

$$h(t) = ks(t_0 - t)$$

k 为滤波器的相对放大量，一般 $k=1$。

匹配滤波器的输出信号为

$$s_0(t) = s_0(t) * h(t) = kR(t - t_0)$$

匹配滤波器的输出波形是输入信号的自相关函数的 k 倍，因此匹配滤波器可以看成是一个计算输入信号自相关函数的相关器，通常 $k=1$。

11.3.2 线性调频信号（LFM）

LFM 信号（也称 Chirp 信号）的数学表达式为

$$s(t) = \text{rect}\left(\frac{t}{T}\right)e^{j2\pi\left(f_c t + \frac{k}{2}t^2\right)}$$

将 Chirp 信号重写为

$$s(t) = S(t)e^{j2\pi f_c t}$$

当 TB>1 时，LFM 信号特征表达式如下：

$$|S_{\text{LFM}(f)}| = \sqrt{\frac{2}{k}}\text{rect}\left(\frac{f - f_c}{B}\right)$$

$$\phi_{\text{LFM}(f)} = \frac{\pi(f - f_c)}{\mu} + \frac{\pi}{4}$$

$$S(t) = \text{rect}\left(\frac{t}{T}\right)e^{j\pi K t^2}$$

其中，$S(t)$ 就是信号 $s(t)$ 的复包络。由傅里叶变换性质，$S(t)$ 与 $s(t)$ 具有相同的幅频特性，只是中心频率不同而已。

【例 11-1】 Chirp 信号的匹配滤波示例。

程序如下：

```
T = 10e - 6;
B = 30e6;
K = B/T;
Fs = 2 * B;Ts = 1/Fs;
N = T/Ts;
t = linspace( - T/2,T/2,N);
St = exp(j * pi * K * t.^2);
subplot(211)
plot(t * 1e6,St);
xlabel('Time in u sec');
title('线性调频信号');
grid on;axis tight;
subplot(212)
freq = linspace( - Fs/2,Fs/2,N);
plot(freq * 1e - 6,fftshift(abs(fft(St))));
xlabel('Frequency in MHz');
```

```
title('线性调频信号的幅频特性');
grid on;axis tight;
```

运行结果如图 11-1 所示。

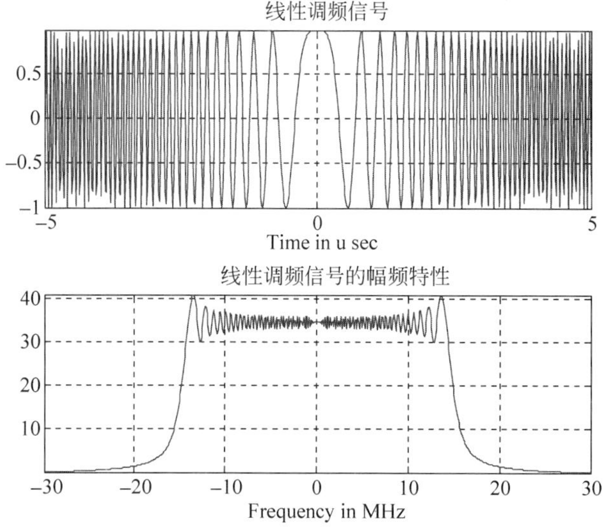

图 11-1 Chirp 信号的匹配滤波

【例 11-2】 产生一个线性调频信号。

程序如下：

```
clear all;
t = 20e - 6;
fs = 120e6;
fc = 10e6;
B = 2e6;
ft = 0:1/fs:t - 1/fs;
N = length(ft);
k = B/fs * 2 * pi/max(ft);
y = modulate(ft,fc,fs,'fm',k);
y_fft_result = fft(y);
figure;
subplot(211);plot(ft,y);
xlabel('单位:秒');ylabel('单位:伏');
title('线性调频信号 y(t)');
subplot(212);plot((0:fs/N:fs/2 - fs/N),abs(y_fft_result(1:N/2)));
xlabel('频率 f(单位:Hz)');
title('线性调频信号 y(t)的频谱');
```

运行结果如图 11-2 所示。

11.3.3 相位编码信号

相位编码信号通过非线性相位调制，其相位调制函数是离散的有限状态，属离散编

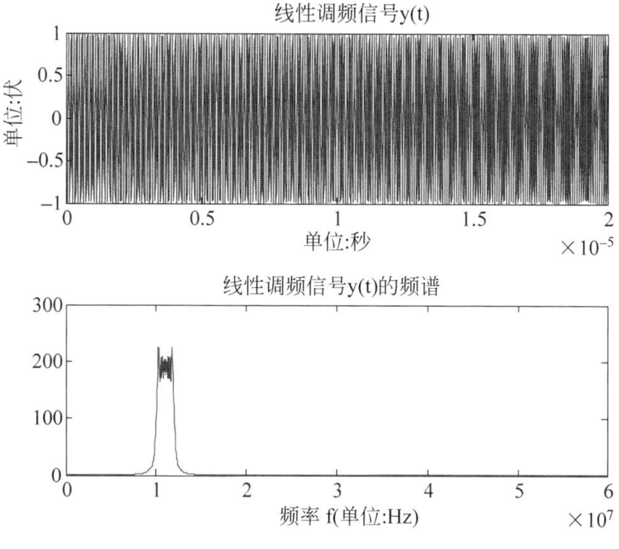

图 11-2 产生一个线性调频信号

码脉冲压缩信号。这种信号的突出优点是采用脉冲压缩技术后,雷达的峰值发射功率得到显著降低,从而实现低截获的目的。但当回波信号与匹配滤波器有多普勒失谐时,滤波器起不了脉冲压缩的作用,所以有时称之为多普勒灵敏信号,常用于目标多普勒变化范围较窄的场合。

相位编码信号在编码上较灵活,可实现波形捷变及低截获,因此是现代高性能雷达体制经常采用的信号波形之一。

【例 11-3】 产生一个 7 位巴克编码的二相码示例。

程序如下:

```
clear all;close all;
co = [1 1 0 1 0 1 0];
ta = 0.5e - 6;
fc = 20e6;
fs = 200e6;
t_ta = 0:1/fs:ta - 1/fs;
n = length(co);
pha = 0;
t = 0:1/fs:7 * ta - 1/fs;
s = zeros(1,length(t));
for i = 1:n
    if co(i) == 1
        pha = 1;
    else
        pha = 0;
    end
    s(1,(i - 1) * length(t_ta) + 1:i * length(t_ta)) = cos(2 * pi * fc * t_ta + pha);
end
figure;plot(t,s);
xlabel('t(单位:秒)');title('二相码(7 位巴克码)');
```

运行结果如图 11-3 所示。

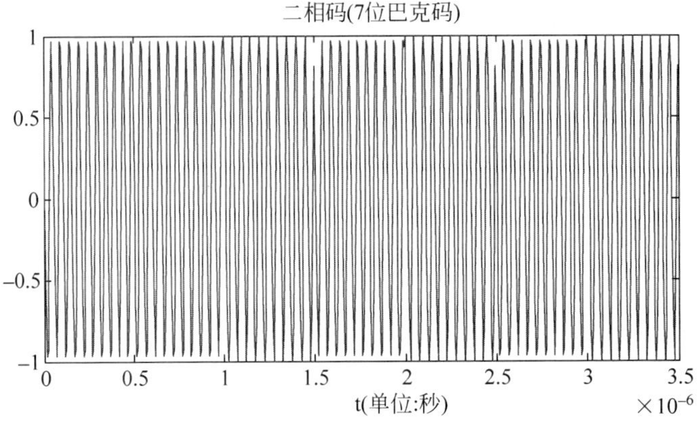

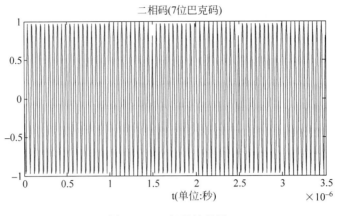

图 11-3 二相码效果图

11.3.4 噪声和杂波的产生

在实际的雷达回波信号中，不仅仅有目标的反射信号，同时还有接收机的热噪声、地物杂波、气象杂波等各种噪声和杂波的叠加。由于噪声和杂波都不是确知信号，只能通过统计特性来分析。下面通过例子介绍常见的噪声和杂波的产生方法。

【例 11-4】 产生均匀分布的随机序列。

程序如下：

```
clear all; close all;
a = 1;                      % (a - b)均匀分布下限
b = 4;                      % (a - b)均匀分布上限
fs = 1e6;                   % 采样率,单位:Hz
t = 1e - 3;                 % 随机序列长度,单位:s
n = t * fs;
rand('state',0);            % 把均匀分布伪随机发生器置为 0 状态
u = rand(1,n);              % 产生(0 - 1)单位均匀信号
x = (b - a) * u + a;        % 广义均匀分布与单位均匀分布之间的关系
plot(x);                    % 输出信号图
title('均匀分布信号');
```

运行结果如图 11-4 所示。

【例 11-5】 利用 randn 函数产生高斯分布序列。

程序如下：

```
y = randn(100);
subplot(2,1,1);plot(y);
title('服从高斯分布的随机序列信号');
subplot(2,1,2);hist(y);
title('服从高斯分布的随机序列直方图');
```

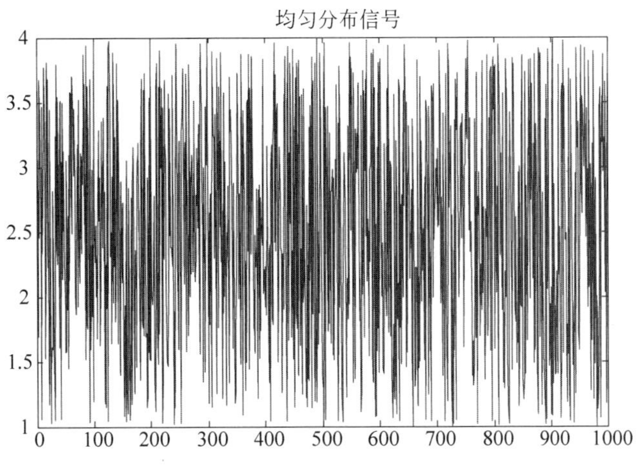

图 11-4 均匀分布信号

运行结果如图 11-5 所示。

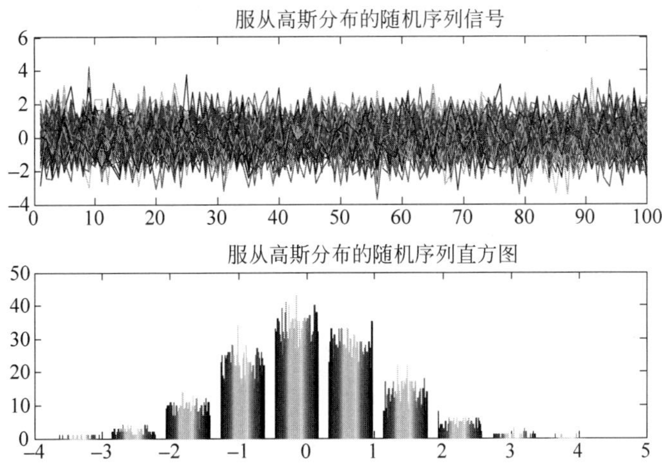

图 11-5 高斯分布序列效果图

【例 11-6】 服从指数分布的热噪声随机序列的实现。

程序如下：

```
dba = 3.5;
fs = 1e7;
t = 1e - 3;
n = t * fs;
rand('state',0);
u = rand(1,n);
x = log2(1 - u)/( - dba);
subplot(2,1,1);plot(0:1/fs:t - 1/fs,x);
xlabel('t(单位:s)');title('指数分布信号');
subplot(2,1,2);hist(x,0:0.05:4);
title('指数分布信号直方图');
```

运行结果如图 11-6 所示。

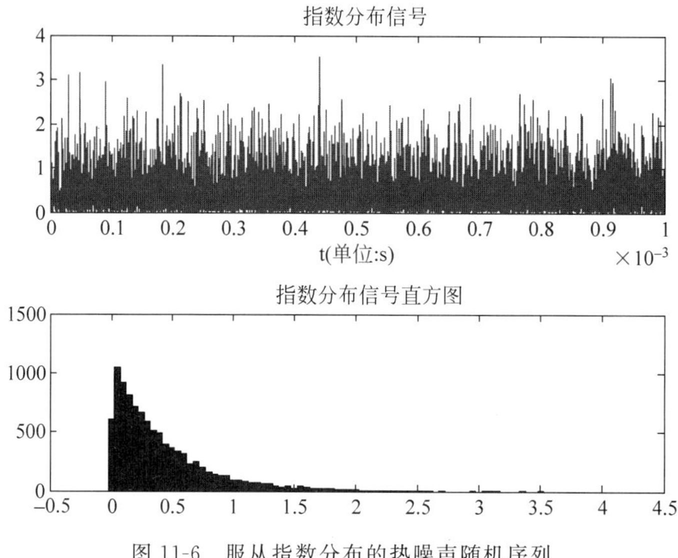

图 11-6　服从指数分布的热噪声随机序列

【例 11-7】 服从瑞利分布的热噪声。

程序如下：

```
sigma = 2.5;
fs = 1e7;
t = 1e - 3;
t1 = 0:1/fs:t - 1/fs;
n = length(t1);
rand('state',0);
u = rand(1,n);
x = sqrt(2 * log2(1./u)) * sigma;
subplot(2,1,1);plot(x);
subplot(2,1,2);hist(x,0:0.2:20);
```

运行结果如图 11-7 所示。

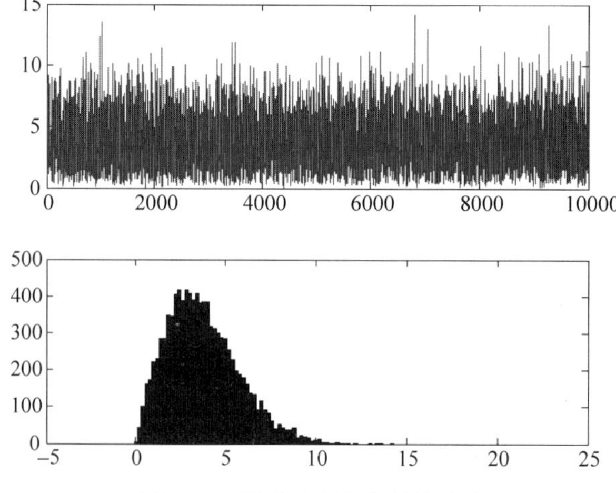

图 11-7　服从瑞利分布的热噪声

11.3.5 杂波建模与 MATLAB 实现

杂波可以说是雷达在所处环境中接收到的不感兴趣的回波。就像目标回波一样，杂波也是极为复杂的。为了有效地克服杂波对信号检测的影响，需要知道杂波的幅度特性以及频谱特性。

除独立的建筑物、岩石等可以认为是固定目标外，大多数的物、海浪杂波都是极为复杂的，它可能既包含固定的部分又包含运动的部分，而每一部分反射回来的回波，其振幅和相位都是随机的。通常采用一些比较接近而又合理的数学模型来表示杂波幅度的概率分布特性，这就是雷达杂波模型。

1. Rayleigh(瑞利)分布

在雷达可分辨范围内，当散射体的数目很多的时候，根据散射体反射信号振幅和相位的随机特性，它们合成的回波包络振幅是服从瑞利分布的。以 x 表示杂波回波的包络振幅，以 σ^2 表示它的功率，则 x 的概率密度函数为

$$f(x) = \frac{x}{\sigma^2}\exp\left(-\frac{x^2}{2\sigma^2}\right)$$

【例 11-8】 模拟 Rayleigh 杂波分布示例。

程序如下：

```
clear all;
azi_num = 3000; fr = 2000;
lamda0 = 0.0025; sigmav = 0.5;
sigmaf = 2 * sigmav/lamda0;
rand('state',sum(90 * clock));
d1 = rand(1,azi_num);
rand('state',7 * sum(100 * clock) + 3);
d2 = rand(1,azi_num);
xi = 2 * sqrt( - 2 * log(d1)). * sin(2 * pi * d2);
xq = 2 * sqrt( - 2 * log(d1)). * cos(2 * pi * d2);
coe_num = 12;
for n = 0:coe_num
    coeff(n + 1) = 2 * sigmaf * sqrt(pi) * exp( - 4 * sigmaf ^ 2 * pi ^ 2 * n ^ 2/fr ^ 2)/fr;
end
for n = 1:2 * coe_num + 1
    if n < = coe_num + 1
        b(n) = 1/2 * coeff(coe_num + 2 - n);
    else
        b(n) = 1/2 * coeff(n - coe_num);
    end
end
% 生成高斯谱杂波
xxi = conv(b,xi);
xxq = conv(b,xq);
```

```
xxi = xxi(coe_num * 2 + 1:azi_num + coe_num * 2);
xxq = xxq(coe_num * 2 + 1:azi_num + coe_num * 2);
xisigmac = std(xxi);
ximuc = mean(xxi);
yyi = (xxi - ximuc)/xisigmac;
xqsigmac = std(xxq);
xqmuc = mean(xxq);
yyq = (xxq - xqmuc)/xqsigmac;
sigmac = 1.2;                          %杂波的标准差
yyi = sigmac * yyi;                    %使瑞利分布杂波
yyq = sigmac * yyq;
ydata = yyi + j * yyq;
num = 100;                             %求概率密度函数的参数
maxdat = max(abs(ydata));
mindat = min(abs(ydata));
NN = hist(abs(ydata),num);
xpdf1 = num * NN/((sum(NN)) * (maxdat - mindat));
xaxis1 = mindat:(maxdat - mindat)/num:maxdat - (maxdat - mindat)/num;
th_val = (xaxis1./sigmac.^2). * exp( - xaxis1.^2./(2 * sigmac.^2));
subplot(211);
plot(xaxis1,xpdf1);
hold on; plot(xaxis1,th_val,'r:');
title('杂波幅度分布');
xlabel('幅度'); ylabel('概率密度');
signal = ydata;
signal = signal - mean(signal);
M = 256;
psd_dat = pburg(real(signal),32,M,fr);
psd_dat = psd_dat/(max(psd_dat));
freqx = 0:0.5 * M;
freqx = freqx * fr/M;
subplot(212);
plot(freqx,psd_dat); title('杂波频谱');
xlabel('频率/Hz'); ylabel('功率谱密度');
powerf = exp( - freqx.^2/(2 * sigmaf.^2));
hold on; plot(freqx,powerf,'r:');
```

运行结果如图 11-8 所示。

2. LogNormal(相关对数正态)分布

设 x 代表杂波回波的包络分布，则 x 的 LogNormal 分布为

$$f(x)=\frac{1}{\sqrt{2\pi}\sigma x}\exp\left[-\frac{\ln^2(x/x_{\mathrm{m}})}{2\sigma^2}\right]$$

其中，σ 代表 $\ln x$ 的标准差，x_{m} 是 x 的中值。

【例 11-9】 模拟 LogNormal 分布示例。

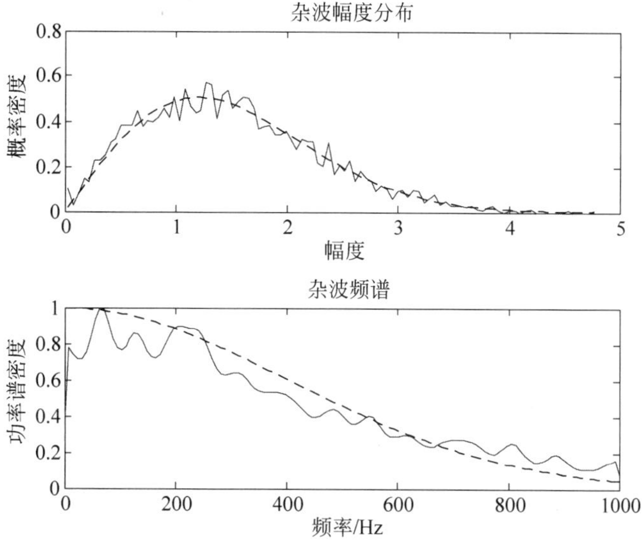

图 11-8 Rayleigh 杂波分布效果图

程序如下：

```
clear all;
azi_num = 3000; fr = 2000;
lamda0 = 0.025; sigmav = 0.5;
sigmaf = 2 * sigmav/lamda0;
rand('state',sum(100 * clock));                    % 产生服从 U(0-1)的随机序列
d1 = rand(1,azi_num);
rand('state',7 * sum(200 * clock) + 3);
d2 = rand(1,azi_num);
xi = 2 * sqrt( - 2 * log(d1)). * sin(2 * pi * d2);  % 正交且独立的高斯序列～N(0,1)
coe_num = 12;                                       % 求滤波器系数,用傅里叶级数展开法
for n = 0:coe_num
    coeff(n + 1) = 2 * sigmaf * sqrt(pi) * exp( - 4 * sigmaf ^ 2 * pi ^ 2 * n ^ 2/fr ^ 2)/fr;
end
for n = 1:2 * coe_num + 1
    if n <= coe_num + 1
        b(n) = 1/2 * coeff(coe_num + 2 - n);
    else
        b(n) = 1/2 * coeff(n - coe_num);
    end
end
% 生成高斯谱杂波
xxi = conv(b,xi);
xxi = xxi(coe_num * 2 + 1:azi_num + coe_num * 2);
xisigmac = std(xxi);
ximuc = mean(xxi);
yyi = (xxi - ximuc)/xisigmac;
muc = 10;                                           % 中位值
sigmac = 0.6;                                       % 形状参数
```

```
yyi = sigmac * yyi + log(muc);
xdata = exp(yyi);                    % 参数正态分布的杂波序列
num = 100;
maxdat = max(abs(xdata));
mindat = min(abs(xdata));
NN = hist(abs(xdata), num);
xpdf1 = num * NN/((sum(NN)) * (maxdat - mindat)); % 用直方图估计的概率密度函数
xaxis1 = mindat:(maxdat - mindat)/num:maxdat - (maxdat - mindat)/num;
th_val = lognpdf(xaxis1, log(muc), sigmac);
subplot(211);plot(xaxis1, xpdf1);
hold on; plot(xaxis1, th_val, 'r:');
title('杂波幅度分布');
xlabel('幅度'); ylabel('概率密度');
signal = xdata;
signal = signal - mean(signal);      % 求功率谱密度,先去掉直流分量
M = 128;
psd_dat = pburg(real(signal), 16, M, fr);
psd_dat = psd_dat/(max(psd_dat));  % 归一化
freqx = 0:0.5 * M;
freqx = freqx * fr/M;
subplot(212);plot(freqx, psd_dat);
title('杂波频谱');
xlabel('频率/Hz'); ylabel('功率谱密度');
powerf = exp( - freqx.^2/(2 * sigmaf.^2));
hold on; plot(freqx, powerf, 'r:');
```

运行结果如图 11-9 所示。

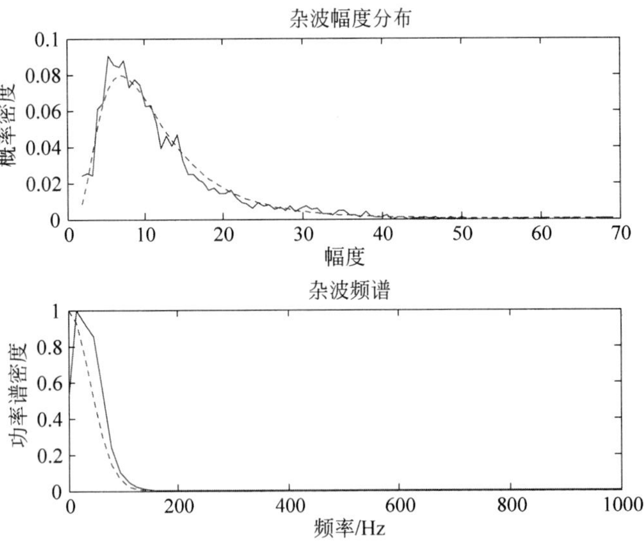

图 11-9　LogNormal 分布效果图

11.4 动目标的显示与检测

动目标显示指利用杂波抑制滤波器抑制各种杂波，提高雷达信号的信杂比，以利于运动目标检测技术。最早的动目标显示是用超声波延迟线(水银延迟线，融熔石英延迟线等)、电荷耦合器件(CCD)延迟线模拟运算电路来实现的。20 世纪 60 年代以后，由于微电子技术的发展，动目标显示开始采用数字技术实现，所以也称为数字动目标显示(DMTI)技术。

滤波器主要分为无限脉冲响应(IIR)滤波器和有限脉冲响应(FIR)滤波器两种。IIR 滤波器的优点是可用相对较少的阶数达到预期的滤波器响应，但是其相位特性是非线性的，在 MTI 滤波器中已很少采用。因为 FIR 滤波器具有线性相位特性，所以，MTI 滤波器主要采用 FIR 滤波器。对消器也是一种 FIR 滤波器，是系数符合二项展开式的特殊 FIR 滤波器。FIR 滤波器输出可表示为

$$Y_n(m) = \sum_{i=0}^{K} \omega_i(m) X_{N-1}(m)$$

其中，MTI 滤波器的滤波器数 $\omega_0(m), \omega_1(m), \cdots, \omega_k(m)$ 构成一个系数矢量 $\boldsymbol{W}$。

$$\boldsymbol{W} = [\omega_0(m) \quad \omega_1(m) \quad \cdots \quad \omega_k(m)]^{\mathrm{T}}$$

其中，$\boldsymbol{W}$ 是一个列矢量。MTI 滤波器的设计就是要设计一组合适的滤波器系数，使能有效地抑制杂波，并保证目标信号能良好的通过。

动目标检测处理是一种利用多普勒滤波器来抑制各种杂波，提高雷达在杂波背景下检测目标能力的技术。20 世纪 70 年代初，美国麻省理工学院林肯实验室研制成功第一代 MTD 处理器。它的基本机构包括三脉冲对消器级联 8 点 FFT 的杂波滤波器、单元平均恒虚警电路和杂波地图等先进技术。这种 MTD 杂波滤波器在杂波背景下检测目标使用了优化设计的 FIR 滤波器组代替对消器级联 FFT 的滤波器机构，进一步提高了对杂波的抑制能力。

【例 11-10】 动目标的显示与检测的实现。

程序如下：

```
close all;                                 %关闭所有图形
clear all;                                 %清除所有变量
clc;
C = 3.0e8;                                 %光速(m/s)
RF = 3.140e9/2;                            %雷达射频 1.57GHz
Lambda = C/RF;                             %雷达工作波长
PulseNumber = 16;                          %回波脉冲数
BandWidth = 2.0e6;                         %发射信号带宽 B = 1/τ,τ是脉冲宽度
TimeWidth = 42.0e-6;                       %发射信号时宽
PRT = 240e-6;   %雷达发射脉冲重复周期(s),240us 对应 1/2 * 240 * 300m = 36000m 最大无模
%糊距离
PRF = 1/PRT;
Fs = 2.0e6;                                %采样频率
NoisePower = -12; %(dB);                   %噪声功率(目标为 0dB)
SampleNumber = fix(Fs * PRT);              %计算一个脉冲周期的采样点数 480;
TotalNumber = SampleNumber * PulseNumber;  %总的采样点数 480 * 16 = 7680;
BlindNumber = fix(Fs * TimeWidth);         %计算一个脉冲周期的盲区 - 遮挡样点数;
```

```
TargetNumber = 4;                              % 目标个数
SigPower(1:TargetNumber) = [1 1 1 0.25]; % 目标功率,无量纲
TargetDistance(1:TargetNumber) = [3000 8025 15800 8025];
                        % 目标距离,单位 m,距离参数为[3000 8025 9000 + (Y * 10 + Z) * 200 8025]
DelayNumber ( 1: TargetNumber )  =  fix  ( Fs  *  2  *  TargetDistance  ( 1: TargetNumber )/C );
TargetVelocity(1:TargetNumber) = [50 0 204 100];   % 目标径向速度,单位:m/s
TargetFd(1:TargetNumber) = 2 * TargetVelocity(1:TargetNumber)/Lambda;
                                                         % 计算目标多普勒频移 2v/λ
number = fix(Fs * TimeWidth);                  % 回波的采样点数 = 脉压系数长度 = 暂态点数目 + 1
if rem(number,2) ~ = 0                         % rem 求余
   number = number + 1;
end                                            % 把 number 变为偶数

for i = - fix(number/2):fix(number/2) - 1
   Chirp(i + fix(number/2) + 1) = exp(j * (pi * (BandWidth/TimeWidth) * (i/Fs)^2)); % exp(j *
fi) * ,产生复数矩阵 Chirp
end
coeff = conj(fliplr(Chirp));                   % 把 Chirp 矩阵翻转并把复数共轭,产生脉压系数
figure(1);                                     % 脉压系数的实部
plot(real(Chirp));axis([0 90 - 1.5 1.5]);title('脉压系数实部');
SignalAll = zeros(1,TotalNumber);              % 所有脉冲的信号,先填 0
for k = 1:TargetNumber - 1                     % 依次产生各个目标
   SignalTemp = zeros(1,SampleNumber);         % 一个 PRT
   SignalTemp(DelayNumber(k) + 1:DelayNumber(k) + number) = sqrt(SigPower(k)) * Chirp;
Signal = zeros(1,TotalNumber);
   for i = 1:PulseNumber                       % 16 个回波脉冲
      Signal((i - 1) * SampleNumber + 1:i * SampleNumber) = SignalTemp; end
   FreqMove = exp(j * 2 * pi * TargetFd(k) * (0:TotalNumber - 1)/Fs);
                                               % 多普勒速度 * 时间 = 目标的多普勒相移
   Signal = Signal. * FreqMove;                % 加上多普勒速度后的 16 个脉冲 1 个目标
   SignalAll = SignalAll + Signal;             % 加上多普勒速度后的 16 个脉冲 4 个目标
end
   fi = pi/3;
   SignalTemp = zeros(1,SampleNumber);   % 一个脉冲
   SignalTemp(DelayNumber(4) + 1:DelayNumber(4) + number) = sqrt(SigPower(4)) * exp(j * fi)
 * Chirp; Signal = zeros(1,TotalNumber);
   for i = 1:PulseNumber
      Signal((i - 1) * SampleNumber + 1:i * SampleNumber) = SignalTemp;
   end
   FreqMove = exp(j * 2 * pi * TargetFd(4) * (0:TotalNumber - 1)/Fs);
                                               % 多普勒速度 * 时间 = 目标的多普勒相移
   Signal = Signal. * FreqMove;
   SignalAll = SignalAll + Signal;

figure(2);
subplot(2,2,1);plot(real(SignalAll),'r - ');title('目标信号的实部');grid on;zoom on;
subplot(2,2,2);plot(imag(SignalAll));title('目标信号的虚部');grid on;zoom on;
SystemNoise = normrnd (0, 10 ^ (NoisePower/10), 1, TotalNumber) + j * normrnd (0, 10 ^
(NoisePower/10),1,TotalNumber);
```

```
Echo = SignalAll + SystemNoise;                 % + SeaClutter + TerraClutter,加噪声之后的回波
for i = 1:PulseNumber                           %在接收机闭锁期,接收的回波为 0
      Echo((i-1) * SampleNumber + 1:(i-1) * SampleNumber + number) = 0;   %发射时接收为 0
end

subplot(223);plot(real(Echo),'r-');title('总回波信号的实部,闭锁期为 0');
subplot(224);plot(imag(Echo));title('总回波信号的虚部,闭锁期为 0');

pc_time0 = conv(Echo,coeff);                    %pc_time0 为 Echo 和 coeff 的卷积
pc_time1 = pc_time0(number:TotalNumber + number - 1);           %去掉暂态点 number - 1 个
figure(3);                                      %时域脉压结果的幅度
subplot(221);plot(abs(pc_time0),'r-');title('时域脉压结果的幅度,有暂态点');
                                                                     %pc_time0 的模的曲线
subplot(222);plot(abs(pc_time1));title('时域脉压结果的幅度,无暂态点');
                                                                     %pc_time1 的模的曲线
Echo_fft = fft(Echo,8192);                      %进行 TotalNumber + number - 1 点 FFT, coeff_fft =
%fft(coeff,8192);
pc_fft = Echo_fft. * coeff_fft;
pc_freq0 = ifft(pc_fft);
subplot(223);plot(abs(pc_freq0(1:TotalNumber + number - 1)));title('频域脉压结果的幅度,
有前暂态点');
subplot(224);plot(abs(pc_time0(1:TotalNumber + number - 1) - pc_freq0(1:TotalNumber +
number - 1)),'r');
title('时域和频域脉压的差别');
pc_freq1 = pc_freq0(number:TotalNumber + number - 1);
for i = 1:PulseNumber
      pc(i,1:SampleNumber) = pc_freq1((i-1) * SampleNumber + 1:i * SampleNumber); end
figure(4);
subplot(131);
plot(abs(pc(1,:)));title('频域脉压结果的幅度,没有暂态点');
for i = 1:PulseNumber - 1                       %滑动对消,少了一个脉冲
   mti(i,:) = pc(i+1,:) - pc(i,:);
end
subplot(132);mesh(abs(mti));title('MTI result');
mtd = zeros(PulseNumber,SampleNumber);
for i = 1:SampleNumber
   buff(1:PulseNumber) = pc(1:PulseNumber,i);
   buff_fft = fft(buff);
   mtd(1:PulseNumber,i) = buff_fft(1:PulseNumber);
end
subplot(133);mesh(abs(mtd));title('MTD result');
coeff_fft_c = zeros(1,2 * 8192);
for i = 1:8192
    coeff_fft_c(2 * i - 1) = real(coeff_fft(i));
    coeff_fft_c(2 * i) = imag(coeff_fft(i));
end
echo_c = zeros(1,2 * TotalNumber);
for i = 1:TotalNumber
    echo_c(2 * i - 1) = real(Echo(i));
    echo_c(2 * i) = imag(Echo(i));
end
```

运行结果如图 11-10～图 11-13 所示。

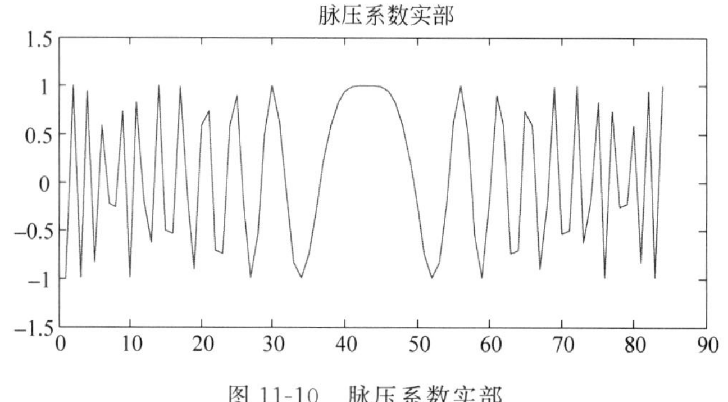

图 11-10　脉压系数实部

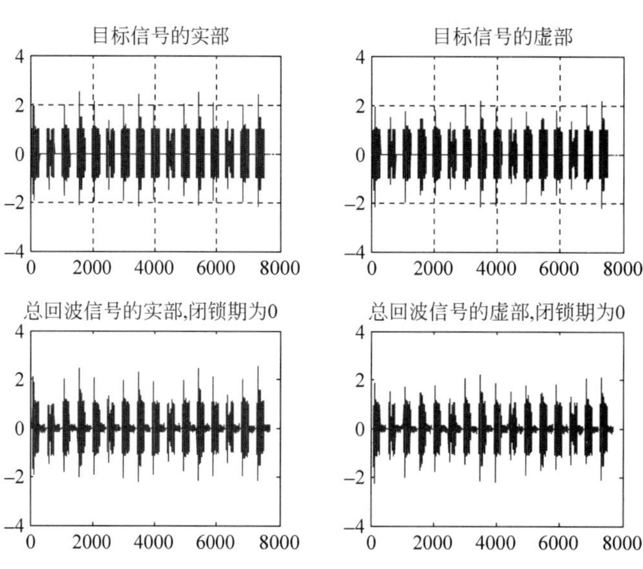

图 11-11　目标信号与总回波信号的实部虚部

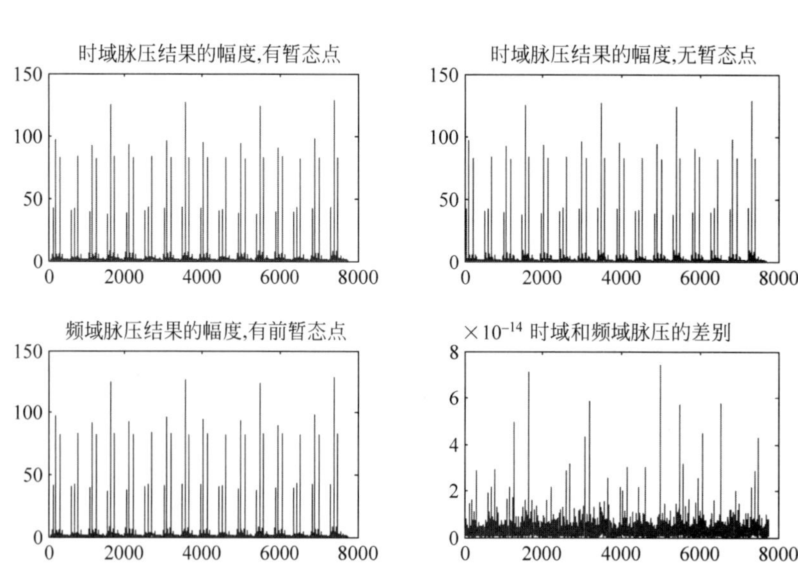

图 11-12　信号的时频压缩幅度

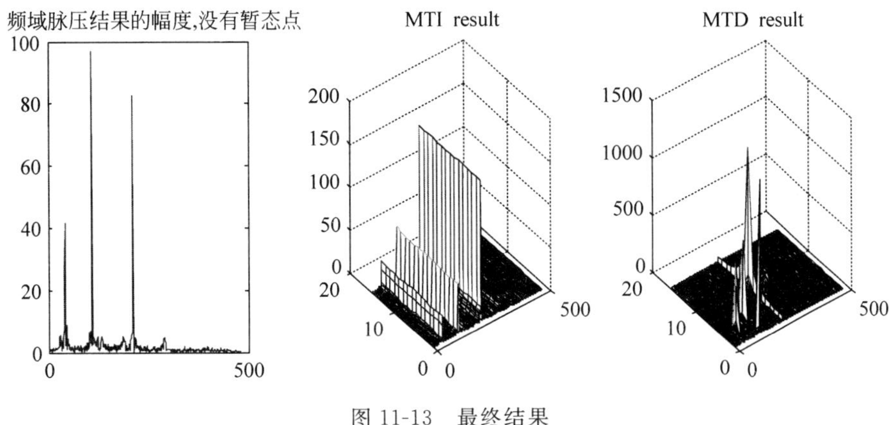

图 11-13 最终结果

本章小结

现代雷达系统日益变得复杂,难以用简单直观的分析方法进行处理,往往需要借助计算机来完成对系统各项功能和性能的仿真。利用计算机来进行雷达系统的仿真具有方便、灵活、经济的特点,而 MATLAB 提供了强大的仿真平台,可以为大多数雷达系统的仿真提供方便快捷的运算。

本章主要介绍了 MATLAB 在处理雷达信号中的应用,内容主要包括雷达的基本原理与雷达的用途、线性调频脉冲压缩雷达仿真、目标的显示与检测等,在介绍内容的过程中列举了相关的实例,读者在学习时应细细体会。

第12章 信号处理的图形用户界面工具与设计

本章对信号处理图形用户界面 SPTool 工具与脉搏信号的 GUI 设计进行了介绍。用户界面(或接口)是指人与机器(或程序)之间交互作用的工具和方法,如键盘、鼠标、跟踪球、话筒都可以成为与计算机交换信息的接口。图形用户界面(Graphical User Interfaces,GUI)则是由窗口、光标、按键、菜单、文字说明等对象(Objects)构成的一个用户界面。

学习目标:

(1) 理解 SPTool 工具的基本内容;

(2) 理解信号、滤波器、频谱浏览器的使用方法;

(3) 掌握 GUI 设计的原理与概念;

(4) 掌握 GUI 设计的使用方法。

12.1 SPTool 工具

信号处理工具箱为了方便客户操作,提供了一个交互式的图形用户界面工具 SPTool 工具,用来执行常见的信号处理任务,主要包括 SPTool 工具的主窗口、信号浏览器、滤波浏览器、频谱浏览器和滤波器设计器等,下面将分别进行介绍。

12.1.1 主窗口

SPTool 的主窗口如图 12-1 所示。由 SPTool 的主窗口可以看出,SPTool 有 3 个列表框:Signals 列表框、Filters 列表框和 Spectra 列表框。SPTool 工具提供四个基本的信号处理图形用户界面(GUI)程序,它们分别是:

(1) 信号浏览器:用于浏览可视化的信号图像。

(2) 滤波器设计器:可用于设计和编辑 FIR 和 IIR 数字滤波器,绝大多数 MATLAB 信号处理工具箱提供的命令行函数都可以在这个可视化的滤波器设计器中被调用,用户调用 Pole/Zero 编辑器设计出符合自己需要的滤波器。

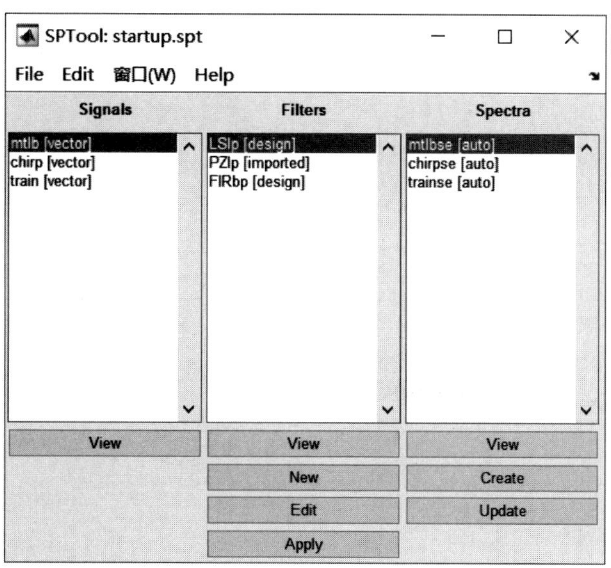

图 12-1　SPTool 的主窗口

(3) 滤波器浏览器：这个工具主要用于分析滤波器的特性。

(4) 频谱浏览器：用于频谱分析，使用工具箱提供的频谱估计函数去分析某个信号序列的功率谱密度。

SPTool 主窗口主要有 4 个菜单，即文件菜单(File)、编辑菜单(Edit)、窗口菜单(Window)和帮助菜单(Help)。

用户能够从 MATLAB 主工作空间中导入信号序列、滤波器或频谱。如从工作空间中导入信号源数据，单击 File→import，出现如图 12-2 所示的界面。

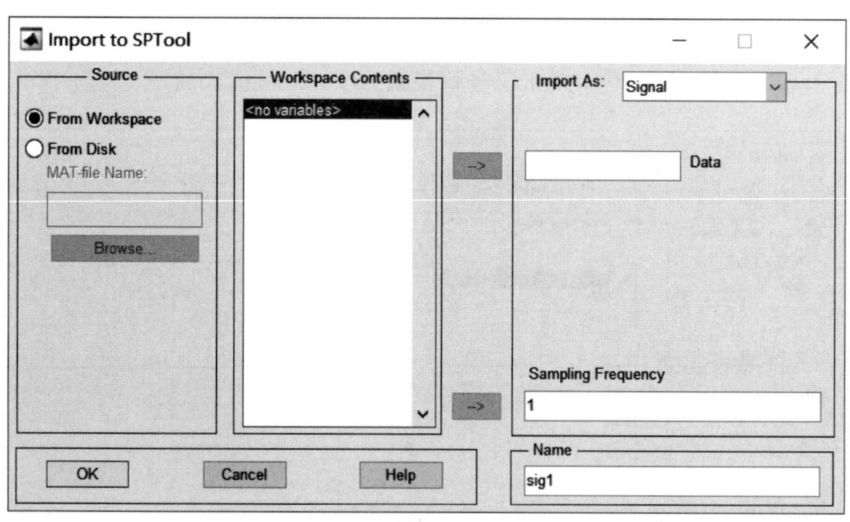

图 12-2　数据导入对话框

下面举例说明如何将数据导入 SPTool 图像工具中。

首先在 MATLAB 工作空间中创立信号数据，代码如下：

```
Fs = 1000;
t = 0:1/Fs:1;
x = sin(2 * pi * 10 * t) + cos(2 * pi * 20 * t);
xn = x + rand(size(t));
[E,F] = butter(10,0.6);
[pxx,W] = pburg(xn,18,1024,Fs);
```

Import to SPTool 对话框如图 12-3 所示。

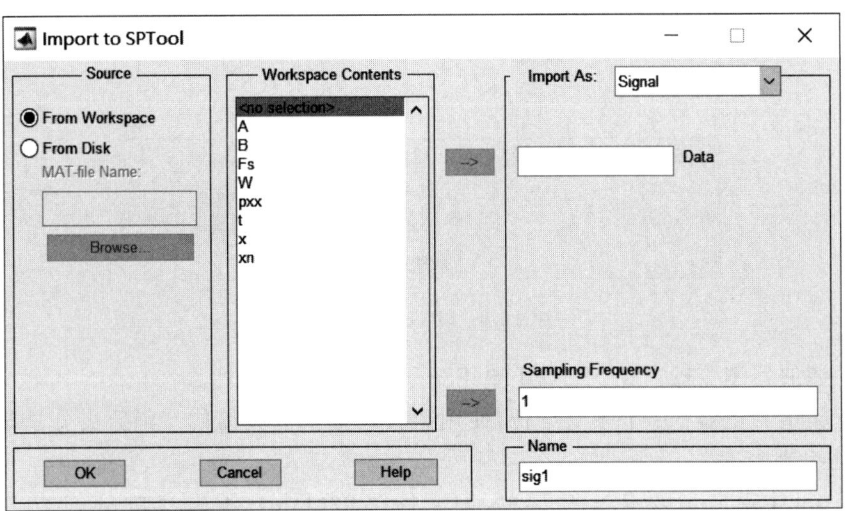

图 12-3　数据输入后的 Import to SPTool

选择 Import As 下拉列表框中的 Signal 选项，在 Workspace Contents 中选择 xn，单击 Data 左边的箭头，Data 文本框中将出现 xn，Workspace Contents 中选择 Fs，单击 Sampling Frequency 左边的箭头，Sampling Frequency 文本框中将出现 Fs，在 Name 文本框中输入名字 sig1，单击 OK 按钮信号就被载入了，如图 12-4 所示。

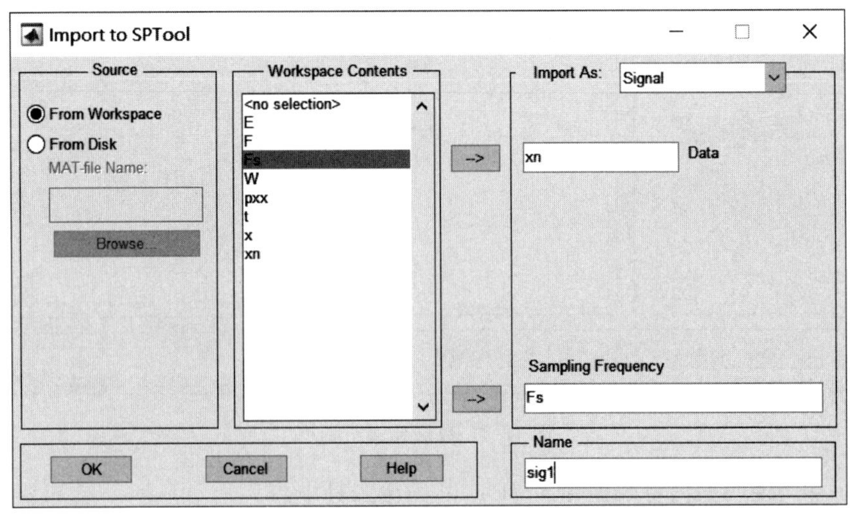

图 12-4　设置相应的参数

在 Import to SPTool 对话框中选择 View,信号就被观察了,如图 12-5 和图 12-6 所示。

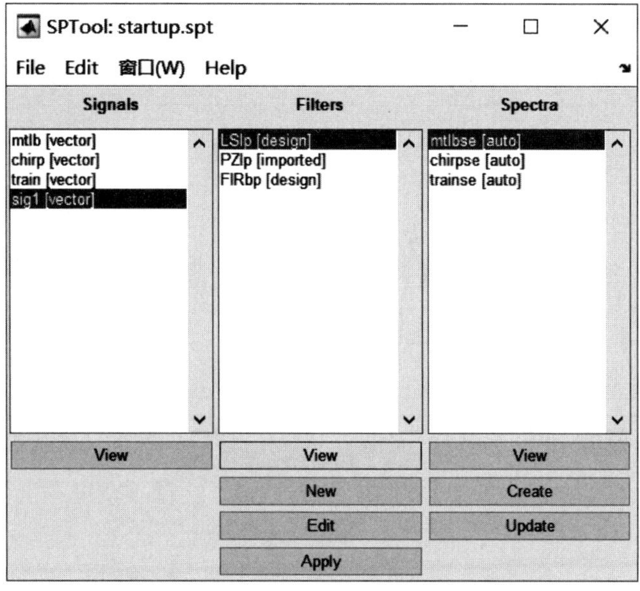

图 12-5 Import to SPTool 信号载入完毕

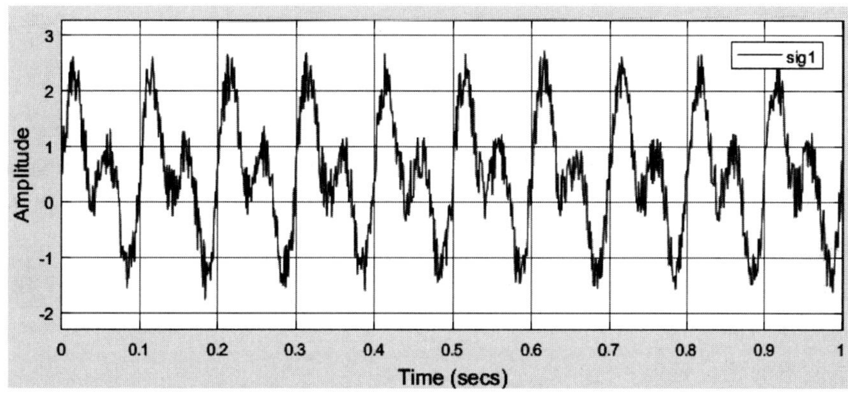

图 12-6 单击 View 按钮观察效果图

12.1.2 信号浏览器

信号浏览器可以实现下述功能:

- 查看数据信号;
- 放大信号的局部,查看信号细节;
- 获取信号特征量;
- 打印信号数据。

在 SPTool 主窗口的 Signals 列表中选择已经载入到 SPTool 中的所需信号,然后单击该列表框下面相对应的 View 按钮,就可以进入调用该信号的信号浏览器,如图 12-7 所示。

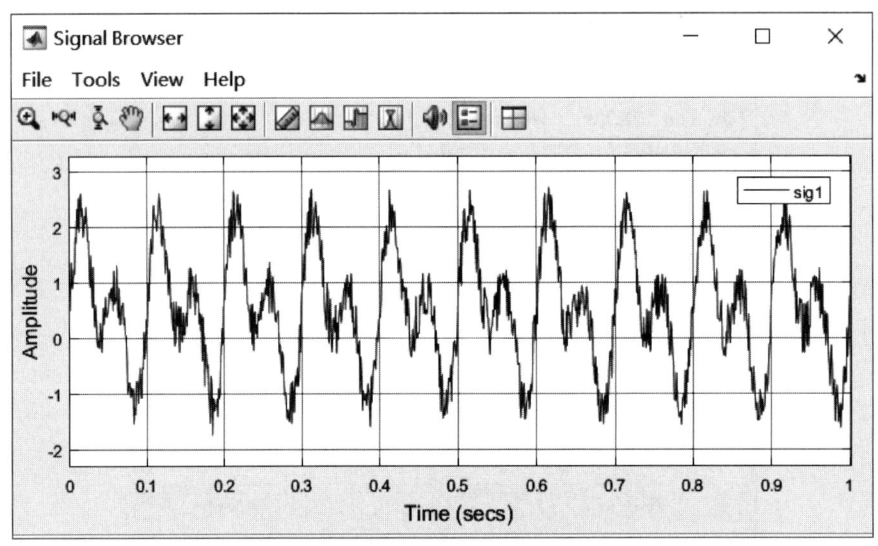

图 12-7　信号浏览器窗口

12.1.3　滤波浏览器

在 SPTool 主窗口的 Filters 列表中选择一个示例滤波器(例如 LSlp),然后单击该列表框下面相对应的 View 按钮,就可以调用滤波器浏览器 FVTool 工具来分析该滤波器的特性了。通过选择 FVTool 工具窗口的 Analysis 参数的不同内容项,可以查看该示例滤波器不同特性的窗口界面。这些滤波器特性如下:

- 滤波器的幅值响应;
- 滤波器的相位响应;
- 滤波器的幅值和相位响应;
- 滤波器的群延迟;
- 滤波器的相位延迟;
- 滤波器的脉冲响应;
- 滤波器的阶跃响应;
- 滤波器的零极点;
- 滤波器的系数;
- 滤波器的信息;
- 滤波器的幅值响应估计;
- 滤波器的噪声功率谱。

滤波器的幅值响应如图 12-8 所示。

滤波器的相位响应如图 12-9 所示。

滤波器的幅值和相位响应如图 12-10 所示。

滤波器的群延迟如图 12-11 所示。

滤波器的相位延迟如图 12-12 所示。

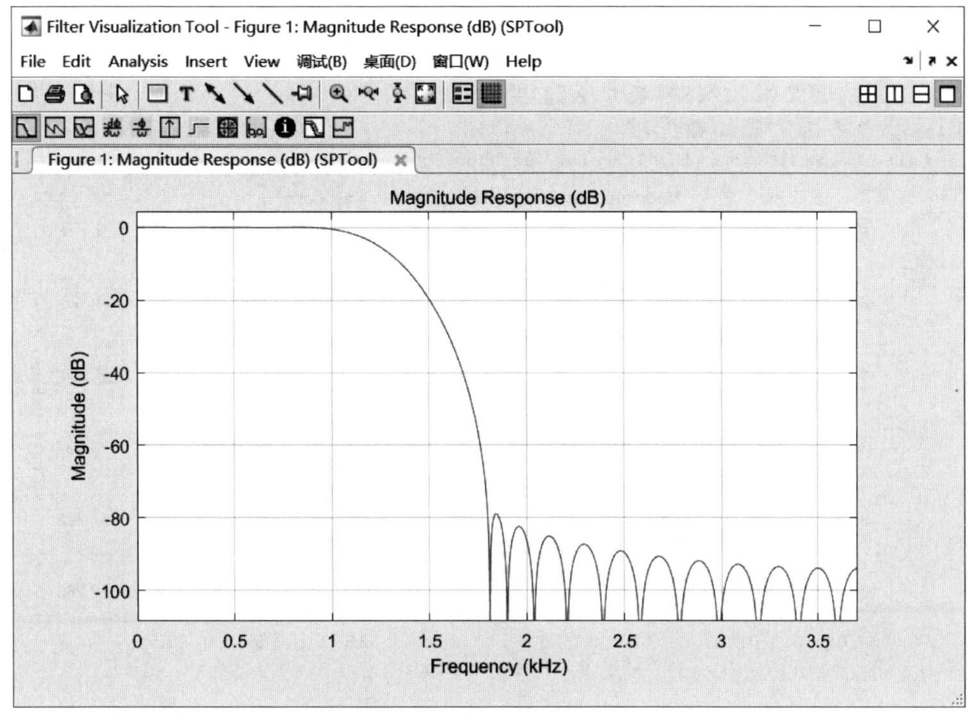

图 12-8 滤波器的幅值响应

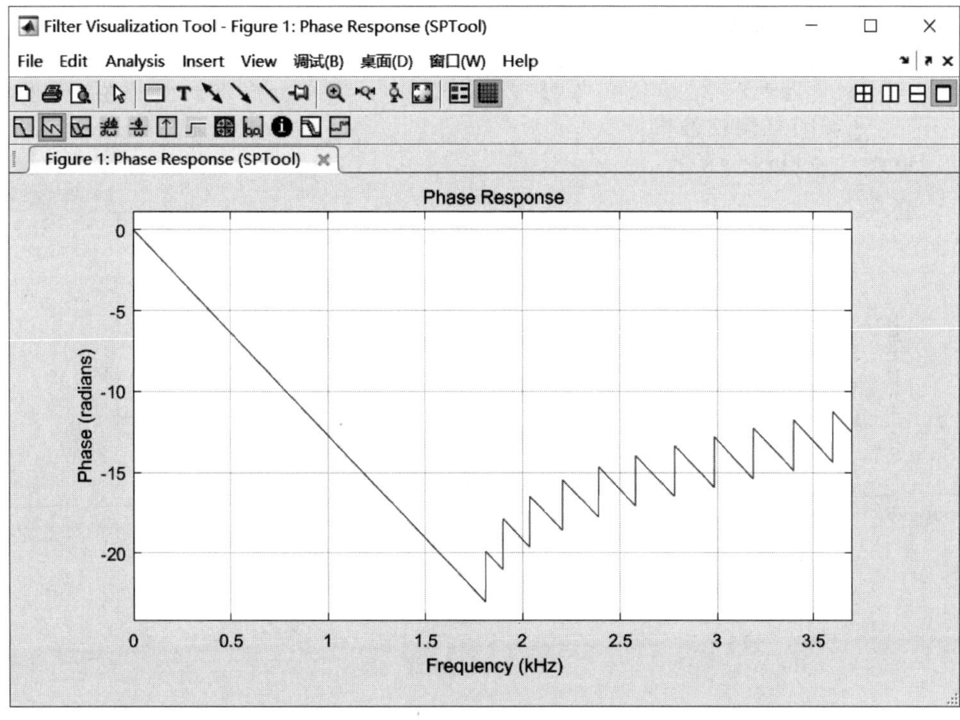

图 12-9 滤波器的相位响应

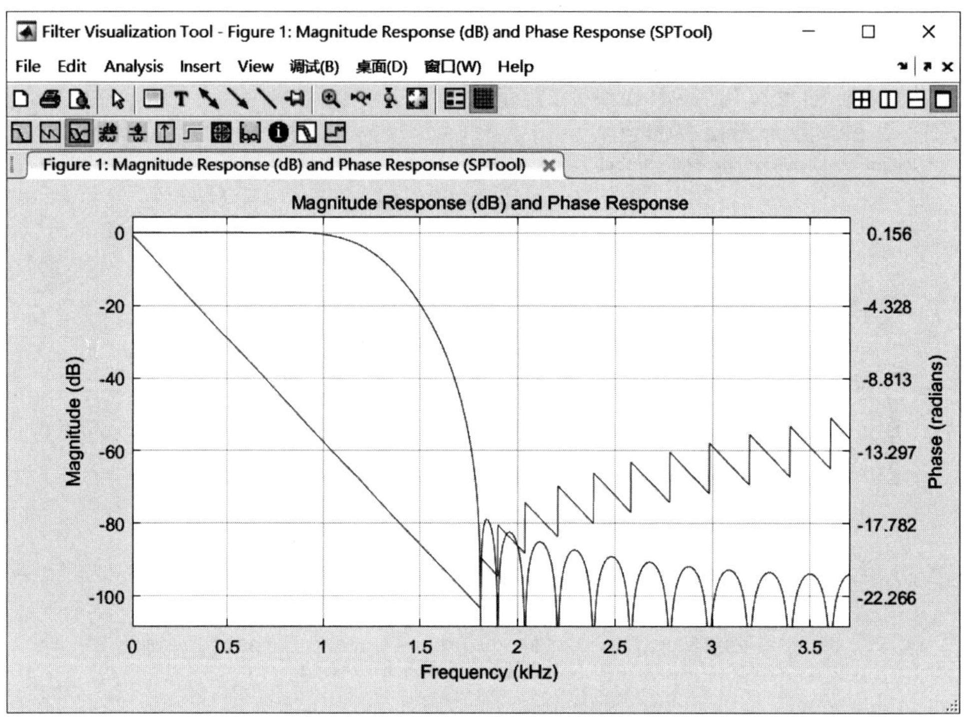

图 12-10　滤波器的幅值和相位响应

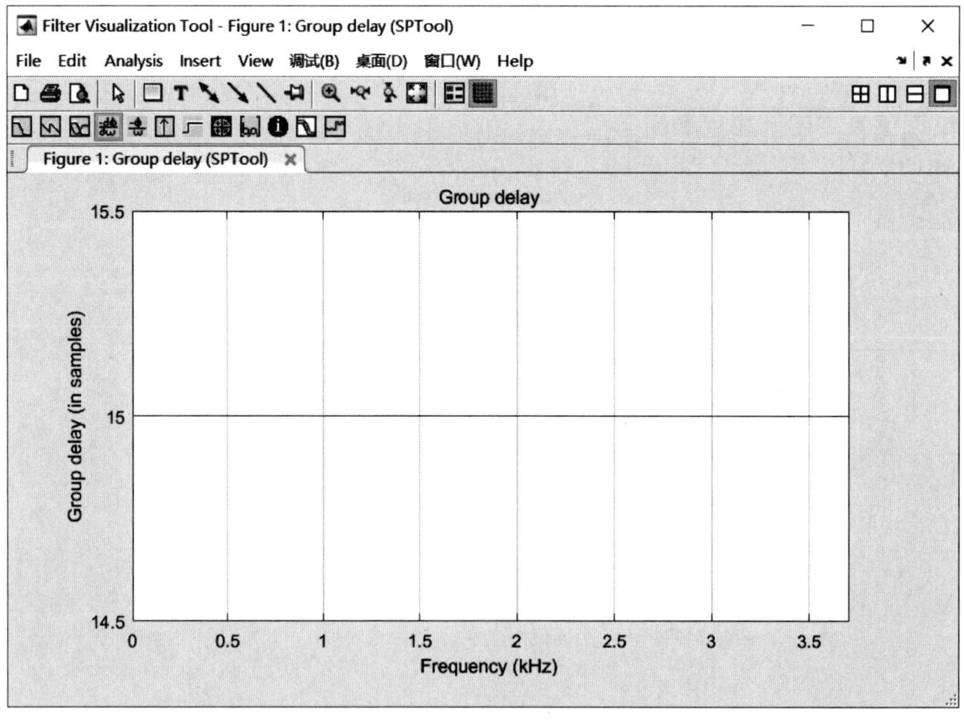

图 12-11　滤波器的的群延迟

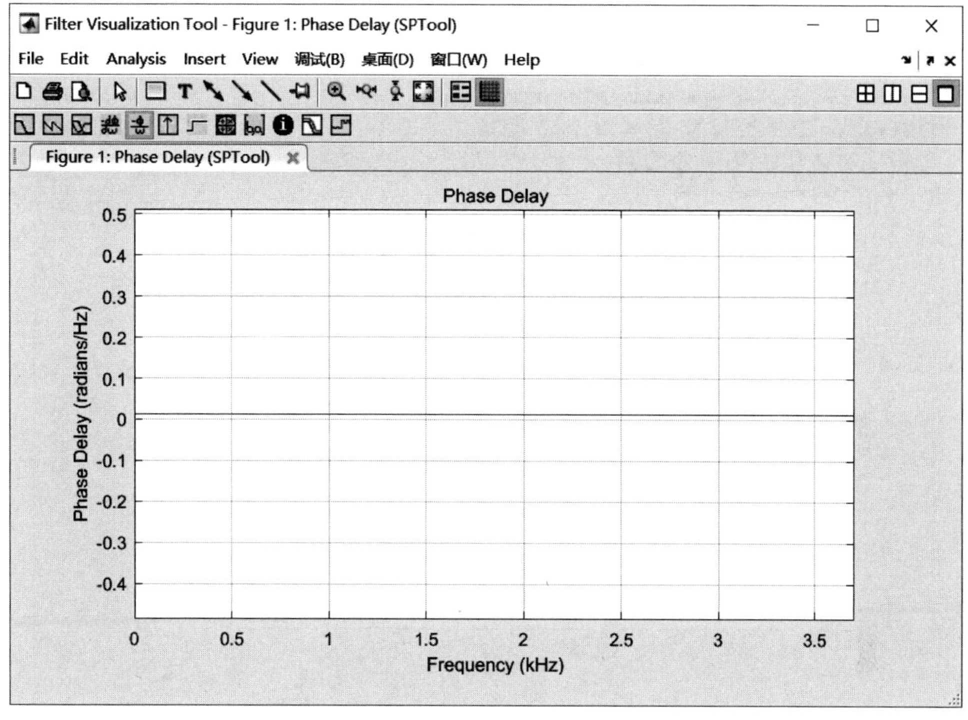

图 12-12 滤波器的相位延迟

滤波器的脉冲响应如图 12-13 所示。

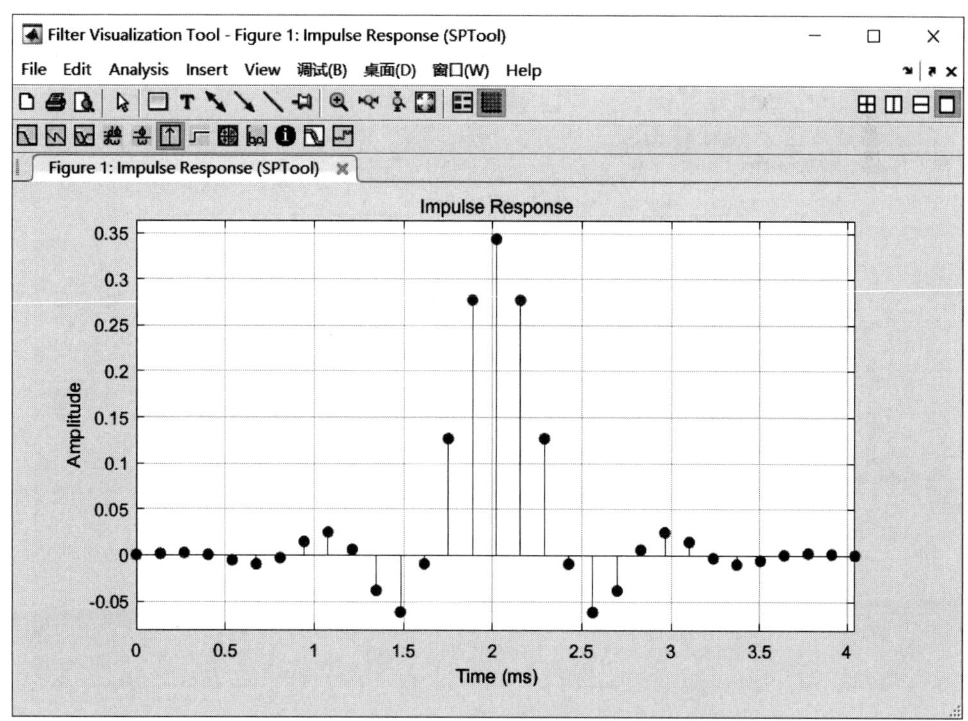

图 12-13 滤波器的脉冲响应

滤波器的阶跃响应如图 12-14 所示。

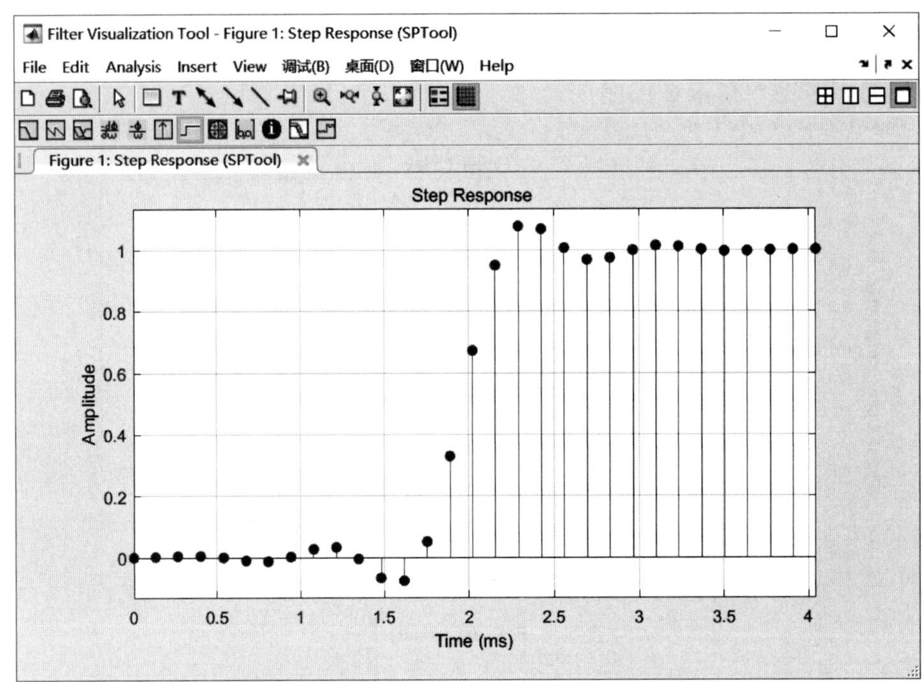

图 12-14　滤波器的阶跃响应

滤波器的零极点如图 12-15 所示。

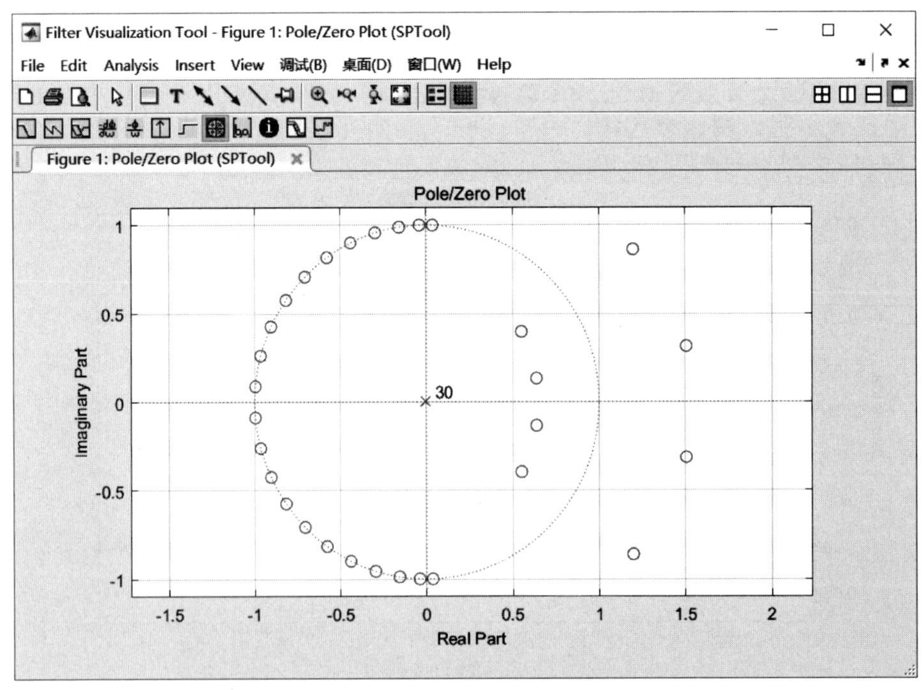

图 12-15　滤波器的零极点

滤波器的系数如图 12-16 所示。

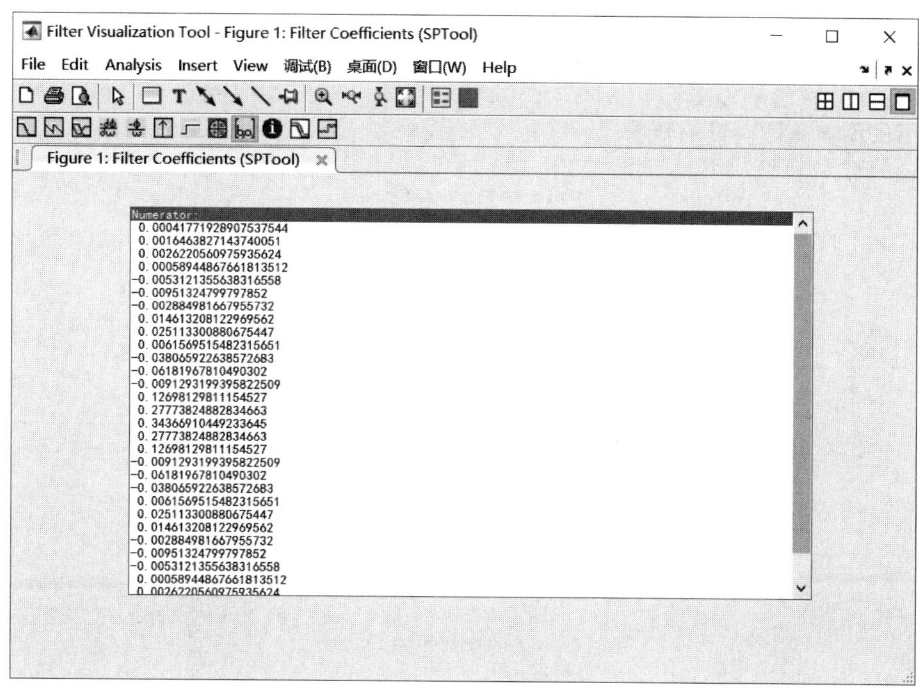

图 12-16 滤波器的系数

滤波器的信息如图 12-17 所示。

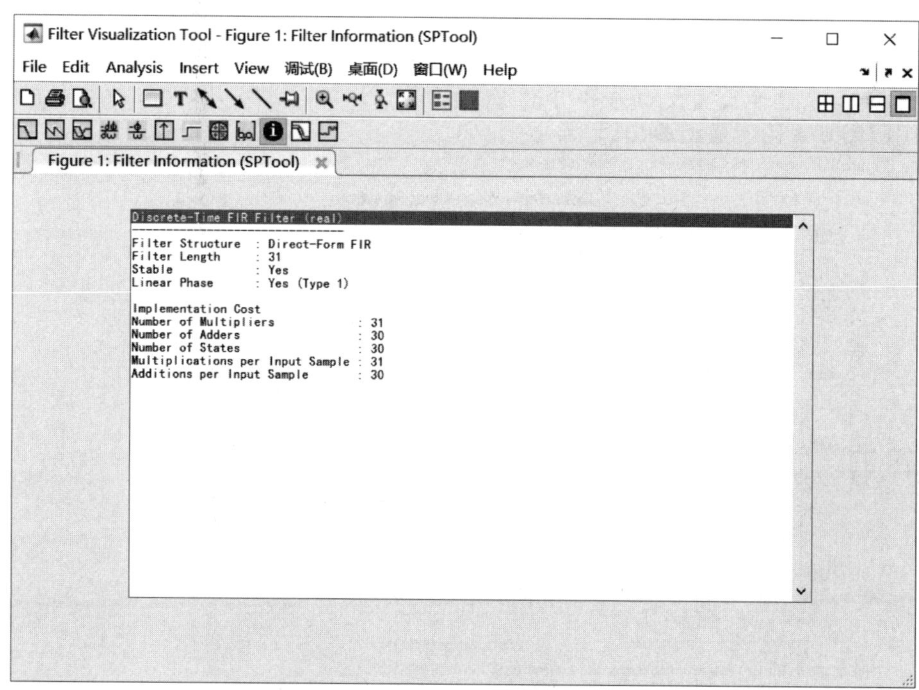

图 12-17 滤波器的信息

滤波器的幅值响应估计如图 12-18 所示。

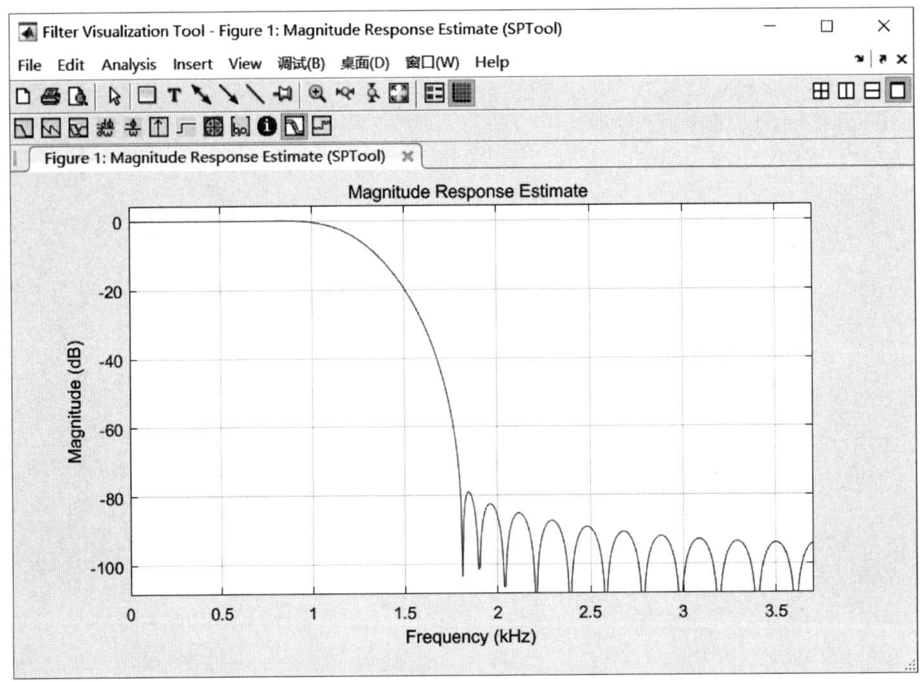

图 12-18 滤波器的幅值响应估计

滤波器的噪声功率谱如图 12-19 所示。

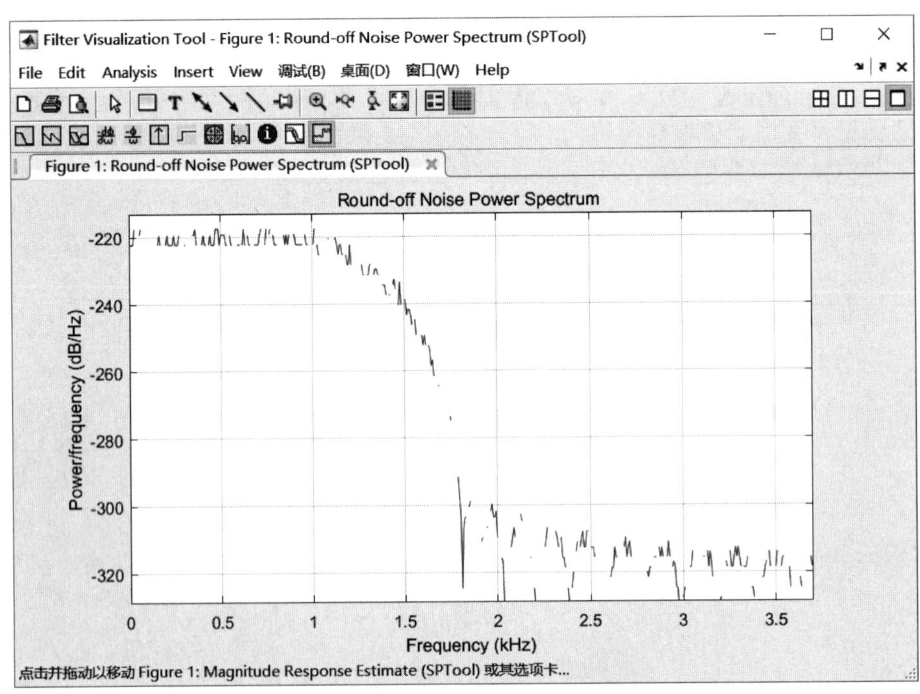

图 12-19 滤波器的噪声功率谱

12.1.4 频谱浏览器

频谱浏览器提供的功能如下：

- 查看和比较频谱图形；
- 多种方法谱估计；
- 修改频谱参数后再进行估计；
- 输出打印频谱数据。

在 SPTool 主窗口的 Spectra 列表中选择一个示例信号，然后单击该列表框下面相对应的按钮，就可以打开相应的频谱浏览器窗口。单击 View 按钮就可以查看信号频谱，如图 12-20 所示。

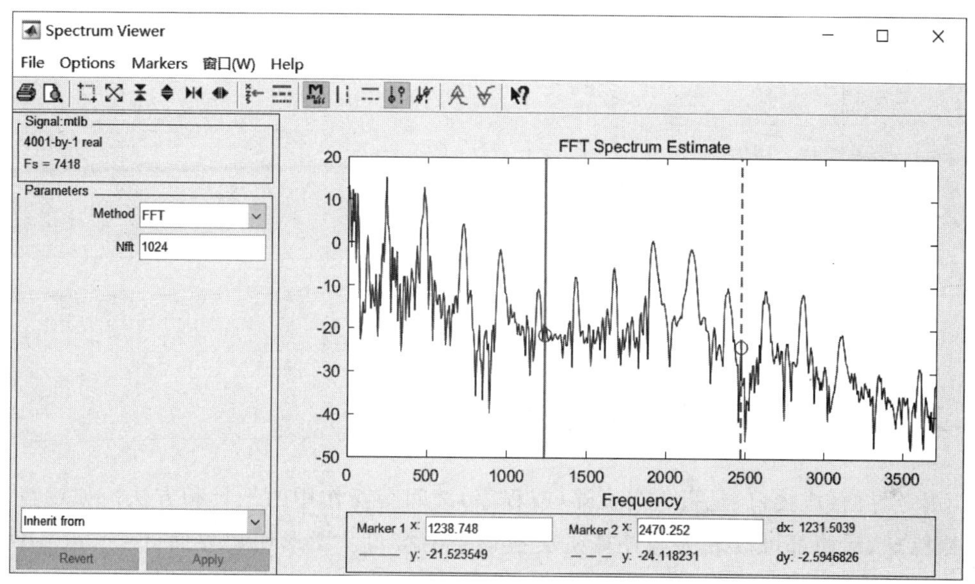

图 12-20 频谱浏览器

12.1.5 滤波器设计器

滤波器设计器提供的功能如下：

- 具有标准频率带宽结构的 IIR 滤波器的设计；
- 具有标准频率带宽结构的 FIR 滤波器的设计；
- 零极点编辑器实现具有任意频率带宽结构的 IIR 和 FIR 滤波器；
- 通过调整传递函数零极点的图形位置，实现滤波器的再设计；
- 在滤波器幅值响应图中添加频谱。

在 SPTool 主窗口的 Filters 列表中选择一个示例信号，然后单击该列表框下面相对应的按钮，就可以打开相应的滤波器设计器窗，如图 12-21 所示。

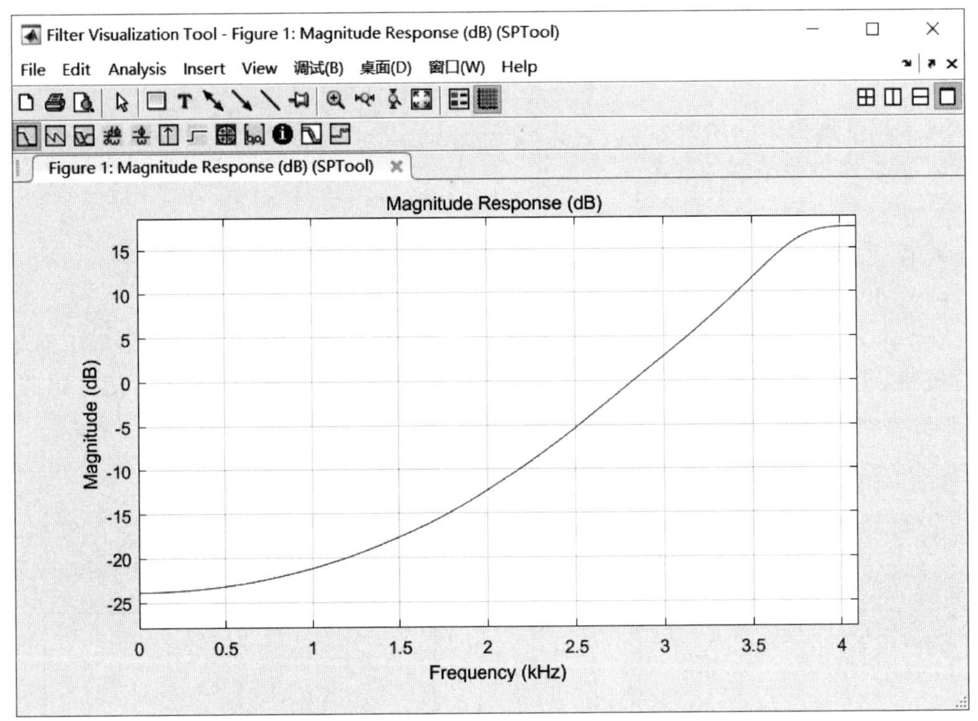

图 12-21　频谱浏览器

12.2　图形用户界面(GUI)简介

用户界面(或接口)是指人与机器(或程序)之间交互作用的工具和方法。如键盘、鼠标、跟踪球、话筒都可以成为与计算机交换信息的接口。图形用户界面(Graphical User Interfaces,GUI)则是由窗口、光标、按键、菜单、文字说明等对象(Objects)构成的一个用户界面。用户通过一定的方法(如鼠标或键盘)选择、激活这些图形对象,使计算机产生某种动作或变化,比如实现计算和实现绘图等。

12.2.1　GUI 的设计原则及步骤

一个好的图形界面应该遵守以下 3 个设计原则:简单性(Simplicity)、一致性(Consistency)、习常性(Familiarity)。

(1) 简单性。设计界面时,应力求简洁、直接、清晰地体现界面的功能和特征。无用的功能应尽量删去,以保持界面的整洁。设计的图形界面要直观,所以应该多采用图形,而尽量避免数值。设计界面应尽量减少窗口数目,避免在许多不同的窗口之间来回切换。

(2) 一致性。所谓一致性具有两层意思:一是,开发者自己开发的界面要保持风格尽量一致;二是,新设计的界面要与其他已有的界面风格不要截然相左。

(3) 习常性。设计新界面时,应尽量使用人们熟悉的标志和符号。以至于用户可能并不了解新界面的具体含义及操作方法,但是可以根据熟悉的标志做出正确的猜测,容易自学。

(4) 其他考虑因素。除了以上对界面的静态要求之外,还应该注意界面的动态性能。如界面对用户操作的响应要迅速、连续;对持续时间较长的运算,要给出等待时间提示,并且允许用户中断运算,尽量做到人性化。

GUI 的一般制作步骤:

界面制作包括界面设计和程序实现。具体步骤如下:

(1) 分析界面所要求实现的主要功能,明确设计任务;

(2) 绘出草图,并站在使用者的角度来审查草图;

(3) 按照构思的草图上机制作(静态)界面,并仔细检查;

(4) 编写界面实现动态功能的程序,对功能进行仔细验证、仔细检查。

打开 GUI 设计工作台的命令如下:

guide:打开设计工作台启动界面。

guide file:在工作台中打开文件名为 file 的用户界面。

其中,guide 命令中文件名不区分大小写。

打开的 GUI 启动界面提供新建界面(Create New GUI)如图 12-22 所示,或打开已有界面文件(Open Existing GUI)的属性页。新建界面可以选择空白界面、包含有控制框的模板界面、包含有轴对象和菜单的模板界面、标准询问窗口等选项。除此之外,还可以通过打开 MATLAB 的主窗,选择 File 菜单中的 New 菜单项,然后选择其中的 GUI 命令,就会显示 GUI 的设计模板。

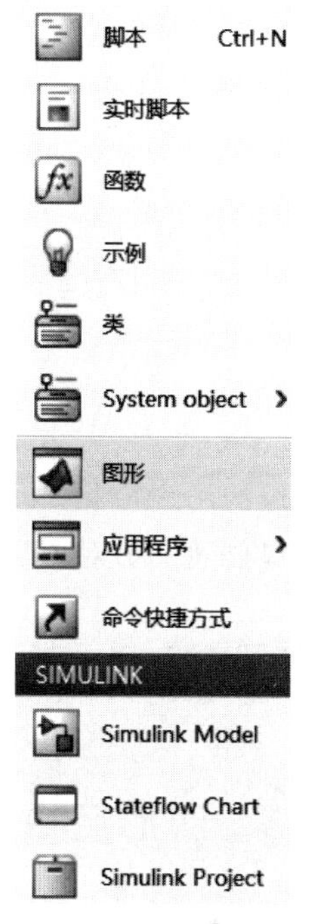

图 12-22 GUI 的设计模板

12.2.2 GUI 模板与设计窗口

Matlab 为 GUI 设计提供了如下 4 种模板:

(1) Blank GUI (空白模板,默认);

(2) GUI with Uicontrols(带控制框对象的 GUI 模板);

(3) GUI with Axes and Menu(带坐标轴与菜单的 GUI 模板);

(4) Modal Question Dialog(带模式问题对话框的 GUI 模板)。

当用户选择不同的模板时,在 GUI 设计模板界面的右边就会显示出与该模板对应的 GUI 图形。GUI 模板如图 12-23 所示。

在 GUI 设计模板中选中一个模板,单击 OK 按钮,就会显示 GUI 设计窗口。图形用户界面 GUI 设计窗口功能区由菜单栏、工具栏、控制框工具栏以及图形对象设计等组成。

GUI 设计窗口的菜单栏中的菜单项有 File、Edit、View、Layout、Tools 和 Help,如图 12-24 所示,可以通过使用其中的命令完成图形用户界面的设计操作。菜单栏的下方为编辑工具,提供了常用的工具;窗口的左半部分为设计工具区,提供了设计 GUI 过程

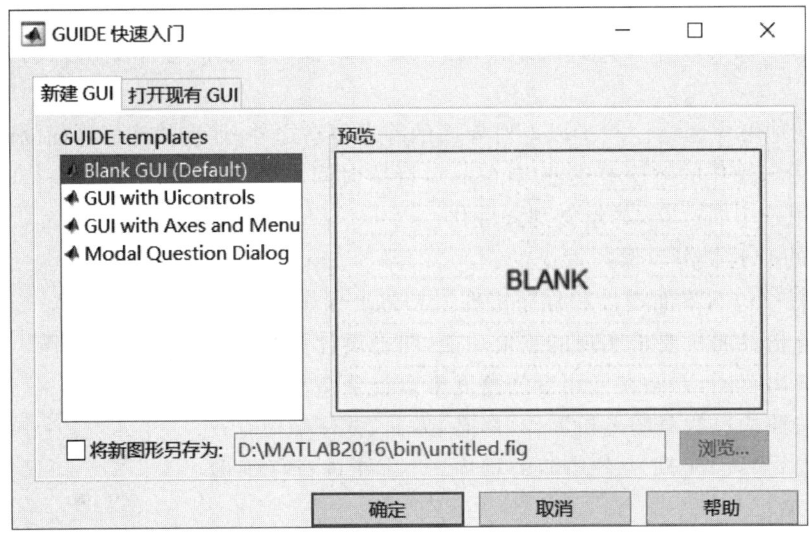

图 12-23　GUI 模板

中所用的用户控制框；空间模板区是网格形式的用户设计 GUI 的空白区域。在 GUI 设计窗口创建图形对象后，可以通过双击该对象来显示该对象的属性编辑器。

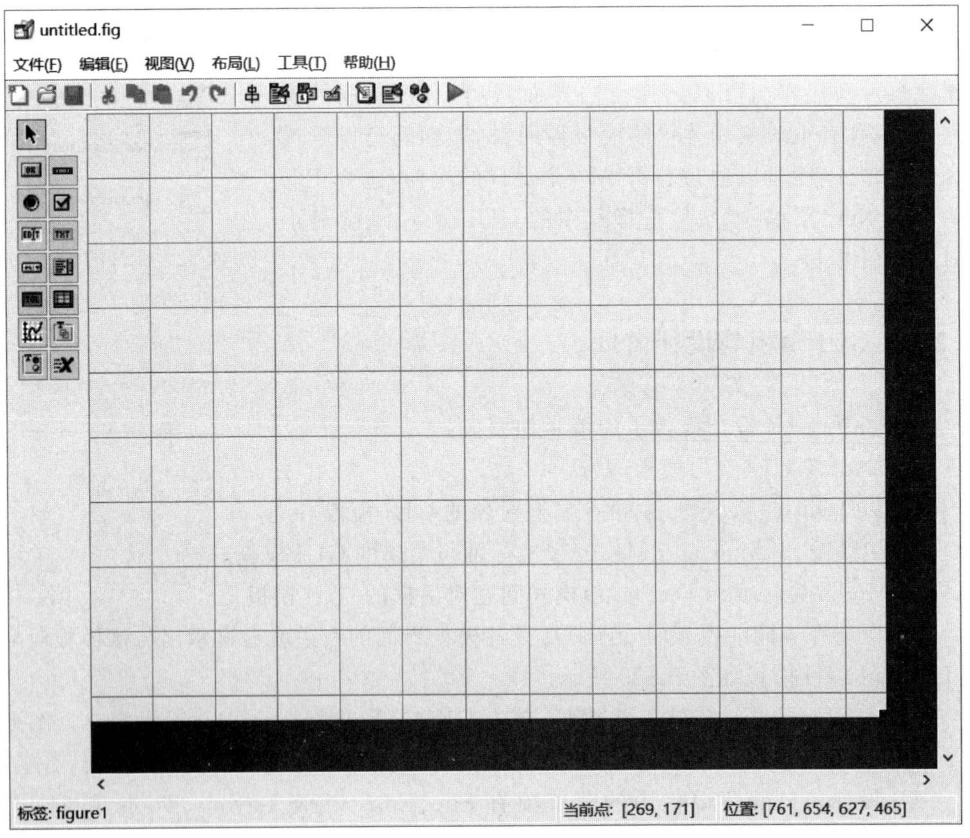

图 12-24　空白 GUI 模板

12.3 控制框对象及属性

控制框是一种基本的可视构件块,包含在应用程序中,控制着该程序处理的所有数据以及关于这些数据的交互操作。事件响应的图形界面对象叫作控制框对象。即当某一事件发生时,应用程序会做出响应并执行某些预定的功能子程序。MATLAB 中的控制框大致可分为两种:一种为动作控制框,鼠标单击这些控制框时会产生相应的响应。另一种为静态控制框,是一种不产生响应的控制框,如文本框等。每种控制框都有一些可以设置的参数,用于表现控制框的外形、功能及效果,即属性,属性由属性名和属性值两部分组成,它们必须是成对出现的。在 MATLAB 中,在对话框上有各种各样的控制框用于实现有关控制,uicontrol 函数用于建立控制框对象的,其调用格式如下:

```
对象句柄 = uicontrol(图形窗口句柄,属性名 1,属性值 1,属性名 2,属性值 2,…)
```

表 12-1 列出了 MATLAB 中常用的控制框。

表 12-1 MATLAB 中常用的控制框

名 称	说 明
按钮(Push Buttons)	执行某种预定的功能或操作
开关按钮(Toggle Button)	产生一个动作并指示一个二进制状态(开或关),当鼠单击它时按钮将下陷,并执行 callback(回调函数)中指定的内容,再次单击,按钮复原,并再次执行 callback 中的内容
单选框(Radio Button)	单个的单选框用来在两种状态之间切换,多个单选框组成一个单选框组时,用户只能在一组状态中选择单一的状态,或称为单选项
复选框(Check Boxes)	单个的复选框用来在两种状态之间切换,多个复选框组成一个复选框组时,可使用户在一组状态中作组合式的选择,或称为多选项
文本编辑器(Editable Texts)	用来使用键盘输入字符串的值,可以对编辑框中的内容进行编辑、删除和替换等操作
静态文本框(Static Texts)	仅用于显示单行的说明文字
滚动条(Slider)	可输入指定范围的数量值
边框(Frames)	在图形窗口圈出一块区域
列表框(List Boxes)	在其中定义一系列可供选择的字符串
弹出式菜单(Popup Menus)	让用户从一列菜单项中选择一项作为参数输入
坐标轴(Axes)	用于显示图形和图像

每一个控制框都不可能是完全符合界面设计要求的,需要对其属性进行设置,以获得所需的界面显示效果。可以通过双击该控制框,或利用 GUI 设计工具的下拉菜单

[View：Property Inspector]打开控制框属性对话框。属性对话框具有良好的交互界面，以列表的形式给出该控制框的每一项属性。

表 12-2 介绍了控制框对象的属性。

表 12-2 控制框对象的公共属性

名　称	说　明
Children	取值为空矩阵,因为控制框对象没有自己的子对象
Parent	取值为某个图形窗口对象的句柄,该句柄表明了控制框对象所在的图形窗口
Tag	取值为字符串,定义了控制框的标识值,在任何程序中都可以通过这个标识值控制该控制框对象
Type	取值为 uicontrol,表明图形对象的类型
UserDate	取值为空矩阵,用于保存与该控制框对象相关的重要数据和信息
Visible	取值为 on 或 off
BackgroundColor	取值为颜色的预定义字符或 RGB 数值；默认值为浅灰色
Callback	取值为字符串,可以是某个 M 文件名或一小段 MATLAB 语句,当用户激活某个控制框对象时,应用程序就运行该属性定义的子程序
Enable	取值为 on(默认值)、inactive 和 off
Extend	取值为四元素矢量[0，0，width，height],记录控制框对象标题字符的位置和尺寸
ForegroundColor	取值为颜色的预定义字符或 RGB 数值,该属性定义控制框对象标题字符的颜色；默认值为黑色
Max,Min	取值都为数值,默认值分别为 1 和 0
String	取值为字符串矩阵或块数组,定义控制框对象标题或选项内容
Style	取值可以是 pushbutton(默认值)，radiobutton，checkbox，edit，text，slider，frame，popupmenu 或 listbox
Units	取值可以是 pixels (默认值)，normalized(相对单位)，inches，centimeters(厘米)或 points(磅)
Value	取值可以是矢量,也可以是数值,其含义及解释依赖于控制框对象的类型
FontAngle	取值为 normal(正体,默认值)，italic(斜体)，oblique(方头)
FontName	取值为控制框标题等字体的字库名
FontSize	取值为数值
FontUnits	取值为 points(默认值)，normalized，inches，centimeters 或 pixels
FontWeight	取值为 normal(默认值)，light,demi 和 bold,定义字符的粗细
HorizontalAligment	取值为 left,center (默认值)或 right,定义控制框对象标题等的对齐方式
ListboxTop	取值为数量值,用于 listbox 控制框对象
SliderStep	取值为两元素矢量[minstep,maxstep],用于 slider 控制框对象
Selected	取值为 on 或 off(默认值)
SlectionHoghlight	取值为 on 或 off(默认值)
BusyAction	取值为 cancel 或 queue(默认值)
ButtDownFun	取值为字符串,一般为某个 M 文件名或一小段 MATLAB 程序
Creatfun	取值为字符串,一般为某个 M 文件名或一小段 MATLAB 程序
DeletFun	取值为字符串,一般为某个 M 文件名或一小段 MATLAB 程序
HandleVisibility	取值为 on(默认值)，callback 或 off
Interruptible	取值为 on 或 off(默认值)

12.3.1 按钮

按钮键，又称命令按钮，是小的长方形屏幕对象，常常在对象本身标有文本。将鼠标指针移动至对象，选择按钮键 uicontrol，单击鼠标，执行由回调字符串所定义的动作。按钮键的 Style 属性值是 pushbutton。

【例 12-1】 按钮控件示例。

程序如下：

```
clear
clc
hf = figure('Position',[200 200 600 400] ,...
            'Name','Uicontrol1' ,...
            'NumberTitle','off');
ha = axes('Position',[0.4 0.1 0.5 0.7],...
             'Box','on');
hbSin = uicontrol(hf,...
                  'Style','pushbutton',...
                  'Position',[50,140,100,30],...
                  'String','绘制 sin(x)',...
                  'CallBack',...
                  ['subplot(ha);'...
                    'x = 0:0.1:4 * pi;'...
                    'plot(x,sin(x));'...
                    'axis([0 4 * pi  -1 1]);'...
                    'xlabel(''x'');'...
                   'ylabel(''y = sin(x)'');'...
                    'if get(hcGrid,''Value'') == 1;'... % add
                        'grid on;'...
                     'else;'...
                       'grid off;'...
                     'end;'...
                  ]);
hbCos = uicontrol(hf,...
                  'Style','pushbutton',...
                  'Position',[50,100,100,30],...
                  'String','绘制 cos(x)',...
                  'CallBack',...
                  ['subplot(ha);'...
                    'x = 0:0.1:4 * pi;'...
                    'plot(x,cos(x));'...
                    'axis([0 4 * pi  -1 1]);'...
                  'xlabel(''x'');'...
                   'ylabel(''y = cos(x)'');'...
                    'if get(hcGrid,''Value'') == 1;'... % add
                  'grid on;'...
                    'else;'...
                   'grid off;'...
                    'end;'...
                  ]);
hbClose = uicontrol(hf,...
```

```
            'Style','pushbutton',...
            'Position',[50,60,100,30],...
            'String','退出',...
            'CallBack','close(hf)');
```

运行结果如图 12-25 所示。

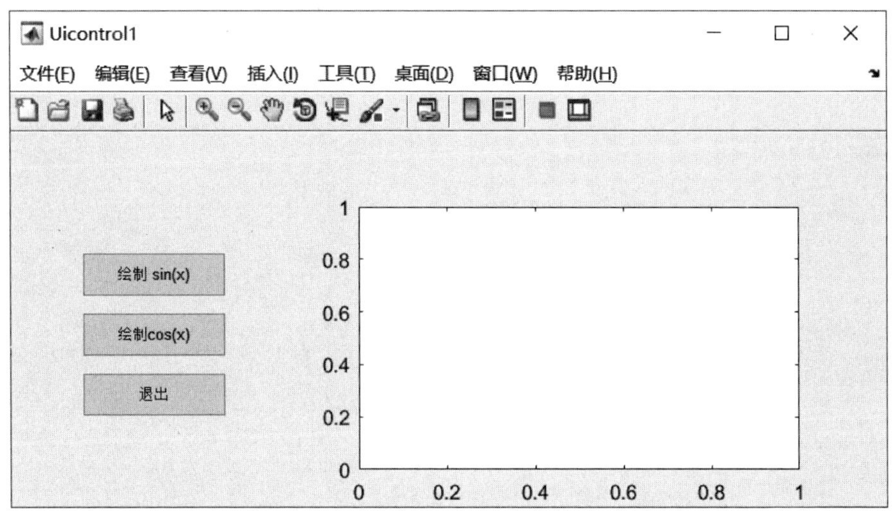

图 12-25　按键控件

单击“绘制 sin(x)”按钮控件后的图形结果如图 12-26 所示。

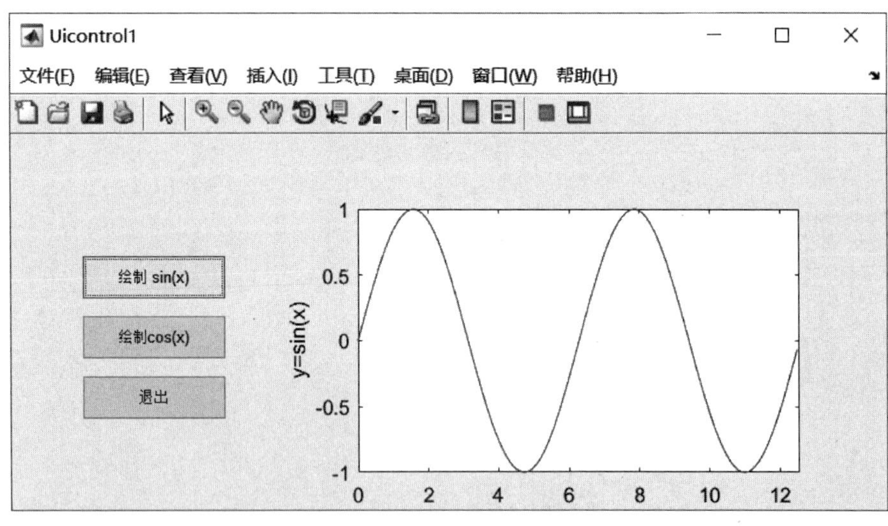

图 12-26　按键控件绘制 sin(x)

12.3.2　滑块

滑块，或称滚动条，包括 3 个独立的部分，分别是滚动槽(或称长方条区域，代表有效对象值范围)、滚动槽内的指示器(代表滑标当前值),以及在槽的两端的箭头。滑块 uicontrol 的 Style 属性值是 slider。

滑标典型地用于从几个值域范围中选定一个。滑标值有以下 3 种设定方式。

(1) 鼠标指针指向指示器,移动指示器。拖动鼠标时,要按住鼠标按钮,当指示器位于期望位置后松开鼠标。

(2) 当指针处于槽中但在指示器的一侧时,单击鼠标,指示器按该侧方向移动距离约等于整个值域范围的 10%。

(3) 在滑标任意端单击鼠标箭头,指示器沿着箭头的方向移动大约为滑标范围的 1%。滑标通常与所用文本 uicontrol 对象一起显示标志、当前滑标值及值域范围。

【例 12-2】 实现一个滑块,可以用于设置视点方位角。用 3 个文本框分别指示滑标的最大值、最小值和当前值。

程序如下:

```
fig = meshgrid(2:100);
mesh(fig)
vw = get(gca,'View');
Hc_az = uicontrol(gcf, 'Style', 'slider', 'Position', [10 5 140 20], 'Min', - 90, 'Max', 90,
'Value', vw(1), 'CallBack', ['set(Hc_cur,"String",num2str(get(Hc_az,"Value")))', 'set(gca,
"View", [get(Hc_az,"Value") , vw(2)])']);
Hc_min = uicontrol(gcf,'Style','text','Position',[10 25 40 20],'String',[num2str(get(Hc_az,
'Min' )),num2str(get(Hc_az, 'Min'))]);
Hc_max = uicontrol(gcf, 'Style', 'text', 'Position', [110 25 40 20], 'String', num2str(get(Hc
_az,'Max')));
Hc_cur = uicontrol(gcf, 'Style', 'text', 'Position', [60 25 40 20], 'String' , num2str(get(Hc
_az,'Value')));
Axis off
```

运行结果如图 12-27 所示。

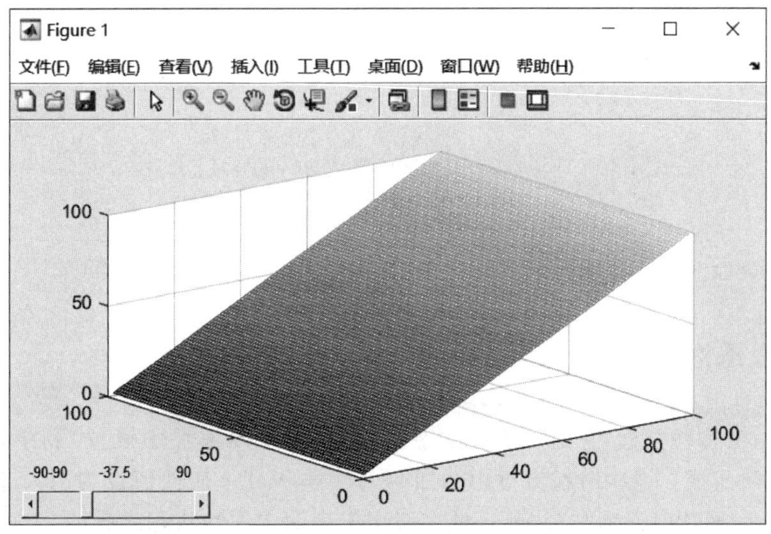

图 12-27 实现一个用于设置视点方位角的滑块

12.3.3 单选按钮

单选按钮，又称无线按钮，它由一个标注字符串（在 String 属性中设置）和字符串左侧的一个小圆圈组成。当它被选择时，圆圈被填充一个黑点，且属性 Value 的值为“1”；若未被选择，圆圈为空，属性 Value 值为“0”。

单选按钮则一般用于在一组互斥的选项中选择一项。为了确保互斥性，单选按钮的回调程序需要将其他各项的 Value 值设为“0”。单选按钮 style 属性的默认值是 Radio Button。

【例 12-3】 单选按钮示例。

程序如下：

```
clear
clc
hf = figure('Position',[200 200 600 400] ,...
            'Name','Uicontrol1',...
            'NumberTitle','off');
ha = axes('Position',[0.4 0.1 0.5 0.7],...
            'Box','on');
hrboxoff = uicontrol(gcf,'Style','radio',...                %单选按钮 off
                'Position',[50 180 100 20],...
                'String','Set box off',...
                'Value',0,...
                'CallBack',[...
                            'set(hrboxon,''Value'',0);'...
                            'set(hrboxoff,''Value'',1);'...
                            'set(gca,''Box'',''off'');']);
hrboxon = uicontrol(gcf,'Style','radio',...                 %单选按钮 on
                'Position',[50 210 100 20],...
                'String','Set box on',...
                'Value',1,...
                'CallBack',[...
                            'set(hrboxon,''Value'',1);'...
                            'set(hrboxoff,''Value'',0);'...
                            'set(gca,''Box'',''on'');']);
```

运行结果如图 12-28 所示。

12.3.4 复选框

复选框，又称检查框，它由一个标注字符串（在 String 属性中设置）和字符串左侧的一个小方框所组成。选中时在方框内添加“√”符号，Value 属性值设为“1”；未选中时方框变空，Value 属性值设为“0”。复选框一般用于表明选项的状态或属性。

【例 12-4】 复选框示例。

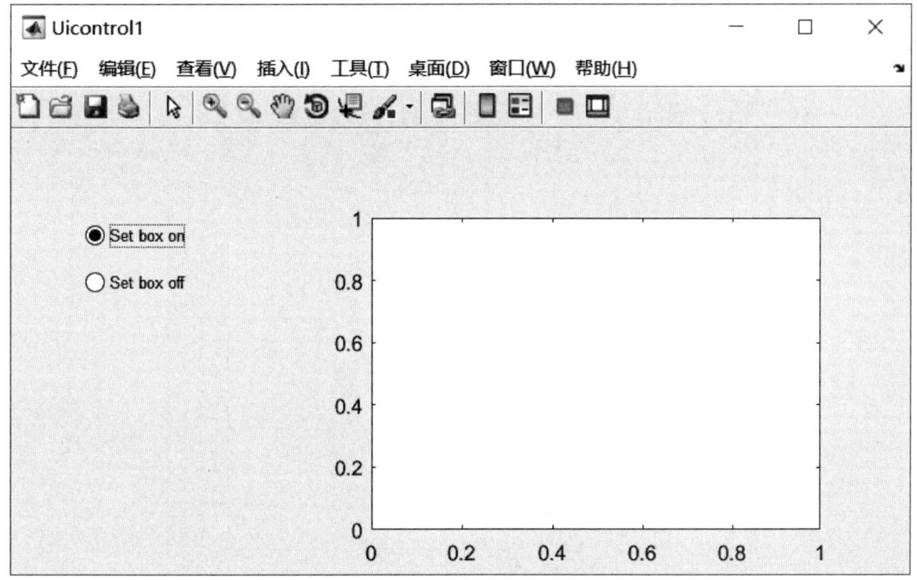

图 12-28　单选按钮示例

程序如下：

```
clear
clc
hf = figure('Position',[200 200 600 400] ,...
            'Name','Uicontrol1' ,...
            'NumberTitle','off');
ha = axes('Position',[0.4 0.1 0.5 0.7],...
             'Box','on');
hcGrid = uicontrol(hf,'Style','check',...                          % 复选框
                'Position',[50 240 100 20],...                       % 复选框位置
                'String','Grid on',...
                'Value',1,...
                'CallBack',[...
                               'if get(hcGrid,''Value'') == 1;' ...    % 判断是否选中
                                'Grid on;'...
                                'else;'...
                               'Grid off;'...
                                'end;'...
                                 ]);
```

运行结果如图 12-29 所示。

12.3.5　静态文本

静态文本是仅仅显示一个文本字符串的 uicontrol，该字符串是由 string 属性所确定的。静态文本框的 Style 属性值是 text。静态文本框典型用于显示标志、用户信息及当前值。

静态文本框之所以称为“静态”，是因为用户不能动态地修改所显示的文本。文本只

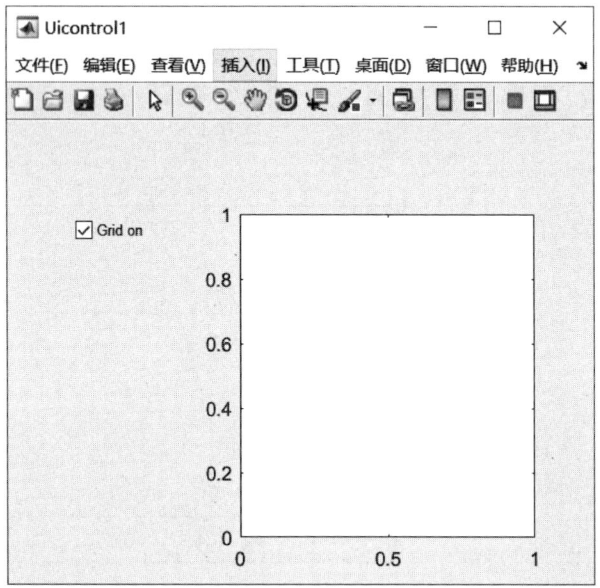

图 12-29 复选框示例

能通过改变 String 属性来更改。

【例 12-5】 静态文本示例。

程序如下：

```
hf = figure('Position',[200 200 600 400] ,...
            'Name','Uicontrol1' ,...
            'NumberTitle','off');
htDemo = uicontrol(hf,'Style','text',...           % 文本标签
                  'Position',[100 100 100 30],...
                  'String','静态文本示例');
```

运行结果如图 12-30 所示。

图 12-30 静态文本示例

12.3.6 可编辑文本框

可编辑文本框和静态文本框一样，都是在屏幕上显示字符。但与静态文本框不同的是，可编辑文本框允许用户动态地编辑或重新安排文本串，就像使用文本编辑器或文字处理器一样，在 String 属性中有该信息，可编辑文本框 uicontrol 的 Style 属性值是 edit，可以让用户输入文本串或特定值。

可编辑文本框可包含一行或多行文本。单行可编辑文本框只接受一行输入，而多行可编辑文本框可接受多行输入。

【例 12-6】 可编辑文本框示例。

程序如下：

```
clear
clc
varX = ['NumStr = get(heNum,''String'');',...                    % 调用过程
        'Num = str2num(NumStr);',...
       'x = 0:0.1:Num * pi;' ];
hf = figure('Position',[200 200 600 400] ,...
            'Name','Uicontrol1' ,...
            'NumberTitle','off');
ha = axes('Position',[0.4 0.1 0.5 0.7],...
             'Box','on');
heNum = uicontrol(hf,'Style','edit',...                         % 可编辑文本框
                  'Position',[50 270 100 20],...
                  'String','6',...                              % 默认输入为 4
                   'CallBack',varX);
```

运行结果如图 12-31 所示。

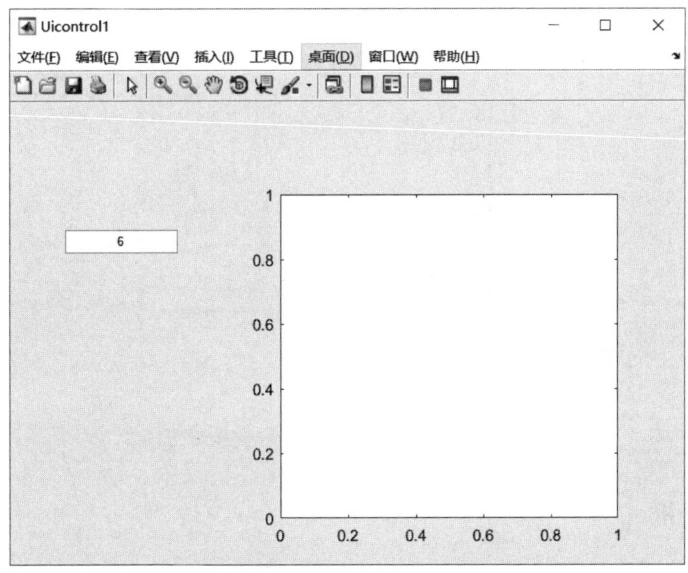

图 12-31 可编辑文本框示例

12.3.7 弹出式菜单

弹出式菜单(Pop-up Menu)向用户提出互斥的一系列选项清单,用户可以选择其中的某一项。弹出式菜单不受菜单条的限制,可以位于图形窗口内的任何位置。

通常状态下,弹出式菜单以矩形的形式出现,矩形中含有当前选择的选项,在选项右侧有一个向下的箭头来表明该对象是一个弹出式菜单。当指针处在弹出式菜单的箭头之上并按下鼠标时,出现所有选项。移动指针到不同的选项,单击鼠标左键就选中了该选项,同时关闭弹出式菜单,显示新的选项。

选择一个选项后,弹出式菜单的 Value 属性值为该选项的序号。

弹出式菜单的 Style 属性的默认值是 popupmenu,在 string 属性中设置弹出式菜单的选项字符串,在不同的选项之间用"|"分隔,类似于换行。

【例 12-7】 创建一个弹出式菜单,使其提供不同颜色的选取。

程序如下:

```
clear
clc
PlotS = [
        'UD = get(hpcolor,''UserData'');',...
         'set(gcf,''Color'',UD(get(hpcolor,''Value''),:));'...
        ];
hf = figure('Position',[200 200 600 400] ,...
           'Name','Uicontrol1',...
           'NumberTitle','off');
ha = axes('Position',[0.4 0.1 0.5 0.7],...
            'Box','on');

   hpcolor = uicontrol(gcf,'Style','popupmenu',...
         'Position',[340 360 100 20],...
         'String','Black|Red|Yellow|Green|Cyan|Blue|Magenta|White',...
         'Value',1,...
         'UserData',[[0 0 0];...
                          [1 0 0];...
                          [1 1 0];...
                          [0 1 0];...
                          [0 1 1];...
                          [0 0 1];...
                          [1 0 1];...
                          [1 1 1]],...
         'CallBack',PlotS);
```

运行结果如图 12-32 所示。

12.3.8 列表框

列表框列出一些选项的清单,并允许用户选择其中的一个或多个选项,一个或多个

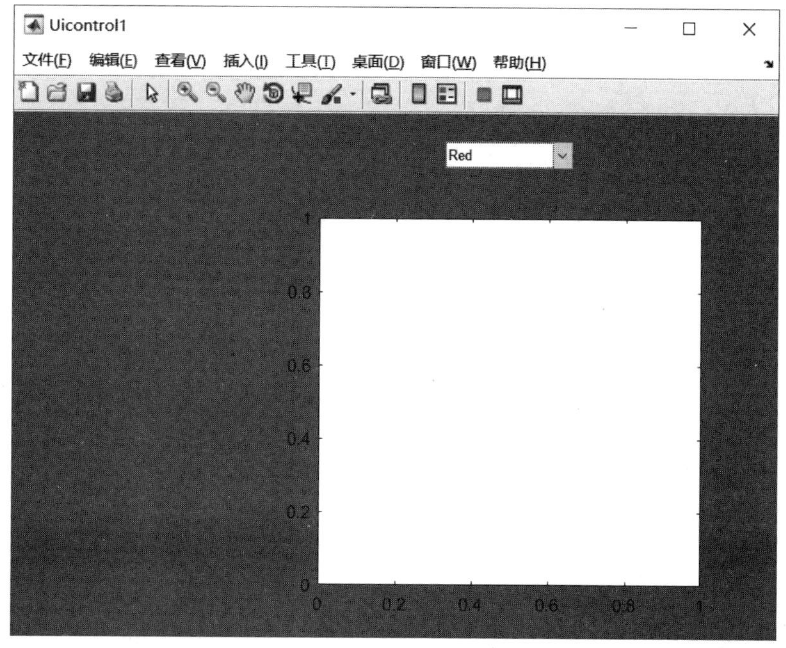

图 12-32　下拉菜单提供不同颜色的选取

的模式由 Min 和 Max 属性控制。Value 属性的值为被选中选项的序号，同时也指示了选中选项的个数。

当单击鼠标选中该项后，Value 属性的值被改变，释放鼠标的时候 MATLAB 执行列表框的回调程序。列表框的 Style 属性的默认值是 listbox。

【例 12-8】 列表框示例。

程序如下：

```
clear
clc
hf = figure('Position',[200 200 600 400] ,...
            'Name','Uicontrol1',...
            'NumberTitle','off');
ha = axes('Position',[0.4 0.1 0.5 0.7],...
             'Box','on');
hlist = uicontrol(gcf,'Style','list',...            % 列表框
                  'position', [50,140,100,100],...
    'string','. point| - solid|o circle|: dotted|x x - mark| - . dashdot| -- dashed| + plus|
s square|d diamond| * star',...
                  'Max',2);                         % 调用 PlotSin
```

运行结果如图 12-33 所示。

12.3.9　切换按钮

切换按钮激活时，uicontrol 在检查和清除状态之间切换。在检查状态时，根据平台

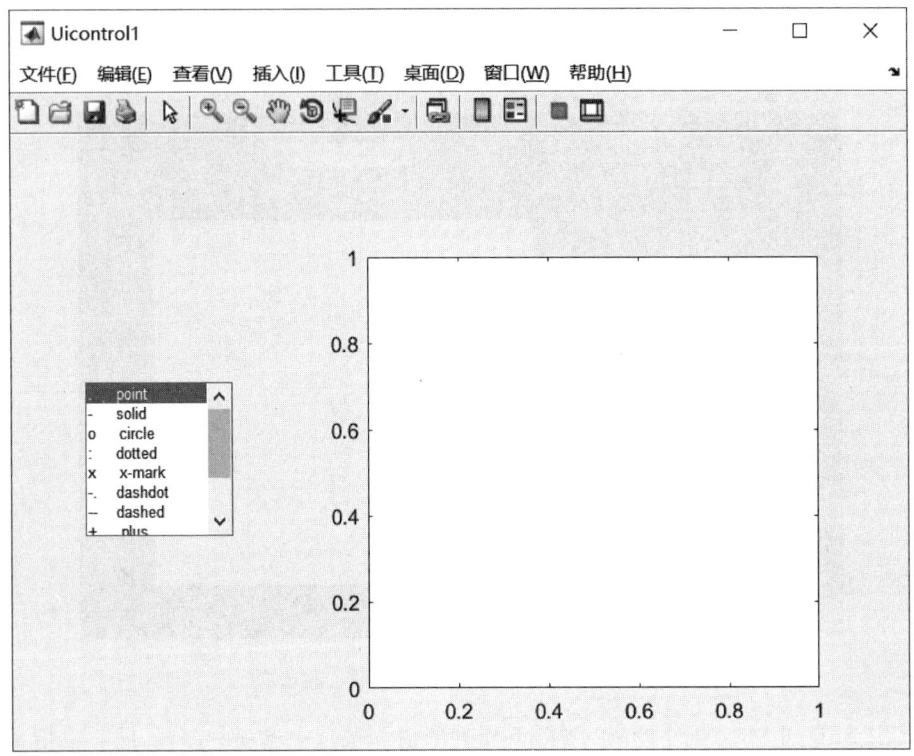

图 12-33 列表框示例

的不同,方框被填充,Value 属性值设为 1。若为清除状态,则方框变空,Value 属性值设为 0。

【例 12-9】 切换按钮示例。

程序如下:

```
hf = figure('Position',[200 200 600 400] ,...
            'Name','Uicontrol1' ,...
            'NumberTitle','off');
ha = axes('Position',[0.4 0.1 0.5 0.7],...
             'Box','on',...
           'XGrid','on',...                           %x 有网格
          'YGrid','on');                              %y 有网格
htg = uicontrol(gcf,'style','toggle',...              %切换按钮
       'string','Grid on',...
       'position',[50,200,100,40],...
       'callback',[...
                   'grid;'...
       'if length(get(htg,''String'')) == 7 & get(htg,''String'') == ''Grid on'';'...
                   'set(htg,''String'',''无网格'');'...      %改变字符显示
                   'else;'...
                  'set(htg,''String'',''有网格'');end;'...  %改变字符显示
                   ]);
```

运行结果如图 12-34 所示,切换按钮呈上凸状态。

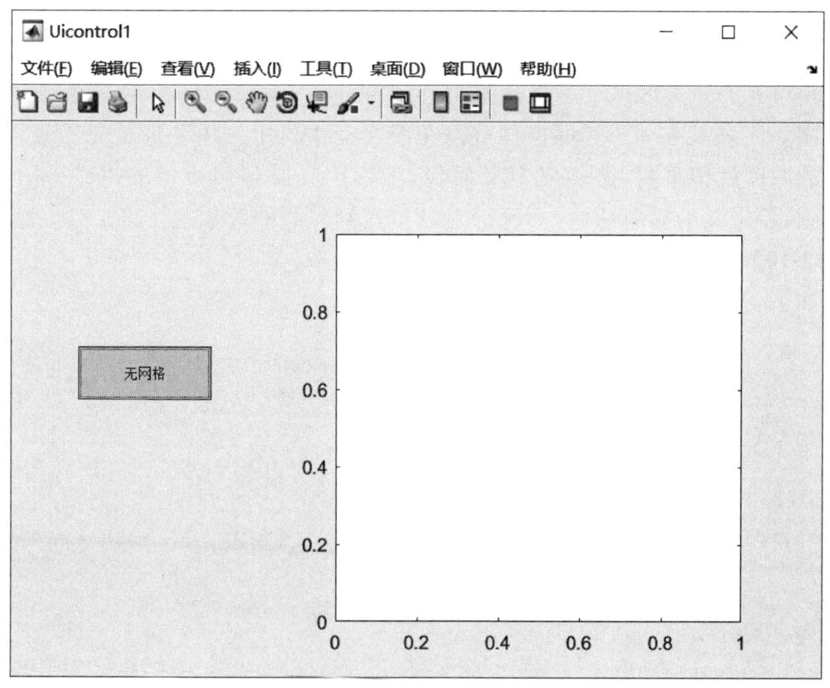

图 12-34 切换按钮上凸状态

单击切换按钮如图 12-35 所示,切换按钮呈下凹状态。

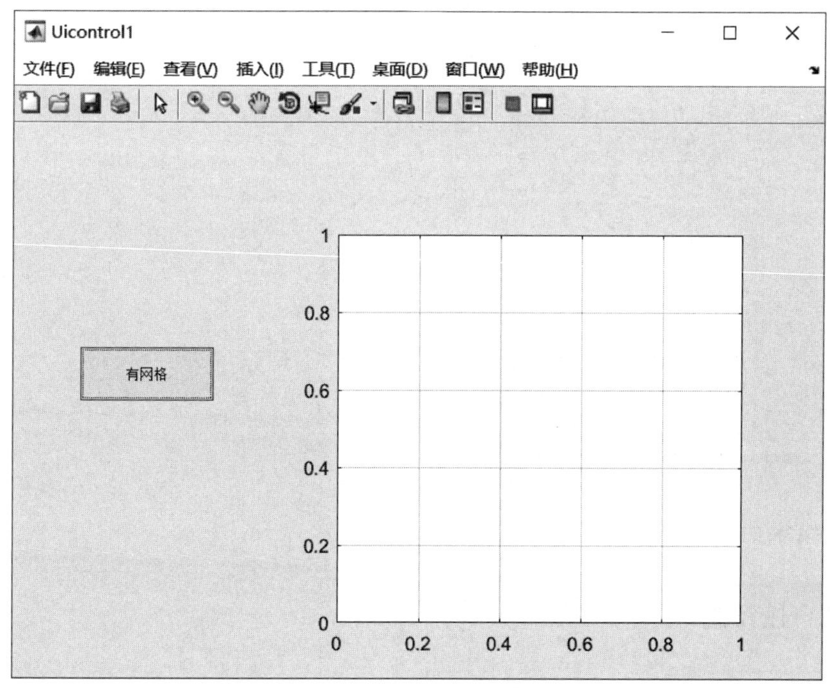

图 12-35 切换按钮下凹状态

12.3.10 面板

面板是填充的矩形区域。一般用来把其他控件放入面板中,组成一组。面板本身没有回调程序。注意只有用户界面控件可以在图文框中显示。由于面板是不透明的,因而定义面板的顺序就很重要,必须先定义面板,然后定义放到面板中的控件。因为先定义的对象先画,后定义的对象后画,后画的对象覆盖到先画的对象上。

【例 12-10】 创建面板,并将两个按钮放在面板中。

程序如下:

```
clear
clc
hf = figure('Position',[200 200 600 400] ,...
            'Name','Uicontrol1' ,...
            'NumberTitle','off');
hp = uipanel('units','pixels',...                    %面板
             'Position',[48 78 110 100],...
       'Title','面板示例','FontSize',12);            %面板标题
ha = axes('Position',[0.4 0.1 0.5 0.7],...
             'Box','on');
hbSin = uicontrol(hf,...
                  'Style','pushbutton',...           %sin 函数按钮
                  'Position',[50,120,100,30],...
                  'String','绘制 sin(x)',...
                  'CallBack',...
                                 ['subplot(ha);'...
                                  'x = 0:0.1:4 * pi;'...
                                  'plot(x,sin(x));'...   %绘制 sin 函数
                                  'axis([0 4 * pi -1 1]);'...
                                  'grid on;'...
                                 'xlabel(''x'');'...
                                 'ylabel(''y = sin(x)'');'...
                                  ]);
hbClose = uicontrol(hf,...
                  'Style','pushbutton',...           %结束按钮
                  'Position',[50,80,100,30],...
                  'String','退出',...
                  'CallBack','close(hf)');
```

运行结果如图 12-36 所示。

12.3.11 按钮组

放到按钮组(Button Group)中的多个单选按钮具有排他性,但与按钮组外的单选按钮无关。制作界面时常常会遇到有几组参数具有排他性的情况,即每一组中只能选择一

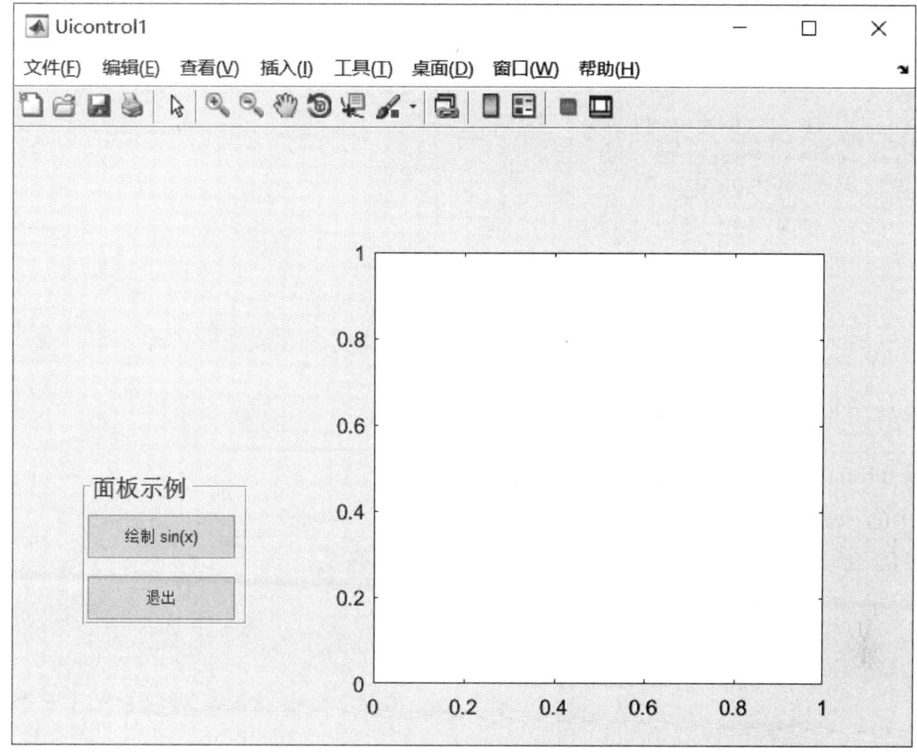

图 12-36 创建面板示例

种情况。此时，可以用几组按钮组表示这几组参数，每一组单选按钮放到一个按钮组控件中。

【例 12-11】 创建按钮组，将两个单选按钮放在一个按钮组中。

程序如下：

```
clear
clc
hf = figure('Position',[200 200 600 400],...
        'Name','Uicontrol1',...
        'NumberTitle','off');
ha = axes('Position',[0.4 0.1 0.5 0.7],...
         'Box','on');
hbg = uibuttongroup('units','pixels',...                   % 按钮组
              'Position',[48 178 104 70],...
             'Title','按钮组示例');                        % 按钮组标题
hrboxoff = uicontrol(gcf,'Style','radio',...              % 单选按钮 off
             'Position',[50 180 100 20],...
             'String','Set box off',...
             'Value',0,...
             'CallBack',[...
                   'set(hrboxon,''Value'',0);'...
```

```
                          'set(hrboxoff,''Value'',1);'...
                          'set(gca,''Box'',''off'');']);
hrboxon = uicontrol(gcf,'Style','radio',... % 单选按钮 on
            'Position',[50 210 100 20],...
            'String','Set box on',...
            'Value',1,...
            'CallBack',[...
                          'set(hrboxon,''Value'',1);'...
                          'set(hrboxoff,''Value'',0);'...
                          'set(gca,''Box'',''on'');']);
```

运行结果如图 12-37 所示。

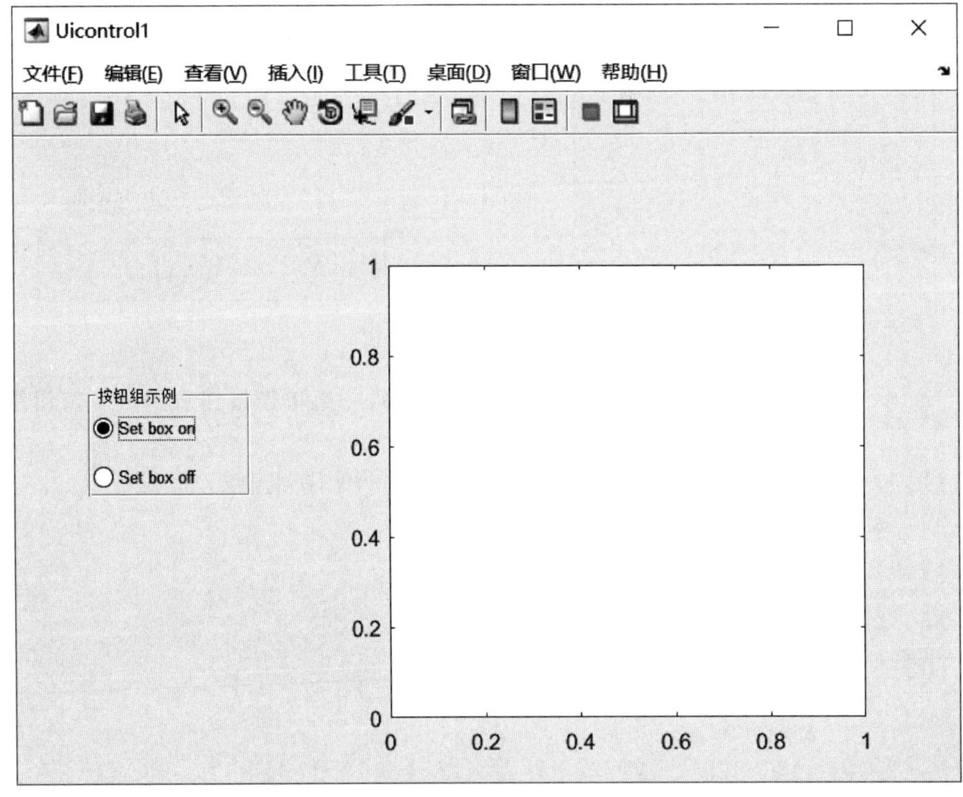

图 12-37 按钮组示例

12.3.12 轴

轴控件经常用来显示图像或者图形的坐标轴，在 GUI 中，可以设置一个或者多个坐标轴，下面举例说明轴的用法。

【例 12-12】 如图 12-38 所示为坐标轴的具体用法，双击轴可以查看它的属性，如图 12-39 所示。

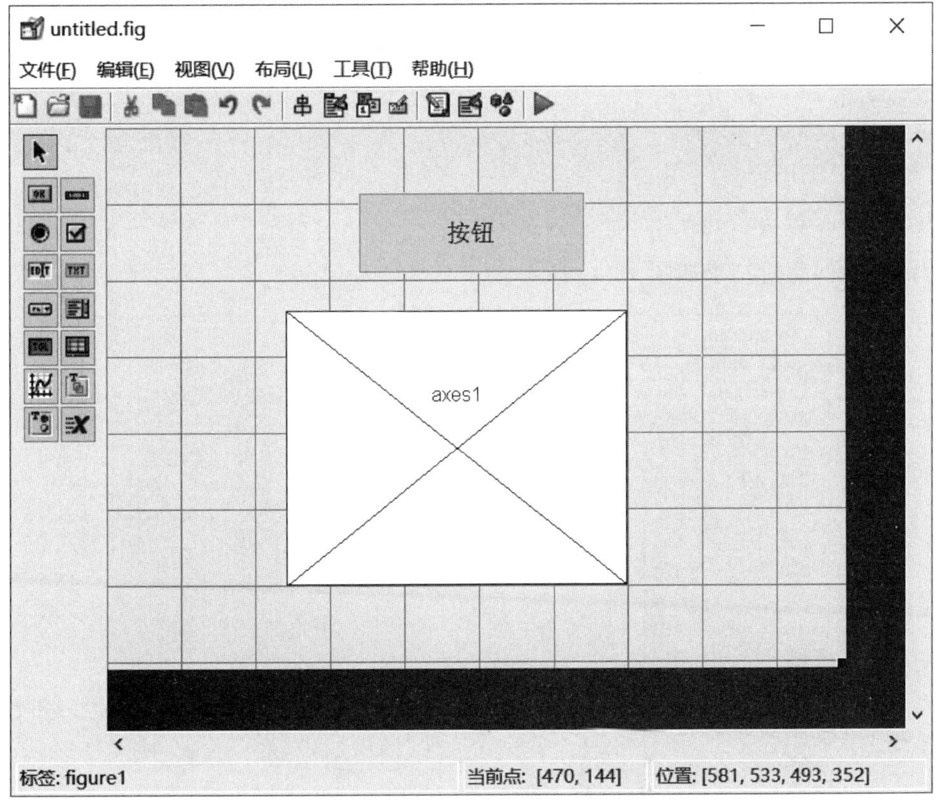

图 12-38 轴 GUI 示例

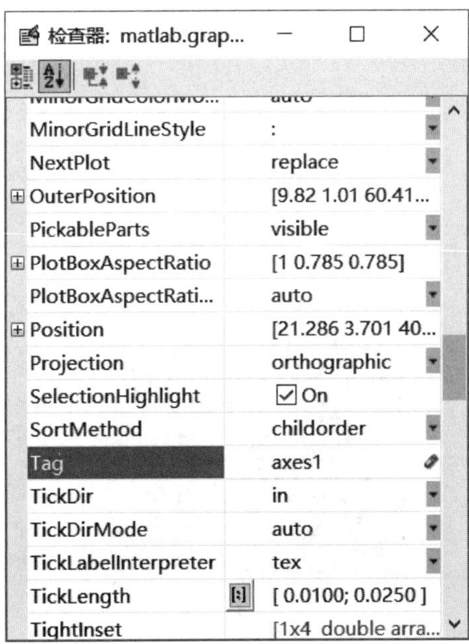

图 12-39 Tag 为 axes1

在“按钮”下添加如下代码：

```
function pushbutton1_Callback(hObject, eventdata, handles)
warning off
im = imread('11.jpg');      % 读取图片
axes(handles.axes1)
imshow(im)
```

保存函数，运行结果如图 12-40 所示。

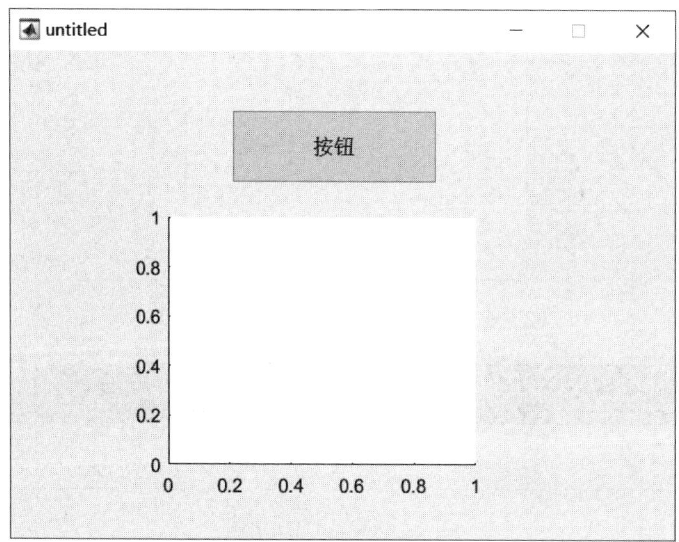

图 12-40　GUI 为 axes1

单击“按钮”键，就会显示图片 11.jpg，如图 12-41 所示。

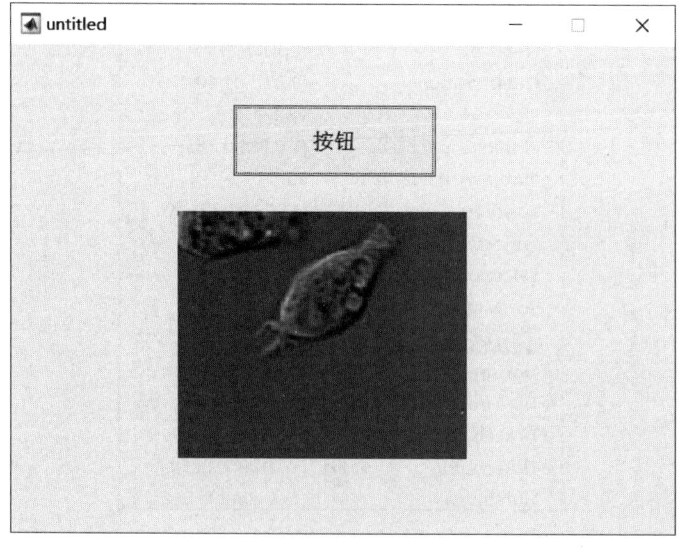

图 12-41　axes1 下显示

12.4 MATLAB 专用对话框

MATLAB 除了使用公共对话框外，还提供了一些专用对话框，下面将进行介绍。

1. 帮助提示信息窗口

在 MATLAB 中，helpdlg 函数用于帮助提示信息，该函数的调用格式为

helpdlg：打开默认的帮助对话框。

helpdlg('helpstring')：打开显示 errorstring 信息的帮助对话框。

helpdlg('helpstring','dlgname')：打开显示 errorstring 信息的帮助对话框，对话框的标题由 dlgname 指定。

h=helpdlg(…)：返回对话框句柄。

【例 12-13】 在命令行窗口输入如下代码：

```
helpdlg('矩阵尺寸必须相同','帮助在线')
```

运行结果如图 12-42 所示。

图 12-42 帮助信息窗口

2. 错误信息窗口

在 MATLAB 中，errordlg 函数用于提示错误信息，该函数的调用格式为

errordlg：表示打开默认的错误信息对话框。

errordlg('errorstring')：表示打开显示 errorstring 信息的错误信息对话框。

errordlg('errorstring','dlgname')：表示打开显示 errorstring 信息的错误信息对话框，对话框的标题由 dlgname 指定。

erordlg('errorstring','dlgname','on')：表示打开显示 errorstring 信息的错误信息对话框，对话框的标题由 dlgname 指定，如果对话框已存在，on 参数将对话框显示在最前端。

h=errodlg(…)：表示返回对话框句柄。

【例 12-14】 在命令行窗口输入如下代码：

```
errordlg('输入错误,请重试','错误信息')
```

运行结果如图 12-43 所示。

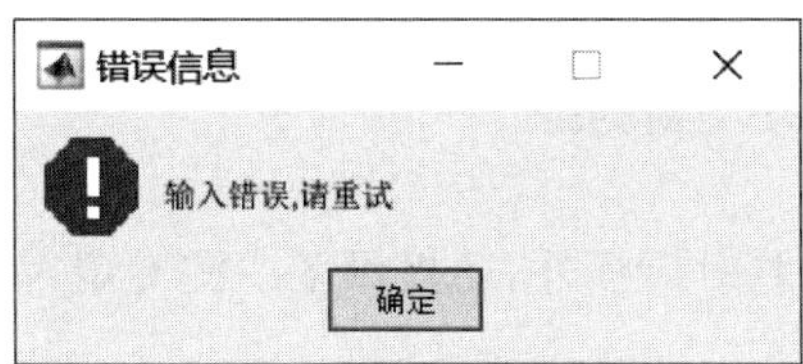

图 12-43　错误信息提示

3. 列表选择对话框

在 MATLAB 中,listdlg 函数用于在多个选项中选择需要的值,该函数的调用格式为 [selection,ok]=listdlg('Liststring',S,…):输出参数 selection 为一个矢量,存储所选择的列表项的索引号,输入参数为可选项 Liststring(字符单元数组),SelectionMode (single 或 multiple(默认值)),ListSize([wight,height]),Name (对话框标题)等。

【例 12-15】 创建一个列表选择对话框。

程序如下:

```
clear all;
e = dir;
str = {e.name};
[s,v] = listdlg('PromptString','选择文件:',...
                'SelectionMode','single',...
                'ListString',str)
```

运行结果如图 12-44 所示。

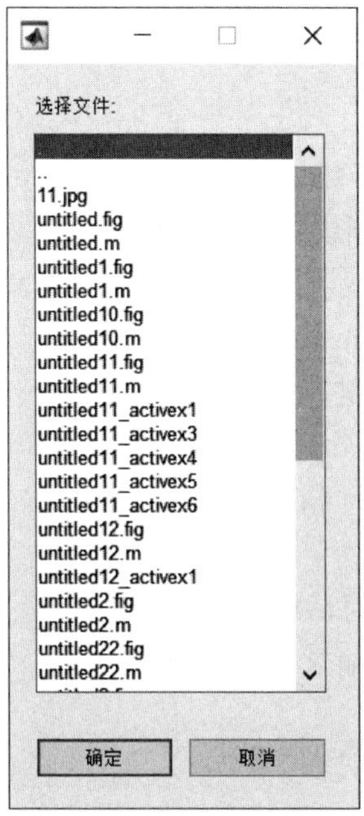

图 12-44　列表选择对话框

4. 进程条

在 MATLAB 中，waitbar 函数用于以图形方式显示运算或处理的进程，其调用格式为

h=waitbar(x,'title')：显示以 title 为标题的进程条，x 为进程条的比例长度，其值必须在 0～1 之间，h 为返回的进程条对象的句柄。

waitbar(x,'title','creatcancelbtn','button_callback')：在进程条上使用 CreatCancelBtn 参数创建一个撤销按钮，在进程中按下撤销按钮将调用 button_callback 函数。

waitbar(…,property_name,property_value,…)：选择其他由 property_name 定义的参数，参数值由 property_value 指定。

【例 12-16】 创建并使用进程条。

程序如下：

```
h = waitbar(0,'请稍后...');
for i = 1:10000
  waitbar(i/10000,h)
end
  close(h)
```

运行结果如图 12-45 所示。

图 12-45 进程条

5. 输入信息窗口

在 MATLAB 中，inputdlg 函数用于输入信息，其调用格式为

answer=inputdlg(prompt)：打开输入对话框，prompt 为单元数组，用于定义输入数据窗口的个数和显示提示信息，answer 为用于存储输入数据的单元数组。

answer=inputdlg(prompt,title)：与上者相同，title 确定对话框的标题。

answer=inputdlg(prompt,title,lineNo)：参数 lineNo 可以是标量、列矢量或 m×2 阶矩阵，若为标量，表示每个输入窗口的行数均为 lineNo；若为列矢量，则每个输入窗口的行数由列矢量 lineNo 的每个元素确定；若为矩阵，每个元素对应一个输入窗口，每行的第一列为输入窗口的行数，第二列为输入窗口的宽度。

answer=inputdlg(prompt,title,lineNo,defAns)：参数 defans 为一个单元数组，存储每个输入数据的默认值，元素个数必须与 prompt 所定义的输入窗口数相同，所有元素必须是字符串。

answer=inputdlg(prompt,title,lineNo,defAns,Resize)：参数 resize 决定输入对话框的大小能否被调整，可选值为 on 或 off。

【例 12-17】 创建两个输入窗口的输入对话框。

程序如下：

```
prompt = {'Please Input Name','Please Input Age'};
title = 'Input Name and Age';
lines = [2 1]';
def = {'小明','15'};
answer = inputdlg(prompt,title,lines,def);
```

运行结果如图 12-46 所示。

6. 通用信息对话框

msgbox('显示信息','标题','图标')：图标包括 Error、Help、Warn 以及 Custom，如果默认则为 None。

例如，在命令行窗口输入：

```
data = 1:64;data = (data' * data)/64;
msgbox('这是一个关于图像处理的示例!','custom ico','custom',data,hot(64))
```

运行结果如图 12-47 所示。

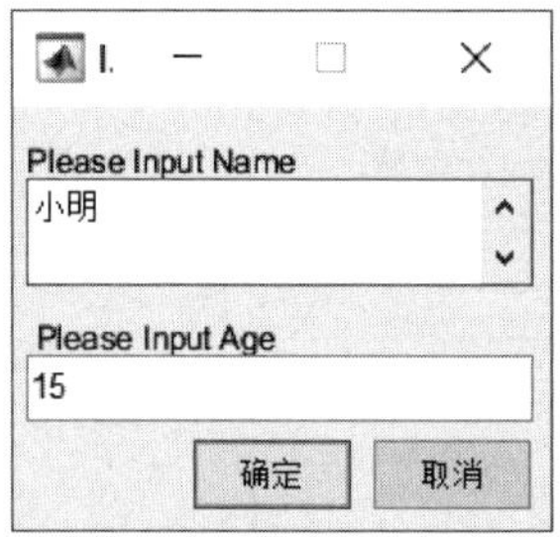

图 12-46　两个输入窗口对话框

图 12-47　通用信息对话框

7. 问题提示对话框

在 MATLAB 中，questdlg 函数用于回答问题的多种选择，该函数的调用格式为

button=questdlg('qstring')：打开问题提示对话框，有 3 个按钮，分别为 Yes、No 和 Cancel，questdlg 确定提示信息。

button=questdlg('qstring','title')：title 确定对话框标题。

button=questdlg('qstring''title','default')：当按回车键时，返回 default 的值，default 必须是 Yes、No 或 Cancel 之一。

button=questdlg('qstring','title','str1','str2','default')：打开问题提示对话框，有两个按钮，分别由 str1 和 str2 确定，qstdlg 确定提示信息，title 确定对话框标题，default 必须是 str1 或 str2 之一。

button=questdlg('qstring', 'title','str1','str2','str3','default')：打开问题提示对话框，有 3 个按钮，分别由 str1, str2 和 str3 确定，qstdlg 确定提示信息，title 确定对话

框标题，default 必须是 str1，str2 或 str3 之一。

【例 12-18】 创建一个问题提示对话框。

```
questdlg('今天你学习了吗?','问题提示','Yes','No','Yes');
```

运行结果如图 12-48 所示。

8. 信息提示对话框

在 MATLAB 中，msgbox 函数用于显示提示信息，其调用格式为

msgbox(message)：打开信息提示对话框，显示 message 信息。

msgbox(message,title)：title 确定对话框标题。

msgbox(message,title,'custom',icondata,iconcmap)：当使用用户定义图标时，iconData 为定义图标的图像数据，iconCmap 为图像的色彩图。

msgbox(…,'creatmode')：选择模式 creatMode，选项为 modal，non-modal 和 replace。

h=msgbox(…)：返回对话框句柄。

【例 12-19】 创建一个信息提示对话框。

程序如下：

```
>> clear all;
>> msgbox('有错误请检查','信息提示对话框', 'warn')
```

运行结果如图 12-49 所示。

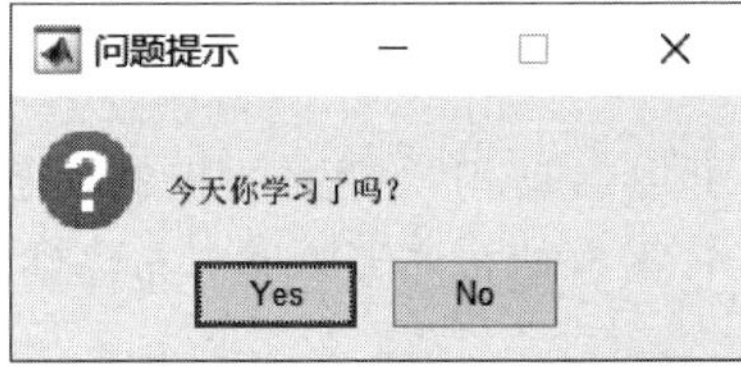

图 12-48 问题提示对话框

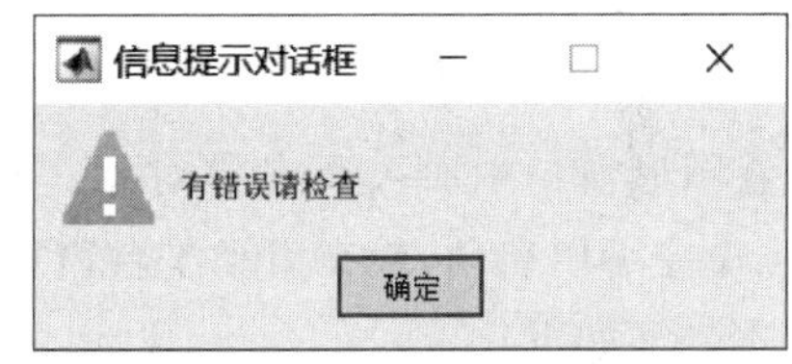

图 12-49 信息提示对话框

9. 警告信息对话框

在 MATLAB 中，warndlg 函数用于提示警告信息，其调用格式为

```
h = warndlg('warningstring','dlgname'):
```

打开警告信息对话框，显示 warningstring 信息，dlgname 确定对话框标题，h 为返回的对话框句柄。

例如，h=warndlg({'错误：','代号 1111.'},'Warning')。

运行结果如图 12-50 所示。

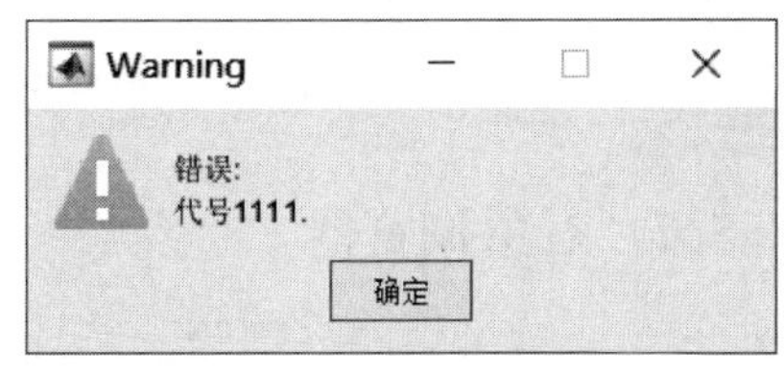

图 12-50 警告信息对话框

12.5 GUI的设计工具

MATLAB提供了一套可视化的创建图形窗口的工具，使用图形用户界面开发环境可方便地创建GUI应用程序，它可以根据用户设计的GUI布局，自动生成M文件的框架，用户使用这一框架编制自己的应用程序。表12-3为可视化的创建图形用户接口(GUI)的工具。

表12-3 可视化的创建图形用户接口(GUI)的工具

工具名称	用途
布局编辑器 (Layout Edtor)	在图形窗口中创建及布置图形对象
对象对齐工具 (Alignment Tool)	调整各对象相互之间的几何关系和位置
属性查看器 (Property Inspector)	查询并设置属性值
对象浏览器 (Object Browser)	用于获得当前MATLAB图形用户界面程序中的全部对象信息、对象的类型，同时显示控制框的名称和标识，在控制框上双击鼠标可以打开该控制框的属性编辑器
菜单编辑器 (Menu Editor)	创建、设计、修改下拉式菜单和快捷菜单
Tab顺序编辑器 (Tab Order Editor)	用于设置当用户按下键盘上的Tab键时，对象被选中的先后顺序

12.5.1 布局编辑器

在图形窗口中加入及安排对象。布局编辑器是可以启动用户界面的控制面板，用guide命令可以启动，或在启动平台窗口中选择GUIDE来启动布局编辑器。布局编辑器的基本步骤如下：

(1) 将控制框对象放置到布局区：用鼠标选择并放置控制框到布局区内，移动控制框到适当的位置，改变控制框的大小，选中多个对象的方法。

(2) 激活图形窗口：如果所建立的布局还没有进行存储，可使用文件菜单下的另存为菜单项(或工具栏中的对应项)，输入文件的名字，在激活图形窗口的同时将存储一对同名的M文件和带有.fig扩展名的FIG文件。

(3) 运行GUI程序：打开该GUI的M文件，在命令行窗口直接键入文件名或在启动平台窗口中直接单击“运行图形”键，运行GUI程序。

(4) 布局编辑器的弹出菜单：通过该菜单可以完成布局编辑器的大部分操作。

12.5.2 对象浏览器

对象浏览器用于查看当前设计阶段的各个句柄图形对象。可以在对象浏览器中选中一个或多个控制框来打开该控制框的属性编辑器,如图 12-51 所示。

对象浏览器的打开方式有:

(1) 从 GUI 设计窗口的工具栏上选择对象浏览器命令按钮;

(2) 选择查看菜单下的对象浏览器子菜单;

(3) 在设计区域单击鼠标右键,选择弹出菜单的对象浏览器。

图 12-51 对象浏览器

12.5.3 用属性查看器设置控制框属性

对象属性查看器可以用于查看每个对象的属性值,也可以用于修改、设置对象的属性值,如图 12-52 所示。

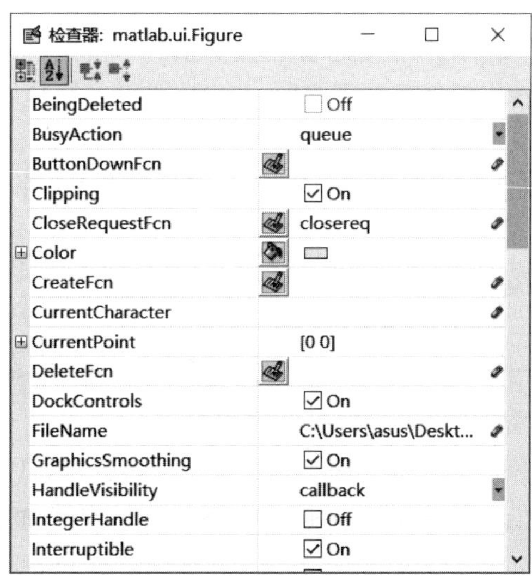

图 12-52 属性查看检查器

对象属性查看器的打开方式有 4 种:

(1) 工具栏上直接选择属性检查器命令按钮;

(2) 选择查看菜单下的属性检查器菜单项;

(3) 在命令行窗口中输入 inspect;

(4) 在控制框对象上单击鼠标右键,选择弹出菜单的属性检查器菜单项。

使用属性查看器,用户可以进行布置控制框、定义文本框的属性、定义坐标轴的属性、定义按钮的属性、定义复选框等操作。

12.5.4 对齐对象

利用位置调整工具可以对 GUI 对象设计区内的多个对象的位置进行调整,如图 12-53 所示,有两种位置调整工具的打开方式。

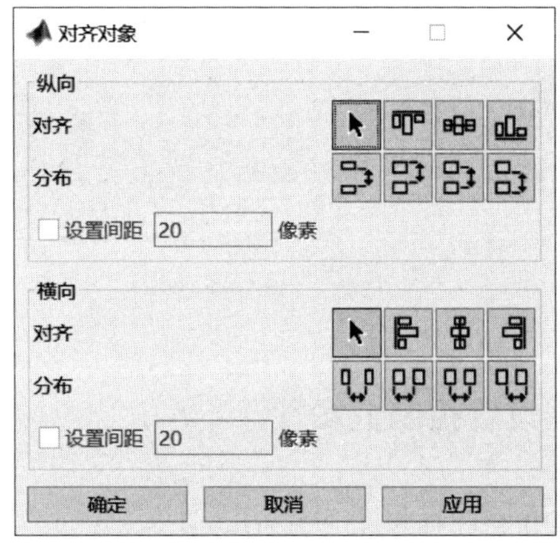

图 12-53　对齐对象

(1) 从 GUI 设计窗口的工具栏上选择对齐对象命令按钮;

(2) 选择工具菜单下的对象对齐菜单项,就可以打开对象位置调整器。

在对齐对象中,第一栏是垂直方向的位置调整,第二栏是水平方向的位置调整。当选中多个对象时,可以通过对象位置调整器调整对象间的对齐方式和距离。

12.5.5 Tab 键顺序编辑器

Tab 键顺序编辑器用于设置当用户按键盘上的 Tab 键时,对象被选中的先后顺序,如图 12-54 所示。Tab 键顺序编辑器的打开方式为:

(1) 选择工具菜单下的 Tab 键顺序编辑器菜单项,就可以打开 Tab 键顺序编辑器;

(2) 从 GUI 设计窗口的工具栏上选择 Tab 键顺序编辑器命令按钮。

12.5.6 菜单编辑器

菜单编辑器可以用于创建、设置、修改下拉式菜单和快捷菜单。选择工具菜单下的

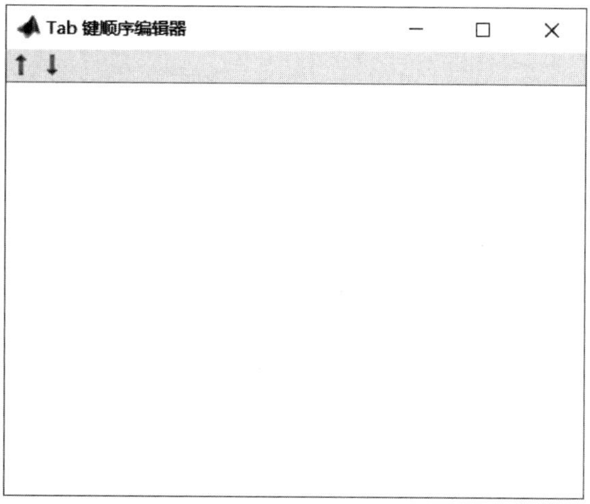

图 12-54　Tab 键顺序编辑器

菜单编辑器即可打开菜单编辑器。菜单也可以通过编程实现，方法为从 GUI 设计窗口的工具栏上选择菜单编辑器命令按钮，打开菜单编辑程序。菜单编辑器包括菜单的设计和编辑，菜单编辑器有 8 个快捷键，可以利用它们任意添加或删除菜单，可以设置菜单项的属性，包括名称、标识、选择是否显示分隔线、选择是否在菜单前加上选中标记、调回函数。

打开的菜单编辑器如图 12-55 所示。

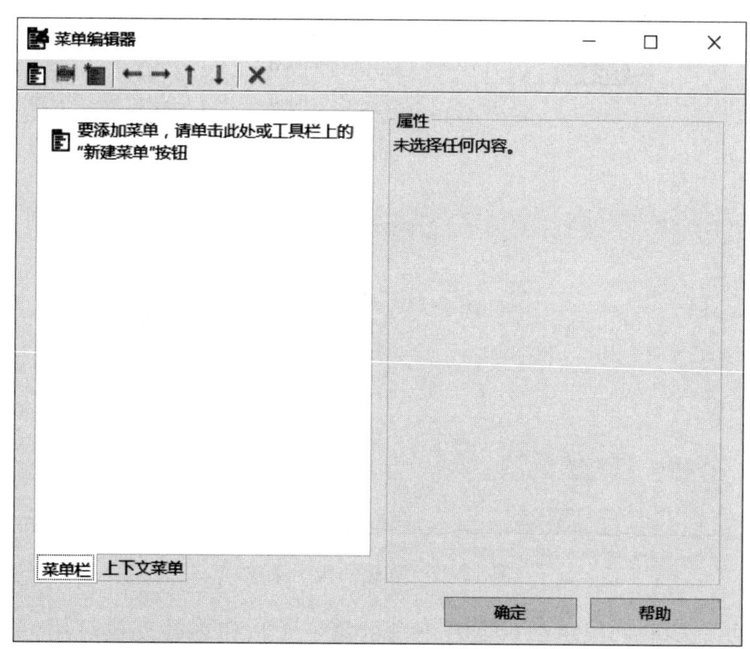

图 12-55　菜单编辑器

菜单编辑器左上角的第一个按钮用于创建一级菜单项，如图 12-56 所示。

第二个按钮用于创建一级菜单的子菜单，如图 12-57 所示。

菜单编辑器的左下角有两个按钮，第一个按钮用于创建菜单栏，第二个按钮用于创

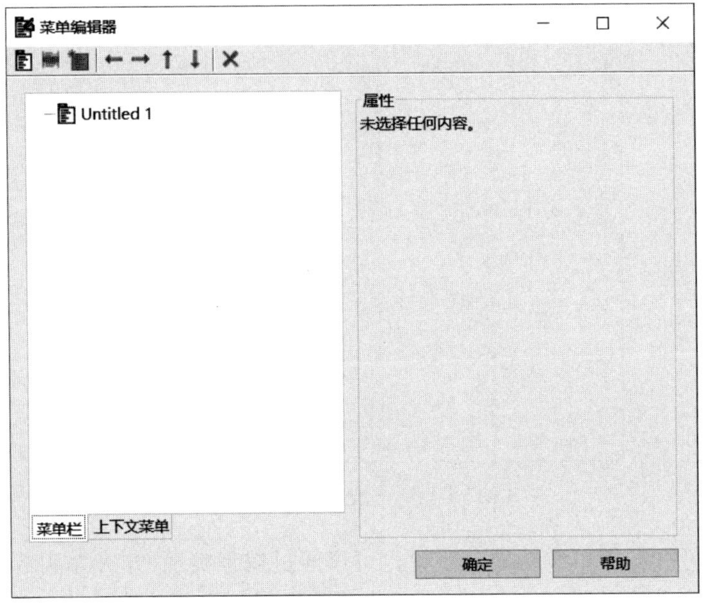

图 12-56　创建一级菜单

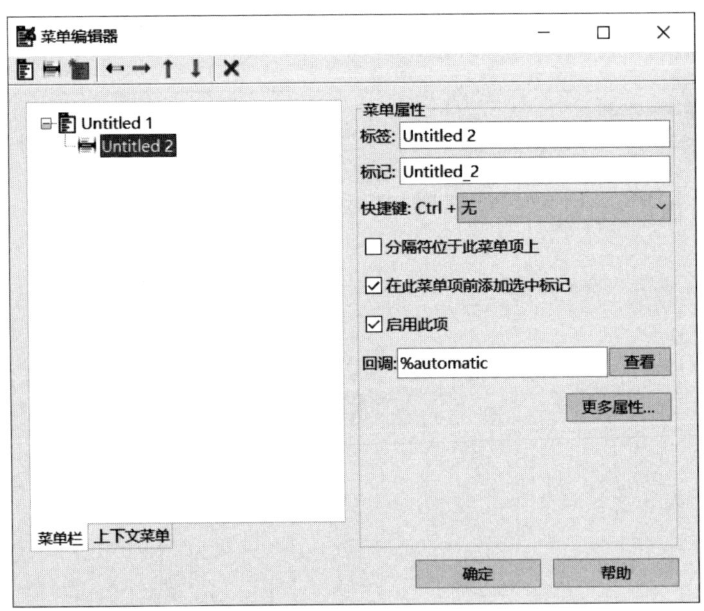

图 12-57　创建一级子菜单

建上下文菜单。选择后，菜单编辑器左上角的第三个按钮就会变成可用，单击它就可以创建上下文主菜单。在选中已经创建的上下文主菜单后，可以单击第二个按钮创建选中的上下文主菜单的子菜单。与下拉式菜单一样，选中创建的某个上下文菜单，菜单编辑器的右边就会显示该菜单的有关属性，可以在这里设置、修改菜单的属性。菜单编辑器左上角的第四个与第五个按钮用于对选中的菜单进行左右移动，第六与第七个按钮用于对选中的菜单进行上下移动，最右边的按钮用于删除选中的菜单，如图 12-58 所示。

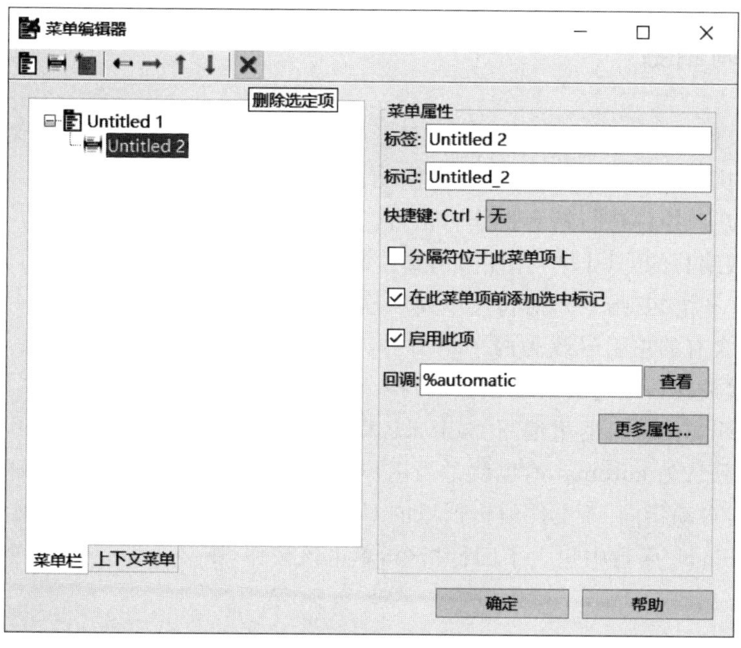

图 12-58 创建下拉式菜单

12.5.7 编辑器

在 MATLAB 中,GUI 编辑器主要用于编程来实现某个控件的功能,编辑器如图 12-59 所示,打开方式有两种:

(1) 单击布局编辑器中的文件按钮;

(2) 依次选择菜单项中的"查看"→"编辑器"也可以启动编辑器。

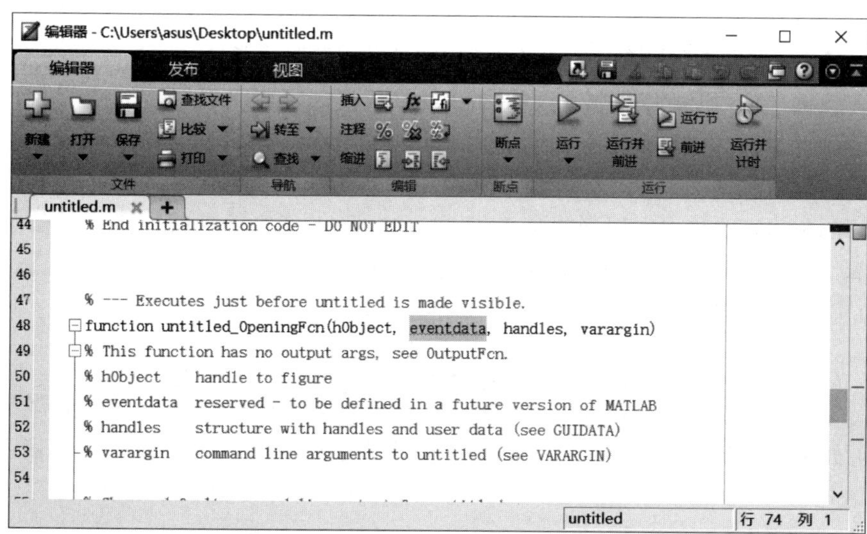

图 12-59 编辑器

12.6 回调函数

用户对控件进行操作(如鼠标单击、双击或移动,键盘输入等)时,控件对该操作进行响应,所指定执行的函数,就是该控件的回调函数,也称 callback 函数。该函数不会主动执行,只在用户对控件执行特定操作时执行。

采用函数编写的 GUI 中,控件回调属性的值一般为字符串单元数组,每个单元均为一条 MATLAB 语句(指令),语句按单元顺序排列。每条 MATLAB 语句用单引号引起来,语句本身含有的单引号改为两个单引号。采用 GUIDE 创建的 GUI 中,控件回调函数指令可直接放在该对应控件的函数中,指令写法与命令行一致。

若要在 M 文件编辑器里编写 Callback 程序,那么属性检查器里的 Callback 则不能做任何修改,默认为 automatic,也就是当用户将 GUI 存储并打开 M 文件编辑器后,这个 Callback 就会自动指向 M 文件编辑器里的 Callback 函数,如在上一篇博文提到的示例,"按钮"的 Callback 函数中包含了四行指令,单击该按钮,则会立即执行该四行命令,绘出图形。

```
function pushbutton1_Callback(hObject, eventdata, handles)
figure
t=0:0.1:2*pi;
plot(t,sin(t),'--',t,cos(t))
legend('正弦','余弦','Location','Best')
```

12.6.1 Callback 程序基本操作

Callback 是控件回调函数的一种属性,用户对控件进行操作的时候,控件对该操作进行响应,所指定执行的函数,就是该控件的回调函数,也称 callback 函数。

一般情况下,该函数包含一组命令,即一段程序。而在该程序中,通常首先要获取界面上的各控件的值,如编辑框中输入的内容或单选框选择哪个选项等,相当于一般计算机语言程序开头部分的赋值语句,而后面的计算分析等语句,包括分支、循环等控制,同一般程序编写方法并无差别。

Callback 程序首先要在图形界面上获得各控件的值,然后进行一系列计算过程,最后将计算结果用图形的方式或字符串的方式显示在图形界面上。

(1) 通过以下方式得到按钮 pushbutton1 的句柄:

```
h1 = handles.pushbutton1 或 h1 = findobj('tag','pushbutton1')
```

(2) 如果已知某一编辑框的句柄为 hh(得到方法同上),从该编辑框获取输入内容,用以下语句:

```
str = get(hh,'String');
```

(3) 如果编辑框输入的是数值，要参与后面的程序计算，则需要对数据类型进行转换，即

```
instr = str2num(get(hh,'String'));
```

(4) 还有一种情况，如果获取当前控件的值，用以下方法即可：

```
instr = str2double(get(hObject,'String'));   %从编辑框获取输入值
```

(5) 或不用事先得到控件的句柄，直接通过结构数组获得编辑框控件 edit1 的值：

```
instr = str2double(get(handles.edit1,'String'));   %从编辑框获取输入值
```

(6) 将计算结果显示在编辑框 edit2 中，用以下方法：

```
set(handles.edit2,'String',str));        %其中 str 是字符串变量
```

(7) 如果计算结果是数值型，则要进行转换：

```
str = num2str(n);        %n 为数值型变量
```

(8) 如果要将计算结果绘出图形，并绘制在界面上预先定义的坐标轴 axes1 中，则在绘图命令前加上以下语句，使 axes1 成为当前坐标轴：

```
axes(handles.axes1)        % handles.axes1 即为坐标轴 axes1 的句柄
```

12.6.2 CreateFcn

CreateFcn 是在建立这个对象控件时就触发，Callback 是在单击、按下或者选中时才触发的回调函数。CreateFcn 一般用于各种属性的初始化，而程序的初始化过程肯定是在程序运行初期就执行的，代码如下：

```
function axes1_CreateFcn(hObject, eventdata, handles)
function pushbutton6_Callback(hObject, eventdata, handles)
m = handles.m;
Pluse_pre = handles.Pluse_pre;
Pluse_post = handles.Pluse_post;
t = 1:m - 1000;
xmin1 = min(Pluse_pre);
xmax1 = max(Pluse_pre);

axes(handles.axes1);
for j = 800:100:5000
```

```
        plot(t,Pluse_pre(t)); % title('原始脉搏信号回放');
        axis([j - 800 800 + j xmin1 xmax1]);grid on;
      pause(0.1)
  end
  guidata(hObject, handles);
```

12.7 脉搏信号处理的 GUI 设计

脉搏(Pulse)为体表可触摸到的动脉搏动。人体循环系统由心脏、血管、血液所组成，负责人体氧气、二氧化碳、养分及废物的运送。血液经由心脏的左心室收缩而挤压流入主动脉，随即传递到全身动脉。动脉为富有弹性的结缔组织与肌肉所形成管路。当大量血液进入动脉将使动脉压力变大而使管径扩张，在体表较浅处动脉即可感受到此扩张，即所谓的脉搏。脉搏作为人体重要的生理及病理参数之一，包含了丰富的循环系统信息，其信号具有重要的研究价值。

【例 12-20】 下面介绍脉搏信号处理的 GUI 设计，该 GUI 可以实现脉搏信号导入、原始信号回放、处理后脉搏信号回放、脉率计算、滤波去噪、脉搏数据保存、数据显示等功能，脉搏信号的界面设计如图 12-60 所示。

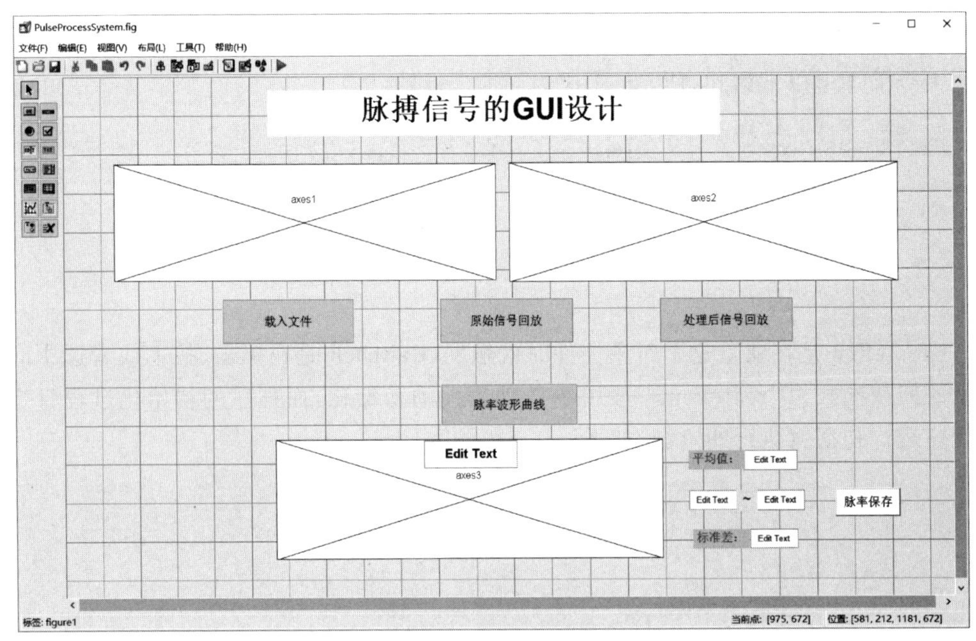

图 12-60　脉搏信号的界面设计

1. 滤波器设计

低通滤波器设计代码如下：

```
function y = Butter(x)
fp = 100;fs = 200;Fs = 400;
Rp = 3;Rs = 60;
Wp = 2 * pi * fp/Fs;        % 滤波器性能指标
Ws = 2 * pi * fs/Fs;
Fs = Fs/Fs; % let Fs = 1
wap = tan(Wp/2);was = tan(Ws/2);
[n,Wn] = buttord(wap,was,Rp,Rs,'s') % 用于计算巴特沃斯数字滤波器的阶数 N 和 3dB 截止频
% 率 Wn
[z,p,k] = buttap(n);
[bp,ap] = zp2tf(z,p,k);
[bs,as] = lp2lp(bp,ap,wap);
[bz,az] = bilinear(bs,as,Fs/2);
y = filter(bz,az,x);
```

去噪功能的代码如下：

```
function data = Xnoise(d)
d1 = d(1:48480);
[swa,swd] = swt(d1,5,'coif4'); % 计算等级 N 的信号 X 的平稳小波分解,使用'coif4'小波基.
[thr,sorh] = ddencmp('den','wv',d1);
dswd = wthresh(swd,sorh,thr);
data = iswt(swa,dswd,'coif4');
```

陷波器设计的代码如下：

```
function y  =  xianbo(x)
wp = [0.12 * pi,0.13 * pi];ws = [0.124 * pi,0.1255 * pi]; % 调用参数 wp、ws,分别为数字滤波器
% 的通带、阻带截止频率的归一化值,要求 0≤wp≤1,0≤ws≤1,1 表示数字频率 pi
Ap = 1;As = 30; % 分别为通带最大衰减和阻带最小衰减(dB).
[N,Wc] = buttord(wp/pi,ws/pi,Ap,As); % 用于计算巴特沃斯数字滤波器的阶数 N 和 3dB 截止频率 Wc
[b,a] = butter(N,Wc,'stop'); % 巴特沃斯陷波器
y = filter(b,a,x); % filter 是一维数字滤波器,输入 x 为滤波前序列,y 为滤波结果序列,b/a 提
供滤波器系数,b 为分子, a 为分母
```

2. 脉搏信号导入

在“载入文件”按钮下添加如下程序：

```
function pushbutton1_Callback(hObject, eventdata, handles) % 载入文件
[filename,filepath] = uigetfile('C:\Users\sharmee\Desktop\PulseProcessSystem\XG_MaiBo01.
txt');
filename = [filepath,filename];
[t,Pluse_pre] = textread(filename,' % f % f','headerlines',1); % 读入 2 个浮点值,并跳过文档
% 的第 1 行
```

```
[m,n] = size(Pluse_pre);
n = 3;
s3 = Pluse_pre;
for i = 1:1:n
    s1 = Butter(s3); % 巴特沃斯滤波器
    s2 = Xnoise(s1);
    s3 = xianbo(s2);
end
Pluse_post = s3;
date3 = s3;

Pluse_post = s3;
handles.m = m;
handles.t = t;
handles.Pluse_pre = Pluse_pre;
handles.Pluse_post = Pluse_post;
handles.filepath = filepath;
handles.date3 = date3;
guidata(hObject, handles);
```

运行 GUI 界面如图 12-61 所示。

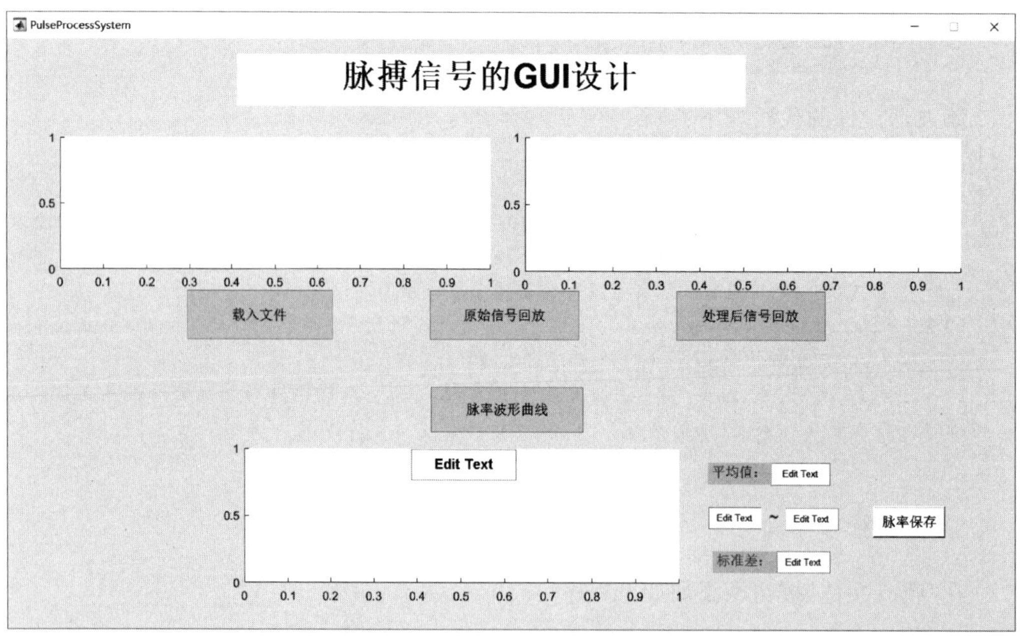

图 12-61　脉搏信号的 GUI 设计界面

单击"载入文件"按钮,选择脉搏信号,脉搏信号数据如图 12-62 所示。

选择脉搏信号,脉搏信号数据如图 12-63 所示。

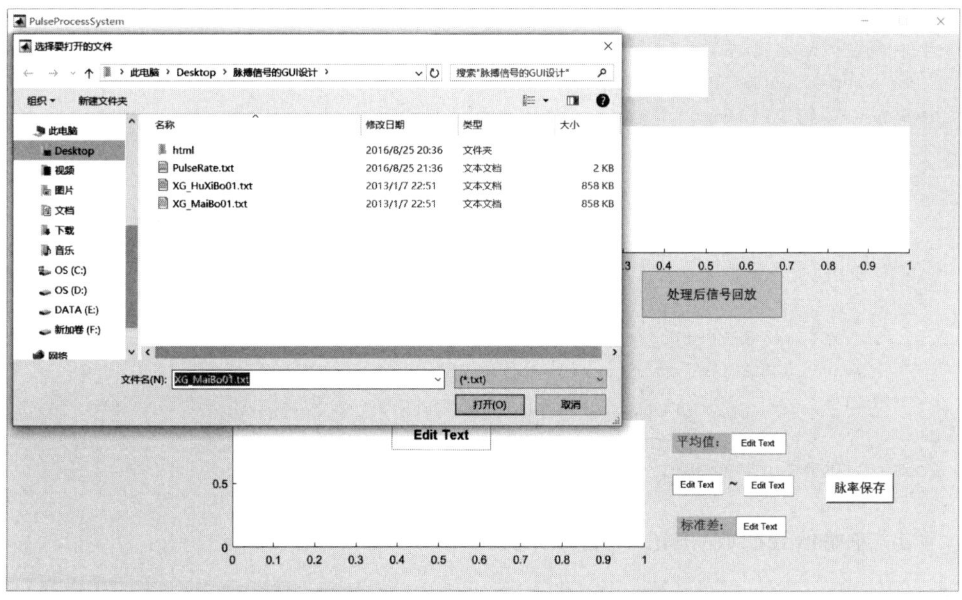

图 12-62　单击“载入文件”按钮运行效果

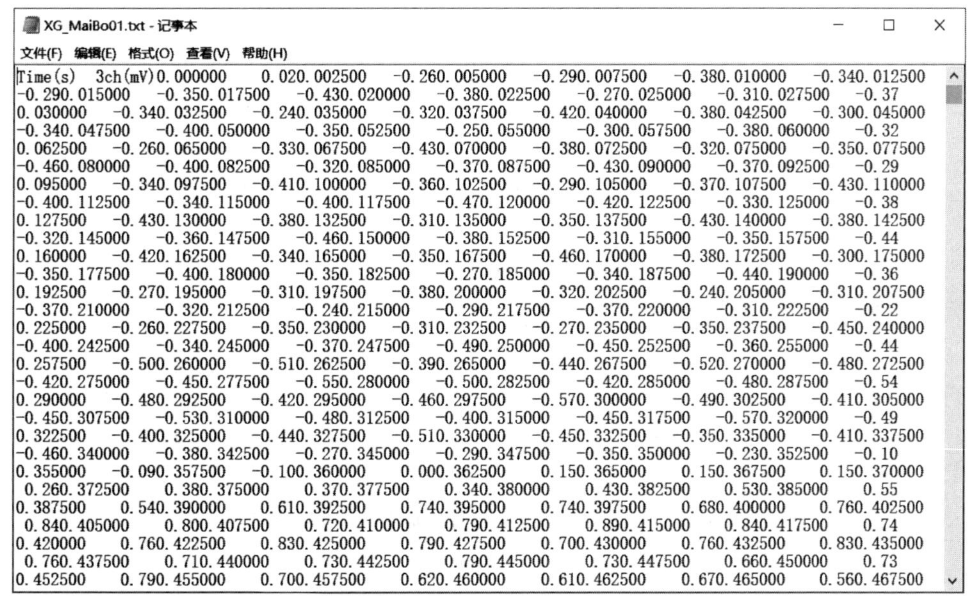

XG_MaiBo01.txt - 记事本

文件(F) 编辑(E) 格式(O) 查看(V) 帮助(H)

```
Time(s)  3ch(mV)0.000000  0.020.002500  -0.260.005000  -0.290.007500  -0.380.010000  -0.340.012500
-0.290.015000  -0.350.017500  -0.430.020000  -0.380.022500  -0.270.025000  -0.310.027500  -0.37
0.030000  -0.340.032500  -0.240.035000  -0.320.037500  -0.420.040000  -0.380.042500  -0.300.045000
-0.340.047500  -0.400.050000  -0.350.052500  -0.250.055000  -0.300.057500  -0.380.060000  -0.32
0.062500  -0.260.065000  -0.330.067500  -0.430.070000  -0.380.072500  -0.320.075000  -0.350.077500
-0.460.080000  -0.400.082500  -0.320.085000  -0.370.087500  -0.430.090000  -0.370.092500  -0.29
0.095000  -0.340.097500  -0.410.100000  -0.360.102500  -0.290.105000  -0.370.107500  -0.430.110000
-0.400.112500  -0.340.115000  -0.400.117500  -0.470.120000  -0.420.122500  -0.330.125000  -0.38
0.127500  -0.430.130000  -0.380.132500  -0.310.135000  -0.350.137500  -0.430.140000  -0.380.142500
-0.320.145000  -0.360.147500  -0.460.150000  -0.380.152500  -0.310.155000  -0.350.157500  -0.44
0.160000  -0.420.162500  -0.340.165000  -0.350.167500  -0.460.170000  -0.380.172500  -0.300.175000
-0.350.177500  -0.400.180000  -0.350.182500  -0.270.185000  -0.340.187500  -0.440.190000  -0.36
0.192500  -0.270.195000  -0.310.197500  -0.380.200000  -0.320.202500  -0.240.205000  -0.310.207500
-0.370.210000  -0.320.212500  -0.240.215000  -0.290.217500  -0.370.220000  -0.310.222500  -0.22
0.225000  -0.260.227500  -0.350.230000  -0.310.232500  -0.270.235000  -0.350.237500  -0.450.240000
-0.400.242500  -0.340.245000  -0.370.247500  -0.490.250000  -0.450.252500  -0.360.255000  -0.44
0.257500  -0.500.260000  -0.510.262500  -0.390.265000  -0.440.267500  -0.520.270000  -0.480.272500
-0.420.275000  -0.450.277500  -0.550.280000  -0.500.282500  -0.420.285000  -0.480.287500  -0.54
0.290000  -0.480.292500  -0.420.295000  -0.460.297500  -0.570.300000  -0.490.302500  -0.410.305000
-0.450.307500  -0.530.310000  -0.480.312500  -0.400.315000  -0.450.317500  -0.570.320000  -0.49
0.322500  -0.400.325000  -0.440.327500  -0.510.330000  -0.450.332500  -0.350.335000  -0.410.337500
-0.460.340000  -0.380.342500  -0.270.345000  -0.290.347500  -0.350.350000  -0.230.352500  -0.10
0.355000  -0.090.357500  -0.100.360000  0.000.362500  0.150.365000  0.150.367500  0.150.370000
 0.260.372500  0.380.375000  0.370.377500  0.340.380000  0.430.382500  0.530.385000  0.55
0.387500  0.540.390000  0.610.392500  0.740.395000  0.740.397500  0.680.400000  0.760.402500
 0.840.405000  0.800.407500  0.720.410000  0.790.412500  0.890.415000  0.840.417500  0.74
0.420000  0.760.422500  0.830.425000  0.790.427500  0.700.430000  0.760.432500  0.830.435000
 0.760.437500  0.710.440000  0.730.442500  0.790.445000  0.730.447500  0.660.450000  0.73
0.452500  0.790.455000  0.700.457500  0.620.460000  0.610.462500  0.670.465000  0.560.467500
```

图 12-63　脉搏信号数据

3. 原始信号回放

在“原始信号回放”按钮添加代码，并显示在轴 1 中，代码如下：

```
function axes1_CreateFcn(hObject, eventdata, handles)
function pushbutton6_Callback(hObject, eventdata, handles)
```

```
m = handles.m;
Pluse_pre = handles.Pluse_pre;
Pluse_post = handles.Pluse_post;
t = 1:m - 1000;
xmin1 = min(Pluse_pre);
xmax1 = max(Pluse_pre);

axes(handles.axes1);
for j = 800:100:5000

    plot(t,Pluse_pre(t)); % title('原始脉搏信号回放');
    axis([j - 800 800 + j xmin1 xmax1]);grid on;
   pause(0.1)
end
guidata(hObject, handles);
```

单击“原始信号回放”按钮,运行效果如图 12-64 所示。

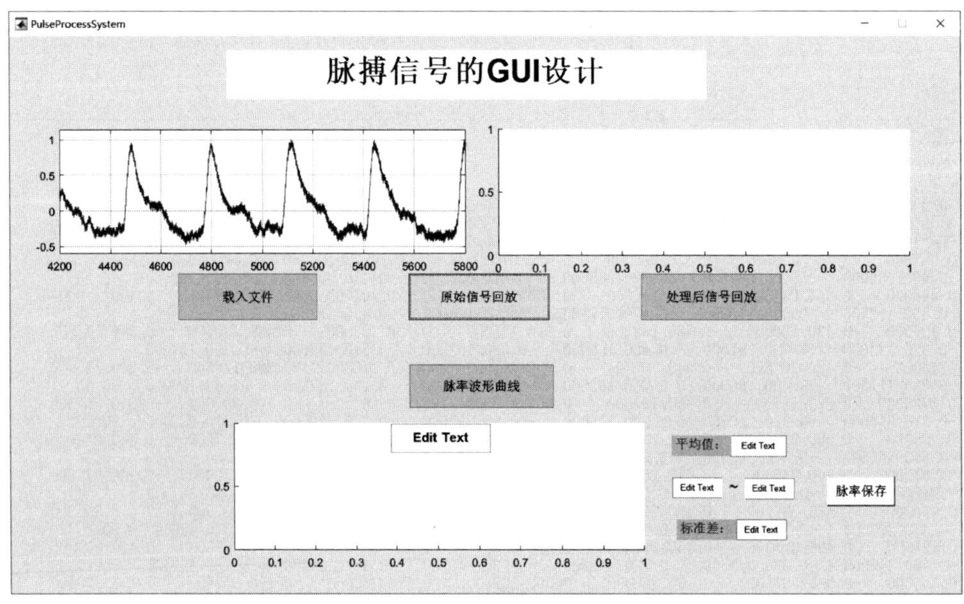

图 12-64　单击“处理后信号回放”按钮运行效果

4. 处理后脉搏信号回放

在“处理后信号回放”按钮下添加代码如下:

```
function pushbutton7_Callback(hObject, eventdata, handles)
m = handles.m;
Pluse_pre = handles.Pluse_pre;
Pluse_post = handles.Pluse_post;
t = 1:m - 1000;
xmin1 = min(Pluse_pre);
```

```
xmax1 = max(Pluse_pre);

axes(handles.axes2);
for j = 800:100:5000

    plot(t,Pluse_post(t)); %title('处理后脉搏信号回放);
    axis([j - 800 800 + j xmin1 xmax1]);grid on;
   pause(0.1)
end
guidata(hObject, handles);
```

单击“原始信号回放”按钮，运行效果如图 12-65 所示。

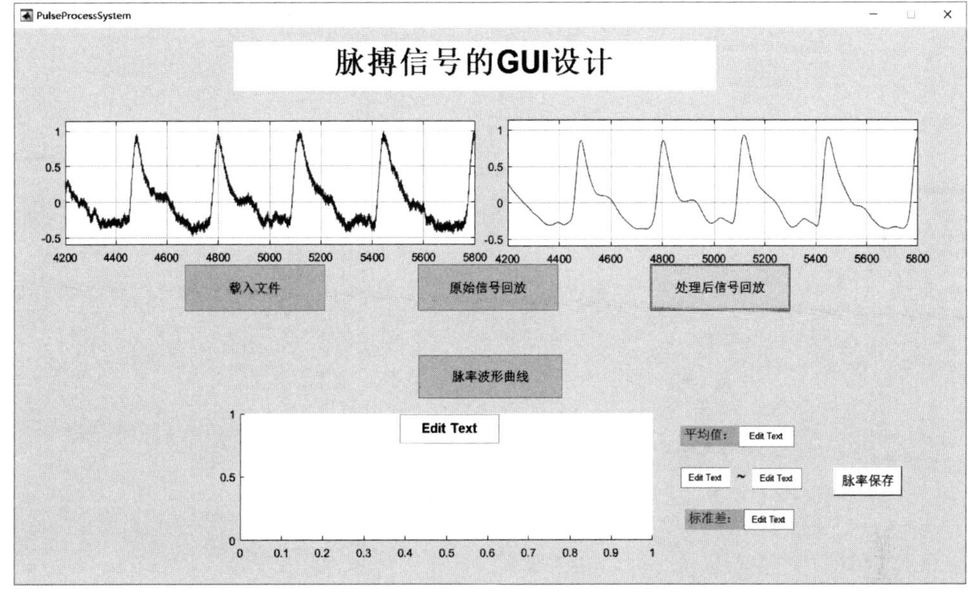

图 12-65　单击“处理后信号回放”按钮运行效果

5. 脉率计算与显示

在“脉率波形曲线”按钮下添加代码如下：

```
function pushbutton3_Callback(hObject, eventdata, handles)

date3 = handles.date3;
t = handles.t;

ge = max(size(date3));
t = t(1:ge,:);
%%%求取峰值
date4 = zeros(max(size(date3)),1);
for i = 1:max(size(date3));
    if date3(i)> 0;
```

```
            date4(i) = date3(i);
        else
        date4(i) = 0;
        end
end
for j = 1:35;
    for i = 1:size(date4) - j;
        if date4(i)<= date4(i + j);
            date4(i) = 0;
        end
    end
end
for j = 1:35;
    for i = 1:size(date4) - j;
        if date4(i)>= date4(i + j);
           date4(i + j) = 0;
        end
    end
end
%变为0-1序列
n1 = max(size(date4));
    for i = 1:n1
        if date4(i)>= 0.6
            date4(i) = 1;
        else date4(i) = 0;
        end
    end
%计算脉搏信号周期及脉搏率
t0 = find(date4~ = 0);
t0_1 = t0(2:size(t0) - 1);
t0_2 = t0(3:size(t0));
T = (t0_2 - t0_1) * 0.0025;
mailv = 60./T;
mailv_max = max(mailv);
mailv_min = min(mailv);
mailv_average = mean(mailv);
mailv_std = std(mailv);      %计算标准差
set(handles.edit2, 'String', mailv_average);
set(handles.edit3, 'String',mailv_std);
set(handles.edit4, 'String',mailv_min);
set(handles.edit5, 'String',mailv_max);
axes(handles.axes3);
count = max(size(mailv));

%脉率回放程序
xlabel('Time / s');ylabel('Number / times');
for j = 1:2:count - 2
    set(handles.edit1,'String',mailv(j));
    plot((1:count),mailv(1:count),'-o');
```

```
    axis([j - 1 j + 1 1 160]);grid on;hold on;
     plot([1,count],[100,100],'r','linewidth',2);
     plot([1,count],[60,60],'g','linewidth',2);
    pause(0.1);
end
handles.mailv = mailv;
guidata(hObject, handles);
```

数据显示包括动态脉率显示、脉率平均值、脉率标准差、脉率最小值以及脉率最大值，分别在它们的控件下添加代码如下：

```
%动态脉率显示
function edit1_Callback(hObject, eventdata, handles)
function edit1_CreateFcn(hObject, eventdata, handles)
if ispc && isequal(get(hObject,'BackgroundColor'), get(0,'defaultUicontrolBackgroundColor'))
    set(hObject,'BackgroundColor','white');
end

%脉率平均值
function edit2_Callback(hObject, eventdata, handles)
function edit2_CreateFcn(hObject, eventdata, handles)
if ispc && isequal(get(hObject,'BackgroundColor'), get(0,'defaultUicontrolBackgroundColor'))
    set(hObject,'BackgroundColor','white');
end


%脉率标准差
function edit3_Callback(hObject, eventdata, handles)
function edit3_CreateFcn(hObject, eventdata, handles)
if ispc && isequal(get(hObject,'BackgroundColor'), get(0,'defaultUicontrolBackgroundColor'))
    set(hObject,'BackgroundColor','white');
end


%脉率最小值
function edit4_Callback(hObject, eventdata, handles)
function edit4_CreateFcn(hObject, eventdata, handles)
if ispc && isequal(get(hObject,'BackgroundColor'), get(0,'defaultUicontrolBackgroundColor'))
    set(hObject,'BackgroundColor','white');
end


%脉率最大值
function edit5_Callback(hObject, eventdata, handles)
function edit5_CreateFcn(hObject, eventdata, handles)
if ispc && isequal(get(hObject,'BackgroundColor'), get(0,'defaultUicontrolBackgroundColor'))
    set(hObject,'BackgroundColor','white');
end
```

单击“脉率波形曲线”按钮，运行效果如图 12-66 所示。

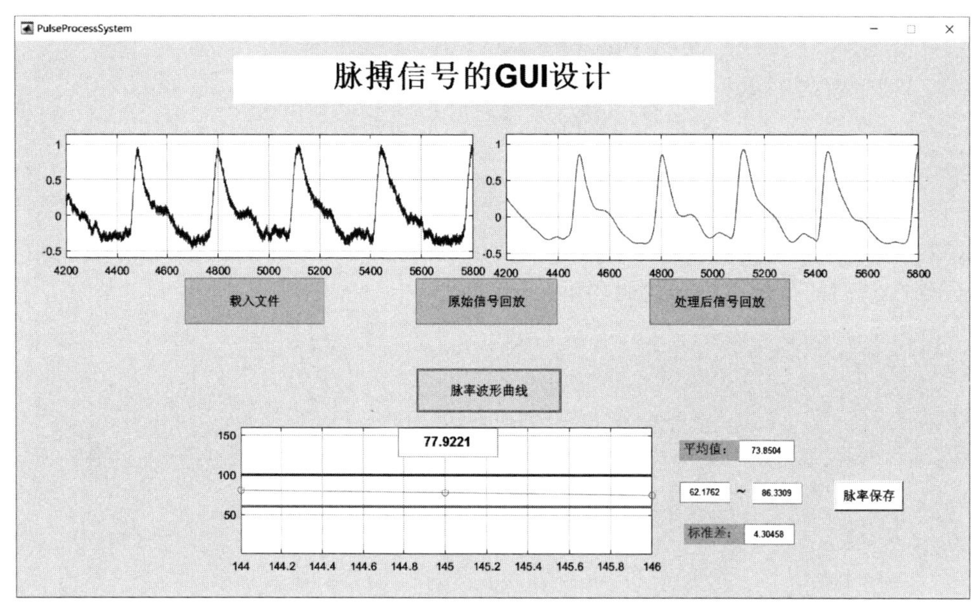

图 12-66　单击“脉率波形曲线”按钮运行效果

6. 数据存储-存储脉搏信号数据记录

在“脉搏保存”按钮下添加如下代码：

```
function pushbutton8_Callback(hObject, eventdata, handles)
file = handles.mailv;
fid = fopen('PulseRate.txt','wt');
[m,n] = size(file);
hhh = waitbar(0,'将脉搏率保存到当前目录 PulseRate.txt 文件中');
for i = 1:1:m
   waitbar(i/m, hhh, '将脉搏率保存到当前目录 PulseRate.txt 文件中');
    for j = 1:1:n
        if j == n
            fprintf(fid,'%g\n',file(i,j));
        else
            fprintf(fid,'%g\t',file(i,j));
        end
    end

end
waitbar(i/m, hhh, '数据保存完毕!');
pause(1);
close(hhh);
fclose(fid);
```

单击“脉搏保存”按钮，运行效果如图 12-67 所示，将脉搏率保存到当前目录 PulseRate.txt 文件中。

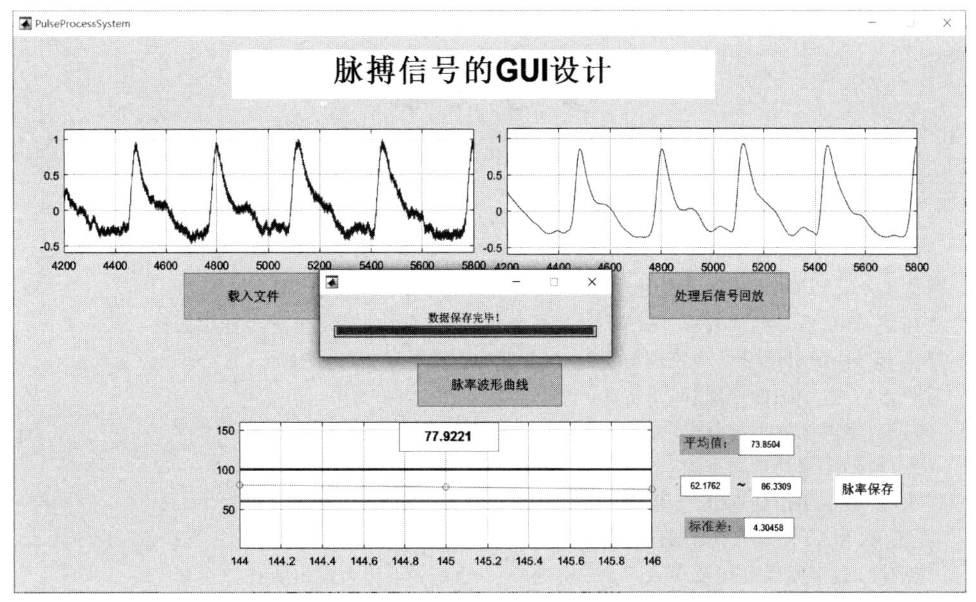

图 12-67　单击"脉搏保存"按钮运行效果

本章小结

本章对信号处理图形用户界面 SPTool 工具与脉搏信号的 GUI 设计进行了介绍。首先介绍了 SPTool 工具的主窗口、信号浏览器、滤波浏览器、频谱浏览器和滤波器设计器等知识，然后讲述了 GUI 设计的一些基本知识和概念，最后通过脉搏信号处理的 GUI 设计介绍了 GUI 设计的使用方法。

参考文献

[1] 张德丰.详解 MATLAB 数字信号处理[M].北京：电子工业出版社,2010.

[2] 王彬. MATLAB 数字信号处理[M].北京：机械工业出版社,2010.

[3] 张德丰. MATLAB 数字信号处理与应用[M].北京：清华大学出版社,2010.

[4] 陈怀琛.数字信号处理教程：MATLAB 释义与实现[M].北京：电子工业出版社,2008.

[5] 杨鉴,梁虹.随机信号处理原理与实践[M].北京：科学出版社,2010.

[6] 冈萨雷斯.数字图像处理[M].北京：电子工业出版社,2003.

[7] 杨帆.数字图像处理与分析[M].北京：北京航空航天大学出版社,2007.

[8] 马平.数字图像处理和压缩[M].北京：电子工业出版社,2007.

[9] 何东健.数字图像处理[M].西安：西安电子科技大学出版社,2003.

[10] 王家文.MATLAB6.5 图形图像处理[M].北京：国防工业出版社,2004.

[11] 余成波.数字图像处理及 MATLAB 实现[M].重庆：重庆大学出版社,2003.

[12] 张德丰.详解 MATLAB 数字信号处理[M].北京：电子工业出版社,2010.

[13] 刘波,文忠,曾涯.MATLAB 信号处理[M].北京：电子工业出版社,2006.

[14] 林川. MATLAB 与数字信号处理实验[M].武汉：武汉大学出版社,2011.

[15] 陈桂明.应用 MATLAB 语言处理信号与数字图像[M].北京：科学出版社,2000.

[16] 任壁蓉,聂小燕,杨红.信号与系统分析[M].北京：人民邮电出版社,2011.

[17] 蒋英春.小波分析基本原理[M].天津：天津大学出版社,2012.

[18] 侯遵泽,杨文采.小波多尺度分析应用[M].北京：科学出版社,2012.

[19] 张彬,杨风暴.小波分析方法及其应用[M].北京：国防工业出版社,2011.

[20] 李登峰,杨晓慧.小波基础理论和应用实例[M].北京：高等教育出版社,2010.

[21] 李媛.小波变换及其工程应用[M].北京：北京邮电大学出版社,2010.

[22] 徐明远,刘增力. MATLAB 仿真在信号处理中的应用[M].西安：西安电子科技大学出版社, 2007.

[23] 于万波.基于 MATLAB 的图像处理[M].北京：清华大学出版社,2008.

[24] 夏德深.计算机图像处理及应用[M].南京：东南大学出版社,2004.

[25] 刘浩,韩晶.MATLAB R2012a 完全自学一本通[M].北京：电子工业出版社,2013.